普通高等学校"十四五"规划土建类专业新形态教材
课 程 思 政 建 设 与 一 流 课 程 建 设 示 范 教 材

建 筑 构 造

主 编 朱晓菲

副主编 杨 宁 陈 卓 王 彤

主 审 张建涛

华中科技大学出版社
中国·武汉

图书在版编目(CIP)数据

建筑构造/朱晓菲主编. —武汉:华中科技大学出版社,2021.8
ISBN 978-7-5680-7433-9

Ⅰ.①建… Ⅱ.①朱… Ⅲ.①建筑构造 Ⅳ.①TU22

中国版本图书馆 CIP 数据核字(2021)第 164874 号

建筑构造
Jianzhu Gouzao

朱晓菲 主编

策划编辑:王一洁
责任编辑:黄 勇
封面设计:金 刚
责任监印:朱 玢
出版发行:华中科技大学出版社(中国·武汉)　　电话:(027)81321913
　　　　　武汉市东湖新技术开发区华工科技园　　邮编:430223
录　排:华中科技大学惠友文印中心
印　刷:武汉开心印印刷有限公司
开　本:889mm×1194mm　1/16
印　张:23.25
字　数:610千字
版　次:2021年8月第1版第1次印刷
定　价:69.80元

前　言

《考工记》中记载：天有时，地有气，材有美，工有巧，合此四者，然后可以为良。其中"工有巧"就是指建筑构造设计的巧妙。建筑构造设计需要综合考虑结构选型、材料选用、施工方法、技术经济、艺术处理等问题，需要掌握扎实的建筑知识和灵活的设计技能。建筑构造设计是建筑设计过程中的一部分，是建筑平面设计的继续和深入，为建筑设计提供了可靠的技术保证，在建筑设计各个阶段都须进行建筑构造设计。

21世纪建筑技术的发展，将进一步围绕保护环境、节省资源、降低能耗，改善人类社会生产、生活条件，开发应用高新技术等，建设智能型、节能型、生态型等各种新型建筑，充分满足社会的需求。

本书分为上篇和下篇，共计12章。上篇以基本建筑构造为主要内容，包括绪论、墙体、楼地层、楼梯、屋盖、变形缝设计、门窗、基础8章；下篇以特种建筑构造为主要内容，包括高层建筑构造、饰面装修、大跨度建筑、工业化建筑4章。

本书可作为全日制应用型高校的建筑学、城乡规划、风景园林等专业的建筑构造课程教材，也可作为其他相关专业的参考教材，还可供从事建筑设计与建筑施工的技术人员和土建专业成人高等教育师生参考使用。

本书依托2018年河南省高等学校精品在线开放课程、2020年河南省一流本科课程"建筑构造"（河南城建学院），2020年河南城建学院课程思政示范课程"建筑构造"等教学质量工程建设特色编写而成，是2020年河南城建学院立项的规划教材。

本书由朱晓菲担任主编，杨宁、陈卓、王彤担任副主编，李敏、王晓宁、樊子铭、任胜男参与了编写，具体编写分工为：朱晓菲编写第1、2章，杨宁编写第3、6、8章，李敏编写第4章，王彤编写第5、7章，王晓宁编写第9章，陈卓编写第10章，樊子铭编写第11章，任胜男编写第12章。全书由朱晓菲统稿。

本书配套省级教学平台，可扫以下二维码进行在线学习。

建筑构造（上篇）

建筑构造（下篇）

本书由郑州大学张建涛教授主审。在编写过程中，承蒙有关院校和设计、施工单位大力支持，谨此表示感谢！

由于时间及编写水平所限，书中难免存在不足之处，恳请各位读者批评指正，今后我们将不断改进和完善。

编　者

2021年4月

教学支持说明

普通高等学校"十四五"规划土建类专业新形态教材系华中科技大学出报社重点规划的系列教材。

为了提高教材的使用效率,满足高校授课教师的教学需求,更好地提供教学支持,本教材配备了相应的教学资料(PPT 电子教案、教学大纲等)和拓展资源(案例库、习题库、试卷库、视频资料等)。

我们将向使用本教材的高校授课教师免费赠送相关教学资源,烦请授课教师通过电话、QQ、邮件或加入土建专家俱乐部 QQ 群等方式与我们联系。

联系方式:

地址:湖北省武汉市东湖新技术开发区华工园六路华中科技大学出版社

邮编:430223

电话:027-81339688 转 782

E-mail:wangyijie027@163.com

土建专家俱乐部 QQ 群:947070327

土建专家俱乐部 QQ 群二维码:

土建专家俱乐部 QQ 群作为资源共享、专业交流、经验分享的平台,欢迎您的加入!

目　　录

上篇　基本建筑构造

下篇　特种建筑构造

上 篇

基本建筑构造

1　绪　　论

　　建筑构造是一门研究建筑物各组成部分的构造原理和构造方法的学科,可以培养建筑师的技术设计能力。课程学习要求了解建筑构造的任务、房屋的基本组成和各组成部分在房屋中所起的作用,掌握影响建筑构造的主要因素及建筑构造的设计原则,掌握建筑物的类型和质量等级,掌握建筑模数协调统一标准的概念和涵盖的内容,能够熟练地运用建筑构造的原理进行建筑构造创作和设计,提高建筑师的职业素养。

　　汉字构造中的"构"是会意字,古字为"冓",像两面对构屋架,意为架木造屋。"造"是汉字中的假借字,为"作",是制造、制作的意思。英文对应"构造"的词有 construction 和 tectonics,前者含义偏工程建造,后者偏制作艺术。construction 拉丁语词源是"construere","con-"是结合,"struere"指堆起,因此 construction 有组合、连接的含义。tectonics 源自希腊语"tekton",指木匠或盖房子的人,后引申为制作或建造艺术,目前广泛译为"建构"。

1.1　建筑构造课程的内容、任务和学习方法

　　建筑构造是研究建筑物的构造组成以及各构成部分的组合原理与构造方法的学科。其主要任务是,在建筑设计过程中综合考虑使用功能、艺术造型、技术经济等方面的因素,并运用物质技术手段,选择并决定建筑的构造方案和构配件组成以及进行细部节点构造处理等。

1.1.1　建筑构造设计特点

　　建筑构造设计具有实践性强和综合性强的特点。在内容上是对实践经验的高度概括,并且涉及建筑材料、建筑力学、建筑结构、建筑物理、建筑美学、建筑施工和建筑经济等有关方面的知识。

　　根据建筑物的功能要求,要考虑建筑细部的做法和构件的连接、受力的合理性等。同时,建筑还应满足防潮、防水、隔热、保温、隔声、防火、防震、防腐等方面的要求,以利于提供适用、安全、经济、美观的空间环境。

1.1.2 建筑构造设计在建筑设计中的作用

建筑构造设计是建筑设计过程中的一部分,是建筑平面、剖面和立面设计的继续和深入,在建筑设计各个阶段都须进行建筑构造设计,如方案设计、初步设计、施工图设计等阶段,为建筑设计提供了可靠的技术保证。

实践证明,建筑构件节点处理的好坏,直接影响到建筑物的使用、美观、投资资金、施工难易和使用安全等。随着社会经济和技术的发展,建筑技术、建筑材料的不断更新,建筑构造设计对丰富建筑创作、优化建筑功能起着越为重要的作用。

1.1.3 建筑构造设计在建筑工程实施中的作用

建筑设计的过程由方案设计到施工图设计,而建筑构造设计贯穿于建筑设计的每一个阶段,直至最终完成建筑施工图,是建筑工程施工的依据。在平面、剖面和立面设计及构造详图设计中,要考虑施工的可操作性。另外,从构造角度讲,建筑工程存在多种材料和施工工艺的优选问题。作为建筑师,不仅要考虑和重视建筑设计的功能组合,构造的表现效果,还应了解建筑施工工艺等。同时建筑构造设计最终的目的是要保证设计意图的最佳实现。实践证明,建筑构造设计是建筑工程实施中的重要环节,也是体现工程技术的有效手段。

1.1.4 建筑构造设计的研究方法

任何一栋设计合理的建筑物,必定要通过一定的技术手段来实现。其中对建筑构造的研究方法,通常主要考虑以下三个方面:

(1) 选定符合要求的材料与产品;

(2) 确定整体构成的体系、结构方案;

(3) 确定建筑构造节点和细部处理所涉及的多种因素(如:艺术、结构、施工、经济等)。

建筑构造设计需要综合考虑结构选型、材料选用、施工方法、技术经济、艺术处理等问题,需要掌握扎实的建筑知识和灵活的设计技能。

1.2 建筑物的构造组成及其作用

建筑物构造的基本功能主要有两个:承重功能、围护功能。承重体系是由基础、结构墙体、柱、梁、楼板结构层、屋顶结构层、楼梯结构构件等组成的一个空间整体结构,用以承受作用在建筑物上的全部荷载,满足承重功能。围护体系则主要通过各种非结构的构造做法、建筑物的内外装修以及门窗的设置等,形成一个有机的整体,用以承受各种自然气候条件和各种人为因素的作用,满足保温、隔热、防水、防潮、隔声、防火等围护功能。

一栋建筑物的结构按其所处部位和功能不同,可分为基础、墙(或柱)、楼板层和地坪、饰面装修、楼梯、屋顶和门窗六大部分(图1-1、图1-2)。

(1) 基础:建筑物最下部的承重构件,其作用是承受建筑物的全部荷载,并将这些荷载传给地基。因此,基础必须具有足够的强度,并能抵御地下各种有害因素的侵蚀。

(2) 墙(或柱):建筑物的承重构件和围护构件。作为承重构件的外墙,其作用是抵御自然界各种因素对室内的侵袭;内墙主要起分隔空间及保证舒适环境的作用。框架或排架结构的建筑物中,柱起承重作用,墙仅起围护作用。因此,要求墙体具有足够的强度、稳定性和保温、隔热、防水、防火、耐久及经济等性能。

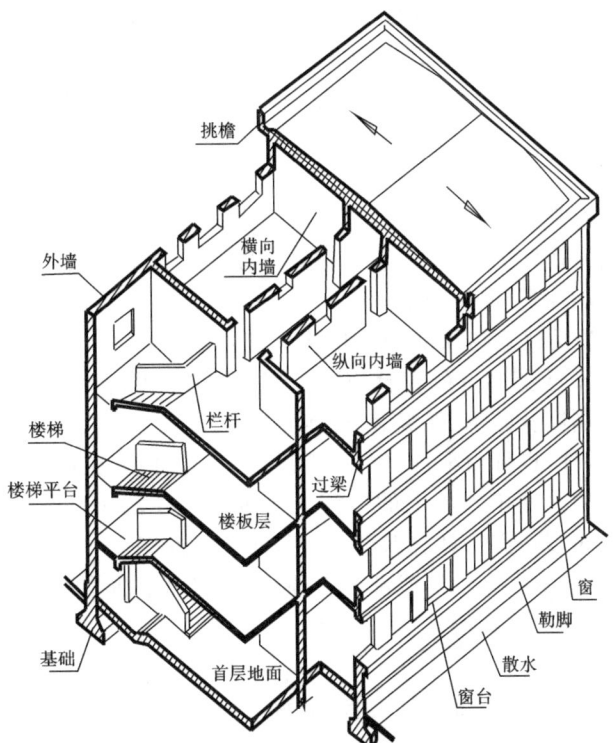

图 1-1 房屋的构造组成（墙体承重体系）

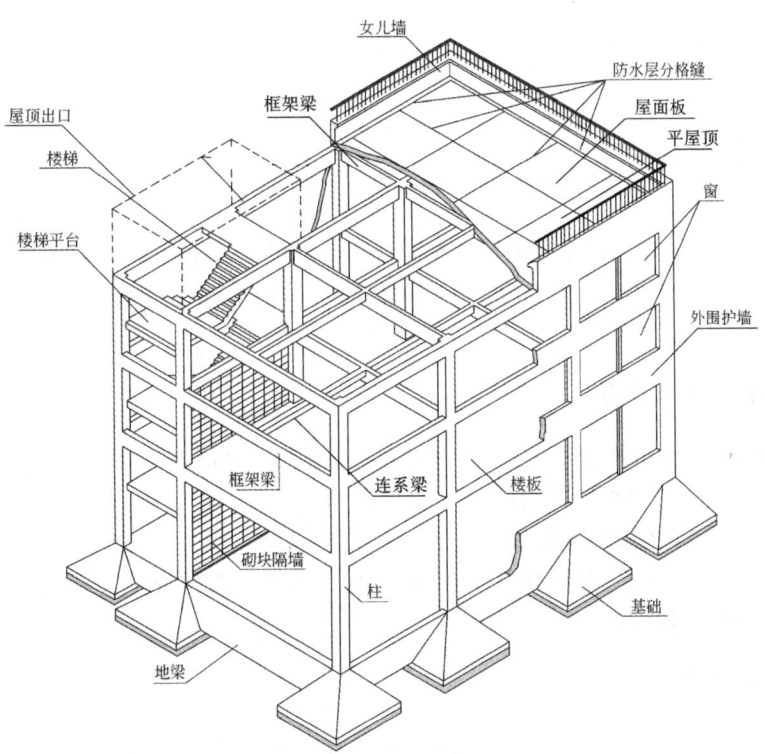

图 1-2 房屋的构造组成（梁柱承重体系）

（3）楼板层和地坪：楼板是水平方向的承重构件，按房间层高将整栋建筑物沿水平方向分为若干层。楼板层承受家具、设备和人体荷载以及本身的自重，并将这些荷载传给墙或柱，同时对墙体起着水平支撑的作用。因此要求楼板层应具有足够的抗弯强度、刚度和隔声、防潮、防水的性能。

地坪是底层房间与地基土层相接的构件，起承受底层房间荷载的作用。要求地坪具有耐磨防潮、防水、防尘和保温的性能。

（4）饰面装修：指内外墙面、楼地面、屋面、顶棚等饰面装修。

（5）楼梯：楼房建筑的垂直交通设施，供人们上下楼层和紧急疏散之用。要求楼梯具有足够的通行能力，并且防滑、防火，能保证安全使用。

（6）屋顶和门窗：屋顶是建筑物顶部的围护构件和承重构件，既抵抗风、雨、雪霜、冰雹等的侵袭和太阳辐射热的影响，又承受风雪荷载及施工、检修等的屋顶荷载，并将这些荷载传给墙或柱。屋顶应具有足够的强度、刚度及防水、保温、隔热等性能。

门与窗均属非承重构件，也称为配件。门主要供人们出入内外交通和分隔房间用，窗主要起通风、采光、分隔、眺望等作用。处于外墙上的门窗又是围护构件的一部分，要满足热工及防水的要求；某些有特殊要求的房间，门、窗应具有保温、隔声、防火的性能。

一栋建筑物除具有上述六大基本组成部分以外，对不同使用功能的建筑物，还有许多特有的构件和配件，如阳台、雨篷、台阶、排烟道等。

1.3 建筑物的分类

1.3.1 按使用功能分类

（1）民用建筑：指供人们工作、学习、生活、居住用的建筑物。

①居住建筑：包括住宅、宿舍、公寓等。

②公共建筑：包括文教建筑、托幼建筑、医疗卫生建筑、观演性建筑、体育建筑、展览建筑、旅馆建筑、商业建筑、电信广播电视建筑、交通建筑、行政办公建筑、金融建筑、饮食建筑、园林建筑、纪念建筑等。

（2）工业建筑：指为工业生产服务的生产车间及为生产服务的辅助车间、动力用房、仓储用房等。

（3）农业建筑：指供农（牧）业生产和加工用的建筑，如种子库、温室、畜禽饲养厂、农副产品加工厂、农机修理厂（站）等。

1.3.2 按建筑规模和数量分类

（1）大量性建筑：指建筑规模不大，但修建数量多，与人们生活密切相关的分布面广的建筑，如住宅、中小学教学楼、医院、中小型影剧院、中小型工厂等。

（2）大型性建筑：指规模大、耗资多的建筑，如大型体育馆、大型剧院、航空港（站）、博览馆、大型工厂等。与大量性建筑相比，其修建数量是很有限的，这类建筑在一个国家或一个地区具有代表性，对城市面貌的影响也较大。

1.3.3 按建筑层数分类

（1）住宅建筑按层数划分：1～3层为低层；4～6层为多层；7～9层为中高层；10层以上为高层。

（2）公共建筑及综合性建筑总高度超过 24 m 的为高层（不包括总高度超过 24 m 的单层主体建筑）。

（3）建筑物高度超过 100 m 时，不论是住宅还是公共建筑均为超高层。

1.3.4 按耐火性能分类

耐火等级是衡量建筑物耐火程度的标准，建筑物的耐火等级取决于它的主要构件（如墙、柱、梁、楼板、屋顶等）的燃烧性能和耐火极限。现行《建筑设计防火规范》（GB 50016—2014）将民用建筑的耐火等级划分为四个等级，不同耐火等级建筑相应构件的燃烧性能和耐火极限应符合相关的规定（表1-1）。

1. 建筑构件的燃烧性能
（1）不燃烧体：指用非燃烧材料做成的建筑构件，如天然石材、人工石材、金属材料等。
（2）可燃烧体：指用容易燃烧的材料做成的建筑构件，如木材、纸板、胶合板等。
（3）难燃烧体：指用不易燃烧的材料做成的建筑构件，或者用燃烧材料做成，但用非燃烧材料作为保护层的构件，如沥青混凝土构件、木板条抹灰等。

表 1-1　不同耐火等级建筑相应构件的燃烧性能和耐火极限（h）

构 件 名 称		耐火等级			
		一级	二级	三级	四级
墙	防火墙	不燃性 3.00	不燃性 3.00	不燃性 3.00	不燃性 3.00
	承重墙	不燃性 3.00	不燃性 2.50	不燃性 2.00	难燃性 0.50
	非承重外墙	不燃性 1.00	不燃性 1.00	不燃性 0.50	可燃性
	楼梯间和前室的墙、电梯井的墙、住宅建筑单元之间的墙和分户墙	不燃性 2.00	不燃性 2.00	不燃性 1.50	难燃性 0.50
	疏散走道两侧的隔墙	不燃性 1.00	不燃性 1.00	不燃性 0.50	难燃性 0.25
	房间隔墙	不燃性 0.75	不燃性 0.50	难燃性 0.50	难燃性 0.25
柱		不燃性 3.00	不燃性 2.50	不燃性 2.00	难燃性 0.50
梁		不燃性 2.00	不燃性 1.50	不燃性 1.00	难燃性 0.50
楼板		不燃性 1.50	不燃性 1.00	不燃性 0.50	可燃性
屋顶承重构件		不燃性 1.50	不燃性 1.00	可燃性 0.50	可燃性
疏散楼梯		不燃性 1.50	不燃性 1.00	不燃性 0.50	可燃性
吊顶（包括吊顶搁栅）		不燃性 0.25	难燃性 0.25	难燃性 0.15	可燃性

注：①以木柱承重且墙体采用不燃烧材料的建筑，其耐火等级应按四级确定。
②住宅建筑构件的耐火极限和燃烧性能可按现行国家标准《住宅建筑规范》（GB 50368—2005）的规定执行。

2. 建筑构件的耐火极限
所谓耐火极限，是指任一建筑构件在规定的耐火试验条件下，从受到火的作用时起，到失去支持能力或完整性被破坏或失去隔火作用时为止的这段时间,用小时表示。只要以下三个条件中任意一个条件出现,就可以确定已达到其耐火极限。

(1) 失去支持能力。指构件在受到火焰或高温作用,由于构件材质性能的变化,使承载能力和刚度降低,承受不了原设计的荷载。例如受火作用后的钢筋混凝土梁失去支承能力,钢柱失稳破坏;非承重构件自身解体或垮塌等,均属失去支持能力。

(2) 完整性被破坏。指薄壁分隔构件在火中高温作用下,发生爆裂或局部塌落,形成穿透裂缝或孔洞导致完整性受到破坏。火焰穿过构件,使其背面可燃物燃烧起火。例如受火作用后的板条抹灰墙,内部可燃板条开始燃烧,一定时间后,背火面的抹灰层龟裂脱落,引起燃烧起火;预应力钢筋混凝土楼板使钢筋失去预应力,发生炸裂,出现孔洞,使火苗窜到上层房间;等等。在实际中这类火灾相当多。

(3) 失去隔火作用。指具有分隔作用的构件,背火面任一点的温度达到 220 ℃时,构件失去隔火作用。例如一些燃点较低的可燃物(纤维系列的棉花、纸张、化纤品等)烤焦后导致起火。

1.3.5　按设计使用年限分类

民用建筑的合理使用年限主要是指建筑主体结构设计使用年限,分为以下四类。

一类建筑:设计使用年限为 5 年,适用于临时性建筑。

二类建筑:设计使用年限为 25 年,适用于易于替换结构构件的次要建筑。

三类建筑:设计使用年限为 50 年,适用于普通建筑和构筑物。

四类建筑:设计使用年限为 100 年,适用于纪念性和特别重要的建筑物。

1.4　影响建筑构造的因素及其设计原则

1.4.1　影响建筑构造的因素

1. 外界环境的影响

(1) 外力作用的影响。

作用在建筑物上的各种外力统称为荷载。荷载可分为恒荷载(如结构自重)和活荷载(如人群、家具、风雪及地震荷载)两类。荷载是建筑结构设计的主要依据,也是结构选型及构造设计的重要基础,起着决定构件尺度、用料多少的作用。

(2) 气候条件的影响。

我国各地区地理位置及环境不同,气候条件有许多差异(表 1-2)。外部环境是主要的也是最基本的构造设计的影响因素,太阳的辐射热,自然界的风、雨、雪、霜、地下水等构成了影响建筑物的自然因素。

表 1-2　我国建筑热工气候分区

分区名称	指标		设计要求
	主要指标	辅助指标	
严寒地区	最冷月平均温度小于或等于-10 ℃	日平均气温小于或等于 5 ℃ 的天数大于或等于 145 天	必须充分满足冬季保温要求,一般不考虑夏季防热

分区名称	指标		设计要求
	主要指标	辅助指标	
寒冷地区	最冷月平均温度为 0～10 ℃	日平均气温小于或等于 5 ℃ 的天数为 90～145 天	必须充分满足冬季保温要求,部分地区兼顾夏季防热
夏热冬冷地区	最冷月平均温度为 0～10 ℃,最热月平均温度为 25～30 ℃	日平均气温小于或等于 5 ℃ 的天数为 0～90 天,日平均温度大于或等于 25 ℃ 的天数为 40～110 天	必须满足夏季防热要求,适当兼顾冬季保温
夏热冬暖地区	最冷月平均温度大于或等于 10 ℃,最热月平均温度 25～29 ℃	日平均气温大于或等于 25 ℃ 的天数为 100～200 天	必须充分满足夏季防热要求,一般不考虑冬季保温
温和地区	最冷月平均温度为 0～13 ℃,最热月平均温度为 18～25 ℃	每日平均气温小于或等于 5 ℃ 的天数为 0～90 天	部分地区应考虑冬季保温,一般不考虑夏季防热

因此在进行构造设计时,应该针对建筑物所受影响的性质与程度,对各有关构、配件及部位采取必要的防范措施,如防潮、防水、保温、隔热、设伸缩缝、设隔蒸汽层等,以防患于未然。

(3) 各种人为因素的影响。

人们在生产和生活活动中,可能会导致形成火灾、爆炸、机械振动、化学腐蚀、噪声等,故在进行建筑构造设计时,必须针对这些影响因素,采取相应的防火、防爆、防振、防腐、隔声等构造措施,以防止建筑物遭受不应有的损失。

2. 建筑技术条件的影响

由于建筑材料的日新月异,建筑结构技术的不断发展,建筑施工技术的不断进步,建筑构造技术也不断产生变化。例如悬索、薄壳、网架空间结构建筑,点式玻璃幕墙,彩色铝合金材料的吊顶,采光天窗中庭等现代建筑设施的大量涌现,表明建筑构造没有一成不变的固定模式,因而在构造设计中要以构造原理为基础,在利用原有的、标准的、典型的建筑构造的同时,不断发展或创造新的构造方案。

3. 经济条件的影响

随着建筑技术的不断发展和人们生活水平的日益提高,人们对建筑的使用要求也越来越高。建筑标准的变化使建筑的质量标准、建筑造价等也出现较大差别。因此,对建筑构造的要求也将随着经济条件的改变而发生较大的变化。

1.4.2 建筑构造的设计原则

在满足建筑物各项功能要求的前提下,建筑构造设计必须综合运用相关技术知识,并遵循以下设计原则。

1. 结构坚固

除按荷载大小及结构要求确定构件的基本断面尺寸外,阳台、楼梯栏杆、顶棚、门窗与墙体的连接件等的构造设计,必须保证建筑物构、配件在使用时的安全。

2. 技术先进

在进行建筑构造设计时,应积极改进传统的建筑方式,可以从材料、结构、施工等方面引入先进技术,并注意因地制宜。

3. 经济合理

各种构造设计,均要注重整体建筑物经济、社会和环境的综合效益。在经济上注意降低建筑造价,减少材料的能源消耗,同时必须保证工程质量,不能单纯追求效益而偷工减料,降低质量标准,应做到合理降低造价。

4. 美观大方

建筑物的外观形象除了取决于建筑设计中的构造组合和立面处理外,一些建筑细部的构造设计对整体美观也有很大影响。

1.5 建筑模数协调

为了实现工业化大规模生产,使不同材料、不同形式和不同制造方法的建筑构配件、组合件具有一定的通用性和互换性,在建筑业中必须共同遵守《建筑模数协调标准》(GB/T 50002—2013)(以下简称标准)。

建筑模数协调的意义是为了实现建筑工业化大规模生产,使不同材料、不同形状和不同制造方法的建筑制品、建筑构配件具有一定的通用性和互换性,使建筑物及其构件的尺寸统一协调,从而提高施工质量,降低工程造价。

建筑模数是指选定的尺寸单位,作为尺度协调中的增值单位,也是建筑设计、建筑施工、建筑材料与制品、建筑设备、建筑组合件等各部门进行尺度协调的基础,其目的是使构配件安装吻合,并有互换性。

建筑模数
协调

1.5.1 基本模数

基本模数规定为 100 mm,表示符号为 M,即 1 M＝100 mm,整个建筑物或其中的一部分以及建筑组合件的模数化尺寸,均应是基本模数的倍数。

1.5.2 扩大模数

扩大模数是指基本模数的整倍数。扩大模数的基数应符合下列规定:

(1) 水平扩大模数为 3 M、6 M、12 M、15 M、30 M、60 M 六个,其相应的尺寸分别为 300 mm、600 mm、1200 mm、1500 mm、3000 mm、6000 mm;

(2) 竖向扩大模数为 3 M、6 M 两个,其相应的尺寸分别为 300 mm、600 mm。

1.5.3 分模数

分模数是指整数除基本模数的数值。分模数的基数为 M/10、M/5、M/2 三个,其相应的尺寸分别为 10 mm、20 mm、50 mm。

1.5.4 模数数列

模数数列指由基本模数、扩大模数、分模数为基础扩展成的一系列尺寸,应根据功能性和经济性原则确定。

建筑物的开间或柱距,进深或跨度,梁、板、隔墙和门窗洞口宽度等分部件的截面尺寸宜采用水平基本模数和水平扩大模数数列,且水平扩大模数数列宜采用 $2n$M、$3n$M(n 为自然数)。

建筑物的高度、层高和门窗洞口高度等宜采用竖向基本模数和竖向扩大模数数列,且竖向扩大模数数列宜采用 nM。

构造节点和分部件的接口尺寸等宜采用分模数数列,且分模数数列宜采用 M/10、M/5、M/2。

1.5.5 预制构件的尺寸

1. 标志尺寸

标志尺寸指符合模数数列的规定,用于标注建筑物的定位轴线或定位面之间距离的尺寸。定位线之间的垂直距离(如开间、柱距、进深、跨度、层高等)以及建筑构配件、建筑组合件、建筑制品有关设备界限之间的尺寸统称为标志尺寸。

2. 构造尺寸

构造尺寸指建筑构配件、建筑组合件、建筑制品等的设计尺寸。

$$构造尺寸＝标志尺寸－缝隙尺寸$$

3. 实际尺寸

实际尺寸指建筑物构配件、建筑组合件、建筑制品等生产后的实有尺寸。实际尺寸与构造尺寸之间的差值应符合建筑公差的规定。

标志尺寸、构造尺寸、实际尺寸的关系如图 1-3 所示。

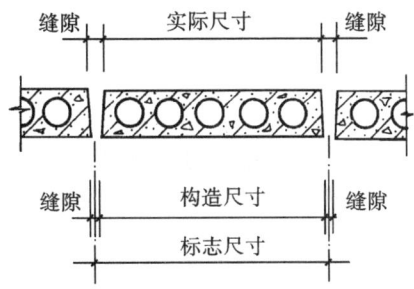

图 1-3 标志尺寸、构造尺寸、实际尺寸的关系

主观题

1. 阐述建筑外部环境对建筑构造设计的影响?

2. 如何理解建筑构造的设计原则?

3. 如何理解标志尺寸、构造尺寸、实际尺寸,并思考其内在关系?

客观题

请扫下面的二维码,进入第 1 章,进行客观题在线测试与练习。

2 墙 体

墙体是建筑物的重要组成部分。它的作用是承重、围护或分隔空间。墙体构造由建筑所选用的结构形式以及它所处的位置决定。墙体的节能构造设计围绕如何改善建筑室内热环境,降低建筑造价,达到最佳节能、环保效果等方面展开。在"双碳"目标背景下,国家超低能耗房的墙体节能构造设计尤为重要。

2.1 墙体的类型及构造设计要求

2.1.1 墙体的类型

1. 按墙体所在位置分类

墙体按在平面上所处位置不同,可分为外墙和内墙,或纵墙和横墙。窗与窗之间和窗与门之间的墙都称为窗间墙,窗台下面的墙称为窗下墙(图 2-1)。

2. 按墙体受力状况分类

在墙体承重的建筑体系中,墙体按受力状况不同分为两种:承重墙和非承重墙。非承重墙又可分为两种:一种是自承重墙,不承受外来荷载,仅承受自身重量并将其传至基础;另一种是隔墙,起分隔房间的作用,不承受外来荷载,并把自身重量传给梁或楼板(图 2-2)。

3. 按墙体构造和施工方式分类

(1) 按构造方式分类。

墙体按构造方式可分为实体墙、空体墙和组合墙三种(图 2-3)。

实体墙由单一材料组成,如砖墙、砌块墙等。

空体墙也是由单一材料组成,可由单一材料砌成内部空腔,也可用具有孔洞的材料建造墙体,如空斗砖墙、空心砌块墙等。

组合墙由两种或两种以上材料组合而成,例如混凝土、加气混凝土复合板材墙。其中混凝土起

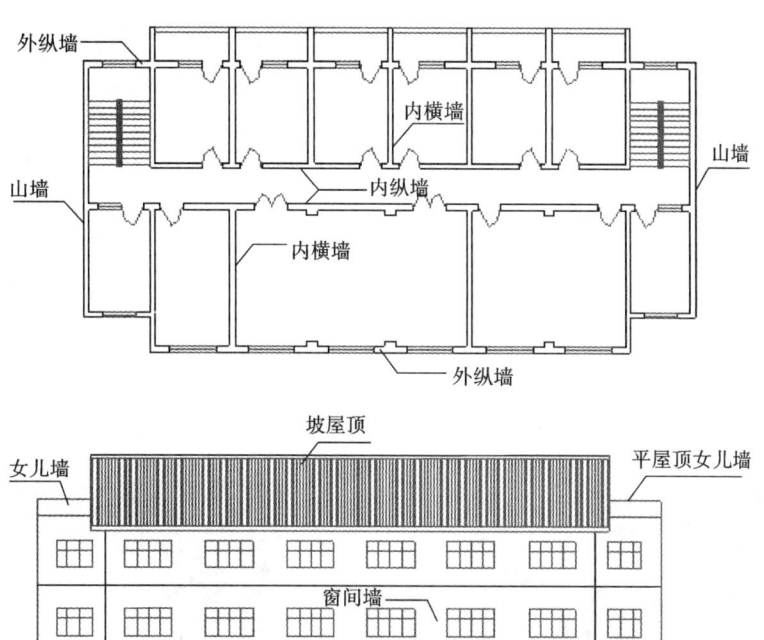

图 2-1 按墙体所在位置分类

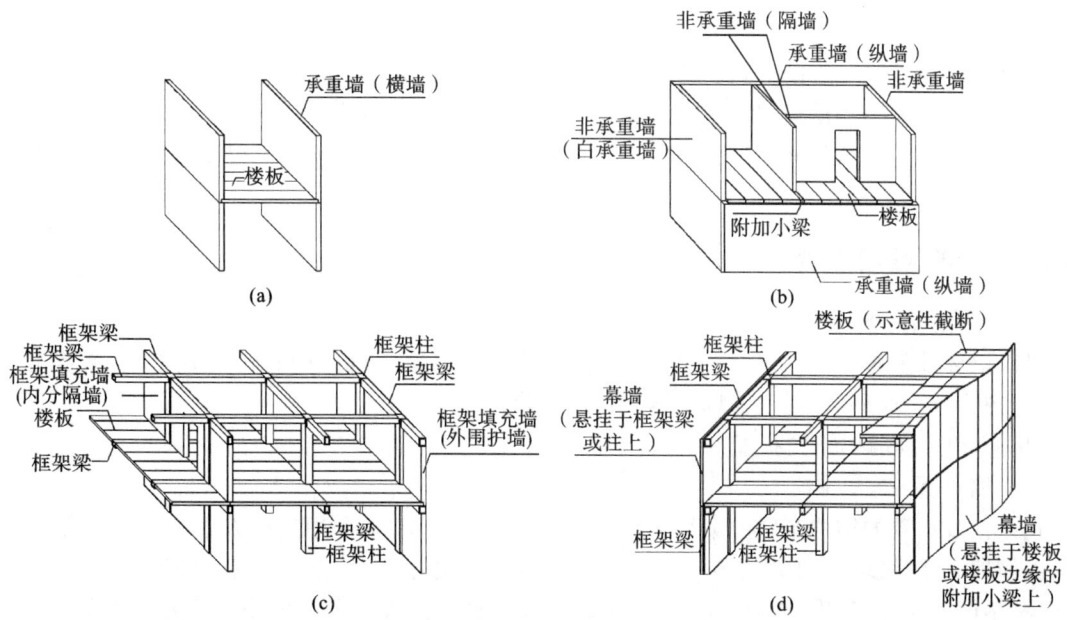

图 2-2 按墙体受力状况分类

承重作用,加气混凝土起保温隔热作用。

(2)按施工方式分类。

墙体按施工方式可分为块材墙、板筑墙及板材墙三种(图 2-4)。

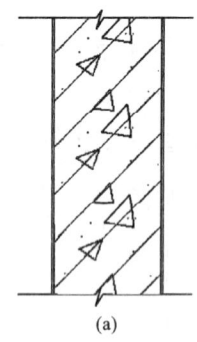 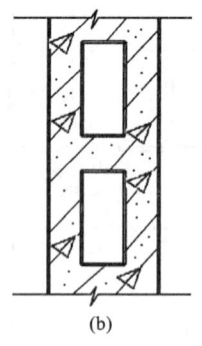 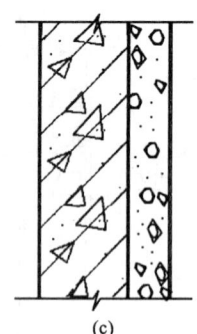

图 2-3 按墙体构造方式分类
(a)实体墙;(b)空体墙;(c)组合墙

图 2-4 按墙体施工方式分类
(a)块材墙;(b)板筑墙;(c)板材墙

块材墙是用砂浆等胶结材料由砖石块材等组砌而成,例如砖墙、石墙及各种砌块墙等。

板筑墙是在现场立模板现浇而成的墙体,例如现浇混凝土墙等。

板材墙是预先制成墙板,施工时再组合安装而成的墙体,例如预制混凝土大板墙、各种轻质条板内隔墙等。

2.1.2 墙体的构造设计要求

1. 结构方面的要求

对以墙体承重为主的建筑结构,常要求各层的承重墙上、下必须对齐;各层的门、窗洞口也以上、下对齐为佳。此外,还需考虑以下两方面的要求。

(1)合理选择墙体结构布置方案。

①横墙承重方案。

凡以横墙承重的结构布置方案称为横墙承重方案(图 2-5)。采用这种方案的楼板、屋顶上的荷载均由横墙承受,纵墙只起纵向稳定和拉结的作用。它的主要特点是横墙间距密,加上纵墙的拉结,建筑物的整体性好、横向刚度大,对抵抗地震力等水平荷载有利。但横墙承重方案的开间尺寸不够灵活,适用于房间开间尺寸不大的宿舍、住宅及病房楼等小开间建筑。

②纵墙承重方案。

凡以纵墙承重的结构布置方案均称为纵墙承重方案(图 2-6)。采用这种方案的楼板、屋顶上的荷载均由纵墙承受,横墙只起分隔房间的作用,有的也起横向稳定作用。纵墙承重可使房间开间的划分更灵活,多适用于需要较大房间的办公楼、商店、教学楼等公共建筑。

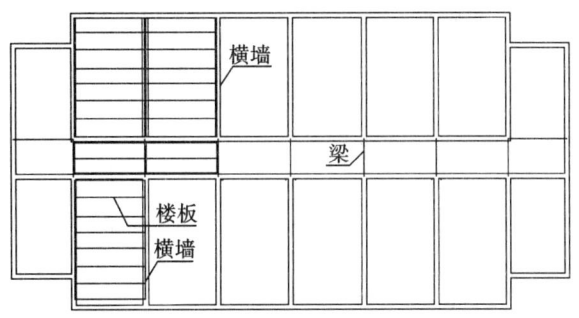

图 2-5　横墙承重方案

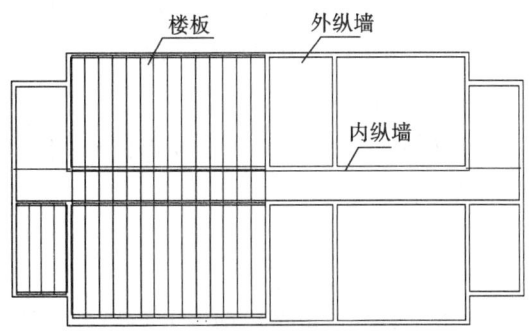

图 2-6　纵墙承重方案

③纵横墙（混合）承重方案。

凡由纵向墙和横向墙共同承受楼板、屋顶荷载的结构布置方案均称为纵横墙（混合）承重方案（图 2-7）。该方案房间布置较灵活，建筑物的刚度较大。混合承重方案多用于开间、进深尺寸较大且房间类型较多和平面复杂的建筑中，如教学楼、住宅等建筑。

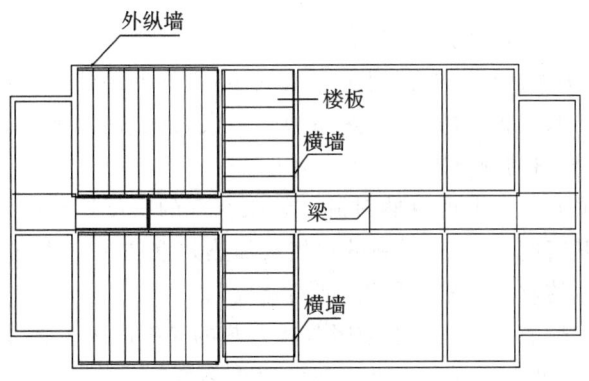

图 2-7　纵横墙承重方案

④局部框架承重方案。

墙体和钢筋混凝土梁、柱组成的框架共同承受楼板和屋顶的荷载，梁的一端支承在柱上，而另一端则搁置在墙上，这种结构布置方案称为局部框架承重方案（图 2-8）。它较适用于室内需要较大使用空间的建筑，如商场等。

（2）具有足够的强度和稳定性。

强度是指墙体承受荷载的能力，它与所采用的材料以及材料的强度等级有关。作为承重墙的

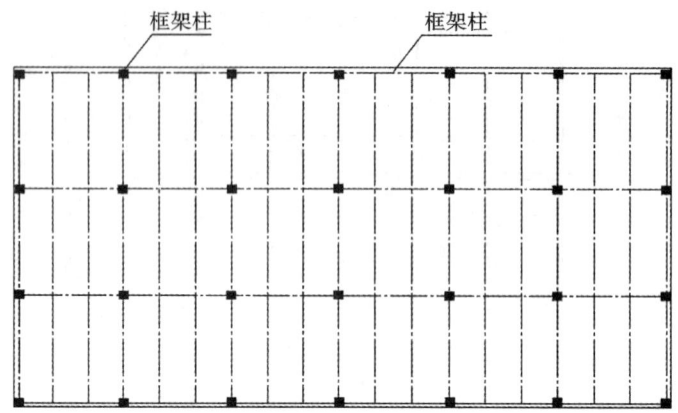

图 2-8 局部框架承重方案

墙体,必须具有足够的强度,以确保结构的安全。

墙体的稳定性与墙的高度、长度和厚度有关。高而薄的墙稳定性差,矮而厚的墙稳定性好;长而薄的墙稳定性差,短而厚的墙稳定性好。

2. 功能方面的要求

1)墙体保温。

保温性能通常是指围护结构在冬季阻止由室内向室外传热,使室内保持适当温度的能力。冬季保温一般只要求提高围护结构的热阻,采用轻质多孔或纤维类材料,通过复合保温或自保温可满足节能要求。保温性能通常用传热系数或传热阻来评价。

**墙体的保温
隔热设置**

(1)热传递基本原理。

热传递是指热能从热的(能量较高的)一面传向冷的(能量较低的)一面。支配热传递的三个基本原理为:传导、对流、辐射。

传导是指材料的热能转移,不同的材料有不同的导热性,受材料表观密度、温度、湿度的影响。尺寸小、封闭且不连通的多孔材料因可截留更多空气,是良好的绝热体。如材料孔隙中水分增加,由于液态水比空气的导热系数大,材料的导热系数便增大,绝热能力下降。如水冻成冰,而冰的导热系数是水的 4 倍,因此材料的绝热能力会大大降低。

当一种流体被加热膨胀就会出现自然对流。膨胀空气的密度比周围空气的小,因此较凉的空气置换较热的空气会使其密度增大;然后新的空气被加热并重复这一过程,形成对流。建筑物中底部较热的气流流向较高处的对流现象常称为"烟囱效应"。

辐射是由电磁波传送热能。物体发射或吸收辐射热的速率取决于物体表面的性质和温度。粗糙表面有较大的总表面积,可比光滑表面吸收或发射更多的热;黑色表面因吸收最多的光,因此也吸收最多的热;良好的辐射热吸收体都是良好的辐射热发射体。改变物体表面性质可促进或抑制热辐射,例如使用铝箔层绝热。

(2)提高墙体的保温功能,须提高其热阻,减少热传递。

提高墙体热阻的措施有以下四种方式。

①增加墙体的厚度。

墙体的热阻与其厚度成正比,欲提高墙体的热阻,可增加其厚度。

②选择导热系数小的墙体材料。

　　要增加墙体的热阻,常选用导热系数小的保温材料,如泡沫混凝土、加气混凝土、陶粒混凝土、膨胀珍珠岩、膨胀蛭石、浮石及浮石混凝土、泡沫塑料、矿棉及玻璃棉等,部分材料的导热系数见表2-1。墙体保温结构有单一材料的保温结构(图2-9(a))和复合材料的保温结构(图2-9(b))之分。

表 2-1　部分材料的导热系数

材　　料	导热系数/(W/m·k)	材　　料	导热系数/(W/m·k)
结构钢	50	石棉	0.15～0.37
大理石	3.5	硬木	0.2
正常重量混凝土	2.1	聚苯乙烯	0.13～0.16
固态黏土制品	0.96	泡沫	0.045
玻璃	0.8	空气	0.024
聚氨酯	0.35～0.58	真空	0

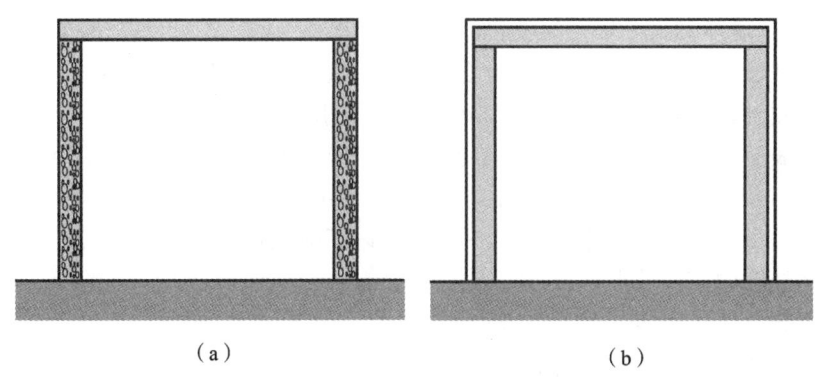

(a)　　　　　　　　　　　　　(b)

图 2-9　墙体保温结构

(a)采用密度为500～800 kg/m³ 的轻混凝土和密度为800～1200 kg/m³ 的轻骨料混凝土作为单一材料墙体;
(b)采取轻质高效保温材料与砖、混凝土或钢筋混凝土等材料组成的复合结构

　　③采取隔蒸汽措施。

　　为防止墙体产生内部凝结,常在墙体的保温层靠高温一侧,即蒸汽渗入的一侧,设置一道隔蒸汽层(图2-10)。隔蒸汽材料一般采用沥青、卷材、隔汽涂料以及铝箔等防潮、防水材料。

　　④采用具有复合空腔的构造设计。

　　近年来,在部分公共建筑中运用了各种双层皮组合外墙以及利用太阳能的被动式太阳房集热墙等,利用遮阳、百叶和引导空气流通的各种开口设置还可以强化外墙体系的热工调节能力。如图2-11所示为被动式太阳房的墙体构造,通过可加热空气的空腔以及进出风口的设置,使外墙成为一个集热散热器。在太阳能的作用下,在外墙中可以设置提供保温或隔热降温功能的空气置换层。

　　2)墙体隔热。

　　隔热性能通常指围护结构在夏季隔离太阳辐射热和室外高温,从而使其内表面保持适当温度的能力。夏季室外气温和太阳辐射在一天中随时间有较大的变化,是周期性的不稳定传热。在现行节能设计标准中,隔热主要是用围护结构的热惰性指标来衡量,透明玻璃用遮阳系数的大小来评价。

　　墙体隔热的主要措施如下:

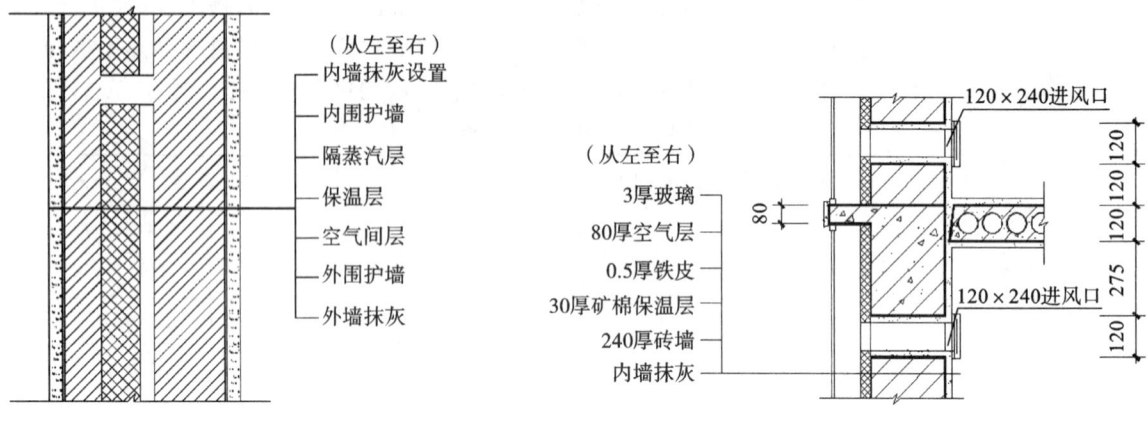

图 2-10 采取隔蒸汽措施   图 2-11 被动式太阳房的墙体构造（单位：mm）

①外墙采用浅色而平滑的外饰面，如白色外墙涂料、玻璃马赛克、浅色墙地砖、金属外墙板等，以反射太阳光，减少墙体对太阳辐射的吸收；

②在外墙内部设通风间层，利用空气的流动带走热量，降低外墙内表面温度；

③在窗口外侧设置遮阳设施，以遮挡太阳光，防止直射；

④在外墙外表面种植攀缘植物使之遮盖整个外墙，吸收太阳辐射热，从而起到隔热作用。

3）墙体隔声。

墙体主要隔离由空气直接传播的噪声，一般采取以下措施：

①加强墙体缝隙的填密处理；

②增加墙厚和墙体的密实性；

③采用有空气间层式多孔性材料的夹层墙；

④尽量利用垂直绿化降低噪声。

【实例】 外围护节能构造示例

外围护节能构造示意图和做法分别如图 2-12 和图 2-13 所示。

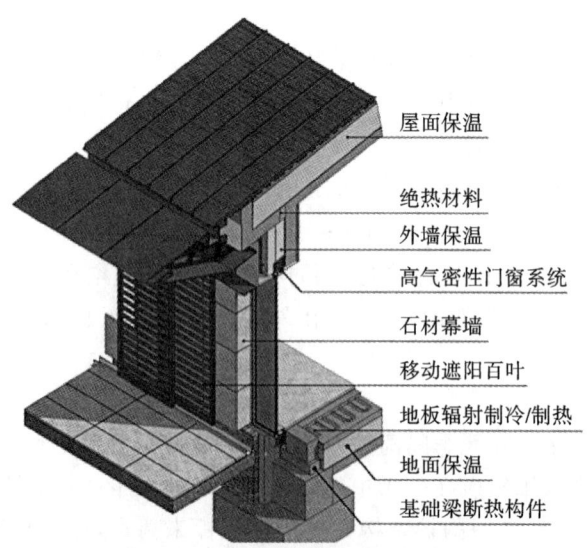

图 2-12 外围护节能构造示意图

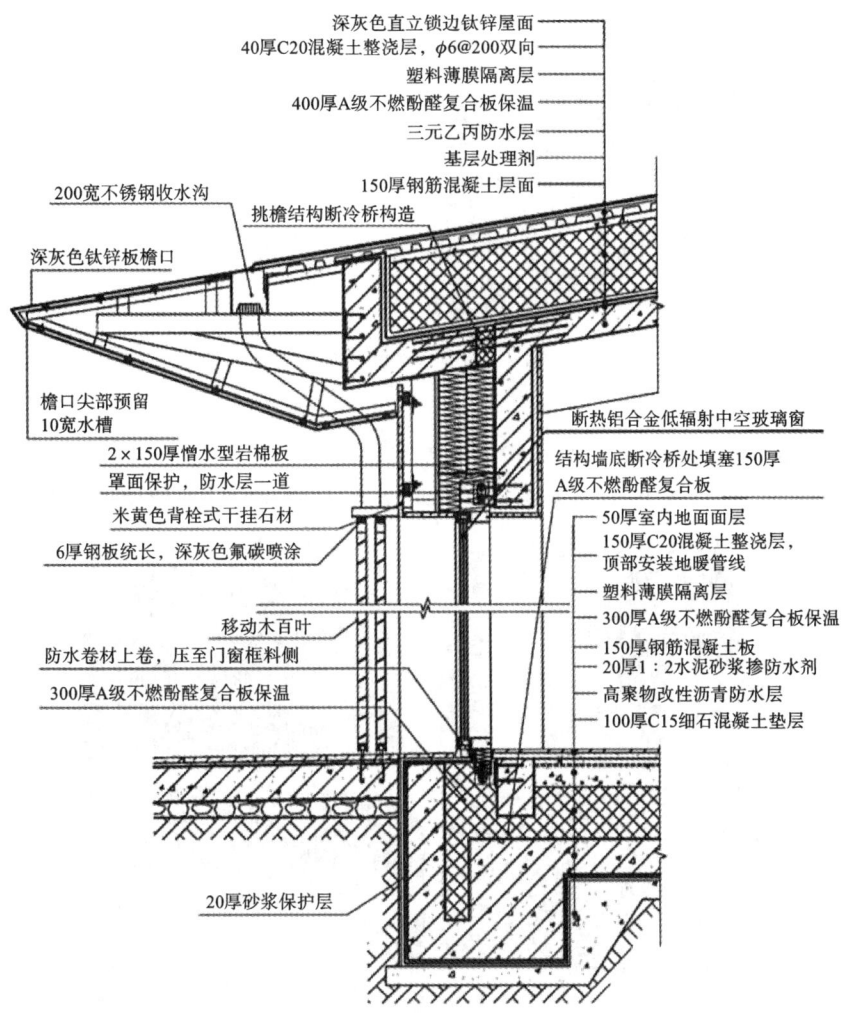

深灰色直立锁边钛锌屋面
40厚C20混凝土整浇层，φ6@200双向
塑料薄膜隔离层
400厚A级不燃酚醛复合板保温
三元乙丙防水层
基层处理剂
150厚钢筋混凝土层面

200宽不锈钢收水沟
挑檐结构断冷桥构造

深灰色钛锌板檐口

檐口尖部预留
10宽水槽

断热铝合金低辐射中空玻璃窗
结构墙底断冷桥处填塞150厚
A级不燃酚醛复合板

2×150厚憎水型岩棉板
罩面保护，防水层一道

米黄色背栓式干挂石材

6厚钢板统长，深灰色氟碳喷涂

50厚室内地面面层
150厚C20混凝土整浇层，
顶部安装地暖管线
塑料薄膜隔离层
300厚A级不燃酚醛复合板保温
150厚钢筋混凝土板
20厚1：2水泥砂浆掺防水剂
高聚物改性沥青防水层
100厚C15细石混凝土垫层

移动木百叶

防水卷材上卷，压至门窗框料侧

300厚A级不燃酚醛复合板保温

20厚砂浆保护层

图 2-13　外围护节能构造做法（单位：mm）

2.2　块材墙构造

2.2.1　墙体材料

砖墙是用砂浆将一块块砖按一定技术要求砌筑而成的砌体，其材料是砖和砂浆。

1.砖

砖按材料不同，有黏土砖、页岩砖、粉煤灰砖、灰砂砖、炉渣砖等；按形状有实心砖、多孔砖和空心砖等（图 2-14）。其中常用的是普通黏土砖。

普通黏土砖以黏土为主要原料，经成型、干燥焙烧而成，且有红砖和青砖之分，青砖比红砖强度高，耐久性好。

我国标准砖的规格为 240 mm×115 mm×53 mm。

砖的强度以强度等级表示，分别为 MU30、MU25、MU20、MU10、MU7.5 五个级别。如 MU30表示砖的极限抗压强度平均值为 30 MPa，即每平方毫米可承受30N的压力。

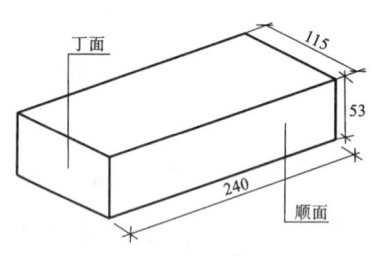

图 2-14   砖(单位:mm)

2. 砌块

砌块是利用混凝土、工业废料(炉渣、粉煤灰等)或地方材料制成的人造块材(图 2-15),其外形尺寸比砖大,具有制作设备简单、砌筑速度快的优点,符合建筑工业化发展中墙体改革的要求。

图 2-15   砌块

常见的砌块有普通混凝土与装饰混凝土小型空心砌块、轻集料混凝土小型空心砌块、粉煤灰小型空心砌块、蒸压加气混凝土砌块和石膏砌块。

砌块按尺寸和质量大小不同分为小型砌块、中型砌块和大型砌块。砌块系列中主规格高度为115~380 mm 的称作小型砌块,高度为 380~980 mm 的称作中型砌块,高度大于 980 mm 的称作大型砌块。使用中以中小型砌块居多。

砌块的规格应考虑模数的要求,其规格一般为$(n\mathrm{M}-10)$mm,如混凝土小型空心砌块的规格为90 mm×190 mm×390 mm、190 mm×190 mm×290 mm 等。砌块宽、厚尺寸加上标准灰缝厚度10 mm 是基本模数 M=100 mm 的整数倍。

3. 砌筑砂浆

砌筑砂浆是砌块的胶结材料。常用的砂浆有水泥砂浆、石灰砂浆和混合砂浆。

水泥砂浆由水泥、砂加水拌和而成,为水硬性材料,结硬后强度较高,防水性能较好,适用于潮湿环境及水中的砌体工程。

石灰砂浆由石灰膏、砂加水拌和而成。由于石灰膏为塑性掺合料,所以石灰砂浆的可塑性很好,但它的强度较低,且属于气硬性材料,遇水后强度降低,适用于强度要求低、干燥环境中的砌体工程。

混合砂浆由水泥、石灰膏、砂加水拌和而成,是一种气硬性材料,和易性(包括流动性、黏聚性和保水性,指易于施工操作,并且成型密实、质量均匀的性质)较好,但强度及防水性能不及水泥砂浆。除对耐水性有较高要求的砌体外,适用于各种砌体工程。

砂浆强度等级有 M15、M10、M7.5、M5、M2.5、M1、M0.4 七个级别。

2.2.2　组砌方式

1. 砖墙

为了保证墙体的强度,砖砌体的砖缝必须横平竖直,错缝搭接,避免通缝。同时砖缝砂浆必须饱满,厚薄均匀。常用的错缝方法是将丁砖和顺砖上下皮交错砌筑。每排列一层砖称为一皮。常见的砖墙组砌方式有全顺式(120 砖墙)、一顺一丁式、三顺一丁式或多顺一丁式、每皮丁顺相间式(也叫十字式,240 砖墙)、两平一侧式(180 砖墙)等(图 2-16)。

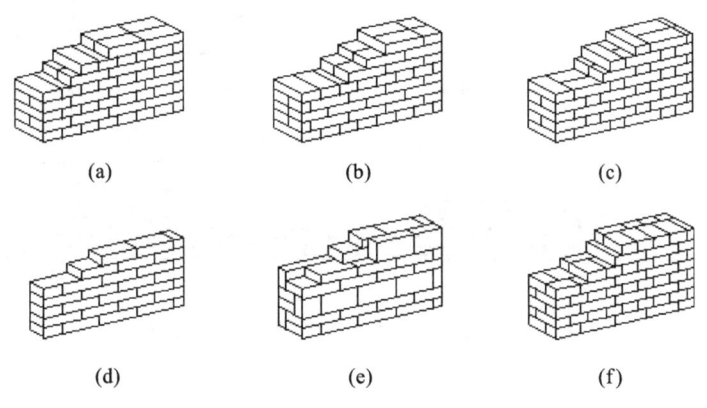

(a)　　　　　　　　(b)　　　　　　　　(c)

(d)　　　　　　　　(e)　　　　　　　　(f)

图 2-16　砖墙的组砌方式

(a)240 砖墙(一顺一丁式);(b)240 砖墙(多顺一丁式);(c)240 砖墙(十字式);(d)120 砖墙;(e)180 砖墙;(f)370 砖墙

砖砌体的组砌方式影响结构的强度、稳定性和整体性,对清水墙体来说,还影响其立面美观。

2. 砌块墙

砌块在组砌中与砖墙不同的是,由于砌块规格较多、尺寸较大,为保证错缝以及砌体的整体性,应事先做立面排列设计(图 2-17),并在砌筑过程中采取加固措施。在排列设计中,其构造设计要注意以下五点。

砌块墙的
组砌

(1) 上下皮砌块应错缝搭接,墙体交界处和转角处应使砌块彼此搭接;当砌块墙组砌时出现通缝或错缝距离不足 150 mm 时,应在通缝处加钢筋网片,使之拉结成整体(图 2-18);

(2) 优先采用大规格砌块并使主砌块的总数量占 70% 以上,为减少砌块规格种类,允许用极少量的砖来镶砌填缝(图 2-19);

(3) 采用混凝土空心砌块时,上下皮砌块应孔对孔、肋对肋,以保证有足够的接触面;

(4) 砌块墙应按楼层每层加设圈梁;

(5) 砌块组砌时,缝形有平缝、平凹缝、斜缝和弧形缝,要注意缝隙的处理方式(图 2-20)。

2.2.3　墙体尺度

墙体尺度指厚度和墙段长度两个尺度。要确定墙体的尺度,除应满足结构和功能要求外,还必须符合块材自身的规格尺寸。

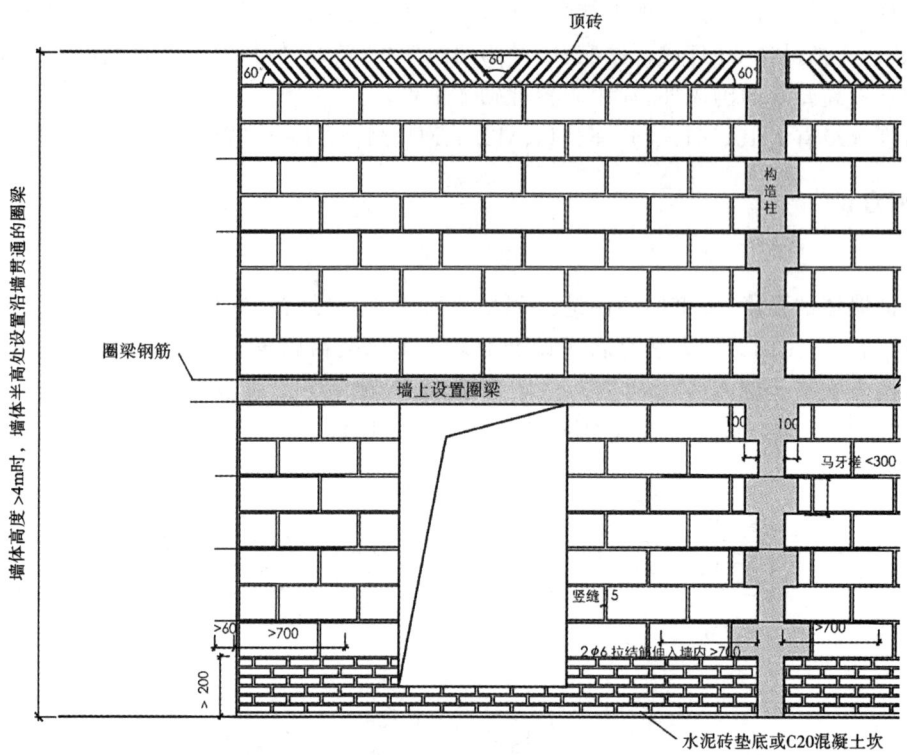

图 2-17 砌块墙的立面排列设计（单位：mm）

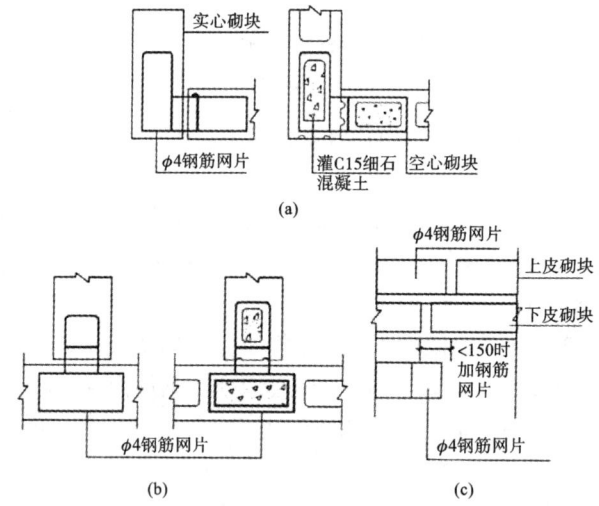

图 2-18 砌块墙通缝处理（单位：mm）

(a)转角处配筋；(b)丁字墙配筋；(c)错缝处配筋

1. 墙厚

墙厚主要由块材和灰缝的尺寸组合而成。

常用的实心砖规格（长×宽×厚）：240 mm×115 mm×53 mm。

砌筑砂浆的宽度和厚度一般在 8～12 mm，通常按 10 mm 计，砖缝又叫灰缝。

$$墙厚＝块材尺寸＋灰缝尺寸（10~mm）＋其他$$

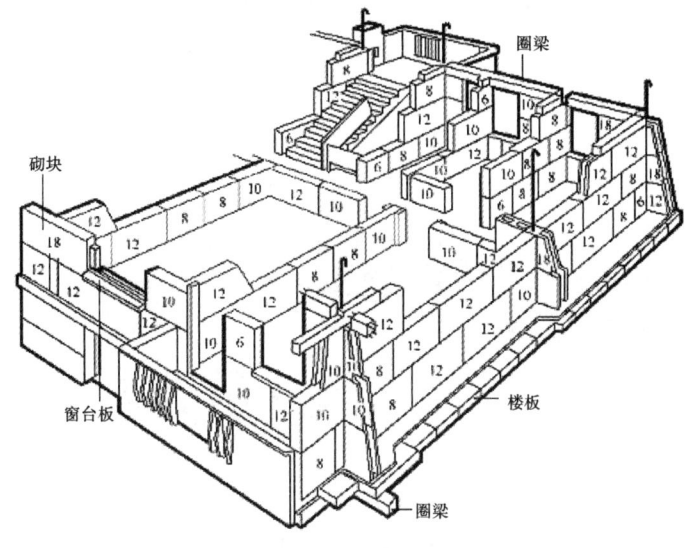

图 2-19 砌块墙的组砌

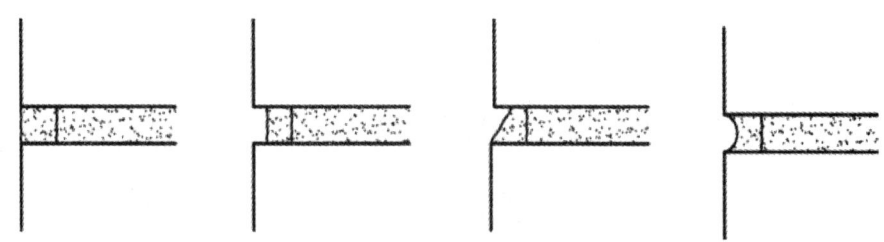

图 2-20 缝隙的处理

2. 砖墙洞口与墙段尺寸

（1）洞口尺寸应按模数协调统一标准制定，这样可以减少门窗规格种类，有利于工厂化生产，提高工业化程度。

1000 mm 以内的洞口尺度采用基本模数 100 mm 的倍数，如 600 mm、700 mm、800 mm、900 mm、1000 mm；大于 1000 mm 的洞口尺度采用扩大模数 300 mm 的倍数，如 1200 mm、1500 mm、1800 mm 等。

（2）墙段尺寸是指窗间墙、转角墙等部位墙体的长度。

较短的墙段应尽量符合砖砌筑的模数，如 370 mm、490 mm、620 mm、740 mm、870 mm 等，以避免砍砖及错缝搭接砌筑。

2.2.4 墙体细部构造

墙体的细部构造包括门窗过梁、窗台、勒脚、散水、明沟、变形缝、圈梁、构造柱等。

1. 墙脚

底层室内地面以下、基础以上的墙体常称为墙脚。墙脚包括墙身防潮层、勒脚、散水和明沟等。

（1）墙身防潮层。

《营造法式》中提及："凡开基址，须相视地脉虚实。"中国古建筑选址通常位于地势较高的地方或起台基而建。台基可以防水避潮、稳固屋基。通过提升建筑高度以防水，通过夯实土层以隔离地下潮气，避免木构架受潮腐蚀，保证室内较为干燥的环境。因此，防潮构造设计较为重要。

防潮设计的目的是阻断水在毛细作用下的上行通道,具体的防潮部位有墙身、室内地坪以及地下室的侧墙和地坪。防潮须在建筑物下部与地基土壤接触的所有部位建立一个连续封闭的、整体的防潮屏障(图 2-21)。

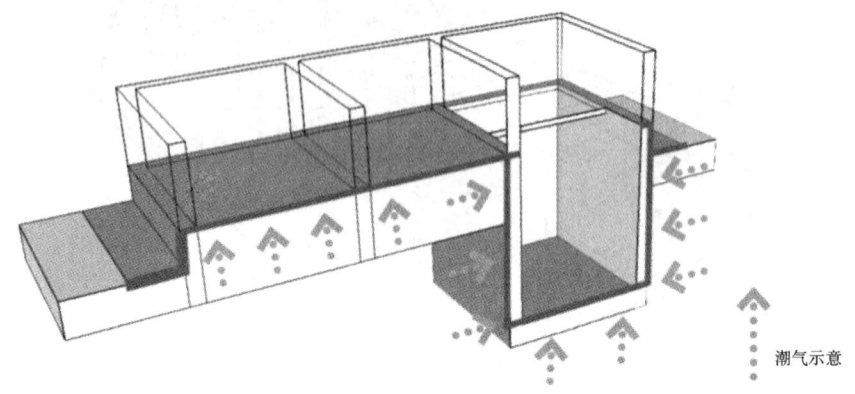

图 2-21　防潮设计

墙身防潮的方法是在墙脚铺设防潮层,防止土壤和地面水渗入砖墙体。

防潮层的位置设置(图 2-22)原则如下:

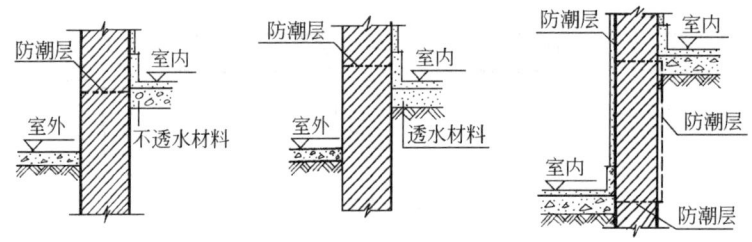

图 2-22　墙身防潮层的位置

(a)地面垫层为密实材料;(b)地面垫层为透水材料;(c)室内地面有高差

①当室内地面垫层为混凝土等密实材料时,防潮层应设置在垫层范围内,低于室内地坪 60 mm 处,同时还应至少高于室外地面 150 mm,防止雨水溅湿墙面;

②当室内地面垫层为透水材料时(如炉渣、碎石等),水平防潮层的位置应平齐或高于室内地面处;

③当内墙两侧地面出现高差时,还应设竖向防潮层。

墙身防潮层的构造做法,常用的有以下的三种。

①防水砂浆防潮层:采用 1∶2 水泥砂浆加 3%～5%防水剂砌筑,厚度为 20～25 mm,或用防水砂浆砌三皮砖作防潮层。此种做法构造简单,但砂浆开裂或不饱满时会影响防潮效果。

②细石混凝土防潮层:砌筑 60 mm 厚的细石混凝土带,内配 3 根 $\phi6$ 钢筋,其防潮性能较好。

③油毡防潮层:先抹 20 mm 厚的水泥砂浆找平层,上铺一毡二油。此种做法防水效果好,但有油毡隔离,削弱了砖墙的整体性。

如果墙脚采用不透水的材料(如条石或混凝土等),或设有钢筋混凝土地圈梁时,可不设防潮层。

(2)勒脚。

勒脚是外墙墙身接近室外地面的部分,须能够防止雨水渗进墙身和能够抵抗机械力等的影响,要求勒脚具有防潮和坚固耐久的性能。一般采用以下几种构造做法(图 2-23)。

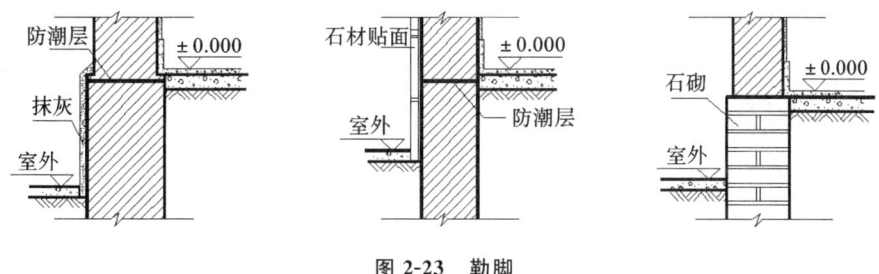

图 2-23 勒脚

①抹灰勒脚:可采用 20 mm 厚 1:3 水泥砂浆、1:2 水泥白石子浆水刷石或斩假石抹面。此法多用于一般建筑。

②贴面勒脚:可采用天然石材或人工石材贴面,如花岗石、水磨石板等。其耐久性、装饰效果好,用于高标准建筑。

③石材勒脚:采用石材砌筑墙脚,如条石等。

(3)散水与明沟。

房屋四周可采取散水或明沟排除雨水。当屋面为有组织排水时一般设明沟或暗沟,也可设散水。屋面为无组织排水时一般设散水,但应加滴水砖(石)带。散水(图 2-24)的做法通常是在素土夯实后铺三合土、混凝土等材料,厚度 60～70 mm。散水应设不小于 3% 的排水坡。散水宽度一般为 0.6～1.0 m。散水与外墙交接处应设分格缝,分格缝用弹性材料嵌缝,防止外墙下沉时将散水拉裂。散水整体面层纵向距离每隔 6～12 m 做一道伸缩缝。

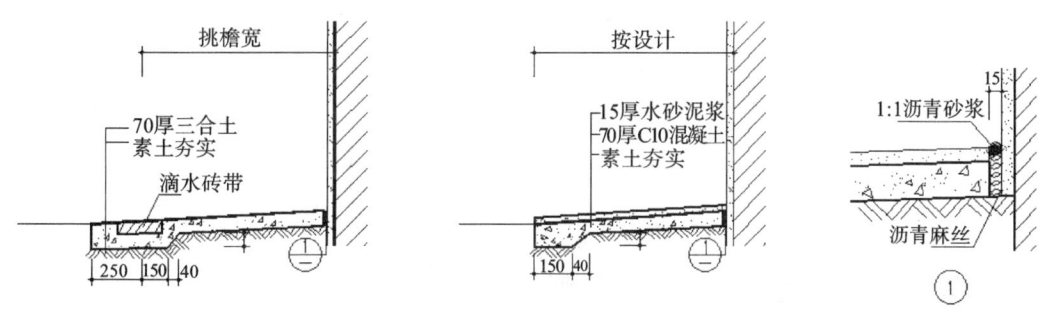

图 2-24 散水构造(单位:mm)

明沟(图 2-25)的构造做法可用砖砌、石砌、混凝土现浇,沟底应做纵坡,坡度为 0.5%～1%,宽度为 220～350 mm。

2. 门窗洞口构造

(1)门窗过梁。

过梁的形式有砖拱过梁、钢筋砖过梁和钢筋混凝土过梁三种。

①砖拱过梁。

砖拱过梁分为平拱和弧拱(图 2-26)。由竖砌的砖作拱圈,一般将砂浆灰缝做成上宽下窄,上宽不大于 20 mm,下宽不小于 5 mm。砖强度等级不低于 MU7.5,砂浆强度等级不低于 M2.5,砖砌平拱过梁净跨宜小于 1.2 m,不应超过 1.8 m,中部起拱高度约为 $1/50L$(L 为跨度)。

②钢筋砖过梁。

钢筋砖过梁(图 2-27)用砖强度等级不低于 MU7.5,砌筑砂浆强度等级不低于 M2.5。一般在洞口上方先支木模,砖平砌,下设 3～4 根 $\phi 6$ 钢筋,要求伸入两端墙内不少于 240 mm,梁高砌 5～7皮砖,钢筋砖过梁净跨宜为 1.5～2 m。

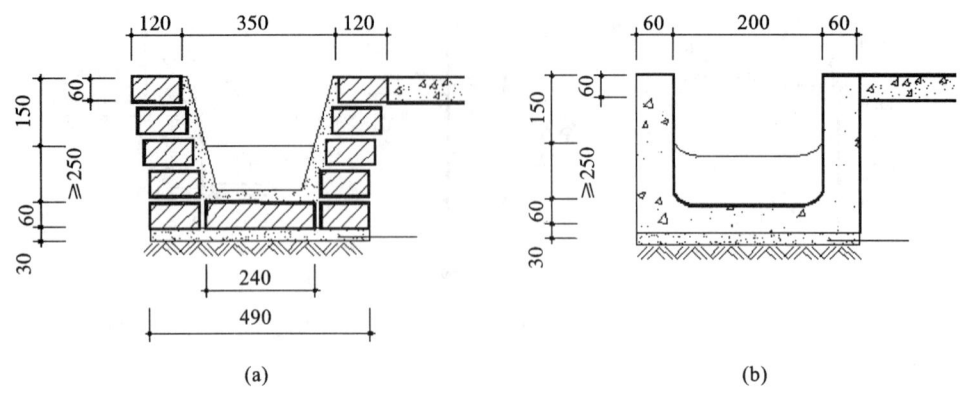

图 2-25　明沟构造(单位:mm)

(a)砖砌明沟;(b)混凝土砌明沟

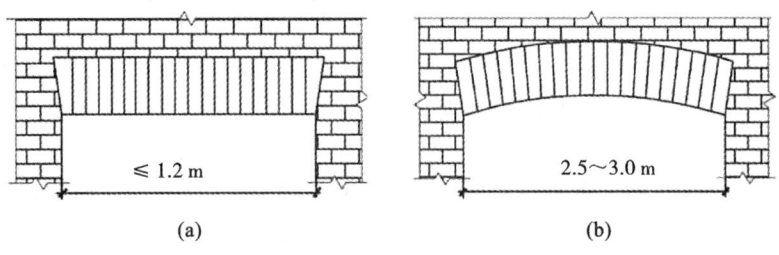

图 2-26　砖拱过梁

(a)砖砌平拱过梁;(b)砖砌弧拱过梁

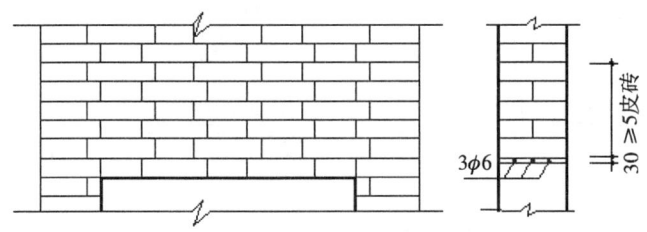

图 2-27　钢筋砖过梁(单位:mm)

③钢筋混凝土过梁。

钢筋混凝土过梁有现浇和预制两种,梁高及配筋由计算确定。为了施工方便,梁高应与砖的皮数相适应,以方便墙体连续砌筑,常见梁高为 60 mm、120 mm、180 mm、240 mm,即 60 mm 的整数倍。梁宽一般同墙厚,梁两端支承在墙上的长度不少于 240 mm,以保证足够的承压面积。

过梁断面形式有矩形和 L 形。为简化构造,节约材料,可将过梁与圈梁、悬挑雨篷、窗楣板或遮阳板等结合起来设计。如在南方炎热多雨地区,常从过梁上挑出 300~500 mm 宽的窗楣板,既保护窗户不淋雨,又可遮挡部分直射太阳光(图 2-28)。

(2) 窗台。

窗台的作用是排除沿窗户流下的雨水,防止其渗入墙身且沿窗缝渗入室内,同时常常设置挑窗台防止雨水流到外墙面(图 2-29)。在内墙或阳台等地方设置的窗户,不受雨水冲刷,可以不设挑窗台。外墙面材料为贴面砖或石材时,墙面易被雨水冲刷干净,也可不设挑窗台。

挑窗台可以用砖砌,也可以用混凝土窗台构件。

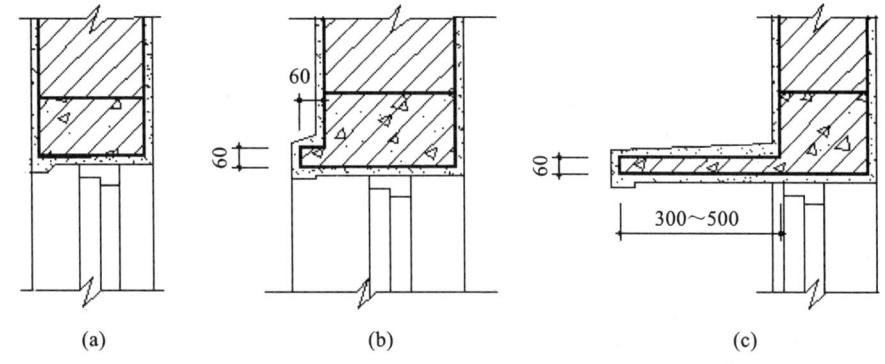

图 2-28 钢筋混凝土过梁(单位:mm)

(a)平墙过梁;(b)带窗套过梁;(c)带窗楣过梁

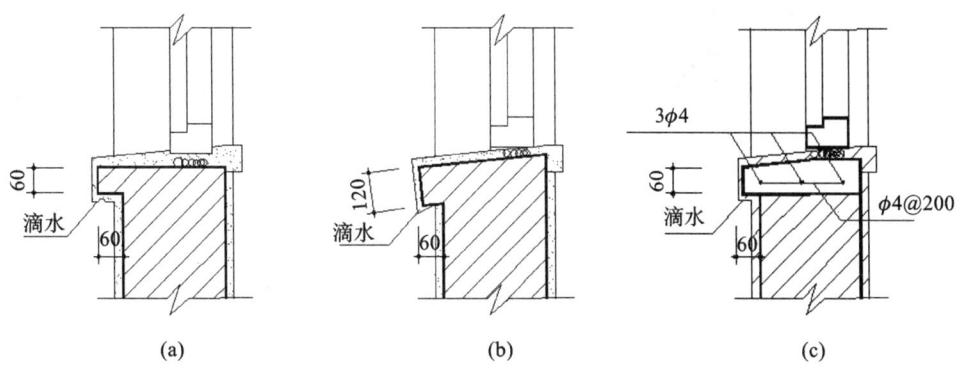

图 2-29 窗台构造(单位:mm)

(a)平砌砖挑窗台;(b)侧砌砖挑窗台;(c)混凝土挑窗台

窗台的构造设计要点如下:

①悬挑窗台向外出挑 60 mm,窗台长度最少每边应超过窗宽 120 mm;

②窗台表面应做抹灰或贴面处理,侧砌窗台可做水泥砂浆勾缝的清水窗台;

③窗台表面应设一定排水坡度,并应注意抹灰与窗下墙的交接处理,防止雨水渗入室内;

④挑窗台下应做滴水或斜坡,引导雨水垂直下落,避免污染窗下墙。

3.墙身的加固

(1)壁柱和门垛。

当墙体的窗间墙上出现集中荷载,而墙厚又不足以承担其荷载;或当墙体的长度和高度超过一定限度并影响到墙体稳定性时,常在墙身局部适当位置增设凸出墙面的壁柱以提高墙体刚度。壁柱凸出墙面的尺寸一般为 120 mm×370 mm、240 mm×370 mm、240 mm×490 mm,或根据结构计算确定。

当在较薄的墙体上开设门洞时,为便于门框的安置和保证墙体的稳定,须在门靠墙转角处或丁字接头墙体的一边设置门垛,门垛凸出墙面不少于 120 mm,宽度同墙厚(图 2-30)。

(2)圈梁。

圈梁的主要作用是提高房屋空间刚度,增加建筑物的整体性,提高砖石砌体的抗剪、抗拉强度,其作用就像水桶的抱箍,可增加建筑结构的整体稳定性(图 2-31)。

圈梁是指沿外墙四周及部分内墙设置在楼板处的连续闭合的梁,可减少由于地基不均匀沉降而引起的墙身开裂。对于抗震设防地区,利用圈梁加固墙身更加有必要。

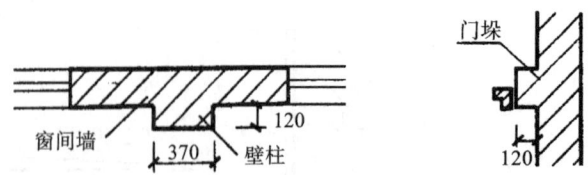

图 2-30   壁柱和门垛(单位:mm)

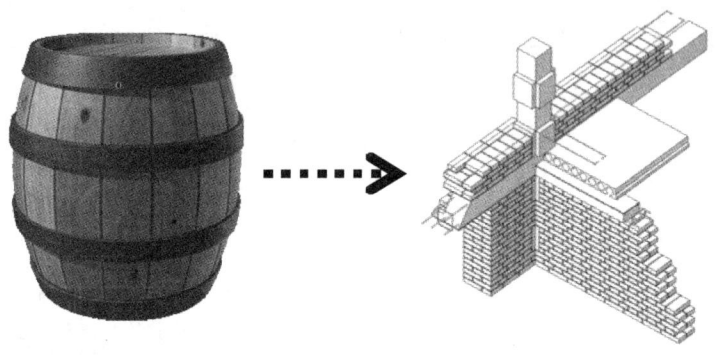

图 2-31   圈梁的作用

目前常见的圈梁多为钢筋混凝土圈梁。钢筋混凝土圈梁的高度不小于 120 mm,宽度与墙厚相同。砌体房屋现浇钢筋混凝土圈梁设置位置及要求见表 2-2。

表 2-2   砌体房屋现浇钢筋混凝土圈梁设置位置及要求

墙体类别	烈度		
	6 度、7 度	8 度	9 度
外墙和内纵墙	屋盖处及每层楼盖处	屋盖处及每层楼盖处	屋盖处及每层楼盖处
内横墙	屋盖处间距不应大于 4.5 m;楼盖处间距不应大于 7.2 m;构造柱对应部位	各层所有横墙处,且间距不应大于 4.5 m;构造柱对应部位	各层所有横墙处

当圈梁被门窗洞口截断时,应在洞口上部增设相同截面的附加圈梁,其配筋和混凝土强度等级均不变(图 2-32)。

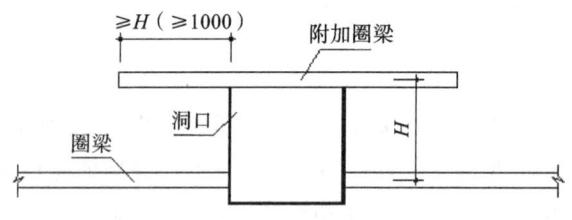

图 2-32   附加圈梁(单位:mm)

(3)构造柱。

在抗震设防地区,为了增加建筑物的整体刚度和稳定性,在墙体承重的结构体系中,墙体中还须设置钢筋混凝土构造柱,使之与各层圈梁连接,形成空间骨架,加强墙体的抗弯、抗剪能力,使墙体在受破坏过程中具有一定的延伸性,有效地防止房屋倒塌。

由于建筑物的层数和抗震设防烈度不同,构造柱的设置要求也不相同。多层砖砌体房屋构造柱的设置要求见表 2-3。

表 2-3 多层砖砌体房屋构造柱的设置要求

房屋层数				设置部位	
6 度	7 度	8 度	9 度		
四、五	三、四	二、三		楼、电梯间四角、楼梯斜梯段上下端对应的墙体处； 外墙四角和对应转角； 错层部位横墙与外纵墙交接处； 较大洞口两侧	隔 12 m 或单元横墙与外纵墙交接处； 楼梯间对应的另一侧内横墙与外纵墙交接处
六	五	四	二		隔开间横墙（轴线）与外墙交接处； 山墙与内纵墙交接处
七	≥六	≥五	≥三		内墙（轴线）与外墙交接处； 内横墙的局部较小墙垛处； 内纵墙与横墙（轴线）交接处

注：较大洞口，内墙指不小于 2.1 m 的洞口，外墙在内外墙交接处已设置构造柱时应允许适当放宽，但洞侧墙体应加强。

构造柱的构造设计（图 2-33）要点如下。

①构造柱最小截面为 180 mm×240 mm，纵向钢筋宜用 4φ12，箍筋间距不大于 250 mm，且在柱上下端宜适当加密；7 度时超过六层、8 度时超过五层和 9 度时，纵向钢筋宜用 4φ14，箍筋间距不大于 200 mm；房屋角的构造柱可适当加大截面及配筋。

②构造柱与墙连接处宜砌成马牙槎，并应沿墙高每 500 mm 设 2φ6 拉结筋，每边伸入墙内不少于 1 m。

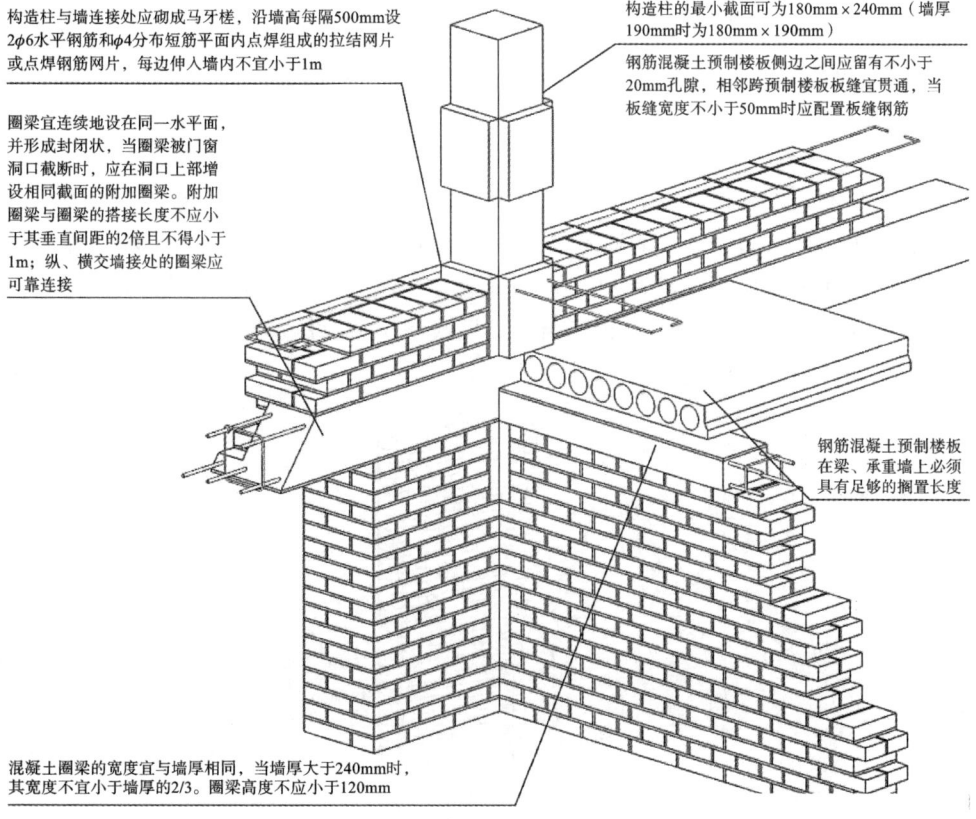

构造柱与墙连接处应砌成马牙槎，沿墙高每隔500mm设2φ6水平钢筋和φ4分布短筋平面内点焊组成的拉结网片或点焊钢筋网片，每边伸入墙内不宜小于1m

构造柱的最小截面可为180mm×240mm（墙厚190mm时为180mm×190mm）

钢筋混凝土预制楼板侧边之间应留有不小于20mm孔隙，相邻跨预制楼板板缝宜贯通，当板缝宽度不小于50mm时应配置板缝钢筋

圈梁宜连续地设在同一水平面，并形成封闭状，当圈梁被门窗洞口截断时，应在洞口上部增设相同截面的附加圈梁。附加圈梁与圈梁的搭接长度不应小于其垂直间距的2倍且不得小于1m；纵、横交墙接处的圈梁应可靠连接

钢筋混凝土预制楼板在梁、承重墙上必须具有足够的搁置长度

混凝土圈梁的宽度宜与墙厚相同，当墙厚大于240mm时，其宽度不宜小于墙厚的2/3。圈梁高度不应小于120mm

图 2-33 构造柱构造设计

③构造柱可不单独设置基础,但应伸入室外地面下 500 mm 或与埋深小于 500 mm 的基础圈梁相连;现浇或整体装配式钢筋混凝土楼、屋盖与墙体有可靠连接的房屋,应允许不另设圈梁,但沿抗震墙体周边的楼板均应加强配筋并应与相应的构造柱钢筋可靠连接。

(4)空心砌块墙墙芯柱。

当采用混凝土空心砌块时,应在房屋四大角处,外墙转角、楼梯间四角处设芯柱(图 2-34)。

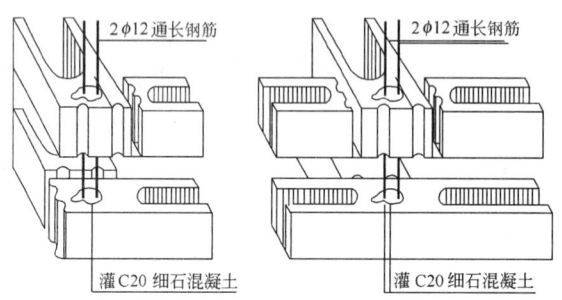

图 2-34 芯柱构造示意图

芯柱的做法:将 C15 细石混凝土填入砌块孔中,并在孔中插入通长钢筋。

2.3 隔 墙 构 造

隔墙是分隔建筑物内部空间的非承重构件,其本身重量由楼板或梁来承担。设计要求隔墙自重轻,厚度薄,有隔声和防火性能,便于拆卸,浴室、厕所的隔墙应能防潮、防水。常用隔墙有砌筑隔墙、轻骨架隔墙和板材隔墙三大类。

2.3.1 砌筑隔墙

砌筑隔墙是指利用普通黏土砖、多孔砖、混凝土空心砌块、加气混凝土砌块以及其他各种轻质砌块等砌筑的墙体(图 2-35)。砖隔墙通常是采用普通黏土实心砖或空心砖顺砌、或采用实心砖侧砌而成的半砖墙。砌筑砂浆的强度等级越高,对其稳定性越有利。多层砌体结构中,后砌的非承重隔墙应沿墙高每隔 500 mm 配 2 根 φ6 钢筋与承重墙或柱拉结,每边伸入墙内不应少于 500 mm。

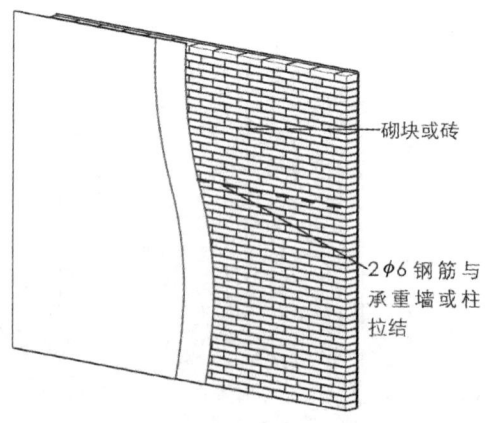

图 2-35 砌筑隔墙构造示意图

2.3.2 轻骨架隔墙

轻骨架隔墙由骨架和面板层两部分组成,骨架有木骨架和金属骨架之分,面板层有板条、钢丝网板条、胶合板、纤维板、石膏板等。由于轻骨架隔墙是先立墙筋(骨架),再做面板层,故又称为立筋式隔墙(图 2-36)。

轻骨架隔墙

图 2-36 轻骨架隔墙

1. 骨架

常用的骨架有木骨架和型钢骨架。近年来,为节约木材和钢材,出现了不少采用工业废料和地方材料以及轻金属制成的骨架。

木骨架由上槛、下槛、墙筋、斜撑及横档组成。上下槛及墙筋断面尺寸为(40~50)mm×(70~100 mm),斜撑与横档断面相同或略小一点,墙筋间距一般为 400 mm,横档间距可与墙筋相同,也可适当放大。

轻钢骨架由各种形式的薄壁型钢制成,其主要优点是强度高、刚度大、自重轻、整体性好、易于加工和大批量生产,还可根据需要拆卸和组装。常用的薄壁型钢有槽钢和工字钢两类。轻钢骨架又可分为无配件骨架和有配件骨架(图 2-37)。

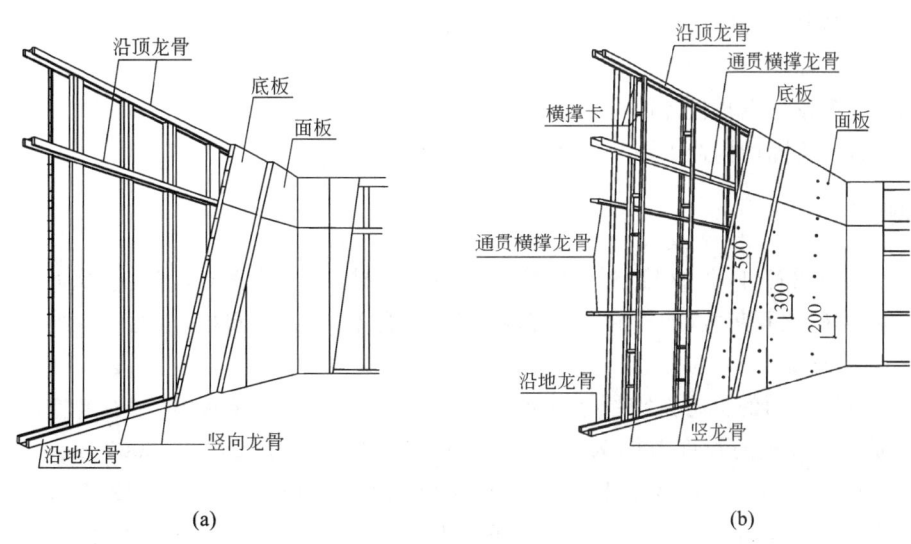

(a)   (b)

图 2-37 轻钢骨架(单位:mm)

(a)无配件骨架;(b)有配件骨架

2. 面板层

轻钢骨架隔墙的面板层一般为人造板材面层,常见的有木质板、石膏板、硅酸钙板、水泥平板等几类。

木质板有胶合板和纤维板(图 2-38),多用于木骨架。胶合板是用阔叶树或松木经旋切、胶合等多种工序制成的,常用的尺寸有 1830 mm×915 mm×4 mm(三合板)和 2135 mm×915 mm×7 mm(五合板)。纤维板多为硬质,用碎木加工而成,常用的尺寸有 1830 mm×1220 mm×3 mm (4.5 mm)和 2135 mm×915 mm×4 mm(5 mm)。

(a)　　　　　　　　　　　　　(b)

图 2-38　木质板

(a)胶合板;(b)纤维板

石膏板有纸面石膏板和纤维石膏板。纸面石膏板是以建筑石膏为主要原料,掺入适量纤维增强材料和外加剂等,与水搅拌后,浇筑于护面纸的面纸与背纸之间,并与护面纸牢固地黏接在一起的建筑板材。纸面石膏板根据辅料构成和护面板性能的不同,可满足不同的耐火和防火要求,但一般不应用于高于 45 ℃的持续高温环境。纤维石膏板是以熟石膏为主要原料,以纸纤维或木纤维为增强材料制成的板材,具有防火、防潮、抗冲压等优点。

硅酸钙板全称是纤维增强硅酸钙板,是以钙质材料、硅质材料和纤维材料为主要原料,经制浆、成胚与蒸压养护等工序制成的板材,具有轻质、高强、防火、防潮、防蛀、防霉、可加工性好等优点。

水泥平板包括纤维增强水泥加压平板、非石棉纤维增强水泥中密度板与低密度板,由水泥、纤维材料和其他辅料制成,具有较好的防火和隔声性能。

隔墙的名称以面层材料而定,如轻钢龙骨石膏板隔墙等。

【实例】　轻钢龙骨石膏板隔墙构造示例

轻钢龙骨石膏板隔墙构造如图 2-39 所示。

2.3.3　板材隔墙

板材隔墙是指用各种高度相当于房间净高的轻质板材,不依赖骨架,直接装配而成的墙体,目前多采用条板,如碳化石灰板、加气混凝土条板、多孔石膏条板、纸蜂窝板、水泥刨花板、复合板等。

1. 轻质条板隔墙

轻质条板隔墙常用的板材有玻纤增强水泥条板、钢丝增强水泥条板、增强石膏空心条板、轻骨料混凝土条板等。条板的长度范围为 2200~4000 mm,常用的为 2400~3000 mm;常用宽度为 600 mm,并以 100 mm 递增;厚度最小的为 60 mm,常用的为 60 mm、90 mm、120 mm。其中,空心条板孔洞的最小外壁厚度不宜小于 15 mm,且两边壁厚应一致,孔间肋厚不宜小于 20 mm。

增强石膏空心条板(图 2-40)具有防火、隔声及抗撞击的能力,但不宜长期处于潮湿环境或接触水的房间,如卫生间、厨房等。

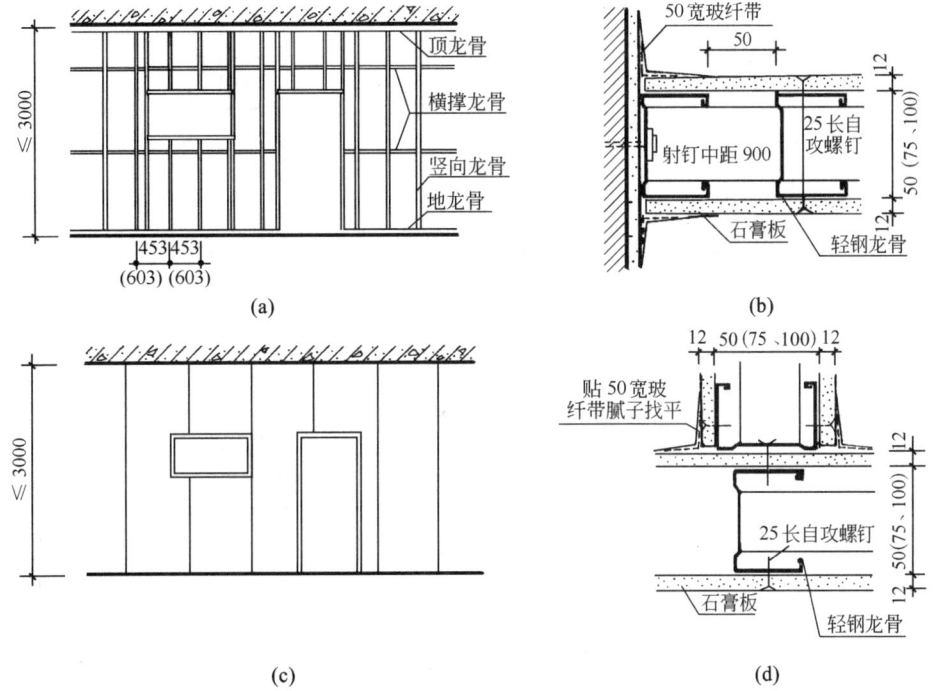

图 2-39 轻钢龙骨石膏板隔墙构造(单位:mm)

(a)龙骨排列;(b)靠墙节点;(c)石膏板排列;(d)丁字隔墙节点

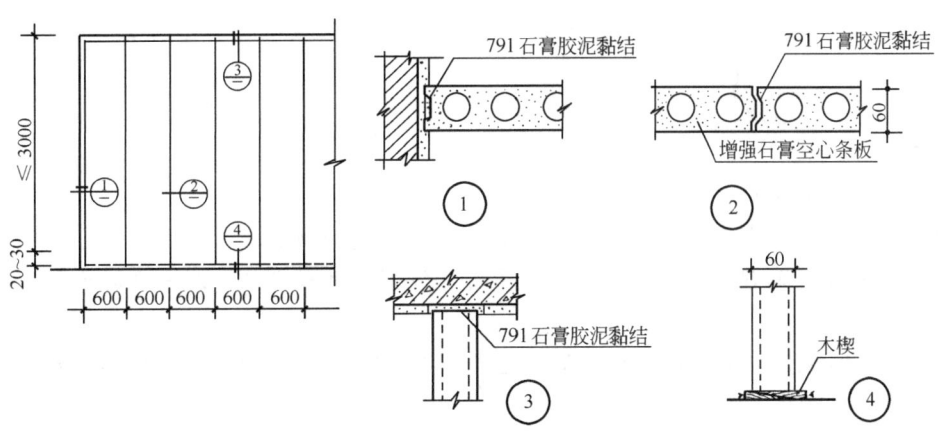

图 2-40 增强石膏空心条板(单位:mm)

2. 蒸压加气混凝土板隔墙

蒸压加气混凝土板由水泥、石灰、砂、矿渣等加发泡剂(铝粉)经原料处理、配料浇注、切割、蒸压养护工序制成。常用于外墙、内墙和屋面。

蒸压加气混凝土板自重较轻,可锯、可刨、可钉、施工简单,防火性能好,板内的气孔是闭合的,能有效抵抗雨水的渗透。但不宜用于高温、高湿或有化学有害空气介质的环境中。蒸压加气混凝土板隔墙如图 2-41 所示。

3. 复合板隔墙

用多种材料制成的多层板为复合板。复合板的面层有石棉水泥板、石膏板、铝板、树脂板、硬质

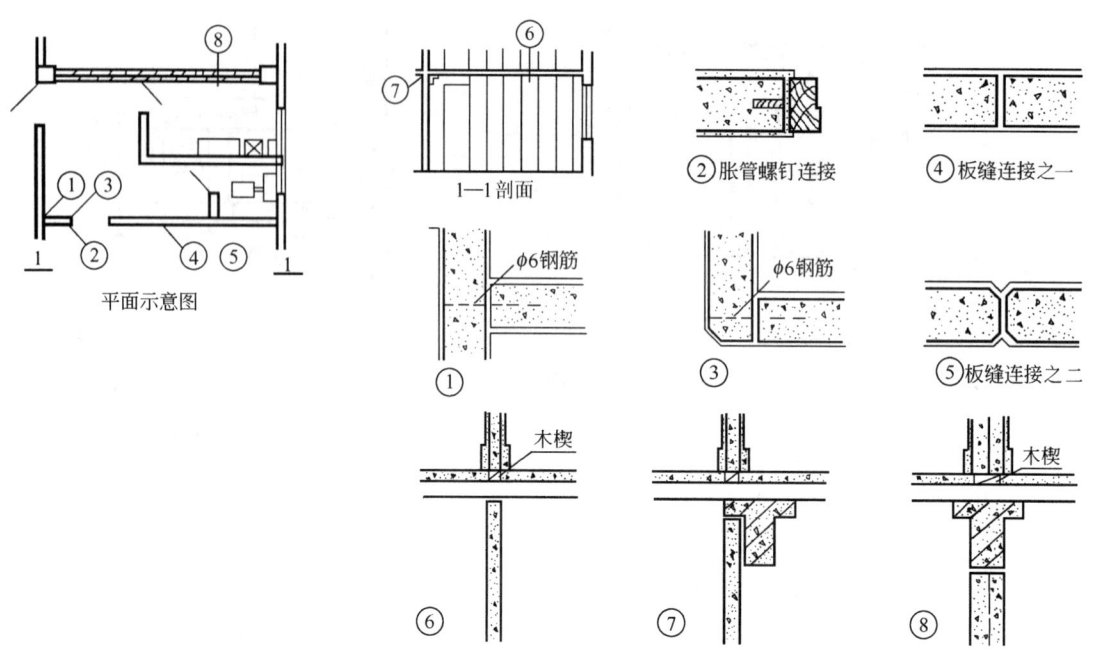

图 2-41　蒸压加气混凝土板隔墙

纤维板、压型钢板等。夹心材料可用矿棉、木质纤维、泡沫塑料和蜂窝状材料等。复合板充分利用材料的性能,大多具有强度高,耐火性、防水性、隔声性能好的优点,且安装、拆卸简便,有利于建筑工业化。

章节自测题

主观题

1. 在建筑设计方案中,可选择的承重体系包括哪几类?

2. 在建筑设计方案中如何考虑墙身的细部构造、保温及隔热?

3. 结合正在进行的建筑设计方案,绘制外墙身纵剖面构造详图(从基础顶面至二层窗台下方)。

要求:使用 A3 图纸,比例自定,材料根据建筑设计方案确定。同时结合计算机绘图课程,用所学的绘图软件绘制。

客观题

请扫下面的二维码,进入第 2 章,进行客观题在线测试与练习。

3 楼 地 层

　　早在石器时代，人们就已经会对生活的室内环境进行处理，会夯实室内地面，并用石灰抹面等进行处理，以获得干燥、清洁、坚硬的室内生活基层和平台。距今 5000 年左右的洛阳王湾的住所中，就使用了石灰涂抹室内地面，使之更加坚硬光滑。同时，出于对防潮的考虑，古人很早就将建筑物坐落在高于周边地坪的平台上，并在礼仪象征的要求下形成高台建筑。随着建筑技术及建筑材料的发展，建筑物实现了垂直叠加，出现了支撑上部荷载、分割上下空间的楼板。各种天然、人工的材料的应用，尤其是大跨度材料及结构的广泛应用使得大规模的高层建筑成为可能。随着人们对建筑艺术方面的需求不断增加，楼板已不仅仅是一个承重结构，也是建筑装饰的重点。通过本章的学习，要求大家掌握钢筋混凝土楼板的分类及其细部构造；掌握阳台及雨篷相关知识和构造做法；能根据具体情况选择合理的构造方案；能查找国家标准及图集获得节点信息；养成终身学习的意识，树立"绿色施工、节能环保"的发展观。

　　楼地层包括楼板层和地坪层(图 3-1)，是建筑的水平承重构件，具有分隔建筑空间的作用。楼板层分隔上下楼层空间，地坪层分隔大地与底层空间。由于它们均是供人们在上面活动的，因而有相同的面层；但由于它们所处位置不同、受力情况不同，因而对结构层有不同的要求。楼板层的结构层为楼板，楼板将所承受的上部荷载及自重收集、转向传递给墙或柱，并由墙柱传给基础。一般情

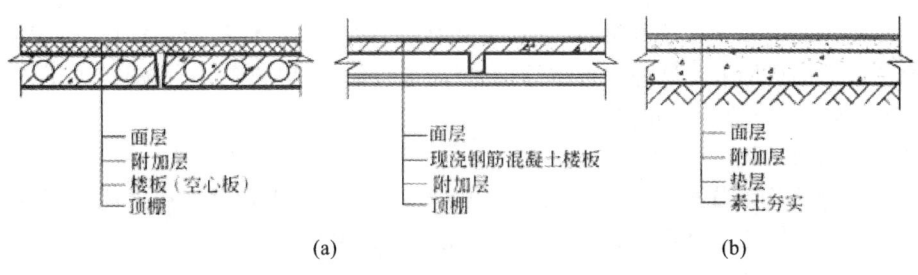

── 面层 ── 附加层 ── 楼板(空心板) ── 顶棚	── 面层 ── 现浇钢筋混凝土楼板 ── 附加层 ── 顶棚	── 面层 ── 附加层 ── 垫层 ── 素土夯实
(a)		(b)

图 3-1　楼地层的组成

(a)楼板层；(b)地坪层

况下,地坪层的结构层为垫层,垫层以下为地基,垫层将所承受的荷载及自重均匀地传给夯实的地基,地坪层只起到维护作用而不承受荷载。当建筑物有地下室或地基无法填实的一层地面,地坪层则需要承受荷载,并将所承受的荷载传递给墙柱。在构造上,楼板层有隔声等功能要求,当地面或楼面的基本构造不能满足使用或构造要求时,可增设隔离层、填充层、防水层、保温绝热层等其他构造层次。

3.1 楼地层的类型及设计要求

3.1.1 楼板层的基本组成

一般情况下,楼板层通常由面层、楼板、顶棚三部分组成,其中楼板是楼板层的结构层,面层和顶棚是在结构层上下各设的装修面层。

1. 面层

面层又称楼面或地面,起着保护楼板、承受并传递荷载的作用,同时面层是人直接接触的室内环境之一,是直接承受各种物理和化学作用的表面,应坚固耐磨、表面平整、易清洁,并根据需要应具有较好的防水、防潮和弹性等性能,它对室内有清洁及装饰美化作用。

2. 楼板

它是楼板层的结构层,一般包括梁和板。主要功能是承受楼板层上的全部静、活荷载,并将这些荷载传给墙或柱,同时还与墙、柱等垂直承载构件组成一个刚性的整体,增强房屋刚度和整体性。

3. 顶棚

它是楼板层的下面部分。根据其构造不同,有抹灰顶棚、粘贴类顶棚和吊顶棚三种,主要作用是装饰和美化使用空间。

根据建筑物的性能需要,可在楼板与面层、楼板与顶棚之间设置附加层。如多层建筑中,往往需要考虑设备管线敷设、防水、保温隔热、隔声等需求而设置的各种附加层。

3.1.2 楼板层的类型

根据使用的材料不同,楼板分为木楼板、砖(石)拱楼板、钢筋混凝土楼板、压型钢板组合楼板等。

1. 木楼板

木楼板是在由墙或梁支承的木搁栅上铺钉木板组成的。木楼板具有自重轻、跨度大、就地取材、保温性能好、舒适、有弹性、节约钢材和水泥等优点,但隔音效果差、易燃、易被虫蛀、易腐蚀、耐久性差,特别是需耗用大量木材,所以,在现代建筑中此种楼板已很少采用,只在传统木构件建筑和现代小型木构住宅中被采用。

2. 砖(石)拱楼板

砖(石)拱楼板的支撑点在墙或梁上,它是利用砖、石等砌体材料的相互挤压,将楼板受到的竖向力传导至两边的梁或墙上。这种楼板的结构简单、造价低廉,但施工耗时较长,占用空间大,整体性弱,不宜用于地震区及地基条件差的地方。

3. 钢筋混凝土楼板

钢筋混凝土楼板具有强度高、防火性能好、耐久性能好、便于工业化生产等优点,是我国应用最广泛的一种楼板。其缺点是自重大、施工时间长、受天气影响大。

4. 压型钢板组合楼板

压型钢板组合楼板是用钢梁和截面为凹凸形的压型钢板与现浇钢筋混凝土组合形成的整体性很强的一种楼板结构。压型钢板既为钢筋混凝土的模板,又起结构作用,楼板是由栓钉(又称抗剪螺钉)将钢筋混凝土、压型钢板和钢梁组合成整体。这种楼板能够增大结构的跨度、减少梁的数量、减轻楼板自重、加快施工进度,在高层建筑中被广泛应用,如图 3-2 所示。

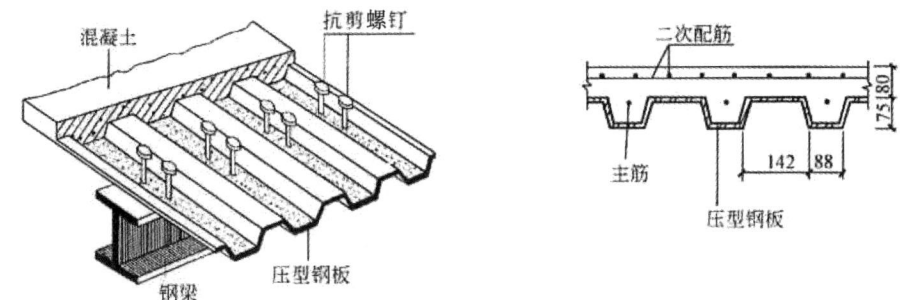

图 3-2　压型钢板组合楼板(单位:mm)

栓钉是组合楼板的剪力连接件,楼面的水平荷载通过它传递到梁、柱、框架,所以又称抗剪螺钉。其规格、数量是按楼板与钢梁连接处的剪力大小确定的,栓钉应与钢梁牢固焊接。

3.1.3　楼地层的设计要求

楼板层的设计应满足建筑的使用、结构、施工以及经济等多方面的要求。

1. 具有足够的承载力和刚度

楼板是承重结构,应具有足够的承载力和刚度才能保证房屋的安全和正常使用。足够的承载力指楼板能够承受使用荷载和自重。使用荷载因房间的使用性质不同而各异,自重则是指楼板层材料的自重。楼板要保证在各种条件下能够受力、传力而不被损坏。

足够的刚度即楼板的抗变形能力,要求变形应在允许的范围内,保证在各种荷载条件下都不发生明显的变形和振动。它是用相对挠度(即绝对挠度与跨度的比值)来衡量的。

2. 满足隔声、防火、热工等方面的要求

楼板是上下叠加的使用空间的支撑和分隔,因此必须要采取必要的材料和构造手法来防止上下空间的干扰,尤其是振动(噪声)的干扰,保证楼板层的隔声效果。不同使用性质的房间对隔声的要求不同,但均应满足各类建筑房间的允许噪声级和撞击声隔声标准(表 3-1、表 3-2)。

表 3-1　室内允许噪声级(昼间)

建筑类别	房间名称	允许噪声级(A 声级)/dB			
		特级	一级	二级	三级
住宅	卧室、书房、起居室	—	<40	V45	W50
			<45	<50	<50
学校	有特殊安静要求的房间	—	<40	—	—
	一般教室	—	—	<50	—
	无特殊安静要求的房间	—	—	—	<55
医院	病房、医护人员休息室	—	<40	<45	<50
	门诊室	—	<55		<60
	手术室	—	<45	<45	<50
	听力测听室	—	W25		<30

续表

建筑类别	房间名称	允许噪声级（A声级）/dB			
		特级	一级	二级	三级
旅馆	客房	<35	<40	W45	<55
	会议室	<40	<45	<50	<50
	大厅	<40	<45	<50	—
	办公室	<45	<50	<55	<55
	餐厅、宴会厅	W50	<55	W60	—

注：（1）有特殊安静要求的房间指语音教室、录音室、阅览室等。

（2）一般教室指普通教室、自然教室、音乐教室、琴房、阅览室、视听教室、美术教室、舞蹈教室等。

（3）无特殊安静要求的房间指健身房、以操作为主的实验室、教师办公室及休息室等。

表 3-2　撞击声隔声标准

建筑名称	楼板部位	计权标准化撞击声压级/dB			
		特级	一级	二级	三级
住宅	分户层间楼板	—	<65	<75	
学校	有特殊安静要求的房间与一般教室之间	—	<65	—	—
	一般教室与产生噪声的活动室之间	—	—	<65	—
	一般教室与教室之间	—	—	—	<75
医院	病房与病房之间	—	<65	<75	
	病房与手术室之间	—	—	<75	
	听力测听室上部楼板	—	<65		
旅馆	客房层间楼板	<55	<65	<75	
	客房与各种有振动房间之间的楼板	<55	<65		

注：（1）有特殊安静要求的房间指语音教室、录音室、阅览室等。

（2）一般教室指普通教室、自然教室、音乐教室、琴房、阅览室、视听教室、美术教室、舞蹈教室等。

（3）无特殊安静要求的房间指健身房、以操作为主的实验室、教师办公室及休息室等。

噪声的传播途径主要有空气传声和固体传声两种。空气传声，如说话声、汽车喇叭声及吹号、拉提琴等乐器声都是通过空气来传播的。隔绝空气传声，应采取的措施是保证和加强建筑隔声部位（构件）的密闭性，增加构件的密实性及厚度，如使楼板密实、无裂缝、达到一定的厚度等构造措施来达到。

固体传声则是指由于直接打击或冲撞建筑构件使之振动而发出并通过该物体传播的声音，如步履声、移动家具对楼板的撞击声等。由于声音在固体中传递时，声能衰减很小，所以固体传声较空气传声的影响更大。因此，楼板层隔声主要是针对固体传声。

隔绝固体传声对下层空间的影响，首先可以采用铺设弹性面层的构造方法，如在楼面铺设地毯、橡胶、软木板等弹性面层，以减弱撞击楼板时所产生的噪声，减弱楼板的振动（图 3-3）。这种方法比较简单，隔声效果也较好，同时还起到了装饰美化室内空间的作用，是应用较广泛的一种方法。

第二种隔绝固体传声的方法是采用浮筑式楼板（图 3-4），即使用如刨花板、石棉、泡沫塑料或软木片等弹性材料做垫层或垫块，再在其上做面层，使楼板面层与结构层之间被弹性材料隔开，从而实现减弱由面层传来的固体声能达到隔声的目的。这种做法要注意楼板面层与结构层（包括面层

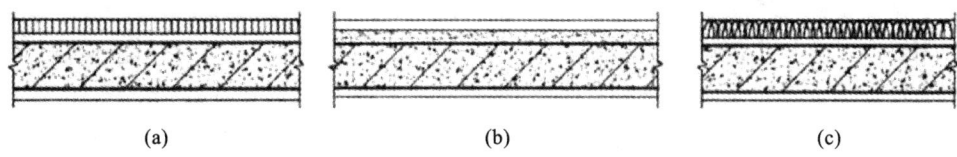

图 3-3 楼面铺设弹性面层

(a)铺地毯;(b)贴橡胶或塑料毡;(c)镶软木板

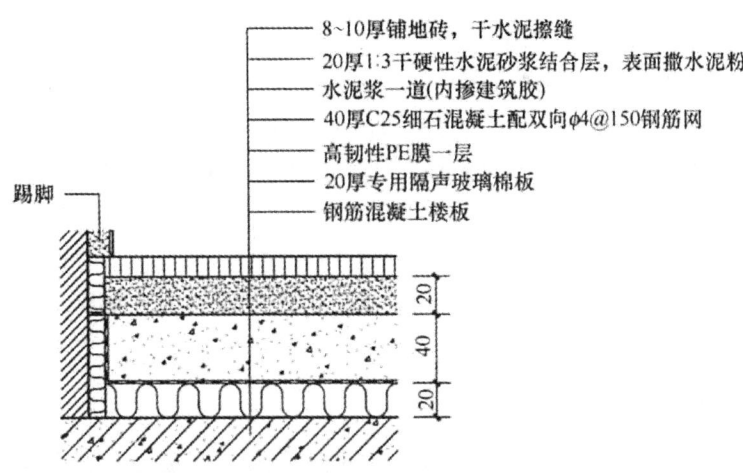

8~10厚铺地砖,干水泥擦缝
20厚1:3干硬性水泥砂浆结合层,表面撒水泥粉
水泥浆一道(内掺建筑胶)
40厚C25细石混凝土配双向φ4@150钢筋网
高韧性PE膜一层
20厚专用隔声玻璃棉板
钢筋混凝土楼板

踢脚

图 3-4 浮筑式楼板的构造做法(单位:mm)

与墙体交接处)都要完全"浮筑",以防止产生声桥。

第三种隔绝固体传声的方法是结合室内空间的要求,在楼板下设置封闭式吊顶棚(吊顶),使撞击楼板产生的振动不能直接传入下层空间。在楼板与顶棚间留有空气层,吊顶与楼板采用弹性挂钩连接,使声能减弱。对隔声要求高的房间,还可在顶棚上铺设吸声材料,加强隔声效果(图 3-5)。

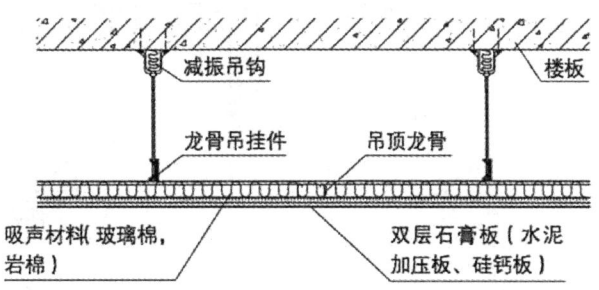

减振吊钩   楼板
龙骨吊挂件   吊顶龙骨
吸声材料(玻璃棉,岩棉)   双层石膏板(水泥加压板、硅钙板)

图 3-5 楼板设吊顶棚的构造做法

对于隔绝固体传声的三种措施,以铺设弹性面层的方法采用较多;浮筑式楼板层虽然增加造价不多,效果也较好,但施工较麻烦,因而采用较少。

楼板层应根据建筑物的等级、防火要求进行设计,以满足防火规范对楼板的耐火极限和燃烧性能的要求。

楼板层还应满足一定的热工要求。对于有一定温、湿度要求的房间,常在楼板层中间设置保温层,使楼面的温度与室内温度一致,减少通过楼板的冷热损失。

对于如厨房、浴室、卫生间等用水较多的房间,其地面易潮湿、积水,楼地层应采取防水、防滑的构造措施,并设排水坡坡向地漏,以迅速排水。

3. 满足建筑经济的要求

在一般情况下,多层房屋楼板的造价占房屋土建总造价的20%～30%。因此,应注意结合建筑物的质量标准、使用要求以及施工技术条件,选择经济合理的结构形式和构造方案,尽量减少材料的消耗和楼板层的自重,并为工业化创造条件,以加快建设速度,降低造价。

3.2 钢筋混凝土楼板

钢筋混凝土楼板根据施工方法的不同,可分为预制装配式、现浇整体式和装配整体式三种。预制装配式钢筋混凝土楼板能节省模板,并能改善构件制作时工人的劳动条件,有利于提高劳动生产率和加快施工进度,但楼板的整体性较差,建筑的刚度也不如现浇式的建筑刚度好。现浇整体式钢筋混凝土楼板是在施工现场经过支模板、绑扎钢筋、浇筑混凝土、养护、拆模等施工工序制作而成。它具有整体性好、刚度

装配式钢筋
混凝土楼板

大、利于抗震、梁板布置灵活等优点,能适应各种不规则形状和需留孔洞等特殊要求的建筑,但施工速度慢、受气候条件影响较大、模板材料的耗用量大。一些建筑为节省模板、加快施工进度和增强楼板的整体性,常做成装配整体式楼板。

3.2.1 预制装配式钢筋混凝土楼板

预制装配式钢筋混凝土楼板是把楼板分成若干构件,在工厂或预制场预先制作好,然后在施工现场进行安装。预制板的长度应与房屋的开间或进深一致,长度一般为 300 mm 的倍数。板的宽度根据制作、吊装和运输条件以及有利于板的排列组合确定,一般为 100 mm 的倍数。板的截面尺寸须经过结构计算确定。

常用的预制钢筋混凝土板,根据其截面形式可分为平板、槽形板和空心板三种类型(图 3-6)。

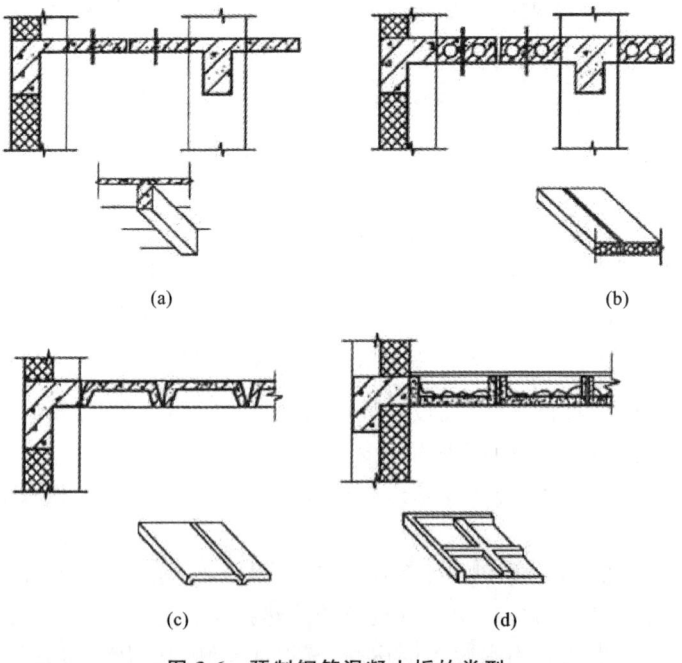

(a)   (b)

(c)   (d)

图 3-6　预制钢筋混凝土板的类型

(a)平板;(b)空心板;(c)正放槽形板;(d)倒放槽形板

1. 平板

实心平板板面上下平整,制作较为简单,但自重较大,隔声效果差。一般用于小跨度(1500 mm 左右)如走道、卫生间、阳台、雨篷等处的楼板,也可作管沟盖板。实心平板板厚为跨度的 1/25～1/10,常用 60～100 mm。

2. 槽形板

当板的跨度尺寸较大时,为了减轻板的自重,提高板的刚度,可将板做成由肋和板构成的槽形板。作用在槽形板上的荷载主要由两侧的纵肋承受,因此板可做得较薄(30～40 mm)。有时为了加强槽形板的刚度,需在两纵肋之间增加横肋。

跨长为 3～6 m 的非预应力槽形板,板肋高为 120～240 mm,板的厚度仅为 30 mm。槽形板减轻了板的自重,具有节省材料、便于在板上开洞等优点,但隔声效果差。当槽形板正放(肋朝下)时,板底不平整;槽形板倒放(肋向上)时,须在板上进行构造处理,使其平整,槽内可填轻质材料,起保温、隔声作用(图 3-7)。槽形板正放常用作厨房、卫生间、库房等的楼板。当对楼板有保温、隔声要求时,可考虑采用倒放槽形板。

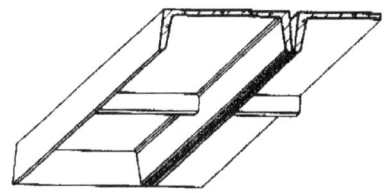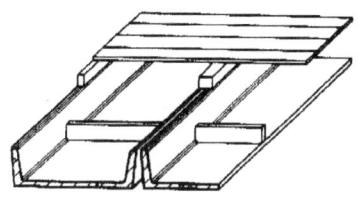

图 3-7 槽形板放置方式

3. 空心板

空心板从力学性能上看是槽形板的特例,结合考虑隔声的要求,并使板面上下平整,可将预制板抽孔做成空心板(图 3-8),空心板孔的形状有矩形、方形、圆形、椭圆形。矩形孔较为经济,但抽孔困难,圆形孔的板刚度较好,制作也较方便,因此使用较广。根据板的宽度,孔数有单孔、双孔、三孔、多孔。目前我国预应力空心板的跨度尺寸可达到 6 m、6.6 m、7.2 m 等,板厚常用 120～240 mm。

图 3-8 空心板

板的布置方式有两种:一种是板直接搁置在墙上,形成板式结构;另一种是将板搁置在梁上,梁支承在墙或柱子上,形成梁板式结构。板的布置方式视结构布置方案而定。预制板搁置在墙上或梁上,均应有足够的搁置长度,支承在梁上其搁置长度不应小于 80 mm;支承在墙上其搁置长度不应小于 100 mm,并在墙上或梁上铺厚度不小于 10 mm 的水泥砂浆,即坐浆,以保证楼板与墙或梁较好地连接。为避免在支座处将板端压坏,板端孔内常用砖块或混凝土填实,如图 3-9 所示。

(1)板缝处理。

为了便于板的安装,板的标志尺寸和构造尺寸之间有 10～20 mm 的差值,这样就形成了板缝。常见的板缝有 V 形缝、U 形缝和凹形缝三种(图 3-10)。V 形缝处理简单,但强度不够;U 形缝易于灌浆,但不牢固;凹形缝连接牢固,但灌浆困难。

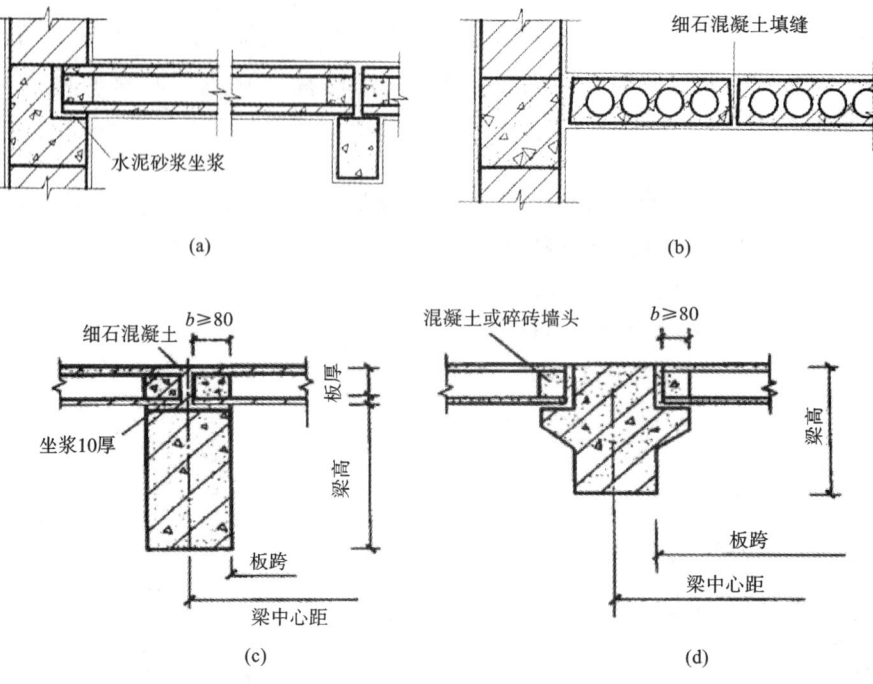

图 3-9 预制空心板(单位:mm)

(a)横剖面;(b)纵剖面;(c)板搁置在矩形梁上;(d)板搁置在花篮梁上

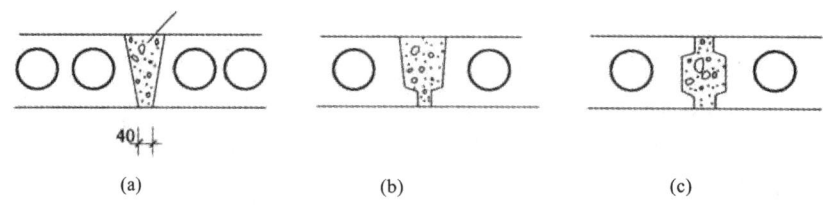

图 3-10 板缝

(a)V 形缝;(b)U 形缝;(c)凹形缝

　　在预制板的结构布置时,一般要求板的类型、规格种类越少越好,并应优先选用宽度大的板型,以简化板的制作与安装。在排板设计时,当按照"标准板缝"(即最小允许板缝宽度)排板与房间平面尺寸出现差距时,可以采用以下三种处理办法:第一,可以通过不同宽度的预制板进行调整;第二,可以适当地调大板缝的宽度;第三,采用局部现浇钢筋混凝土板带,现浇板带的位置一般位于墙边,以方便埋设穿越楼板的管道,或设置于自重较大的隔墙之下,如图 3-11 所示。

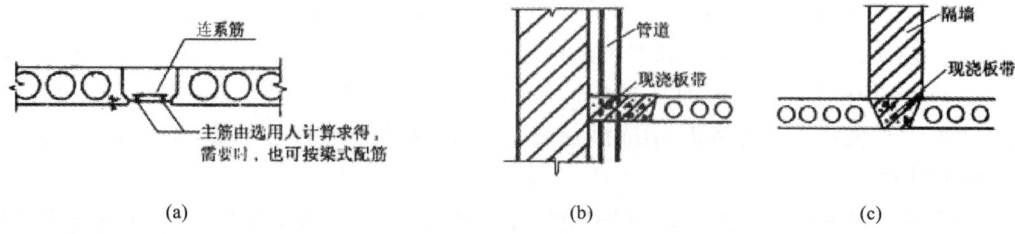

图 3-11 排板设计

(a)调大板缝;(b)墙边设现浇板带;(c)隔墙下设现浇板带

当预制楼板非搁置端与边梁存在缝隙时,其连接处处理如图 3-12 所示。

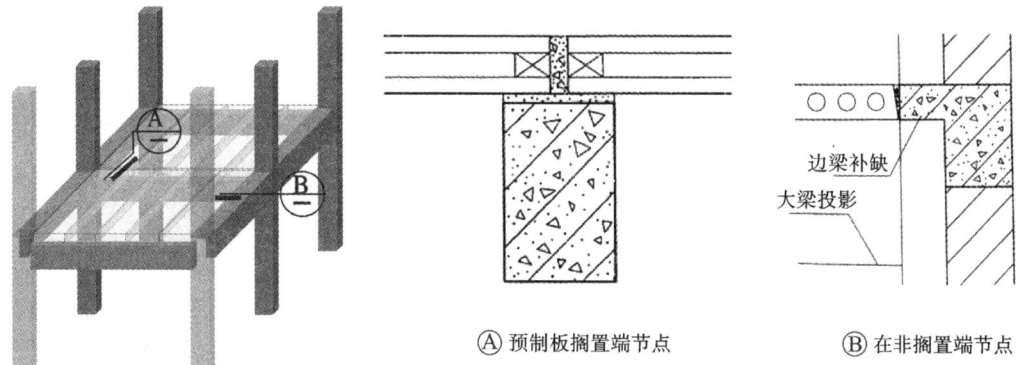

Ⓐ 预制板搁置端节点　　　　Ⓑ 在非搁置端节点

图 3-12　预制板非搁置端节点处理

(2) 隔墙与楼板的关系。

当隔墙直接放置在楼板上时,必须从结构上予以考虑。不易将隔墙直接放置在楼板上时,应采取一些构造措施(图 3-13)。

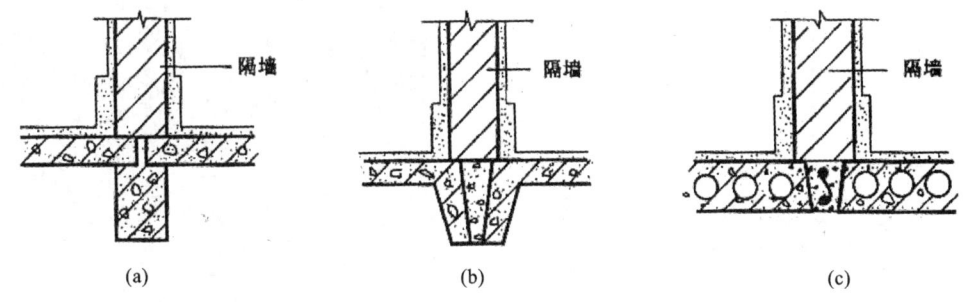

图 3-13　隔墙与楼板的关系

(a)隔墙支承在梁上;(b)隔墙支承在纵筋上;(c)板缝配筋

3.2.2　现浇整体式钢筋混凝土楼板

现浇整体式钢筋混凝土楼板按受力和传力情况不同分为板式楼板、肋梁楼板、井式楼板和无梁楼板四种。

1. 板式楼板

板式楼板在墙体承重结构中被广泛应用,当房间尺度较小,楼板上的荷载直接靠楼板传给墙体,这种楼板称为板式楼板。板式楼板多用于跨度较小的房间或走廊、雨篷等处。

根据楼板的平面形状及其周边支承情况,可将其分为单向板和双向板。在板承受和传递荷载的过程中,板的长边尺寸与短边尺寸的比值情况,对板的承载方式影响极大。在楼板的四周全部有支承的情况下,当 $l_2/l_1 > 2$ 时,在荷载作用下,板基本上只在短跨方向(即平行于 l_1 的方向)产生挠曲,而在长跨方向(即平行于 l_2 的方向)的挠曲很小,见图 3-14(a),这表明荷载主要沿短跨方向传递,故称单向板;当 $l_2/l_1 \leqslant 2$ 时,则长跨、短跨两个方向都有较明显的挠曲,见图 3-14(b),这说明板在两个方向都传递荷载,故称为双向板。如果楼板只在相对两边或只在一边有支承,荷载仍然只能沿着一个方向传递,这种仍为单向板。

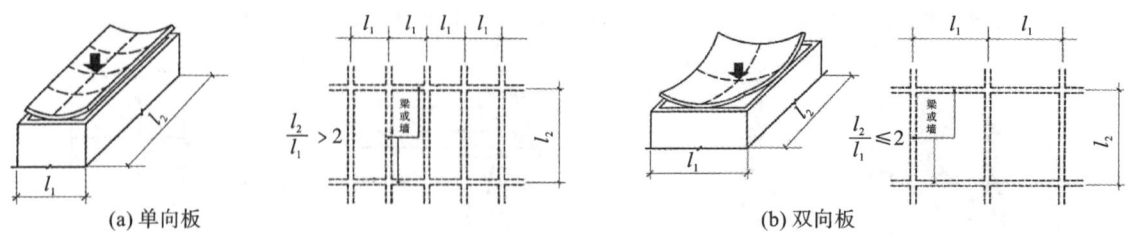

图 3-14　单向板与双向板

2. 肋梁楼板

当需要较大的建筑空间时，为使楼板结构的受力更加经济合理，常在板下设梁以增加板的支承点，减小板的跨度和厚度，使楼板上的荷载先由板传递给梁，然后再由梁传递给墙或柱。这样的楼板为肋梁楼板，也称梁板式楼板。

现浇肋梁楼板由板、次梁、主梁现浇而成。根据板的受力状况不同，楼板有单向板肋梁楼板、双向板肋梁楼板。如图 3-15 所示为单向板肋梁楼板，板由次梁支承，次梁的荷载传给主梁。在进行肋梁楼板的布置时应遵循以下原则。

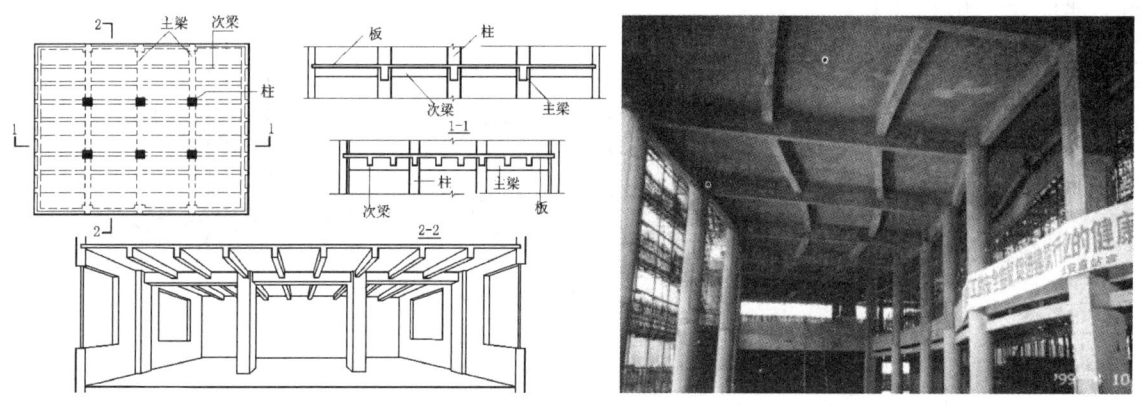

图 3-15　单向板肋梁楼板

（1）承重构件，如柱、梁、墙等应有规律地布置，宜做到上下对齐，以利于结构直接传力，受力合理。

（2）板上不宜布置较大的集中荷载，自重较大的隔墙和设备宜布置在梁上，梁应避免支承在门窗洞口上。

（3）满足经济要求。一般情况下，常采用的单向板跨度尺寸为 1.7～3.6 m，不宜大于 4 m。双向板短边的跨度宜小于 4 m，方形双向板宜小于 5 m×5 m。主梁的跨度一般为 5～8 m；次梁的跨度即为主梁的间距，一般为 4～6 m。

3. 井式楼板

当需要的建筑空间较大，并且其平面形状为正方形或接近正方形（长短边之比一般不能大于 1.5）时，肋梁楼板两个方向的梁不分主次、高度相等、同位相交、呈井字形布置，形成井式楼板（图 3-16）。因此，井式楼板实际是肋梁楼板的一种特殊形式。井式楼板的板为双向板，所以井式楼板也是双向板肋梁楼板。

井式楼板梁与楼板平面的边线一般采用正交正放的形式，也可以采用正交斜放或斜交斜放等形式（图 3-17）。此种楼板的梁板布置图案美观，有装饰效果，并且由于两个方向的梁互相支撑，中间不需要设柱就可以满足较大的建筑空间结构要求。所以，一些大厅、放映厅等常采用井式楼板，

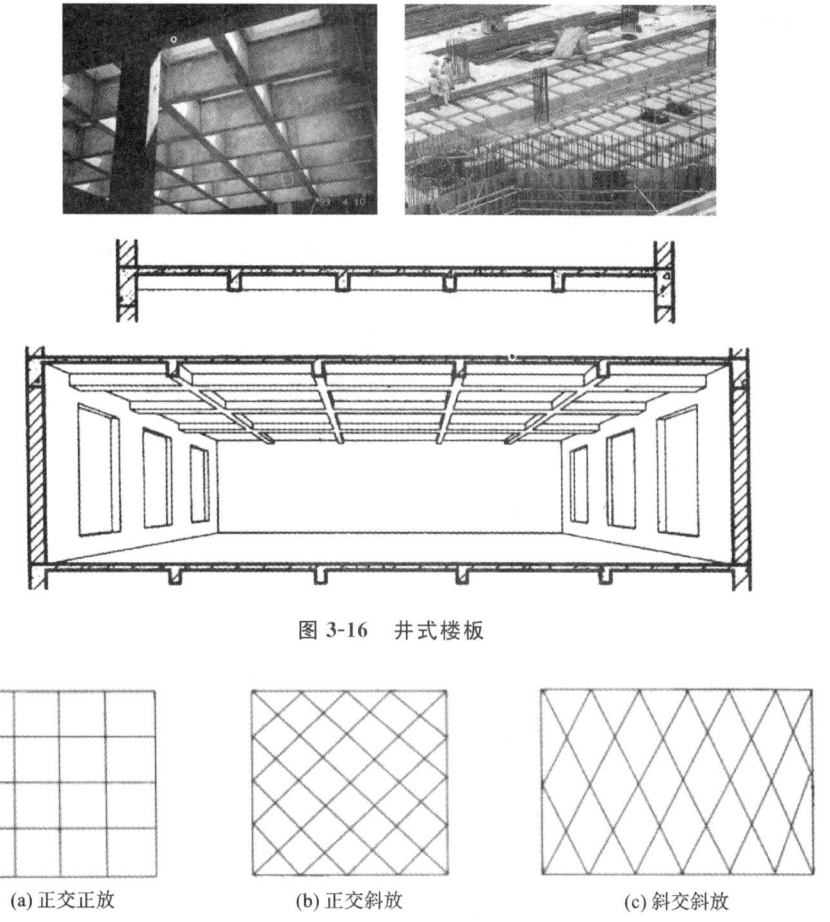

图 3-16　井式楼板

(a) 正交正放　　　　　(b) 正交斜放　　　　　(c) 斜交斜放

图 3-17　开式楼板梁板布置

其跨度可达 20～30 m,梁的间距一般为 3 m 左右。

4. 无梁楼板

无梁楼板不设梁,是将板直接支承在柱上的一种双向受力的板柱结构(图 3-18)。为了提高柱顶处平板的受冲切承载力,往往在柱顶设置柱帽。无梁楼板采用的柱网通常为正方形或接近正方形,这样较为经济。板的厚度一般取其跨度的 1/30～1/25,并且不应小于 150 mm;柱距的大小根据建筑设计的要求综合确定,一般在 6～10 m 较为经济合理。采用无梁楼板时,顶棚平整,有利于室内的采光、通风,视觉效果较好,且能增大室内净高(或在保持相同净高的条件下降低层高),但楼板较厚,当楼面荷载较小时不经济。无梁楼板常用于商场、展览厅、多层车库、工业厂房、仓库等建筑。

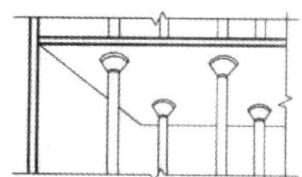
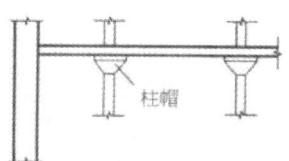

图 3-18　无梁楼板

无梁楼板抗侧刚度较差,当层数较多或有抗震要求时,宜设置剪力墙,形成板柱-剪力墙结构。

3.2.3 装配整体式钢筋混凝土楼板

装配整体式钢筋混凝土楼板是一种预制装配和现浇相结合的楼板类型。

1. 叠合式楼板

现浇钢筋混凝土楼板的整体性好,但施工速度慢,耗费模板;装配式钢筋混凝土楼板的整体性差,但施工速度快,节省模板。将整个钢筋混凝土楼板结构层厚度的下半部分进行预制,然后再在其上现场配置部分钢筋并浇筑混凝土,两个部分叠合起来共同形成完整的楼板结构层,这种楼板称为叠合式楼板。叠合式楼板既可以节省模板、减少拆除模板的工序,又保留了整体性好的优势,但其施工较麻烦(图 3-19)。叠合式楼板的预制钢筋混凝土薄板既是永久性模板,承受施工荷载,也是整个楼板结构的一个组成部分。预应力混凝土薄板内配以高强钢丝作为预应力筋,同时也作为楼板的跨中受力钢筋,板面现浇混凝土叠合层,只需配置少量的支座负弯矩钢筋。所有楼板层中的管线均事先埋在叠合层内,现浇叠合层内预制薄板底面平整,作为顶棚时,可直接喷浆或粘贴装饰顶棚壁纸。预制薄板叠合式楼板常在住宅、宾馆、学校、办公楼、医院以及仓库等建筑中应用。

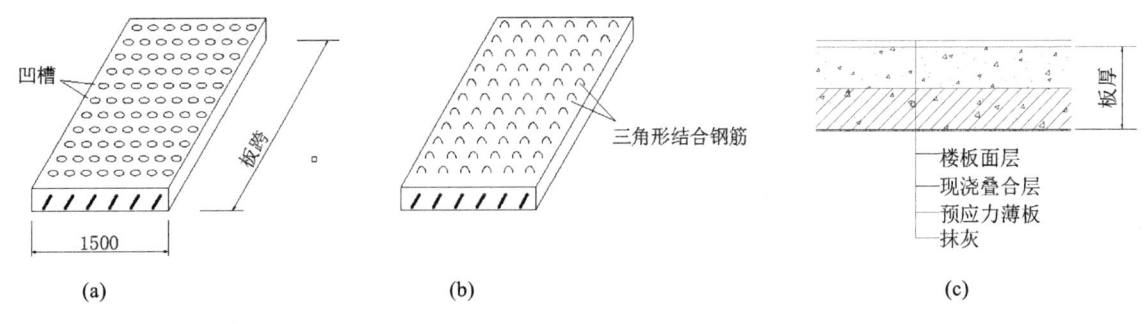

凹槽

板宽

1500

(a)

三角形结合钢筋

(b)

板厚

楼板面层
现浇叠合层
预应力薄板
抹灰

(c)

图 3-19 叠合式楼板(单位:mm)

(a)板面刻槽楼板;(b)板面露出三角形结合钢筋;(c)叠合组合楼板结合钢筋

为了保证预制薄板与叠合层有较好的连接,薄板上表面应作处理,常见的处理方式有两种:一是在上表面做凹槽处理,见图 3-19(a),刻槽直径 50 mm、深 20 mm、间距 150 mm;另一种是在薄板上表面预留较规则的三角形状的结合钢筋,见图 3-19(b)。现浇叠合层的混凝土强度等级为 C20,厚度一般为 70~120 mm。叠合式楼板的总厚度取决于板的跨度,一般为 150~250 mm,楼板厚度以薄板厚度的两倍为宜。

2. 密肋填充块楼板

密肋填充块楼板通常由密肋楼板和填充块叠合而成,包括现浇密肋楼板、预制小梁现浇楼板等。

密肋填充块楼板间的填充块,常用陶土空心砖或焦渣空心砖。其板底平整,有较好的隔声、保温、隔热效果。密肋填充块楼板由于肋间距小,肋的截面尺寸不大,楼板结构所占的空间较小。此种楼板由于施工较麻烦,大中城市采用较少。

3.3 地坪层构造

地坪层是建筑物底层与土壤相接的构件,和楼板层一样,它承受着底层地面上的荷载,并将荷载直接均匀地传给地基(实铺地坪)或通过梁板传给地基(架空地坪)。

地坪层由素土夯实层、垫层和面层构成。对于有特殊要求的地坪,还可以设各种附加构造层,如找平层、结合层、防潮层、保温层、管道敷设层等。

1. 素土夯实层

素土夯实层是地坪的基层,也称地基。素土即为不含杂质的砂质黏土,经分层夯实后,才能承受垫层传下来的地面荷载。通常是分层填300 mm厚的素土夯实成200 mm厚形成素土夯实层,使之能均匀承受荷载。

2. 垫层

垫层是承受并传递荷载给地基的结构层,垫层有刚性垫层和非刚性垫层之分。刚性垫层常用低强度等级混凝土,一般采用C15混凝土,其厚度为80～100 mm;非刚性垫层常用的有50 mm厚砂垫层、80～100 mm厚碎石灌浆、50～70 mm厚石灰炉渣、70～120 mm厚三合土(石灰、炉渣、碎石)。

刚性垫层用于地面要求较高及薄而性脆的面层,如水磨石地面、瓷砖地面、大理石地面等。

非刚性垫层常用于厚而不易断裂的面层,如混凝土地面、水泥制品块地面等。

对某些室内荷载大且地基又较差的有保温等特殊要求的地面,或面层装修标准较高的地面,可在地基上先做非刚性垫层,再做一层刚性垫层,即复式垫层。

3. 面层

地坪面层与楼盖面层一样,是人们日常生活、工作、生产直接接触的地方,不同房间,对面层有不同的要求,总体来说,面层应坚固耐磨、表面平整、光洁、易清洁、不起尘。对于居住和人们长时间停留的房间,要求面层有较好的蓄热性和弹性;对于浴室、厕所,要求面层耐潮湿、不透水;对于厨房、锅炉房,要求面层防水、耐火;对于实验室,则要求面层耐酸碱、耐腐蚀等。

3.4　阳台及雨篷

3.4.1　阳台的类型、组成及要求

阳台是多层或高层建筑中不可缺少的室内外过渡空间,是为人们提供户外活动的场所。阳台可以看作楼板的延伸,也可以看作一个小型、简易的屋顶。阳台的设置对建筑物的外部形象也起着重要的作用。各种阳台样式如图3-20所示。

阳台按使用要求不同可分为生活阳台和服务阳台。根据阳台与建筑物外墙的关系,阳台可分为挑(凸)阳台、凹阳台(凹廊)和半挑半凹阳台(图3-21)。阳台按在外墙上所处的位置不同,有中间阳台和转角阳台之分。当阳台的长度占有两个或两个以上开间时,称为外廊。

阳台由承重结构(梁、板)和栏杆组成。阳台的结构及构造设计应满足以下要求。

1. 安全、坚固

挑阳台及半挑半凹阳台出挑部分的承重结构均为悬臂结构,阳台挑出长度应满足结构抗倾覆的要求,以保证结构安全。阳台栏杆、扶手构造应坚固、耐久,并给人们以足够的安全感。

2. 适用、美观

阳台挑出长度根据使用要求确定,一般为1～1.5 m。阳台地面应低于室内地面60 mm左右,以免雨水流入室内,同时应设置一定坡度和排水设施,使排水顺畅(图3-22)。阳台栏杆应结合地区气候特点,并满足立面造型的需要。

3.4.2　阳台承重结构的布置

阳台承重结构通常是楼板的一部分,因此阳台承重结构应与楼板的结构布置统一考虑,且主要采用钢筋混凝土阳台板。钢筋混凝土阳台可采用现浇式、装配式或现浇与装配相结合的方式。

图 3-20 阳台样式

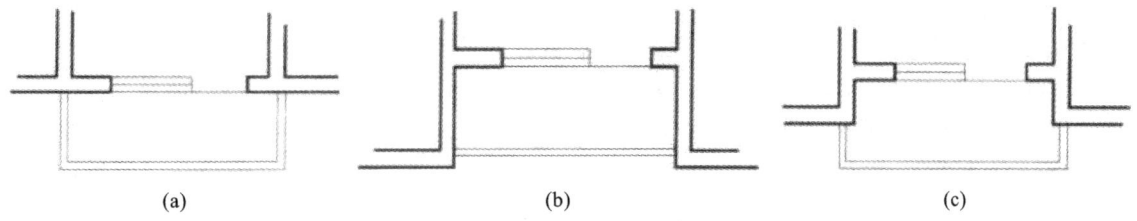

图 3-21 阳台类型

(a)挑阳台；(b)凹阳台；(c)半挑半凹阳台

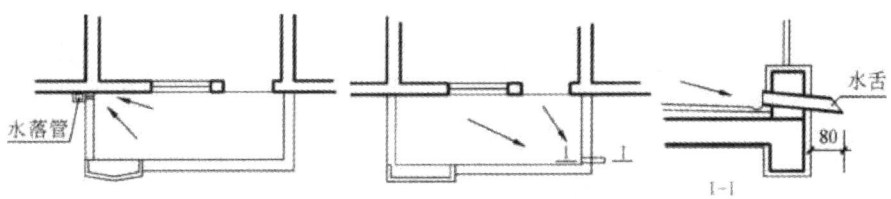

图 3-22 阳台排水处理(单位:mm)

当为凹阳台时,阳台板可直接由阳台两边的墙支承,板的跨长与房屋开间尺寸相同。也可采用与阳台进深尺寸相同的板铺设。

挑阳台的结构布置可采用如下方式。

1. 挑梁搭板

即在阳台两端设置挑梁,挑梁上搭板(图 3-23)。此种方式构造简单、施工方便,阳台板与楼板规格一致,是较常采用的一种方式。挑梁设置有几种方式:第一种是挑梁外露(图 3-23(a)),阳台正立面上露出挑梁梁头;第二种是在挑梁梁头设置边梁(图 3-23(b)),在阳台外侧边上加边梁封住挑梁梁头,这种形式的阳台底边平整,阳台外形较简洁;第三种是设置 L 形挑梁(图 3-23(c)),梁上搁置卡口板,这种形式的阳台底面平整,外形简洁、轻巧、美观,但增加了构件类型。

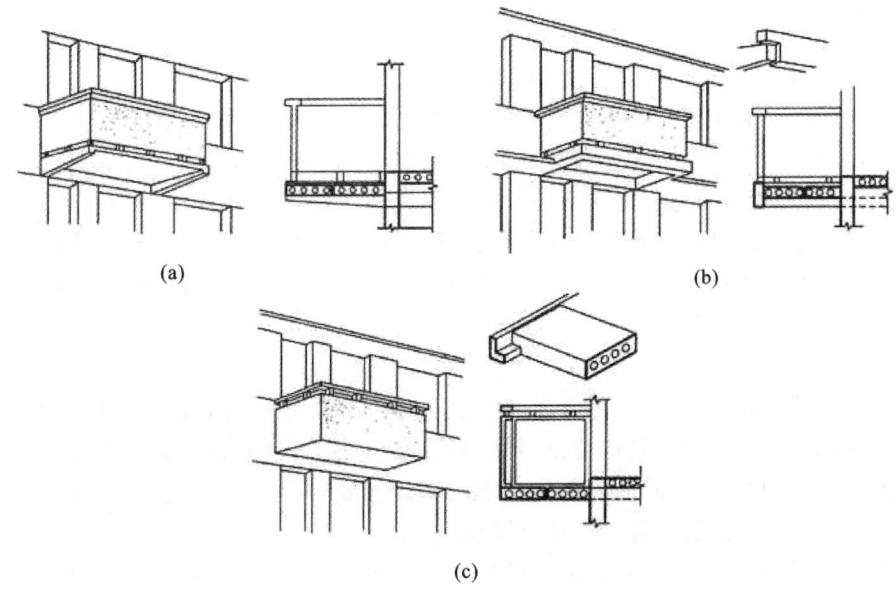

图 3-23 挑梁搭板

(a)挑梁外露；(b)设置边梁；(c)L 形挑梁卡口板

2. 悬挑阳台板

即阳台的承重结构是由楼板挑出的阳台板构成(图3-24)。此种方式阳台板底平整,造型简洁,阳台长度可以任意调整,但施工较麻烦。悬挑阳台板有以下两种:一种是楼板悬挑阳台板,如采用装配式楼板,则会增加板的类型(图3-24(a));另一种是墙梁(或框架梁)悬挑阳台板,通常将阳台板与梁浇筑在一起(图3-24(b))、图3-24(c)),在条件许可的情况下,可将阳台板与梁做成整块预制构件,吊装就位后用铁件与大型预制板焊接(图3-24(d))。

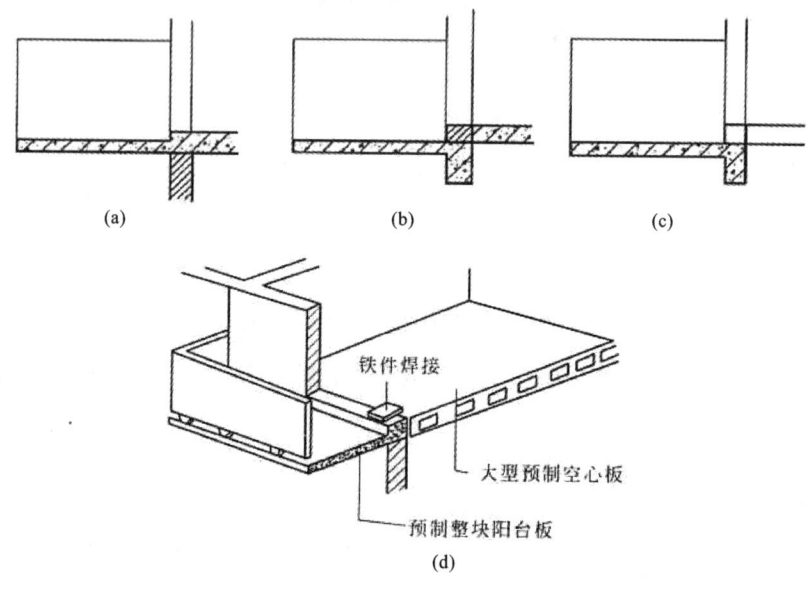

图 3-24　悬挑阳台板
(a)楼板悬挑阳台板;(b)墙梁悬挑阳台板(墙不承重);
(c)墙梁悬挑阳台板(墙承重);(d)预制整块阳台板

3.4.3　阳台栏杆

1. 阳台栏杆高度

阳台栏杆高度因建筑使用对象不同而有所区别,《民用建筑设计统一标准》(GB 50352—2019)和《住宅设计规范》(GB 50096—2011)规定:住宅阳台栏板或栏杆净高,六层及六层以下的不应低于1.05 m,七层及七层以上的不应低于1.10 m。封闭阳台栏板或栏杆净高也应满足阳台栏板或栏杆净高要求。七层及七层以上住宅和寒冷、严寒地区住宅宜采用实体栏板。有儿童活动的场所,防护栏杆必须采用防止儿童攀登的构造,栏杆的垂直杆件间净距不应大于0.11 m。放置花盆处必须采取防坠落措施。

2. 类型

根据使用材料的不同,阳台栏杆可分为金属栏杆、钢筋混凝土栏杆、玻璃栏杆,以及不同材料组成的混合栏杆(图3-25)。金属栏杆如为钢栏杆,易锈蚀,如采用其他合金,则造价较高;砖栏杆自重大,抗震性能差,且立面显得厚重;钢筋混凝土栏杆造型丰富,可虚可实,耐久、整体性好,自重较砖栏杆轻,拼装方便。因此,钢筋混凝土栏杆应用较为广泛。

按空透情况不同,阳台栏杆可分为实心栏板、空花栏杆和部分空透的组合式栏杆。选择栏杆的类型时,应结合立面造型的需要、使用的要求、地区气候特点、人的心理要求、材料的供应情况等多种因素决定。

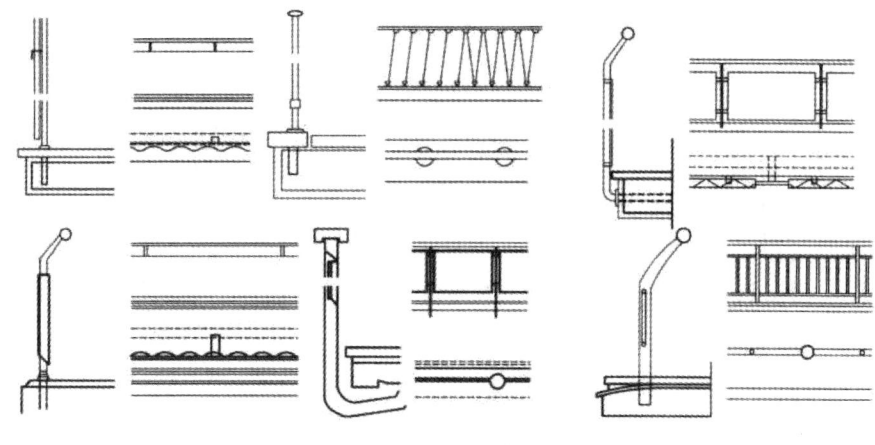

图 3-25　栏杆类型

3. 钢筋混凝土栏杆构造

(1) 栏杆压顶。

钢筋混凝土栏杆通常设置钢筋混凝土压顶,并根据立面装修的要求进行饰面处理。预制钢筋混凝土压顶与下部的连接可采用预埋铁件焊接(图 3-26(a)),也可采用榫接坐浆的方式,即在压顶底面留槽,将栏杆插入槽内,并用 M10 水泥砂浆坐浆填实,以保证连接的牢固性(图 3-26(b))。还可以在栏杆上留出钢筋,现浇压顶(图 3-26(c)),这种方式整体性更好、更坚固,但现场施工较麻烦。另外,也可采用钢筋混凝土栏板顶部加宽的处理方式(图 3-26(d)),其上可放置花盆,当采用这种方式时,宜在压顶外侧采取防护措施,以防花盆坠落。

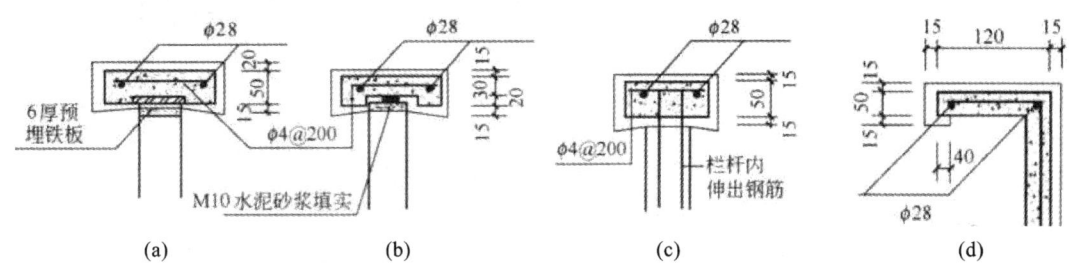

图 3-26　栏杆压顶的做法(单位:mm)

(2) 栏杆与阳台板的连接。

为了阳台排水的需要和防止物品在阳台板边坠落,栏杆与阳台板的连接处需采用 C20 混凝土沿阳台板边现浇挡水带。栏杆与挡水带的连接采用预埋件焊接,或榫接坐浆,或插筋连接(图 3-27)。如采用钢筋混凝土栏板,可设置预埋件直接与阳台板预埋件焊接。

(3) 栏板的拼接。

栏板拼接主要方法有两种:一种是直接拼接法,即将栏板和阳台板预埋件焊接(图 3-28),这种方法构造简单,施工方便;另一种是立柱拼接法(图 3-29),由于立柱为现浇钢筋混凝土,柱内设有立筋并与阳台预埋件焊接,所以整体刚度好,但施工较麻烦,这种方式在长外廊中采用得较多。

(4) 栏杆与墙的连接。

栏杆与墙的连接的一般做法是在砌墙时预留 240 mm(宽)×180 mm(深)×120 mm(高)的洞,将压顶伸入锚固。采用栏板时,将栏板的上下肋伸入洞内,或在栏杆上预留钢筋伸入洞内,用 C20 细石混凝土填实。

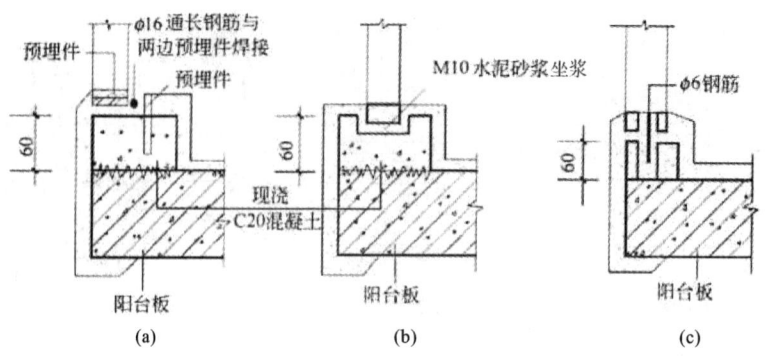

图 3-27　栏杆与阳台板的连接（单位:mm）

(a)预埋件焊接;(b)榫接坐浆;(c)插筋连接

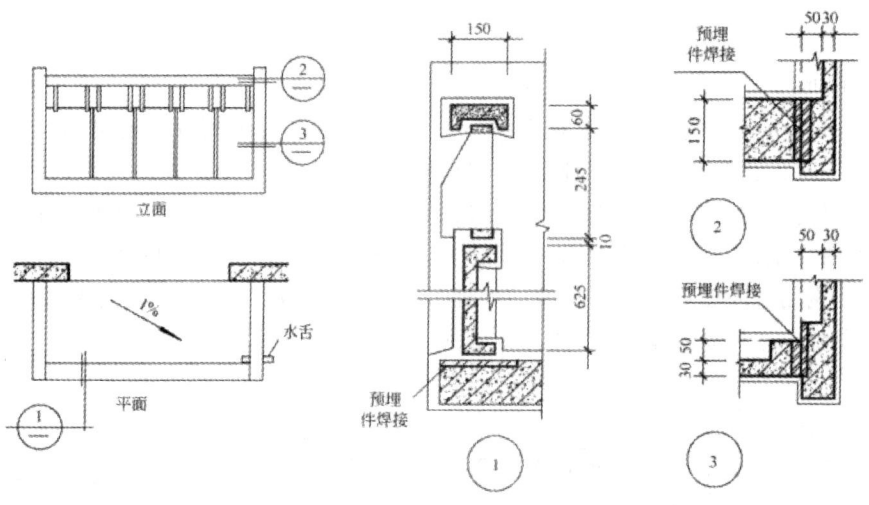

图 3-28　直接拼接法（单位:mm）

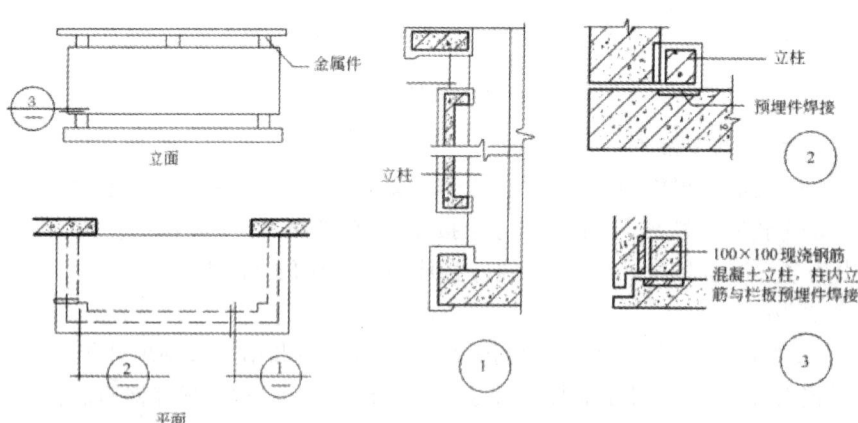

图 3-29　立柱拼接法（单位:mm）

（5）金属及玻璃栏杆构造。

金属栏杆一般采用铝合金、不锈钢铁花等相互焊接而成,并与阳台边梁上的预埋钢板焊接固定。玻璃常用厚度较大、不易碎裂或碎裂后不会脱落的玻璃,如各种有机玻璃、钢化玻璃等。金属栏杆构造如图 3-30 所示,玻璃栏杆构造如图 3-31 所示。

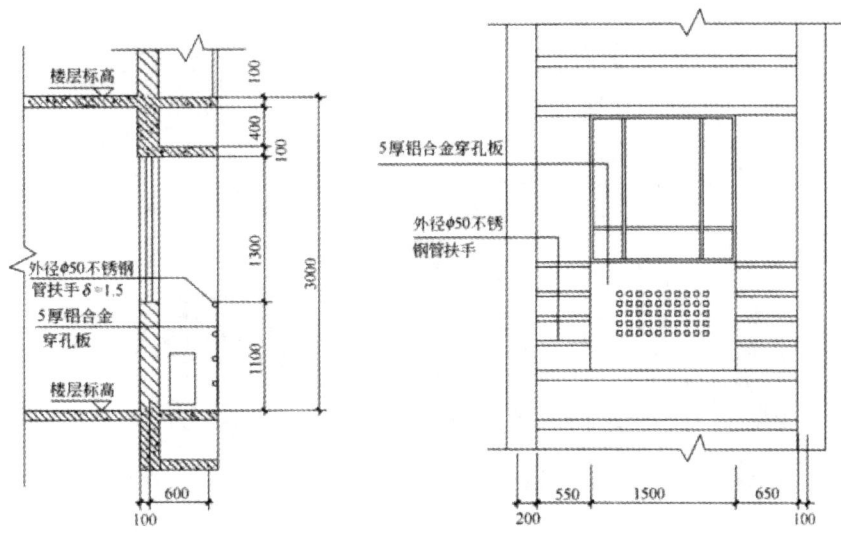

图 3-30　金属栏杆构造(单位:mm)

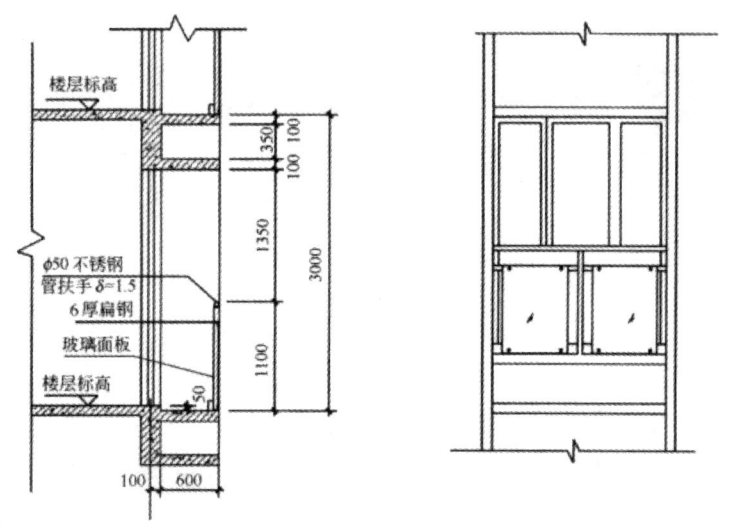

图 3-31　玻璃栏杆构造(单位:mm)

3.4.4　雨篷

通常,雨篷设在房屋出入口的上方,为了雨天人们在出入口处作短暂停留时不被雨淋,并起到保护门和丰富建筑立面造型的作用(图 3-32)。

由于房屋的性质、出入口的大小和位置、地区气候特点以及立面造型的要求等因素的影响,雨篷的形式多种多样。根据雨篷板的支承不同,雨篷分为三种基本类型:悬挑板式雨篷、悬挑梁板式雨篷、吊挂式雨篷。

悬挑板式雨篷——最简单的是过梁悬挑板式雨篷,即悬挑雨篷(图 3-33)。悬挑板板面与过梁顶面可不在同一标高上,梁面较板面标高高,对于防止雨水浸入墙体有利。由于雨篷上荷载不大,悬挑板的厚度较薄,以及由于板面排水组织和立面造型的需要,板外檐常做加高处理,采用混凝土

图 3-32　雨篷

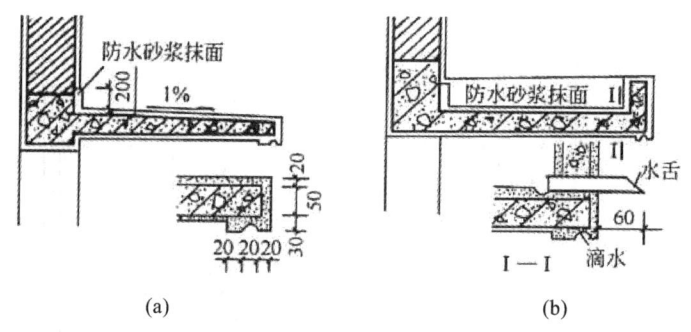

图 3-33　悬挑雨篷(单位:mm)
(a)悬挑板式;(b)外檐加高

现浇而成或用砖砌成,板面须作防水处理,并在靠墙处做泛水。

悬挑梁板式雨篷——采用墙或柱支承(图 3-34),即由墙或柱支撑悬挑梁,梁再支撑板,为使板底平整,多做成反梁式。

图 3-34　悬挑梁板式雨篷

吊挂式雨篷——在较大的悬挑结构中将悬挑构件改为悬挂构件,以减小节点处所受的弯矩,改善受力状态。常采用金属和玻璃材料,对建筑入口的装饰和建筑立面的美化有很好的作用(图 3-35、图 3-36)。

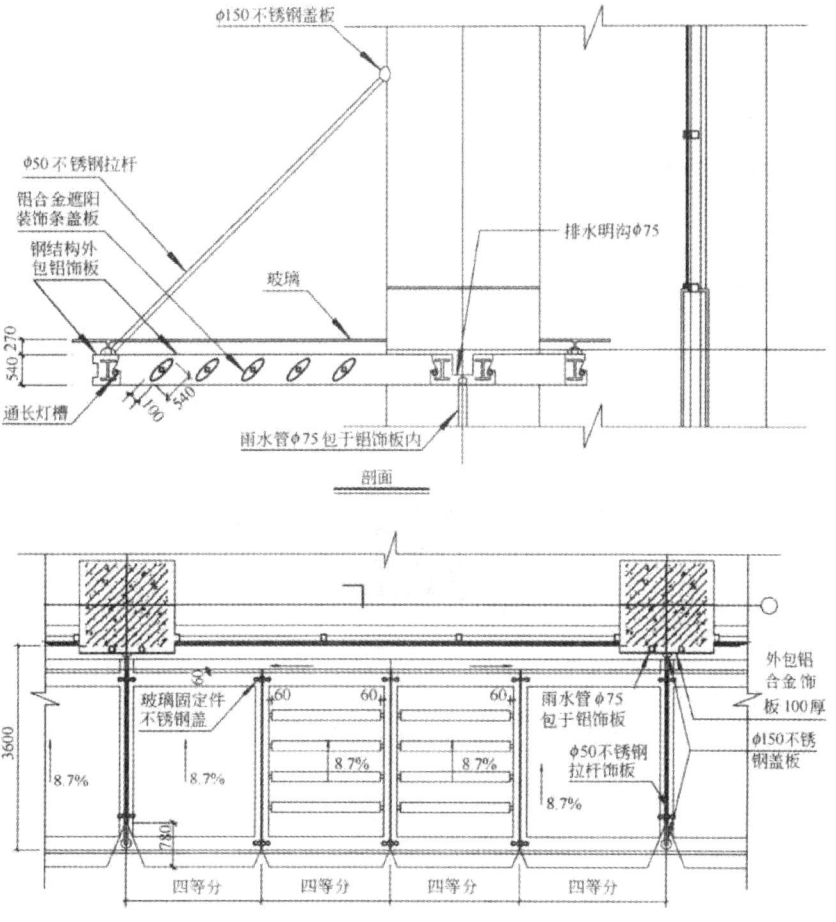

图 3-35 吊挂式雨篷(单位:mm)

图 3-36 吊挂式雨篷实物

主观题

1. 什么叫单向板?什么叫双向板?能否把单向板和双向板的概念引申到整个建筑结构水平分系统中(比如主次梁结构与井字梁结构)?谈谈你的理解。

2．声音在建筑中的传播方式有哪些？它们的特点和区别是什么？

3．建筑的哪些部位需要进行隔声设计？各部位隔声的特点有什么不同？

4．针对空气传声和固体传声分别有哪些基本的隔声措施？

5．楼板层与地坪层有什么相同和不同之处？

6．楼板层的基本组成及设计要求有哪些？

7．简述常用的装配式钢筋混凝土楼板的类型及其特点和适用范围。

8．现浇肋梁楼板的布置原则是什么？

9．简述井式楼板和无梁楼板的特点及适应范围。

10．简述地坪层的组成及各层的作用。

11．简述挑阳台的结构布置。

12．阳台栏杆的高度应如何考虑？

13．简述雨篷的作用和形式。

客观题

请扫下面的二维码，进入第 3 章，进行客观题在线测试与练习。

4 楼 梯

  楼梯不仅是建筑中的垂直交通构件,人流疏散的枢纽,也是建筑造型和室内空间的重要元素。电梯用于高层建筑或有特殊要求的建筑,自动扶梯用于人流量大的场所,爬梯用于消防和检修,坡道用于建筑物入口处方便行车和无障碍通行,台阶用于室内外高差之间的联系。

  本章节的知识点包括楼梯坡度、楼梯宽度、平台宽度、踏步尺寸、楼梯净高、楼梯计算、现浇整体式楼梯、预制装配式楼梯、其他楼梯、踏步和栏杆扶手构造、室外台阶与坡道、电梯形式、自动扶梯类型、楼梯的建筑设计要求等。以实际案例讲解为主,激发学生的兴趣和思考;通过楼梯设计的实训练习,使学生深刻领会建筑规范和建筑制图标准的重要性,形成良好的规范意识和标准意识。通过以上知识点的学习,完成章节自测题,学会自行设计楼梯尺寸、选取适当的结构形式,并会绘制楼梯的底层、标准层、顶层的平面图和剖面图。本章节以"立德树人、德技并修,培养职业道德、精益求精的工匠精神,掌握建筑工程绘图和识图的专项职业能力,有团队协作精神,成为德智体美劳全面发展的高素质技术技能型人才"为学习目标。

4.1 楼梯的组成、形式和尺度

楼梯的组成、形式

4.1.1 楼梯的组成

  楼梯一般由梯段、平台和栏杆扶手三部分组成(图4-1)。

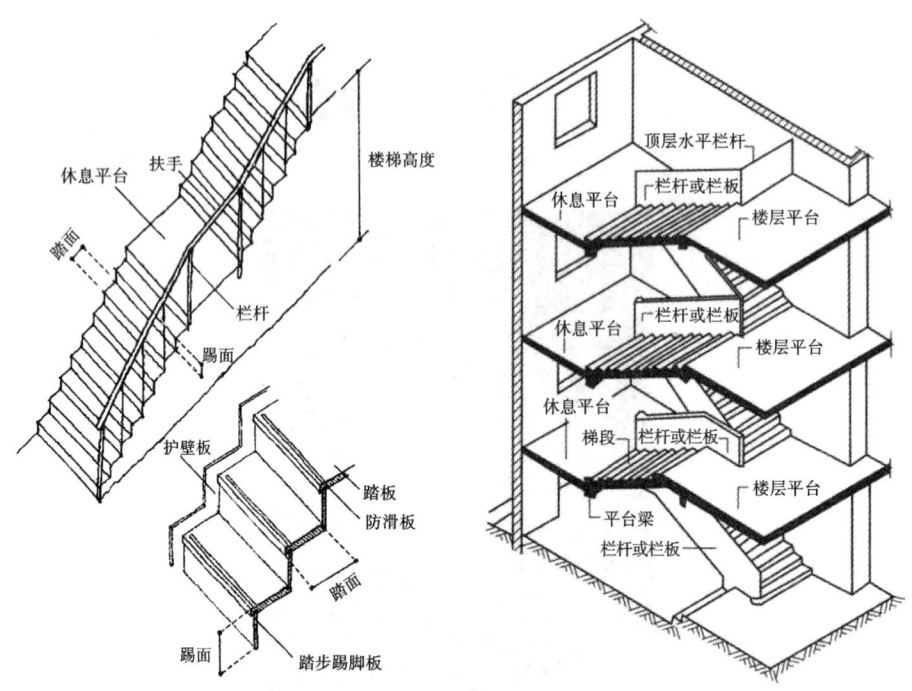

图 4-1　楼梯的组成

1. 楼梯梯段

楼梯梯段是联系两个不同标高平台的倾斜构件,是楼梯的主要使用部分和承重部分,由若干个踏步构成。每个梯段的踏步数量最多不超过 18 级,最少不少于 3 级,梯段步数太多容易使人疲劳,太少则不易被人察觉。

2. 楼梯平台

楼梯平台是联系两个楼梯梯段的水平构件。介于两个楼层之间的平台称为中间平台或休息平台,用来供人们行走时调节体力和改变行进方向。与楼层标高相一致的平台称为楼层平台,除了起着与中间平台相同的作用外,还用来分配从楼梯到达各楼层的人流。

3. 栏杆扶手

楼梯栏杆是设在楼梯梯段及平台边缘起安全保障作用的构件。扶手是设在栏杆顶部或设在梯段一侧的墙上供行人依扶用的连续构件。当梯段净宽达三股人流时,应两侧设扶手,达四股人流时宜加设中间扶手。

4.1.2　楼梯的形式

(1)按楼梯的组成材料不同可分为钢筋混凝土楼梯、钢楼梯、木楼梯等。钢筋混凝土楼梯又分为预制装配式钢筋混凝土楼梯和现浇整体式钢筋混凝土楼梯。

(2)按楼梯的位置不同可分为室内楼梯和室外楼梯。

(3)按楼梯的使用性质不同可分为主要楼梯、辅助楼梯及消防楼梯。消防楼梯又分为开敞楼梯、封闭楼梯和防烟楼梯(图 4-2)。

(4)按楼梯的平面形式不同可分为四大类:单跑楼梯、双跑楼梯、三跑和多跑楼梯、其他形式楼梯。其中平行双跑楼梯是工程中最常用的楼梯形式。如图 4-3 所示是常见楼梯平面图。

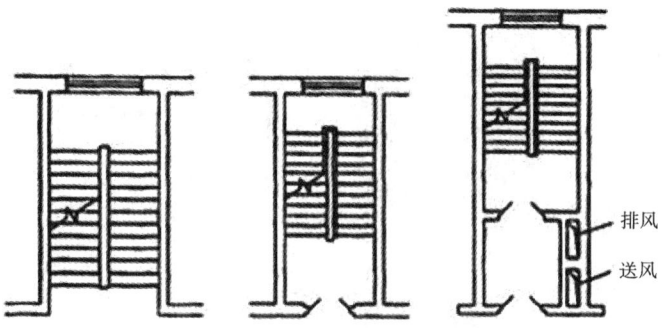

図 4-2　楼梯间平面形式

(a)开敞楼梯;(b)封闭楼梯;(c)防烟楼梯

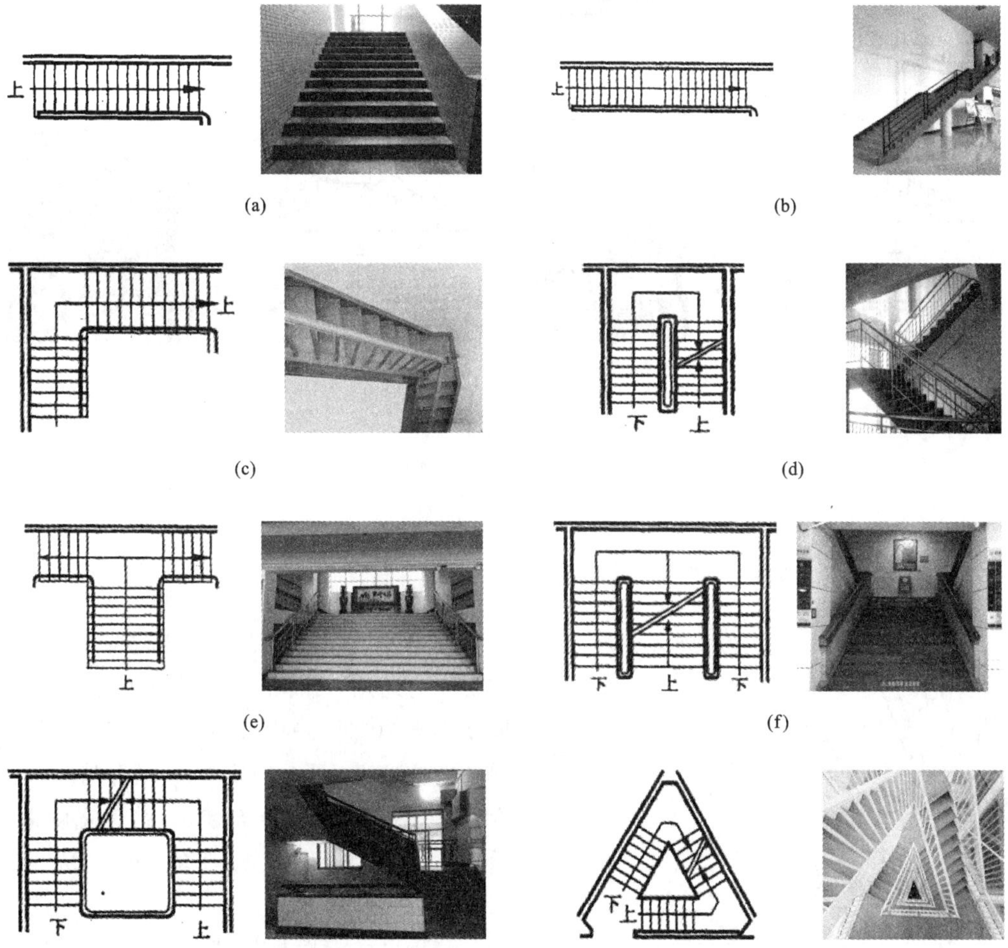

(a)

(b)

(c)

(d)

(e)

(f)

(g)

(h)

图 4-3　常见楼梯平面图(单位:mm)

(a)直行单跑楼梯;(b)直行双跑楼梯;(c)曲尺楼梯;(d)平行双跑楼梯;

(e)双分转角楼梯;(f)双分平行楼梯;(g)三跑楼梯;(h)三角形三跑楼梯;

(i)圆形楼梯;(j)中柱螺旋楼梯;(k)无中柱螺旋楼梯;

(l)单跑弧形楼梯;(m)交叉楼梯;(n)剪刀楼梯

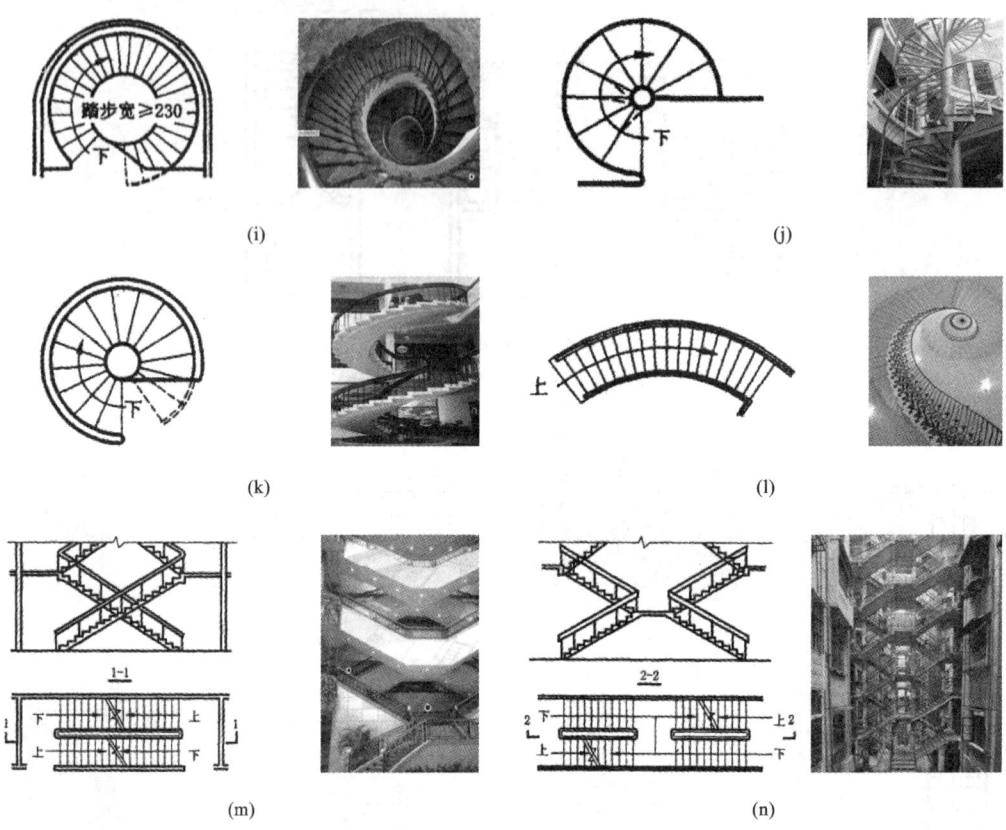

续图 4-3

4.1.3　楼梯的尺度

1. 楼梯的坡度及踏步尺寸

常见的楼梯坡度范围为 25°～45°,其中以 30°左右较为通用,楼梯的最大坡度不宜超过 38°。当坡度小于 10°时,采用坡道,大于 45°时,则采用爬梯。楼梯坡度(图 4-4)实质上即为踏步高度与宽度之比,踏步高度常以 h 表示,踏步宽度常以 b 表示。一般按经验公式计算:$b + 2h = 600 \sim 620$ mm。

踏步尺寸一般根据建筑的使用功能、使用者的特征及楼梯的通行量综合确定,具体可参见表 4-1。踏步宽度过窄,会使人流行走不安全,故可将踏面适当挑出 20～30 mm,或将踢面前倾,而又不增加梯段的实际长度(图 4-5)。

图 4-4　楼梯坡度

表 4-1 常用踏步尺寸

楼 梯 类 别		最小宽度/m	最大高度/m
住宅楼梯	住宅公共楼梯	0.260	0.175
	住宅套内楼梯	0.220	0.200
宿舍楼梯	小学宿舍楼梯	0.260	0.150
	其他宿舍楼梯	0.270	0.165
老年人建筑楼梯	住宅建筑楼梯	0.300	0.150
	公共建筑楼梯	0.320	0.130
托儿所、幼儿园楼梯		0.260	0.130
小学学校楼梯		0.260	0.150
人员密集且竖向交通繁忙的建筑和大、中学学校楼梯		0.280	0.165
其他建筑楼梯		0.260	0.175
超高层建筑核心筒内楼梯		0.250	0.180
检修及内部服务楼梯		0.220	0.200

注:螺旋楼梯和扇形踏步离内侧扶手中心 0.250 m 处的踏步宽度不应小于 0.220 m。

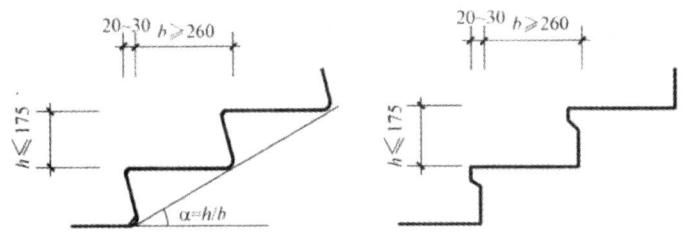

图 4-5 踏步的出挑形式(单位:mm)

对于弧形楼梯、圆楼梯这种踏步两端宽度不一样的楼梯,特别是内径较小的螺旋楼梯,为了行走的安全,往往需要将楼梯梯段的宽度适当加大。无中柱螺旋楼梯和弧形楼梯离内侧扶手中心 0.25 m 处的踏步宽度不应小于 0.22 m。疏散楼梯不应采用扇形踏步。

2. 梯段尺度

梯段尺度分为梯段宽度和梯段长度。梯段宽度(净宽)B 指墙面至扶手中心线之间的水平距离,应根据使用性质、使用人数(人流股数)和建筑设计防火规范确定。通常情况下,作为主要通行用的楼梯,梯段净宽按每股人流 0.55 m + (0~0.15) m 确定,并不小于两股人流的宽度。0~0.15 m 为人流在行进中人体的摆幅,公共建筑人流众多的场所应取上限值。

梯段长度 L 是每一梯段的水平投影长度,它取决于该梯段的踏步数及每一踏步的踏面宽度。其值为 $L = b \times (N-1)$,$N = H/h$。其中 b 为踏面水平投影宽度,N 为梯段踏步数,H 为层高,h 为踏步高。

3. 平台宽度

中间平台(休息平台)宽度 D_1:对于平行和折行多跑等类型楼梯,其中间平台宽度应不小于梯段宽度,并且不小于 1200 mm。当有搬运大型物件需要时,应适当加宽。直跑楼梯的中间平台宽度不应小于 900 mm(图 4-6)。

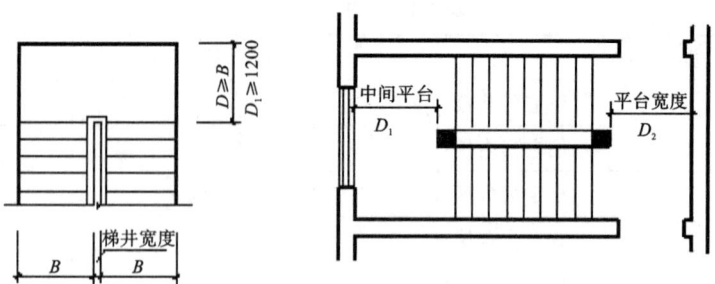

图 4-6 平台宽度(单位:mm)

楼层平台宽度 D_2:应比中间平台宽度更宽一些,以利于人流分配和停留。

4．梯井宽度

梯井指梯段之间形成的空间,以 $60\sim200$ mm 为宜。根据防火要求,公共建筑的疏散楼梯梯井净宽不宜小于 150 mm。托儿所、幼儿园、中小学及少年儿童专用活动场所,当楼梯梯井净宽大于 200 mm(少儿胸背厚度)时,必须采取防止少年儿童坠落的措施。

5．楼梯尺寸计算

如图 4-7 所示,以平行双跑楼梯为例,楼梯尺寸计算如下:

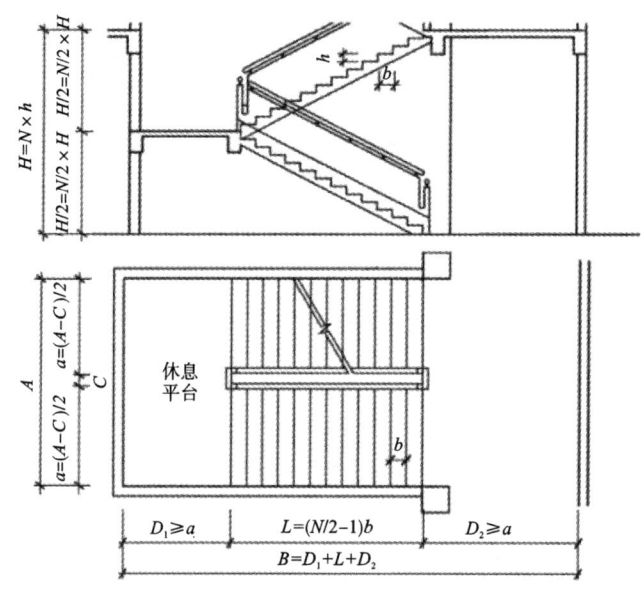

图 4-7 楼梯尺寸计算

(1)根据层高 H 和初选踏步高度 h,确定每层步数 N,$N=H/h$;

(2)根据每层步数 N 和初选踏步宽度 b 确定梯段长度 L,$L=(N/2-1)\times b$;

(3)确定是否设梯井;

(4)根据楼梯开间净宽 A 和梯井宽度 C 确定梯段宽度 a,$a=(A-C)/2$;

(5)根据初选中间平台宽度 $D_1(D_1\geqslant a)$ 和楼层平台宽度 $D_2(D_2>a)$ 以及梯段长度 L 检验楼梯间进深净长度 B,$B=D_1+L+D_2$。

6．楼梯平面图和剖面图

楼梯平面图和剖面图如图 4-8 所示。

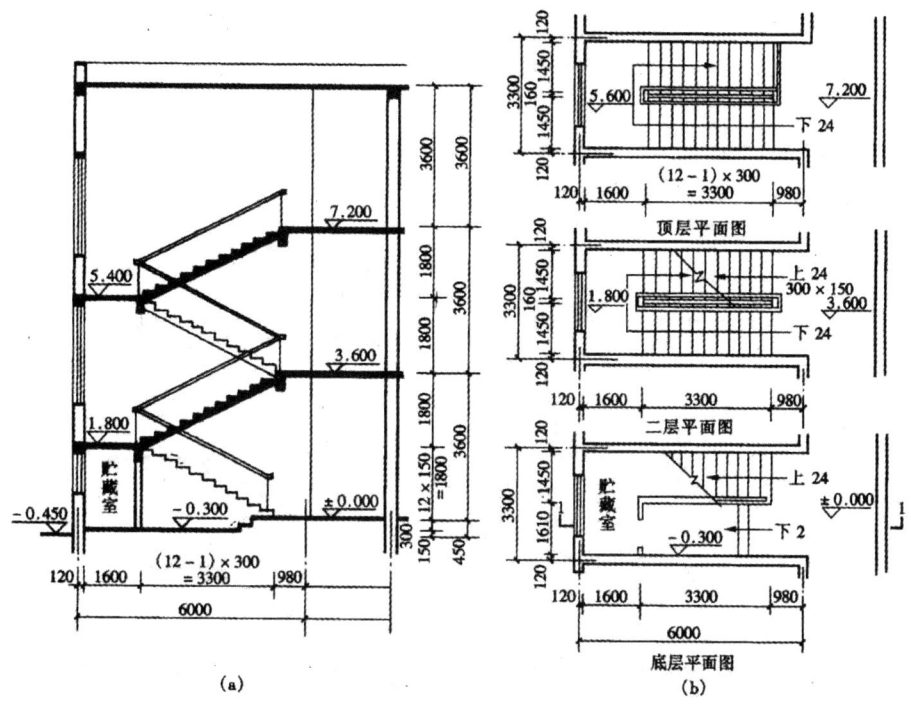

图 4-8　楼梯平面图和剖面图(单位:mm)
(a)1-1 剖面图;(b)各层平面图

7. 栏杆扶手尺度

扶手高度从踏步前缘线垂直量至扶手顶面,其高度一般不宜小于 0.9 m。靠楼梯井一侧水平扶手长度超过 0.5 m 时,其高度不应小于 1.05 m。室外楼梯栏杆高度不应小于 1.1 m;中小学和高层建筑室外楼梯栏杆高度不应小于 1.1 m;供儿童使用的楼梯应在 500~600 mm 高度处增设扶手,有青少年儿童使用的栏杆间距应小于 0.11 m,且不宜攀爬。

8. 楼梯净空高度

楼梯净空高度一般指自踏步前缘(包括每个梯段最低和最高一级踏步前缘线以外 0.30 m 范围内)至上方凸出物下缘间的垂直高度。包括平台部位和梯段部位的净空高度。

净空高度要求:应充分考虑人行或搬运物品对空间的实际需要。楼梯平台上部及下部过道处的净空高度应不小于 2.0 m,梯段净空高度不宜小于 2.2 m(图 4-9)。

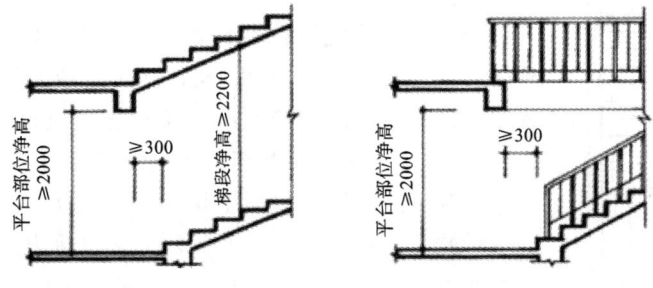

图 4-9　楼梯净空高度(单位:mm)

当平行双跑楼梯底层中间平台下需设置通道时,为保证平台下净空高度满足通行要求,可采取以下方式(图 4-10)。

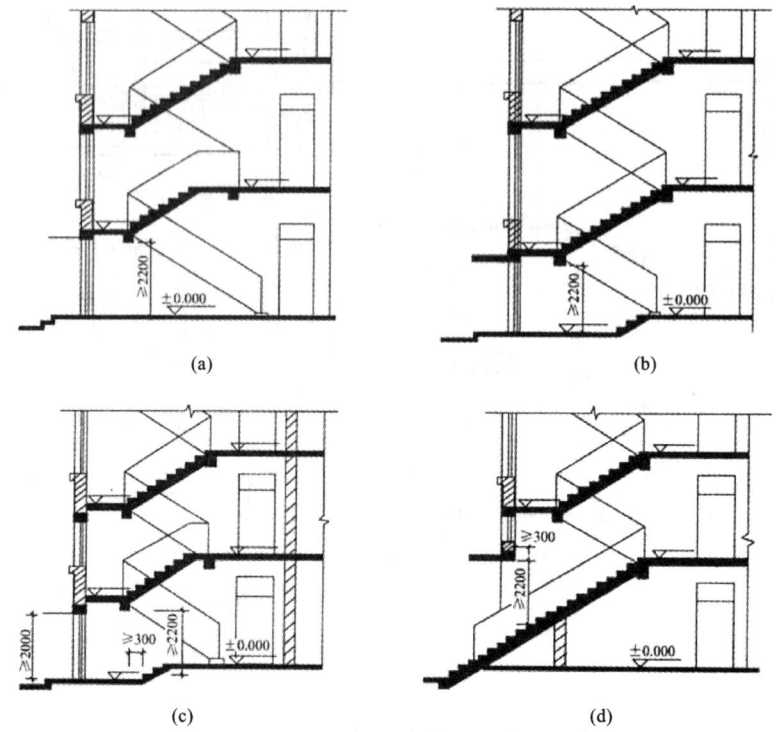

(a)   (b)

(c)   (d)

图 4-10   底层中间平台下设通道时的处理方式(单位:mm)

(a)设计长短跑梯段;(b)局部降低地坪标高;(c)同时设计长短跑梯段及局部降低地坪标高;(d)底层设计直跑楼梯

(1) 在底层变作长短跑梯段。起步第一跑设为长跑,以提高中间平台标高。

(2) 局部降低底层中间平台下地坪标高,使其低于底层室内地坪标高,以满足净空高度要求。

(3) 综合以上两种方式,采取长短跑梯段的同时,降低底层中间平台下地坪标高。

(4) 底层用直行单跑或直行双跑楼梯直接从室外上二层。

4.2   预制装配式钢筋混凝土楼梯构造

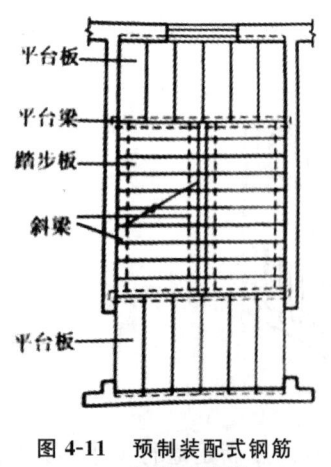

图 4-11   预制装配式钢筋
混凝土楼梯

钢筋混凝土楼梯具有坚固耐久、防火性好等优点,目前被广泛应用。钢筋混凝土楼梯按施工方式不同可分为预制装配式和现浇式两类。

预制装配式钢筋混凝土楼梯(图 4-11)的预制构件有梯段(踏步板、斜梁)、平台梁和平台板,构件在工厂或工地预制,施工时再进行装配。预制装配式钢筋混凝土楼梯施工进度快,受气候影响小,节约模板,但施工时需要配套的起重设备,且整体性较差。

预制装配式钢筋混凝土楼梯的装配方式是踏步板搁置在斜梁上,斜梁搁置在平台梁上,平台梁搁置在两边的侧墙上,平台板可以搁置在两边的侧墙上,也可以一边搁置在平台梁上,一边搁置在侧墙上。预制装配式钢筋混凝土楼梯按其构造方式不同可分为梁承式、墙承式和墙悬臂式等类型。

4.2.1 预制装配梁承式钢筋混凝土楼梯

预制装配梁承式钢筋混凝土楼梯是指由平台梁支承梯段的楼梯。预制构件分为梯段(梁板式或板式梯段)、平台梁、平台板三部分(图 4-12)。

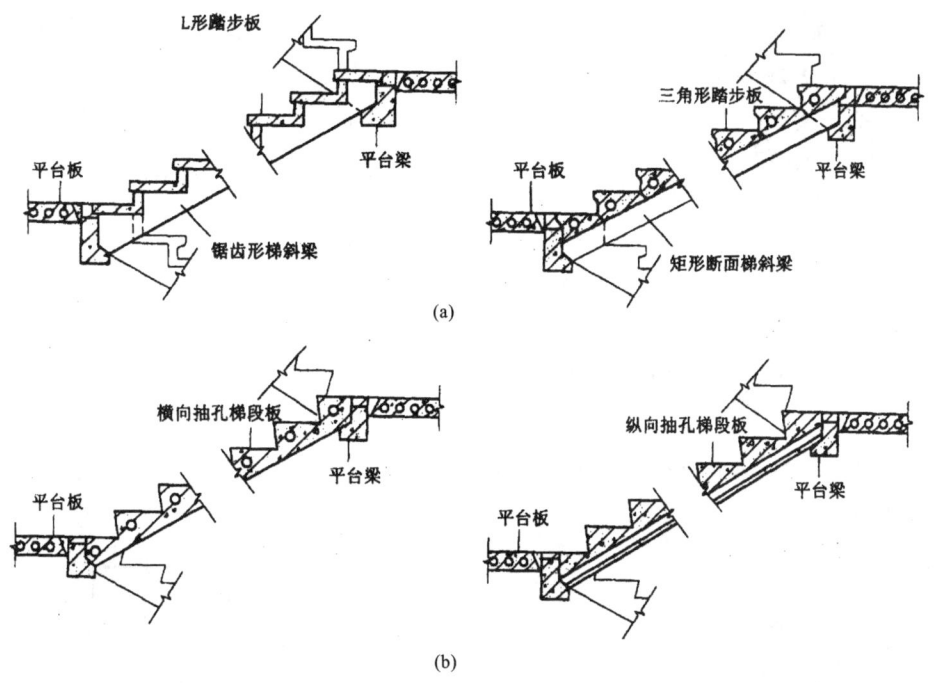

图 4-12 预制装配梁承式钢筋混凝土楼梯

(a)梁板式梯段;(b)板式梯段

1. 梁板式梯段

梁板式梯段由踏步板和梯斜梁组成。一般在踏步板两端各设一根梯斜梁,踏步板支承在梯斜梁上。由于构件都较小,不需大型起重设备即可安装,施工简便。

(1)踏步板:踏步板断面形式有一字形、L 形、倒 L 形、三角形等(图 4-13)。

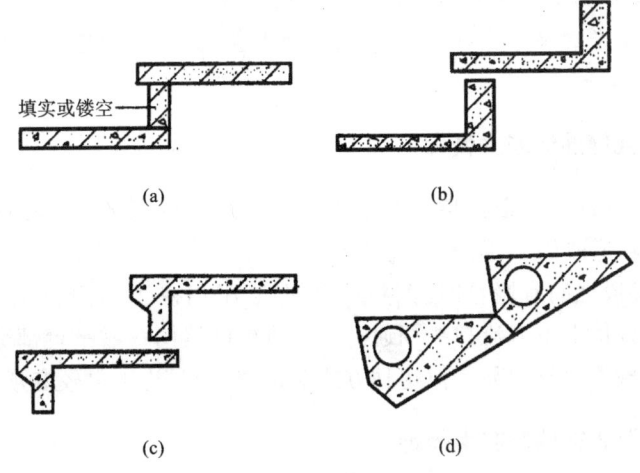

图 4-13 踏步板断面形式

（2）梯斜梁：用于搁置一字形、L形断面踏步板的梯斜梁为锯齿形断面构件。用于搁置三角形断面踏步板的梯斜梁为矩形断面构件（图4-14）。

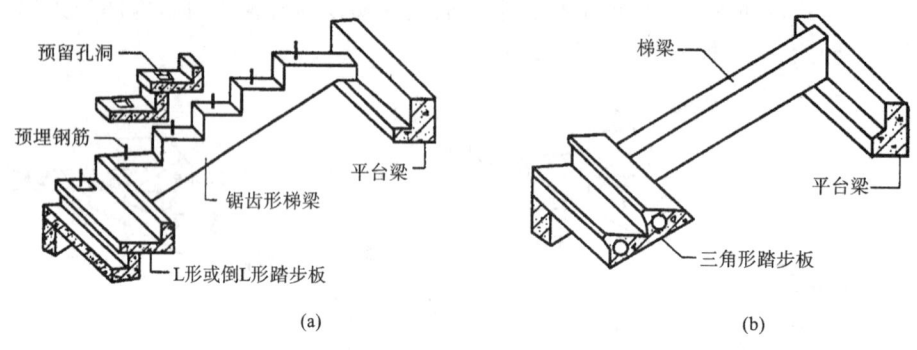

（a）   （b）

图4-14   梯斜梁形式

2. 板式梯段

板式梯段为整块或数块带踏步的条板（图4-15）。

（1）平台梁。

为了便于支承梯斜梁或梯段板，平衡梯段水平分力并减少平台梁所占结构空间，一般将平台梁做成L形断面（图4-16）。

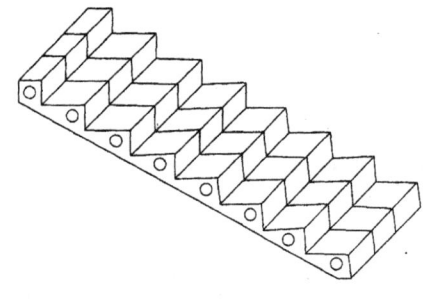

图4-15   板式梯段

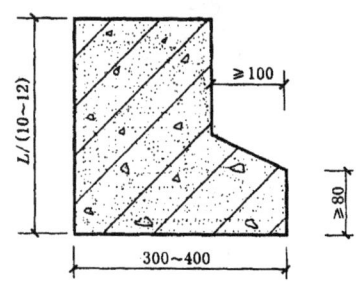

图4-16   平台梁断面尺寸（单位：mm）

（2）平台板。

平台板可根据需要采用钢筋混凝土空心板、槽板或平板。

布置方式：a. 平行于平台梁布置，两端支撑在楼梯间侧墙上，加强楼梯间整体刚度；b. 垂直于平台梁布置（图4-17）。

4.2.2   预制装配墙承式钢筋混凝土楼梯

预制装配墙承式钢筋混凝土楼梯指预制钢筋混凝土踏步板直接搁置在墙上的楼梯形式，其踏步板一般采用一字形、L形或倒L形断面（图4-18）。

这种楼梯由于在梯段之间有墙，搬运家具不方便，会阻挡视线，上下人流易相撞。因此通常在中间墙上开设观察口，以使上下人流视线相通。也可将中间墙两端靠平台部分局部收进，以使空间通透，利于改善视线和搬运家具物品。但这种方式对抗震不利，施工也较麻烦。

4.2.3   预制装配墙悬臂式钢筋混凝土楼梯

预制装配墙悬臂式钢筋混凝土楼梯指预制钢筋混凝土踏步板一端嵌固于楼梯间侧墙上，另一

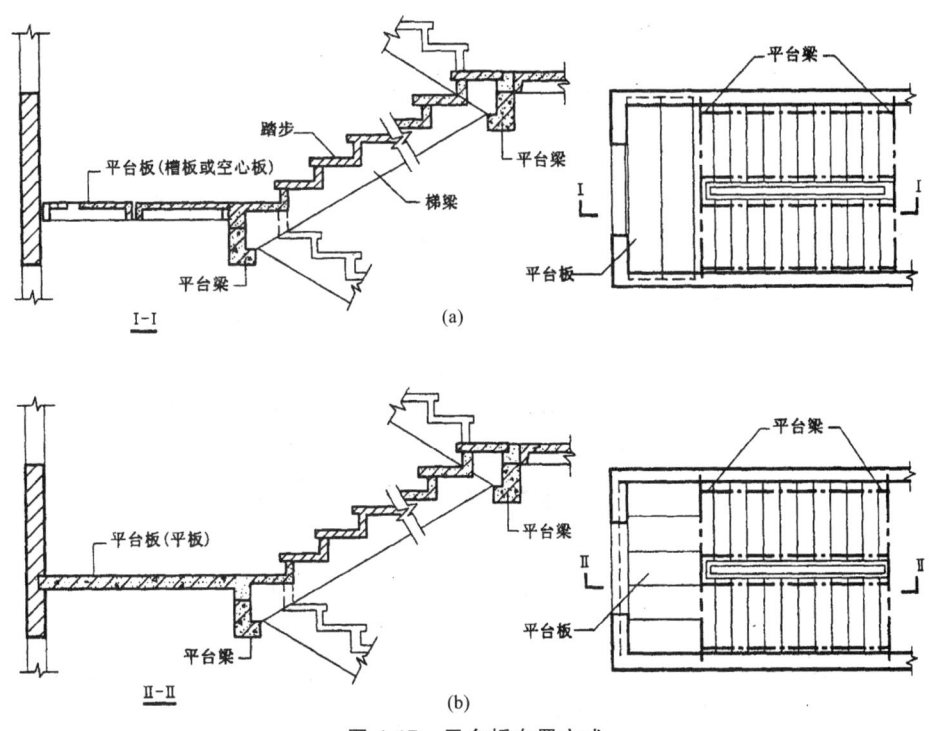

图 4-17 平台板布置方式

(a)平台板与平台梁平行布置;(b)平台板与平台梁垂直布置

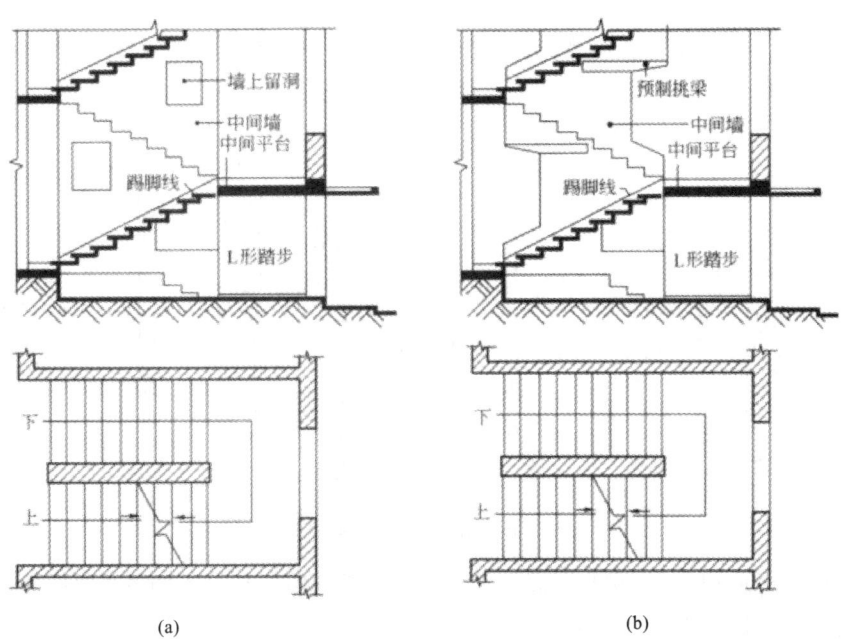

图 4-18 预制装配墙承式钢筋混凝土楼梯

(a)中间墙上设观察窗;(b)中间墙局部改进

端凌空悬挑的楼梯(图 4-19)。

　　预制装配墙悬臂式钢筋混凝土楼梯无平台梁和梯斜梁,也无中间墙,楼梯间空间轻巧空透,结构占空间少,但其楼梯间整体刚度极差,不能用于有抗震设防要求的地区。

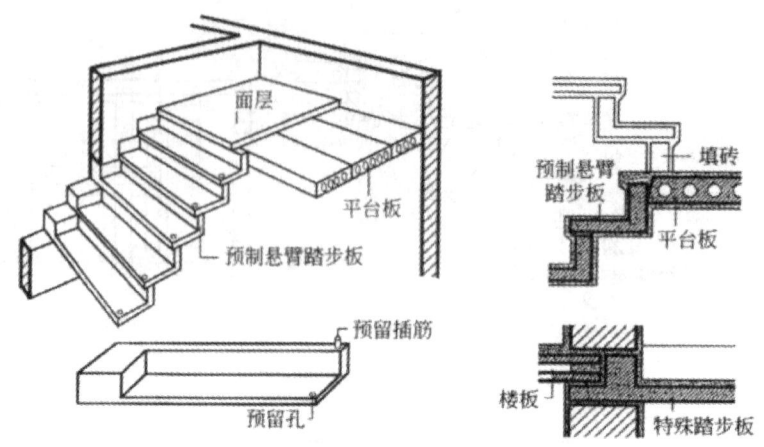

图 4-19 预制装配墙悬臂式钢筋混凝土楼梯

4.3 现浇整体式钢筋混凝土楼梯构造

现浇整体式钢筋混凝土楼梯的优点是整体性好,刚度大,利于抗震。缺点是施工周期长,模板耗费大。现浇整体式钢筋混凝土楼梯按梯段的传力特点不同分为板式楼梯、梁板式楼梯和扭板式楼梯。

4.3.1 板式楼梯

板式楼梯的梯段与两端的平台梁浇筑在一起,由平台梁支承。梯段板相当于一块斜放的现浇板,平台梁是支座(图 4-20(a))。为保证平台过道处的净空高度,可在板式楼梯的局部位置取消平台梁,形成折板式楼梯(图 4-20(b))。

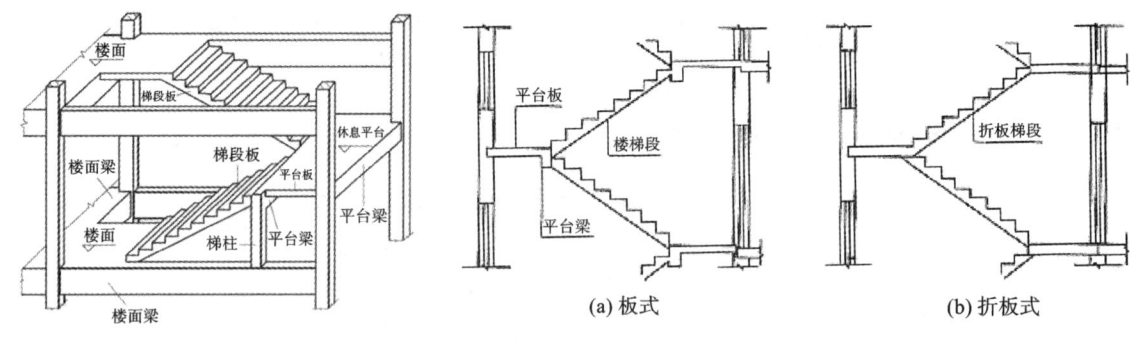

(a) 板式   (b) 折板式

图 4-20 板式楼梯

板式楼梯适用于荷载较小、建筑层高较小(建筑层高对梯段长度有直接影响)的情况,如住宅、宿舍。梯段的水平投影长度一般不大于 3 m。

4.3.2 梁板式楼梯

当梯段较宽或楼梯负载较大时,采用板式梯段往往不经济,须增加梯段斜梁(简称梯梁)以承受板的荷载,并将荷载传给平台梁,这种梯段称梁板式梯段,由踏步板、梯段斜梁、平台梁和平台板组成。踏步板由斜梁支承,斜梁由两端的平台梁支承。

梁板式楼梯在结构布置上有双梁布置和单梁布置之分。双梁布置是将斜梁布置在楼梯踏步的两边,踏步板的跨度就是楼梯段的宽度。把斜梁布置在楼梯踏步板下面,称为正梁式;把斜梁布置在楼梯踏步板上面,称为反梁式(图4-21)。单梁布置的单梁梁式楼梯一般为单梁悬臂支撑踏步板和平台板,斜梁设置在踏步板中间(图4-22(a))。当斜梁高度受到限制时,为满足楼梯净高要求可采用宽扁梁形式(图4-22(f))。单梁梁式楼梯常用于中小型楼梯、室外露天楼梯或小品景观楼梯。

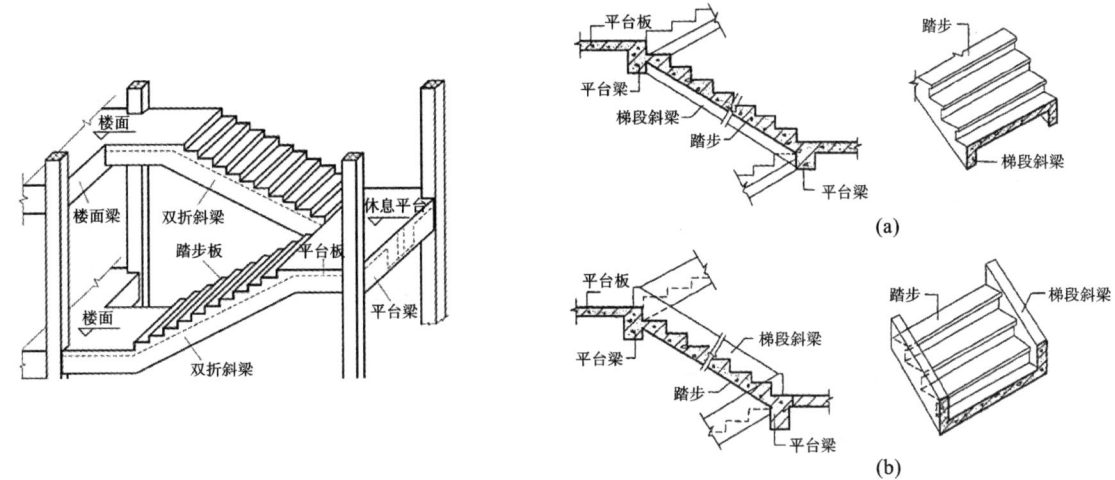

图 4-21 梁板式楼梯

(a)正梁式楼梯;(b)反梁式楼梯

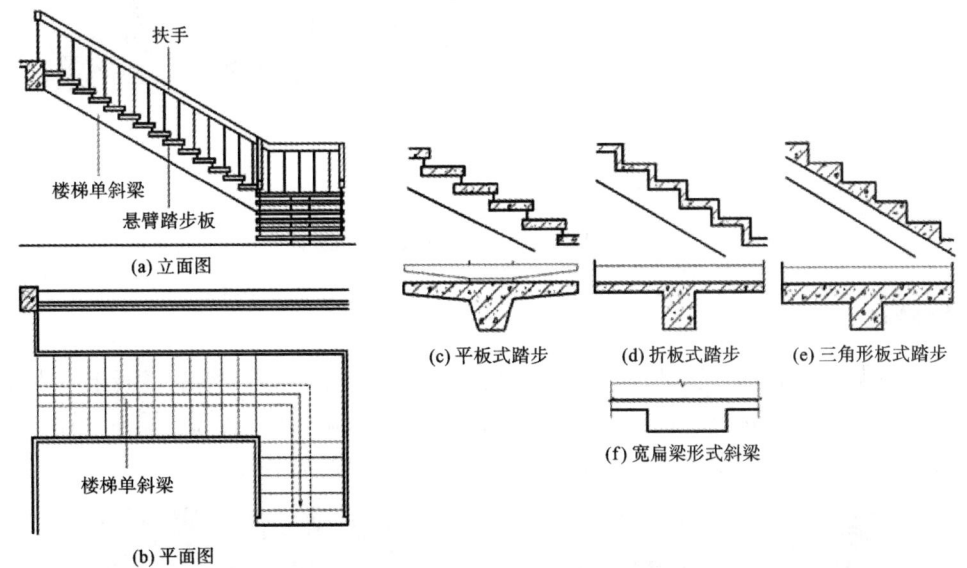

图 4-22 单梁梁式楼梯

4.3.3 扭板式楼梯

扭板式楼梯底面平顺,结构占空间少,造型美观。但由于板跨度大,受力复杂,结构设计和施工难度较大,材料消耗量大,适用于标准较高的公共建筑,特别是公共大厅。为了使梯段造型轻盈,常常在靠近边缘处局部减薄出挑(图4-23)。

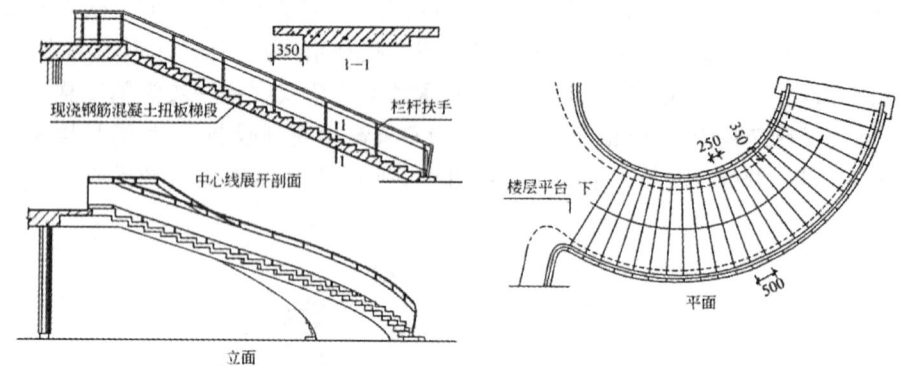

图 4-23　扭板式楼梯(单位:mm)

4.4　其他类型的楼梯构造

楼梯根据结构形式、平面形式、材料的不同,还有很多其他的类型(图 4-24)。

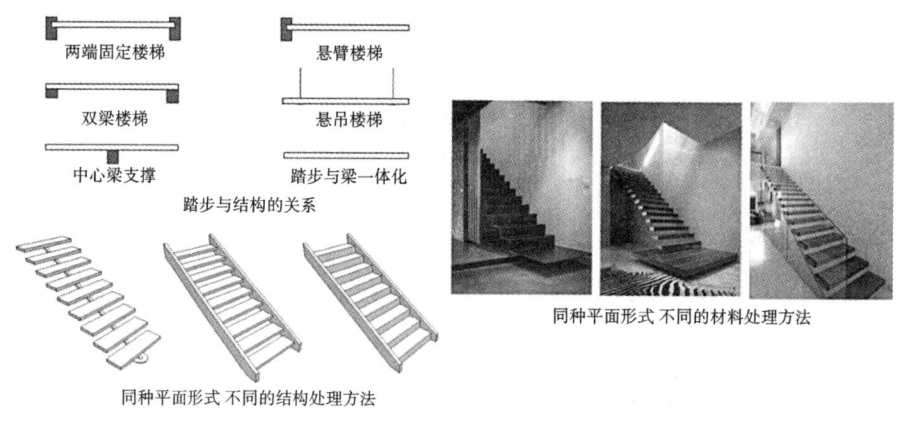

图 4-24　其他类型楼梯

4.4.1　木楼梯

木楼梯也叫做实木楼梯,是采用实木材质加工而成的楼梯。木材是钢筋混凝土技术还未在我国应用时主要的楼梯结构材料,木材应用于室内,给人亲切、温暖之感,其触感柔和,另外,在一些公共建筑中也常用木楼梯。木楼梯可分为多种形式,如直梯、弧梯、旋转梯等(图 4-25)。

图 4-25　木楼梯的形式

纯粹的木楼梯适用范围较窄,且耐磨度和稳固性都比较差,通常只用于家居或小商铺等空间。其中楼梯段与扶手等构件多用榫卯结构或直接打钉固定。

木质建材如果直接与建筑结构连接,必须有很好的表面保护处理方式。在楼梯结构中,踏板与扶手也需要进行表面处理。表面处理包括水磨、上蜡或者涂生态油漆。

楼梯噪声也是需要注意的问题。建议在安装楼梯的时候,如需固定在墙上,最好在墙体跟楼梯之间加一层薄薄的橡胶支撑。直接固定在墙上的楼梯会将震动持续地传导到墙壁上,并以声波的形式传到相邻的房间。在踏板和承重板、墙壁或竖杆之间放置有弹性的垫片也可以起到降噪的效果。

木材耐久性差,易干裂、磨损、翘曲、腐朽,因此建筑中采用木楼梯时,应时常维护、更换。

【实例】 亚琛工业大学图书馆百叶式楼梯

亚琛工业大学图书馆百叶式楼梯使用了一种浅色的密胺树脂,楼梯本身重量轻,而且透光,一改过去木楼梯给人厚重的印象。

楼梯的踏板径深 33 cm,立板高度 27 cm。踏板和立板都用大小一样的杉木块黏合而成,采用交替竖直和水平的木块黏合,构成一个类似于百叶窗的结构。栏杆和扶手也使用同样大小的木块黏合,竖直方向采用双层加固,楼梯上升方向为钳状结构(图 4-26)。

4.4.2   钢楼梯

钢楼梯造型轻巧、自重轻、施工方便、结构强度高、工期短、适应性强。钢楼梯结构材质一般外露,多用于工业建筑和普通建筑(图 4-27)。

钢楼梯跟其他楼梯一样,由单独的承重构件踏步板和主体承重体系支撑部分组成,它们构成一个统一的承重体系。作用在踏步板上的动荷载以不同的方式传到主体承重体系上。如果踏步板固定在两个斜梁之间,或者固定在两个斜梁之上,则斜梁与踏步板形成单跨结构。如果踏步板只有一边有固定支座,或者由一根梁支承在踏步板的中段,那么荷载以力矩的形式作用在踏步板上。

【实例】 罗特林根住宅内钢楼梯

该住宅的建筑师是托马斯·班贝格和富林根,住宅位于陡峭的山坡上,楼梯间为开敞式,其造型使整栋建筑的立体交通显得宽敞而大方,与以往将过道和楼梯间完全分割的传统方式不同。

楼梯主体由 T 型钢构成。中段休息板、踏步板和楼梯主体之间的连接方法为焊接。中段休息板和楼板的外延段由 T 型钢加固。楼梯主体的钢支架表面喷有一层均匀的油漆,起到抛光和防锈作用。踏步板和中段休息板为网纹钢板,由螺旋固定在硬质橡胶垫片上,踏板切割出的棱角都经过了打磨和抛光处理。楼梯扶手由扁钢与圆钢管焊接而成,其间用不锈钢钢绳加固。钢绳与钢架之间通过内置螺线和平口螺栓等配件加以连接(图 4-28)。

4.4.3   玻璃楼梯

玻璃楼梯(图 4-29)主要以玻璃自身的刚度来承载人体的重量,多采用玻璃钉固定几个点,然后通过这几个点来分散整个玻璃的受力。玻璃楼梯是否坚固可靠,很大一部分取决于玻璃自身的刚度。目前,钢化夹胶玻璃的强度已经超过水泥基面,牢靠度已被大家认可。

【实例】 苹果直营店玻璃楼梯

苹果直营店的室内设计理念是典型的极简主义,体现了"精"与"简"两大特征。精,表现于细部处理干净利落、比例完美;简,体现在材质的选择、极简的家具及单纯的矩阵式平面布局。玻璃主题形象地传达了苹果产品一向"轻盈、简洁、线条流畅"的外观特征,给人以"放眼望去,几乎无奇"的空旷之感,这种设计与寸土寸金的商区形成鲜明对比。

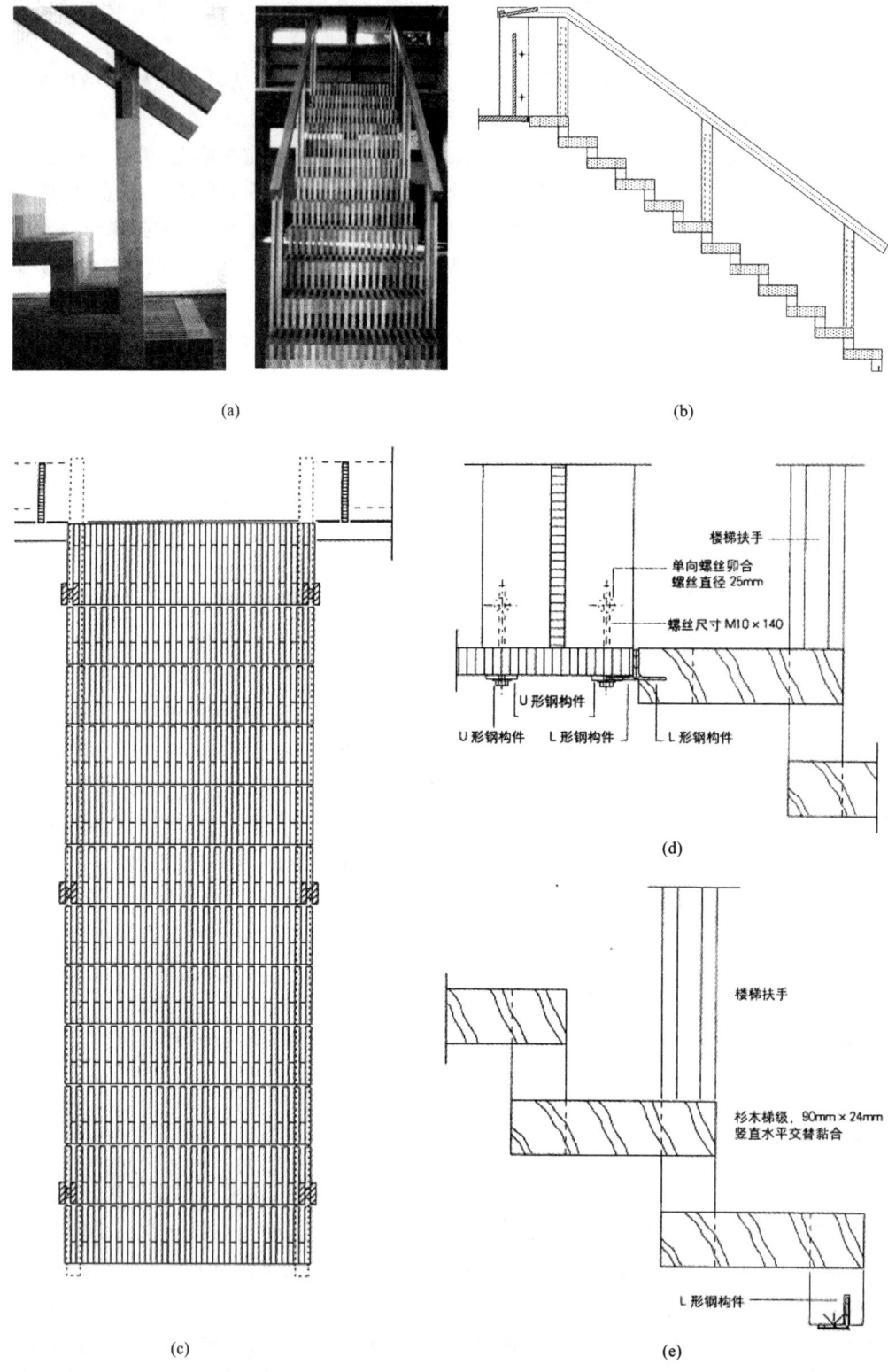

图 4-26 亚琛工业大学图书馆百叶式楼梯

(a)楼梯实物图;(b)楼梯截面;(c)楼梯俯视图;(d)楼梯与楼板结合部截面;(e)楼梯与地面结合部截面

图 4-27 钢楼梯

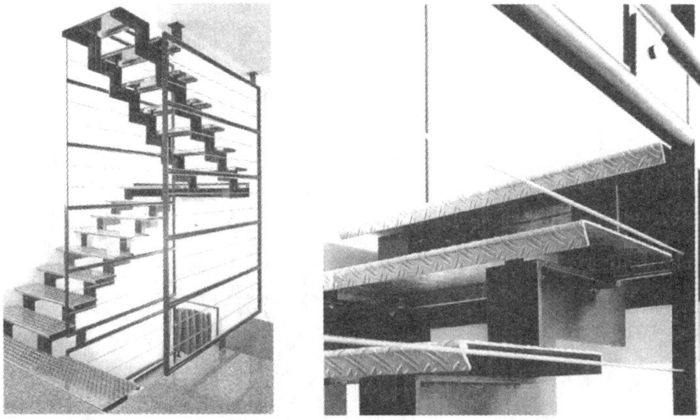

(a)

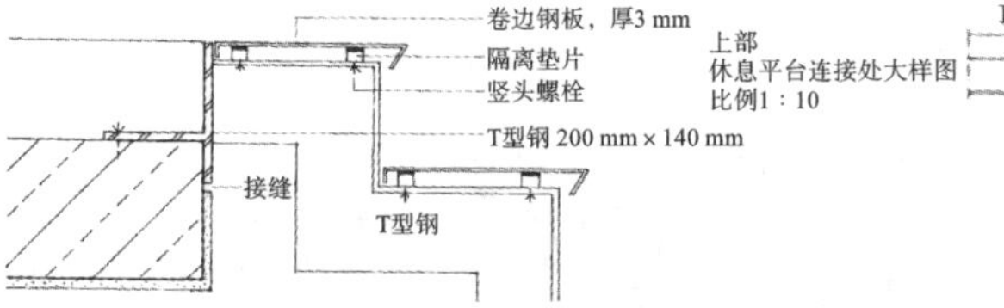

卷边钢板,厚3 mm
隔离垫片
竖头螺栓
T型钢 200 mm × 140 mm
接缝
T型钢

上部
休息平台连接处大样图
比例1:10

(b)

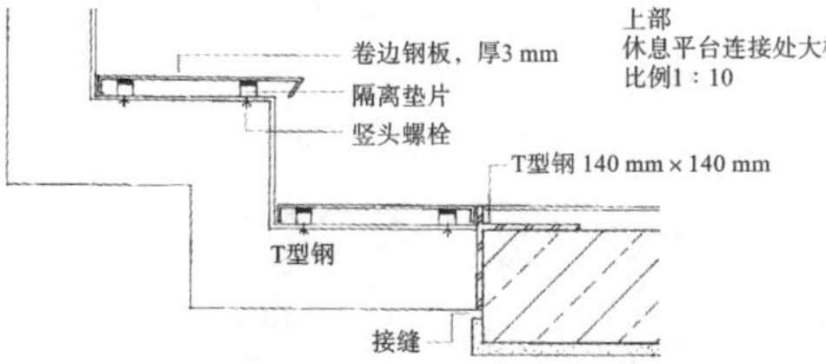

卷边钢板,厚3 mm
隔离垫片
竖头螺栓
T型钢 140 mm × 140 mm
T型钢
接缝

上部
休息平台连接处大样图
比例1:10

(c)

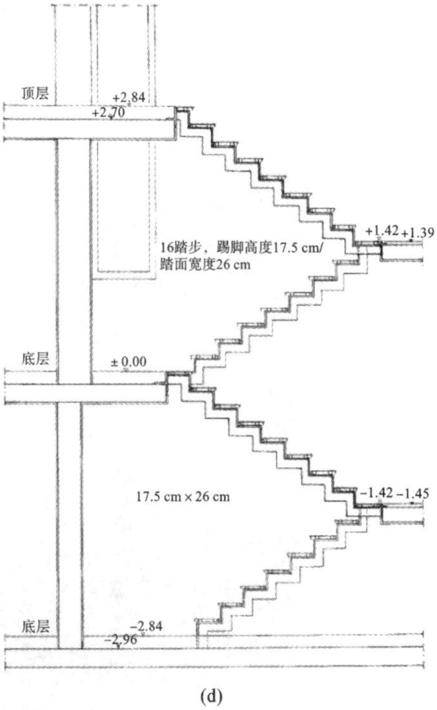

顶层 +2.84
+2.70

16踏步,踢脚高度17.5 cm/
踏面宽度26 cm

+1.42 +1.39

底层 ± 0.00

17.5 cm × 26 cm

-1.42 -1.45

底层 -2.84
-2.96

(d)

图 4-28 罗特林根住宅内钢楼梯

(a)实物图;(b)上部休息平台连接处大样图;(c)下部休息平台连接处大样图;(d)剖面图

图 4-29   玻璃楼梯

全玻璃幕承重式玻璃楼梯(图 4-30)是苹果直营店空间设计的视觉焦点。居中而立的透明玻璃幕承重式玻璃楼梯延伸了顾客的视觉空间,形成"空"的感受。7 cm 厚的半透明防滑玻璃梯板端部直接以点连接固定在透明的承重玻璃侧墙上,楼梯顶部呼应着玻璃天窗,更加强了空间的通透度,使得"爬楼梯"这一令多数顾客头疼的行为在此变成一个令人愉悦甚至充满吸引力的空间体验。

图 4-30   苹果直营店玻璃楼梯

苹果直营店玻璃楼梯可分为四大构件(图 4-31)。

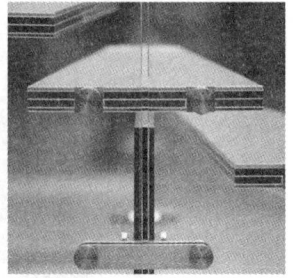

图 4-31   苹果直营店玻璃楼梯构件

（1）玻璃圆筒柱。楼梯中间的玻璃圆筒柱承载了整个楼梯结构的荷载。

（2）玻璃挑梁。在楼梯中间的玻璃圆筒柱中，每隔一段都会伸出几根玻璃挑梁，挑梁内侧固定在圆筒柱上，外侧连接到外圈扶手上，以扶手作为封口。

（3）玻璃扶手。扶手除了有地面和楼顶面的两端支撑外，它的中间段也并不是悬空的，靠内侧扶手固定在圆筒柱上，靠外侧扶手固定在玻璃梁上。也就是说，它的荷载其实最终还是传递到中心圆筒柱上。

（4）玻璃踏板。玻璃楼梯踏板是通过金属连接件连接在两端支撑结构上的。内侧与圆筒柱用一个连接件连接，外侧与扶手用两个连接件连接，这样三个连接件就可以牢牢地固定住一个踏板了。

4.5 踏步、栏杆和扶手构造

楼梯踏步面层装修和栏杆、扶手处理的好坏直接影响楼梯的使用安全与美观，在设计中应足够重视。

4.5.1 踏步面层及防滑处理

1. 踏步面层

楼梯踏步的面层应光洁、耐磨，易于清扫。面层常采用水泥砂浆、水磨石等，也可采用石材、防滑地砖、地毯等。前者多用于一般工业与民用建筑中，后者多用于有特殊要求或较高级别的建筑中。

2. 防滑处理

为防止行人在上下楼梯时滑跌，特别是当踏步面层为水磨石面层以及其他表面光滑的面层时，常在踏步近踏口处做出略高于踏面 $2\sim3$ mm 的防滑条。常用的防滑条材料有：水泥铁屑、金刚砂、金属条和陶瓷马赛克。如果面层采用水泥砂浆抹面，由于其表面粗糙，可不做防滑条（图 4-32）。

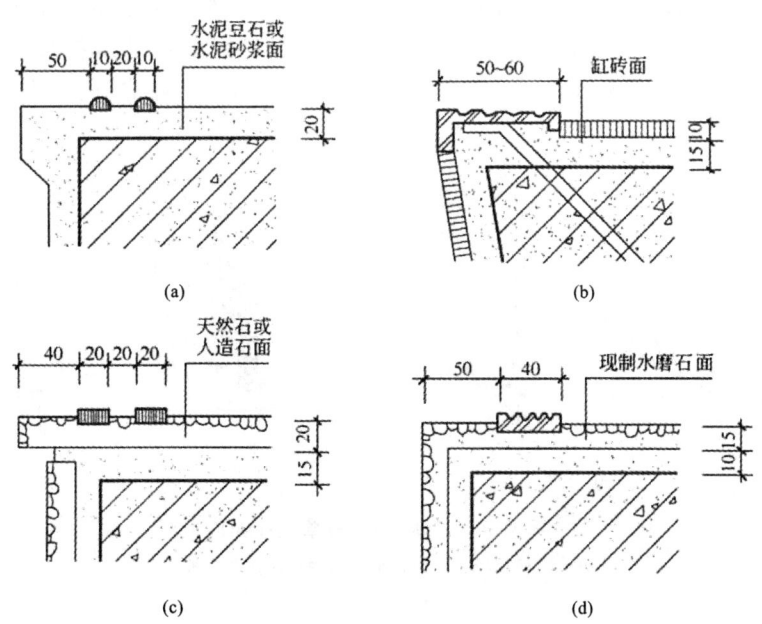

图 4-32　踏步面层及防滑处理（单位：mm）

（a）金刚砂防滑条；（b）铸铁防滑条；（c）陶瓷锦砖防滑条；（d）有色金属防滑条

4.5.2　栏杆与扶手构造

1. 栏杆的形式

栏杆的形式常常是建筑设计师关注的重点,栏杆的造型会影响建筑立面的美观,在一些公共建筑的共享空间,其对室内装饰效果也起到重要的作用。

栏杆多采用方钢、圆钢、钢管或扁钢等材料,并可焊接或铆接成各种图案,既起防护作用,又起装饰作用。栏杆的形式可分为空花式、栏板式、混合式等类型。

（1）空花式。

空花式栏杆常用钢材、木材、钢筋混凝土或其他金属材料制作,具有重量轻、空透轻巧的特点（图 4-33）。住宅、托儿所、幼儿园、中小学及其他少年儿童专用活动场所的栏杆必须采取防止攀爬的构造。当采用垂直杆件做栏杆时,其杆件净间距不应大于 0.11 m。

图 4-33　空花式栏杆

（2）栏板式。

栏板式栏杆取消了杆件,免去了空花栏杆的不安全因素,无锈蚀问题,但栏板构件应与主体结构连接可靠,应能承受侧向推力。栏板常采用的材料有钢丝网（或钢板网）水泥抹灰栏板、钢筋混凝土栏板,也可用透明钢化玻璃或有机玻璃镶嵌于栏杆立柱之间。栏板式栏杆常用于室外楼梯（图 4-34）。

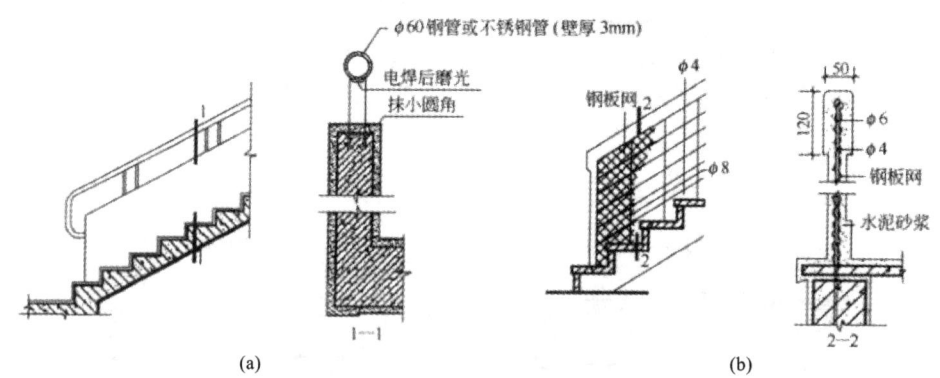

图 4-34　栏板式栏杆(单位:mm)

(a)钢筋混凝土栏板；(b)钢板网水泥抹灰栏板

（3）混合式。

混合式栏杆是空花栏杆和栏板式栏杆组合形式的栏杆（图 4-35）,其栏杆竖杆常采用钢材或不锈钢等材料,栏板部分常采用强度高的轻质美观材料。

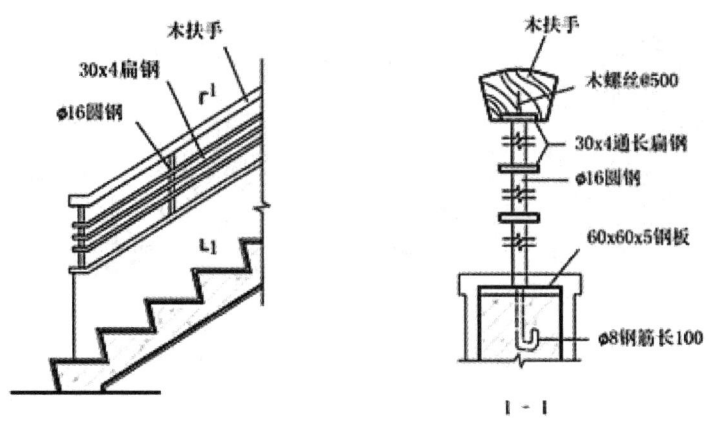

图 4-35 混合式栏杆(单位:mm)

2. 扶手

楼梯扶手按材料不同可分为木扶手、金属扶手、塑料扶手等,按构造不同可分为镂空栏杆扶手、栏板扶手和靠墙扶手等(图 4-36)。

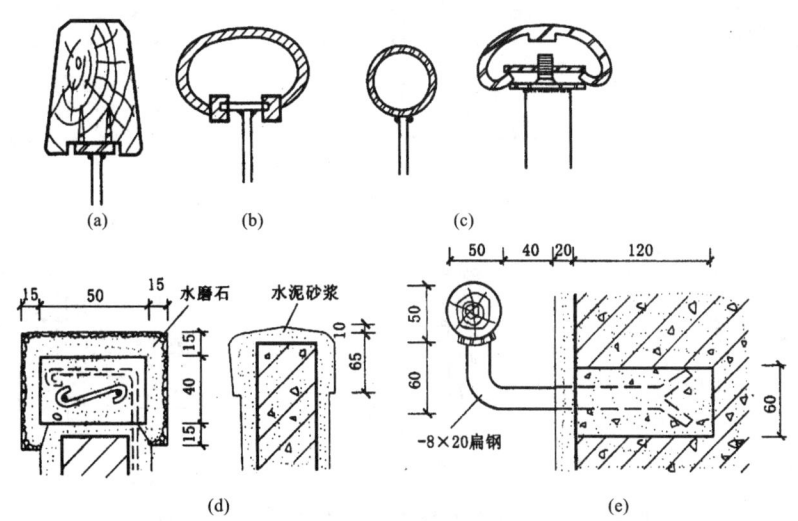

图 4-36 扶手构造(单位:mm)
(a)木扶手;(b)塑料扶手;(c)金属扶手;(d)栏板扶手;(e)靠墙扶手

4.5.3 连接构造

1. 栏杆与踏步的连接

栏杆与踏步的连接方式有锚接、焊接和螺栓连接三种(图 4-37)。

锚接是在踏步上预留孔洞,然后将钢条插入孔内,预留孔尺寸一般为 50 mm×50 mm,且插入孔内至少 80 mm,孔内浇筑水泥砂浆或细石混凝土嵌固。焊接则是在浇筑楼梯踏步时,在需要设置栏杆的部位,沿踏面预埋钢板或在踏步内埋套管,然后将钢条焊接在预埋钢板或套管上。螺栓连接是指利用螺栓将栏杆固定在踏步上。

2. 栏杆竖杆与梯段、平台的连接

栏杆竖杆与梯段、平台的连接,一般在梯段和平台上预埋钢板焊接或预留孔插接。为了保护栏杆

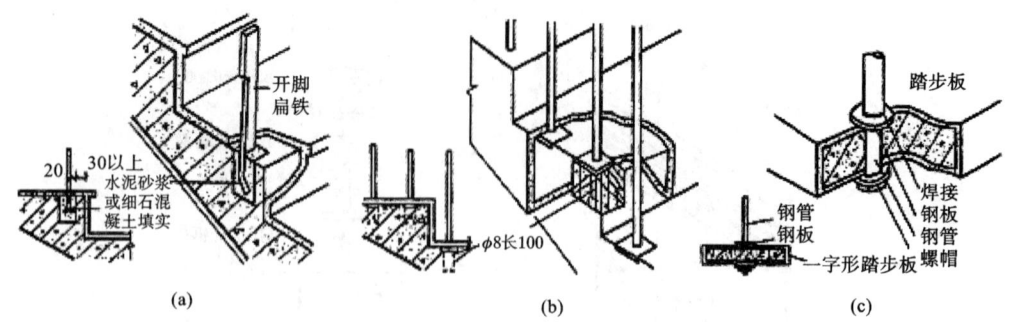

图 4-37 栏杆与踏步的连接方式

(a)锚接;(b)焊接;(c)螺栓连接

免受锈蚀和增强栏杆的美观性,常在竖杆下部装设套环,覆盖栏杆与梯段或平台的接头(图 4-38)。

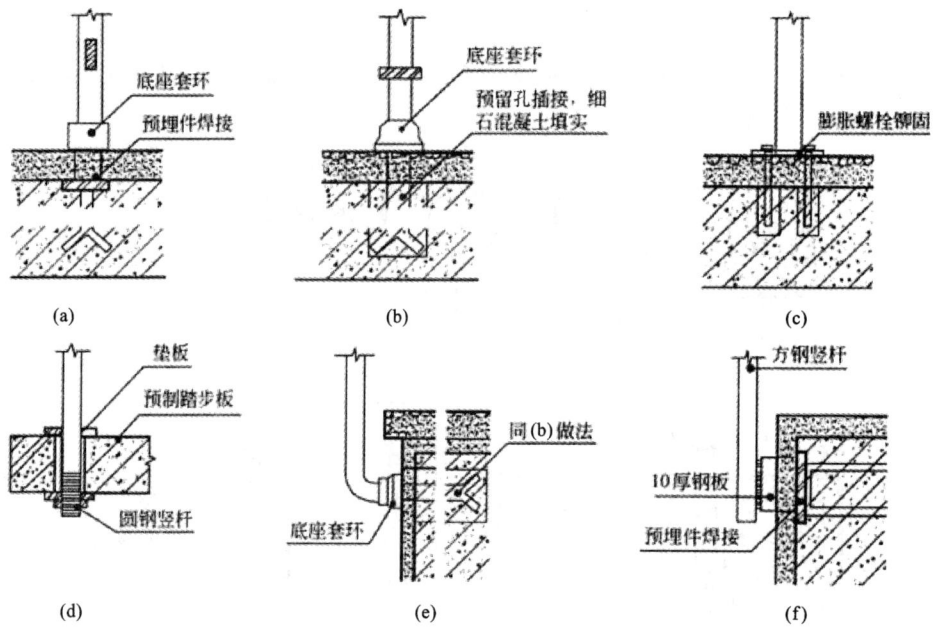

图 4-38 栏杆竖杆与梯段、平台的连接(单位:mm)

2. 扶手与栏杆的连接

木扶手与金属栏杆连接,是用一通长扁铁与金属栏杆焊接,每隔 300 mm 左右开一小孔,木扶手通过木螺丝固定(图 4-39(a))。金属扶手与金属栏杆连接采用焊接(图 4-39(b))。塑料扶手与金属栏杆连接采用卡接(图 4-39(c))。

3. 扶手与墙面的连接

扶手与墙面连接有插接和焊接两种形式。插接是在砖墙上留孔洞,将扶手连接杆件伸入洞内,用细石混凝土嵌固。焊接是当扶手与钢筋混凝土墙或柱连接时,在钢筋混凝土墙内预埋铁件,再与扶手焊接(图 4-40)。

4. 楼梯起步和梯段转折处栏杆与扶手的处理

(1)楼梯起步处:在底层梯段起步处,为保持栏杆高度一致和扶手的连续,应根据不同情况对第一级踏步和栏杆、扶手进行处理(图 4-41)。

①当上下梯段齐步时,上下扶手在转折处同时向平台延伸半步,使两扶手高度相等、连接自然。

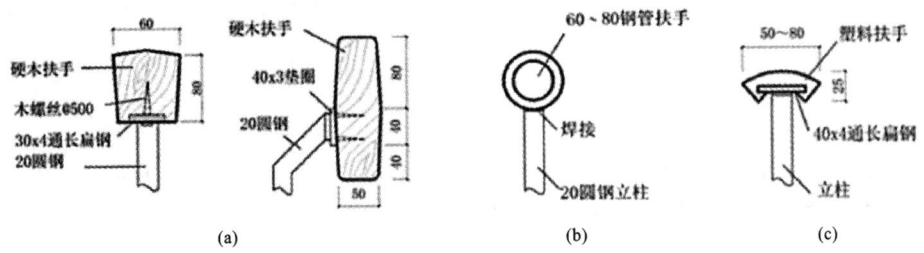

图 4-39　扶手与栏杆的连接(单位:mm)

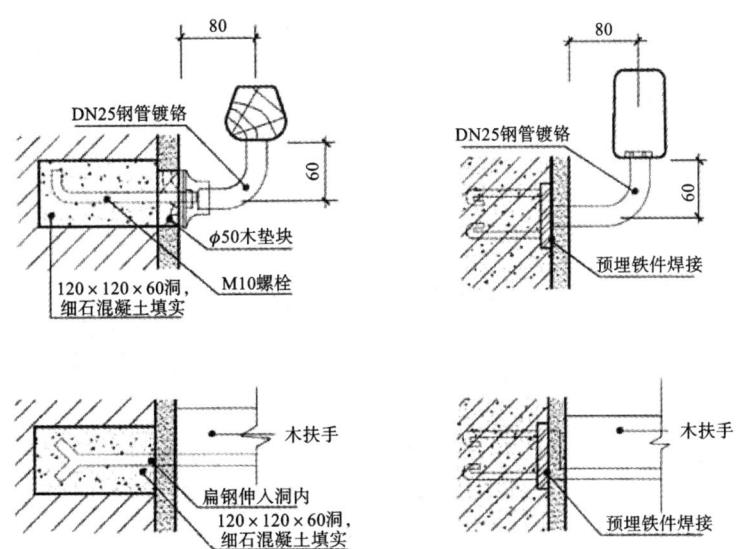

图 4-40　扶手与墙面连接(单位:mm)

(a)插接;(b)焊接

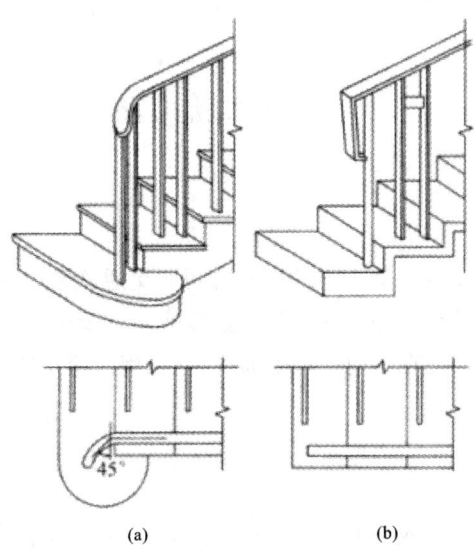

图 4-41　楼梯起步处栏杆与扶手的处理

如扶手在转折处不伸入平台,下跑梯段扶手在转折处须上弯形成鹤颈扶手,可用直线转折的硬接方式。

②上下梯段错一步时,扶手在转折处无须向平台延伸即可自然连接。当长短跑梯段错开几步时,会出现一段水平栏杆。

(2)梯段转折处:由于梯段的高差关系,为了保持栏杆高度一致和扶手的连续,需根据不同情况进行处理(图 4-42)。

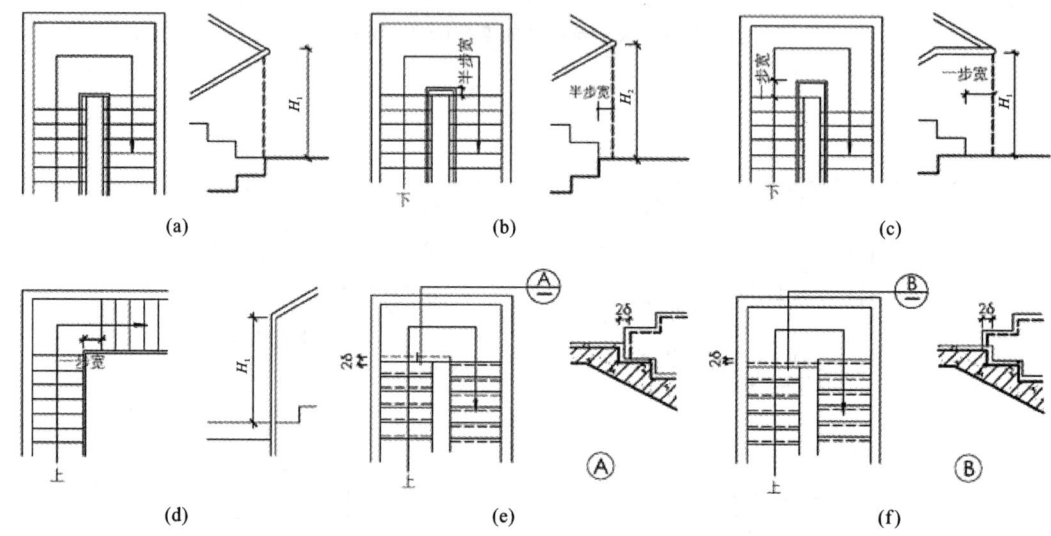

图 4-42   楼梯转折处栏杆与扶手的处理

(a)上行梯级后退一步,栏杆与下行梯级平行;

(b)上下行梯级取平,栏杆伸出梯级半步;

(c)下行梯级前推一步,栏杆伸出梯级一步;(d)转角梯上行梯级前推一步;

(e)当要求建筑装修面齐平时,结构上下行梯级的起步面相差 2 倍装修层厚度;

(f)当要求上下行梯级的起步面与结构面齐平时,建筑装修面相差 2 倍装修层厚度

注:H_1 为踏步前沿至扶手顶的高度,H_2 为踏步中心线至扶手顶高度,δ 为装修层厚度。

4.6   室外台阶与坡道

4.6.1   台阶与坡道的形式

室外台阶和坡道都是建筑出入口处室内外高差之间的交通联系建筑结构。台阶由踏步和平台组成,其形式有单面踏步式、三面踏步式等。室内台阶踏步数不宜少于 2 级,当高差不足 2 级时,宜按坡道设置。大型公共建筑为使汽车能在大门入口处通行,常采用台阶与坡道相结合的形式(图 4-43)。

4.6.2   台阶与坡道的尺寸

1. 台阶尺寸

台阶坡度较楼梯平缓,公共建筑室内外台阶踏步宽度不宜小于 300 mm,踏步高度不宜大于 150 mm,且不宜小于 100 m。当台阶高度超过 700 mm 时,应在临空面采取防护设施。平台深度一般不应小于 1000 mm,且须做 3% 左右的排水坡度,以利于雨水排除。

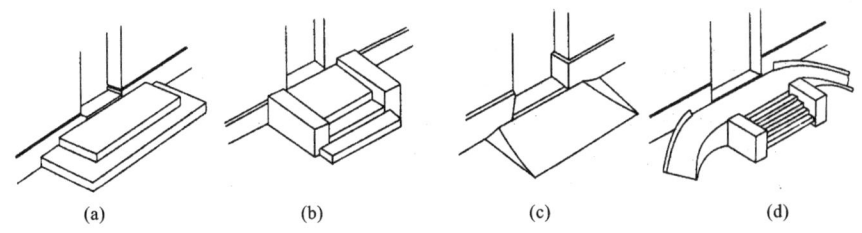

图 4-43 台阶与坡道的形式

(a)三面踏步式;(b)单面踏步式;(c)坡道式;(d)踏步坡道结合式

2. 坡道尺寸

坡道常用于无障碍通行,应结合轮椅尺寸综合考虑。室内坡道坡度不宜大于 1∶8,室外坡道坡度不宜大于 1∶10。当需要进行无障碍设计时,轮椅坡道的净宽度不应小于 1200 mm,轮椅坡道的高度超过 300 mm 且坡度大于 1∶20 时,两侧应设扶手,坡道与休息平台的扶手应保持连贯,可在 850～900 mm 处和 650～700 mm 处设上下层扶手,靠墙的扶手起点和终点处水平延伸应不小于 300 mm。轮椅坡道的起点、终点和中间休息平台的水平长度不应小于 1500 mm。轮椅坡道的最大高度和水平长度见表 4-2。

表 4-2 轮椅坡道的最大高度和水平长度

坡　　度	1∶20	1∶16	1∶12	1∶10	1∶8
最大高度/m	1.20	0.90	0.75	0.60	0.30
水平长度/m	24.00	14.40	9.00	6.00	2.40

4.6.3 台阶与坡道的构造

1. 台阶构造

台阶构造与地坪构造相似,由面层和结构层构成。结构层材料应采用抗冻、抗水性能好且质地坚实的材料。台阶有混凝土台阶、石砌台阶、钢筋混凝土台阶、换土地基台阶四种类型(图 4-44)。

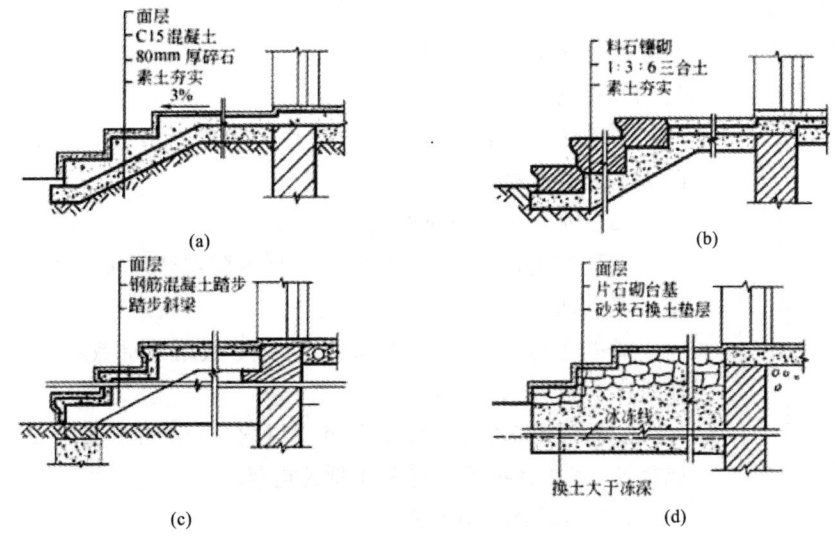

图 4-44 台阶构造

(a)混凝土台阶;(b)石砌台阶;(c)钢筋混凝土台阶;(d)换土地基台阶

2. 坡道构造

常见的坡道材料有混凝土或石块等,面层以水泥砂浆居多,对经常处于潮湿环境、坡度较陡或采用水磨石作面层的,其表面必须做防滑处理(图 4-45)。

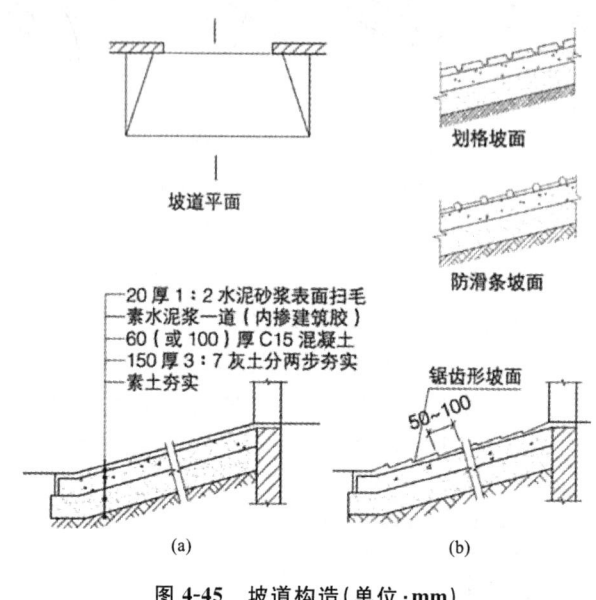

坡道平面

划格坡面

防滑条坡面

20厚1:2水泥砂浆表面扫毛
素水泥浆一道(内掺建筑胶)
60(或100)厚C15混凝土
150厚3:7灰土分两步夯实
素土夯实

锯齿形坡面
50~100

(a)　　　　　　(b)

图 4-45　坡道构造(单位:mm)
(a)混凝土坡道;(b)条石坡道

4.7　电梯与自动扶梯

4.7.1　电梯

1. 电梯的类型
(1) 按使用性质分类。
①客梯:主要用于人们在建筑物中的垂直交通。
②货梯:主要用于运送货物及设备。

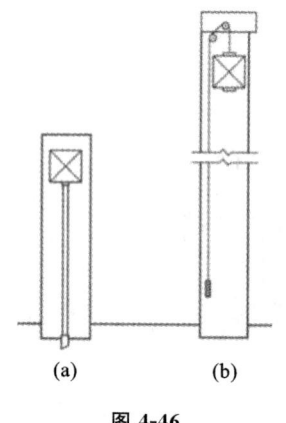

图 4-46
(a)液压电梯;(b)电动电梯

③消防电梯:在发生火灾、爆炸等紧急情况下,供人员安全疏散和消防人员紧急救援使用。
(2) 按电梯行驶速度分类。
①高速电梯:速度大于 2 m/s,梯速随层数增加而提高。消防电梯常用高速电梯。
②中速电梯:速度在 2 m/s 之内,一般用于层数不多、人流量不大的建筑中的客梯或货梯。
③低速电梯:速度在 1.5 m/s 以内,一般用于速度要求不高的客梯或货梯,运送食物的电梯常用低速电梯。
(3) 按其他方式分类。
电梯还可以按轿厢容量、工作原理、电梯门开启方向等进行分类。
按工作原理不同,电梯分为液压电梯和电动电梯(图 4-46)。液压电梯采用液压驱动机械进行升降,因其较低的行驶速度和活塞的长度,仅能用于一定高度的建筑内。液压电梯安装费用少,但运行能耗大。电动电梯是一种电能电梯,它是通过电力驱动机械产生动力,可用于高层、多层建筑。

(4)观光电梯。

观光电梯是将竖向交通和登高流动观景相结合的电梯。透明的轿厢使人在电梯内可以看到电梯外的景观(图4-47)。

图4-47 观光电梯

2. 电梯的组成

(1)电梯井道。

不同用途的电梯,电梯井道的平面形式不同(图4-48)。电梯井道是电梯运行的通道,井道内包括出入口、电梯轿厢、导轨、导轨撑架、平衡锤及缓冲器等(图4-49)。

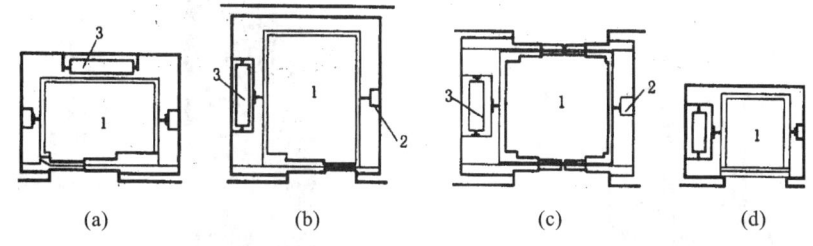

(a)   (b)   (c)   (d)

图4-48 电梯分类及井道平面

(a)客梯(双扇推拉门);(b)病床梯(双扇推拉门);(c)货梯(中分双扇推拉门);(d)小型杂物货梯

1—电梯厢;2—导轨及导轨撑架;3—平衡重

电梯井道是穿通建筑物各楼层的垂直通道,火灾火焰及烟气容易在其中蔓延。电梯井道井壁的耐火性能应满足建筑防火规范的要求,一般采用钢筋混凝土材料。两部及两部以上电梯相邻时,每部电梯均应设置独立的电梯井道。井壁除了开设电梯门洞和通气空洞外,不应开设其他洞口。为使井道内空气流通,火灾时能迅速排除烟和热气,应在井道肩部和中部适当位置(高层时)及地坑等处设置不小于300 mm×600 mm的通风口,上部可以和排烟口结合,排烟口面积不少于井道面积的3.5%。通风口总面积的1/3应经常开启。通风管道可在井道顶板上或井道壁上直接通往室外。井道内为了安装、检修和缓冲的需要,应在井道的顶部留有必要的空间,一般是通过增加井道顶层的高度来解决,根据电梯的类型、载重量以及运行速度不同,顶层高度可达3700~5600 mm。电梯运行时产生振动和噪声,一般在机房机座下设弹性垫层隔振,在机房与井道间设高1.5 m左右的隔声层。

(2)电梯机房。

电梯机房应为专用的房间,允许机房任意向一个或两个相邻方向伸出,并满足机房有关设备安装的要求。

电动电梯机房设计包括电梯升降机械和控制装置设计,通常其直接置于提升间的顶部,也可置于提升间下部的旁边或背面。电梯机房必须考虑有足够的通风、隔声设施和支承结构,同时要有独立的安全通道门。其围护结构应保温隔热,室内应有良好通风、防潮和防尘措施。不应在机房顶板上直接设水箱及在机房内直接穿越水管或蒸汽管(图4-50)。

液压电梯机房通常位于井道基础附近,可容纳液压设备和控制器。必须考虑充足的通风和隔声措施,同时要有独立的安全通道门。

(3)井道底坑。

井道底坑在平面标高下大于或等于1.4 m的位置,考虑电梯停靠时的冲力,作为轿厢下降时所

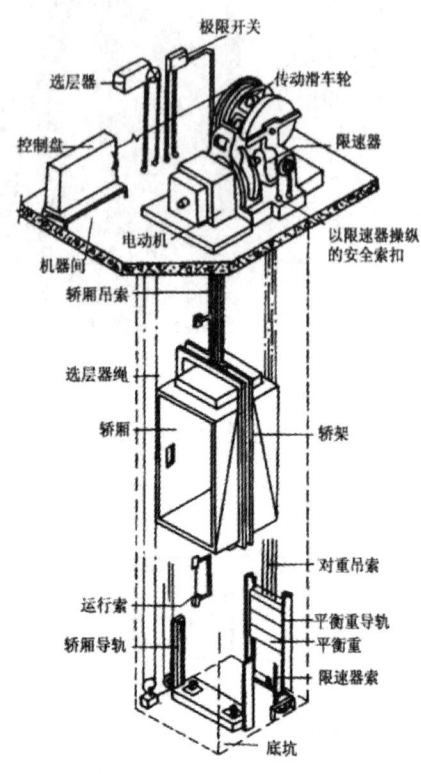

图 4-49　电梯井道内部透视示意图

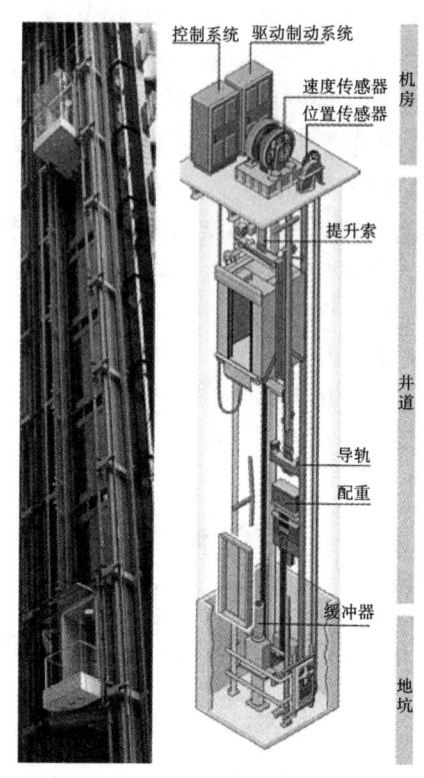

图 4-50　电梯机房

需的缓冲器的安装空间。井道底坑的四壁及底部均须考虑防水处理,消防电梯的井道底坑还应有排水设施。

（4）其他部件。

①轿厢。轿厢是直接载人、运货的厢体。电梯轿厢应造型美观,经久耐用,当今轿厢采用金属框架结构,内部用光洁有色钢板壁面或有色有孔钢板壁面,花格钢板地面,荧光灯局部照明。入口处则采用钢材或坚硬铝材制成的电梯门槛。

②井壁导轨和导轨支架。井壁导轨和导轨支架是支承、固定轿厢上下升降的轨道。

③牵引轮及其钢支架、钢丝绳、平衡锤、轿厢开关门、检修起重吊钩等。

④有关电器部件。包括交流电动机、直流电动机、控制柜、继电器、选层器、照明、电源开关、厅外层数指示灯和厅外上下召唤盒开关等。

高层建筑的电梯井道,当超过两部电梯时应用墙隔开;在普通电梯与消防电梯之间,井道和机房内也应用墙隔开。电梯轿厢由垂直导轨控制,液压电梯轿厢由活塞或圆柱支撑,电动电梯轿厢由拉升机械支撑,配重决定了拉升钢绳的负载能力。此外,电梯井道和机房不宜与主要用房相邻布置,否则应采取隔振、隔声措施。井道地坑要考虑排水设施。

3. 电梯与建筑物相关部位的构造

电梯与建筑物相关部位的构造如图 4-51 所示。

（1）井道、机房建筑的一般要求。

①通向机房的通道和楼梯宽度不小于 1.2 m,楼梯坡度不大于 45°。

②机房楼板应平坦整洁,能承受 6 kPa 的均布荷载。

③井道壁多为钢筋混凝土井壁或框架填充墙井壁。井道壁为钢筋混凝土时,应预留 150 mm 深孔洞、垂直中距 2 m,以便安装支架。

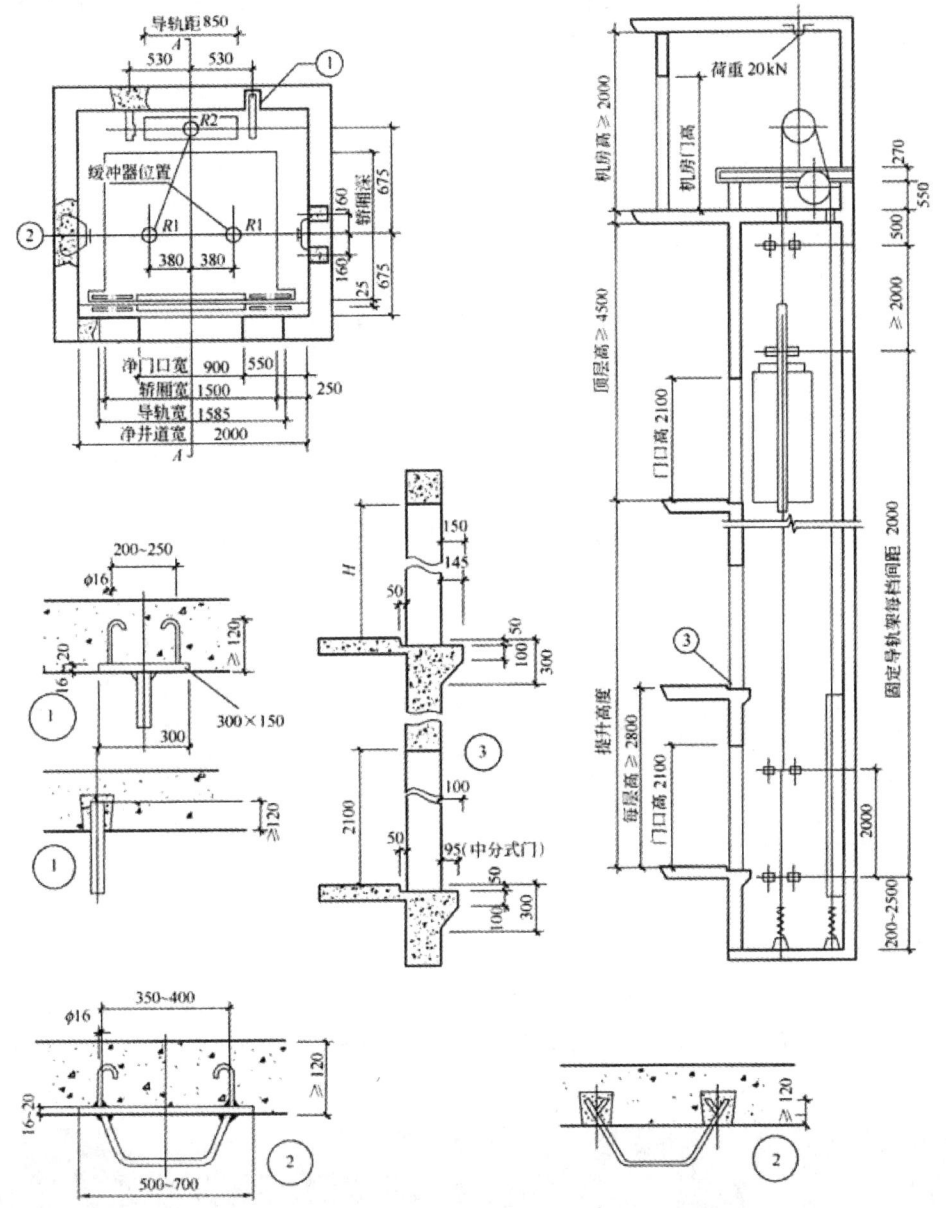

图 4-51 电梯与建筑物相关部位的构造(单位:mm)

④框架(圈梁)上应预埋铁板,铁板后面的焊件与梁中钢筋焊牢。每层中间加圈梁一道,并应设置预埋铁板。

⑤电梯为两台并列时,中间可不用隔墙而按一定的间隔放置钢筋混凝土梁或型钢过梁,以便安装支架。

(2)电梯导轨支架的安装。

安装导轨支架分预留孔插入式和预埋铁件焊接式。

4.电梯设计要求

电梯设计可根据使用功能选择电梯的种类、载重量和速度,并按所需的运载量确定电梯的数量。高层建筑除设置普通电梯外,一般还要配备消防电梯。消防电梯在平面布置中宜靠近底层出入口位置。电梯不应计作安全出口,设有电梯的建筑物仍应按防火规范规定的安全疏散距离设置疏散楼梯。电梯井不宜被楼梯环绕。电梯候梯厅深度见表 4-3。

以下建筑应设置消防电梯:

(1)建筑高度大于 33 m 的住宅建筑;

(2)一类高层公共建筑和建筑高度大于 32 m 的二类高层公共建筑、5 层及以上且总建筑面积大于 3000 m² (包括设置在其他建筑内五层及以上楼层)的老年人照料设施;

(3)设置消防电梯的建筑的地下或半地下室,埋深大于 10 m 且总建筑面积大于 3000 m² 的其他地下或半地下建筑(室)。

表 4-3　电梯候梯厅深度

电梯类别	布置方式	候梯厅深度
住宅电梯	单台	$\geqslant B$,且$\geqslant 1.5$ m
	多台单侧排列	$\geqslant B_{max}$,且$\geqslant 1.8$ m
	多台双侧排列	$\geqslant$相对电梯 B_{max} 之和,且< 3.5 m
公共建筑电梯	单台	$\geqslant 1.5B$,且$\geqslant 1.8$ m
	多台单侧排列	$\geqslant 1.5B_{max}$,且$\geqslant 2.0$ m; 当电梯群为 4 台时应$\geqslant 2.4$ m
	多台双侧排列	$\geqslant$相对电梯 B_{max} 之和,且< 4.5 m
病床电梯	单台	$\geqslant 1.5B$
	多台单侧排列	$\geqslant 1.5B_{max}$
	多台双侧排列	$\geqslant$相对电梯 B_{max} 之和

注:B 为轿箱深度,B_{max} 为电梯群中最大轿箱深度。

4.7.2　自动扶梯

自动扶梯适用于有大量人流上下的公共场所,如车站、超市、商场、地铁车站等。自动扶梯可沿正、逆两个方向运行,可作提升及下降使用,机器停转时可作临时楼梯使用,但不计作安全出口(图 4-52)。

图 4-52　自动扶梯

自动扶梯的运行原理,是采取机电系统技术,由电动马达变速器以及安全制动器所组成的推动单元拖动两条环链,而每级踏板都与环链连接,通过轧轮的滚动,踏板便沿主构架中的轨道循环运转,而踏板上面的扶手带以相应速度与踏板同步运转(图 4-53)。

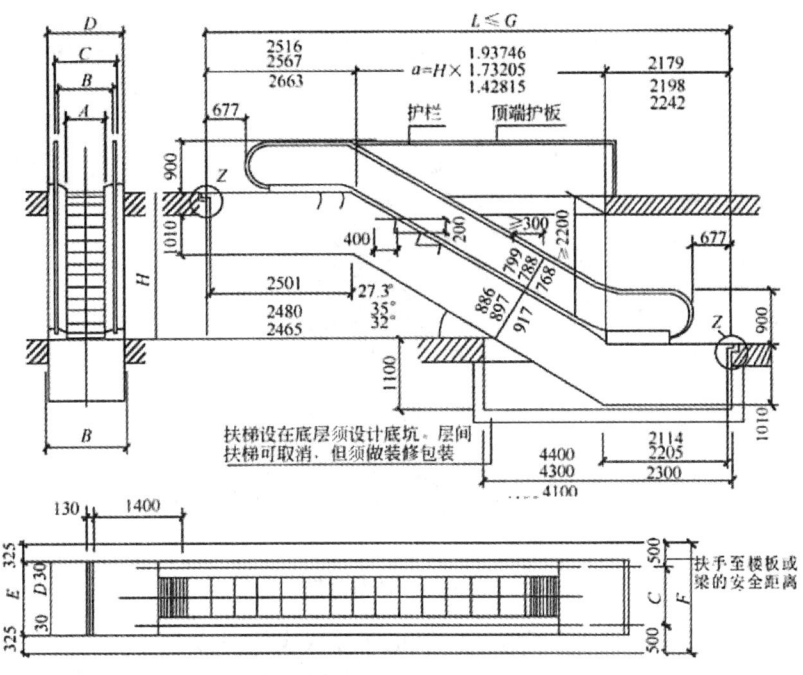

图 4-53　自动扶梯的平面、立面及剖面示意图(单位:mm)

室内自动扶梯运输的垂直高度最低 3 m,最高 11 m。室外自动扶梯运输的垂直高度最低 3.5 m,最高可达 60 m。自动扶梯的理论载客量为 4000～10000 人次/小时。自动扶梯的常用坡度有 27°、30°和 35°,自动扶梯按输送能力又可分为单人和双人两种。同时它也可做成水平运行方式或坡度平缓(≤12°)的室内人行道。从防火安全考虑,在室内每层设有自动扶梯处,四周敞开的部位均须设置防火卷帘或水幕,并加密自动喷淋的喷头。

4.8　楼梯的建筑设计要求

4.8.1　楼梯设计的基本要求

(1)楼梯需功能合理、造型美观、坚固耐久防火等。

(2)作为主要楼梯,应与主要出入口邻近,且位置明显;同时还应避免垂直交通与水平交通在交接处拥挤、堵塞。

(3)必须满足防火要求,楼梯的数量、同行宽度满足消防疏散能力。

(4)设有自动扶梯、电梯的建筑中须同时设楼梯。

(5)满足消防疏散的要求(图 4-54)。

4.8.2　疏散楼梯间的设计要求

(1)楼梯间必须有良好的自然采光、自然通风,并靠外墙设置。靠外墙设置时,楼梯间、前室及合用前室外墙上的窗口与两侧门、窗、洞口最近边缘的水平距离不应小于 1.0 m。

(2)楼梯间不应有影响疏散的凸出物或其他障碍物。不应设置烧水间、可燃材料储藏室、垃圾道。

(3)封闭楼梯间、防烟楼梯间及其前室,不应设置卷帘。

(4)楼梯间内不应设置甲、乙、丙类液体管道。

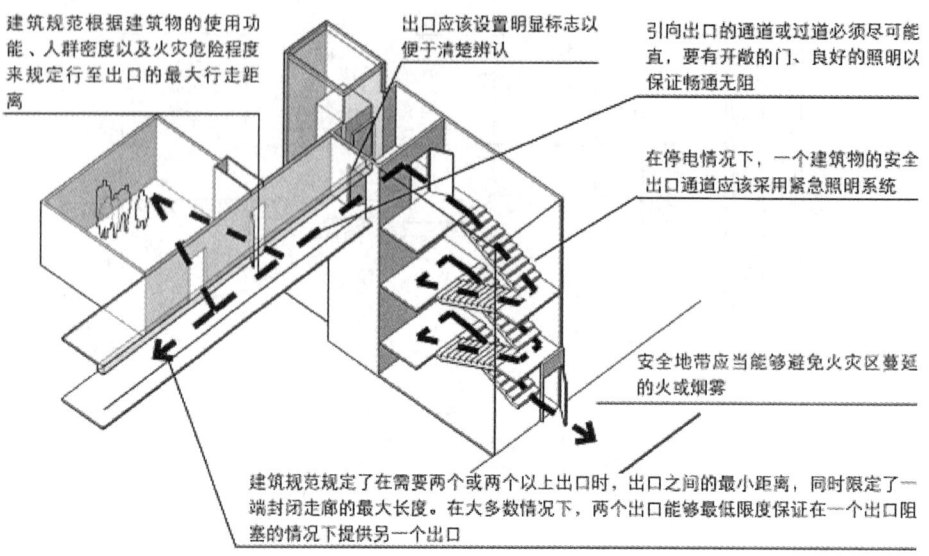

建筑规范根据建筑物的使用功能、人群密度以及火灾危险程度来规定行至出口的最大行走距离

出口应该设置明显标志以便于清楚辨认

引向出口的通道或过道必须尽可能直，要有开敞的门、良好的照明以保证畅通无阻

在停电情况下，一个建筑物的安全出口通道应该采用紧急照明系统

安全地带应当能够避免火灾区蔓延的火或烟雾

建筑规范规定了在需要两个或两个以上出口时，出口之间的最小距离，同时限定了一端封闭走廊的最大长度。在大多数情况下，两个出口能够最低限度保证在一个出口阻塞的情况下提供另一个出口

图 4-54 消防疏散

（5）封闭楼梯间、防烟楼梯间及其前室内禁止穿过或设置可燃气体管道。敞开楼梯间内不应设置可燃气体管道，当住宅建筑的敞开楼梯间内确实设置可燃气体管道和可燃气体计量表时，应采用金属管和设置切断气源的阀门。

4.8.3 封闭楼梯间的设计要求

封闭楼梯间除了满足疏散楼梯间的设计要求，还应满足以下规定。

（1）不能自然通风或自然通风不能满足要求时，应设置机械加压送风系统或采用防烟楼梯间。

（2）除楼梯间的出入口和外窗外，楼梯间的墙上不应开设其他门、窗、洞口。

（3）高层建筑，人员密集的公共建筑，人员密集的多层丙类厂房，甲、乙类厂房，其封闭楼梯间的门应采用乙级防火门，并应向疏散方向开启；其他建筑，可采用双向弹簧门。

（4）楼梯间的首层可将走道和门厅等包括在楼梯间内形成扩大的封闭楼梯间，但应采用乙级防火门等与其他走道和房间分隔。

4.8.4 防烟楼梯间的设计要求

防烟楼梯间除了满足疏散楼梯间的设计要求，还应满足以下规定。

（1）应设置防烟设施。

（2）前室的使用面积：公共建筑、高层厂房（仓库）不应小于 6.0 m²；住宅建筑不应小于 4.5 m²。可与消防电梯间前室合用。

（3）前室可与消防电梯间前室合用，合用前室的使用面积：公共建筑、高层厂房（仓库）不应小于 10.0 m²；住宅建筑不应小于 6.0 m²。

（4）疏散走道通向前室以及前室通向楼梯间的门应采用乙级防火门。

（5）除住宅建筑的楼梯间前室外，防烟楼梯间和前室内的墙上不应开设除疏散门和送风口外的其他门、窗、洞口。

（6）楼梯间的首层可将走道和门厅等包括在楼梯间前室内形成扩大的前室，但应采用乙级防火门等与其他走道和房间分隔。

章节自测题

主观题

1. 设计条件

幼儿园建筑中,一层层高为3.3m,其他层层高为3m。请根据建筑特性,细化其楼梯构造设计。

2. 设计要求

(1) 根据设计条件,设计楼梯段宽度、长度、踏步数及其高、宽尺寸。

(2) 确定休息平台宽度。

(3) 经济合理地选择楼梯构造形式。

(4) 设计栏杆形式与尺寸。

3. 图纸要求

(1) 用一张2号图纸绘制楼梯间顶层、二层、底层平面图和剖面图,比例自定,不大于1∶50。

(2) 绘制节点大样图,比例1∶10或1∶20,能够反映楼梯各细部构造。

(3) 简要说明所设计方案及其构造做法特点。

(4) 表现方法不限。

4. 提示

(1) 楼梯形式的选择,现浇或预制都可以。

(2) 栏杆形式的选择。

(3) 雨篷的设置。

(4) 所有未提及部分均由学生自定。

客观题

请扫下面的二维码,进入第4章,进行客观题在线测试与练习。

5 屋 盖

    屋盖是建筑最上部的围护结构,应满足相应的使用功能要求,为建筑提供适宜的内部空间环境,屋盖也是建筑顶部的承重结构,受到材料、结构、施工条件等因素的制约。屋盖又是建筑体量的一部分,其形式对建筑物的造型有很大影响,因此设计中还应注意屋盖的美观问题,在满足其他设计要求的同时,力求创造出适合各种类型建筑的屋盖,传播中国古建筑屋顶文化。

    通过本章内容的学习,学生须了解屋顶组成、形式、作用与设计要求,屋面防水等级的确定及设计要求;了解平屋顶的特点与组成,掌握平屋顶的排水与防水设计,能正确选用各种防水材料及进行细部设计;了解坡屋顶的特点与组成,坡屋顶的结构体系及构造设计和细部设计;掌握屋顶的保温隔热构造原理和构造方法。通过屋顶的排水设计和细部构造设计,培养学生严守职业规范底线的职业操守和一丝不苟的职业精神。

5.1　屋顶的形式及设计要求

5.1.1　屋盖的形式

    按所使用的材料,屋盖可分为钢筋混凝土屋盖、瓦屋盖、金属屋盖、玻璃屋盖等,按屋盖的外形和结构形式,又可以分为平屋盖、坡屋盖、悬索屋盖、薄壳屋盖、拱屋盖、折板屋盖等。

    1. 平屋盖

    大量性民用建筑一般采用与楼盖基本相同的屋盖结构,即平屋盖。平屋盖易于协调统一建筑与结构的关系,较为经济合理,并可供多种利用方式,如设屋顶花园、屋顶游泳池、屋顶运动场等(图5-1),因而是广泛采用的一种屋盖形式。

    平屋盖也应有一定的排水坡度,其排水坡度应小于 5%,最常用的排水坡度为 2%～3%。

    2. 坡屋盖

    坡屋盖是我国的传统屋盖形式,广泛应用于民用住宅等建筑。现代的某些公共建筑,考虑景观

图 5-1 平屋盖

环境或建筑风格的要求,也常采用坡屋盖。坡屋盖的常见形式有单坡屋盖、双坡屋盖,硬山及悬山屋盖,四坡歇山及庑殿屋盖,圆形或书角形攒尖屋盖等,如图 5-2 所示,坡屋盖的屋面防水材料多为瓦材,坡度一般为 20°～30°,其受力较平屋盖复杂。坡屋盖的结构应满足建筑形式的要求。

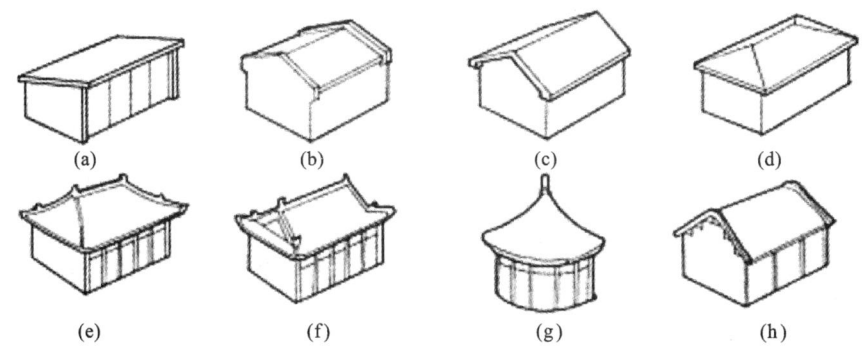

图 5-2 坡屋盖

(a)单坡;(b)硬山;(c)悬山;(d)四坡;(e)庑殿;(f)歇山;(g)攒尖;(h)卷棚

3. 其他形式的屋盖

民用建筑通常采用平屋盖或坡屋盖,有时也采用曲面或折面等其他特殊形状的屋盖,如拱屋盖、折板屋盖、薄壳屋盖、桁架屋盖、悬锁屋盖、网架屋盖等,如图 5-3 所示。

这些屋盖的结构形式独特,其传力系统、材料性能、施工及结构技术等都有系列的理论和规范,再通过结构设计形成覆盖空间。建筑设计应在此基础上进行艺术处理,以创造出新型的建筑形式。

5.1.2 屋盖的设计要求

1. 防水要求

作为围护结构,屋盖最基本的功能是防止雨水渗漏,因而屋盖构造设计的主要任务就是防水。其

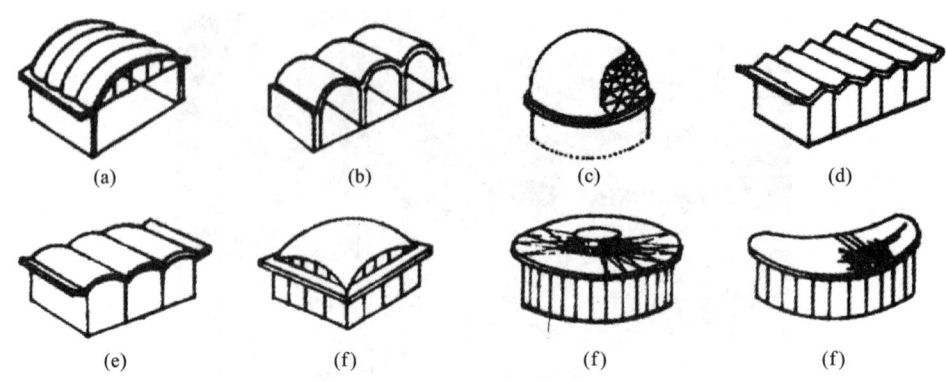

图 5-3 其他形式的屋盖

(a)双曲拱屋盖;(b)砖石拱屋盖;(c)球形网壳屋盖;(d)Ⅴ形网壳屋盖;
(e)筒壳屋盖;(f)扁壳屋盖;(g)车轮形悬索屋盖;(h)鞍形悬索屋盖

一般通过采用不透水的屋面材料及合理的构造处理来达到防水的目的,同时也须根据情况采取适当的排水措施,将屋面积水迅速排掉,以减少渗漏的可能。因而,一般屋面都须做一定的排水坡度。

屋盖的防水是一项综合性技术,它涉及建筑及结构的形式、防水材料、屋盖坡度、屋面构造处理等问题,须综合加以考虑。设计中应遵循"合理设防、防排结合、因地制宜、综合治理"的原则。

我国现行的《屋面工程技术规范》(GB 50345—2012)根据建筑物的性质、重要程度、使用功能要求及防水耐久年限等,将屋面防水划分为四个等级,各等级均有不同的设防要求,详见表5-1。

表 5-1 屋面防水等级和设防要求

项　　目	屋面防水等级			
	Ⅰ	Ⅱ	Ⅲ	Ⅳ
建筑物类别	特别重要或对防水有特殊要求的建筑	重要的建筑和高层建筑	一般的建筑	非永久性的建筑
防水层合理使用年限/年	25	15	10	5
设防要求	三道或三道以上防水设防	二道防水设防	一道防水设防	一道防水设防
防水层选用材料	宜选用合成高分子防水卷材、高聚物改性沥青防水卷材、合成高分子防水涂料、细石混凝土等材料	宜选用高聚物改性沥青防水卷材、合成高分子防水卷材、合成高分子防水涂料、高聚物改性沥青防水涂料、细石混凝土、平瓦、油毡瓦等材料	应选用三毡四油沥青防水卷材、高聚物改性沥青防水卷材、合成高分子防水卷材、金属板材、合成高分子防水涂料、高聚物改性沥青防水涂料、细石混凝土、平瓦、油毡瓦等材料	可选用二毡三油沥青防水卷材、高聚物改性沥青防水涂料等材料

注:1. 本表中采用的沥青均为石油沥青,不包括煤沥青和煤焦油等材料。

2. 石油沥青纸胎油毡和沥青复合胎柔性防水卷材为限制使用材料。

3. 在Ⅰ、Ⅱ级屋面防水设防中,如仅做一道金属板材时,应符合有关技术规定。

2. 保温隔热要求

保温隔热是屋盖设计的另一项重要内容。

在寒冷地区的冬季,室内一般都需要采暖,屋盖应有良好的保温性能,以保持室内温度。否则不仅浪费能源,还可能产生室内表面结露或内部受潮等一系列问题。

在南方炎热地区的夏季,如果屋盖的隔热性能不好,在强烈的太阳辐射和高温作用下,大量的热量就会通过屋盖传入室内,影响人们的工作和休息。

在处于严寒与炎热地区之间的中间地带,对高标准建筑也须作保温或隔热处理。

对于有空调的建筑来说,为保持其室内气温的稳定,减少空调设备的投资和日常运行费用,要求其外围护结构具有良好的热工性能。

屋盖的保温材料通常是采用导热系数小的材料,防止室内热量由屋盖流向室外。

屋盖的隔热则通常采用设置通风间层、落水、种植等方法减少从屋盖传入室内的热量。

3. 结构要求

屋盖要承受风、雨、雪等荷载及其自重。如果是上人的屋盖,和楼板一样,还要承受人和家具等活荷载。屋盖将这些荷载传递给墙柱等构件,与它们共同构成建筑的受力骨架。因而屋盖作为承重构件,应有足够的承载力和刚度,以保证房屋的结构安全;此外,从防水的角度考虑,也不允许屋盖受力后有过大的结构变形,否则易使防水层开裂,造成屋面渗漏。

4. 建筑艺术要求

屋盖是建筑外部形体的重要组成部分,其形式对建筑物的外形特征具有很大的影响。因此,屋盖设计还应满足建筑艺术的要求(图 5-4)。

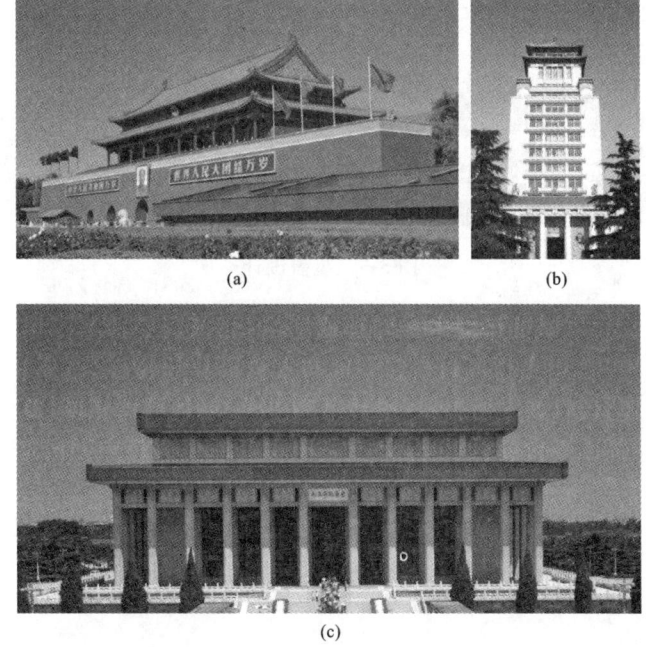

图 5-4 屋盖建筑艺术

(a)天安门城楼;(b)北京民族文化宫塔楼;(c)毛主席纪念堂

中国古典建筑的坡屋盖造型优美,具有浓郁的民族风格。如图 5-4(a)所示,天安门城楼采用重檐歇山屋盖和金黄色的琉璃瓦屋面,使建筑物显得灿烂辉煌。

新中国成立后,我国修建的不少著名建筑也采用了中国古建筑屋盖的某些手法,取得了良好的建筑艺术效果。如图 5-4(b)所示,北京民族文化宫塔楼为四角重檐攒尖屋盖,配以孔雀蓝琉璃瓦屋面,其民族特色分外鲜明。又如图 5-4(c)所示,毛主席纪念堂虽采用的是平屋盖,但在檐口部分采用了两圈金黄色琉璃瓦,与天安门广场上的建筑群取得了协调统一。国外也有很多著名建筑,由于重视了屋盖的建筑艺术处理而使建筑各具特色。

5. 其他要求

除了上述方面的要求外,日新月异的建筑技术发展还对屋盖提出了更多的要求。如利用屋盖或露台进行园林绿化设计,不仅拓展了建筑的使用空间,提高了屋盖的保温隔热性能,还改善了建筑周边的生态环境,取得了很好的综合效益;又如现代超高层建筑在屋盖上设置直升机停机坪等设施来满足和提高建筑的消防扑救及安全疏散能力;再如某些大面积玻璃幕墙的建筑需要在屋盖设置擦窗机设备及轨道;某些薄膜结构的屋盖需要采用隔声减振措施来避免雨水滴在屋盖上所产生的噪声影响,北方许多新建节能型居住建筑要求利用屋盖安装太阳能集热器等,如图 5-5 所示。

图 5-5 屋盖设计

因此,屋盖设计应充分考虑各方面的要求,协调好屋盖基本要求之间的关系,从而设计出更合理的屋盖形式,最大限度地发挥其综合效益。

5.2 屋面排水设计

5.2.1 排水坡度

1. 排水坡度表示方法

(1)角度法。

用屋面与水平面的夹角表示屋面的坡度,如图 5-6(a)所示。通常用于坡屋盖,表示方法为 $a=26°$ 等。

(2)斜率法。

用屋盖高度与坡面的水平长度之比表示屋面的排水坡度,即 $H:L$,如 $1:3$、$1:20$、$1:50$ 等。

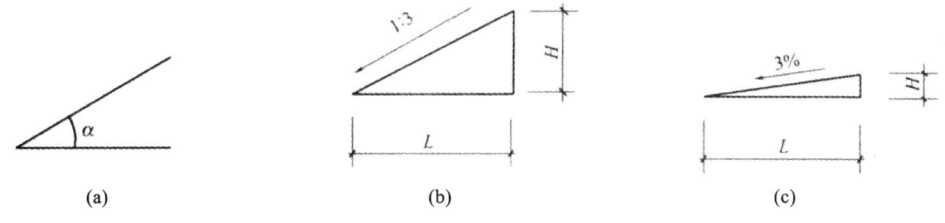

图 5-6　坡度表示方法

(a)角度法；(b)斜率法；(c)百分比法

斜率法可用于坡屋盖,也可用于平屋盖,如图 5-5(b)所示。

（3）百分比法。

用屋盖的高度与坡面水平投影长度的百分比来表示排水坡度,如 $i=1\%$、$i=2\%$、$i=3\%$ 等,主要用于平屋盖,如图 5-5(c)所示。

2. 影响屋面排水坡度大小的因素

（1）防水材料尺寸大小的影响。

防水材料的尺寸小,接缝必然较多,容易产生缝隙渗漏,因而屋面应有较大的排水坡度,以便将屋面积水迅速排除。坡屋盖的防水材料多为瓦材,如小青瓦、平瓦、琉璃筒瓦等,覆盖面积较小,应采用较大的坡度,一般为 1:2~1:3。如果防水材料的覆盖面积大,接缝少而且严密,使防水层形成一个封闭的整体,屋面的坡度就可以小一些。平屋盖的防水材料多为卷材或现浇混凝土等,其屋面坡度一般为 2%~3%。

各种屋面防水材料的常见坡度如图 5-7 所示。

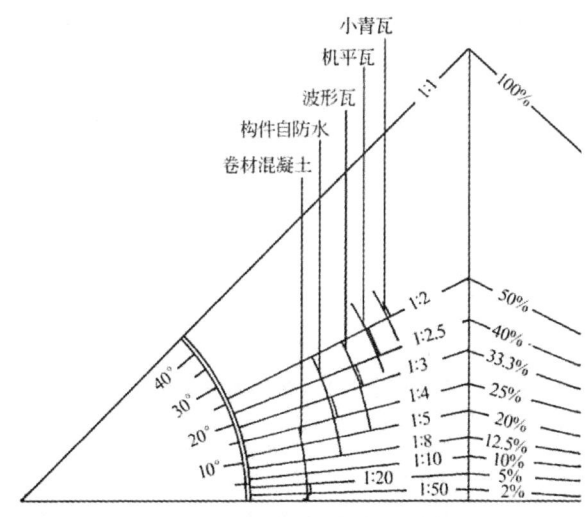

图 5-7　各种屋面防水材料的常见坡度

（2）降雨量的影响。

降雨量的大小对屋面防水的影响很大。降雨量大,屋面渗透的可能性较大,屋面坡度就应适当加大。我国南方地区年降雨量较大,北方地区年降雨量较小,因而在屋面防水材料相同时,一般南方地区屋面坡度比北方地区的大。

（3）其他因素的影响。

其他一些因素也可能影响屋面坡度的大小,如屋面排水的路线较长,屋盖有上人活动的要求,屋盖蓄水等,屋面的坡度可适当小一些,反之则可以取较大的排水坡度。

3. 屋面排水坡度的形成

屋面排水坡度应考虑以下因素:建筑构造做法合理,满足房屋室内外空间的视觉要求,不过多增加屋面荷载,结构经济合理,施工方便等。

(1)材料找坡。

材料找坡是指屋面坡度由垫坡材料形成,一般用于坡向长度较小的屋面,如图 5-8 所示。为了减小屋面荷载,可用轻质材料(如水泥炉渣、陶粒混凝土等)或保温层找坡,坡度宜为 2%。找坡层的厚度最薄处不小于 20 mm。由于找坡材料的强度和平整度往往较低,应在其上加设水泥砂浆找平层。采用材料找坡的屋盖,室内可获得水平的顶棚面,但找坡层会加大结构荷载,当建筑跨度较大时尤为明显。

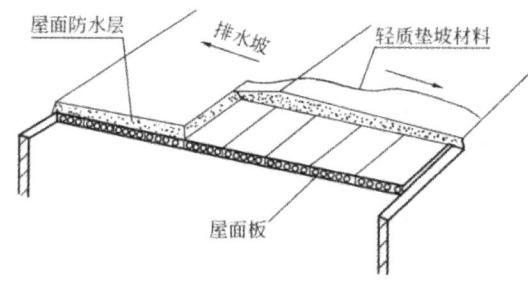

图 5-8   材料找坡

(2)结构找坡。

结构找坡是将平屋盖的屋面板倾斜搁置,形成所需排水坡度,如图 5-9 所示。单坡跨度大于 9 m 的屋盖宜做结构找坡,且坡度不应小于 3%。结构找坡无须在屋面上增加找坡材料,构造简单,不增加荷载,但顶棚倾斜,室内空间不够规整。坡屋盖也是结构找坡,由屋架形成排水坡度。

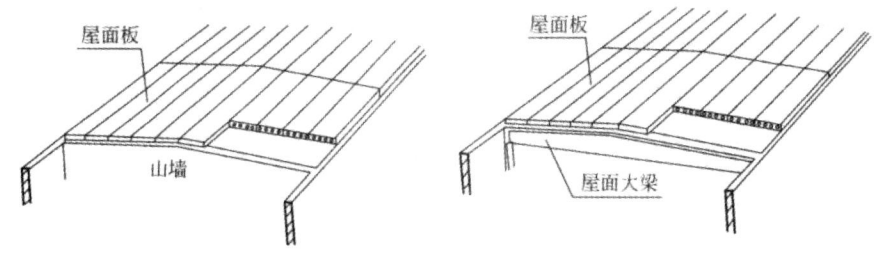

图 5-9   结构找坡

5.2.2   屋盖排水方式

屋盖排水方式分为无组织排水和有组织排水两类。

1. 无组织排水

无组织排水又称自由落水,是指屋面雨水直接从檐口滴落至室外地面的一种排

屋盖的排水
组织设计

水方式。自由落水构造简单,造价低廉,但自由下落的雨水会溅湿墙面。这种方法适用于三层及三层以下或檐高不大于 10 m 的中小型建筑物或少雨地区建筑,标准较高的低层建筑或临街建筑都不宜采用。常见无组织排水如图 5-10 所示。

2. 有组织排水

有组织排水是通过排水系统,将屋面积水有组织地排至地面或地下管沟的一种排水方式。有

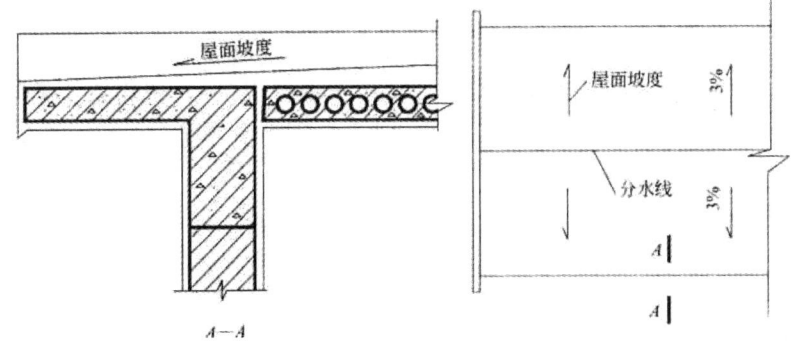

图 5-10　无组织排水

组织排水把屋面划分成若干排水区,使雨水有组织地排到檐沟或天沟中。经过水落口排至水落斗,再经水落管排到室外,最后汇入城市地下排水管网系统,如图 5-11 所示。

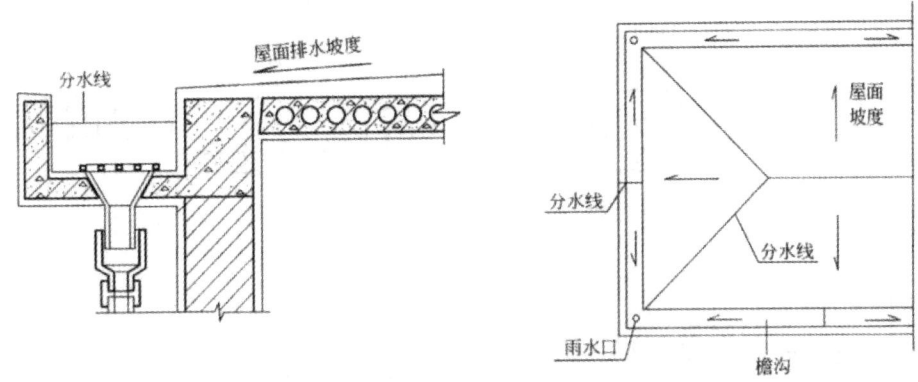

图 5-11　有组织排水

　　有组织排水又可分为内排水和外排水两种方式。外排水的水落管不影响室内空间的使用和美观,使用广泛,因而可避免水落管渗漏造成基础沉陷,尤其适用于湿陷性黄土地区,而高层建筑和严寒地区的建筑则宜采用内排水,便于水落管的维修和冬季防冻。

　　采用有组织排水方式与降雨量大小及房屋的高度有关。在年降雨量大于 900 mm 的地区,当檐口高度大于 8 m 时,或年降用量小于 900 mm 地区,檐口高度大于 10 m 时,均应采用有组织排水。

　　有组织排水广泛应用于多层及高层建筑,高标准低层建筑、临街建筑及严寒地区的建筑也应采用有组织排水方式。

　　采用有组织排水方式时,应使屋面流水线路短捷,檐沟或天沟流水通畅,水落口的负荷适当且布置均匀。其具体要求如下所述。

　　(1)屋面流水线路不宜过长,因而屋面宽度较小时可做成单坡排水,如屋面宽度较大,例如12 m 以上时,宜采用双坡排水。

　　(2)水落口负荷按每个 $\Phi100$ 以上水落口排除 $150\sim200$ m² 屋面集水面积的雨水量估算,且应符合《建筑给水排水设计标准》(GB 50015—2019)的有关规定。当屋面有高差时,如高处屋面的集水面积小于 100 m²,可将高处屋面的雨水直接排在低屋面上,但出水口处应采取防护措施,如高处屋面面积大于 100 m²,高屋面则应自成排水系统。

　　(3)檐沟或天沟应有纵向坡度,使沟内雨水迅速排到水落口。纵坡的坡度一般为 1%,用石灰炉渣等轻质材料垫置起坡。

（4）檐沟净宽不小于 200 mm，分水线处最小深度大于 120 mm，沟底水落差不得超过 200 mm。

（5）水落管的管径有 75 mm、100 mm、125 mm 等多种规格，一般屋面水落管内径不得小于 100 mm。管材有铸铁、石棉、水泥、塑料、陶瓷等。水落管安装时离墙面距离不小于 20 mm，管身用管箍卡牢，管箍的竖向间距不大于 1.2 m。

5.2.3　有组织排水常用方案

有组织排水通常采用檐沟外排水、女儿墙外排水及内排水方案。

1．檐沟外排水

檐沟外排水是使屋面雨水直接流入檐沟内，再由沟内纵坡导入水落口的一种排水方案。此种方案排水通畅，设计时檐沟的高度可视建筑体形而定。

（1）平屋盖挑檐沟外排水。

这种方案通常采用钢筋混凝土檐沟，由于它是悬挑构件，为了防止倾覆，常采用现浇式、预制搁置式、自重平衡式固定，如图 5-12 所示。

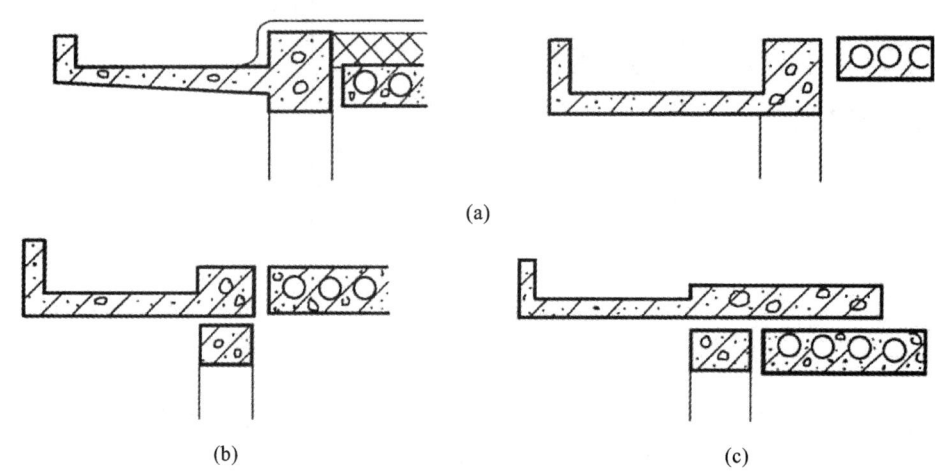

(a)

(b)　　　　　　　　　　　　(c)

图 5-12　平屋盖挑檐沟外排水

(a)现浇式；(b)预制搁置式；(c)自重平衡式

（2）坡屋盖檐沟外排水。

这种方案的檐沟通常悬挂在坡屋盖的挑檐处，如图 5-13 所示，可采用镀锌薄钢板或石棉水泥等轻质材料制作，水落管则仍可用铸铁、塑料、陶瓦、石棉水泥等材料。檐沟的纵坡一般由檐沟斜挂形成，不宜在沟内垫置材料起坡。

2．女儿墙外排水

房屋周围的外墙高于屋面时即形成封檐，高于屋面的这段外墙又称作女儿墙。如在女儿墙与屋面交接处做出坡度为 1% 的纵坡，让雨水沿此纵坡流向弯管式水落口，再流入墙外的水落斗及水落管，即形成女儿墙外排水。这种方案的排水不如檐沟外排水通畅。

平屋盖女儿墙外排水方案施工较为简便，经济性较好，建筑体形简洁，是一种常用的形式，如图 5-14 所示。坡屋盖的女儿墙外排水如图 5-15 所示。

3．内排水

内排水方案的屋面向内倾斜，坡度方向与外排水相反，如图 5-16 所示。屋面雨水汇集到中间

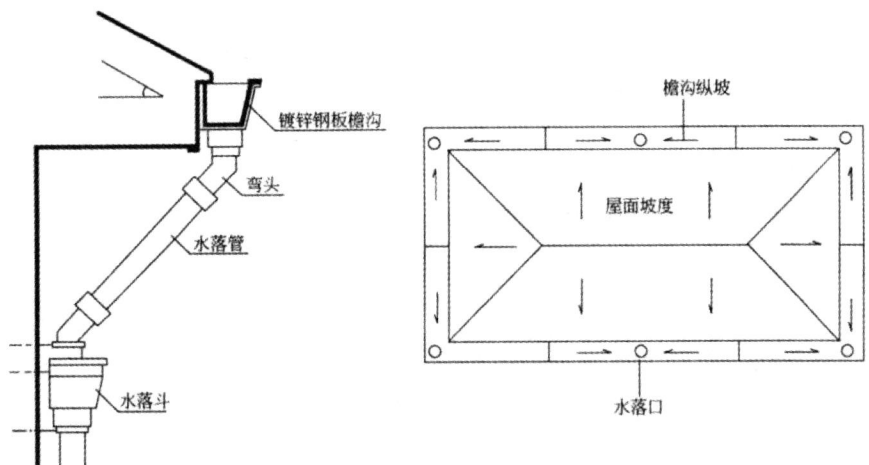

图 5-13 坡屋盖檐沟外排水

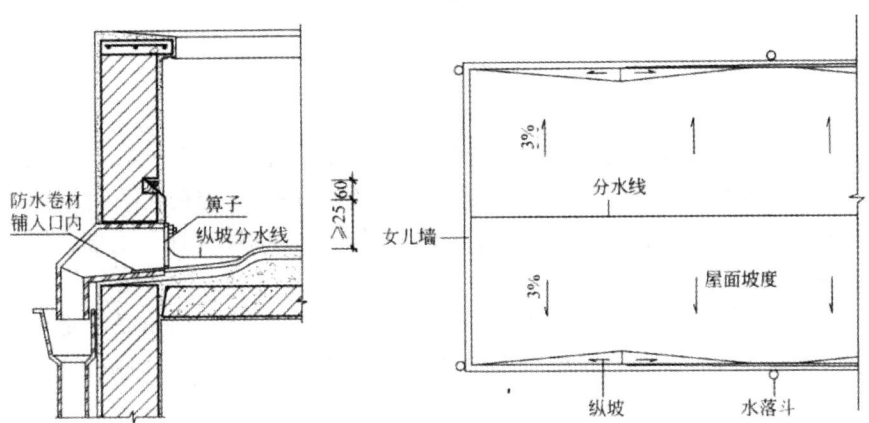

图 5-14 平屋盖女儿墙外排水(单位:mm)

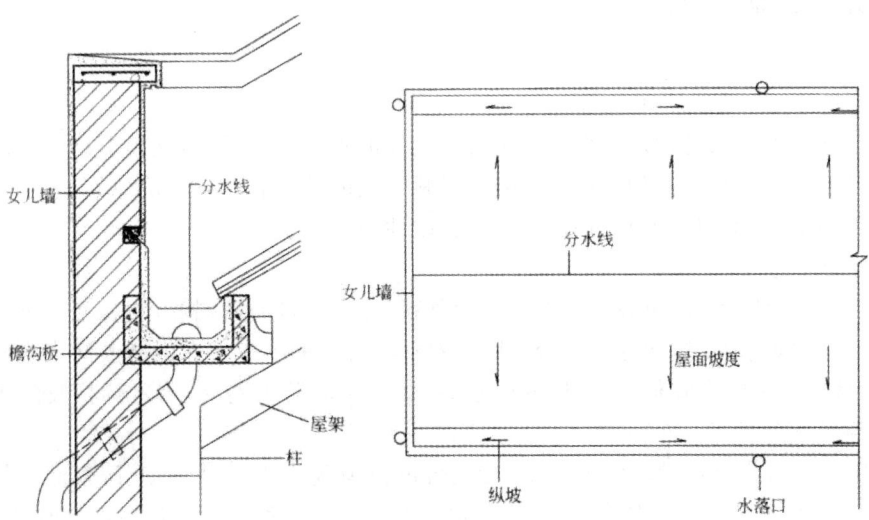

图 5-15 坡屋盖女儿墙外排水

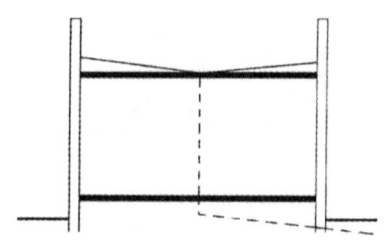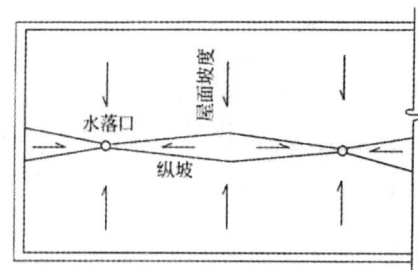

图 5-16　内排水

天沟内,再沿天沟纵坡流向水落口,流入室内水落管,最后经室内地沟排往室外。内排水方案的水落管在室内接头很多,易渗漏,多用于不宜采用外排水的建筑屋盖,如高层及多跨建筑等。

4. 其他排水方案

上述几种排水方案是最基本的形式。在实践中还可根据需要派生出各种不同的排水形式,如蓄水屋面常用的檐沟女儿墙外排水方案,为隐蔽水落管而做的外墙暗管排水或管道井暗管内排水等。

5.3　卷材防水屋面

卷材防水屋面是用防水卷材与胶黏剂结合在一起的,形成连续致密的构造层,从而达到防水的目的。按材料的类型,目前常见的有高聚物改性沥青类防水卷材屋面和高分子类卷材防水屋面。卷材防水屋面由于防水层具有一定的延伸性和适应变形的能力,故又被称为柔性防水屋面。

卷材防水屋面构造层次

卷材防水屋面较能适应温度、振动、不均匀沉陷因素的变化作用,能承受一定的水压,整体性好,不易渗漏。严格遵守施工操作规程时,能保证防水质量,但施工操作较为复杂,技术要求较高。

卷材防水屋面适用于防水等级为Ⅰ-Ⅳ级的屋面防水。

5.3.1　卷材防水屋面的材料

1. 卷材

(1) 高聚物改性沥青类防水卷材。

高聚物改性沥青防水卷材是以高分子聚合物改性沥青为涂盖层,聚酯毡、玻纤毡或聚酯玻纤复合材料为胎基,细砂、矿物粉料和塑料膜为隔离材料制成的防水卷材,如 SBS 改性沥青油毡、再生胶改性沥青聚酯油毡、铝箔塑胶聚酯油毡、丁苯橡胶改性沥青油毡等。

(2) 高分子类卷材。

凡以各种合成橡胶、合成树脂或两者共混为基料,加入适量的助剂和填料,经混炼、压延或挤出等工序加工而成的防水卷材,均称为高分子防水卷材。常见的有三元乙丙橡胶防水卷材、氯化聚乙烯防水卷材、聚氯乙烯防水卷材、氯丁橡胶防水卷材、再生胶防水卷材、聚乙烯橡胶防水卷材、丙烯酸树脂卷材等。

高分子防水卷材具有重量轻(2 kg/m)、使用温度范围宽(−20~80 ℃)、耐候性能好、抗拉强度高(2~18.2 MPa)、延伸率大等特点,近年来已逐渐在国内的各种防水工程中得到推广应用。

2. 卷材胶黏剂

用于高聚物改性沥青防水卷材和高分子防水卷材的胶黏剂主要为各种与卷材配套使用的溶剂

型胶黏剂,如适用于改性沥青类卷材的 RA-86 型氯丁胶胶黏剂,SBS 改性沥青胶黏剂等;三元乙丙橡胶防水卷材屋面的基层处理剂有聚氯酯底胶,胶黏剂有氯丁橡胶为主体的 CX-404 胶;氯化聚乙烯橡胶卷材的胶黏剂有 LYX-603、CX-404 胶等。

5.3.2　卷材防水屋面构造

卷材防水屋面的细部构造

1. 构造组成

卷材防水屋面具有多层次构造的特点,其构造组成分为基本层次和辅助层次。

卷材防水屋面的基本层次按其作用分为顶棚层、结构层、找平层、结合层、防水层、保护层,如图 5-17 所示。

(1) 结构层:多为钢筋混凝土屋面板,可以是现浇板,也可以是预制板。

(2) 找平层:卷材防水层要求铺贴在坚固而平整的基层上,以防止卷材凹陷或断裂,因而在松软材料上应设找平层。在施工中,铺设屋面板难以保证平整,所以在预制屋面板上也应设找平层。找平层的厚度取决于基层的平整度,一般采用 20 mm 厚 1∶3 水泥砂浆,也可采用 1∶8 沥青砂浆等。找平层宜留分格缝,缝宽一般为 5～20 mm,纵横间距一般不宜大于 6 m。屋面板为预制时,分格缝应设在预制板的端缝处。分格缝上应附 200～300 mm 宽卷材和胶黏剂单边点贴覆盖,如图5-18所示。

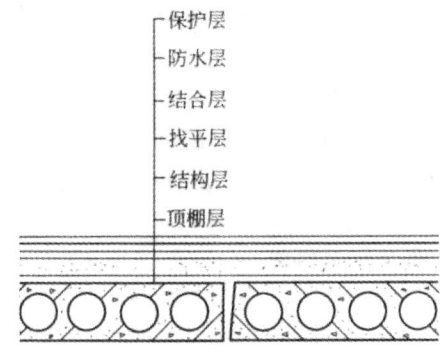

图 5-17　卷材防水屋面的构造组成

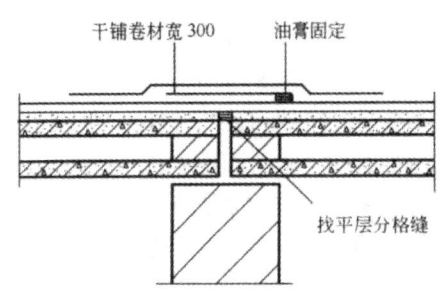

图 5-18　卷材防水屋面分格缝(单位:mm)

(3) 结合层:结合层的作用是在基层与卷材胶黏剂间形成一层胶质薄膜,使卷材与基层黏结牢固。高聚物改性沥青类卷材和高分子卷材通常采用配套的卷材胶黏剂和基层处理剂作结合层。

(4) 防水层。

第一种:高聚物改性沥青防水层。高聚物改性沥青防水卷材的铺贴做法有冷黏法和热熔法两种,冷黏法是用胶黏剂将卷材黏结在找平层上,或利用某些卷材的自黏性进行铺贴。铺贴卷材时注意平整顺直,搭接尺寸准确,不扭曲,应排除卷材下面的空气并辊压黏结牢固。用热熔法施工时,用火焰加热器将卷材均匀加热至表面光亮发黑,然后立即滚铺卷材使之平展,并辊压密实。

第二种:高分子卷材防水层(以三元乙丙卷材防水层为例)。先在找平层(基层)上涂刮基层处理剂(如 CX-404 胶等),要求薄而均匀,干燥不黏后即可铺贴卷材。

卷材一般应由屋面低处向高处铺贴,并按水流方向搭接;卷材可垂直或平行于屋脊方向铺贴。卷材铺贴时要求保持自然松弛状态,不能拉得过紧,卷材长边应保持搭接 50 mm,短边保持搭接 70 mm,铺好后立即用工具辊压密实,搭接部位用胶黏剂均匀涂刷黏合。

(5) 卷材厚度。

在防水卷材的厚度选用上,需要根据屋面的防水等级、防水卷材的类型来确定,每道卷材防水层的厚度选用应符合表 5-2 的规定。

表 5-2　防水卷材厚度的选用

屋面防水等级	设防要求	合成高分子防水卷材	高聚物改性沥青防水卷材	沥青防水卷材和沥青复合胎柔性防水卷材	自黏聚酯胎改性沥青防水卷材	自黏橡胶沥青防水卷材
Ⅰ级	三道或三道以上防水设防	≥1.5 mm	≥3 mm	—	≥2 mm	≥1.5 mm
Ⅱ级	二道防水设防	≥1.2 mm	≥3 mm	—	≥2 mm	≥1.5 mm
Ⅲ级	一道防水设防	≥1.2 mm	≥4 mm	三毡四油	≥3 mm	≥2 mm
Ⅳ级	一道防水设防	—	—	二毡三油	—	—

保护层：设置保护层的目的是保护防水层，使卷材在阳光和大气的作用下不致迅速老化，同时保护层还可以防止沥青类卷材中的沥青过热流淌，并防止暴雨对沥青的冲刷。保护层的构造做法应视屋面的利用情况而定。

不上人时，改性沥青卷材防水屋面一般在防水层上撒粒径为 1.5～2 mm 的石粒或砂粒作为保护层；高分子卷材如三元乙丙橡胶防水屋面等通常是在卷材面上涂刷水溶型或溶剂型浅色保护着色剂，如氯丁银粉胶等，如图 5-19 所示。

上人屋面的保护层有着双重作用，既保护防水层又是屋面面层，因而要求保护层平整、耐磨。保护层的构造做法通常如下：用沥青砂浆铺贴缸砖、大阶砖、混凝土板等块材；在防水层上现浇 30～40 mm 厚细石混凝土。块材保护层或整体保护层均应设分格缝，位置是屋盖坡面的转折处，屋面与凸出屋面的女儿墙、烟囱等的交接处。保护层分格缝应尽量与找平层分格缝错开，缝内用油膏嵌封。上人屋面用作屋盖花园时，水池、花台等构造均在屋面保护层上设置。

上人卷材防水屋面保护层的做法如图 5-20 所示。

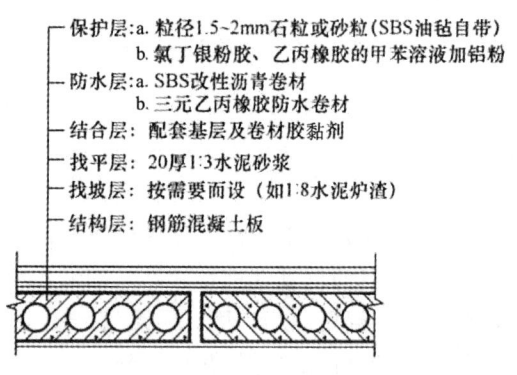

图 5-19　不上人卷材防水屋面保护层做法

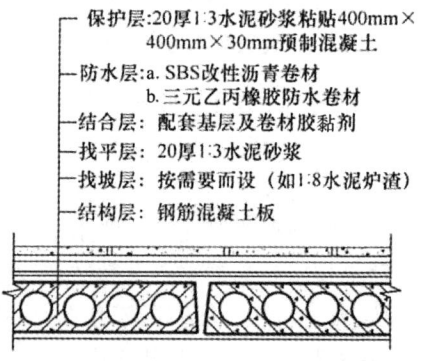

图 5-20　上人卷材防水屋面保护层做法

（6）辅助层次。

辅助层次是根据屋盖的使用需要或为提高屋面性能而补充设置的构造层，如保温层、隔热层、隔汽层、找坡层等。

其中，找坡层是采用找坡屋面，为形成所需排水坡度而设的；保温层是为防止夏季或冬季气候使建筑顶部室内过热或过冷而设的；隔汽层是为防止潮气侵入屋面保温层，使其保温功能失效而设的；等等。有关的构造详情将结合后面的内容作具体介绍。

2. 细部构造

卷材防水层是一个封闭的整体,如果在屋面开设孔洞,有管道出屋面,或屋面边缘封闭不牢,都可能破坏卷材屋面的整体性,形成防水的薄弱环节而造成渗漏。因此,必须对这些细部加强防水处理。

(1)泛水构造。

泛水是指屋面与垂直面相交处的防水处理。女儿墙、山墙、烟囱、变形缝等壁面与屋面相交部位,均须作泛水处理,防止交接缝出现漏水现象。泛水的构造要点及做法如下。

①将屋面的卷材继续铺至垂直墙面上,形成卷材泛水,泛水高度不小于 250 mm。

②在屋面与垂直面的交接缝处,砂浆找平层应抹成半径 20~150 mm 的圆弧形或 45°斜面。圆弧半径为 20~150 mm,上刷卷材胶黏剂,使卷材铺贴密实,避免卷材架空或折断。

③做好泛水上口的卷材收头固定,防止卷材在垂直面上下滑。一般做法如下。

在垂直墙中凿出通长凹槽,将卷材收头压入凹槽内,用防水压条钉压后再用密封材料嵌填封严,外抹水泥砂浆保护。凹槽上部的墙体也应作防水处理,卷材防水屋面泛水构造如图 5-21 所示。

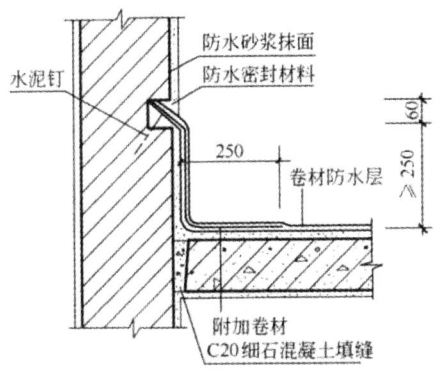

图 5-21 卷材防水屋面泛水构造(单位:mm)

(2)挑檐口构造。

挑檐口按排水形式分为无组织排水挑檐口和有组织排水挑檐口两种。其防水构造的要点是做好卷材的收水头,使屋盖四周的卷材呈封闭状态,避免雨水渗入。

无组织排水挑檐口的收头处通常用油膏嵌实,不可用砂浆等硬性材料。因为油膏有一定弹性,能适应卷材因温度产生的变形。同时,应抹好檐口的滴水,使雨水迅速垂直下落,如图 5-22(a)所示。

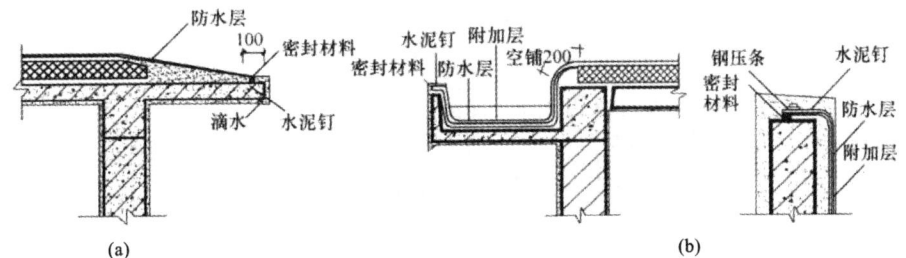

图 5-22 卷材防水屋面挑檐口的防水构造(单位:mm)

(a)无组织排水挑檐口;(b)有组织排水挑檐口

有组织排水挑檐口的卷材收头处理通常是在檐沟边缘用水泥钉钉压条将卷材压住,再用油膏或砂浆盖缝。此外,檐沟内转角处水泥砂浆应抹成圆弧形,以防卷材断裂,檐沟外侧应做好滴水,沟内可加铺一层卷材以增强防水能力。

(3)水落口构造。

水落口是用来将屋面雨水排至水落管而在檐口或檐沟开设的洞口。构造上要求排水通畅,不易渗漏和堵塞。有组织外排水最常用的有檐沟及女儿墙水落口两种构造形式。有组织内排水的水落口设在天沟上,其构造与外檐沟相同。

①檐沟外排水水落口构造。

在檐沟板预留的孔中安装铸铁或塑料连接管,就形成了水落口。水落口周围直径 500 mm 范围内坡度不应小于 5%,并应用防水涂膜涂封,其厚度不应小于 2 mm。为防止水落口四周漏水,应将防水卷材铺入连接管内 50 mm。水落口与基层接触处,应留宽 20 mm、深 20 mm 凹槽,用油膏嵌缝,水落口上用定型铸铁罩或钢丝球盖住,防止杂物落入水落口中。

水落口连接管的固定形式常见的有两种:一种是采用喇叭形连接管卡在檐沟板上,再用普通管箍固定在墙上,另一种则是用带挂钩的圆形管箍将其悬吊在檐沟板上。水落口过去一般用铸铁制作,易锈,不美观,如图 5-23 所示。现在多改为硬质聚氯乙烯塑料(PVC)管,具有质轻、不锈、色彩多样等优点,已逐渐取代铸铁管。

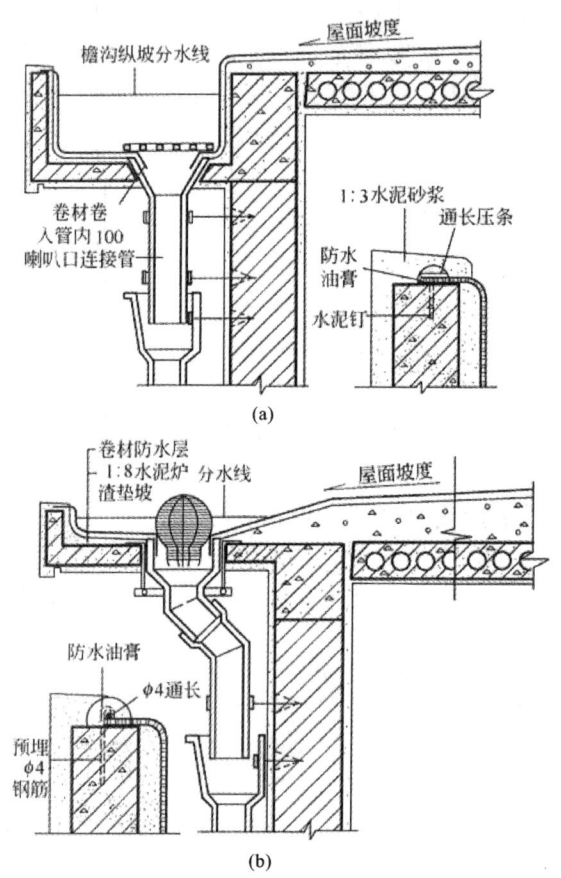

图 5-23 水落口连接管的固定形式(单位:mm)
(a)喇叭形连接管;(b)带挂钩的圆形管箍

②女儿墙外排水水落口构造。

如图 5-24 所示,在女儿墙上的预留孔洞中安装水落口构件,使屋面雨水穿过女儿墙排至墙外的水落斗中。为防止水落口与屋面交接处发生渗漏,也须将屋面卷材铺入水落口内 50 mm,水落口上还应安装铁箅,以防杂物落入造成堵塞。

(4)屋面变形缝构造。

屋面变形缝的构造处理原则是既要保证屋盖有自由变形的可能,又能防止雨水经由变形缝渗入室内。

屋面变形缝按建筑设计可设于同层等高屋面上,也可设在高低屋面的交接处。

等高屋面的变形缝在缝的两边屋面板上砌筑矮墙,挡住屋面雨水。矮墙的高度应大于 250 mm,

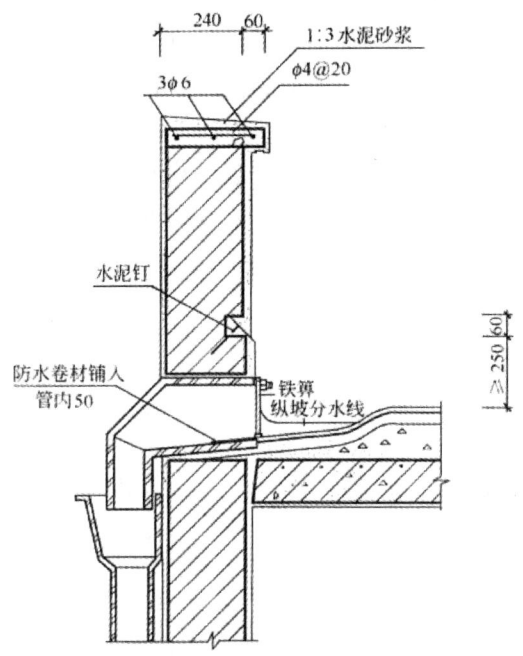

图 5-24 女儿墙外排水水落口(单位:mm)

厚度为半砖墙厚;屋面卷材与矮墙的连接处理类同于泛水构造。矮墙顶部可用镀锌薄钢板盖缝,也可铺一层油毡后用混凝土板压顶,如图 5-25 所示。

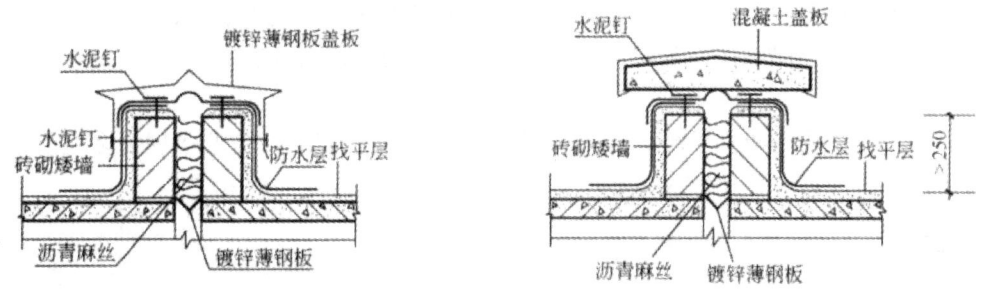

图 5-25 等高屋面变形缝(单位:mm)

高低屋面的变形缝则是在低侧屋面板上砌筑矮墙。当变形缝宽度较小时,可用镀锌薄钢板盖缝并固定在高侧墙上,做法同泛水构造,也可从高侧墙上悬挑钢筋混凝土板盖缝,如图 5-26 所示。

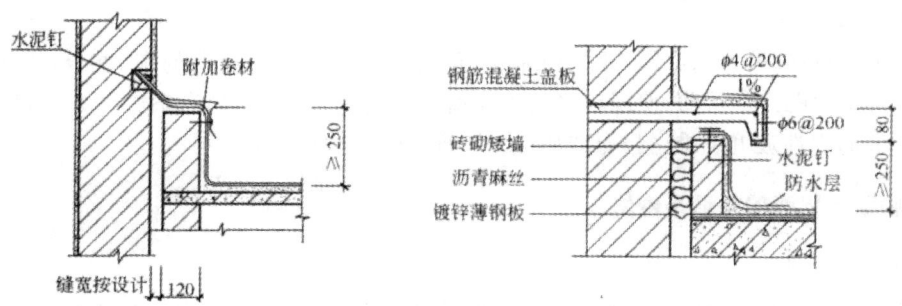

图 5-26 高低屋面变形缝(单位:mm)

（5）屋面检修孔、屋面出入口构造。

不上人屋面须设屋面检修孔，检修孔四周的孔壁可用砖立砌，也可在现浇屋面板时将混凝土上翻制成，高度不小于 250 mm。壁外的防水层应做成泛水并将卷材用镀锌薄钢板盖缝并压钉好，如图 5-27 所示。

出屋面的楼梯间一般须设屋面出入口，最好在设计中让楼梯间的室内地坪与屋面间留有足够的高差，以利防水，否则须在出入口处设门槛挡水。屋面出入口处的构造与泛水构造类似，如图 5-28所示。

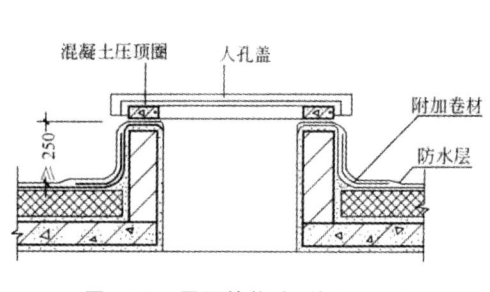

图 5-27 屋面检修孔(单位:mm)

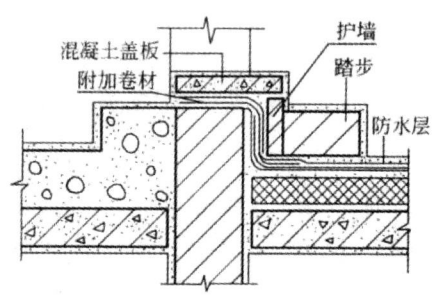

图 5-28 屋面出入口

5.4 涂膜防水屋面

涂膜防水屋面是将防水材料涂刷在屋面基层上，利用涂料干燥或固化后的不透水性来达到防水的目的。随着材料和施工工艺的不断改进，现在的涂膜防水屋面具有防水、抗渗、黏结力强、耐腐蚀、耐老化、延伸率大、弹性好、不延燃、无毒、施工方便等诸多优点，已广泛用于建筑各部位的防水工程中。

涂膜防水主要适用于防水等级为Ⅲ、Ⅳ级的屋面防水，也可用作Ⅰ、Ⅱ级屋面多道防水设防中的一道防水。

5.4.1 材料

防水材料主要有各种涂料和胎体增强材料两大类。

1. 涂料

防水涂料的种类很多，按其溶剂或稀释剂的类型可分为溶剂型、水溶型、乳液型等；按施工时涂料液化方法的不同则可分为热熔型、常温型等。

2. 胎体增强材料

某些防水涂料(如氯丁胶乳沥青涂料)需要与胎体增强材料(即所谓的布)配合，以增强涂层的覆盖能力和抗变形能力。目前，使用较多的胎体增强材料为 0.1 mm×6 mm×4 mm 或 0.1 mm×7 mm×7 mm 的中性玻璃纤维网格布或中碱玻璃布、聚酯无纺布等。

5.4.2 涂膜防水屋面的构造及做法

1. 氯丁胶乳沥青防水涂料屋面

氯丁胶乳沥青防水涂料以氯丁胶乳和石油沥青为主要原料，选用阳离子乳化剂和其他助剂，经软化和乳化而成，是一种乳液型涂料。其构造做法如下。

（1）找平层。

先在屋面板上用1：2.5～1：3的水泥砂浆做15～20 mm厚的找平层并设分格缝，分格缝宽20 mm，其间距不大于6 m，缝内嵌填密封材料。找平层应平整、坚实、洁净、干燥，方可作为涂料施工的基层。

（2）底涂层。

然后将稀释涂料均匀涂抹于找平层上作为底涂，干燥后再刷2～3遍涂料。

（3）中涂层。

中涂层为加胎体增强材料的涂层，要铺贴玻纤网格布，有干铺和湿铺两种施工方法：①干铺法是在已干燥的底涂层上干铺玻纤网格布，展开后加以点粘固定，当铺过两个纵向搭接缝以后依次涂刷防水涂料2～3遍，待涂层干燥后按上述做法铺第二层网格布，然后再涂刷1～2遍涂料，干燥后在其表面刮涂增厚涂料（防水涂料：细砂=1：1～1.2）；②湿铺法是在已干燥的底涂层上边涂防水涂料边铺贴网格布，干燥后再刷涂料。一布二涂的厚度通常大于2 mm，二布三涂的厚度通常大于3 mm。

（4）面层。

面层根据需要可做细砂保护层或涂覆着色层，细砂保护层是在未干的中涂层上抛撒20目浅色细砂并辊压，使砂牢固地黏结于涂层上；着色层可使用防水涂料或耐老化的高分子乳液作胶黏剂，加上各种矿物颜料配制成成品着色剂，涂抹于中涂层表面。全部涂层的做法如图5-29所示。

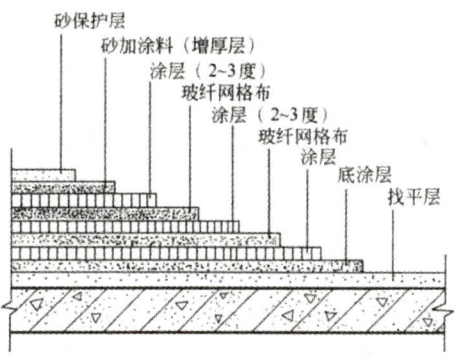

图5-29 氯丁胶乳沥青防水涂料屋面

2. 焦油聚氨酯防水涂料屋面

焦油聚氨酯防水涂料又称851涂膜防水胶，是以异氰酸酯为主剂和煤焦油为填料的固化剂构成的双组分高分子涂膜防水材料，其甲、乙两液混合后经化学反应能在常温下形成一种耐久的橡胶弹性体，从而起到防水的作用。做法如下：将找平以后的基层面吹扫干净并待其干燥后，用配制好的涂液（甲、乙二液的重量比为1：2）均匀涂刷在基层上。不上人屋面可待涂层干燥后在其表面刷银灰色保护涂料；上人屋面在最后一遍涂料未干时撒上绿豆砂，三天后在其上做水泥砂浆或浇混凝土贴地砖的保护层。

3. 塑料油膏防水屋面

塑料油膏以废旧聚氯乙烯塑料、煤焦油、增塑剂、稀释剂、防老化剂及填充材料等配制而成。做法如下：先用预制油膏条冷嵌于找平层的分格缝中，在油膏条与基层的接触部位和油膏条相互搭接处刷冷黏剂1～2遍，然后按产品要求的温度将油膏热熔液化，再按基层表面涂油膏，铺贴玻纤网格布，压实后表面再刷油膏，刮板收齐边沿的顺序进行。根据设计要求可做成一布二油或二布油。

涂膜防水屋面的细部构造要求及做法类似于卷材防水屋面，可根据图 5-30 所示和图 5-31 所示的例子加以比较。

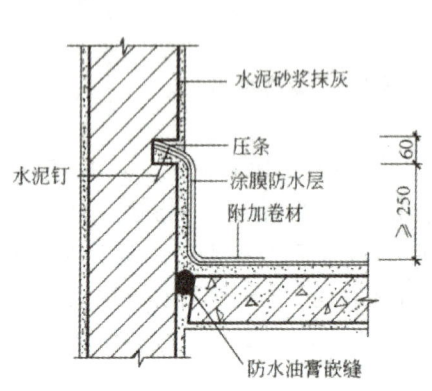

图 5-30 涂膜防水屋面的女儿墙泛水(单位:mm)

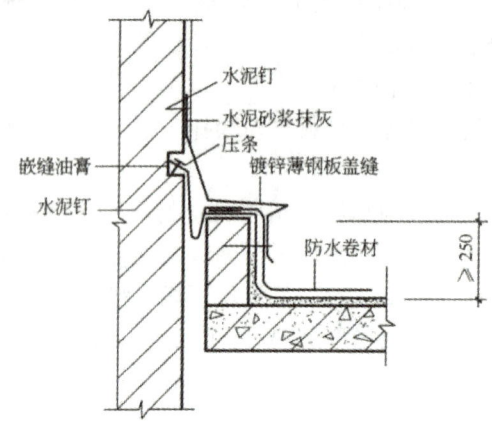

图 5-31 涂膜防水高低屋面的泛水(单位:mm)

5.5 瓦 屋 面

瓦屋面一般是在屋面基层上铺盖各种瓦材，利用瓦材的相互搭接来防止雨水渗漏的屋面。也有出于造型需要而在屋面盖瓦，利用瓦下的其他材料来防水的做法。瓦屋面的构造比较简单，取材较便利，是我国传统建筑常用的屋面构造方式。目前在一些民居建筑、农村建筑和生产辅助建筑中仍得到较多的应用。

瓦屋面的构造设计

5.5.1 瓦屋面的承重结构

1. 瓦屋面承重结构的形式

瓦屋面的承重结构一般可分为桁架结构、梁架结构和空间结构，瓦屋面所用的桁架多为三角形屋架。当建筑的内横墙较少时，常将檩条搁在屋架之间构成屋面承重结构，如图 5-32(a)所示；当建筑采用小开间横墙承重的结构布置方案时，可将横墙砌至屋盖，代替屋架，这种方式称为山墙承檩，如图 5-32(b)所示。民间传统建筑多采用由木柱、木梁、木枋构成的梁架结构，如图 5-32(c)所示，这种结构又被称为穿斗结构或立贴式结构。

空间结构则主要用于大跨度建筑，如网架结构和悬索结构等。

瓦屋面按屋面基层的组成方式也可分为有檩和无檩体系两种。无檩体系是将屋面板直接搁在山墙、屋架或屋面梁上，瓦主要起造型和装饰的作用。这种构造方式近年来常见于民用住宅或风景园林建筑的屋面，钢筋混凝土基层瓦屋面如图 5-33 所示。

在山墙承檩的结构形式中，山墙的间距即檩条的跨度，因而建筑横墙的间距宜尽量一致，使檩条的跨度保持在一个比较经济的尺度内。檩条常用木材、型钢或钢筋混凝土制作。

木檩条的跨度一般在 4 m 以内，断面为矩形或圆形，大小须经结构计算确定。木檩条的间距为 500~700 mm，檩条间采用椽子时，其间距也可放大至 1 m 左右。木檩条在山墙上的支承端应涂以沥青等材料防腐，并垫以混凝土或防腐木垫块。

钢筋混凝土檩条的跨度一般为 4 m，有的也可达 6 m，其断面有矩形、T 形和 L 形等，尺寸由结构计算确定。山墙承檩时，应在山墙上预置混凝土垫块。为便于在檩条上固定瓦屋面的木基层，可

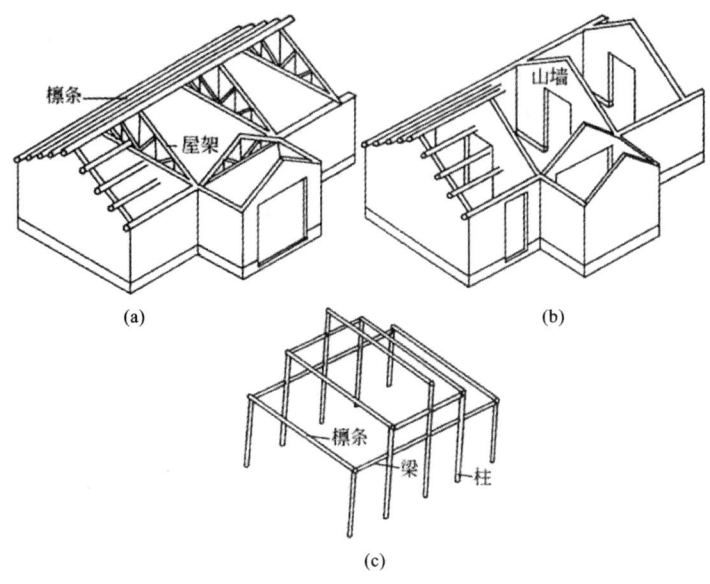

图 5-32 瓦屋面的承重结构系统
(a)屋架支承檩条;(b)山墙支承檩条;(c)木结构梁架支承檩条

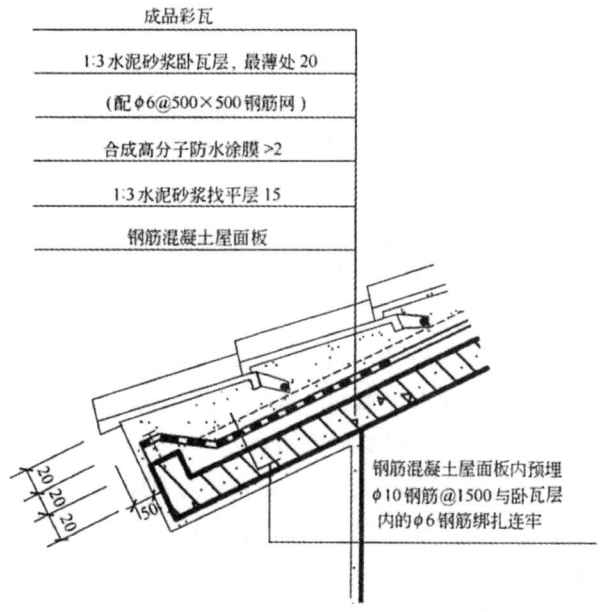

图 5-33 钢筋混凝土基层瓦屋面(单位:mm)

在钢筋混凝土檩条上预留直径 4 mm 的钢筋固定木条,木条断面为梯形,尺寸为 40~50 mm 对开,檩条断面形式如图 5-34 所示。

在屋架承檩的形式中,屋架的间距即建筑的开间,也是檩条的跨度,因而屋架也宜等距排列并与檩条的跨度相适应,以便统一屋架类型和檩条尺寸。民用建筑的屋架间距通常为 3~4 m,大跨度建筑可达 6 m。屋架可用木、钢、钢筋混凝土制作。跨度不超过 12 m 的建筑可采用全木屋架,跨度不超过 18 m 时可采用钢木组合屋架,跨度更大时则宜采用钢筋混凝土或钢屋架。常用的几种屋架形式如图 5-35 所示。

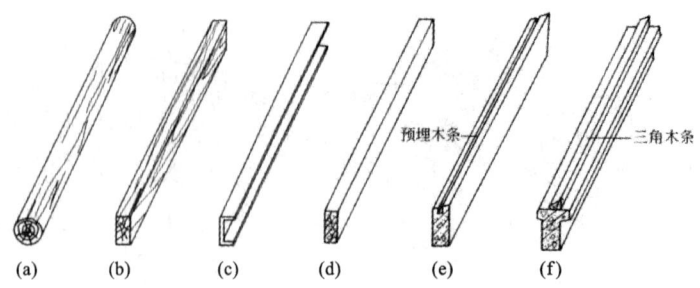

图 5-34　檩条断面形式
(a)圆木檩条;(b)方木檩条;(c)槽钢檩条;(d)、(e)、(f)混凝土檩条

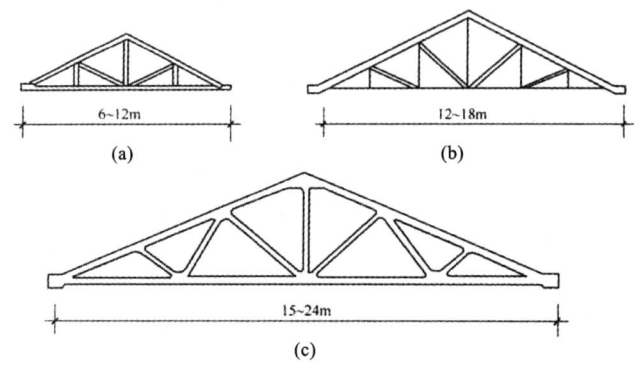

图 5-35　屋架形式
(a)木屋架;(b)钢木组合屋架;(c)钢筋混凝土屋架

2. 瓦屋面承重结构的布置

屋架与檩条的布置方式视屋盖的形式而定。双坡屋盖的布置较简单,一般以开间尺寸为间距布置屋架;四坡顶、歇山顶、丁字形交接的屋盖和转角屋盖的布置则较复杂,其布置示例如图 5-36 所示,其中图 5-36(a)为四坡顶的屋架布置,其屋盖尽端的三个斜面成 45°相交,该处的屋架不用全屋架,而采用斜大梁或对角屋架和半屋架作为承重结构。斜大梁和半屋架的一端支承在外墙上,另一端支承在尽端全屋架上,因而该屋架承受的荷载大于别处的屋架。图 5-36(b)是歇山顶的屋架布置,它和四坡顶的布置大同小异,区别之处是将尽端全屋架朝端墙挪动了一段距离,从而露出了歇山顶的小山花,图 5-36(c)是转角屋盖的屋架布置,在转角处沿 45°方向布置对角屋架,然后将半屋架搭在对角屋架上。图 5-36 中(d)和(e)均为 T 形交接处屋盖的结构布置,其中图 5-36(d)为垂直相交的两屋盖檩条相互搭接,搭接点的连线成 45°,图 5-36(e)的布置方式是将两屋盖的檩条同时支承在斜大梁上。

5.5.2 瓦屋面的基层和防水层

瓦屋面的防水材料为各种瓦材及与瓦材配合使用的各种涂膜防水材料和卷材防水材料。在有檩体系中,瓦通常铺设在由檩条、屋面板、挂瓦条等组成的基层上,无檩体系的瓦屋面基层则由各类钢筋混凝土板构成。

瓦屋面的名称随瓦的种类而定,如块瓦屋面、油毡瓦屋面、块瓦型钢板彩瓦屋面等。基层的做法随瓦的种类和建筑的质量要求而定,一般为钢筋混凝土板。

1. 块瓦屋面

块瓦包括彩釉面和素面西式陶瓦、彩色水泥瓦及一般的水泥平瓦、黏土平瓦等能挂钩,可钉、可

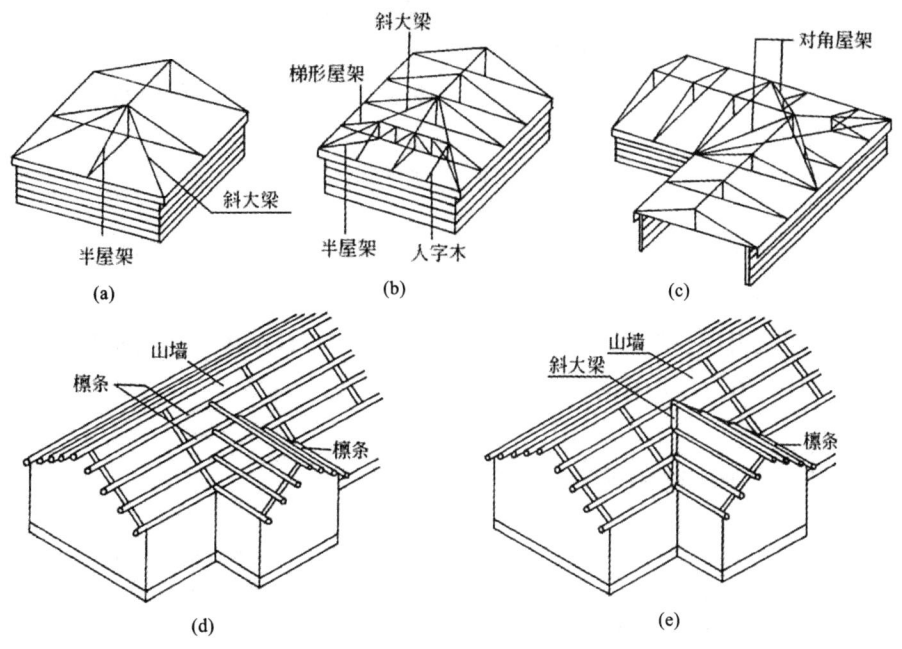

图 5-36 屋架和檩条布置

绑扎固定的瓦材。

铺瓦方式包括水泥砂浆卧瓦、钢挂瓦条挂瓦、木挂瓦条挂瓦,其屋面防水构造做法如图 5-37 所示,钢、木挂瓦条有两种固定方法:一种是挂瓦条固定在顺水条上,顺水条钉牢在细石混凝土找平层上;另一种是不设顺水条,将挂瓦条和支承垫块直接钉在细石混凝土找平层上。

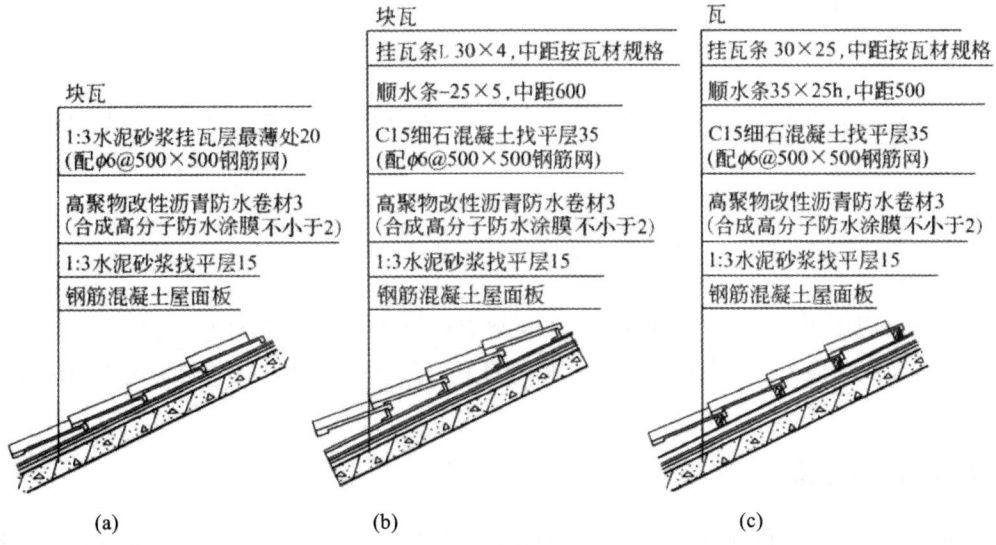

图 5-37 块瓦屋面构造(单位:mm)
(a)水泥砂浆卧瓦;(b)钢挂瓦条挂瓦;(c)木挂瓦条挂瓦

块瓦屋面应特别注意块瓦与屋面基层的加强固定措施。一般说来,地震地区和风荷载较大的地区,全部瓦材均应采取固定加强措施。非地震和大风地区,当屋面坡度大于 1:2 时,全部瓦材也应采取固定加强措施。块瓦的固定加强措施一般有以下几种:

（1）水泥砂浆卧瓦，用双股 18 号铜丝将瓦与 $\phi 6$ 钢筋绑牢；

（2）钢挂瓦条挂瓦，用双股 18 号铜丝将瓦与钢挂瓦条绑牢；

（3）木挂瓦条挂瓦，用 40 号圆钉（或双股 18 号铜丝）将瓦与木挂瓦条钉（绑）牢。

2. 油毡瓦屋面

油毡瓦是以玻纤毡为胎基的彩色块瓦状屋面防水片材，规格一般为 1000 mm×333 mm×2.8 mm。

铺瓦方式采用钉黏结合，以钉为主的方法。其屋面防水构造做法如图 5-38 所示。

3. 块瓦型钢板彩瓦屋面

块瓦型钢板彩瓦是用彩色薄钢板冷压成型，呈连片块瓦形状的屋面防水板材。瓦材用自攻螺钉固定于冷弯型钢挂瓦条上。其屋面防水构造做法如图 5-39 所示。

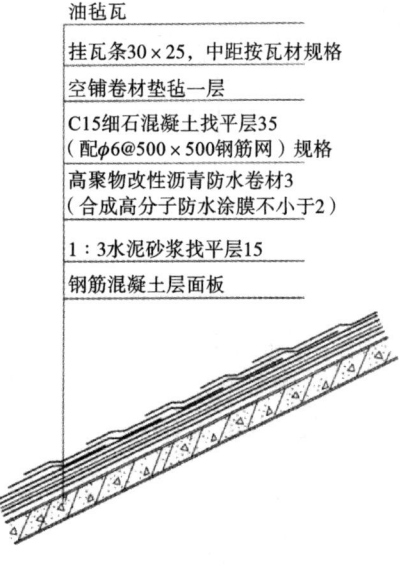

图 5-38　油毡瓦屋面防水构造做法
（单位：mm）

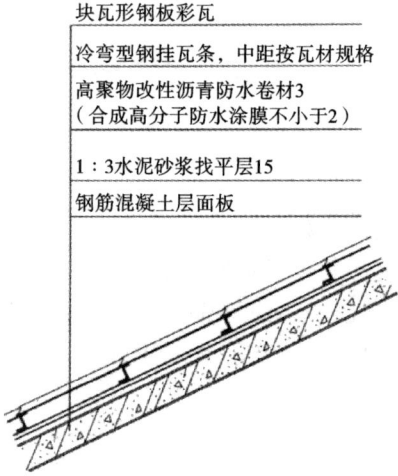

图 5-39　块瓦型钢板彩瓦屋面防水构造做法
（单位：mm）

5.6　屋面的保温和隔热

屋顶和外墙同属于房屋的外围护结构，不但要有遮风避雨的功能，还应有保温与隔热的功能。屋顶的保温与隔热功能不仅仅是给顶层房间提供良好、舒适的热环境，同时也是为了满足建筑节能的要求。

5.6.1　屋顶的节能要求

作为房屋外围护结构的重要组成，屋顶节能是建筑节能的一个重要方面。屋顶节能主要通过提高其保温与隔热的性能来降低顶层房间的空调能耗。

屋顶要想达到好的节能效果，需要结合当地的气候条件、建筑体形等因素来选择合理的节能措施。如在严寒及寒冷地区，屋顶通过设置保温层可以阻止室内热量的散失；在炎热地区，屋顶通过设置隔热降温层可以阻止太阳的辐射热传至室内；在夏热冬冷地区，屋顶则需要两者兼顾考虑。

目前，各地区都出台了相应的建筑节能标准，并对屋顶的热工性能进行了相应的规定。如《公共建筑节能设计标准》(GB 50189—2015)、《严寒和寒冷地区居住建筑节能设计标准》(JGJ 26—2018)、《夏热冬冷地区居住建筑节能设计标准》(JGJ 134—2010)、《夏热冬暖地区居住建筑节能设计标准》(JGJ 75—2012)以及各地颁布的地方节能标准等。各地区对公共建筑屋顶的传热系数均有不同要求。表 5-3 是不同气候地区对公共建筑屋顶传热系数的限值。

表 5-3. 公共建筑屋顶传热系数的限值[单位:W/(m² · K)]

建筑体形	严寒地区		寒冷地区	夏热冬冷地区	夏热冬暖地区
	A 区	B 区			
体形系数≤0.3	≤0.35	≤0.45	≤0.55	≤0.70	≤0.90
0.3<体形系数≤0.4	≤0.30	≤0.35	≤0.45		

5.6.2 屋盖保温

寒冷地区或装有空调设备的建筑,其屋盖应设计成保温屋面。保温屋面按稳定传热原理考虑其热工计算,墙体在稳定传热条件下防止室内热损失的主要措施是提高墙体的热阻,这一原则同样适用于屋面的保温,提高屋面热阻的办法是在屋面设置保温层。

1. 保温材料类型

保温材料一般为轻质、疏松、多孔或纤维的材料,其重度不大于 10 kN/m³,导热系数不大于 0.25 W/(m · K)。按其成分可分为无机材料和有机材料两种,按其形状可分为以下三种类型。

(1) 松散保温材料。

常用的松散保温材料有膨胀蛭石(粒径 3～15 mm)、膨胀珍珠岩、矿棉、岩棉、玻璃棉、炉渣(粒径 5～40 mm)等。

(2) 整体保温材料。

整体保温材料通常用水泥或沥青等胶结材料与松散保温材料拌和,整体浇筑在需保温的部位,如沥青膨胀珍珠岩、水泥膨胀珍珠岩、水泥膨胀蛭石、水泥炉渣等。

(3) 板状保温材料。

板状保温材料包括加气混凝土板、泡沫混凝土板、膨胀珍珠岩板、膨胀蛭石板、矿棉板、泡沫塑料板、岩棉板、木丝板、刨花板、甘蔗板等。有机纤维板材的保温性能一般较无机板材好,但耐久性较差,只有在通风条件良好、不易腐烂的情况下使用才较为适宜。板状保温材料的质量应符合表5-4的要求。

表 5-4 板状保温材料质量要求

项 目	质量要求					
	聚苯乙烯泡沫塑料		硬质聚氨酯泡沫塑料	泡沫玻璃	加气混凝土类	膨胀珍珠岩类
	挤压	模压				
表观密度(kg/m³)	—	15～30	≥30	≥150	400～600	200～350
压缩强度(kPa)	≥250	60～150	≥150	—	—	—
抗压强度(kPa)	—	—	—	≥0.4	≥2.0	≥0.3
导热系数 W/(m · K)	≤0.030	≤0.041	≤0.027	≤0.062	≤0.220	≤0.087
70 ℃,48 h 后尺寸变化率(%)	≤2.0	≤4.0	≤5.0	—	—	—
吸水率(%)	≤1.5	≤6.0	≤3.0	≤0.5	—	—
外观	板材表面基本平整,无严重凹凸不平					

各类保温材料的选用应结合工程造价、铺设的具体部位、保温层是封闭还是敞露等因素加以考虑。

2. 平屋盖的保温构造

平屋盖的屋面坡度较缓,适于在屋面结构层上放置保温层。保温层的位置有两种处理方式。

(1) 将保温层放在结构层上、防水层下,成为封闭的保温层,这种方式叫做正置式保温,也叫做内置式保温。

(2) 将保温层放在防水层上,成为敞露的保温层,这种方式叫做倒置式保温,也称外置式保温。

刚性防水屋面的防水层易开裂、渗漏,会导致内置的保温层受潮失去保温作用,所以一般不宜设置内置式保温层。

如图 5-40 所示为正置式卷材平屋盖保温屋面构造做法,与非保温屋面不同的是其增加了保温层和保温层上下的找平层及隔气层。

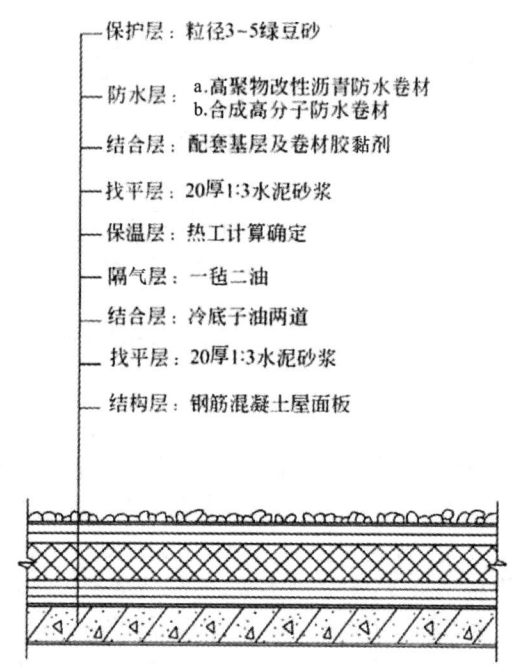

图 5-40　正置式卷材平屋盖保温构造做法(单位:mm)

保温层上设找平层是因为保温材料的强度通常较低,表面也不够平整,找平后才便于铺贴防水卷材;保温层下设隔气层是因为冬季室内气温高于室外,热气流从室内向室外渗透,空气中的水蒸气随热气流从屋面板的孔隙渗透进保温层,由于水的导热系数比空气大得多,且多孔隙的保温材料进水后会大大降低其保温效果。同时,积存在保温材料中的水分遇热也会转化为蒸气而膨胀,容易引起卷材防水层的起鼓。因此,正置式保温层下应铺设隔气层,常用做法是"一毡二油"或"一布四油"。

隔气层虽然阻止了外界水蒸气渗入保温层,但也产生了一些副作用,因为保温层的上下均被不透水的材料封住,如施工中保温材料或找平层未干透就铺设了防水层,残存于保温层中的水蒸气就无法散发出去。为了解决这个问题,须在保温层中设置排气道,排气道内填塞大粒径的炉渣,既可让水蒸气在其中流动,又可保证防水层的坚实牢靠。如图 5-41(b)所示,找平层内的相应位置也应留槽作为排气道,并在其上干铺一层宽 200 mm 的卷材,卷材用胶黏剂单边点贴铺盖。排气道应在整个屋面纵横贯通,并与连通大气的出气孔相通,如图 5-41(a)、(c)、(d)所示。出气孔的数量视基层的潮湿程度而定,一般以每 36 m² 设置一个为宜。

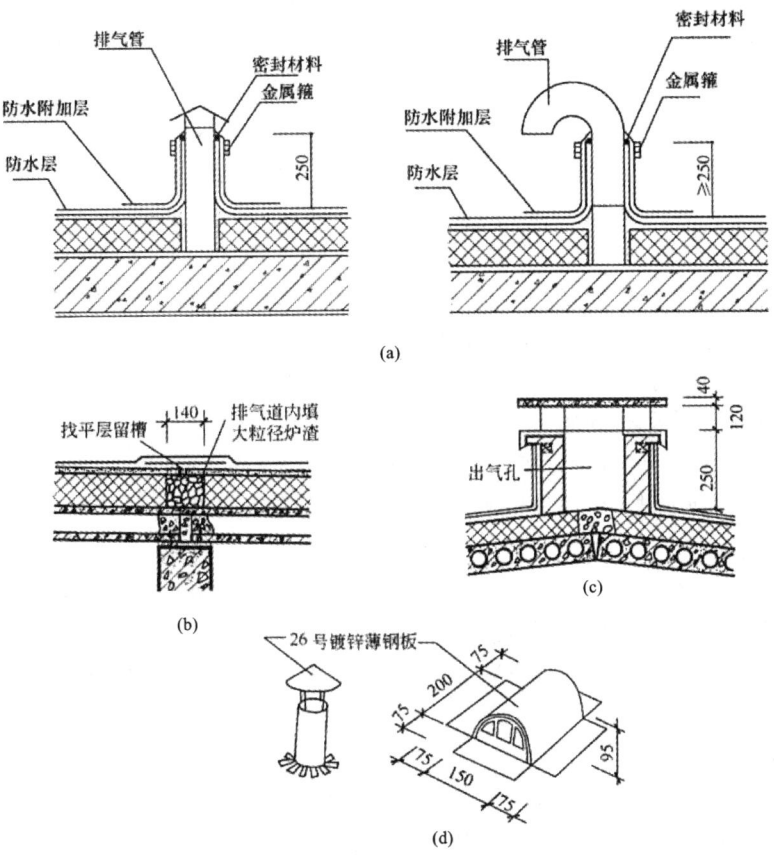

图 5-41 排气道构造(单位:mm)

如图 5-42 所示是倒置式卷材保温屋面构造做法。倒置式保温屋面于 20 世纪 60 年代开始在德国和美国被采用,其特点是保温层放在防水层上,对防水层起到屏蔽和防护的作用,使之不受阳光和气候变化的影响而减小温度变形,同时也不易受到外界的机械损伤。因此,这种屋面是一种值得推广的保温屋面。

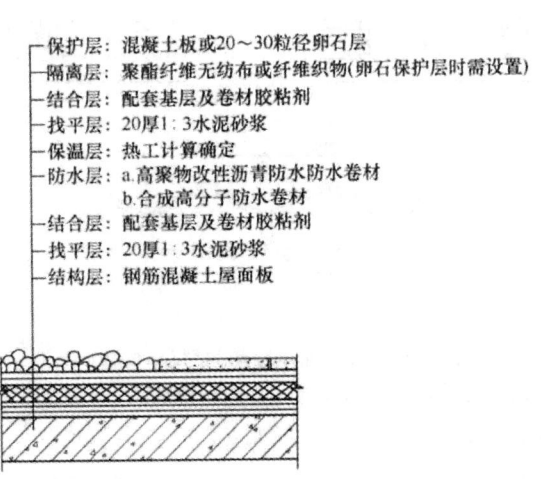

图 5-42 倒置式卷材保温屋面构造做法(单位:mm)

倒置式保温屋面的保温材料应采用吸湿性小的憎水材料,如聚苯乙烯泡沫塑料板、聚氨酯泡沫塑料板等,不宜采用如加气混凝土或泡沫混凝土这类吸湿性强的保温材料。保温层上应铺设保护层,以防止保温层表面破损和延缓其老化过程。保护层应选择有一定质量、足以压住保温层的材料,使之不致在下雨时漂浮起来,可选择大粒径的石子或混凝土板,不能采用绿豆砂做保护层,卵石保护层与保温层之间应设聚酯纤维无纺布或纤维织物进行隔离保护。因此,倒置式屋面的保护层要比正置式的厚重一些,且倒置式屋面应选用适应变形能力好、接缝密封保证率高的防水材料。

5.6.3 屋盖隔热

屋盖的隔热设计

在夏季太阳辐射和室外气温的综合作用下,从屋盖传入室内的热量要比从墙体传入室内的热量多得多。在低层、多层建筑中,屋盖层房间占有很大比例,屋盖的隔热问题应予以认真考虑。我国南方地区的建筑屋面隔热尤为重要,应采取适当的构造措施解决屋盖的降温和隔热问题。

屋盖隔热的基本原理是:减少直接作用于屋盖表面的太阳辐射热量。采用的主要构造做法是:屋盖通风隔热、屋盖蓄水隔热、屋盖种植隔热、屋盖反射阳光隔热等。

1. 屋盖通风隔热

屋盖通风隔热就是在屋盖上设置架空通风间层,使其上层表面遮挡太阳辐射,同时利用风压和热压作用不断将间层中的热空气带走,使通过屋面板传入室内的热量大为减少,从而达到隔热降温的目的。通风间层的设置通常有两种方式:一种是在屋面上做架空通风隔热间层,另一种是利用吊顶棚内的空间做通风隔热间层。

(1)架空通风隔热间层。

架空通风隔热间层设于屋面防水层上,架空层内的空气可以自由流通,其隔热原理是:一方面,利用架空的面层遮挡直射阳光,另一方面,架空层内被加热的空气与室外冷空气产生对流,将架空层内的热量源源不断地排走,从而达到降低室内温度的目的。

架空通风隔热间层通常用砖、瓦、混凝土等材料及制品制作,如图 5-43 所示,其中最常用的是砖墩架空混凝土板(或大阶砖)通风层,如图 5-43(a)所示。架空通风层的设计要点如下。

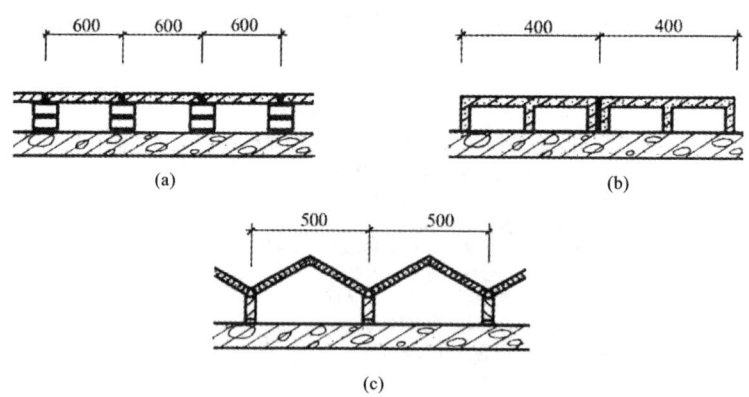

图 5-43 架空通风隔热间层(单位:mm)
(a)架空混凝土板(或大阶砖);(b)架空混凝土山形板;(c)架空钢丝网水泥折板

①架空屋面坡度不宜大于 5%。

②架空层的净空高度应随屋面宽度和坡度的大小变化而变化:屋面宽度和坡度越大,净空高度越高,但不宜超过 360 mm,否则架空层内的风速反而变小,影响降温效果。架空层的净空高度一般以 180～300 mm 为宜,屋面宽度大于 10 m 时,应在屋脊处设置通风屋脊以改善通风效果。

③为保证架空层内的空气流通顺畅,其周边应留设一定数量的通风孔,如图 5-44(b)所示是将通风孔留设在对着风向的女儿墙上。如果在女儿墙上开孔会影响建筑立面造型,也可以在距女儿墙 250 mm 的范围内不铺设架空板,让架空板周边开敞,以利空气对流。

④隔热板的支承物可以做成砖垄墙式的,如图 5-44(a)所示,也可做成砖墩式的,如图 5-44(b)所示。当架空层的通风孔能正对当地夏季主导风向时,采用前者可以提高架空层的通风效果,但当通风孔不能朝向夏季主导风向时,采用砖垄墙式的反而不利于通风。这时最好采用砖墩式,这种方式与风向无关,但通风效果不如前者。因为砖垄墙架空板通风是一种巷道式通风,只要正对主导风向,巷道内就易形成流速很大的对流风,散热效果好。砖墩式的对流风速则要小得多。

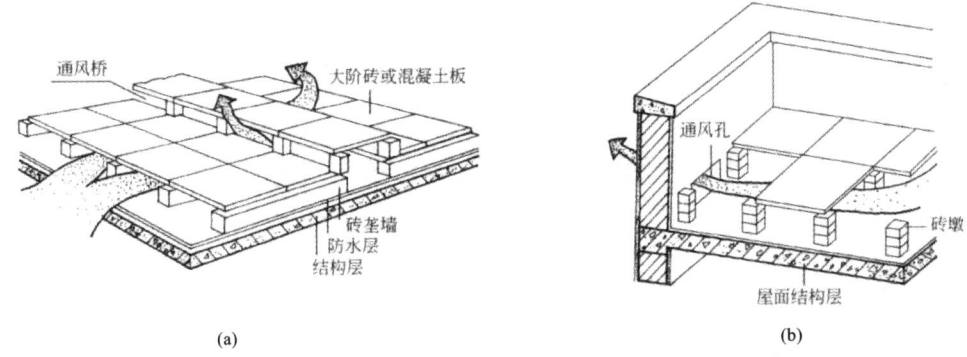

(a)   (b)

图 5-44 通风桥与通风孔
(a)架空隔热层与通风桥;(b)架空隔热层与女儿墙通风孔

(2)顶棚通风隔热间层。

利用顶棚与屋面间的空间作通风隔热间层同样可以起到架空通风层的作用,如图 5-45 所示是几种常见的顶棚通风隔热屋面构造示意图,设计中应注意满足下列要求。

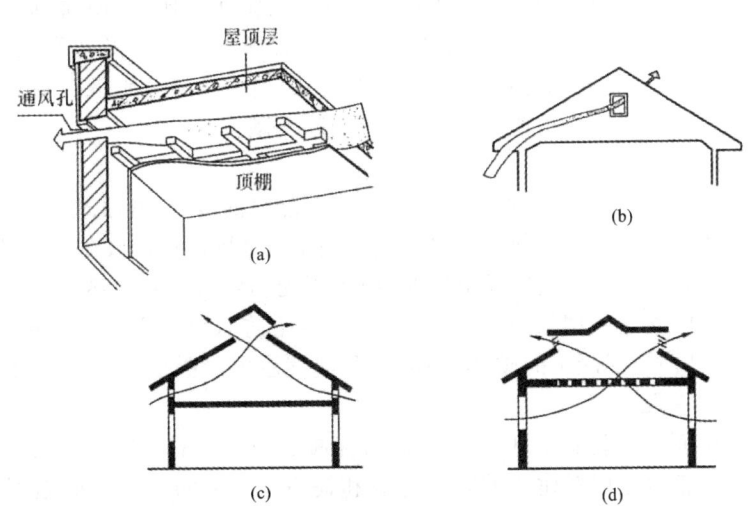

图 5-45 顶棚通风隔热屋面构造示意图
(a)在外墙上设通风孔;(b)檐口及山墙通风孔;(c)外墙及天窗通风孔;(d)顶棚及天窗通风孔

①必须设置一定数量的通风孔,使顶棚内的空气能迅速对流。平屋盖的通风孔通常开设在外墙上,孔口饰以混凝土花格或其他装饰性构件,如图 5-45(a)所示。坡屋盖的通风孔常设在挑檐顶棚处、檐口外墙处、山墙上部,如图 5-45(b)、(c)所示。屋盖跨度较大时还可以在屋盖上开设天窗作

为通风孔,以加强顶棚层内的通风,通风孔可根据具体情况设在顶棚或外墙上。有的地区则在屋盖上安放双层屋面板而形成通风隔热层,其中上层屋面板用来铺设防水层,下层屋面板则用作通风顶棚,通风层的四周仍须设通风孔。

②顶棚通风隔热间层应有足够的净空高度,应根据各综合因素所需高度加以确定,如通风孔自身的必需高度,屋面梁、屋架等结构的高度,设备管道占用的空间高度及供检修用的空间高度等。仅作通风隔热用的空间净高一般为 500 mm 左右。

③通风孔须考虑防止雨水飘进,特别是无挑檐遮挡的外墙通风孔和天窗通风孔,应注意解决好飘雨问题。当通风孔尺寸较小(不大于 300 mm×300 mm)时,只要将混凝土花格窗靠外墙的内边缘安装,利用较厚的外墙洞口即可挡住飘雨。当通风孔尺寸较大时,可以在洞口处设百叶窗挡雨,如图 5-46 所示。

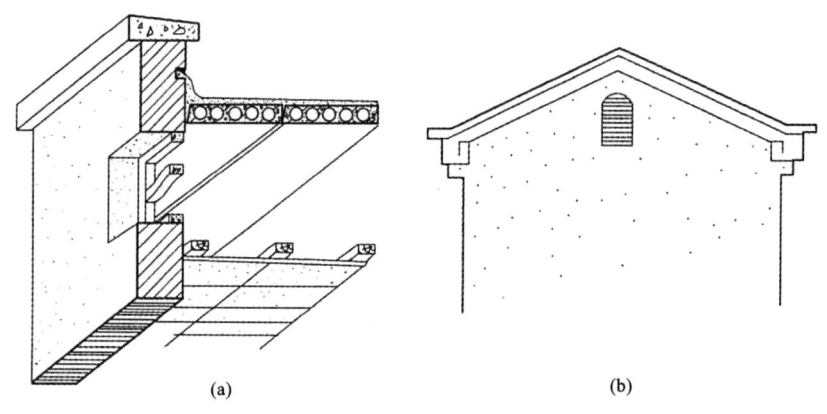

图 5-46 通风孔挡雨
(a)通风孔花格窗靠外墙内边缘安装;(b)通风孔用百叶窗挡雨

④应注意解决好屋面防水层的保护问题。与架空通风屋面相比,顶棚通风屋面的防水层由于暴露在大气中,缺少了架空层的遮挡,直射阳光会引起刚性防水层的变形开裂,还会使混凝土出现碳化现象。防水层的表面一旦碳化,内部的钢筋便会锈蚀。因此,炎热地区应在刚性防水屋面的防水层上涂上浅色涂料,既可用以反射阳光,又能防止混凝土碳化。

2. 屋盖蓄水隔热

屋盖蓄水隔热利用平屋盖所蓄积的水层来达到屋盖隔热的目的,其原理为:在太阳辐射和室外气温的综合作用下,水因吸收大量的热由液体变为气体,从而将热量散发到空气中,减少了屋盖吸收的热能,起到隔热的作用。水面还能反射阳光,减少阳光辐射对屋面的热作用。水层在冬季还有一定的保温作用。此外,水层长期将防水层淹没,使混凝土防水层处于水的养护下,可以减少由于温度变化引起的开裂和防止混凝土的碳化,使沥青和嵌缝胶泥之类的防水材料在水层的保护下推迟老化时间,延长使用年限。

总的来说,蓄水屋面具有既能隔热又可保温,既能减少防水层的开裂又可延长其使用寿命等优点。在我国南方地区,蓄水屋面对建筑的防暑降温和提高屋面的防水质量能起到很好的作用。如果在水层中养殖一些水浮莲之类的水生植物,利用植物吸收阳光进行光合作用和叶片遮蔽阳光的特点,其隔热降温的效果将会更加理想。

蓄水屋面的构造设计主要应解决好以下几方面的问题。

(1) 水层深度及屋面坡度。

过厚的水层会加大屋面荷载,过薄的水层在夏季又容易被晒干,不便于管理。从理论上讲,50 mm 深的水层可满足降温与保护防水层的要求,但实际比较适宜的水层深度为 150～200 mm。

为保证屋面蓄水深度的均匀,蓄水层面的坡度不宜大于 0.5%。

（2）防水层的做法。

蓄水屋面应采用刚性防水层或在卷材、涂膜防水层上再做刚性复合防水层,但蓄水屋面不宜在寒冷地区、地震地区和振动较大的建筑物上采用(当屋面防水等级为Ⅰ级、Ⅱ级时,不宜采用蓄水屋面)。刚性防水层应按规定做好分格缝,防水层做好后应及时养护,蓄水后不得断水。

（3）蓄水区的划分。

为了便于分区检修和避免水层产生过大的风浪,蓄水屋面应划分为若干蓄水区,每个蓄水区的边长不宜超过 10 m。

蓄水区间用混凝土做成分仓壁,壁上留过水孔,使各蓄水区的水层连通,如图 5-47(a)、(b)所示。但在变形缝的两侧应设计成互不连通的蓄水区。当蓄水屋面的长度超过 40 m 时,应做横向伸缩缝一道。分仓壁也可用 M10 水泥砂浆砌筑砖墙,顶部设置直径 6 mm 或 8 mm 的钢筋砖带。

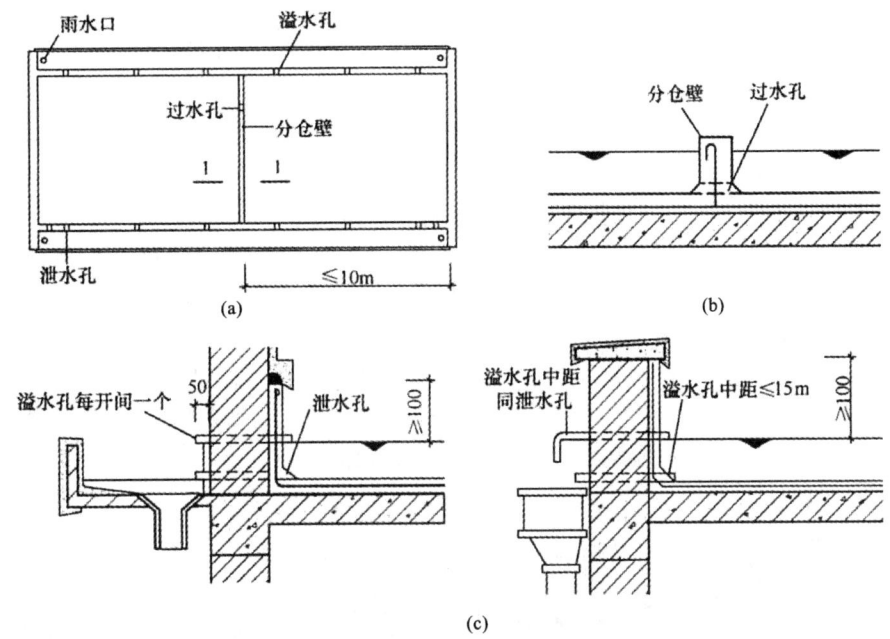

图 5-47　蓄水屋面做法(单位:mm)

（4）女儿墙与泛水。

蓄水屋面四周可做女儿墙并兼作蓄水池的仓壁。在女儿墙上应将屋面防水层延伸到墙面形成泛水,泛水的高度应高出溢水孔 100 mm。若从防水层面算起,泛水高度应加上水层深度,即 250～300 mm。

（5）溢水孔与泄水孔。

为避免暴雨时蓄水深度过大,应在蓄水池外壁上均匀布置若干溢水孔,通常每开间设一个,以使多余的雨水溢出屋面,为便于检修时排除蓄水,应在池壁根部设泄水孔,每开间设一个。泄水孔和溢水孔均应与排水檐沟或水落管连通,如图 5-47(c)所示。

（6）管道的防水处理。

蓄水屋面不仅有排水管,一般还应设给水管,以保证水源的稳定。所有的给排水管、溢水管、泄水管均应在做防水层之前装好,并用油膏等防水材料妥善嵌填接缝。

综上所述,蓄水屋面与普通平屋盖防水屋面不同之处在于增加了一壁三孔。一壁,是指蓄水池的仓壁;三孔是指溢水孔、泄水孔和过水孔。一壁三孔概括了蓄水屋面的构造特征。

近年来,我国南方部分地区也会采用深蓄水屋面做法,其蓄水深度可达 600～700 mm,具体视各地气象条件而定。采用这种做法是因为水源完全由天然降雨提供,不需人工补充水。为了保证池中蓄水不干涸,蓄水深度应大于当地气象资料统计提供的历年最大雨水蒸发量,也就是说,蓄水池中的水即使在连晴高温的季节也能保证不干涸。深蓄水屋面的主要优点是无须人工补充水,管理便利,池内还可以养鱼,增加收入。但这种屋面的荷载很大,超过一般屋面板承受的荷载。为确保结构安全,应单独对屋面结构进行验算。

3. 屋盖种植隔热

屋顶种植不但能美化环境,改善城市"热岛效应",减少雨水排放,还能显著减少建筑能耗,是一种生态的隔热措施。种植隔热的原理是:在屋顶上种植植物,太阳的主要辐射能量由植物和土层蒸发蒸腾消耗,另一部分由植物吸收进行光合作用,只有一小部分热量进入建筑内部和扩散到大气,以此来达到降温隔热的目的。

种植隔热屋面根据栽培介质构造方式的不同可分为一般覆土种植隔热屋面和蓄水种植隔热屋面。

屋顶绿化根据植物类型和景观特点不同可分为粗放式屋顶绿化、精细式屋顶绿化和半精细式屋顶绿化。粗放式屋顶绿化土层厚度一般不超过 10 cm,应选择耐旱、耐贫瘠的植物,多为景天科植物,除极端气候外不需要灌溉,管理粗放,景观效果较差,因荷载小,也称为轻型屋顶绿化,如图 5-48(a)所示。精细式屋顶绿化即屋顶花园,种植基质较深,植物高低搭配,空间丰富,景观效果好,常结合屋顶休闲空间来设置,如图 5-48(b)所示。其缺点是荷载大,对管理要求较高。半精细式屋顶绿化则介于这两者之间。

根据种植床实现方式来分,屋顶绿化可分为覆土型和容器型屋顶绿化,覆土型是常见的一种类型,施工时,各构造层次在现场安装。容器型屋顶绿化是将排水层、蓄水层、基质、植物整合成一个标准容器,便于移动,只需现场安放容器,就可以实现屋顶的"一夜变绿",成坪快,无污染,便于工业化大规模生产,但植物类型较单一,如图 5-48(c)所示。

(a)　　　　　　　　(b)　　　　　　　　(c)

图 5-48　屋顶绿化类型图

下面主要介绍一般覆土种植隔热屋面和蓄水种植隔热屋面。

(1)一般覆土种植隔热屋面。

一般覆土种植隔热屋面是在刚性屋面防水层上或柔性防水屋面保护层上进行设置,主要构造层次为隔根层、排(蓄)水层、滤水层、种植介质层、植被层,如图 5-49 所示。其构造要点如下。

①选择适宜的种植介质:为了不过多地增加屋面荷载,宜尽量选用轻质材料作栽培介质,常用的有谷壳、蛭石、陶粒等,即无土栽培介质。近年来,还有以聚苯乙烯、尿甲醛、聚甲基甲酸酯等为材料合成的泡沫或岩棉、聚丙烯腈絮状纤维等作为栽培介质的,其质量更轻,耐久性和保水性更好。为了降低成本,也可以在发酵后的锯末中掺入约 30%体积比的腐殖土作为栽培介质,其密度较大,

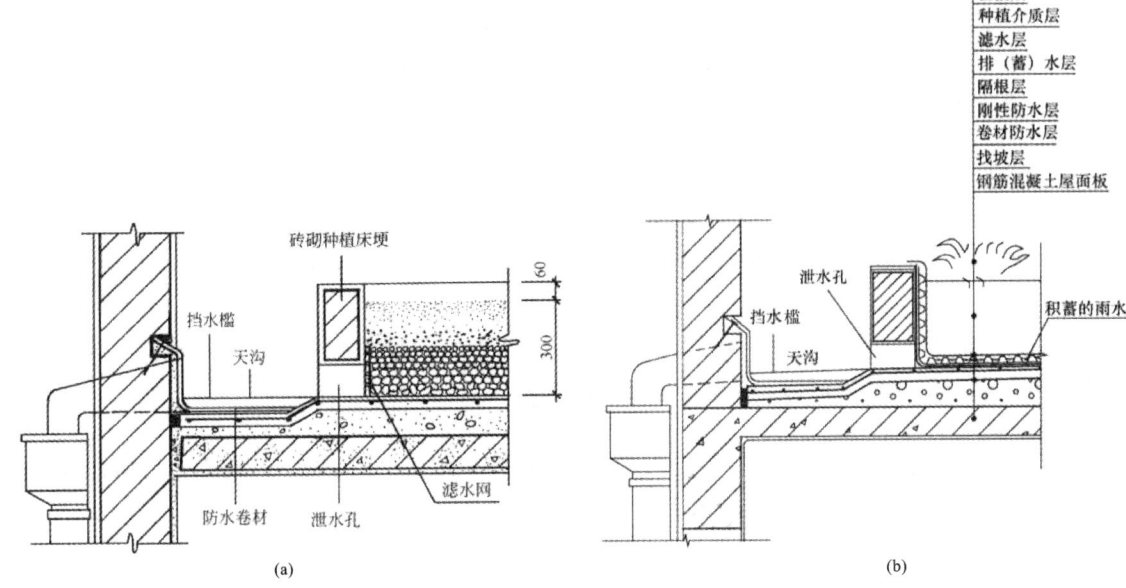

图 5-49　一般覆土种植隔热屋面构造(单位:mm)
(a)卵石滤水层;(b)蓄排水板滤水层

需对屋面板进行结构验算,且容易污染环境。种植层的厚度应满足屋盖所栽种的植物正常生长的需要,可参考表 5-5 选用。

表 5-5　种植层的深度

植 物 种 类	种植层深度/mm	备　　注
草皮	150~300	
小灌木	300~450	
大灌木	450~600	前者为该类植物的最小生存深度,后者为最小开花结果深度
浅根乔木	600~900	
深根乔木	900~1500	

②隔根层:一般有合金、橡胶、PE(聚乙烯)和 HDPE(高密度聚乙烯)等材料类型,用于防止植物根系穿透防水层。隔根层铺设在排(蓄)水层下,搭接宽度不小于 100 cm,并向建筑侧墙面上延伸15~20 cm。

③滤水层:种植介质颗粒较小,容易随水流走,所以保土滤水就很重要。现一般采用能透水的聚酯纤维无纺布等材料,用于阻止基质进入排水层。滤水层铺设在基质层下,搭接缝的有效宽度应达到 10~20 cm,并向建筑侧墙面延伸至基质表层上方 5 cm 处。

④种植床的做法:种植床又称苗床,可用砖或加气混凝土来砌筑床埂。床埂最好砌在下部的承重结构上,内外用 1∶3 水泥砂浆抹面,高度宜大于种植层 60 mm。每个种植床应在其床埂的根部设不少于两个泄水孔,以防种植床内积水过多造成植物烂根。

⑤排水和给水:排(蓄)水层主要起排水作用,现成品蓄排水板也兼蓄水作用。排水孔将多余的水排到屋顶上,储存的水可以通过毛细作用保持种植介质的湿度,有助于植物生长,在满足荷载时,排水层也可用陶粒或卵石。一般种植屋面应有一定的排水坡度(1%~3%),以便及时排除积水。通常在靠屋面低侧的种植床与女儿墙间留出 300~400 mm 的距离,利用所形成的天沟组织排水。

如采用含泥砂的栽培介质,屋面排水口处宜设挡水槛,以便沉积水中的泥砂,这种情况要求合理地设计屋面各部位的标高,如图 5-50 所示。

种植层的厚度一般都不大,为了防止久晴天气苗床内干涸,宜在每一种植分区内设给水阀一个,以供人工浇水之用。

⑥防水层:种植屋面可以采用一道或多道(复合)防水层,但最上面一道应为刚性面层,要特别注意防水层的防蚀处理。防水层上的裂缝可用一布四涂盖缝,分格缝的嵌缝油膏应选用耐腐蚀性能好的油膏。屋面不宜种植根系发达、对防水层有较强侵蚀作用的植物,如松树、柏树、榕树等。

⑦安全防护:种植屋面是一种上人屋面,需要经常进行人工管理(如浇水、施肥、栽种),因而屋盖四周应设女儿墙等作为护栏以利安全。

护栏的净保护高度应满足相关规范对栏杆的要求。如屋盖栽有较高大的树木或设有藤架等设施,还应采取适当的支撑固定措施,以免被风刮倒伤人。

(2)蓄水种植隔热屋面。

蓄水种植隔热屋面是将一般种植屋面与蓄水屋面结合起来,进一步完善其构造后所形成的一种隔热屋面,其基本构造如图 5-51 所示,以下分别介绍其构造要点。

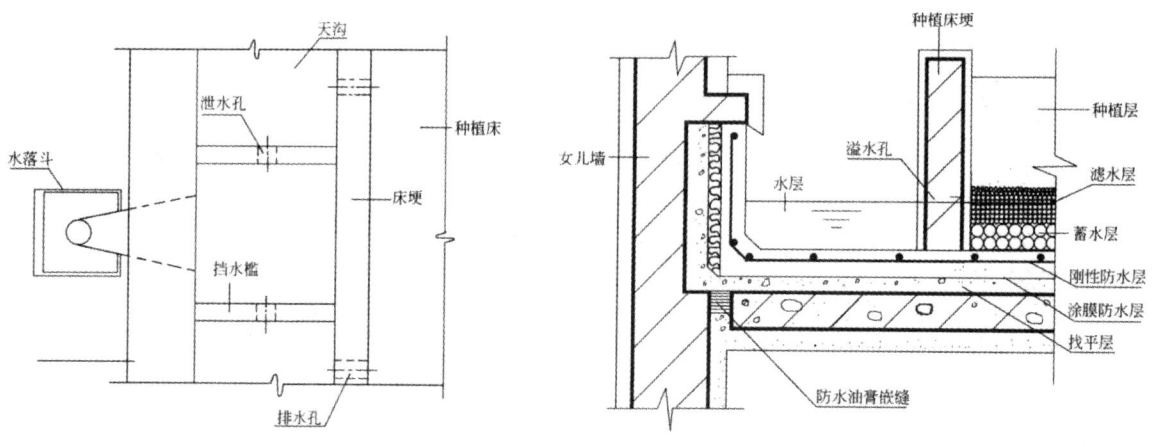

图 5-50 种植屋面的挡水槛　　　　图 5-51 蓄水种植隔热屋面的基本构造

①防水层:蓄水种植隔热屋面由于有蓄水层,故而防水层应采用设置涂膜防水层和配筋细石混凝土防水层的复合防水设防做法,以确保防水质量。

应先做涂膜(或卷材)防水层,再做刚性防水层。各防水层做法与前述防水层做法相同。需要注意的是:由于刚性防水层的分格缝施工质量往往不易保证,除女儿墙泛水处应严格按要求做好分格缝外,屋面的其余部分可不设分格缝,屋面刚性防水层最好一次全部浇捣完成,以免渗漏。

②蓄水层:种植床内的水层靠轻质多孔粗骨料蓄积,粗骨料的粒径不应小于 25 mm,蓄水层(包括水和粗骨料)的深度不应小于 60 mm。种植床以外的屋面若蓄水,深度应与种植床内深度相同。

③滤水层:考虑到要保持蓄水层的畅通,不被杂质堵塞,应在粗骨料的上面铺 60～80 mm 厚的细骨料滤水层或无纺布滤水层,细骨料按 5～20 mm 粒径级配,铺填应下粗上细,无纺布规格应不小于 150 g/m²。

④种植层:蓄水种植隔热屋面的构造层次较多,为尽量减轻屋面板的荷载,栽培介质的堆积密度不宜大于 1×10^5 kg/m³。

⑤种植床埂:蓄水种植隔热屋面应根据屋盖绿化设计用床埂进行分区,每区面积不宜大于100 m²,床埂宜高于种植层 60 mm 左右,床埂底部每隔 1200～1500 mm 设一个溢水孔,孔下口平齐

水层面。溢水孔处应铺设粗骨料或安设滤网以防止细骨料流失,如图 5-52 所示。

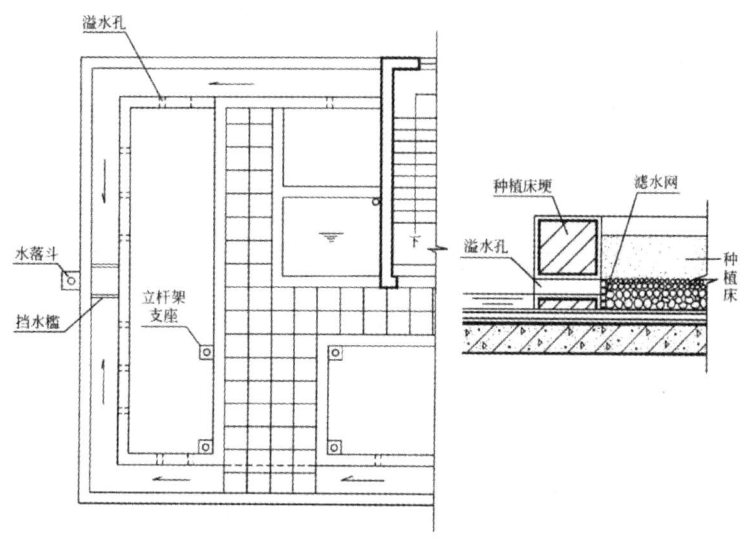

图 5-52 蓄水种植隔热屋面
(a)平面布置示意图;(b)溢水孔及种植床

⑥人行架空通道板:架空板设在蓄水层上、种植床之间,供人在屋面上活动和操作管理之用,兼有给屋面非种植覆盖部分增加隔热层的功效。架空通道板应满足上人屋面的荷载要求,通常可支承在两边的床埂上。

其他构造要求与一般覆土种植隔热屋面相同。

蓄水种植隔热屋面与一般覆土种植隔热屋面的主要区别是蓄水种植隔热屋面增加了一个连通整个屋面的蓄水层,从而弥补了一般覆土种植隔热屋面隔热不完整、对人工补水依赖较多的缺点,同时兼具有蓄水隔热屋面和一般种植隔热屋面的优点,隔热效果更佳,但粗骨料蓄水层荷载较大,不适合旧建筑屋顶改造,且相对来说造价也较高。

蓄水种植隔热屋面在降温隔热的效果方面优于其他隔热屋面(见表 5-6),而且在净化空气、美化环境、改善城市生态、提高建筑综合利用效益等方面也具有极为重要的作用,是一种值得大力推广应用的屋面形式。

表 5-6 某地区几种屋面的内表面温度比较表

屋 面 形 式	时间						内表面最高温度/(℃)	优劣次序
	15:00	16:00	17:00	18:00	19:00	20:00		
	内表面温度/(℃)							
蓄水种植隔热屋面	31.3	31.9	32.0	31.8	31.7	—	32.0	1
架空板通风隔热屋面	—	36.8	38.1	38.4	38.3	38.2	38.4	6
双层屋面板通风隔热屋面	34.9	35.2	36.4	35.8	35.7	—	36.4	5
蓄水隔热屋面	—	34.4	35.1	35.6	35.3	34.6	35.6	4
蓄水养水浮莲隔热屋面	—	34.1	34.3	34.5	34.4	34.0	34.5	3
一般种植隔热屋面	33.5	33.6	33.7	33.5	33.2	—	33.7	2

4. 屋盖反射阳光隔热

屋面受到太阳辐射后,一部分辐射热量被屋面材料吸收,另一部分被屋面反射出去。反射热量与入射热量之比称为屋面材料的反射率(用百分数表示)。该比值取决于屋盖表面材料的颜色和粗糙程度,色浅而光滑的表面比色深而粗糙的表面具有更大的反射率。表 5-7 为不同材料、不同颜色屋面的反射率,设计中如果能恰当地利用材料的这一特性,也能取得良好的降温隔热效果。例如屋面采用浅色砾石、混凝土,或涂刷白色涂料,均可起到明显的降温隔热作用。

如果在吊顶棚通风隔热层中加铺一层铝箔纸板,其隔热效果会更加显著,因为铝箔的反射率在所有材料中是最高的。

表 5-7　不同材料、不同颜色屋面的反射率

屋面材料或颜色	反射率/(%)	屋面材料或颜色	反射率/(%)
沥青、玛瑙脂	15	石灰	80
油毡	15	砂	59
镀锌薄钢板	35	红色	26
混凝土	35	黄色	65
铝箔	89	石棉瓦	34

章节自测题

主观题

1. 屋盖的外形有哪些形式? 各种形式的屋盖包含什么特点及适用范围?

2. 设计屋盖应满足哪些要求?

3. 有哪些影响屋盖坡度的因素? 各种屋盖的坡度值是多少? 屋盖坡度有什么形成方法? 各种屋盖坡度形成的方法有什么优缺点?

4. 什么是无组织排水和有组织排水? 它们的优缺点和适用范围是什么?

5. 常见的有组织排水方案有哪几种? 各适用于何种条件?

6. 屋盖排水组织设计的内容和要求是什么?

7. 如何确定屋面排水坡面的数目? 如何确定天沟(或檐沟)断面的大小和天沟纵坡值? 如何确定雨水管和雨水口的数量及尺寸规划?

8. 卷材屋面有哪些构造层? 各层做法如何? 卷材防水层下面的找平层为何要设分格缝? 上人和不上人的卷材屋面在构造层次及做法上有什么不同?

9. 卷材防水屋面的泛水、天沟、檐口、雨水口等细部构造的要点是什么?

10. 什么是涂膜防水屋面?

11. 瓦屋面的承重结构系统有哪几种?

12. 平屋盖和坡屋盖的保温有哪些构造做法(用构造图表示)? 各种做法适用于何种条件?

13. 平屋盖和坡屋盖的隔热有哪些构造做法(用构造图表示)? 各种做法适用于何种条件?

客观题

请扫下面的二维码,进入第 5 章,进行客观题在线测试与练习。

6 变形缝设计

　　当建筑物长度超过一定限度,建筑平面变化较多或结构类型变化较大时;或者当建筑物建造场地的地基土质比较复杂、各部分土质软硬不均、承载能力差别较大时;或者当建筑物各部分的结构类型不同,质量和刚度明显不同时;建筑物会因热胀冷缩、地基沉降和地震作用等原因,产生变形、墙体开裂等现象。因此,通过在建筑物上设置变形缝,把结构划分为若干个独立、简单、规则、均一的单元,可达到简化结构设计的目的。随着结构单元尺寸变小,结构体系变得规则,地基变形相对均匀,可使变形缝两侧单元水平或竖向位移互相不受限制,而从使用的角度(如空间连续性,建筑保温、防水、隔声功能)看整个建筑物仍是一个整体。通过本章学习,学生应掌握变形缝的基本知识、设置要求、构造要求;培养统筹兼顾同时又善于抓住重点的能力和建造师终身负责制的责任态度。

6.1 变形缝的作用及种类

　　由于温度变化、地基不均匀沉降和地震因素的影响,易使建筑物产生裂缝或遭到破坏,故在设计时应通过预留缝事先将房屋划分成若干个独立的部分,使各部分能自由变化。这种将建筑物垂直分开的预留缝称为变形缝。建筑变形缝根据设置原因的不同,一般分为三种类型,即温度伸缩缝(简称伸缩缝)、沉降缝和防震缝。

　　(1)伸缩缝:材料一般都有热胀冷缩的性质,建筑材料也不例外。当建筑所处的环境温度发生变化时,特别是当此建筑物的规模和平面尺寸较大时,由于热胀冷缩引起的绝对变形量会非常大。而由于建筑各构件之间的相互约束作用,又会引起结构产生附加应力,当这种附加应力值超过建筑结构材料的极限强度值时,结构就会出现裂缝或产生更严重的破坏,如墙体或楼盖、屋盖开裂,结构表面的装修层破裂,门窗洞口变形引起门窗开启受限制,屋顶防水层断裂、漏水等。为防止因温度变化、热胀冷缩而使房屋出现裂缝或遭受破坏,在沿建筑物长度方向隔一定距离预留垂直缝隙,这种因温度变化而设置的缝叫做温度缝或伸缩缝。

　　伸缩缝是从基础顶面开始,将墙体、楼盖、屋盖全部构件断开,因为基础埋于地下,受气温影响较小,故不必断开。

(2) 沉降缝:为防止建筑物各部分由于地基不均匀沉降引起房屋破坏所设置的竖向缝称为沉降缝。沉降缝将房屋从基础到屋顶的构件全部断开,使沉降缝两侧结构各为独立的单元,可以在垂直方向自由沉降。

(3) 防震缝:在抗震设防烈度为 7～9 度的地区内应设防震缝。在此区域内,当建筑物高差在 6 m以上,或建筑物有错层且楼板错层高差较大,或构造形式不同、承重结构的材料不同时,建筑物在水平方向的刚度不同,因此这些建筑物在地震的影响下,会有不同的振幅和振动周期。这时,如果将房屋的各部分相互连接在一起,则会产生裂缝、断裂等现象,因此应设防震缝,将建筑物分为若干个体形简单、结构刚度均匀的独立单元。

6.2　变形缝的设置

变形缝的设置应符合以下规定。

(1) 变形缝应按设缝的性质和条件设计,使其在产生位移或变形时不受阻,且不破坏建筑物。

(2) 根据建筑使用要求,变形缝应分别采取防水、防火、保温、隔声、防老化、防腐蚀、防虫害和防脱落等构造措施。

(3) 变形缝不应穿过厕所、卫生间、盥洗室和浴室等用水的房间,也不应该穿过配电间等严禁有漏水的房间。

6.2.1　伸缩缝的设置要求

伸缩缝的宽度一般为 20～30 mm,表 6-1 为砌体房屋伸缩缝的最大间距。《混凝土结构设计规范》(GB 50010—2010)对钢筋混凝土结构伸缩缝最大间距做了规定,详见表 6-2。

表 6-1　砌体房屋伸缩缝的最大间距

砌体类别	屋盖或楼盖类别		间距/m
各种砌体	整体式或装配整体式钢筋混凝土结构	有保温层或隔热层的屋盖、楼盖	50
		无保温层或隔热层的屋盖	40
	装配式无檩体系钢筋混凝土结构	有保温层或隔热层的屋盖、楼盖	60
		无保温层或隔热层的屋盖	50
	装配式有檩体系钢筋混凝土结构	有保温层或隔热层的屋盖	75
		无保温层或隔热层的屋盖	60
	瓦材屋盖、木屋盖或楼盖、轻钢屋盖		100

注:(1) 对烧结普通砖、烧结多孔砖、配筋砌块砌体房屋,取表中数值;对石砌体、蒸压灰砂普通砖、蒸压粉煤灰普通砖、混凝土砌块、混凝土普通砖和混凝土多孔砖房屋,取表中数值乘以系数 0.8,当墙体有可靠外保温措施时,其间距可取表中数值;在钢筋混凝土屋面上挂瓦的屋盖应按钢筋混凝土屋盖采用;层高大于 5 m 的烧结普通砖、烧结多孔砖、配筋砌块砌体结构单层房屋,其伸缩缝间距可按表中数值乘以系数 1.3;温差较大且变化频繁地区和严寒地区不采暖的房屋及构筑物墙体的伸缩缝的最大间距,应按表中数值予以适当减小。

(2) 层高大于 5 m 的混合结构单层房屋伸缩缝的间距可按表中数值乘以系数 1.3 后采用。但当墙体采用硅酸盐砖、硅酸盐砌块和混凝土砌筑时,不得大于 75 m。

(3) 墙体的伸缩缝内应嵌以轻质可塑材料,在进行立面处理时,必须使缝隙能起伸缩作用。

表 6-2　钢筋混凝土结构伸缩缝最大间距

结 构 类 别		室内或土中/m	露天/m
排架结构	装配式	100	70
框架结构	装配式	75	50
	现浇式	55	35
剪力墙结构	装配式	65	40
	现浇式	45	30
挡土墙、地下室墙壁等类结构	装配式	40	30
	现浇式	30	20

注：(1) 装配整体式结构的伸缩缝间距，可根据结构的具体情况取表中装配式结构与现浇式结构之间的数值。

(2) 框架-剪力墙结构或框架-核心筒结构房屋的伸缩缝间距，可根据结构的具体情况取表中框架结构与剪力墙结构之间的数值。

(3) 当屋面无保温或隔热措施时，框架结构、剪力墙结构的伸缩缝间距宜按表中露天栏的数值取用。

(4) 现浇挑檐、雨罩等外露结构的局部伸缩缝间距不宜大于 12 m。

从表 6-1 中可以看出伸缩缝间距与墙体的类别有关，特别是与屋盖和楼盖的类型有关。整体式或装配整体式钢筋混凝土结构，因屋盖和楼盖本身没有自由伸缩的余地，当温度变化时，在结构内部产生的温度应力大，因而伸缩缝间距比其他结构形式小一些。大量性民用建筑用的装配式无檩体系钢筋混凝土结构中有保温层或隔热层的屋盖，其伸缩缝间距相对要大些。

对下列情况，表 6-2 中的伸缩缝最大间距宜适当减小：

(1) 柱高（从基础顶面算起）低于 8 m 的排架结构；

(2) 屋面无保温、隔热措施的排架结构；

(3) 位于气候干燥地区、夏季炎热且暴雨频繁发生地区的结构或经常处于高温作用下的结构；

(4) 采用滑模类工艺施工的各类墙体结构；

(5) 混凝土材料收缩较大、施工期外露时间较长的结构。

对下列情况，如果有充分依据，表 6-2 中的伸缩缝最大间距可适当增大：

(1) 采取减小混凝土收缩或温度变化的措施；

(2) 采用专门的预加应力或增配构造钢筋的措施；

(3) 采用低收缩混凝土材料，采取跳仓浇筑、后浇带、控制缝等施工方法，并加强施工养护。

当伸缩缝间距增大较多时，尚应考虑温度变化和混凝土收缩对结构的影响。

《高层建筑混凝土结构技术规程》(JGJ 3—2010)中也对伸缩缝的设置有相应的规定，如表 6-3 所示。

表 6-3　高层建筑结构伸缩缝的最大间距

结 构 体 系	施 工 方 法	最大间距/m
框架结构	现浇	55
剪力墙结构	现浇	45

注：(1) 框架-剪力墙的伸缩缝间距可根据结构的具体布置情况取表中框架结构与剪力墙结构之间的数值。

(2) 当屋面无保温或隔热措施、混凝土的收缩较大或室内结构因施工外露时间较长时，伸缩缝间距应适当减小。

(3) 位于气候干燥地区、夏季炎热且暴雨频繁地区的结构，伸缩缝的间距宜适当减小。

6.2.2 沉降缝的设置要求

凡属下列情况的均应考虑设置沉降缝。

(1) 建筑物位于不同种类的地基土上,或在不同时间内修建的房屋各连接部位。

(2) 当建筑物各部分相邻基础的形式、基础宽度及其埋置深度相差较大,造成基础底部压力有很大差异,易形成不均匀沉降时。

(3) 建筑物形体比较复杂,在建筑平面转折部位和高度、荷载有很大差异或结构形式截然不同处。

沉降缝的宽度与地基情况及建筑高度有关,地基越弱的建筑物,沉陷的可能性越高,沉陷后所产生的倾斜距离越大,要求的缝宽也就越大。沉降缝宽度见表 6-4。

表 6-4 沉降缝的宽度

地 基 性 质	房屋高度 H	缝宽 B/mm
一般地基	<5 m	30
	5~10 m	50
	10~15 m	70
软弱地基	2~3 层	50~80
	4~5 层	80~120
	5 层以上	>120
湿陷性黄土地基	—	30~70

注:沉降缝两侧单元层数不同时,由于高层影响,低层倾斜往往很大,宽度按高层确定。

6.2.3 防震缝的设计要求

一般情况下,防震缝仅在基础以上设置,但防震缝应同伸缩缝和沉降缝协调布置,做到一缝多用。当防震缝与沉降缝结合设置时,基础也应断开。

对于多层砌体房屋的结构体系来说,当设计烈度为 8 度和 9 度且有下列情况之一时,宜设置防震缝,缝两侧均应设置墙体:

(1) 房屋立面高差在 6 m 以上时;

(2) 房屋有错层,且楼板错开高差较大时;

(3) 各部分结构刚度、质量截然不同时。

防震缝的宽度在多层砖墙房屋中,按设防烈度的不同取 50~70 mm。在《高层建筑混凝土结构技术规程》(JGJ 3—2010)中对防震缝的设计做了以下规定。

1) 防震缝宽度应符合下列规定。

(1) 框架结构房屋,高度不超过 15 m 时,不应小于 100 mm;超过 15 m 时,6 度、7 度、8 度和 9 度分别每增加高度 5 m、4 m、3 m 和 2 m,宜加宽 20 mm。

(2) 框架-剪力墙结构房屋不应小于本款(1)项规定数值的 70%,剪力墙结构房屋不应小于本款(1)项规定数值的 50%,且二者均不宜小于 100 mm。

2) 防震缝两侧结构体系不同时,防震缝宽度应按不利的结构类型确定。

3) 防震缝两侧的房屋高度不同时,防震缝宽度可按较低的房屋高度确定。

4) 8 度和 9 度抗震设计的框架结构房屋,防震缝两侧结构层高相差较大时,防震缝两侧框架柱的箍筋应沿房屋全高加密,并可根据需要沿房屋全高在缝两侧各设置不少于两道垂直于防震缝的抗撞墙。

5）当相邻结构的基础存在较大沉降差时，宜增大防震缝的宽度。

6）防震缝宜沿房屋全高设置，地下室、基础可不设防震缝，但在与上部防震缝对应处应加强构造和连接。

7）结构单元之间或主楼与裙房之间不宜采用牛腿托梁的做法设置防震缝，否则应采取可靠措施。

8）抗震设计时，伸缩缝、沉降缝的宽度均应符合关于防震缝宽度的要求。

变形缝设置简表见表 6-5。

表 6-5　变形缝设置简表

变形缝类别	对应变形原因	设置依据	断开部位	缝宽
伸缩缝	昼夜温差引起热胀冷缩	建筑物的长度、结构类型与屋盖刚度	除基础外沿全高断开	20～30 mm
沉降缝	各部位沉降不均匀	地基情况和建筑物的高度	从基础到屋顶沿全高断开	一般地基： 建筑物高<5 m，缝宽30 mm； 建筑物高5～10 m，缝宽50 mm。 软弱地基： 建筑物2～3层，缝宽50～80 mm； 建筑物4～5层，缝宽80～120 mm； 建筑物>6层，缝宽>120 mm。 沉陷性黄土： 缝宽≥30～70 mm
抗震缝	地震波由震源向四周扩展，引起环状的波动，使建筑物产生上下、左右、前后多方向的振动。对建筑物防震来说，一般只考虑水平方向地震波的影响	设防烈度、结构类型和建筑物高度。8度、9度设防且房屋立面高差相差在6 m以上，或错层楼板高度相差1/3层高或者1 m以上，毗邻部分各段刚度、质量、结构形式均不同时	沿建筑物全高设缝，基础可不分开，也可分开	多层砌体建筑，缝宽50～100 mm；框架结构房屋，高度不超过15 m时，不应小于100 mm；超过15 m时，6度、7度、8度和9度分别每增加高度5 m、4 m、3 m和2 m，宜加宽20 mm；框架-剪力墙结构房屋不应小于框架结构数值的70%，剪力墙结构房屋不应小于框架结构数值的50%，且二者均不宜小于100 mm； 防震缝两侧结构体系不同时，防震缝宽度应按不利的结构类型确定； 防震缝两侧的房屋高度不同时，防震缝宽度可按较低的房屋高度确定

6.3　变形缝的构造设计

6.3.1　变形缝的结构处理

变形缝将一个建筑物从结构上断开，但由于三种变形缝两侧的结构单元之间的相对位移和变形的方式不同，三种变形缝的结构处理也有一些差异。

1. 伸缩缝的结构处理

伸缩缝要求将建筑物的墙体、楼层、屋顶等地面以上的结构构件全部断开,但基础部分因受温度变化影响较小,不必断开。这样做可保证温度伸缩缝两侧的建筑构件能在水平方向自由伸缩。如图 6-1 所示为砌体结构基础伸缩缝设置,图 6-1(a)为单墙承重,即一侧为墙体,另一侧为构造柱和圈梁时的砌体结构基础伸缩缝设置,图 6-1(b)为双墙承重,即两侧均为墙体时的砌体结构基础伸缩缝设置。

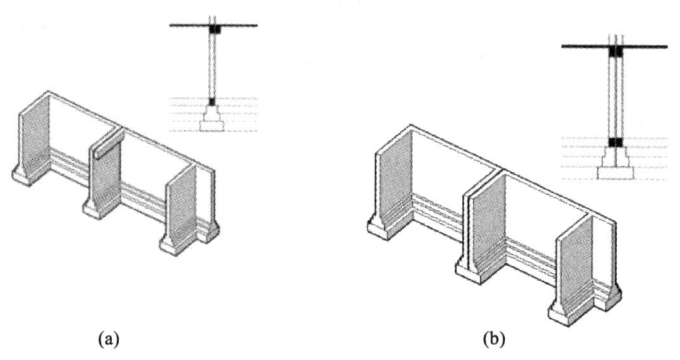

(a)　　　　　　　　　　　(b)

图 6-1　砌体结构基础伸缩缝设置

(a)单墙承重;(b)双墙承重

如图 6-2 所示为框架结构基础伸缩缝设置情况,缝隙可设置在两悬臂梁之间,当基础上部为悬臂梁时,基础伸缩缝如图 6-2(a)所示,当缝隙两边均为框架柱和梁时,基础伸缩缝如图 6-2(b)所示。

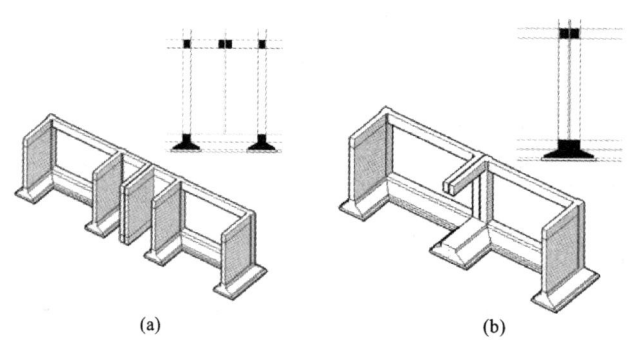

(a)　　　　　　　　　　　(b)

图 6-2　框架结构基础伸缩缝设置

(a)悬臂梁方案;(b)双梁双柱方案

2. 沉降缝的结构处理

沉降缝与温度伸缩缝最大的区别在于温度伸缩缝只需保证建筑物在水平方向的自由伸缩变形,而沉降缝主要应满足建筑物各部分在垂直方向的自由沉降变形,故应将建筑物从基础到屋顶全部断开。同时,沉降缝也应兼顾温度伸缩缝的作用,故应在构造设计时满足伸缩和沉降的双重要求。

基础沉降缝应避免因不均匀沉降造成的相互干扰。常见的砖墙条形基础处理方法有双墙偏心基础、挑梁基础和交叉式基础三种方案,如图 6-3 所示为砌体结构基础沉降缝设置,图 6-3(a)为挑梁基础沉降缝,即一侧是基础,一侧是挑梁;图 6-3(b)为双墙偏心基础沉降缝,其两侧均为基础。

框架结构基础沉降缝设置如图 6-4 所示,图 6-4(a)为一侧是基础,一侧是挑梁的柱下条形基础沉降缝;图 6-4(b)为两侧均为挑梁的挑梁基础沉降缝。

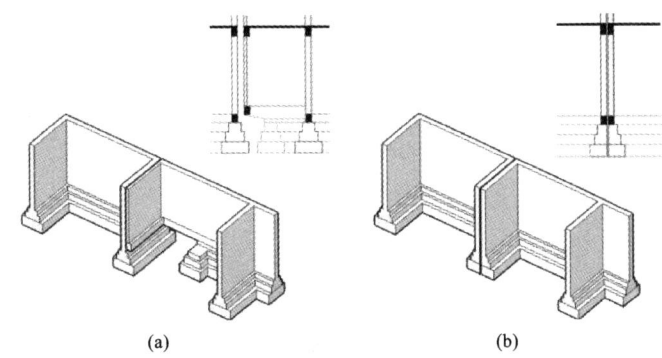

图 6-3 砌体结构基础沉降缝设置

(a)挑梁基础沉降缝;(b)双墙偏心基础沉降缝

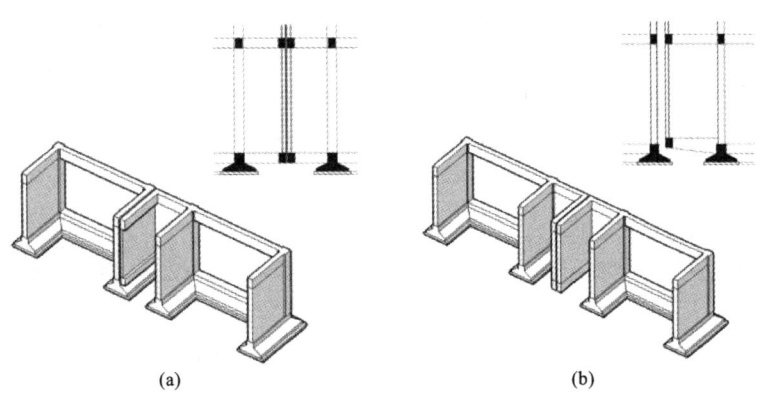

图 6-4 框架结构基础沉降缝设置

(a)柱下条形基础沉降缝;(b)挑梁基础沉降缝

双墙偏心基础整体刚度大,但基础偏心受力,并在沉降时会产生一定的挤压力。采用双墙交叉式基础方案,地基受力将会有所改善。

挑梁基础方案能使沉降缝两侧基础分开较大距离,相互影响较小。当沉降缝两侧基础埋深相差较大或新建筑与原有建筑毗连时,宜采用挑梁方案。

3.防震缝的结构处理

防震缝应沿建筑物全高设置,通常基础可不断开,但对于平面形状和体形复杂的建筑物,或与沉降缝合并设置时,基础也应断开。

防震缝的两侧应布置墙或柱,形成双墙、双柱或一墙一柱,使各部分结构封闭,以提高其整体刚度,如图 6-5 所示。

防震缝应尽量与温度伸缩缝、沉降缝结合布置,并应同时满足三种变形缝的设计要求。

6.3.2 变形缝的缝口形式及盖缝构造

为了防止外界自然条件对建筑物室内环境的侵袭,避免因设置了变形缝而出现房屋保温、隔热、防水、隔声等基本功能降低的现象,也为了变形缝处的外形美观,应采用合理的变形缝缝口形式,并做盖缝和其他一些必要的缝口处理。

三种变形缝的盖缝构造做法是有差别的。在选择变形缝盖缝材料时,应注意根据室内、室外环境条件的不同以及使用要求区别对待。三种变形缝各自不同的变形特征是导致其盖缝形式产生差

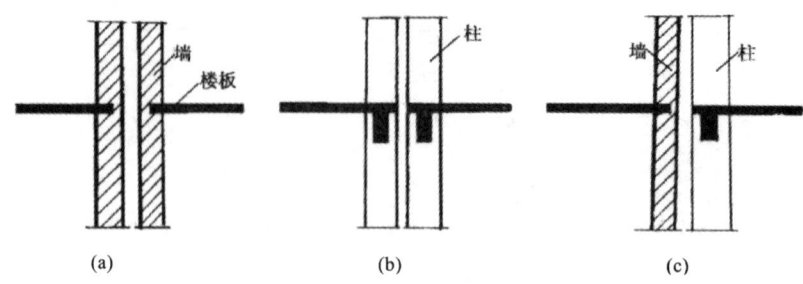

图 6-5 防震缝两侧结构布置

(a)双墙方案；(b)双柱方案；(c)一墙一柱方案

异的主要原因。

建筑物外侧表面的盖缝处理(如外墙外表面以及屋面)必须考虑防水要求,因此,盖缝材料必须具有良好的防水能力,一般多采用镀锌铁皮、防水油膏等材料;建筑物内侧表面的盖缝处理(如墙内表面,楼、地面上表面以及楼板层下表面)则更多地考虑满足适用性、舒适性、美观性等方面的要求,因此,墙面及顶棚部位的盖缝材料多以木制盖缝板(条)、铝塑板、铝合金装饰板等为主,楼、地面处的盖缝材料则常采用各种石质板材、钢板、橡胶带、油膏等材料。

1. 墙体变形缝构造

(1)墙体伸缩缝构造。

墙体伸缩缝的构造,在外墙与内墙的处理中,由于位置不同而各有侧重。缝的宽度不同,构造处理方法也不同。

砖砌外墙厚度在一砖以上的,应做成错口缝或企口缝的形式,厚度在一砖或小于一砖时可做成平缝形式,如图 6-6 所示。为保证外墙自由变形,并防止风雨影响室内,应用沥青麻丝填嵌缝隙。

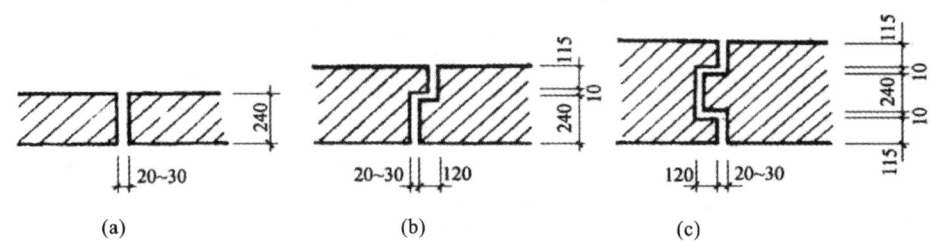

图 6-6 砖墙伸缩缝缝口形式(单位:mm)

(a)平缝；(b)错口缝；(c)企口缝

当伸缩缝宽度较大时,应考虑盖缝处理,如图 6-7 所示。缝口可采用镀锌薄钢板或铝板盖缝调节。内墙伸缩缝着重处理表面,可采用木条或金属盖缝,仅一边固定在墙上,允许自由移动。

(2)墙体沉降缝构造。

沉降缝一般兼起伸缩缝的作用。墙体沉降缝构造与伸缩缝构造基本相同,只是其金属调节片或盖缝板在构造上应能保证两侧结构在竖向的相对变形不受约束。墙体沉降缝外缝口构造如图 6-8 所示,应注意其盖缝用的金属调节片与图 6-7 所示的伸缩缝盖缝用的镀锌铁皮在适应沉降缝两侧结构自由变形方式上的不同。墙体沉降缝内缝口的构造,当采用木质或塑料盖缝板时,与墙体伸缩缝内缝口的构造基本相同,而采用镀锌铁皮等金属板材盖缝时,则应与墙体沉降缝外缝口构造相同。

另外,沉降缝两侧一般均采用双墙处理的方式,缝口截面只有平缝的形式,而不采用错口缝和企口缝的形式。

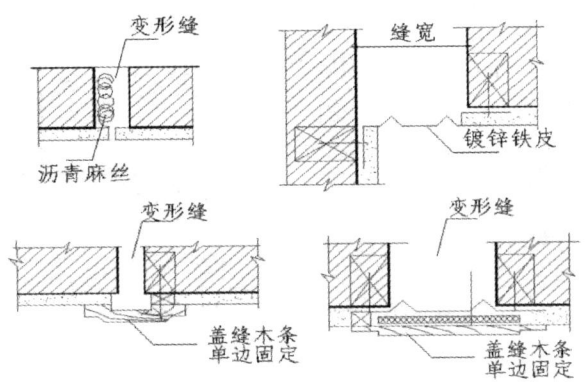

图 6-7　砖墙伸缩缝盖缝构造

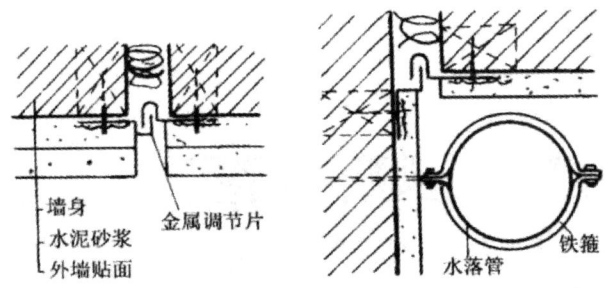

图 6-8　墙体沉降缝外缝口构造

（3）墙体防震缝构造。

墙体防震缝构造与伸缩缝和沉降缝构造基本相同，只是防震缝一般较宽，构造上更应注意盖缝的牢固、防风、防水等措施，且不应做成错口缝或企口缝的形式。外缝口一般用镀锌铁皮覆盖，且应注意其与沉降缝盖缝镀锌铁皮在形式上的不同，其构造如图 6-9 所示；内缝口常用木质盖缝板遮盖，其构造如图 6-10 所示。寒冷地区的墙体防震缝缝口内尚须用具有弹性的软质聚氯乙烯泡沫塑料、聚苯乙烯泡沫塑料等保温材料填嵌。

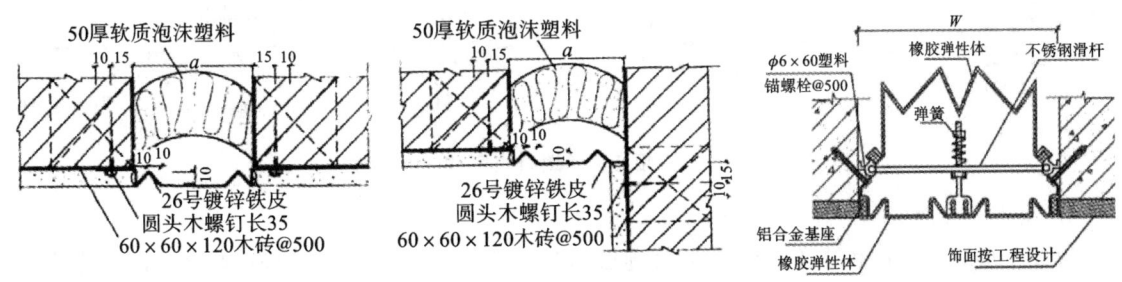

图 6-9　墙体防震缝外缝口构造（单位：mm）

考虑到变形缝对建筑立面的影响，通常将变形缝布置在外墙转折部位，或利用雨水管遮挡住，做隐蔽处理。

2. 楼地层变形缝构造

楼地层变形缝的位置与缝宽应与墙体变形缝一致。变形缝缝口内也常以具有弹性的油膏（兼有防潮、防水作用）、沥青麻丝、金属或塑料调节片等材料做填缝或盖缝处理，上表面铺以活动盖板，

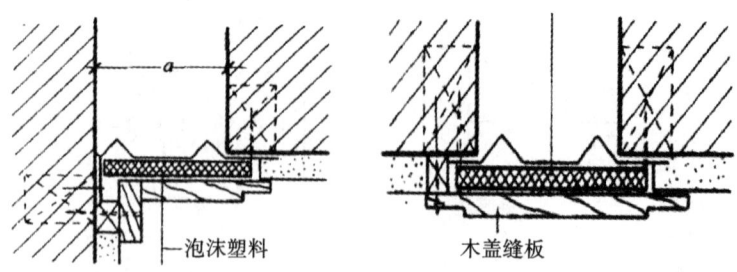

图 6-10   墙体防震缝内缝口构造

活动盖板的材料常采用与地面材料相同的板材（如水磨石板、大理石板等），也有采用橡胶带或铁板的，如图 6-11 所示为楼地层变形缝缝口构造。下表面（即顶棚部位）的盖缝材料及做法与内墙变形缝的盖缝做法一样，盖缝板（条）固定于缝口的一侧，以保证变形缝两侧的结构能自由伸缩和沉降变形，如图 6-12 所示为顶棚变形缝缝口构造。

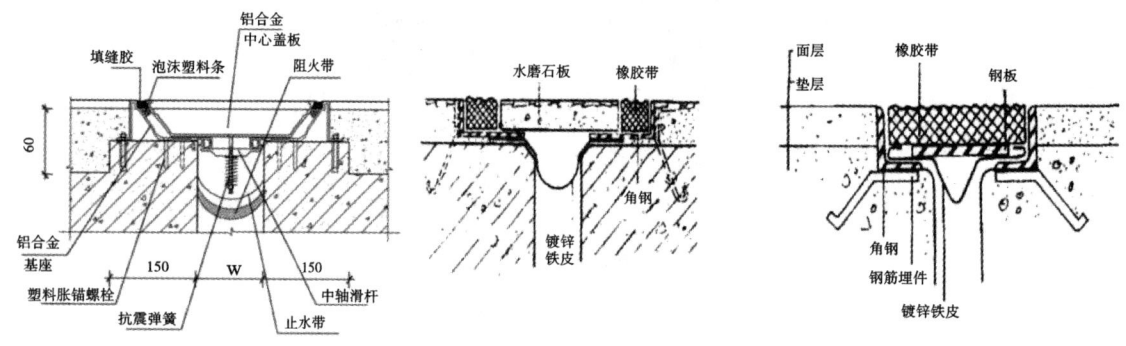

图 6-11   楼地层变形缝缝口构造（单位：mm）

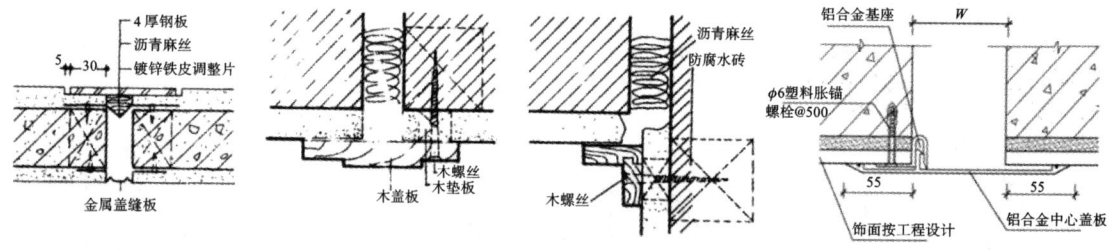

图 6-12   顶棚变形缝缝口构造（单位：mm）

3. 屋面变形缝构造

　　屋面变形缝的位置和缝宽应与墙体、楼地层的变形缝一致。缝内用沥青麻丝、金属调节片等材料填缝和盖缝。屋面变形缝一般设于建筑物高度不同的变化处（如沉降和防震缝的情况），也有设于两侧屋面同一标高处的（如温度伸缩缝的情况）。不上人屋面通常在缝的两侧加砌矮墙，按屋面泛水构造要求将防水层材料沿矮墙上做至矮墙顶部，然后用镀锌铁皮、铝片、钢筋混凝土板或瓦片等在矮墙顶部变形缝处覆盖。屋面变形缝盖缝做法应在保证变形缝两侧结构自由伸缩或沉降变形的同时而不造成屋面渗漏雨水。寒冷地区在变形缝缝口处应填以岩棉、泡沫塑料或沥青麻丝等具有一定弹性的保温材料。上人屋面因使用要求一般不设置矮墙，变形缝缝口处一般采用防水油膏填嵌，以防雨水渗漏并适应缝两侧结构变形的需要。不同形式的防水屋面变形缝构造如图 6-13～图 6-15 所示。

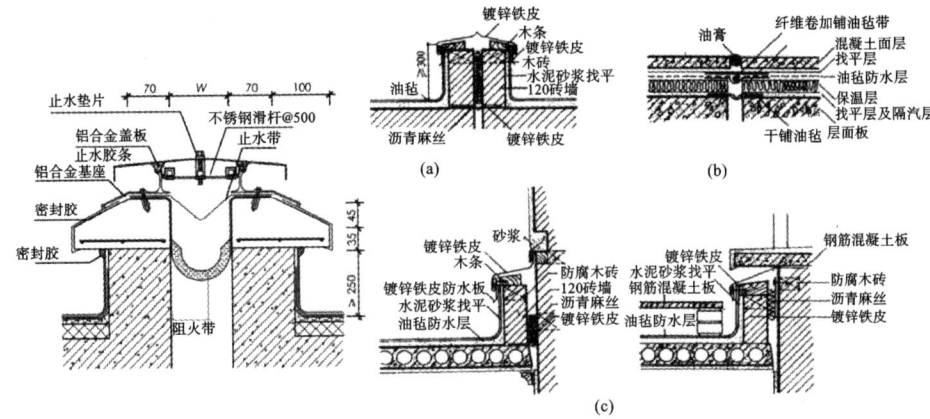

图 6-13 卷材防水屋面变形缝构造(单位:mm)

(a)不上人屋面平接变形缝;(b)上人屋面平接变形缝;(c)高低错落处屋面变形缝

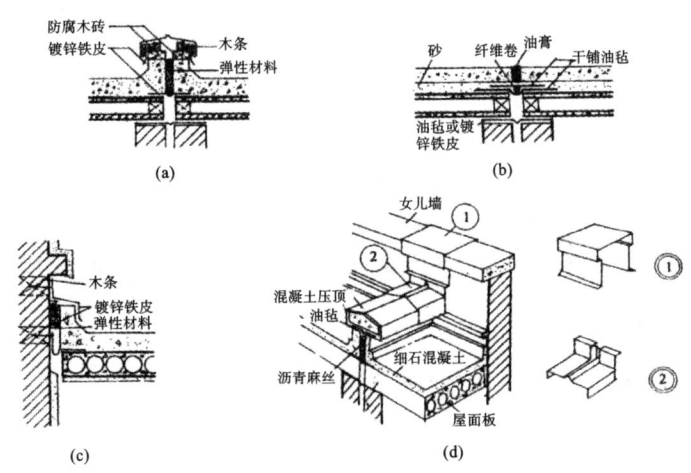

图 6-14 刚性防水屋面变形缝构造

(a)不上人屋面平接变形缝;(b)上人屋面平接变形缝;(c)高低错落处屋面变形缝;(d)变形缝立体图

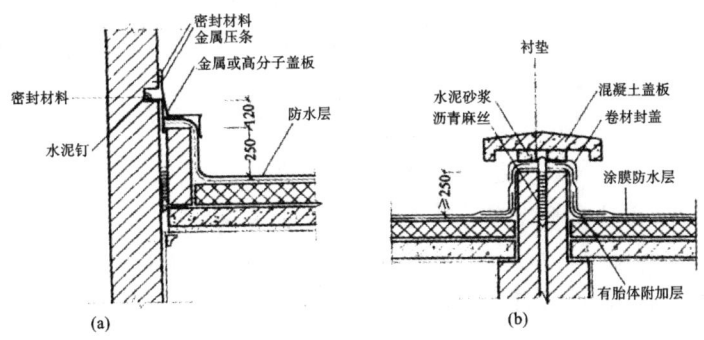

图 6-15 涂膜防水屋面变形缝构造(单位:mm)

(a)高低跨变形缝;(b)变形缝防水构造

4. 地下室变形缝构造

当建筑物的地下室出现变形缝时,为使变形缝缝口处能保持良好的防水性,必须做好地下室墙体及底板的防水构造,具体的防水构造措施是在地下室结构施工时,在变形缝处预埋止水带。止水带有橡胶止水带、塑料止水带及金属止水带等,其构造做法有内埋式和可卸式两种。橡胶或塑料止水带必须埋设准确,其中间空心圆环应与变形缝中心线重合,直径应与变形缝的宽度相同。无论采用哪种构造形式,止水带中间空心圆或弯曲部分必须对准变形缝,以适应变形需要,地下室变形缝构造如图 6-16 所示。

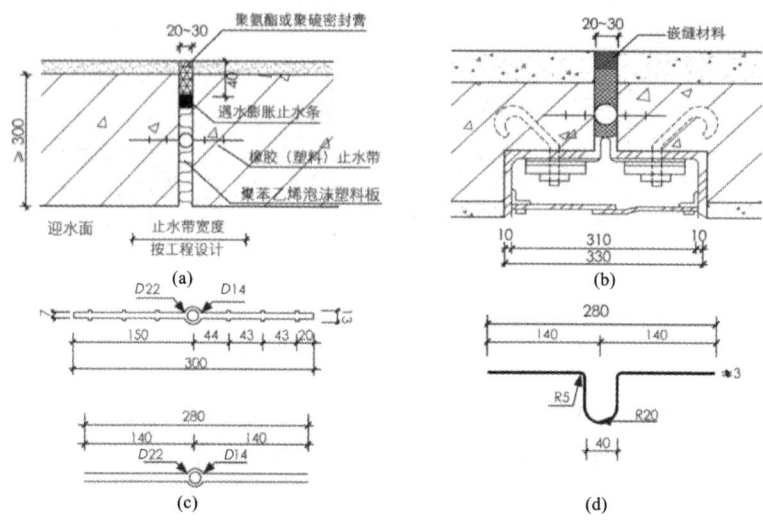

图 6-16　地下室变形缝构造(单位:mm)

(a)地下室墙体变形缝;(b)地下室顶板(立墙)变形缝;
(c)橡胶或塑料止水带(适用于水压和变形量较大环境);(d)金属止水带(适用于高温环境)

章节自测题

主观题

1. 什么叫建筑变形缝? 它的作用是什么?

2. 建筑变形缝有哪些类型? 它们设置的原因和具体的条件各是什么?

3. 总结影响建筑设置温度伸缩缝间距的因素是什么?

4. 各种变形缝的宽度根据什么条件确定? 一般情况下取值多少?

5. 各种变形缝结构处理的不同之处具体体现在哪些方面? 造成不同的原因是什么?

6. 变形缝有哪些缝口形式? 其适用条件是什么?

7. 各种变形缝的盖缝构造做法的原则是什么?

8. 室内和室外各种变形缝的盖缝构造做法有什么不同?

9. 相同部位不同类型的变形缝有哪些构造做法上的差别?

10. 了解和掌握各种变形缝在屋顶、外墙、内墙、楼地面、顶棚等部位盖缝做法的构造原理、基本构造要求和具体构造做法,并进行相应的构造设计。

客观题

请扫下面的二维码,进入第 6 章,进行客观题在线测试与练习。

7 门　窗

　　《道德经》中写道:"……凿户牖以为室,当其无,有室之用……",其中的"户"和"牖"就是我们现在所熟悉的门和窗。通过这句话,老子向世人阐明:在建造房屋的过程中,墙上必须留出孔洞安装门窗,这样人才能出入,空气才能流通,房屋才能有居住的作用。

　　由此不难得知,门和窗是房屋的重要组成部分。门主要供人们出入内外交通和分隔房间使用,窗主要起通风、采光、分隔、眺望等围护作用;处于外墙上的门窗是围护构件的一部分,要满足热工及防水的要求;在某些有特殊要求的房间,门、窗还应具备保温、隔声、防火的功能。

　　通过本章内容的学习,学生须了解门窗的作用、分类、设计要求及各种门窗设计的构造原理;了解木门窗的一般尺寸、组成与构造、防风防水设计方法;了解铝合金门窗及塑料门窗的一般尺度及构造设计,能运用标准图集正确选用门窗;了解遮阳的形式和进行遮阳构造设计。

　　在学习现代化门窗构造工艺的同时,也通过展示中国传统门窗帮助学生建立文化自信,传承"工匠精神"。

7.1　门窗的设计要求

　　在设计门窗时,必须根据有关规范和建筑的使用要求来决定门窗形式及尺寸大小。其造型要美观大方,构造应坚固、耐久,开启应灵活,关闭应紧密,便于维修和清洁,规格类型应尽量统一,并符合现行《建筑模数协调标准》(GB/T 50002—2013)的要求,以降低成本和适应建筑工业化生产的需要。

7.1.1　功能和疏散要求

　　不同建筑的门窗设置位置、大小、数量各不相同,但都应满足正常的功能使用和安全疏散的需要,如幼儿园建筑和普通建筑开窗高度就有所不同。对有大量性人流的场所,疏散门的开启方向也有专门规定,还应通过计算疏散宽度来设置门的数量和大小。

7.1.2　门窗的基本性能要求

1. 窗户采光和通风要求

为获取良好的采光,保证房间足够的照度,外窗面积应根据房间功能来确定相应的窗地比,房间的采光还和外窗的高、宽比例,窗外有无固定遮阳设施和外窗本身的采光性能有关。外窗安装后,其采光性能根据在室内表面测得的透过外窗的照度与外窗安装前的照度之比,即透光折减系数 T_r 来划分,并可分为 5 级,具体见表 7-1。自然通风是保证室内空气质量的最重要因素,在设计时,应保证外窗可开启面积,尽可能使房间空气对流。

表 7-1　建筑外窗采光性能分级表

分　　级	采光性能分级指标值
1	$0.20 \leqslant T_r < 0.30$
2	$0.30 \leqslant T_r < 0.40$
3	$0.40 \leqslant T_r < 0.50$
4	$0.50 \leqslant T_r < 0.60$
5	$T_r \geqslant 0.60$

2. 外门窗气密性、水密性和抗风压性能

门窗开启频繁,构件间缝隙较多,尤其是外门窗。如密闭不好,则可能渗水和导致室外空气渗入。根据现行国家规范《建筑外门窗气密、水密、抗风压性能检测方法》(GB/T 7106—2019),采用在标准状态下,气压差为 10 Pa 时的单位开启缝长空气渗透量 q_1 和单位面积空气渗透量 q_2 作为分级指标,将建筑外门窗气密性能分为 8 级,1 级表示气密性最差,8 级表示气密性最好。具体分级指标见表 7-2。

表 7-2　建筑外门窗气密性能分级表

分　　级	1	2	3	4	5	6	7	8
单位缝长分级指标值 $q_1/(\text{m}^3/\text{m}^2 \cdot \text{h})$	$4.0 \geqslant q_1 > 3.5$	$3.5 \geqslant q_1 > 3.0$	$3.0 \geqslant q_1 > 2.5$	$2.5 \geqslant q_1 > 2.0$	$2.0 \geqslant q_1 > 1.5$	$1.5 \geqslant q_1 > 1.0$	$1.0 \geqslant q_1 > 0.5$	$q_1 \leqslant 0.5$
单位面积分级指标值 $q_2/(\text{m}^3/\text{m}^2 \cdot \text{h})$	$12 \geqslant q_2 > 10.5$	$10.5 \geqslant q_2 > 9.0$	$9.0 \geqslant q_2 > 7.5$	$7.5 \geqslant q_2 > 6.0$	$6.0 \geqslant q_2 > 4.5$	$4.5 \geqslant q_2 > 3.0$	$3.0 \geqslant q_2 > 1.5$	$q_2 \leqslant 1.5$

严重渗透压力差值的前一级压力差值为水密性分级指标,建筑外门窗水密性能分为 6 级,1 级表示水密性最差,6 级表示水密性最好。具体分级指标见表 7-3。

表 7-3　建筑外门窗水密性能分级表

分　　级	1	2	3	4	5	6
分级指标 $\Delta P/\text{Pa}$	$100 \leqslant \Delta P < 150$	$150 \leqslant \Delta P < 250$	$250 \leqslant \Delta P < 350$	$350 \leqslant \Delta P < 500$	$500 \leqslant \Delta P < 700$	$\Delta P \geqslant 700$

外门窗抗风压性能是指外门窗正常关闭状态时,在风压作用下不发生损坏(如开裂、面板破损、局部屈服、黏结失效等)和五金件松动、开启困难等功能障碍的能力,该性能分为 9 级。具体分级指标见表 7-4。

表 7-4 建筑外门窗抗风压性能分级表

分级	1	2	3	4	5	6	7	8	9
分级指标 P_3/kPa	$1.0 \leqslant P_3$ <1.5	$1.5 \leqslant P_3$ <2.0	$2.0 \leqslant P_3$ <2.5	$2.5 \leqslant P_3$ <3.0	$3.0 \leqslant P_3$ <3.5	$3.5 \leqslant P_3$ <4.0	$4.0 \leqslant P_3$ <4.5	$4.5 \leqslant P_3$ <5.0	$P_3 \geqslant 5.0$

3. 外门窗保温性能

外门窗是建筑围护结构主要的散热部位,因此是建筑外围护结构保温、隔热设计的重点。改善门窗保温性能主要通过选择热阻大的材料和合理的门窗构造方式。

建筑外门窗传热系数分级表和玻璃门、外窗抗结露因子分级表分别见表 7-5、表 7-6。

表 7-5 建筑外门窗传热系数分级表

分级	1	2	3	4	5
分级指标值 k/[W/(m² · K)]	$K \geqslant 5.0$	$5.0 > K \geqslant 4.0$	$4.0 > K \geqslant 3.5$	$3.5 > K \geqslant 3.0$	$3.0 > K \geqslant 2.5$
分级	6	7	8	9	10
分级指标值 k/[W/(m² · K)]	$2.5 > K \geqslant 2.0$	$2.0 > K \geqslant 1.6$	$1.6 > K \geqslant 1.3$	$1.3 > K \geqslant 1.1$	$K < 1.1$

表 7-6 玻璃门、外窗抗结露因子分级表

分级	1	2	3	4	5
分级指标值 CRF	$CRF \leqslant 35$	$35 < CRF \leqslant 40$	$40 < CRF \leqslant 45$	$45 < CRF \leqslant 50$	$50 < CRF \leqslant 55$
分级	6	7	8	9	10
分级指标值 CRF	$55 < CRF \leqslant 60$	$60 < CRF \leqslant 65$	$65 < CRF \leqslant 70$	$70 < CRF \leqslant 75$	$CRF > 75$

注:抗结露能力用抗结露因子来分级,抗结露因子是在稳定传热状态下,门、窗高温一侧的温度与室外气温差值和室内外温差的比值。

4. 门窗空气声隔声性能

建筑门窗空气声隔声性能是指门窗阻隔声音通过空气传播的能力,通常用 dB 来表示,外门、外窗主要按中低频噪声分级,内门、内窗主要按中高频噪声分级,根据建筑门窗空气声隔声性能分级标准分为 6 级,1 级表示隔声性能最差,6 级表示隔声性能最好,如表 7-7 所示。

表 7-7 建筑门窗的空气声隔声性能分级

分级	外门外窗的分级指标值	内门内窗的分级指标值
1	$20 \leqslant R_w + C_{tr} < 25$	$20 \leqslant R_w + C < 25$
2	$25 \leqslant R_w + C_{tr} < 30$	$25 \leqslant R_w + C < 30$
3	$30 \leqslant R_w + C_{tr} < 35$	$30 \leqslant R_w + C < 35$
4	$35 \leqslant R_w + C_{tr} < 40$	$35 \leqslant R_w + C < 40$
5	$40 \leqslant R_w + C_{tr} < 45$	$40 \leqslant R_w + C < 45$
6	$R_w + C_{tr} \geqslant 45$	$R_w + C \geqslant 45$

7.2 门窗的形式与尺度

7.2.1 门的形式与尺度

1. 门的形式

门按其开启方式通常分为平开门、弹簧门、推拉门、折叠门、转门等。

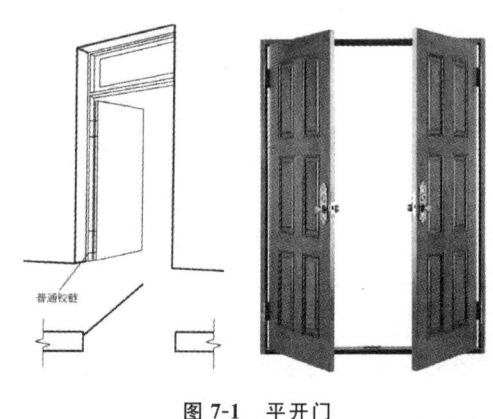

图 7-1 平开门

（1）平开门。

平开门是水平开启的门,它的铰链装于门扇的一侧与门框相连,使门扇围绕铰链轴转动。其门扇有单扇、双扇,向内开和向外开之分。平开门构造简单,开启灵活,加工制作简便,易于维修,是建筑中最常见、使用最广泛的门,如图 7-1 所示。

（2）弹簧门。

弹簧门的开启方式与普通平开门相同,不同之处是弹簧门以弹簧铰链代替普通铰链,可借助弹簧的力量使门扇能向内、外开启并可经常保持关闭状态。它使用方便,美观大方,广泛用于商店、学校、医院、办公和商业大厦。为避免人流相撞,门扇或门扇上部应镶嵌安全玻璃,并应有明显标识,如图 7-2、图 7-3 所示。

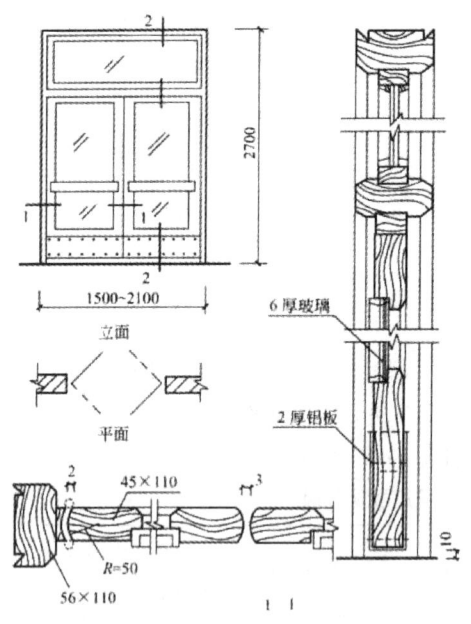

图 7-2 木质弹簧门(单位:mm)

（3）推拉门。

推拉门开启时门扇沿轨道向左右滑行。通常为单扇门和双扇门,也可做成双轨多扇门或多轨多扇门,开启时门扇可隐藏于墙内或悬于墙外。根据轨道的位置,推拉门可为上挂式和下滑式。当门扇高度小于 4 m 时,一般作为上挂式推拉门,即在门扇的上部装置滑轮,滑轮吊在门过梁的预埋

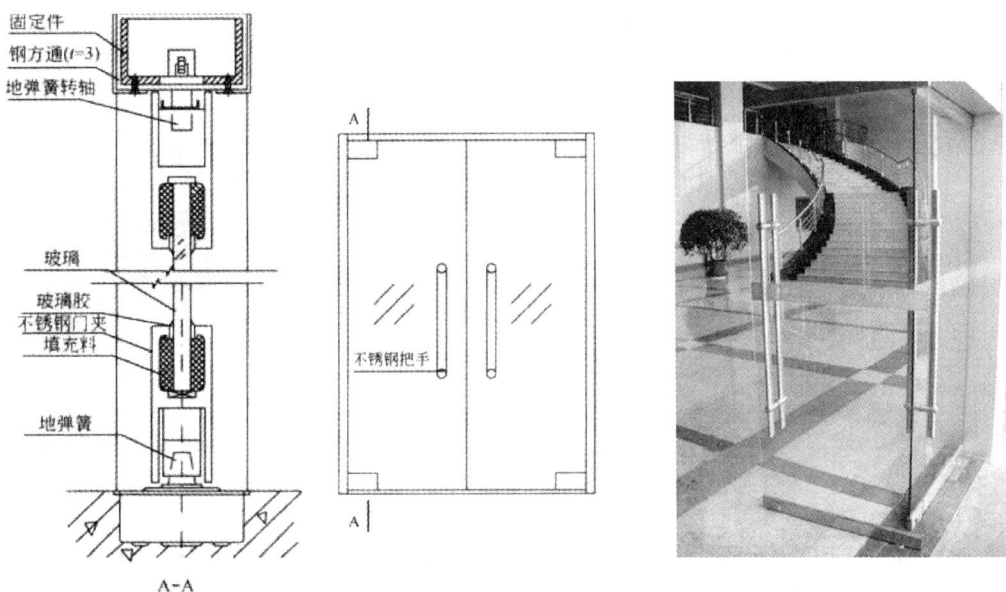

图 7-3　铝合金弹簧门

上导轨上,当门扇高度大于 4 m 时,一般采用下滑式推拉门,即在门扇下部装滑轮,将滑轮置于预埋在地面的下导轨上。为使门保持在垂直状态下稳定运行,导轨必须平直,并有一定刚度,下滑式推拉门的上部应设导向装置,较重型的上挂式推拉门则在门的下部设导向装置。

推拉门开启时不占空间,受力合理,不易变形,但在关闭时难于严密,构造也较复杂,多在工业建筑中用作仓库和车间大门。在民用建筑中,一般采用轻便推拉门分隔内部空间,如图7-4所示。

图 7-4　推拉门

（4）折叠门。

折叠门可分为侧挂式折叠门和推拉式折叠门两种,由多扇门构成,每扇门宽度为 500～1000 mm,一般以 600 mm 为宜,适用于宽度较大的洞口。侧挂式折叠门与普通平开门相似,只是门扇之间用铰链相连。当用铰链时,一般只能挂两扇门,不适用于宽大洞口。侧挂门扇超过两扇时,则须使用特制铰链。

推拉式折叠门与推拉门构造相似,在门顶或门底装滑轮及导向装置,每扇门之间连以铰链,开启时门扇通过滑轮沿着导向装置移动,如图7-5所示。

折叠门开启时占空间少,但构造较复杂,一般用于公共建筑或在住宅中作灵活分隔空间用。

（5）转门。

转门是由两个固定的弧形门套和垂直旋转的门扇构成的。门扇可分为三扇或四扇,绕竖轴旋

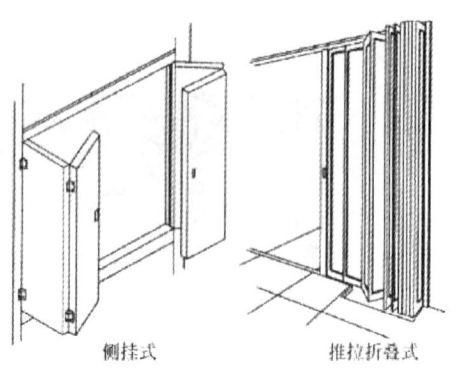

侧挂式　　　　　　　推拉折叠式

图 7-5　折叠门

转,如图 7-6 所示。转门对隔绝室外气流有一定作用,可作为寒冷地区公共建筑的外门,但不能作为疏散门。当设置在疏散口时,须在转门两旁另设疏散用门。

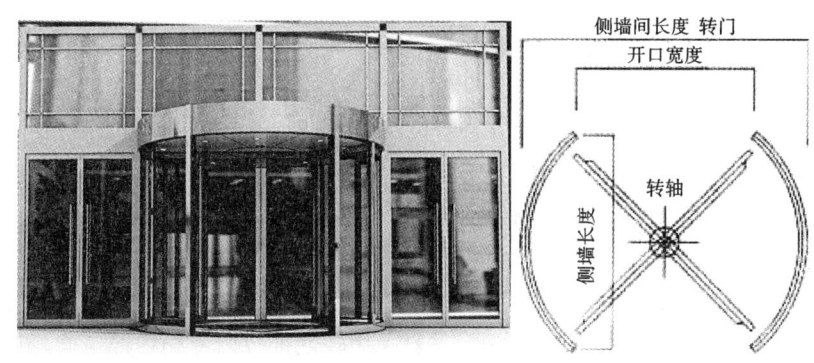

图 7-6　转门

①普通转门。

普通转门为手动旋转结构,旋转方向通常为逆时针方向,门扇的惯性转速可通过阻力调节装置按需要进行调整。转门的构造复杂、结构严密,可起到控制人流通行量、防风保温的作用。普通转门按材质不同分为铝合金转门、钢结构转门、钢木结构转门三种类型。铝合金转门采用转门专用挤压型材,由外框、圆顶、固定扇和活动扇四部分组成。钢结构和钢木结构转门中的金属型材为 20 号碳素结构钢无缝异形管,再经加工冷拉成不同类型转门和转壁框架。

②旋转自动门。

旋转自动门又称圆弧自动门,属高级豪华用门。采用声波、微波或红外传感装置和电脑控制系统。旋转自动门有铝合金和钢结构两种,现多采用铝合金结构,活动扇部分为全玻璃结构。其隔声、保温和密闭性能更加优良,具有两层推拉门的封闭功效。

2. 门的尺度

门的尺度通常是指门洞的高宽尺寸。门作为交通疏散通道,其尺度取决于人的通行要求、家具器械的搬运要求及与建筑物的比例关系等,并应符合现行《建筑模数协调标准》(GB/T 50002—2013)规定。

一般民用建筑门的高度不宜小于 2100 mm。门设有亮子时,亮子高度一般为 300~600 mm,则门洞高度为门扇高度加亮子高度,再加门框及门框与墙间的缝隙尺寸,即门洞高度一般为 2400~3000 mm。公共建筑大门高度可视需要适当提高。

门的宽度:单扇门为 700~1000 mm,双扇门为 1200~1800 mm。宽度在 2100 mm 以上时,则多做成三扇、四扇门或双扇带固定扇的门,因为门扇过宽易产生翘曲变形,同时也不利于开启。辅助房间(如浴厕、贮藏室等),门的宽度可窄些,一般为 700~800 mm。

为了使用方便,一般民用建筑门(木门、铝合金门、塑料门)均编制成了标准图,在图上注明了类型及有关尺寸,设计时可按需要直接选用。

7.2.2 窗的形式与尺度

1. 窗的形式

窗的形式一般按开启方式定。窗的开启方式主要取决于窗扇铰链安装的位置和转动方式,通常窗按开启方式不同可分为以下几种。

(1)平开窗。

铰链安装在窗刷一侧与窗框相连,向外或向内水平开启。平开窗有单扇、双扇、多扇及向内开与向外开之分。平开窗构造简单,开启灵活,制作、维修方便,是民用建筑中广泛使用的窗,如图 7-7(a)所示。

(2)固定窗。

无窗扇、不能开启的窗为固定窗。固定窗的玻璃直接嵌固在窗框上,可供采光和眺望用,不能通风。固定窗构造简单,密闭性好,多与门亮子和开启窗配合使用,如图 7-7(b)所示。

(a)   (b)

图 7-7　平开窗和固定窗

(a)平开窗;(b)固定窗

(3)推拉窗。

推拉窗分为水平推拉窗和上下推拉窗两种(图 7-8)。水平推拉窗一般是在窗扇上下设滑槽,上下推拉窗需要升降及制约措施。推拉窗因开启时不占室内空间,窗扇受力状态好,窗扇及玻璃尺寸可较平开窗大,因此使用非常广泛,但通风面积受限。

(4)悬窗。

根据铰链和转轴位置的不同,悬窗可分为上悬窗、中悬窗和下悬窗,如图 7-9 所示。上悬窗铰链安装在窗扇的上边,一般向外开,防雨好,多用作外门和门上的亮子,如图 7-9(a)所示。

中悬窗在窗刷两边中部装水平转轴,开启时窗扇绕水平轴旋转,开启时窗扇上部向内,下部向外,对挡雨、通风均有利,并且开启易于机械化,故常用作大空间建筑的高侧窗,也可用于外窗或靠外廊的窗,如图 7-9(b)所示。

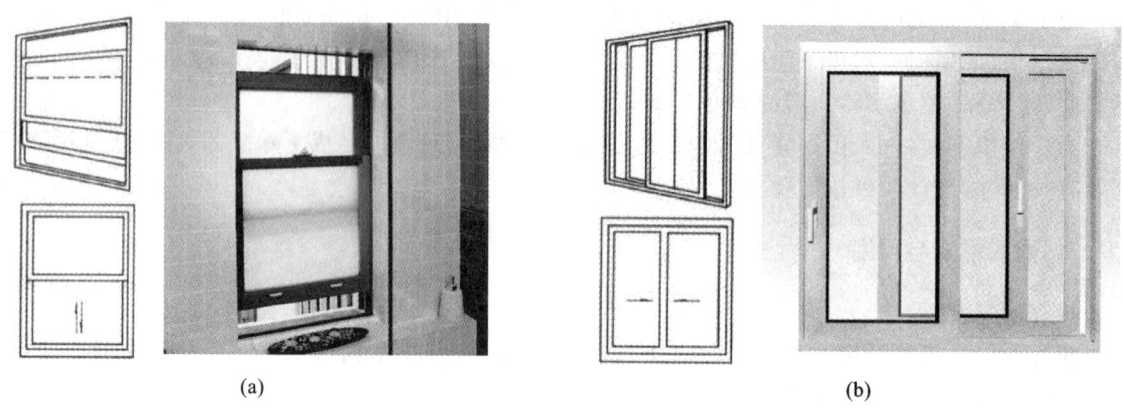

(a)　　　　　　　　　　　　　　　　(b)

图 7-8　推拉窗

(a)上下推拉窗；(b)水平推拉窗

(a)　　　　　　　　　　　　　　　　(b)

(c)

图 7-9　悬窗

(a)上悬窗；(b)中悬窗；(c)下悬窗

　　下悬窗铰链安在窗扇的下边，一般向外开，通风较好，不防雨，不宜用作外窗，一般用于内门上的亮子，如图 7-9(c)所示。

　　2. 窗的尺度

　　窗的尺度主要取决于房间的采光通风、构造做法和建筑造型等要求，并应符合现行《建筑模数协调标准》(GB/T 50002—2013)的规定。对一般民用建筑用窗，各地均有通用图，需要时可按所需类型及尺度大小直接选用。

　　确定窗洞口大小的因素很多，其主要因素为满足房间有足够的采光，因而应进行房间的采光计算，其采光系数应符合表 7-8 的规定。

表 7-8 几类建筑的采光系数标准值

建筑类别	采光等级	房间名称	侧面采光		顶部采光	
			采光系数最低值/（%）	室内天然光临界照度/lx	采光系数平均值/（%）	室内天然光临界照度/lx
居住建筑	IV	起居室、卧室、书房、厨房	1	50	—	—
	V	卫生间、过道、楼梯间、餐厅	0.5	25	—	—
办公建筑	II	设计室、绘图室	3	150	—	—
	III	办公室、视频工作室、会议室	2	100	—	—
	IV	复印室、档案室	1	50	—	—
	V	走道、楼梯间、卫生间	0.5	25	—	—
学校建筑	III	教室、阶梯教室、实验室、报告厅	2	100	—	—
	V	走道、楼梯间、卫生间	0.5	25	—	—
图书馆建筑	III	阅览室、开架书库	2	100	—	—
	IV	目录室	1	50	—	75
	V	书库、走道、楼梯间、卫生间	0.5	25	—	—
医院建筑	III	诊室、药房、治疗室、化验室	2	100	—	—
	IV	候诊室、挂号室、综合大厅、病房、医生办公室（护士室）	1	50	1.5	75
	V	走道、楼梯间、卫生间	0.5	25	—	—

注：采光系数是指在室内给定平面上的一点，由直接或间接地接收来自假定和已知天空亮度分布的漫射光而产生的照度与同一时刻该天空半球在室外无遮挡水平面上产生的天空漫射光照度之比。

7.3 门窗构造

7.3.1 木门构造

7.3.1.1 木门的组成

木门构造

木门一般由门框、门扇、亮子、五金零件及其附件组成，如图 7-10 所示。

门扇按其构造方式不同，分为镶板门、夹板门、拼板门、玻璃门和纱门等类型；亮子又称腰头窗，在门上方，为辅助采光和通风用，有平开、固定及上悬、中悬、下悬几种方式；门框是门扇、亮子与墙的联系构件；五金零件一般有铰链、插销、门锁、拉手、门碰头等；附件有贴脸板、筒子板等。

7.3.1.2 门框

门框又称门樘，一般由两根竖直的边框和上框组成。当门带有亮子时，还有中横框。多扇门则还有中竖框。

门框的断面形式与门的类型、层数有关，同时应利于门的安装，并具有一定的密闭性。门框的断面尺寸主要考虑接榫牢固与门的类型，还要考虑制作时刨光损耗，毛断面尺寸应比净断面尺寸大一些。门框断面形式与尺寸如图 7-11 所示。

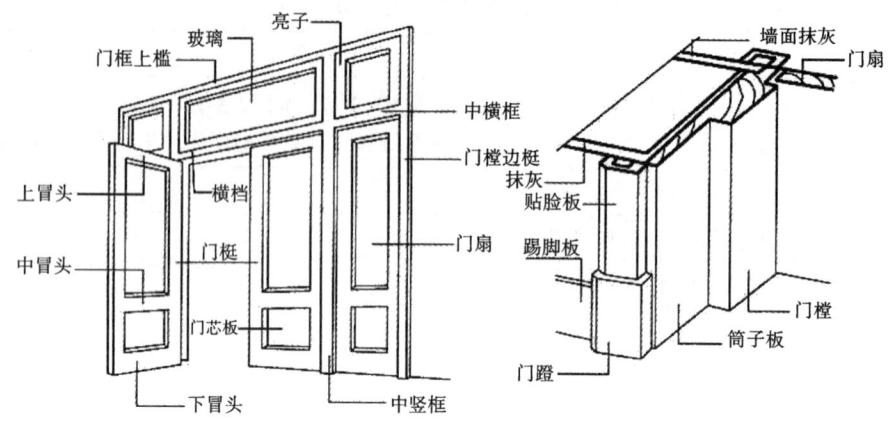

图 7-10　木门的组成

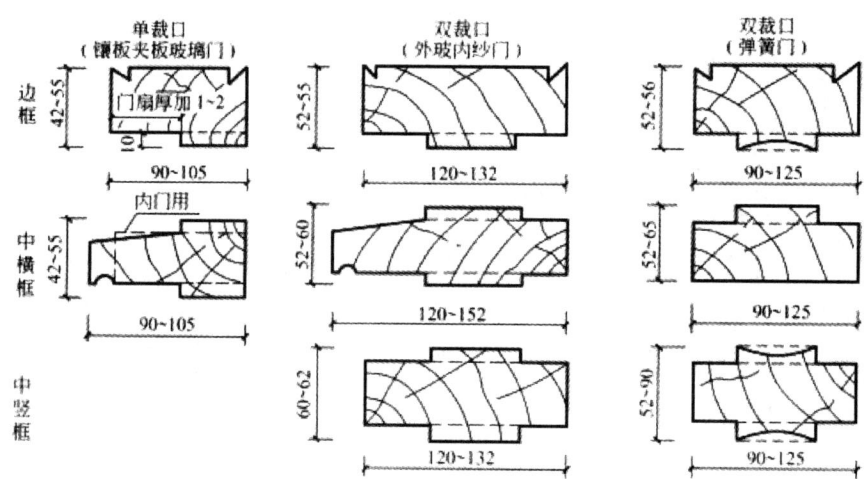

图 7-11　门框断面形式与尺寸（单位:mm）

　　为便于门扇密闭,门框上要有裁口(或铲口)。根据门扇数与开启方式的不同,裁口的形式可分为单裁口与双裁口两种。单裁口用于单层门,双裁口用于双层门或弹簧门。裁口宽度要比门扇宽度大 1~2 mm,以利于安装和门扇开启。裁口深度一般为 8~10 mm。

　　由于门框靠墙一面易受潮变形,故常在该面开 1~2 道背槽,以免产生翘曲变形,同时也利于门框的嵌固。背槽的形状可为矩形或三角形,深度约 8~10 mm,宽约 12~20 mm。

　　门框的安装根据施工方式不同分为后塞口和先立口两种,如图 7-12 所示。

　　塞口(又称塞樘子)是指在墙砌好后再安装门框。采用此法,洞口的宽度应比门框宽 20~30 mm,高度比门框高 10~20 mm。门洞两侧墙上每隔 600~1000 mm 预埋木砖或预留缺口,以便用圆钉或水泥砂浆将门框固定。框与墙间的缝隙需用沥青麻丝嵌填,塞口门框安装如图 7-13 所示。

　　立口(又称立樘子)是指在砌墙前即用支撑先立门框然后再砌墙。采用此法,框与墙的结合更紧密,但是立樘与砌墙工序交叉,施工不便。

　　门框可装在墙的中间或与墙的一边平齐,且多与开启方向一侧平齐,应尽可能使门扇开启时贴近墙面。门框四周的抹灰极易开裂脱落,因此在门框与墙结合处应做贴脸板和木压条盖缝,装修标准高的建筑,还可在门洞两侧和上方设筒子板。门框位置及其构造如图 7-14 所示。

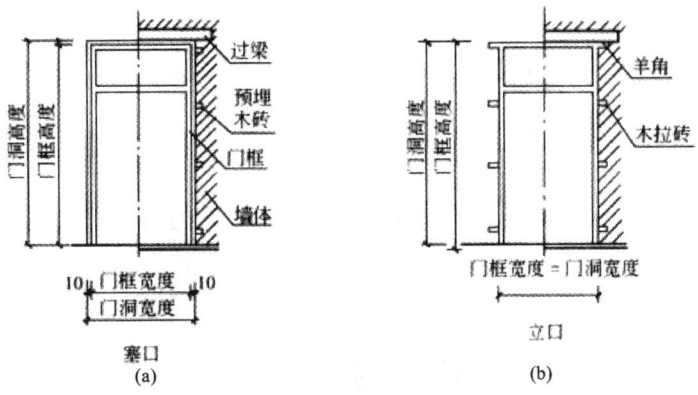

图 7-12 门框的安装方式(单位:mm)

(a)后塞口;(b)先立口

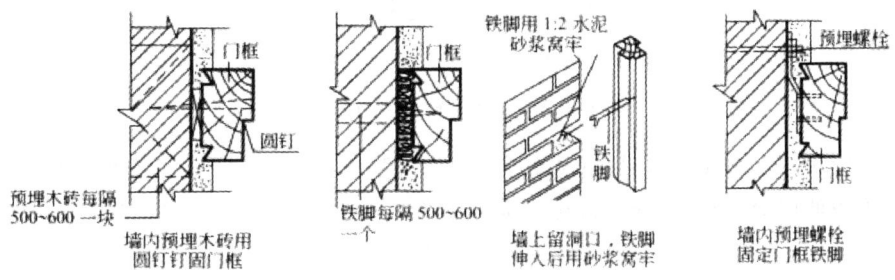

图 7-13 塞口门框安装(单位:mm)

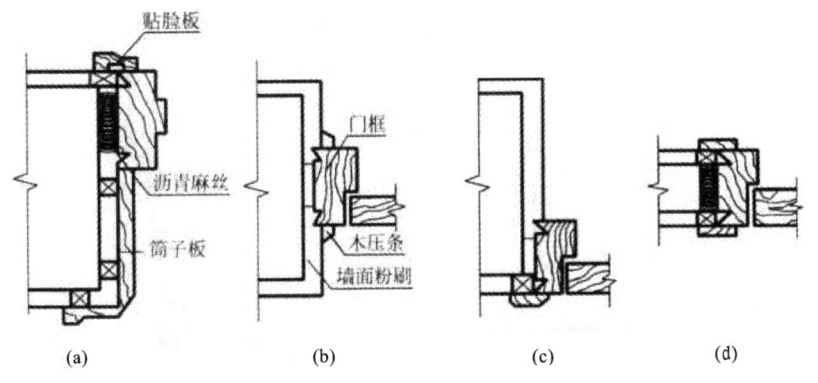

图 7-14 门框位置及其构造

(a)外平;(b)立中;(c)内平;(d)内外平

7.3.1.3 门扇

常用的木门门扇有镶板门(包括玻璃门、纱门)和夹板门。

1. 镶板门

镶板门门扇由边梃、上冒头、中冒头(可作数根)和下冒头组成骨架,内装门芯板而构成,如图 7-15所示。其构造简单,加工制作方便,适于在一般民用建筑中作内门和外门。

门扇的边梃与上、中冒头的断面尺寸一般相同,厚度为 40~45 mm,宽度为 100~120 mm。为了减小门扇的变形,下冒头的宽度一般加大至160~250 mm,并与边梃采用双榫结合。

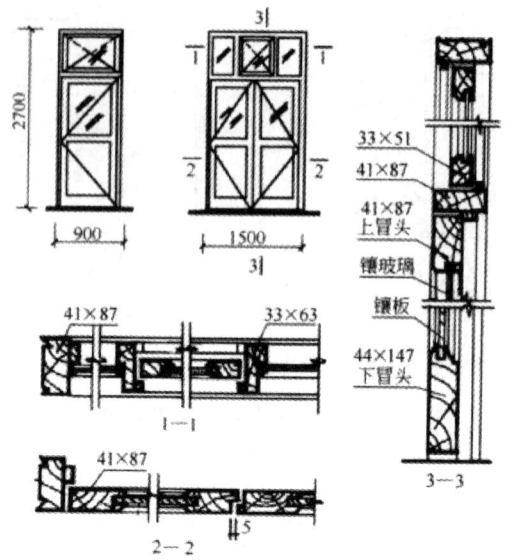

图 7-15　镶板门构造(单位:mm)

　　门芯板一般采用10~12 mm厚的木板拼成,也可采用胶合板、硬质纤维板、塑料板、玻璃和塑料纱等。当采用玻璃时,即为玻璃门,可以是半玻璃门或全玻璃门。若门芯板换成塑料纱(或铁纱),即为纱门。由于纱门轻,门扇骨架用料可小一些。

　　2. 夹板门

　　夹板门由用断面较小的方木做成骨架,两面粘贴面板而成,如图 7-16 所示。门刷面板可使用胶合板、塑料面板和硬质纤维板。面板和骨架形成一个整体,共同抵抗变形。夹板门的形式可以是全夹板门、带玻璃或带百叶夹板门。

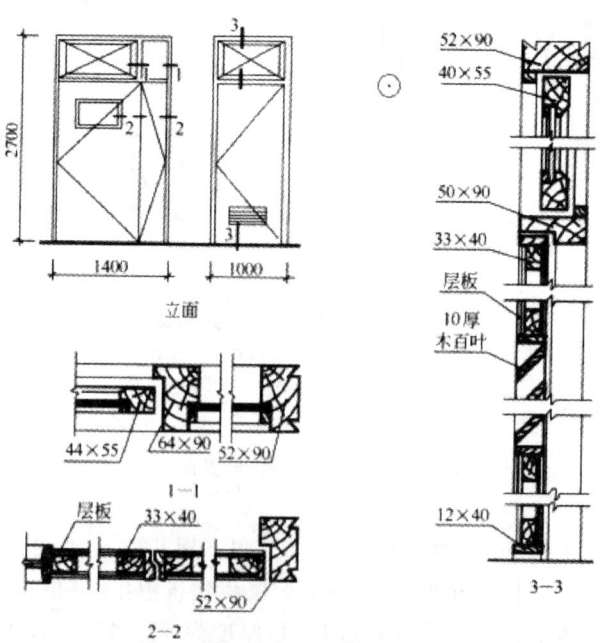

图 7-16　夹板门构造(单位:mm)

平板门的骨架一般用厚约 30 mm、宽 30~60 mm 的木料做边框,中间的肋条用厚约 30 mm、宽 10~25 mm 的木条,可以是单向排列、双向排列或密肋形式,间距一般为 200~400 mm,安门锁处需另加上锁木。为使门扇内通风,避免因内外温湿差产生变形,在骨架上需设通气孔。为节约木材,也有用蜂窝形浸塑纸来代替肋条的。

由于夹板门构造简单,可利用小料、短料,自重轻,外形简洁,在一般民用建筑中广泛用作建筑的内门。

7.3.1.4 成品装饰木门窗

在酒店、宾馆、办公大楼、中高档住宅等民用建筑中广泛采用成品装饰木门窗。成品装饰木门窗采用标准化、工厂化生产再组装成形的新工艺,有很好的装饰效果。

木门窗为无钉胶接固定施工,工期短,施工现场无噪声、垃圾、污染等。木门窗的木材为松木、榉木或其他优良材料,内框骨架采用指接工艺,榫接胶合严密,填充芯料选用电热拉伸定型蜂窝芯。

门窗套基材一般选用优质密度板,背面覆防潮层。面层饰面选用 0.6 mm 优质天然实木单板或仿真饰面膜,常用品种有枫木、红榉、樱桃、黑胡桃等。

门窗配套用合页、锁具、滑轨、门上五金,可按订货合同规定由工厂提供,相关的锁孔、滑轨开槽均可在工厂预制加工。

木门分为三大类,即平板门、装板门、玻璃门。

平板门:共三种门型,即普通平板门、拼花平板门、百叶平板门。

装板门:共三种门型,即平板装板门、鼓子板装板门、混合装板门。

玻璃门:共七种门型,即全玻璃门、半玻璃门、条形玻璃门、花格玻璃门、百叶玻璃门、装板玻璃门、铁艺玻璃门。

木窗以推拉窗为主,分为推拉窗、门连推拉窗等。

7.3.2 铝合金及彩板门窗构造

7.3.2.1 铝合金门窗

1. 铝合金门窗的特点

(1)质量轻。铝合金门窗用料省、质量轻。

(2)性能好。

铝合金门窗密封性好,气密性、水密性、隔声性、隔热性都较木门窗有显著的提高。因此,在装设空调设备的建筑中,对防潮、隔声、保温、隔热有特殊要求的建筑中以及多台风、多暴雨、多风沙地区的建筑中更适用。

(3)耐腐蚀、坚固耐用。

铝合金门窗不需要涂涂料,氧化层不褪色、不脱落,表面不需要维修。铝合金门窗强度高、刚性好、坚固耐用、开闭轻便灵活、无噪声、安装快。

(4)色泽美观。

铝合金门窗表面经过氧化着色处理,既可保持铝材的银白色,也可以制成各种柔和的颜色或带色的花纹,如古铜色、暗红色、黑色等。还可以在铝材表面涂刷一层聚丙烯酸树脂保护装饰膜,制成的铝合金门窗造型新颖大方、表面光洁、外表美观、色泽牢固,增加了建筑立面和内部的美观。

2. 铝合金门窗的设计要求

(1)应根据使用和安全要求确定铝合金门窗的风压强度性能、雨水渗漏性能、空气渗透性能综合指标。

（2）组合门窗设计宜采用定型产品门窗作为组合单元,非定型产品的设计应考虑洞口最大尺寸和开启扇最大尺寸的选择及控制。

（3）外墙门窗的安装高度应有限制。广东地区规定,外墙铝合金门窗安装高度不大于60 m(不包括玻璃幕墙)、层数不大于20层;若高度大于60 m或层数大于20层,则应进行更细致的设计。必要时,应进行风洞模型试验。

（4）铝合金门窗框料传热系数大,一般不能单独作为节能门窗的框料,应采取表面喷塑或其他断热处理技术来提高热阻,应采用导热系数小的材料或利用空气层截断铝合金框扇型材的热桥。

3. 铝合金门窗系列

铝合金门窗系列名称是以铝合金门窗框的厚度构造尺寸来命名的,如:平开门门框厚度构造尺寸为50 mm,即称为50系列铝合金平开门,推拉窗窗框厚度构造尺寸90 mm,即为90系列铝合金推拉窗等。

4. 铝合金门窗安装

铝合金门窗是表面处理过的铝材经下料、打孔、铣槽、攻丝等工序,制作成门窗框料的构件,然后与连接件、密封件、开闭五金件一起组合装配成门窗。铝合金门构造如图7-17所示。

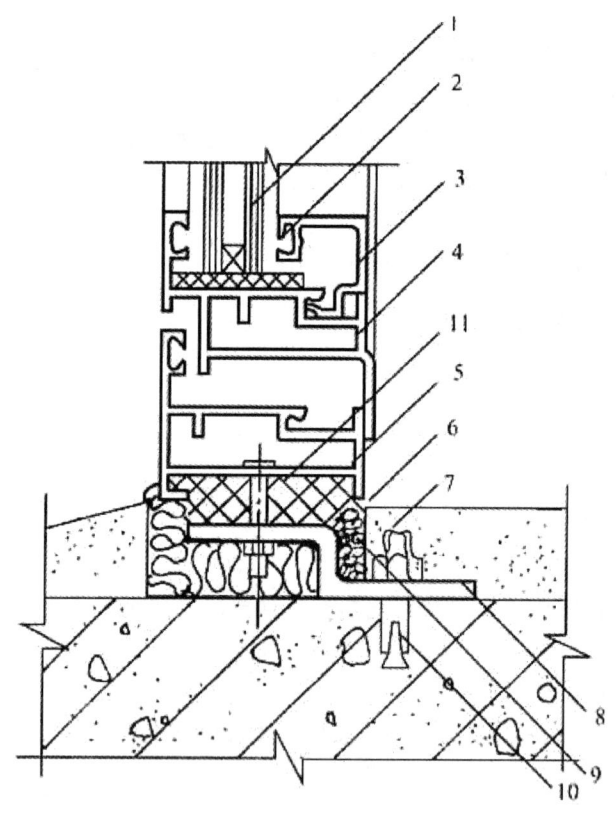

图7-17 铝合金门构造
1—玻璃;2—橡胶条;3—压条;4—内扇;5—外框;6—密封膏;
7—砂浆;8—地脚;9—软填料;10—膨胀螺栓;11—塑料垫

门窗安装时,将门、窗框在抹灰前立于门、窗洞处,与墙内预埋件对正,然后用木楔将三边固定。经检验确定门、窗框水平、垂直、无挠曲后,用连接件将铝谷金框固定在墙(柱、梁)上,连接件固定可采用焊接、膨胀螺栓或射钉连接的方法。

门窗框固定好后,门窗洞四周的缝隙一般采用软质保温材料填塞,如泡沫塑料条、泡沫聚氨酯条、矿棉毡条和玻璃丝毡条等,分层填实,外表留 5～8 mm 深的槽口用密封膏密封。这种做法主要是为了防止门、窗框四周形成冷热交换区,产生结露,影响防寒、防风的正常功能和墙体的寿命,以及保证建筑物的隔声、保温等功能。同时,避免了门、窗框直接与混凝土、水泥砂浆接触,消除了碱对门、窗框的腐蚀。

铝合金门、窗装入洞口应横平竖直,外框与洞口应弹性连接牢固,不得将门、窗外框直接埋入墙体,防止碱对门、窗框的腐蚀。

门、窗框与墙体等的连接固定点,每边不得少于两点,且间距不得大于 0.7 m。在基本风压值不小于 0.7 kPa 的地区,间距不得大于 0.5 m,边框端部的第一固定点与端部的距离不得大于 0.2 m。

5. 常用铝合金门窗

(1)平开窗。

铝合金平开窗分为合页平开窗、滑轴平开窗和隐框平开窗。

合页平开窗的合页装于窗侧面,玻璃镶嵌可采用干式装配、湿式装配或混合装配。混合装配又分为从外侧安装玻璃和从内侧安装玻璃两种。干式装配是采用密封条嵌入玻璃与槽壁的空隙将玻璃固定。湿式装配是在玻璃与槽壁的空腔内注入密封胶填缝,密封胶固化后将玻璃固定,并将缝隙密封起来。混合装配是一侧空腔嵌密封条,另一侧空腔注入密封胶填缝密封固定。从内侧安装玻璃时,外侧先固定密封条,玻璃定位后,向内侧空腔注入密封胶填缝固定。湿式装配的水密、气密性能优于干式装配,而且当使用的密封胶为硅酮密封胶时,其寿命远较密封条长。合页平开窗开启后,应用撑挡固定,撑挡有外开启上撑挡和内开启下撑挡。平开窗关闭后应用执手固定。

滑轴平开窗是在窗上下装有滑轴(撑),沿边框开启。滑轴平开窗仅开启撑挡,不同于合页平开窗。

隐框平开窗玻璃不用镶嵌夹持而用密封胶固定在扇梃的外表面,使得所有框梃全部在玻璃后面,外表只能看到玻璃,从而达到隐框的要求。

寒冷地区或有特殊要求的房间,宜采用双层窗,双层窗有不同的开启方式,常见的开启方式是内层窗内开、外层窗外开,也可采用双层窗均内开和双层窗均外开的方式,如图 7-18 所示。

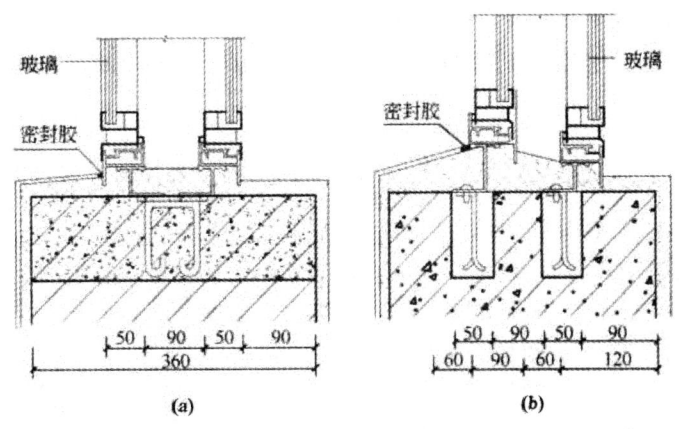

图 7-18 双层窗(单位:mm)
(a)内层窗内开,外层窗外开;(b)双层窗均内开

(2)推拉窗。

铝合金推拉窗有沿水平方向左右推拉和沿垂直方向上下推拉的窗,沿垂直方向推拉的窗使用

较少。铝合金推拉窗外形美观、采光面积大、开启不占空间、防水及隔声性能好,并具有很好的气密性和水密性,广泛用于宾馆、住宅、办公楼、医疗建筑等。推拉窗可用拼樘料(杆件)组合其他形式的窗或门连窗。推拉窗可装配各种形式的内外纱窗,纱窗可拆卸,也可固定(外装)。推拉窗在下框或中横框两端,或在中间开设排水孔,以便雨水及时排除。

推拉窗常用的有 90 系列、70 系列、60 系列、55 系列等。其中,90 系列是目前广泛采用的品种,其特点是框四周外露部分均匀,造型较好,边框内设内套,断面呈"己"形。

70 带纱系列推拉窗的主要构造与 90 系列相仿,不过将框型材断面由 90 mm 改成了 70 mm,并加上了纱扇滑轨,如图 7-19 所示。

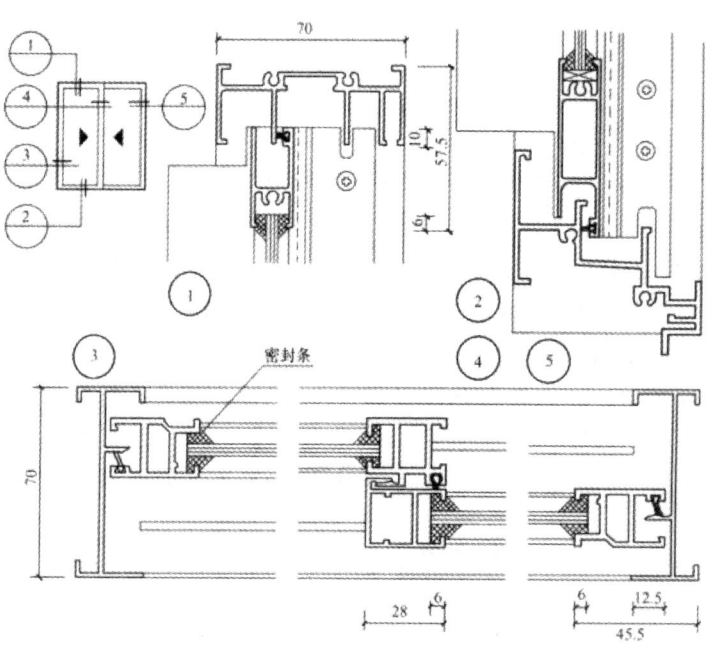

图 7-19　70 带纱系列推拉窗(单位:mm)

55 系列推拉窗属半压半推拉式窗(单滑轨),它又分为Ⅰ型、Ⅱ型推拉窗。Ⅰ型推拉窗下滑道为单壁,Ⅱ型推拉窗下滑道双层壁中间的空腔为集水腔,由于滑道中的水下泄到集水腔内,滑道内无积水,其下滑道如图 7-20 所示。

(3)地弹簧门。

地弹簧门为使用地弹簧作开关装置的平开门,门可以向内或向外开启。铝合金地弹簧门分为有框地弹簧门和无框地弹簧门,其中,有框地弹簧门如图 7-21 所示。

地弹簧门向内或向外开启,不到 90°时,能使门扇自动关闭;当门扇开启到 90°时,门扇可固定不动。门扇玻璃应采用 6 mm 或 6 mm 以上钢化玻璃或夹层玻璃。

地弹簧门通常采用 70 系列和 100 系列。

6. 断热型铝合金门窗

由于铝合金门窗框料传热系数大,近年来,从国外引进了断热型铝合金门窗型材,可较大地降低铝合金门窗的传热系数。断热型铝合金门窗框是指采用非金属材料对铝合金型材进行断热。其构造有穿条式和灌注式两种:前者在框中间穿插高强度增强尼龙隔热条(一般为黑色),后者用聚氨基甲酸乙酯灌注。目前市场上的断热型铝合金门窗以穿条式为主。

穿条式断热铝合金型材是把传统的一体化铝合金型材一分为二,然后用两根低热导性能的增

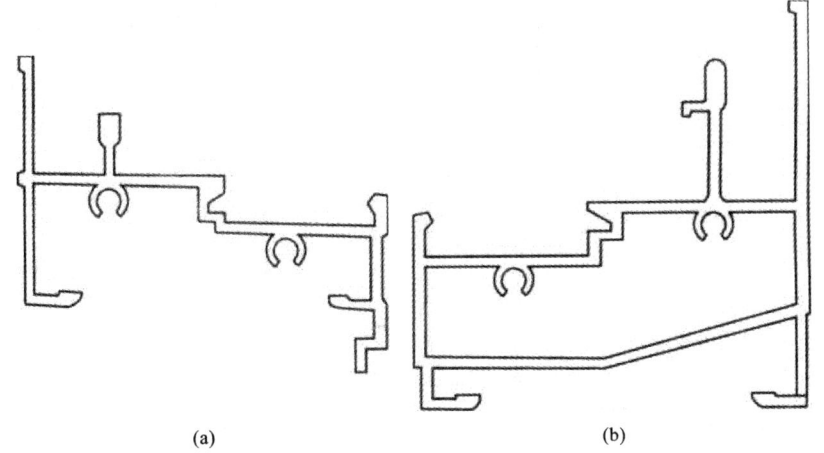

图 7-20　55 系列推拉窗下滑道

(a)Ⅰ型；(b)Ⅱ型

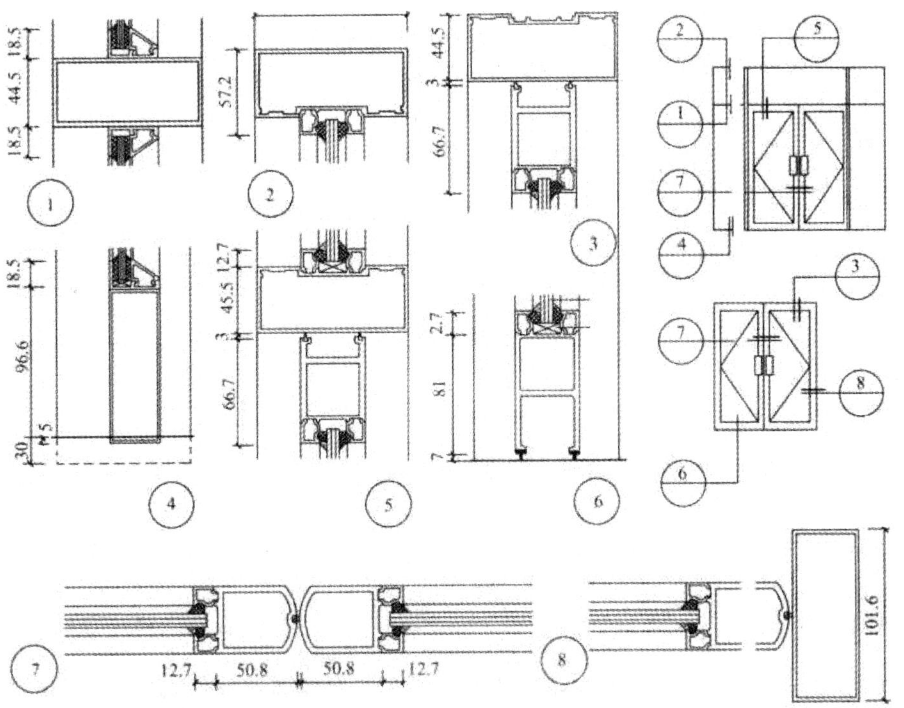

图 7-21　有框地弹簧门(单位:mm)

强尼龙隔热条,通过机械复合的手段,将分开的铝合金型材连接起来,通过这种方式来解决铝合金门窗型材热传导耗能的问题。这种断热型铝合金门窗在欧洲已有30多年的使用历史,在铝合金门窗专用隔热条的选材、结构,以及受力、连接、密封等质量控制上积累了成熟的经验。断热型铝合金门窗型材如图 7-22 所示。

7.3.2.2　彩板门窗

彩板钢门窗是以彩色镀锌钢板,经机械加工制成的门窗。它具有质量轻、硬度高、采光面积大、防尘、隔声、保温密封性好、造型美观、色彩绚丽、耐腐蚀等特点。

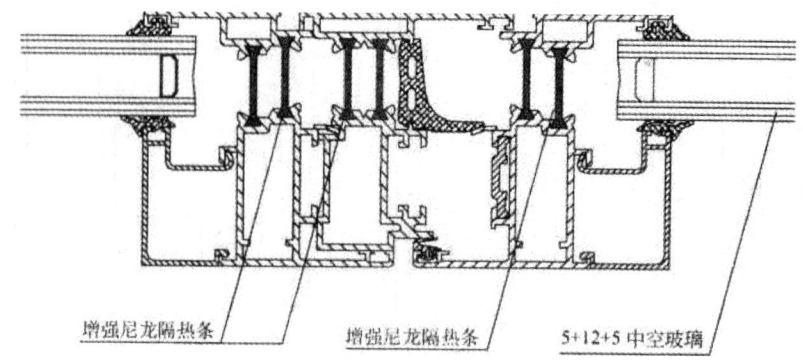

图 7-22 断热型铝合金门窗型材(单位:mm)

彩板玻璃门窗断面形式复杂,种类较多,通常在出厂前就已将玻璃装好,在施工现场进行成品安装。

彩板门窗目前有带副框和不带副框两种类型。当外墙面为花岗石、大理石等贴面材料时,常采用带副框彩板门窗(图7-23)。安装时,先用自攻螺钉将连接件固定在副框上,并用密封胶对洞口与副框及副框与窗樘之间的缝隙进行密封。当外墙装修为普通粉刷时,常用不带副框彩板门窗(图7-24),直接用膨胀螺钉将门窗樘子固定在墙上。

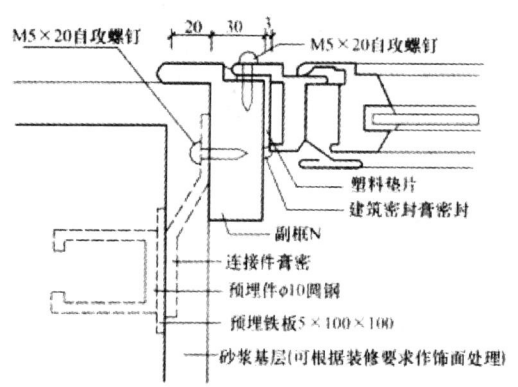

图 7-23 带副框彩板门窗(单位:mm)

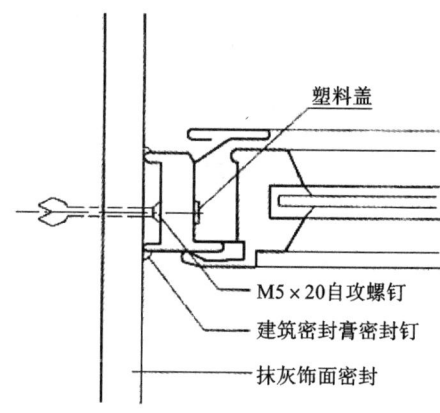

图 7-24 不带副框彩板门窗(单位:mm)

7.3.3 塑料门窗构造

塑料门窗以聚氯乙烯、改性聚氯乙烯或其他树脂为主要原料,以轻质碳酸钙为填料,添加适量助剂和改性剂,经挤压机挤出各种截面的空腹门窗异型材,再根据不同的品种规格选用不同截面异型材料组装而成。由于塑料的变形大、刚度差,一般在型材内腔加入钢或铝等,以增加抗弯能力,即形成塑钢门窗,塑钢门窗较塑料门窗刚度更好。

塑料门窗线条清晰、挺拔,造型美观,表面光洁细腻,不但具有良好的装饰性,而且有良好的隔热性和密封性。其气密性为木门窗的 3 倍,铝合金门窗的 1.5 倍;热损耗为金属门窗的 1/1000;隔声效果比铝合金门窗高 30 dB 以上。同时,塑料本身具有耐腐蚀等性能,不用涂涂料,可节约施工时间及费用。因此,塑料门窗发展很快,在建筑上得到大量应用。

7.3.3.1 塑料门窗类型

塑料门窗按型材断面的不同可分为若干系列,常用的有 60 系列、80 系列、88 系列推拉窗和 60

系列平开窗、平开门。塑料窗类型见表 7-9。

表 7-9 塑料窗类型

型材系列名称	适用范围及选用要点
80 系列	主型材为三腔,可安装纱窗;窗型不宜过大,适用于 7~8 住宅层
88 系列	主型材为三腔,可安装纱窗;适用于 7~8 层以下建筑;只有单玻设计,适合南方地区

7.3.3.2 设计选用要点

(1)塑料门窗的抗风压性能、空气渗透性能、雨水渗透性能及保温隔声性能必须满足相关的标准、规定及设计要求。

(2)应根据使用地区、建筑高度、建筑体形等进行抗风压计算,在此基础上选择合适的型材系列。

7.3.3.3 塑料门窗安装

塑料门窗安装如图 7-25 所示,安装要点如下。

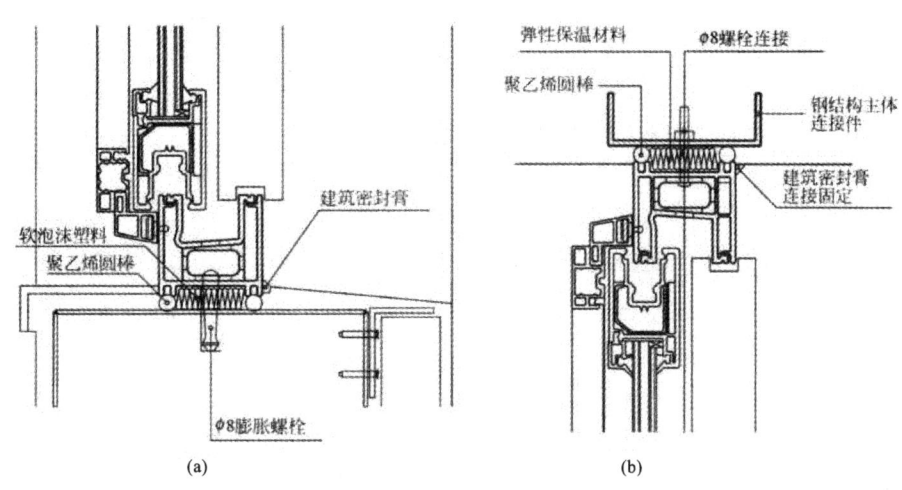

图 7-25 塑料门窗安装
(a)用膨胀螺栓与钢筋混凝土结构连接;(b)用螺栓与钢结构主体连接件连接

(1)塑料门窗应采取预留洞口的方法安装,不得采用边安装、边砌口或先安装、后砌口的施工方法。门窗洞口尺寸应符合现行国家标准《建筑门窗洞口尺寸系列》(GB 5824—2008)的有关规定。对于加气混凝土墙洞口,应预埋胶黏圆木。

(2)门窗及玻璃的安装应在墙体湿作业完工且硬化后进行,当需要在湿作业前进行时,应采取保护措施。

(3)当门窗采用预埋木砖法与墙体连接时,木砖应进行防腐处理。

(4)施工时,应采取保护措施。

7.4 门窗保温隔热构造设计

建筑门窗是建筑围护结构中热工性能最薄弱的部位,其能耗约占到围护结构总能耗的 40%~50%,同时它也是建筑中的得热构件,可以通过太阳光透射入室内而获得太阳热能,因此是影响建筑室内热环境和建筑节能的重要因素。

门窗要达到好的节能效果,其选择应根据当地气候条件、建筑功能要求、建筑形式等因素综合考虑,同时满足国家节能设计标准对门窗设计指标的要求。

7.4.1 门窗保温隔热设计规定指标

在建筑设计中,应根据建筑所处地区的气候分区,恰当地选择门窗材料和构造方式,使建筑外门窗的热工性能符合该地区建筑节能设计标准的相关规定。

1. 窗墙比

窗墙比是窗户面积与窗户所在墙面积的比值。不同地区、不同朝向的太阳辐射强度和日照率不同,窗户所获得的热量也不相同,因此,南向窗墙比应大一些,其他朝向窗墙比应小一些。各地区节能设计标准对不同功能建筑和各朝向的窗墙比限值都有详细的规定。

2. 传热系数

不同的外门窗材料、构造方法,其传热系数也不相同,外门窗传热系数应根据计量认证质检机构提供的检测值采用。常用建筑外门窗传热系数和遮阳系数见表 7-10。

表 7-10　常用建筑外门窗传热系数和遮阳系数

类型		建筑户门、外窗及阳台门名称	传热系数 K /[W/(m² · K)]	遮阳(遮蔽)系数(SC)
门		多功能户门(具有保温、隔声、防盗等功能)	1.5	—
		夹板门或蜂窝夹板门	2.5	—
		双层玻璃门	2.5	—
窗	铝合金	单层普通玻璃窗	6.0～6.5	0.8～0.9
		单框普通中空玻璃窗	3.6～4.2	0.75～0.85
		单框低辐射中空玻璃窗	2.7～3.4	0.4～0.44
		双层普通玻璃窗	3.0	0.75～0.85
	断热铝合金	单框普通中空玻璃窗	3.3～3.5	0.75～0.85
		单框低辐射中空玻璃窗	2.3～3.0	0.4～0.55
	塑料	单层普通玻璃窗	4.5～4.9	0.8～0.9
		单框普通中空玻璃窗	2.7～3.0	0.75～0.85
		单框低辐射中空玻璃窗	2.0～2.4	0.4～0.55
		双层普通玻璃窗	2.3	0.75～0.85

3. 门窗综合遮阳系数

(1)建筑遮阳的类型。

对南方炎热地区,在强烈的太阳辐射条件下,阳光直射室内,严重影响建筑室内热环境,外窗应采取适当遮阳措施,以降低建筑空调能耗。遮阳的种类很多,结合立面造型,运用钢筋混凝土构件作遮阳处理的方式通常分为水平式遮阳、垂直式遮阳、综合式遮阳以及挡板式遮阳。近年来在国内外大量运用的各种活动轻型遮阳,常用不锈钢、铝合金及塑料等材料。

①水平式遮阳[图 7-26(a)]。

水平式遮阳板能够遮挡高度角较大的、从窗口上方射来的阳光。适用于南向窗口和北回归线以南的低纬度地区的北向窗口。

②垂直式遮阳[图 7-26(b)]。

垂直式遮阳板能够遮挡高度角较小的、从窗口两侧斜射来的阳光。适用于东南向、西南向或北向窗口。

③综合式遮阳[图7-26(c)]。

水平式和垂直式结合的综合式遮阳板能遮挡窗口上方和左右两侧射来的阳光。适用于南向、东南向、西南向的窗口以及北回归线以南低纬度地区的北向窗口。

④挡板式遮阳[图7-26(d)]。

挡板式遮阳能够遮挡高度角较小的、正射窗口的阳光,适用于东西向窗口。

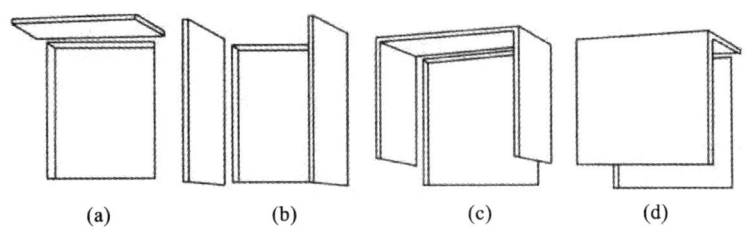

(a)　　　　(b)　　　　(c)　　　　(d)

图 7-26　遮阳种类

⑤活动轻型遮阳。

由于建筑室内对阳光的需求是随时间、季节变化的,而太阳高度角也是随气候、时间变化而变化的,因而采用便于拆卸的轻型遮阳方式和可调节角度的活动式遮阳方式对于建筑节能和满足使用要求均有很好的效果,轻型遮阳构造如图7-27所示。轻型遮阳方式因材料构造不同,类型也很多,常用的有机翼形遮阳系统,其按安装方式的不同可分为固定安装系统和机动可调节安装系统。

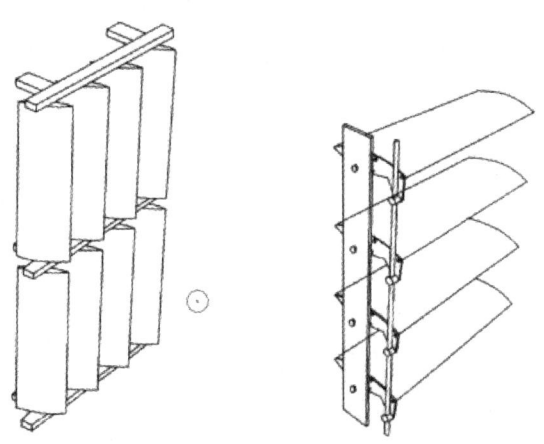

图 7-27　轻型遮阳构造

固定安装系统是将叶片装在边框固定的位置上。叶片安装角度为0~180°(以5°递增),安装后叶片角度不可调整。

在机动可调节安装系统中,叶片通过可调节的传动杆连接到电动马达上,可使叶片按需要在0~120°之间任意调整。

(2)综合遮阳系数。

外窗遮阳效果是外窗本身遮阳和建筑外遮阳的共同作用。

外窗的遮阳效果用综合遮阳系数(SC)来衡量,其影响因素有外窗本身的遮阳性能和外遮阳的遮阳性能。

有外遮阳时:综合遮阳系数(SC)=外窗遮阳系数(SC_C)×外遮阳系数(SD)

无外遮阳时:综合遮阳系数(SC)＝外窗遮阳系数(SC$_C$)

外窗本身的遮阳系数(SC$_C$)＝玻璃遮阳系数 SC$_B$×(1－窗框面积 F_K/窗面积 F_C)

①可见光透射比。

可见光透射比是指可见光透过透明材质的光通量与投射在其表面的光通量之比,表明透光材质透光性能的优劣。对于公共建筑,当建筑窗墙比小于 0.4 时,玻璃(或其他透明材质)的可见光透射比不应小于 0.4。

②门窗气密性。

门窗气密性按照分级标准分为 8 级,应根据当地气候条件进行选择,如夏热冬冷地区居住建筑 1～6 层的外窗和阳台门不应低于 4 级,7 层及 7 层以上的外窗和阳台门不应低于 6 级。

7.4.2 门窗保温隔热设计

1. 选择适宜的窗墙比

仅从节约建筑能耗方面来说,窗墙比越小越好,但窗墙比过小又会影响窗户的正常采光、通风和太阳能利用。因此,应根据建筑所处的气候分区、建筑类型、使用功能、门窗方位等选择适宜的窗墙比,达到既满足建筑造型的需要又符合建筑节能的要求。

2. 加强门窗的保温隔热性能

改善门窗的保温性能主要是提高热阻,选用导热系数小的门窗框、玻璃材料,再从门窗的制作、安装方面提高其气密性能。

门窗的隔热性能在南方炎热地区尤其重要,提高隔热性能主要靠两个途径:一是采用合理的建筑外遮阳、设计挑檐、遮阳板、活动遮阳等措施;二是选择玻璃时,选用合适遮阳系数的玻璃,也可以使用对太阳红外线反射能力强的热反射材料在玻璃上贴膜。

▶ 章节自测题 ◀

主观题

1. 门窗的作用和要求?

2. 门的形式有哪几种,各自的特点和适应范围?

3. 窗的形式有哪几种,各自的特点和适应范围?

4. 平开门的组成和门框的安装方式?

5. 铝合金门窗的特点? 各种铝合金门窗系列的名称是如何确定的?

6. 简述铝合金门窗的安装要点。

7. 简述塑料门窗的优点。

8. 遮阳的类型有哪些? 请用简图表达。

9. 门和窗给室内环境带来的改变有哪些?

客观题

请扫下面的二维码,进入第 7 章,进行客观题在线测试与练习。

8 基　础

　　基础指建筑底部与地基接触的承重构件,是建筑承重系统中最重要的一个组成部分,它的主要作用是把建筑上部的荷载传给地基;地基是支撑基础的土体或岩体,建筑结构最终都通过基础将荷载传至地基。《说文》中提道:"基,墙始也。"早期的建筑物用天然石材、夯实土层、木材等作为建筑物的基础,为了增强未定型和分散的荷载,多采用扩大的基座,形成建筑物的台基形态。基础除了将上部荷载传递到地基外,也能隔绝地面水分对室内环境和建筑构件的侵蚀。通过本章学习,要求学生掌握基础类型及细部构造,培养学生理论联系实际的能力,养成良好的职业规范意识,践行"工匠精神"。

8.1　概　述

8.1.1　基础与地基的关系

　　基础作为承重构件位于建筑物的最下部,是建筑地面以下的承重构件,它承受建筑物上部结构传下来的全部荷载,并把这些荷载连同本身的重量一起传给地基。地基是在基础之下、承受由基础传来的建筑物荷载而产生应力和应变的土层。根据地基本身土的工程性质(即土的强度与变形特性等)的不同,地基承受荷载的能力是有差异的。在稳定的条件下,单位面积地基所能承受的最大压力,称为地基容许承载力,简称地耐力。

地基与基础
的基本类型

　　具有一定地耐力、直接支撑基础、有一定承载能力的土层称为持力层;持力层以下的土层称为下卧层,基础组成如图 8-1 所示。地基承受建筑物荷载而产生的应力和应变随着土层深度的增加而减小,达到一定深度后就可忽略不计。从工程造价上看,一般四五层民用建筑基础工程的造价占总造价的 10%～20%。

8.1.2　地基的分类

　　1. 天然地基

天然地基是指具有足够承载力,无须经过人工加固,可直接在建造建筑的天然土层。天然地基

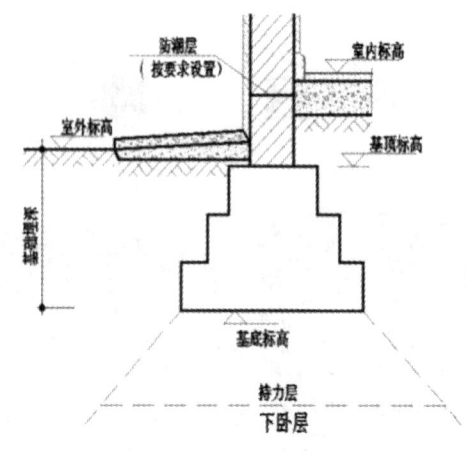

图 8-1 基础组成

的土层分布及承载力大小由勘测部门实测提供。岩石、碎石土、砂土、粉土、黏性土和人工填土等一般均可作为建筑地基的土层。

(1) 岩石。

岩石为颗粒间牢固连接，呈整体或具有肌理裂隙的岩体。岩石根据其坚固性可分为硬质岩石（花岗岩、玄武岩等）和软质岩石（页岩、黏土岩等）；根据其风化程度可分为微风化岩石、中等风化岩石和强风化岩石等。岩石承载力的标准值在 200～4000 kPa 之间。

(2) 碎石土。

碎石土为粒径大于 2 mm 的、颗粒含量超过全重 50% 的土。碎石土根据颗粒形状和粒组含量又分为漂石、块石（粒径大于 200 mm），卵石、碎石（粒径大于 20 mm），圆砾、角砾（粒径大于 2 mm）。碎石土承载力的标准值在 200～1000 kPa 之间。

(3) 砂土。

砂土为粒径大于 2 mm 的颗粒含量不超过全重的 50%，粒径大于 0.075 mm 的颗粒含量超过全重 50% 的土。根据其粒径大小和占全重的百分率不同，砂土又分为砾砂、粗砂、中砂、细砂、粉砂五种。砂土的承载力标准值在 140～500 kPa 之间。

(4) 粉土。

粉土为介于砂土与黏性土之间，塑性指数不大于 10 且粒径大于 0.075 mm 的颗粒含量不超过全重 50% 的土。粉土的承载力标准值为 105～410 kPa。

(5) 黏性土。

黏性土为塑性指数大于 10 的土，按其塑性指数值的大小不同又分为黏土和粉质黏土两大类。黏性土的承载力标准值为 105～475 kPa。

(6) 人工填土。

人工填土是由于人类活动而形成的堆积土。物质成分较杂乱，均匀性差，根据组成物质或堆积方式不同可分为素填土（由碎石、砂土、黏性土等组成）、杂填土（含土量建筑垃圾及工业、生活废料等）、冲填土（水力冲填泥砂形成）等。人工填土的承载力标准值为 65～160 kPa。

2. 人工地基

当天然土层的承载力较差或不能满足承载的要求，必须对这种土层进行人工处理以提高其承载能力，这种经过人工处理的土层称为人工地基。淤泥、淤泥质土、各种人工填土等孔隙比大、压缩性高、强度低的土层,必须对其进行人工加固处理后,才有可能作为建筑物的地基使用。

8.1.3 地基的加固方法

常用的人工加固地基的方法主要有压实法、换土法和桩基法。

1. 压实法

压实法是采用重锤、压路机、振动压实机等压实机械对地基土层进行压实加固以提高其承载力的方法。其基本原理是通过减小土颗粒间的孔隙,把细土粒压入大颗粒间的孔隙中去,并及时排去孔隙中的空气,从而增加土的密实度,减少土的压缩性,达到提高地基承载力的目的,如图 8-2 所示。

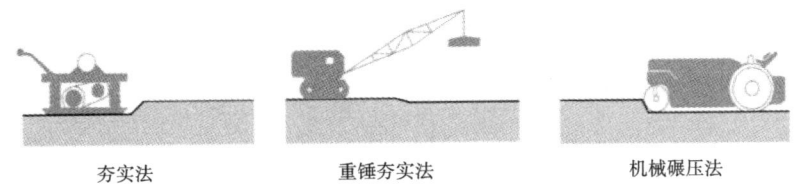

夯实法   重锤夯实法   机械碾压法

图 8-2 压实法加固地基

压实法加固地基的优点是不需要增加额外的建筑材料,对提高地基承载力成效较大。压实法常用于处理由建筑垃圾或工业废料组成的杂填土地基,以及地下水位以上的黏土、砂类土和湿陷性黄土等。

在建筑物施工开挖基坑后,为了使土层表面平整并改善直接支承基础的持力层表面松软的状况,常采用轻便工具,如木人、石碾、蛙式打夯机等,对原土进行夯打压实,有时还会在面层铺上 50～150 mm 厚的碎石或砾石进行夯打,将表面浮土挤紧。这种压实方法的目的主要是对土的表面进行压实处理,其有效压实深度约为 200 mm,一般用来作为保证地基质量的措施,不能提高地基的承载力。

2. 换土法

当地基持力层比较软弱,或当部分地基有一定厚度的软弱土层,如淤泥、淤泥质土、冲填土、杂填土或其他高压缩性土层构成的地基,这种地基土质无法通过压实达到提高承载力的目的,这时可将软弱土层的部分或全部挖去,然后回填以强度较大的砂、碎石或灰土等,并夯至密实,这种方法称为换土法,如图 8-3 所示。

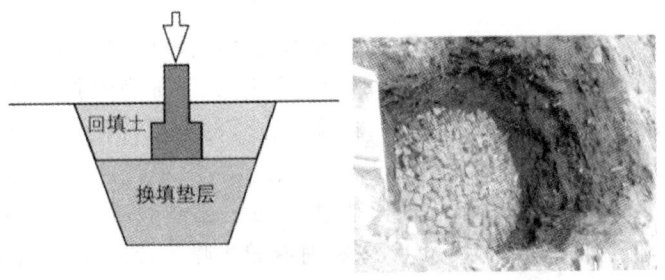

回填土

换填垫层

图 8-3 换土法加固地基

换土法处理地基的特点是能够充分利用地方材料,节约钢材、木材、水泥等。换土法能减少基础沉降量,调整基础间的不均匀沉降,提高地基强度和稳定性,减小基础埋置深度。但由于砂或砂石属松散材料,主要由基坑侧壁的约束而起人工地基作用。因此,在建造之后,不宜在基础的四周挖沟打井。

3. 桩基法

当建筑物荷载很大或建筑物很高而地基土层较弱,采用浅埋基础不能满足地基承载力的要求,这时建筑物可以采用桩基,即通过柱形的桩穿过深达十几米、甚至几十米的软弱土层,直接支承在坚硬的岩层上,这种桩称为端承桩或柱桩;当软弱土层很厚,坚硬土层离基础底面很远时,桩借土的挤实、利用土与桩的表面摩擦力来支承建筑荷载,这种桩称为摩擦桩或挤实桩。如图 8-4 所示为摩擦桩与端承桩的示意图。

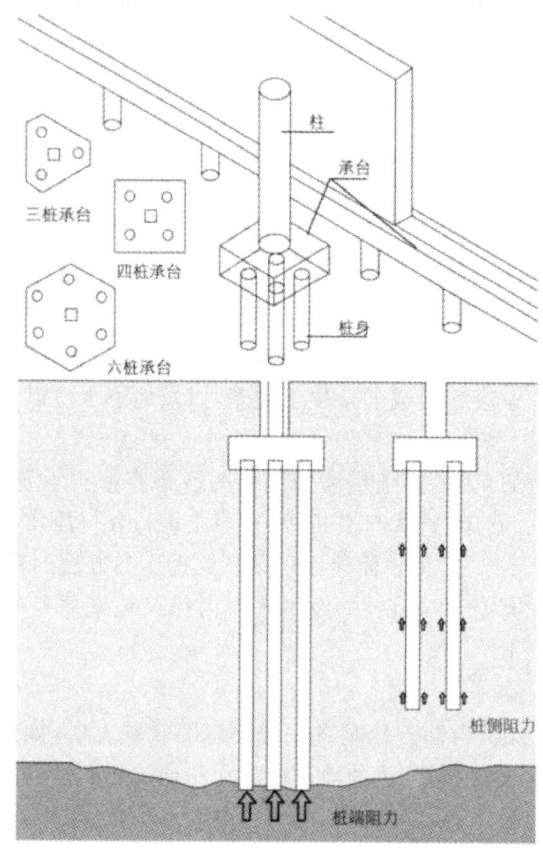

图 8-4 摩擦桩与端承桩示意图

桩基具有承载力高、沉降量小而均匀等特点,能承受竖向荷载、水平荷载、上拔力及由机器产生的振动和各种动荷载的作用。但是,当地基上部为坚实土层、下部为软弱土层时,不宜采用桩基。

桩基主要采用混凝土桩和钢筋混凝土桩。按施工方法的不同,钢筋混凝土桩分为预制桩、灌注桩和爆扩桩三类。预制桩通常在构件厂或施工现场预制,然后用打桩机打入地基土层中。桩的断面一般为边长 200～350 mm 的正方形,桩长不超过 12 m。预制桩质量易于保证,不受地基其他条件影响(如地下水等),但造价高,钢材用量大,打桩时有较大噪声,影响周围环境。

灌注桩是直接在所设计的桩位上开孔(圆形),然后在孔内加放钢筋骨架,再浇筑混凝土而成。灌注桩根据桩头形状不同,又可分为有扩大头和无扩大头两类,如图 8-5 所示。有扩大头的承载力较高,扩大头可以通过爆扩成型,也可以通过机械扩大成型。与钢筋混凝土预制桩比较,灌注桩有施工快、施工占地面积小、造价低等优点,近年来发展较快。爆扩桩是用机械或爆扩等方法成孔,现已较少采用。

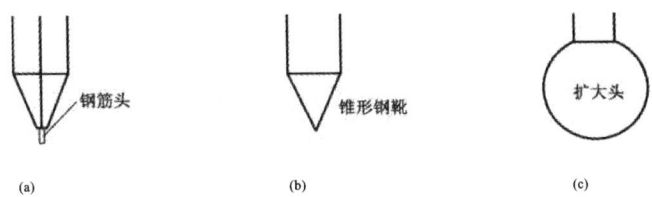

图 8-5　桩的端头形式

(a)用于预制桩;(b)用于预制桩或灌注桩;(c)用于灌注桩

　　桩基由承台和桩柱两部分组成。承台是在桩柱顶现浇的钢筋混凝土梁或板,上部支承墙的为承台梁,上部支承柱的为承台板,承台的厚度一般不小于 300 mm,由结构计算确定,桩顶嵌入承台的深度不宜小于 100 mm。

　　桩柱断面形式有方形、圆柱形及管形等,如图 8-6 所示。桩身顶部应伸入承台板或承台梁不小于 50 mm,并通过桩身内的钢筋伸入承台板(梁)以增强承台板(梁)与桩身的联系,以使建筑物的基础能够通过承台板(梁)传递荷载,使基础与桩身共同起作用。由于桩与基础的紧密连接,所以也常称为桩基础。

图 8-6　桩柱断面形式

8.1.4　基础、地基的设计要求

　　1. 承载能力、稳定性和均匀沉降的要求

　　基础与地基的稳定性直接决定了建筑物的安全性,在设计时应该保证基础本身有足够的承载能力来承受和传递整个建筑物的荷载,地基应有足够的地耐力和良好的稳定性,保证建筑物的均匀沉降。

　　2. 耐久性的要求

　　基础位于地面以下,长期处于潮湿的环境中,建成后对其检查与加固较为困难,在设计时应选择与上部结构的耐久性和使用年限相适应的材料和构造形式,防止其提前遭到破坏,给整个建筑物带来隐患。

　　3. 经济方面的要求

　　基础与地基的造价一般占工程总造价的 20%～30%,造价高的可达到 40%甚至更多。因此,在设计时,一般应尽可能选择具有良好承载力的土层作地基,避开如河沟、暗塘等土质较差、不适宜作天然地基的场地。同时,在设计基础时,尽量做浅基础,采用当地产量丰富、价格低廉的材料和先进的施工技术,使地基和基础的设计符合经济合理的要求,保证建筑物的安全。

8.1.5　基础的埋置深度及影响因素

　　1. 基础的埋置深度

　　基础的埋置深度,简称基础埋深,是指由室外的设计地坪至基础底面之间的距离。室外地坪分自然地坪和设计地坪,自然地坪是指施工建造场地的原有地坪,而设计地坪是指按设计要求工程竣工后室外场地经过挖掉部分土层(或填垫部分土层)后的地坪。基础埋深是从室外设计地坪算起的。

基础埋深不大于 5 m 的为浅基础,大于 5 m 的为深基础。从经济效果看,基础埋深越小,工程造价越低,在满足地基稳定和变形要求的前提下,基础宜浅埋;当上层地基的承载力大于下层土时,宜利用上层土作持力层。除岩石地基外,基础埋深不宜小于 500 mm。

2. 影响基础埋深的因素

基础埋深的选择关系到地基可靠性、施工难易程度及造价。影响基础埋深的因素很多,主要应考虑下列几个因素。

(1)工程地质条件的影响。

基础埋深与地基构造有密切关系,建筑物要建造在坚实可靠的地基上,不能设置在承载能力低、压缩性高的软弱土层上。在选择埋深时,应根据建筑物的大小、特点、刚度与地基的特性分别确定。一般有下列几种典型情况。

①地基由均匀的、压缩性较小的良好土层构成,其承载力满足设计要求时,基础按最小埋置深度建造,如图 8-7(a)所示。

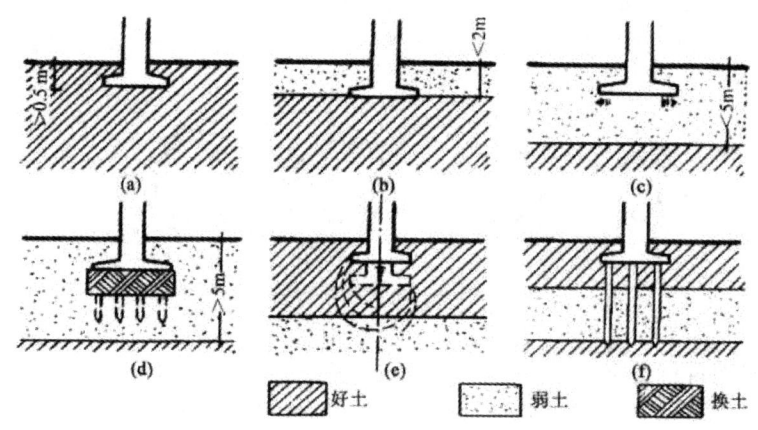

图 8-7　基础埋深与工程地质条件的关系

②地基由两层土构成,上层软弱土层的厚度在 2 m 以内,而下层为压缩性较小的土层。这种情况一般应将建筑物基础埋置到下层的良好土层上,此时土方开挖量不大,既可靠又经济,如图 8-7(b)所示。

③地基由两层土构成,上层软弱土层的厚度为 2～5 m。在这种情况下,荷载较小、层数较少的建筑物应尽量将基础埋置在表层的软弱土层内,并采用加大基础底面积的方案,以避免开挖大量的土方、延长工期和增加工程造价。与此同时,应根据具体情况采取措施加强上部结构的刚度。必要时,还可以采用换土法、压实法等较经济的人工加固地基的处理方法。对于荷载较大、层数较多的高大建筑物,则应将基础埋置到下层的良好土层上,如图 8-7(c)所示。

④如果地表软弱土层的厚度大于 5 m,建造轻型和层数较少的建筑物时,应尽量利用表层的软土层作为地基。必要时,应采取措施加强上部结构的刚度或进行人工地基加固,如换土法、短桩法等。高大建筑物和带地下室的建筑物是否需要将基础埋置到下层的良好土层上,则应根据表土层的具体厚度、施工设备等情况做经济比较后确定,如图 8-7(d)所示。

⑤地基由两层土构成,上层是压缩性较小的良好土层,而下层是压缩性较大的软弱土层。在这种情况下,应根据表层土的厚薄来确定基础的埋深,如果表层土有足够的厚度,基础应尽可能争取浅埋,以保证有足够厚度的持力层,同时应注意下卧层软弱土的压缩对建筑物的影响,通过验算下卧层的应力和应变,确保建筑物的安全,如图 8-7(e)所示。

⑥当地基由良好土层与软弱土层交替构成,或上面持力层为良好土层,而下卧层有软弱土层或

旧矿床、老河床时,在不影响下卧层的情况下,应尽可能做浅基础。如建筑物较高大,持力层强度不足以承受荷载,应做深基础,例如采用打桩法,将建筑物的荷载经过桩基传递到下层的良好土层上,如图 8-7(f)所示。

若土层由两种土质构成,上层土质良好且有足够厚度,则以埋在上层范围为宜;反之,若上层土质差而厚度浅,则以埋在下层范围为宜。总之,由于地基土形成的地质变化不同,每个地区的地基土性质也不相同,即使同一地区,地基土的性质也有很大区别,必须综合分析,选择最佳埋深。

(2)地下水位的影响。

地下水位对某些土层的承载能力有很大影响,如黏性土在地下水位上升时,将因含水量增加而膨胀,使土的强度降低;当地下水位下降时,土粒之间的接触压力增加,基础将下沉。为避免地下水位的变化影响地基承载力及防止地下水对基础施工带来的麻烦,一般基础应争取埋在最高水位以上。

当地下水位较高,基础不能埋在最高水位以上时,宜将基础底面置在最低地下水位以下且不少于 200 mm 的深度,以减少和避免地下室浮力和影响等,如图 8-8 所示。这种情况下,基础应采用耐水材料,如混凝土、钢筋混凝土等。当地下水含有腐蚀性物质时,基础应采取各种防腐措施,如涂以沥青等。施工时要考虑基坑的排水。

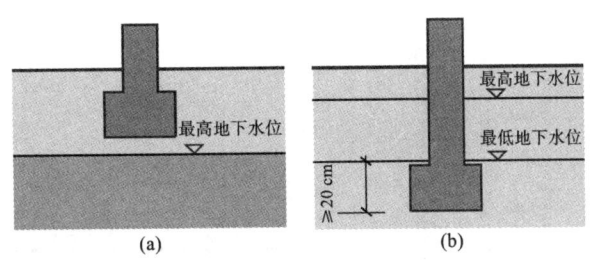

图 8-8 基础埋深与地下水位的关系
(a)地下水位较低时的基础埋置位置;(b)地下水位较高时的基础埋置位置

(3)冻土深度的影响。

冻结土与非冻结土的分界线称为冻土线。气温越低,低温持续时间越长,冻土深度就越大。各地区气候不同,低温持续时间不同,冻土深度也不相同,如北京地区为 0.8~1.0 m,哈尔滨为 2 m,上海、南京仅 0.12~0.2 m,广东则基本无冻结土。地基土冻结后,是否对建筑产生不良影响,主要看土冻结后会不会产生冻胀现象。若产生冻胀,会把建筑向上拱起(冻胀向上的力会超过地基承载力),到春季气温回升,土层解冻,基础又会下沉。这种冻融交替使建筑处于不稳定状态,容易导致建筑物变形,如墙身开裂、门窗倾斜,甚至会使建筑物结构也遭到破坏等。地基土冻结后是否产生冻胀,主要与土壤颗粒的粗细程度、含水量多少和地下水位的高低有关。如地基土存在冻胀现象,特别是在粉砂、粉土和黏性土中,基础应埋置在冻土线以下 20 cm,如图 8-9 所示。

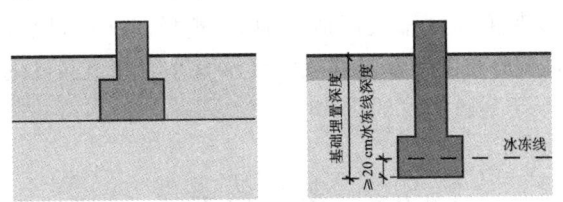

图 8-9 基础埋深与冻土深度的关系

(4)其他因素的影响。

基础的埋置深度除考虑工程地质条件、地下水位、冻土深度等因素外,还应考虑相邻基础的深度,拟建建筑物是否有地下室、设备基础等因素的影响。

对靠近原有建筑物基础修建的新基础,其埋置深度不宜超过原有基础的底面,否则新、旧基础之间应保留一定的净距,具体距离依原有基础荷载和地基土质而定,且不宜小于该相邻基础底面的高差,不能满足上述要求时,应采取适宜措施以保证邻近原有建筑物的安全。如图 8-10 所示为在原有建筑物旁边扩建房屋时相邻基础的关系,两房屋紧紧相邻,新建筑物的基础埋深超过了原有建筑物的基础埋深,这就要求新、旧基础之间应保留两基础埋深差 1~2 倍的净距,如果采用常规的基础形式,这一要求是无法满足的。本例采用挑梁的方法,很好地解决了这一问题,避免了对原有建筑物基础的不利影响。

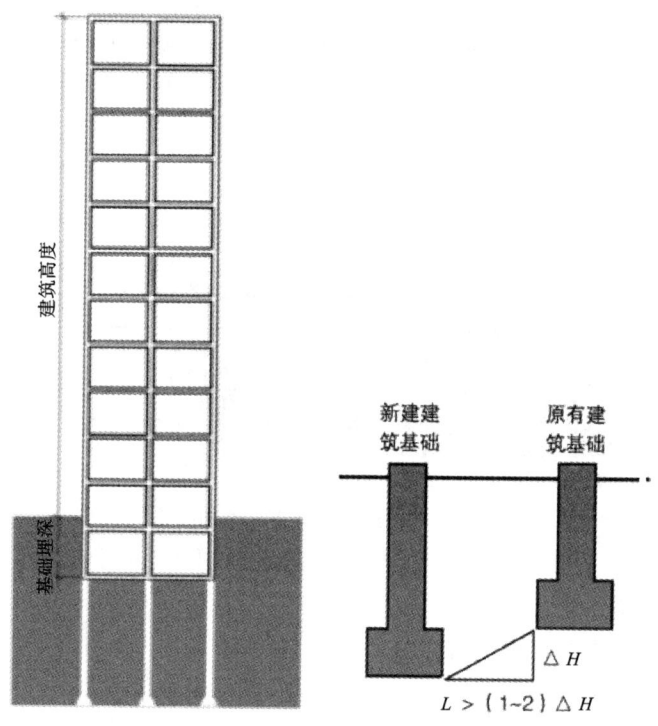

图 8-10　相邻基础的关系

某些建筑物需要具备一定的使用功能或宜采用某种基础形式,这些要求常成为其基础埋置深度选择的先决条件。例如必须设置地下室或设备层的建筑物,需建造带封闭侧墙的筏式基础或箱形基础的高层或重型建筑,带有地下设施的建筑物、半埋式结构物或具有地下部分的设备基础等。

位于土质地基上的高层建筑,由于其竖向荷载大,又要承受风力荷载和地震作用等水平荷载,其基础的埋置深度应随建筑物的高度增大而适当加大,这样才能满足稳定性要求。抗震设防区除岩石地基外,天然地基上的箱形和筏形基础埋置深度不宜小于建筑高度的 1/15;桩箱或桩筏基础的埋置深度(不计桩长)不宜小于建筑高度的 1/18。

8.2　基础的类型

8.2.1　基础的类型

基础的设计与建筑功能要求、安全等级、上部荷载以及场地地质条件等有关,同时也需要结合施工条件、施工工期及造价等方面的要求,因地制宜,选择经济合理的基础形式和材料,确定其构造。对于民用建筑的基础,可以按构造形式、材料和受力特点进行分类。

1. 按基础的构造形式分类

基础按构造形式不同可以分为条形基础、独立式基础和联合基础。

(1)条形基础。

条形基础为连续的条形,主要用于墙承载结构中。当建筑物上部的结构墙体延伸到地下时,基础沿墙体走向设置成长条形的形式,因而称为条形基础,如图 8-11 所示。当地基条件较好、基础埋置深度较浅时,墙承式的建筑多采用条形基础,以便传递连续的条形荷载。这种基础空间刚度较好,可减缓局部不均匀下沉,常选用砖、石、灰土、三合土、混凝土等刚性材料建造。当地基承载能力较小,荷载较大时,承重墙下也可采用钢筋混凝土条形基础。

(2)独立式基础。

独立式基础主要用于柱承载结构中,呈独立的块状,常用的剖面形式有台阶形、锥形、杯形等,如图 8-12 所示。在墙承式建筑中,当地基承载力较弱或埋深较大时,为了节约基础材料,减少土石方工程量,加快工程进度,也可采用独立式基础。为了支承上部墙体,在独立式基础上可设梁或拱等连续构件。

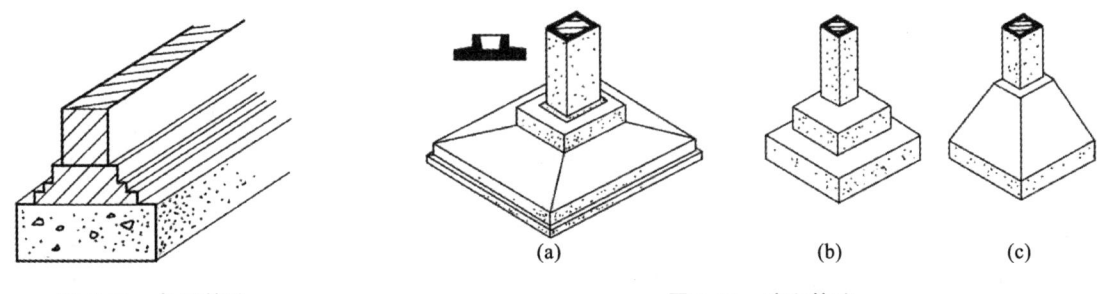

图 8-11　条形基础

图 8-12　独立基础

(a)杯形;(b)阶梯形;(c)锥形

独立式基础的优点是土方工程量较少,便于管道穿过,节约基础材料。但各单独基础之间无连接构件,基础整体抵抗不均匀沉降的能力较差,因此,独立式基础适用于地基土质均匀、建筑物荷载均匀的柱承载结构的建筑物。

(3)联合基础。

联合基础类型较多,常见的有柱下条形基础和整体式基础(也称筏形基础或箱形基础)。

①柱下条形基础。

当柱子的独立基础置于承载力较弱的地基上时,基础底面积可能很大,彼此相距很近甚至相互接触,这时应把基础连起来,形成柱下条形基础。柱下条形基础可以沿柱列单向平行配置,称为柱下单向条形基础,如图 8-13(a)所示;也可以双向相交于柱位处形成柱下十字交叉基础,也称为柱下井格基础,如图 8-13(b)所示。

②整体式基础。

如果地基承载能力特别弱而上部结构荷载又很大,即使做成柱下条形基础,地基的承载力仍不能满足设计要求或基础的底面积占建筑物平面面积比例较大时,可考虑将整个建筑物的下部做成一整块钢筋混凝土梁或板,形成片筏基础。片筏基础整体性好,不仅能够满足软弱地基承载力的要求,减少地基的附加应力和不均匀沉降,还可跨越基础下的局部软弱土。筏形基础根据使用的条件和断面形式,又可分为梁板式基础和平板式基础,如图 8-13(c)、(d)所示。

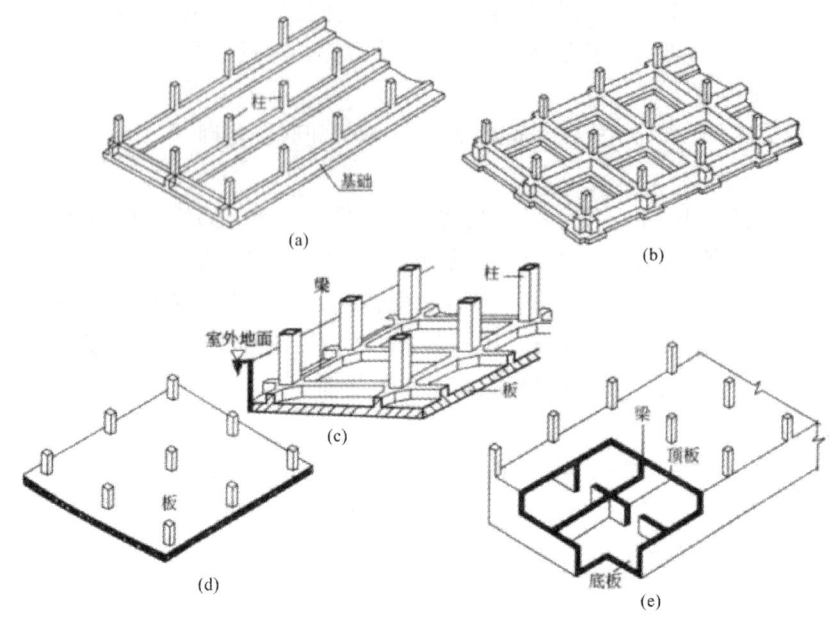

图 8-13　联合基础
(a)柱下单向条形基础;(b)柱下十字交叉基础;(c)梁板式基础;(d)平板式基础;(e)箱形基础

当建筑设有地下室,且基础埋深较大时,可将地下室做成整浇的钢筋混凝土箱形基础,如图 8-13(e)所示。它是一种由钢筋混凝土的底板、顶板和内外纵、横墙体组成的格式空间结构,能承受很大的弯矩,显著提高地基稳定性,降低基础沉降量,可用于特大荷载的建筑。箱形基础从其底板底面到顶板顶面的高度应满足结构承载力、整体刚度和使用功能的要求,一般可取建筑物高度的 1/12~1/8,也不宜小于箱形基础长度的 1/8,并应不小于 3 m。箱形基础的平面尺寸应根据地基承载力、地基变形允许值以及上部结构的布局和荷载分布等条件确定;平面形状则应力求简单,以便获得较好的整体刚度。在均匀地基条件下,单栋建筑物竖向荷载合力作用点的水平投影位置应尽量与基础底面的形心位置重合,必要时,可以调整箱形基础的平面尺寸或仅调整箱形基础底板的外伸尺寸以满足要求,避免建筑物基础发生太大的倾斜。箱形基础顶板、底板及墙身的厚度主要应根据其受力情况、整体刚度等方面的要求来确定。一般底板及外墙的厚度不小于 250 mm,内墙厚度不小于 200 mm,顶板厚度不小于 150 mm。

2. 按基础的材料分类

按基础材料不同可分为砖基础、石基础、混凝土基础、毛石混凝土基础、钢筋混凝土基础等。

钢筋混凝土基础如图 8-14 所示,其抗拉、抗弯强度均较高,适用的范围更加广泛。钢筋混凝土基础底板的截面高度可以逐渐向外减小,但最薄处的厚度不应小于 200 mm。基础截面如做成阶梯形,每步台阶的高度应为 300~500 mm。基础中受力钢筋的数量应通过计算确定。

3. 按基础的传力情况分类

按基础的传力情况不同可分为刚性基础和柔性基础两种,如图 8-15 所示。

当采用砖、石、混凝土、灰土等抗压强度高而抗弯、抗剪强度低的材料做基础时,需要严格控制基础放脚的挑出宽度与高度的比值,以防止基础底面开裂而遭到破坏。刚性基础中压力分布角 a 称为刚性角,是基础放宽的引线与墙体垂直线之间的夹角。受刚性角限制的为刚性基础,不同材料和不同基底压力应选用不同的宽高比,其允许值见表 8-1。砖砌基础的刚性角控制在 26°~33°,素混凝土基础的刚性角应控制在 45°以内。刚性基础常用于地基承载力较好、压缩性较小的中小型民用建筑。

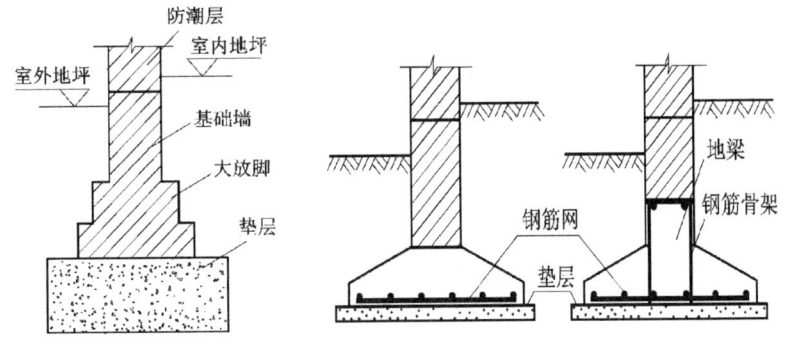

图 8-14 钢筋混凝土基础

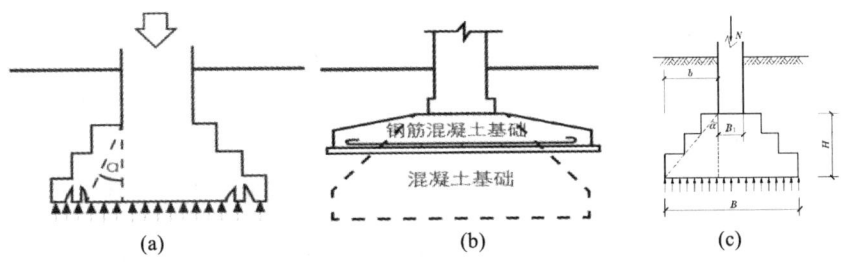

图 8-15 按基础受力情况分类

(a)刚性基础;(b)柔性基础;(c)基础宽度和高度关系

表 8-1 刚性基础台阶宽高比的允许值

基 础 材 料	质 量 要 求	台阶宽高比的允许值		
		$p_k \leqslant 100$	$100 < p_k \leqslant 200$	$200 < p_k \leqslant 300$
混凝土基础	C15 混凝土	1:1.00	1:100	1:1.25
毛石混凝土基础	C15 混凝土	1:1.00	1:1.25	1:1.50
砖基础	砖不低于 MU10、 砂浆不低于 M5	1:1.50	1:1.50	1:1.50
毛石基础	砂浆不低于 M5	1:1.25	1:1.50	—
灰土基础	体积比为 3:7 或 2:8 的灰土,其最小干密度: 粉土 1.55 t/m³; 粉质黏土 1.50 t/m³; 黏土 1.45 t/m³	1:1.25	1:1.50	—
三合土基础	体积比 1:2:4~1:3:6 (石灰:砂:集料), 每层约虚铺 220 mm, 夯至 150 mm	1:1.50	1:2.00	—

注:①p_k 为为荷载效应标准组合基础底面处的平均压力值(kPa);

②阶梯形毛石基础的每阶伸出宽度,不宜大于 200 mm;

③当基础由不同材料叠合组成时,应对接触部分作抗压验算;

④基础底面处的平均压力值超过 300 kPa 的混凝土基础,应进行抗剪验算。

当建筑物荷载较大,或地基承载能力较差时,刚性基础受刚性角的限制,如果按刚性角逐步放宽,需要很大的埋置深度,这在土方工程量及材料使用上都很不经济。在这种情况下宜采用钢筋混凝土基础,它不仅能承受压应力,还能承受较大拉应力,且不受材料的刚性角限制,这种基础称为柔性基础。柔性基础抗拉、抗弯强度均较高,适用的范围更加广泛,应尽量浅埋,底板的截面高度可以逐渐向外减小,但最薄处的厚度不应小于 200 mm。基础截面如做成阶梯形,每步台阶的高度应为 300~500 mm。基础中受力钢筋的数量应通过计算确定。

4. 按基础的深浅分类

按基础的深浅不同可分为浅基础、深基础。浅基础包含无筋扩展基础、扩展基础、柱下条形基础、筏形基础、壳体基础、岩层锚杆基础。深基础主要为桩基。

8.2.2 常用刚性基础构造

1. 砖基础

砖基础的主要材料为普通黏土砖,它具有取材容易、价格低、制作方便等特点,是常用的类型之一。但砖基础强度、耐久性、抗冻性和整体性较差,多用于地基土质好、地下水位较低、干燥而温暖地区的中小型砌体结构建筑中。

在建筑物防潮层以下部分,砖的等级不得低于 MU10;非承重空心砖、硅酸盐砖和硅酸盐砌块,不得用作基础材料。

砖基础的断面形式采用阶梯形、由下向上逐级内收的做法。为满足刚性角限制,并考虑砌筑方便,常采用每隔二皮砖厚收进 60 mm(1/4 砖)的断面形式,如图 8-16 所示,在基础底宽较大时,也可采取二皮一级与一皮一级收进的断面形式,但其最底下一级必须为二皮砖厚。

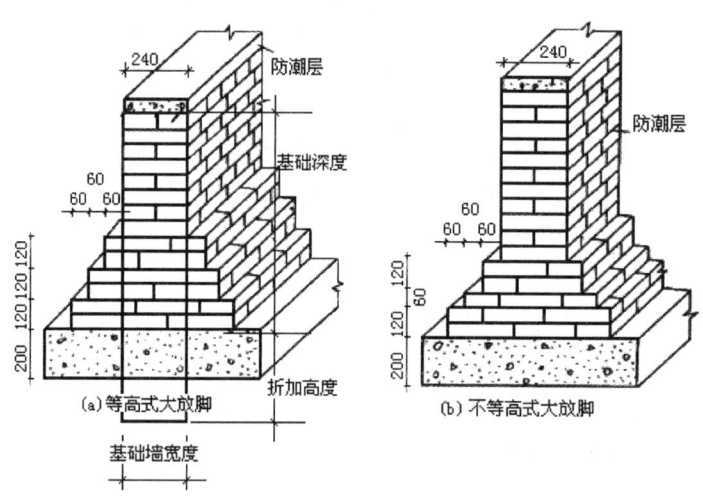

图 8-16 砖基础断面形式(单位:mm)

砖基础的逐步放阶形式称为大放脚。在大放脚下须加设垫层。垫层尺度是根据上部结构荷载和地基承载力的大小及材料来确定的。地基是老土时,一般在大放脚下铺 30~50 mm 厚水泥砂浆起找平作用的垫层。若上部荷载较大或地基较弱,北方地区多用 450 mm 厚三七灰土(石灰:黄土为 3:7)做传力垫层。在南方潮湿地区多采用 1:3:6(石灰:炉渣:碎石或碎砖)三合土做传力垫层,厚度不小于 300 mm。

2. 石基础

石基础由石材和砂浆砌筑而成,具有抗压强度高,抗冻、抗水、抗腐蚀等性能均较好的特点。石材之间的黏结砂浆也是耐水材料,因此石基础可以用于地下水位较高、地基土层冻结深度较深的多层及多层以下的民用建筑中。

石基础有毛石基础和料石基础两种。毛石基础的毛石厚度和宽度不得小于 150 mm,长度为宽度的 1.5～2.5 倍,强度等级不低于 MU25。其做法有两种:一种是毛石灌浆基础,在基坑内先铺一层高约 400 mm 的毛石后,灌以 M2.5 砂浆,然后分层施工;另一种是边铺砂浆边砌毛石,叫做浆砌毛石基础。两种做法均要求毛石大小交错搭配,使灰缝错开,同时在砌毛石时,基础四周回填土应边砌边填,分层夯实。毛石基础断面形式一般为矩形,墙厚为 240～370 mm 时,一般基础宽度为 500～600 mm,高度为 900 mm。高度大于 1000 mm 时,则宽度相应加宽,其比值应按石材刚性角放阶,一般不宜超过三阶,如图 8-17 所示。

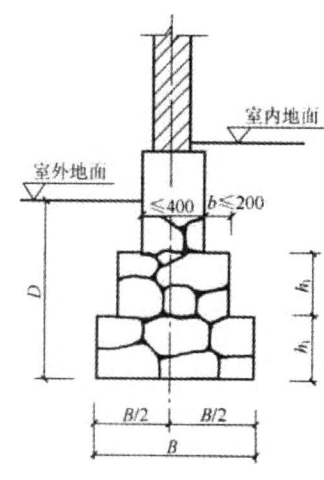

图 8-17 毛石基础断面形式
(单位:mm)

料石基础是用经过加工具有一定规格的石材,用 M2.5 砂浆或 M5 砂浆砌筑而成的基础。料石砌筑要求上下面平整,石缝错开,灰浆饱满。它的基础宽度除应符合计算要求外,还应符合料石规格尺寸,如重庆地区的料石叫连二石,其尺寸为 300 mm×300 mm×1000 mm 和 250 mm×250 mm×1000 mm,丁头石长为 600 mm。

毛石基础具有抗压强度高,抗冻、抗水、抗腐蚀等性能均较好的特点,石材之间由砂浆黏结,合力较差,砌体强度不高,而料石基础的强度就高得多。同时,因黏结砂浆是耐水材料,毛石基础可以用于地下水位较高、地基土层冻结深度较深的多层及多层以下的民用建筑中。

3. 混凝土及毛石混凝土基础

混凝土基础是用水泥、砂、石子加水拌和浇筑而成的,具有可塑性强、坚固、耐久、耐腐蚀、耐水等特点,可用于地下水位较高、建筑物荷载较大的多层建筑中。常用混凝土强度等级为 C7.5～C15。它的断面形式和有关尺寸应满足刚性角要求,但不受材料规格限制,其基本断面形式有矩形、阶梯形、梯形和锥形等,如图 8-18 所示。

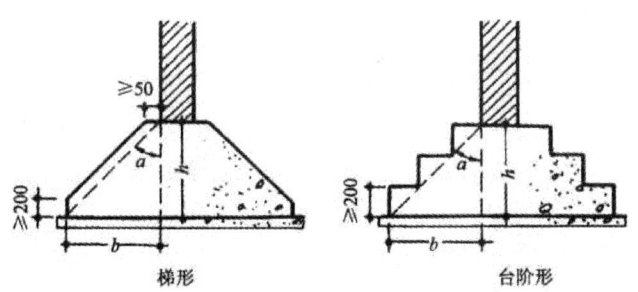

图 8-18 混凝土基础断面形式(单位:mm)

混凝土的强度、耐久性、防水性都较好,是理想的基础材料。当混凝土基础体积过大时,为节约混凝土,可以在混凝土中加入适当数量、粒径不超过 300 mm 的毛石,即形成了毛石混凝土基础。毛石混凝土基础中所填毛石是未经风化的石块,使用前应用水冲洗干净,石块尺寸一般不得大于基础底面宽度的 1/3,填入石块的总体积不得大于基础总体积的 30%。

8.2.3 基础沉降缝构造

为了消除基础不均匀沉降,应按要求设置基础沉降缝。

基础沉降缝的宽度与上部结构相同,基础由于埋在地下,缝内一般不填塞。条形基础的沉降缝通常采用双墙式和悬挑式做法,分别如图 8-19 和图 8-20 所示。

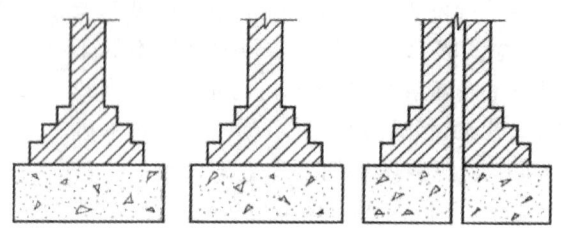

图 8-19   双墙式沉降缝

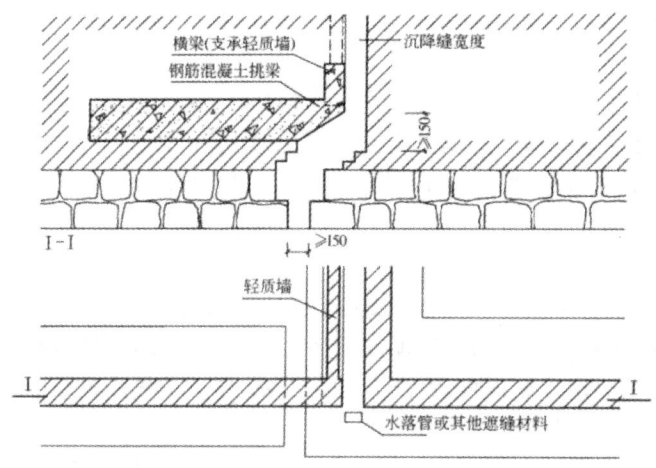

图 8-20   悬挑式沉降缝(单位:mm)

主观题

1. 如何理解地基、基础与荷载三者之间的关系?
2. 什么是天然地基?什么是人工地基?它们在什么情况下可以互相转换?
3. 人工加固地基有哪些常见的方法?各种方法的适用条件是什么?
4. 对地基基础设计有哪些基本要求?
5. 什么叫基础埋置深度?影响基础埋置深度的因素有哪些?
6. 什么是深基础?什么是浅基础?
7. 基础与地下结构都有哪些不同的类型?各种基础类型的特点、设计要求、适用条件如何?
8. 各种类型基础的构造做法和设计要求如何?

客观题

请扫下面的二维码,进入第 8 章,进行客观题在线测试与练习。

下 篇

特种建筑构造

9 高层建筑构造

高层建筑是现代都市形象的代表,是现代工业化、商业化和城市化的必然结果,是人类智慧与力量的结晶。我国改革开放以来,在党的领导下,高层建筑建设发展迅速,近年来超高层建筑的建设增速位于世界第一,同时高层建筑建设也呈现了兼容并包的开放态度,国际设计事务所更多地参与到国内超高层建筑的设计中来。通过本章课程学习,要求学生了解高层建筑的基本分类形式;掌握高层建筑结构形式与造型的结合;掌握高层建筑各重点部位的构造设计原理及做法;掌握高层建筑防火构造设计要点及消防疏散设计要求。

高层建筑是现代生活方式、现代材料、现代结构、现代施工技术的高度集中体现,极大地缓解了城市中用地紧张的矛盾,精美而宏伟的高层建筑也成了现代都市的名片,向外界宣传着城市特色。与此同时,高层建筑的高集成度、高复杂性、高造价和高容积率,都使得高层建筑的构造设计成了重中之重。高层建筑的结构形式、特点;围护结构的构造形式;建筑的防火构造措施;地下室防水、防潮设计等方方面面,共同决定了它的安全性、适用性、美观性和经济性。

9.1 高层建筑简介

9.1.1 高层建筑发展的历史与现状

近年来,随着世界人口的增加,住房紧张的问题越来越严重,传统意义的住房已满足不了人们的需求。在这种情况下,高层建筑应运而生。高层建筑是社会生产的需要和人类生活需求的产物,是现代工业化、商业化和城市化的必然结果。而科学技术的发展,高强轻质材料的出现,以及机械化、电气化在建筑中的实现等,为高层建筑的发展提供了技术条件和物质基础。虽然高层建筑现在也有很多缺点,但是随着科技的发展和技术的进步,其缺点会逐步得到改正并成为未来大多数人的居住用房。

外国高层建筑的发展史

高层建筑是从 19 世纪中叶开始出现的。由于当时带人电梯的发明以及钢铁工业的发展,高层建筑得以实现。高层建筑真正在世界范围内普遍发展起来,还是从 20 世纪 50 年代开始的。尤其是近 30 年来,一系列全新结构的出现以及电子计算机与先进技术的应用,为高层、超高层建筑的实现创造了有利的条件。

以美国为例,高层建筑发展历史分为四个时期,分别为芝加哥时期(1865—1893 年)、古典主义复兴时期(1893 年至世界资本主义大萧条时期)、现代主义时期(第二次世界大战至 20 世纪 70 年代)、后现代主义时期(20 世纪 70 年代至今)。

芝加哥时期的高层建筑处于早期的功能主义时期。当时的建筑高层首先考虑的是经济、效率、速度、面积,功能优先,建筑风格次之,基本不考虑建筑装饰。体型和风格大都是表达高层建筑骨架结构的内涵,强调横向水平的效果,普遍采用扁平的大窗,即所谓的"芝加哥窗"。如图 9-1(a)所示为芝加哥保险公司大厦,是世界上第一幢按现代钢框架结构原理建造的高层建筑,其开了摩天大楼建造的先河,共 10 层,后加至 12 层。古典主义复兴时期的高层建筑试图在新结构、新材料的基础上将新的建筑功能与传统的建筑风格联系在一起,呈现出一种折中主义的面貌,如图 9-1(b)所示。现代主义时期处于第二次世界大战之后,受经济大萧条的影响。现代主义建筑师反对学院派的折中主义和模仿历史样式,要求彻底重新解释建筑艺术,他们拒绝装饰和引进历史样式,而信奉更为技术化和理性主义表现的建筑形式。其建筑形象大多是单纯的"方盒子",如图 9-1(c)所示,并由建筑的经济性、建筑结构以及内外墙关系的功能性来确定。由基座、楼身与顶部组成的古典三段式建筑几乎不再存在。由于环境观念和生态技术的发展,后现代主义时期的高层建筑设计朝人性化、智能化、生态化的方向发展,结构艺术风格、高技派以及生态型的高层设计在多元化的建筑发展中日益引起关注,如图 9-1(d)所示。

| (a) | (b) | (c) | (d) |

图 9-1 高层建筑典例

(a)芝加哥保险公司大厦;(b)芝加哥百货公司大厦;(c)希尔斯大厦;(d)法兰克福商业银行大厦

20 世纪 50 年代,我国开始自行设计建造高层建筑,如北京的民族饭店(14 层)、民航大楼(16 层)等。20 世纪 60 年代建成的广州宾馆(27 层),其高度与上海国际饭店相同。20 世纪 70 年代,北京、上海、广州等地建成了一批剪力墙结构住宅和旅馆。1975 年广州白云宾馆(剪力墙结构,33 层,112 m)的建成,标志着我国自行设计建造的高层建筑高度开始突破 100 m。20 世纪 80 年代我国高层建筑发展进入兴盛时期,十年内全国(不包括香港、澳门、台湾)建成 10 层以上的高层建筑面积约 4000 万平方米,高度 100 m 以上的共有 12 幢。1985 年建成的深圳国际贸易中心(筒中筒结构,50 层,160 m)是 20 世纪 80 年代最高的建筑。20 世纪 90 年代,我国高层建筑进入飞速发展的阶段。截至 1998 年末,全国(不包括香港、澳门、台湾)建成的 10 层以上高层建筑面积约 2.5 亿平方米,高度 100 m 以上的高层建筑达 200 幢。进入 21 世纪后,高层建筑得益于经济的发展,走向摩天化的趋势也非常明显。中国高层建筑典例如图 9-2 所示。由于设计市场全球化的影响,国际建筑事务所广泛参与我国大型公共建筑的设计,设计理念的交流与冲击也日益频繁。如图 9-3 所示为截至 2016 年底已经建成的世界十大高层建筑。

图 9-2 中国高层建筑典例

(a)北京民族饭店;(b)广州白云宾馆;(c)深圳国际贸易中心;(d)上海中心大厦;(e)深圳平安金融中心;(f)北京中信大厦

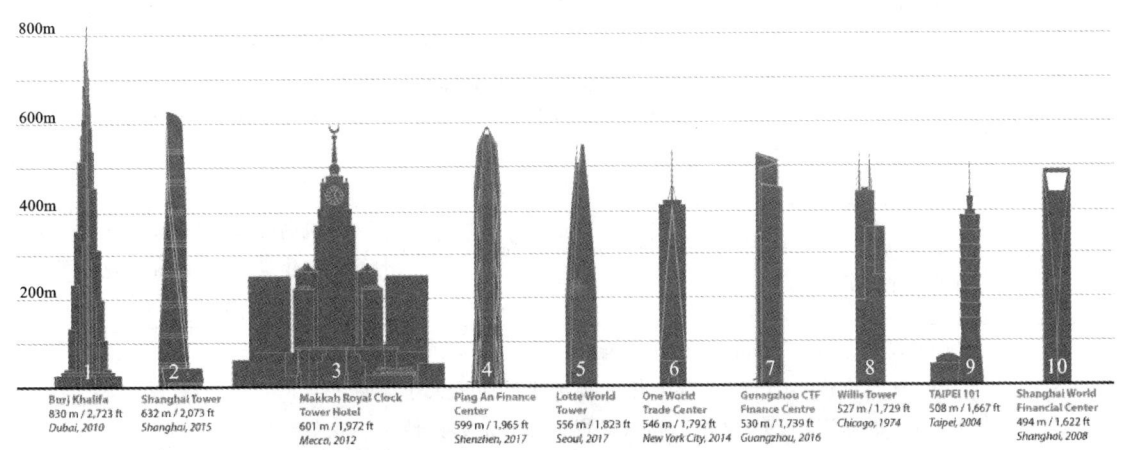

图 9-3 世界十大高层建筑(截至 2016 年底)

20 世纪 70 年代以前,我国的高层建筑多采用钢筋混凝土框架结构、框架-剪力墙结构和剪力墙结构。进入 20 世纪 80 年代,由于建筑功能以及高度和层数等要求,筒中筒结构、筒体结构、底部大空间的框支剪力墙结构以及大底盘多塔楼结构逐渐在工程中采用。20 世纪 90 年代以来,除上述结构体系得到广泛应用外,多筒体结构、带加强层的框架-筒体结构、连体结构、巨型结构、悬挑结构、错层结构等也逐渐在工程中采用。

为适应结构体系的多样化,结构材料向多样性发展。20世纪80年代以前,高层建筑主要为钢筋混凝土结构。进入20世纪90年代后,由于钢材产量增加,我国逐渐开始采用钢结构、钢-混凝土混合结构。如金茂大厦、地王大厦都是钢-混凝土混合结构。此外,型钢混凝土结构和钢管混凝土结构在高层建筑中也逐渐得到广泛应用。

我国高层建筑早期多为单一用途,为适应建筑功能需要,开始向多用途、多功能发展,高层建筑平面布置和立面体型日趋丰富,结构平面形式也开始多样化,有三角形、梭形、圆形、弧形,以及多种形式组合的平面形式。

9.1.2 高层建筑的分类

1. 按层数及高度分类

世界各国对高层建筑的划分标准不一,例如在美国,24.6 m(或7层)以上的建筑为高层建筑;在日本,31 m(或8层)及以上的建筑为高层建筑;在英国,24.3 m及以上的建筑为高层建筑。

1972年,国际高层建筑会议将高层建筑分为4类:第一类为9~16层(最高50 m),第二类为17~25层(最高75 m),第三类为26~40层(最高100 m),第四类为40层以上(高于100 m)。

目前,我国对高层建筑的定义如下。

(1)根据《建筑设计防火规范》(GB 50016—2014)(2018年版)规定:高层建筑是建筑高度大于27m的住宅建筑和建筑高度大于24m的非单层厂房、仓库和其他民用建筑。

(2)根据《民用建筑设计统一标准》(GB 50352—2019)规定:建筑高度超过100m时,不论住宅及公共建筑均为超高层建筑。

(3)根据《高层建筑混凝土结构技术规程》(JGJ 3—2010)规定:本规程适用于10层及10层以上或房屋高度超过28m的高层民用建筑。按此规定,10层及10层以上即算高层建筑。

2. 按防火要求分类

根据建筑物使用性质、火灾危险性、疏散及扑救难度等因素分类。《建筑设计防火规范》(GB 50016—2014)(2018年版)将高层民用建筑分为一类高层民用建筑与二类高层民用建筑,详见表9-1。

表9-1 高层民用建筑的分类

名称	高层民用建筑	
	一类	二类
居住建筑	建筑高度大于54m的住宅建筑(包括设置商业服务网点的住宅建筑)	建筑高度大于27 m,但不大于54 m的住宅建筑(包括设置商业服务网点的住宅建筑)
公共建筑	(1)建筑高度大于50m的公共建筑; (2)建筑高度24 m以上部分任一楼层建筑面积大于1000 m² 的商店、展览、电信、邮政、财贸金融建筑和其他多种功能组合的建筑; (3)医疗建筑、重要公共建筑; (4)省级及以上的广播电视和防灾指挥调度建筑、网局级和省级电力调度建筑; (5)藏书超过100万册的图书馆、书库	除一类高层公共建筑外的其他高层公共建筑

9.1.3 高层建筑高度计算

当为坡屋面时,建筑高度应为建筑物室外设计地面到其檐口的高度;当为平屋面(包括有女儿墙的平屋面)时,建筑高度应为建筑物室外设计地面到其屋面面层的高度,如图 9-4 所示;当同一座建筑物有多种屋面形式时,建筑高度应按上述方法分别计算后取其中最大值。局部突出屋顶的瞭望塔、冷却塔、水箱间、微波天线间或设施、电梯机房、排风和排烟机房以及楼梯出口小间等,可不计入建筑高度内。

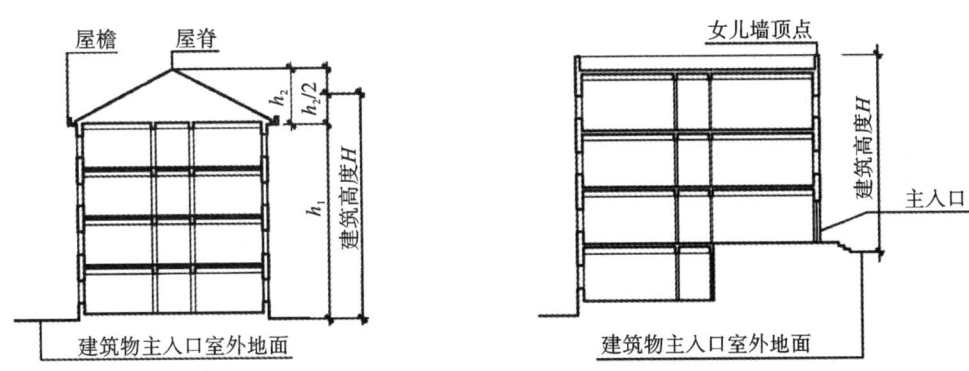

图 9-4 坡屋面与平屋面建筑高度计算示意图

9.1.4 高层建筑发展中存在的问题与趋势

高层建筑丰富了城市空间,节约了用地,综合适用,促进了新型材料、新型结构的发展,也促进了建筑技术迅猛发展,形成了规模巨大的城市综合体。但是,随着建筑环境尺度的增长,高层建筑与城市环境之间的相互作用日益密切。高层建筑作为巨大的人工构筑环境,对建设基地原有生态环境带来的影响是不容忽视的问题——阳光、阴影、高层周围的气流、与环境的协调性(指与地形、地貌、景观、周围建筑的协调性等)等方面,都迫使城市建设法规和建筑师的设计策略作出响应。随着国际式方盒子迅速流传的玻璃幕墙,在响应建筑外墙工业化的同时,也带来了城市风貌特色的缺失。并且,大规模的玻璃幕墙所带来的光污染和建筑节能的难题,正逐渐被设计者、使用者和管理部门所重视。使用者的心理舒适度需求也对高层建筑的环境控制提出了更多的要求,需要高层建筑向人性化、自然化方向发展。

随着社会人口的不断增加,用地会越来越紧张。世界上尤其是亚洲的高层建筑的发展势头还将持续下去,成为高层建筑的新橱窗。建筑的体型也将更加复杂和多样化、智能化、生态化、摩天化、动人化。结构体系也绝不会停留在原有的几种形式上,随着科学技术的发展,为更好地满足建筑的功能和建筑艺术上的需求,人们将会创造出更多、更新、更符合自身需求的结构体系。高层建筑设计,也将更多地采用计算机分析和绘图,并编制出集建筑、结构、设备、电气于一体的集成化程序,使高层建筑的设计更加趋于完善和快捷。高层建筑的发展,充分显示了科学技术的力量,使建筑师从过去强调艺术效果转向重视建筑特有功能与技术因素。未来的高层建筑将朝着技术功能先进和艺术完美相结合的方向发展。

9.2　高层建筑结构与造型

9.2.1　高层建筑结构形式

高层建筑根据建筑材料可划分为以下结构形式。

1. 砌体结构

普通砌体结构承载力较低、自重大、抗震性能差,在我国主要用于多层民用建筑和单层厂房。

配筋砌体结构的出现改变了无筋砌体承载力低、延性差的缺点,使其受力性能大为改善,并扩大了它的应用范围。由于配筋砌体结构具有节省钢材、降低工程造价等优势,因而在国外特别是在美国得到了广泛的应用,美国已建造了大量的配筋砌块中高层建筑。我国也建成了一些配筋砌体结构高层建筑,层数已达 18 层。

2. 钢筋混凝土结构

同砌体结构相比,钢筋混凝土结构具有承载力高、刚度好、抗震性能好等优点,且其耐火性能、耐久性能良好,材料的来源也很丰富,因此,它仍然是目前我国高层建筑中运用最为广泛的结构形式。

但钢筋混凝土结构自重大,构件断面大,施工周期较长且施工过程中湿作业多,其主要建筑材料基本不可再生循环,对环境的负面影响较大。因此,我国也在积极发展和应用钢结构及钢-混凝土混合结构等结构形式。

3. 钢结构

在高层建筑发展初期,钢结构是主要的结构形式,至今也是西方国家高层建筑普遍采用的结构形式。钢结构体系具有自重轻、构件断面小,安装简便、施工周期短、抗震性能好、环境污染小等综合优势,从环境保护的观点看,普遍认为它是对环境影响最小的结构形式之一。但钢结构用钢量大、耐火性能差、造价较高,其选择应遵循经济、性能、技术综合评价的原则。

4. 钢-混凝土混合结构

钢结构具有截面小、工期短、使用空间大等优点;钢筋混凝土结构具有刚度大、用钢量小、造价低、防火性能好等优点。钢-混凝土混合结构一般由钢筋混凝土筒体或剪力墙以及钢框架组成抗侧力体系,以刚度很大的钢筋混凝土部分承受风力和地震作用,钢框架主要承受竖向荷载,这种混合结构可以充分发挥两种结构材料各自的优势,达到良好的技术经济效果。

同钢结构相比,钢-混凝土混合结构用钢量少、造价低,更适合我国国情。

9.2.2　高层建筑结构体系

高层建筑的
结构与选型

1. 高层建筑的结构受力特征

高层建筑整个结构的简化计算模型就是一根竖向悬臂梁,受竖向荷载和水平荷载的共同作用。

高层建筑结构分水平、竖向承重结构,水平承重结构主要承担风荷载和水平地震作用,竖向承重结构主要承担以重力为代表的竖向荷载。在低层建筑中,一般是竖向荷载控制着结构设计;在高层建筑中,尽管竖向荷载仍对结构设计产生重要影响,但水平荷载却往往起着决定性的作用。随着建筑层数的增多、建筑高度的增加,水平荷载更加成为结构设计的控制因素。

高层建筑结构设计不仅要求结构有足够的承载力,还要有足够的抗侧移刚度,使结构在水平荷载作用下的侧移被控制在一定限度之内,这是因为侧移与高层建筑的安全和使用都有密切关系。

高层建筑的抗震设计要求建筑物达到"小震不坏、大震不倒"的标准。这就要求结构具有一定的塑性变形能力,即结构的延性。为了使结构具有较好的延性,需要从结构材料、结构体系、结构总体布置、构件设计、节点连接构造等方面采取恰当的措施来保证。

2. 高层建筑结构体系分类

因为水平荷载成为高层建筑结构设计的控制因素,所以需要设置抵抗水平荷载的抗侧力体系,它应有足够的强度、刚度和延性。根据抗侧力体系各自的特点,又形成了不同的高层建筑结构体系。其基本体系可分为纯框架体系、纯剪力墙体系和筒体体系。

(1)纯框架体系。

整个结构的纵向和横向全部由框架单一构件组成的体系称为纯框架体系,如图 9-5 所示。框架既承担重力荷载,又承担水平荷载。在水平荷载作用下,该体系强度低、刚度小、水平位移大,称为柔性结构体系。

图 9-5　纯框架体系

纯框架体系在高烈度地震区不宜采用,目前,主要用于 10~12 层的商场、办公楼等建筑。如果建筑高度过高,就要靠加大梁、柱截面来抵抗水平荷载。该体系的优点是建筑平面布置灵活,可提供较大的内部空间,使建筑平面布置受限制较少。

框架梁、柱的截面常为矩形,也可根据需要设计成 T 形、I 形及其他形状。为了提高房屋净高,框架梁可设计成花篮形截面。

柱网布置应满足使用要求,并使结构布置合理、受力明确、施工方便,应在经过经济、性能、技术等的综合比较后,选择合适的柱网。纯框架体系根据楼板布置的不同又可分为横向框架承重、纵向框架承重和纵横向框架承重,如图 9-6 所示。

根据我国国情,框架梁的跨度为 4~9 m,过大和过小都不经济。梁截面高度(h)可根据梁跨度(L)来估算,一般 $h=(1/15\sim1/10)L$。梁宽 $b=(1/3\sim1/2)h$,但不宜小于 200 mm。柱截面高度一般不宜小于 300 mm(矩形截面)或 350 mm(圆形截面),柱截面的高宽比不大于 3。

(2)纯剪力墙体系。

纯剪力墙体系是指该体系中竖向承重结构全部由一系列横向和纵向的钢筋混凝土剪力墙所组成,如图 9-7 所示。剪力墙不仅承受重力荷载作用,而且还要承受风、地震等水平荷载的作用,该体系侧向刚度大、侧移小,属于刚性结构体系。

从理论上讲,该体系可建造上百层的民用建筑(如朝鲜平壤的柳京大厦),但从技术经济的角度来看,地震区的剪力墙体系一般控制在 35 层、总高 110 m 以内为宜。由于剪力墙的间距比较小,一

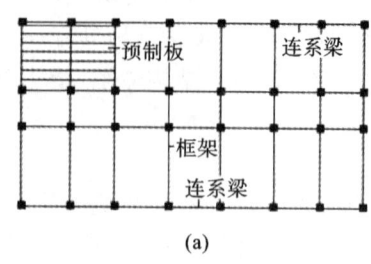 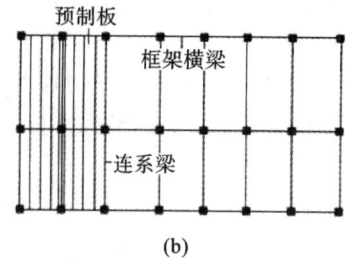 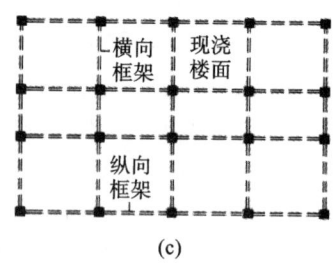

(a)   (b)   (c)

图 9-6　纯框架体系分类

(a)横向框架承重;(b)纵向框架承重;(c)纵横向框架承重

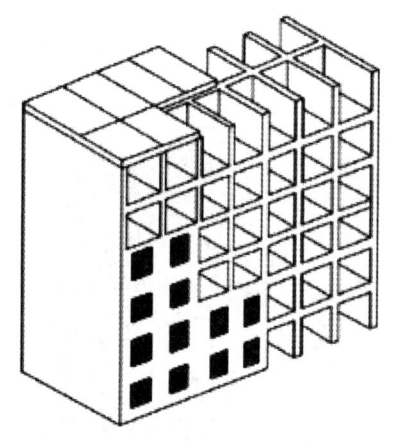

图 9-7　纯剪力墙体系

一般为 3~6 m,所以建筑平面布置不够灵活,使用受到限制。像高层公寓、高层宾馆等空间要求较小、分隔墙较多的建筑比较适合采用这种体系。近年来,随着结构水平的不断提高,剪力墙的间距逐步扩大为 6~8 m,从而使剪力墙体系在高层住宅、高层办公建筑中也获得更多的应用。

剪力墙宜双向布置,在抗震设计中则必须沿双向布置,应避免仅单向有墙的结构布置形式。剪力墙宜自下而上连续布置,避免刚度突变。剪力墙上的门窗洞口宜上下对齐,成列布置,尽量避免不规则洞口的出现。

纯剪力墙结构布置中根据剪力墙的方向可分为横向布置剪力墙、纵向布置剪力墙及纵横向布置剪力墙。横向布置剪力墙结构刚度好,但空间小,多用于高层住宅和旅馆;纵向布置剪力墙可以获得较大的空间,但结构刚度差;纵横向布置剪力墙结构整体刚度均匀,具有更强的适应力。

(3)筒体体系。

筒体体系由框架或剪力墙合成竖向井筒,并以各层楼板将井筒四壁相互连接起来,形成一个空间构架。筒体体系比纯框架体系或纯剪力墙体系的空间刚度大得多,在水平荷载作用下,整个筒体就像一根粗壮的拔地而起的悬臂梁把水平力传至地面。筒体体系不仅能承受竖向荷载,而且能承受很大的水平荷载。另外,筒体体系所构成的内部空间较大,建筑平面布局灵活,因而能适应多种类型的建筑。

筒体可分为实腹式筒体和空腹式筒体,由剪力墙围合成的筒体称为实腹式筒体,或称墙式筒体(墙筒),由密集立柱围合成的筒体则称为空腹式筒体,或框架式筒体(框筒)。

单个筒体很少独立使用,一般是多个筒体相互嵌套或积聚成束使用(如筒中筒结构、束筒结构等),或者是与框架等结构结合使用(如框架-筒体结构),如图 9-8 所示。

筒体结构布置要点:筒体结构常用的平面形状有圆形、方形和矩形,也有椭圆形、三角形和多边形等。在矩形框筒体系中,长、短边长度比值不宜大于 1.5。框筒柱距不宜大于 3 m,个别可扩大到 4.5 m,但一般不应大于层高。横梁高度为 0.6~1.5 m。在筒中筒结构中,为保证外框筒的整体性,开窗面积不宜大于 50%,不得大于 60%。为保证内外筒共同工作,内筒长度不应小于外筒长度的 1/3;同样,内筒宽度也不应小于外筒宽度的 1/3。

(4)体系组合。

根据建筑功能的需要和结构受力的特点,可将上述基本体系重新组合,形成框支剪力墙、框架-

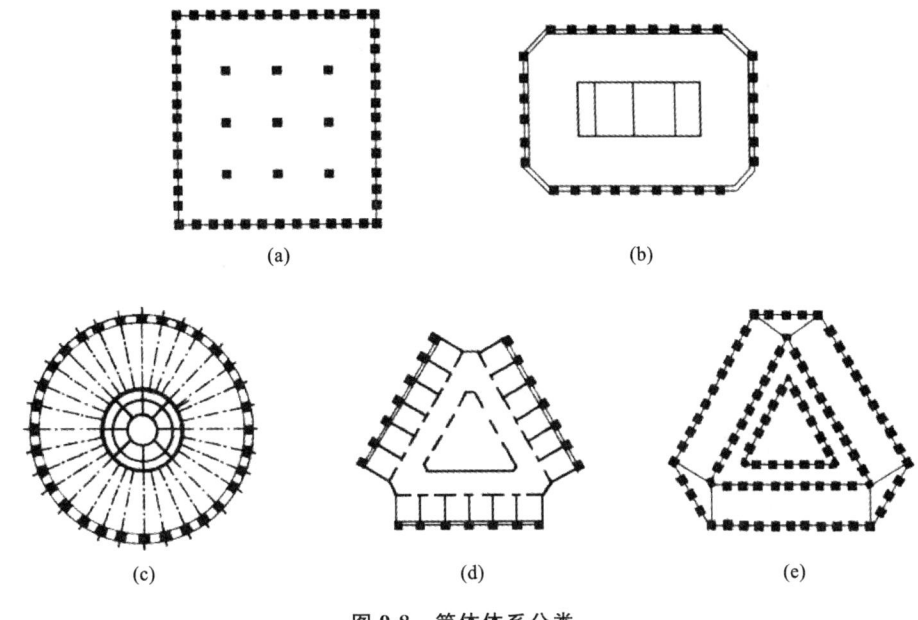

图 9-8　筒体体系分类

(a)方形外筒内框架;(b)矩形内筒外框架;(c)圆形筒中筒;(d)三角形内筒外剪力墙;(e)多边形筒中筒

剪力墙、框架-筒体、筒中筒、束筒等结构体系。

①框支剪力墙体系。

该体系在高层旅馆、高层综合楼中运用较多。它们共同的特征就是建筑上部为客房、住宅等小空间;底部为商场、门厅、地下车库等大空间。因此建筑上部采用剪力墙结构,下部采用框架体系来满足建筑功能对空间使用的要求。

该体系上部刚度大、底部刚度小,上下刚度在交接处产生突变。在设计时,应注意增加底部框架的刚度和承载力,缩小建筑上下的刚度差距。通常将上部结构中的一部分剪力墙延伸至底部大空间,以增加下部结构的刚度。为了方便建筑平面布置,落地剪力墙可集中布置在大空间区域的两端或形成较为独立的区域。

工程实例:中国大饭店(图 9-9、图 9-10),总建筑面积约 9.5 万平方米,地上 21 层,地下 2 层,高 76 m。该建筑为东西长 117 m、南北宽 21 m 的弧形建筑,底层层高为 6 m,标准层层高为 2.95 m。该大楼按 8 度抗震设防。主体结构采用框支剪力墙体系,4 层以上为钢筋混凝土横向剪力墙体系,3 层以下为框架-剪力墙体系,第 4 层楼板为转换层楼盖,并在房屋的两端各设置两道加厚的钢筋混凝土落地墙。

②框架-剪力墙体系。

框架-剪力墙体系是在框架体系的基础上增设一定数量的纵、横向剪力墙,并与框架连接而形成的结构体系。建筑的竖向荷载由框架柱和剪力墙共同承担,水平荷载则主要由刚度较大的剪力墙来承担。该体系将框架体系和剪力墙体系结合起来,融为一体,取长补短,使整个结构体系的刚度适当,并能为建筑设计提供较大的自由度。所以,在高层建筑的各种结构体系中,该体系经济有效、应用范围广。与框架结构相比,它能用于层数更多的高层建筑。

在框架-剪力墙体系中,框架结构的布置方法和纯框架结构相同,剪力墙的布置应符合以下原则。

a.剪力墙是该体系中的主要抗震构件,应沿建筑平面的两个主轴方向布置,保证可以承担来自

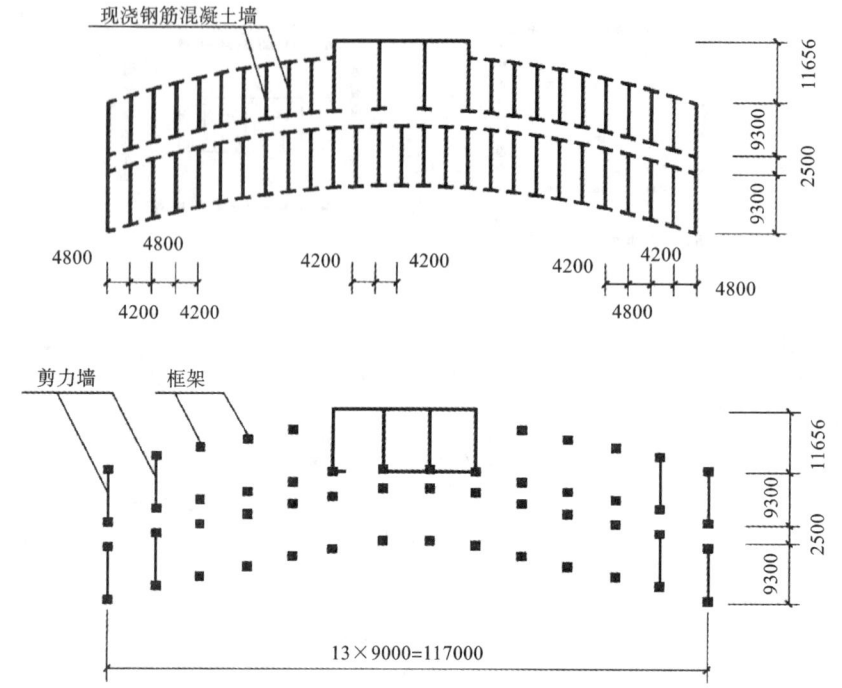

图 9-9　中国大饭店结构平面图(单位:mm)

图 9-10　中国大饭店实景图

任何方向的水平地震作用。

b. 剪力墙的数量要适当。剪力墙过多,刚度太大,不经济;剪力墙过少,刚度不足,不符合设计要求。

c. 每个方向剪力墙的布置均应尽量做到分散、均匀、周边、对称四准则。

工程实例:上海华亭宾馆(图 9-11、图9-12),主楼建筑面积达 8 万余平方米,地下 1 层,地上29 层,总高度 90 m。其平面形式为由两段弯曲方向相反的圆弧所组成的 S 形,抗震设防烈度为 6 度,主楼 6 层以上为客房,5 层为技术设备层,4 层以下为公用部分。主体结构采用以纵、横承重墙为主,纵向框架为辅的框架-剪力墙体系。

③框架-筒体体系。

由筒体和框架共同组成的结构体系称为框架-筒体体系。筒体是一个立体构件,具有很大的抗侧移刚度和承载力,并是该体系的主要抗侧力构件,承担了绝大部分的水平荷载,而框架主要承担重力荷载。从建筑平面布置来看,通常将所有服务用房和公用设施都集中布置于筒体内,以保证框架大空间的完整性,从而有效地提高建筑平面的利用率。

根据筒体的数量和位置,可将框架-筒体体系分为核心筒-框架体系和多筒-框架体系两类。

核心筒-框架体系:指将筒体布置在建筑的核心部分,并在外围布置框架的结构体系,如图 9-13 所示。

多筒-框架体系:两个端筒+框架形式,如图 9-14(a)所示;核心筒+端筒+框架形式,如图 9-14(b)所示;核心筒+角筒+框架形式,如图 9-14(c)所示。前一类型的特点是可以在建筑中部获得开

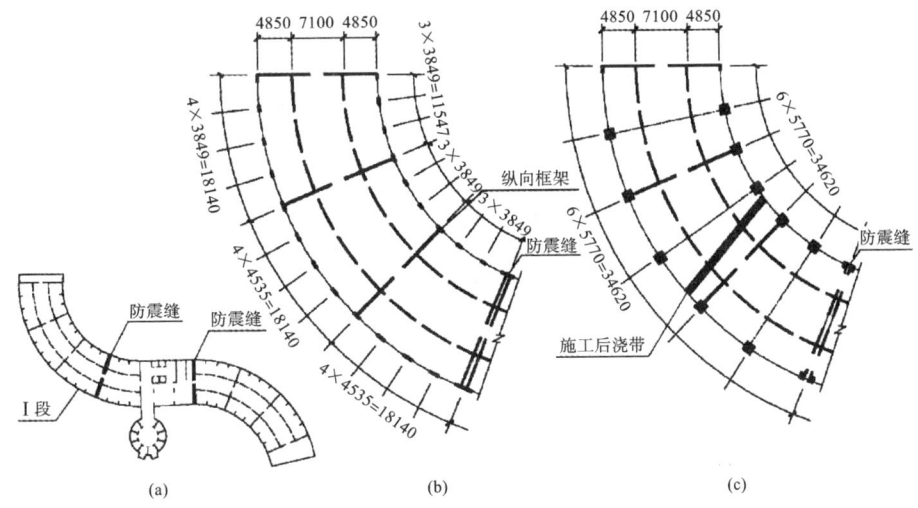

图 9-11 上海华亭宾馆结构平面图(单位:mm)

(a)建筑平面;(b)标准层结构平面;(c)1~4 层结构平面

敞大空间,中间类型适用于平面形状比较狭长的高层建筑,后一类型适用于平面尺寸较大的各种多边形高层建筑。

在该体系中,由于筒体的存在,它的刚度大大加强,能抵抗更大的侧向力的作用。同时,该体系能充分有效地利用建筑面积,具有良好的技术经济指标。其中,核心筒-框架体系主要用于平面形状比较规整,并采用核心式建筑平面布置的方案。而多筒-框架体系有多个筒体,适应力更强,但平面利用率也会因有多个筒体而有所降低。

图 9-12 上海华亭宾馆实景图

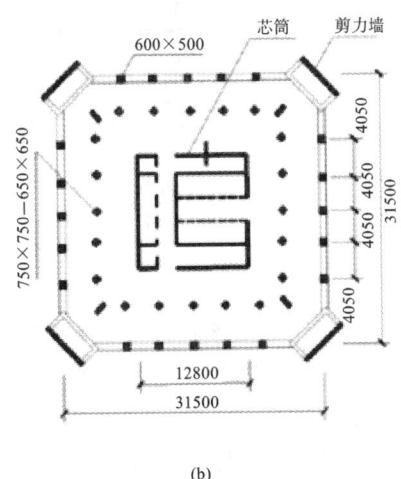

图 9-13 南京金陵饭店及标准层结构平面图(单位:mm)

(a)实景图;(b)标准层结构平面图

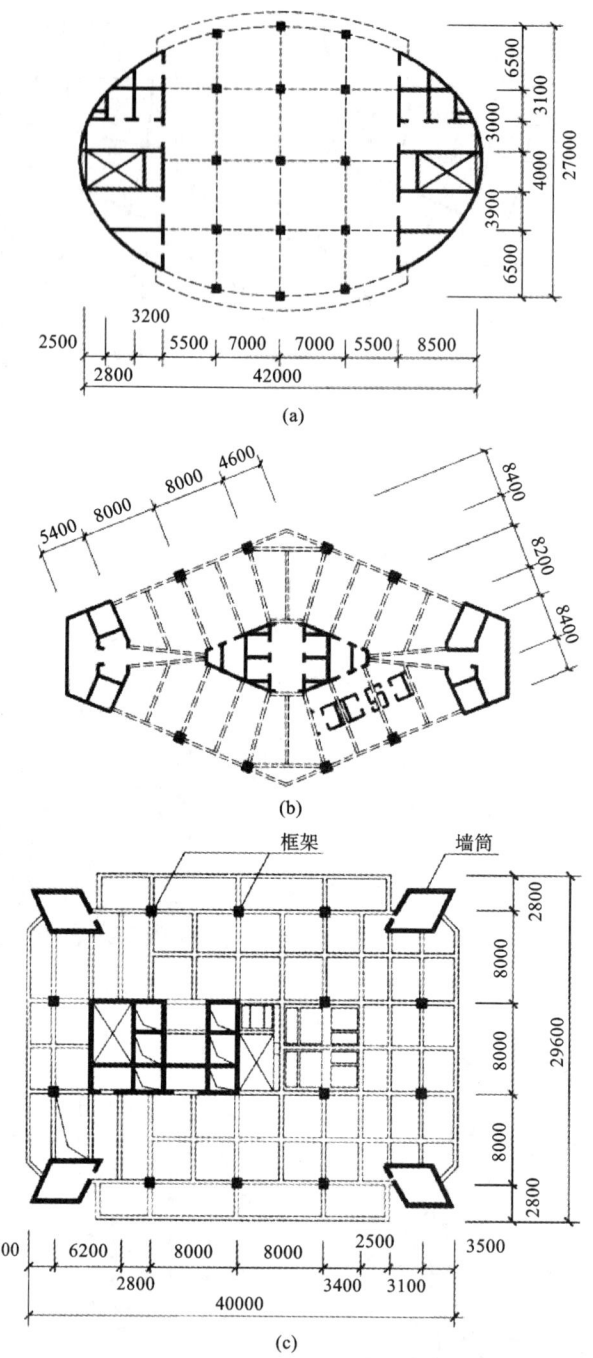

图 9-14   多筒-框架体系结构平面图示例(单位:mm)

(a)兰州工贸大厦标准层结构平面图;(b)深圳北方大厦标准层结构平面图;(c)深圳中国银行大厦标准层结构平面图

④筒中筒体系。

由两个及两个以上的筒体内外嵌套所组成的结构体系称为筒中筒体系。根据筒体嵌套数量的不同,筒中筒体系又分为二重筒体系、三重筒体系等。在钢筋混凝土高层建筑中,核心筒一般布置成辅助房间和交通空间,多采用实腹墙筒,外筒一般都采用由密柱深梁型框架围成的空腹框筒,以满足建筑设计的需要。

筒中筒结构形成的内部空间较大,加上其抗侧力性能好,特别适用于建造办公、旅馆等多功能的超高层建筑。一般情况下,该体系用于 30 层以下的建筑是不经济的,也是不必要的。因筒中筒体系是几重筒体共同作用,故它比单筒的抗侧力性能要好得多。一般来讲,外圈的框筒具有很大的整体抗弯能力,但它的抗剪能力不高;内圈的墙筒抗弯能力比框筒小,但它的抗剪能力很强。二者配合,相得益彰。其结构设计的要点是加强几重筒体之间的协同作用。

工程实例:广东国际大厦主楼(图 9-15),采用方形平面,地下 2 层,地上 62 层,高 196 m。内筒为实腹墙筒,外筒为空腹框筒。角柱采用八字形截面,加强了角部的整体性。楼板采用 220 mm 厚无黏结预应力平板,层高仅为 3 m。

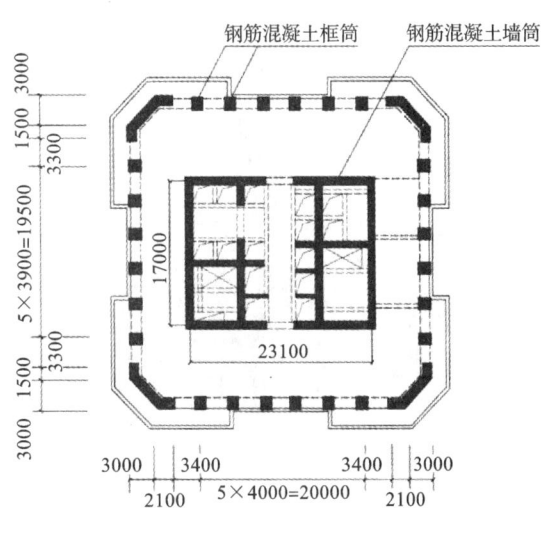

图 9-15 广东国际大厦主楼及其标准层结构平面图(单位:mm)

⑤束筒体系。

束筒体系是由两个及两个以上框筒并列连接在一起的结构体系,束筒中的每一个框筒单元,可以是圆形、方形、矩形、三角形、梯形、弧形或其他任何形状,而且每一个单筒都可以根据实际需要,在任何高度处终止,而不影响整个结构体系的完整性,如图 9-16 所示。

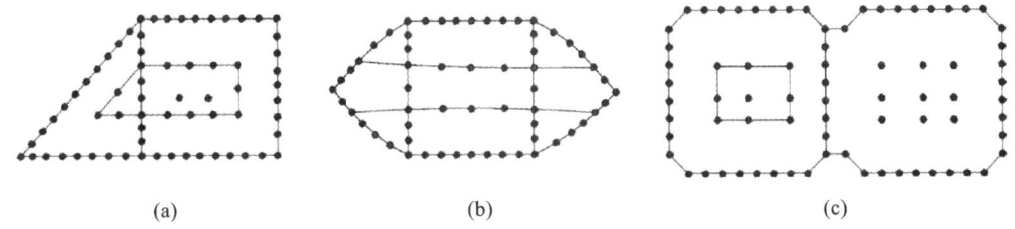

(a)   (b)   (c)

图 9-16 束筒体系结构平面图示例

和框筒体系相比,束筒体系在抗弯能力、抗剪能力和抗侧移刚度方面均得到了较大提高。而且,束筒体系建筑设计更加灵活多变,应用范围也更广。一方面,它适用于各种平面形式,而框筒体系一般要求平面形状具有双对称轴,所以平面形状以圆形、方形、正多边形为主。另一方面,它对形体的制约也较少,例如在框筒体系中,矩形平面长边和短边之比应不大于 1.5,并且边长不大于 45m,而束筒体系则没有此限制,而且它的立面开洞率比框筒体系要大,这就为建筑造型创造了更好的条件。一般来说,束筒体系可用于高烈度区 110 层以下的高层建筑。

　　工程实例:美国芝加哥西尔斯大厦(图 9-17),108 层,高 443 m,建筑底层平面尺寸为 68.6 m×68.6 m,高宽比为 6.5。

图 9-17　西尔斯大厦实景图及结构示意图

　　该建筑所采用的束筒体系的构成是:在外圈大框筒的内部,按井字形沿纵、横两个方向分别设置密柱型框架,将一个大框筒分隔成 9 个并联的子框筒,每个子框筒的平面尺寸均为 22.9 m×22.9 m,内、外框架的柱距均为 4.57 m。按照各楼层使用面积向上逐渐减少的要求,到第 51 层时,减去对角线上的两个子框筒;到第 67 层时,再减去另一对角线上的两个子框筒;在第 91 层以上,再减去三个子框筒,仅保留两个子框筒到顶。

9.2.3　高层建筑结构的发展趋势与建筑造型

　　虽然,对于高层建筑存在很多争论,但由于世界人口不断增加,可利用土地资源不断减少,高层建筑并未停止它前进的步伐,特别是在发展中国家,这一趋势更加明显。

　　在 21 世纪,高层建筑继续向着更高的高度、更大的体量和更加综合的功能发展,对高层建筑结构提出了更高的要求。在确保结构安全的前提下,为了进一步节约材料和降低造价,结构设计概念在不断更新,呈现出以下几种发展趋势。

　　1. 竖向抗侧移体系支撑化、周边化和空间化

　　因为水平荷载成为高层建筑结构设计的控制性因素,所以它要解决的核心问题是建立有效的竖向抗侧移体系,以抵抗各种水平力。在高层建筑抗侧移体系的发展过程中有一个从平面体系发展到立体体系的演化过程,即从框架体系到剪力墙体系,再到筒体体系。

　　但随着建筑高度的不断增加,体量的不断加大以及建筑功能的日趋复杂,即使是空心筒体体系也满足不了高层建筑不断发展的要求。特别是当建筑平面尺寸较大或柱距较大时,它的受力性能就大为减退。为改善这一情况,在框筒中增设支撑(图 9-18),或斜向布置抗剪墙板(图 9-19),成为强化空心筒体的有力措施。美国芝加哥翁泰雷中心就是结构支撑化的典型范例。

过去的高层建筑常将抗侧移构件布置在建筑物中心或分散布置,由于高层建筑的层数多、重心高,地震时很容易发生扭转。现在高层建筑抗侧移构件的布置逐渐转向沿房屋周边布置,以便提供足够的抗扭力矩。此外,还出现了另一种趋势,即把抵抗倾覆力矩的构件,向房屋四角集中,在转角处形成一个巨柱,并利用交叉斜杆连成一个立体支撑体系,由于巨大的角柱在抵抗任何方向倾覆力矩时都具有最大的力臂,从而更能充分发挥结构和材料的潜力。同时,构件沿周边布置还可以形成空间结构,能抵抗更大的倾覆力矩。贝聿铭设计的香港中国银行大厦(图 9-20)就是此种趋势的反映。

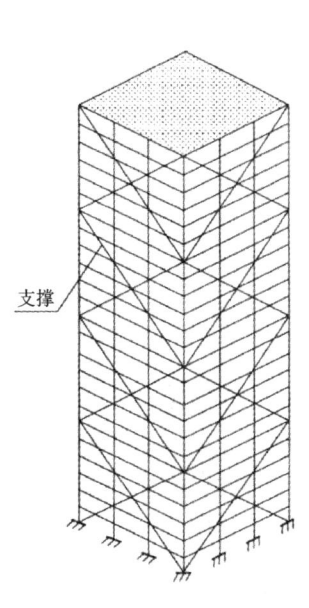

图 9-18 支撑框筒

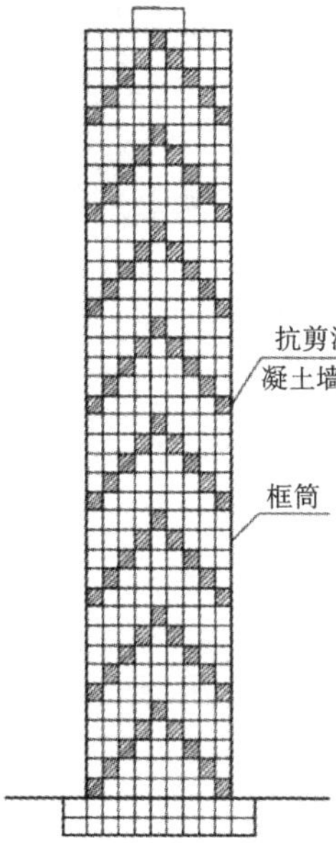

图 9-19 带抗剪墙板的框筒体系

抗剪混凝土墙板

框筒

图 9-20 香港中国银行大厦

2. 建筑体型的革新变化

过去的高层建筑的体型比较规则单一,被人们俗称为"方盒子",而现在高层建筑的体型越来越丰富了,这是来自城市规划和建筑造型的需要,而且结构分析水平的提高也为此提供了有力的保障,最后,超高层建筑的出现为建筑体型的革新变化提供了机遇。

日本东京拟建的 Millennium Tower[图 9-21(a)],高 800 m,采用圆锥状体形,底面周长 600 m,可容纳 5 万居民,由英国建筑师福斯特设计方案。圆锥体造型在高层建筑结构上有突出的优点:①具有最小的风荷载体型系数;②上部逐渐缩小,减少了上部的风荷载和地震作用,从而缓和了超高层建筑的倾覆问题;③倾斜外柱轴向力的水平分力,可以抵消部分水平荷载。

联体高层建筑在国内外都得到了较多的应用,如马来西亚佩重纳斯双塔[图 9-21(b)]、日本大阪梅田大厦[图 9-21(c)]等。

联体结构将各独立建筑通过连接体构成一个整体,使高层建筑结构特征由竖向悬臂梁改变成为巨型框架,从而提高刚度,减小侧移。联体高层建筑适合将体型、平面和刚度相同或相近的独立结构连接成整体,宜采用双轴对称的形式,连接部分与主体之间宜采用刚性连接,并应加强连接部分的构造措施。

3. 轻质高强材料的运用

随着建筑高度的增加,结构面积所占的比例愈来愈大,建筑经济性的问题突出。同时,建筑越高、自重越大,引起的水平地震作用就越大,对高层建筑结构十分不利。而且,过于笨重的结构构件也限制了建筑师创作的自由,影响了建筑的美观。因此,在高层建筑中采用各种高强材料(如高强

(a)　　　　　　　　　　　(b)　　　　　　　　　　　(c)

图 9-21　高层体型变化典例

(a)东京拟建的 Millennium Tower；(b)马来西亚佩重纳斯双塔；(c)日本大阪梅田大厦

钢、高强混凝土等)和各种轻型材料(如轻骨料混凝土、轻型隔墙、轻质外墙板等)已越来越多。

　　从高强混凝土的使用情况来看，国外高强混凝土的应用较早，混凝土的强度等级已经达到 C80～C120。在型钢混凝土结构中，强度可以达到 C135。在一些特殊工程中，甚至采用了 C400 的高强混凝土。如在美国西雅图市的联合广场 2 号大楼(1990 年)采用了钢管混凝土柱，其直径 3.05 m 的钢柱内就填充了 C135 的高强混凝土。国内高强混凝土的运用较晚，但发展很快，在已建成的 20～30 座高层建筑中，都采用了 C60～C80 的高强混凝土。深圳的贤成大厦、广州的中天广场和上海的金茂大厦都采用了 C60 的高强混凝土。

　　除高强混凝外，轻骨料混凝土和高性能混凝土也是结构材料的发展方向。如美国休斯敦贝壳广场 1 号大厦，高 218 m，共 52 层，于 1971 年建成，采用的轻质高强混凝土的重度仅为 18 kN/m^3，折算为荷载大约 6kN/m^2，不到我国高层建筑混凝土自重(15～18kN/m^2)的一半。

9.3　高层建筑楼盖构造

　　在高层建筑中，楼盖不仅是支撑重力荷载的结构构件，也是传递水平力、保证各种抗侧力构件协同工作的重要构件。楼盖结构不仅应满足承载力、刚度以及传递水平力的需要，还要满足建筑使用功能和内部空间的要求。同时，它还与楼层的净空高度、建筑层数及总建筑高度密切相关，还应满足建筑防火的要求并方便各种设备管线的安装。

9.3.1　高层建筑楼盖结构形式

　　高层建筑常用楼盖结构形式有：肋梁楼盖结构、无梁楼盖结构、叠合板楼盖结构和压型钢板组合楼盖结构等。

　　(1)肋梁楼盖由主、次梁和楼板组成，楼板可以是单向板也可以是双向板，通常采用现浇板，也可采用预制板和装配整体式楼板。当肋距为 0.9～1.5 m，并采用现浇板时，就成为密肋楼盖，它又可分为单向密肋楼盖和双向密肋楼盖，主要适用于中等或大跨度的公共建筑。普通混凝土密肋楼盖跨度不大于 9 m，预应力混凝土密肋楼盖跨度不大于 12 m。

　　(2)无梁楼盖没有梁，现浇板直接支撑在竖向结构构件上。根据结构和建筑的需要可以设计成有柱帽和无柱帽的形式。普通混凝土无梁楼盖有柱帽时跨度不宜大于 9 m，无柱帽时跨度不宜大于 7 m,预应力混凝土无梁楼盖跨度不宜大于 12 m。由于无梁楼盖的板、柱节点抗震性能差,所以常应用于带有剪力墙的板柱结构和板柱筒体结构中。

(3)叠合板楼盖宜采用预制的预应力薄板作为叠合板的底板,并兼作底模,与上部现浇层共同作用形成叠合板楼盖。叠合板楼盖的最大跨度可达到 7.5 m,适用于有抗震设防和非抗震设防设计的高层建筑。但预制预应力薄板叠合板楼盖不适用于有机器设备振动的楼盖。

在高层建筑中,一般楼层现浇楼板厚度不应小于 80 mm,当板内需要敷设管线时,板厚不宜小于 100 mm,顶层楼板厚度不宜小于 120 mm,转换层楼板不宜小于 180 mm。

(4)压型钢板组合楼盖是以截面为凹凸形的压型钢板为底板,并在其上现浇混凝土面层组合形成的楼盖,如图 9-22 所示。

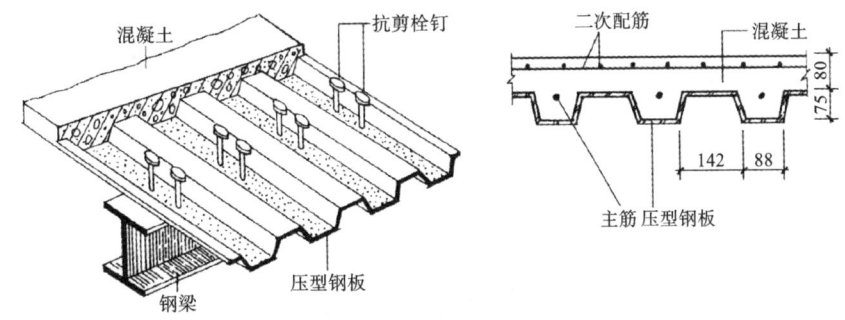

图 9-22 压型钢板组合楼盖示意图(单位:mm)

压型钢板组合楼盖在钢结构高层建筑及钢-混凝土混合结构高层建筑中应用广泛,它的主要特点是:适应主体钢结构快速施工的要求,不需要再设置模板体系,便于在板内敷设设备管线,但造价会有一定程度的增加,且解决压型钢板的防腐、防火问题也会增加投资。

根据受力特点,压型钢板-现浇混凝土组合楼盖有两种:一种是压型钢板起受拉筋作用并与混凝土组合共同工作的组合楼盖,另一种是压型钢板仅作为现浇混凝土用的永久性模板的非组合楼盖。自 20 世纪 80 年代以来,我国高层钢结构建筑中也开始采用压型钢板组合楼盖。但目前国内钢结构高层建筑主要采用非组合楼盖,是因为受到国内生产压型钢板材料性能的限制,以及组合楼盖防火费用较高。

压型钢板组合楼盖与钢梁之间,以及压型钢板与现浇混凝土层之间必须有可靠的连接,以保证在水平荷载作用下的协同作用,主要的连接方式有:①依靠压型钢板的纵向波槽,如图 9-23(a)所示;②依靠压型钢板上的压痕和开的小洞等,如图 9-23(b)所示;③依靠压型钢板上焊接的横向钢筋,如图 9-23(c)所示;④在任何情况下,均应设置端部锚固件,如图 9-23(d)所示,常采用抗剪栓钉将锚固件焊接在钢梁和压型钢板上,将钢梁、压型钢板及现浇混凝土面层锚固成整体。

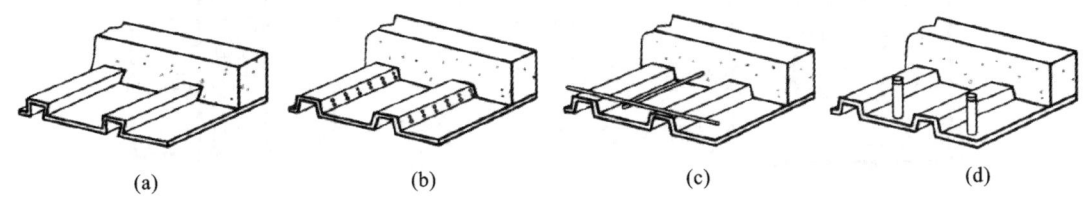

图 9-23 压型钢板组合楼盖连接构造

(a)纵向波槽连接;(b)压痕增强连接;(c)横向钢筋连接;(d)抗剪栓钉连接

随着技术的发展,压型钢板组合楼盖的跨度已可达 6 m,具有广泛的适应性。其总厚度不应小于 90 mm,现浇混凝土面层的厚度不应小于 50 mm。

9.3.2 高层建筑楼盖结构布置

高层建筑楼盖结构布置与建筑物的平面形状和结构体系有关。楼板的跨度由承重墙或柱的间距来确定,墙柱间距宜控制在楼板的经济跨度范围内。根据梁、板、柱(或墙)三者之间的支承关系及受力特点,可将楼板分别布置成单向板、双向板、无梁楼板、双向密肋板、单向密肋板等。图 9-24为高层建筑楼盖结构布置示意图。

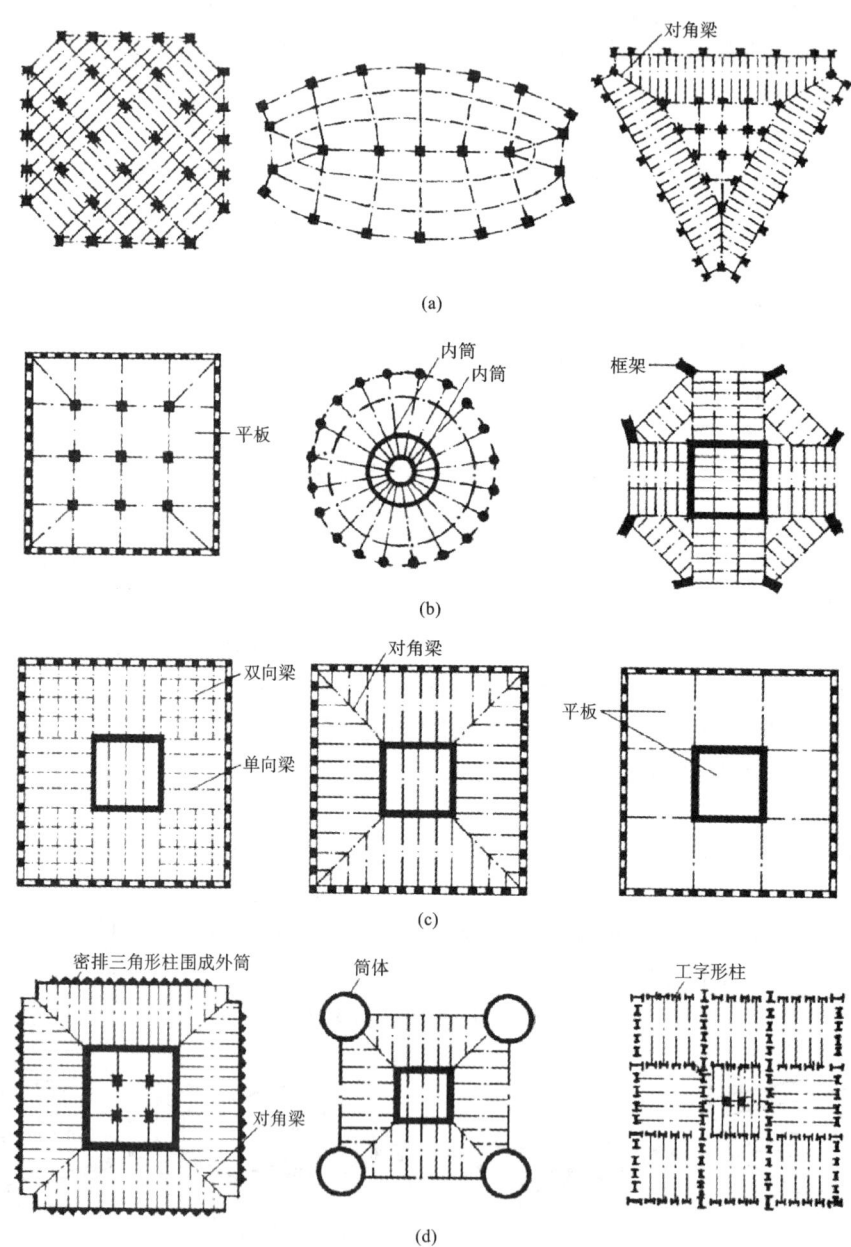

图 9-24 高层建筑楼盖结构布置示意图

(a)框架(八边形);(b)框架(椭圆形);(c)框架(三角形);(d)外筒内框架(方形);(e)外框架内筒(圆形);(f)外框架内筒(八边形);(g)筒中筒 1(方形);(h)筒中筒 2(方形);(i)筒中筒 3(方形);(j)筒中筒(缺角方形);(k)群筒组合(方形);(l)束筒(方形)

下面以方形筒体结构为例,介绍楼盖结构布置的方法。

在筒体结构中,布置楼盖结构时,单筒结构宜布置成双向肋梁楼板,使筒体受力均匀,并可提高楼层的有效净空高度。筒中筒结构楼盖布置常有三种方式。

第一种布置方式是当梁跨度为8~16 m之间时,可将梁两端直接支承在内外筒上,形成较大空间,使内外筒体形成整体的联系,在内外筒间的四个角部可布置成双向肋梁楼板,使整个筒体均匀受力,如图9-24(g)所示。

第二种布置方式是在内外筒之间沿对角线布置斜向大梁,然后垂直于筒体在内外筒之间布置次梁,如图9-24(h)所示。由于斜向大梁需要支撑次梁,而且是传递水平力的主要构件。因此,它的断面较大,对房屋的净高会有所影响。

第三种布置方式是在内外筒之间直接设置平板,不设梁,如图9-24(i)所示。这一做法施工简单,能充分利用层高,但由于受板跨度限制,故只能用于内外筒距离不大的平面中。否则板厚会增加,自重会增大。

从以上分析可以看出,高层建筑楼盖设计没有唯一的方式,它不仅应考虑结构设计的要求,还应与建筑使用功能、内部空间造型以及合理的经济技术性能等要素关联。

9.4 高层建筑外墙构造

9.4.1 高层建筑外墙的特点

外墙是高层建筑的重要围护结构,其面积相当于总建筑面积的20%~40%,费用占土建总造价的30%~35%,有的甚至高达50%。现代高层办公建筑大多采取常年开室内空调,以抵御高空气候变化大的影响,因而对外墙的保温隔热和防风雨等要求也相应提高。出于美观要求、耐久性要求和减轻建筑物自重等因素的考虑,高层建筑外墙多采用轻质薄壁的高档饰面材料。高层建筑外墙施工不但工作量大,而且又是高空作业,故多采取标准化、定型化、预制装配等构造方式,以减少现场作业量,加快施工速度。

9.4.2 高层建筑外墙类型

高层建筑外墙一般为非承重墙,它的重量由主体结构支承。根据构造形式和支承方式,外墙可分为填充墙和幕墙两类。

1. 填充墙

填充墙是用砖或砌块砌筑在结构框架梁柱之间的墙体,既可用于外墙,也可用于内墙。填充墙与框架之间应有可靠的连接,保证砌块的稳定性。填充墙属人工砌筑,取材容易,造价较低,根据我国情况,在层数不多的高层建筑中,仍有其较广泛的应用范围(图9-25)。

2. 幕墙

幕墙是以板材形式悬挂于主体结构上的外墙,犹如悬挂的幕而得名。幕墙构造具有如下特征:幕墙不承重,但要承受风荷载,并通过连接件将自重和风荷载传到主体结构。幕墙装饰效果好,安装速度快,施工质量也容易得到保证,是外墙轻型化、装配化的理想形式。

幕墙按材料不同可分为轻质幕墙和重质幕墙,轻质幕墙有玻璃幕墙、金属幕墙(图9-26)、纤维水泥板幕墙(图9-27)、复合板材幕墙等。钢筋混凝土外墙挂板则属于重质幕墙。

图 9-25 填充墙示例　　　　图 9-26 金属幕墙　　　　图 9-27 纤维水泥板幕墙

9.4.3 玻璃幕墙

玻璃幕墙是一种新型墙体,它将建筑美学、功能、技术和施工等因素有机地统一起来。玻璃幕墙建筑的外观可随着玻璃透明度的不同和光线的变化产生动态的美感。特别是随着高层建筑的发展,玻璃幕墙的使用更加广泛,世界许多著名的高层建筑都采用玻璃幕墙,如迪拜哈里发塔[图 9-28(a)]、上海环球金融中心[图 9-28(b)]、英国瑞士再保险公司大楼[图 9-28(c)]等。

玻璃幕墙的
分类及构造
要点

(a)　　　　　　　　　　(b)　　　　　　　　　　(c)

图 9-28 高层建筑玻璃幕墙

(a)迪拜哈里发塔;(b)上海环球金融中心;(c)英国瑞士再保险公司大楼

当然,玻璃幕墙也存在着一定的局限性,例如:光污染、能源消耗较大等问题。随着新材料、新技术的不断发展,这些问题是可以逐步解决或减轻的。

1. 玻璃幕墙分类

玻璃幕墙根据其承重方式不同分为框支承玻璃幕墙、全玻幕墙和点支承玻璃幕墙,如图 9-29

所示。框支承玻璃幕墙造价低,是使用最为广泛的玻璃幕墙。全玻幕墙通透、轻盈,常用于大型公共建筑。点支承玻璃幕墙不仅通透,而且展现了精美的结构,发展十分迅速。

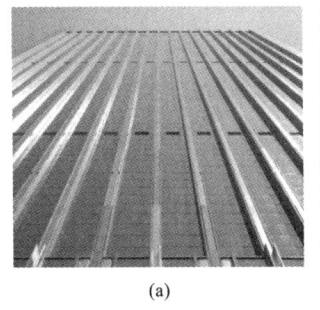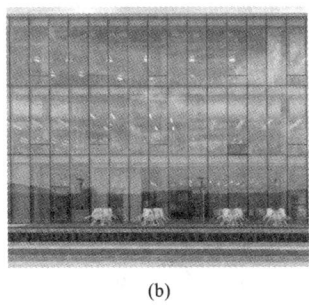

(a)   (b)   (c)

图 9-29 玻璃幕墙

(a)框支承玻璃幕墙;(b)全玻幕墙;(c)点支承玻璃幕墙

框支承玻璃幕墙是指玻璃面板周边由金属框架支承的玻璃幕墙。按其构造方式可分为:①明框玻璃幕墙,即金属框架的构件显露于面板外表面的框支承玻璃幕墙。②隐框玻璃幕墙,即金属框架的构件完全不显露于面板外表面的框支承玻璃幕墙。③半隐框玻璃幕墙,即金属框架的竖向或横向构件显露于面板外表面的框支承玻璃幕墙。

框支承玻璃幕墙按其安装施工方法可分为:①构件式玻璃幕墙,即在现场依次安装立柱、横梁和玻璃面板的框支承玻璃幕墙。②单元式玻璃幕墙,即将面板和金属框架(横梁、立柱)在工厂组装为幕墙单元,以幕墙单元形式在现场完成安装施工的框支承玻璃幕墙。

框支承玻璃幕墙可以现场组装,也可预制装配,而全玻幕墙和点支承玻璃幕墙则只能现场组装。

2. 构件式玻璃幕墙构造

构件式玻璃幕墙是在施工现场将金属边框、玻璃、填充层和内衬墙以一定顺序进行安装组合而成的。玻璃幕墙有两种方式通过边框把自重和风荷载传递到主体结构:一种是通过垂直方向的竖梃,另一种是通过水平方向的横档。采用后一种方式时,需将横档支撑在主体结构立柱上,由于横档跨度不宜过大,就要求立柱间距也不能太大,所以实际工程中并不多见,因而多采用前一种方式,如图 9-30 所示。

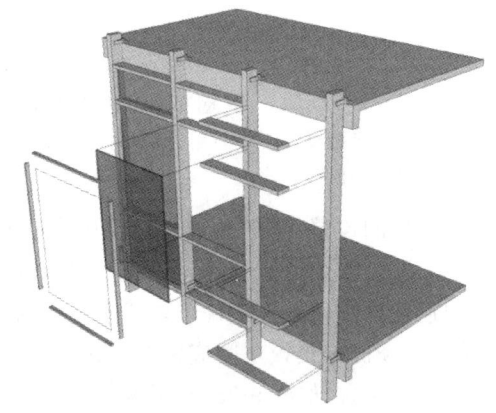

图 9-30 构件式玻璃幕墙

构件式玻璃幕墙施工速度较慢,但其安装精度要求不太高。目前,这种幕墙在国内应用较广,现就金属边框、玻璃、立面、内衬墙和细部构造等分别加以介绍。

（1）金属边框的断面与连接方式。

金属边框可用铝合金、铜合金、不锈钢等型材制作。铝合金型材易加工、外表美观、耐久、质轻，是玻璃幕墙最理想的边框材料。铝合金型材有实腹和空腹两种，空腹型材节约材料、刚度大，对抗风有利。竖梃和横档的断面形状根据受力、框料连接方式、玻璃安装固定、排除幕墙凝结水等因素确定。各个生产厂家的产品系列各不相同，图9-31是玻璃幕墙铝合金边框型材断面图。

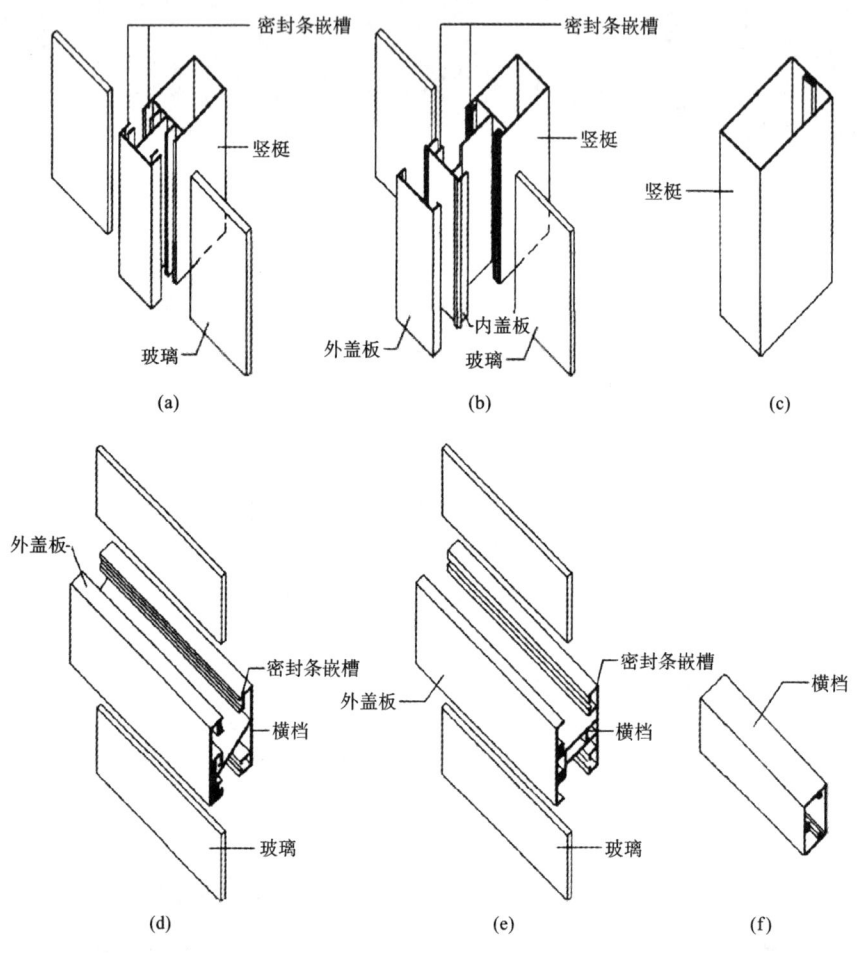

图 9-31　玻璃幕墙铝合金边框型材断面图

(a)竖梃1(用于明框)；(b)竖梃2(用于明框)；(c)竖梃3(用于隐框)；(d)横档1(用于明框)；(e)横档2(用于明框)；
(f)横档3(用于隐框)

竖梃与楼板的连接：竖梃通过连接件固定在楼板上，连接件的设计与安装要考虑竖梃能在上下、左右、前后三个方向调节移动，所以连接件上的所有螺栓孔都设计成椭圆形的长孔。图9-32是几种不同的连接件示例。连接件可以置于楼板的上表面、侧面和下表面，一般情况下置于楼板上表面，便于操作。竖梃与楼板之间应留有一定的间隙，以方便施工安装时的调差工作。一般情况下，间隙为100 mm左右，如图9-33(a)所示。

竖梃与横档的连接：竖梃与横档通过角形铝铸件或专用铝型材连接。角铝与竖梃、角铝与横档均用螺栓固定，如图9-33(b)、(c)所示。

竖梃与竖梃的连接：铝合金型材一般的供货长度是6000 mm，但通常玻璃幕墙的竖梃按一个层间高度来划分，即竖梃的高度等于层高。因此，相邻层间的竖梃需要通过套筒来连接，竖梃与竖梃

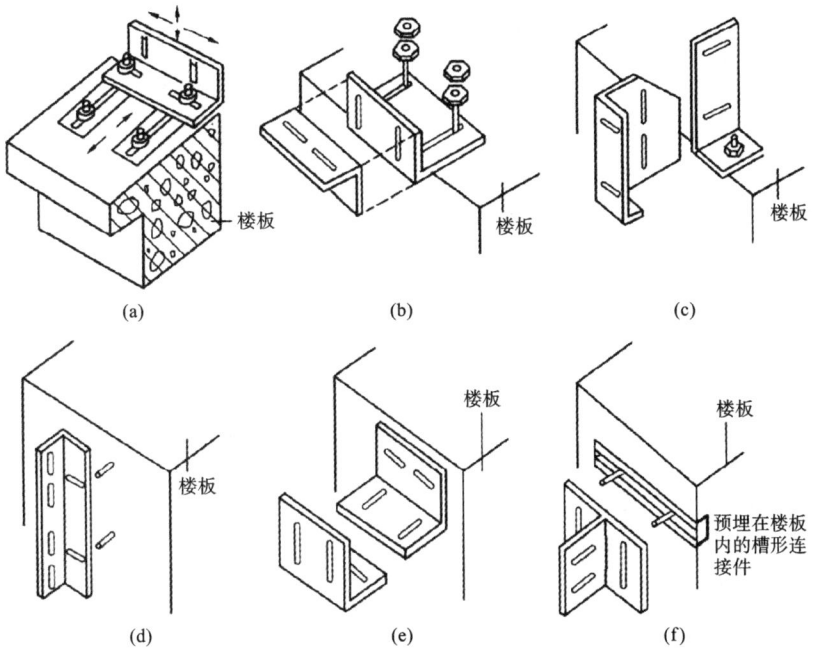

图 9-32 玻璃幕墙连接件示例

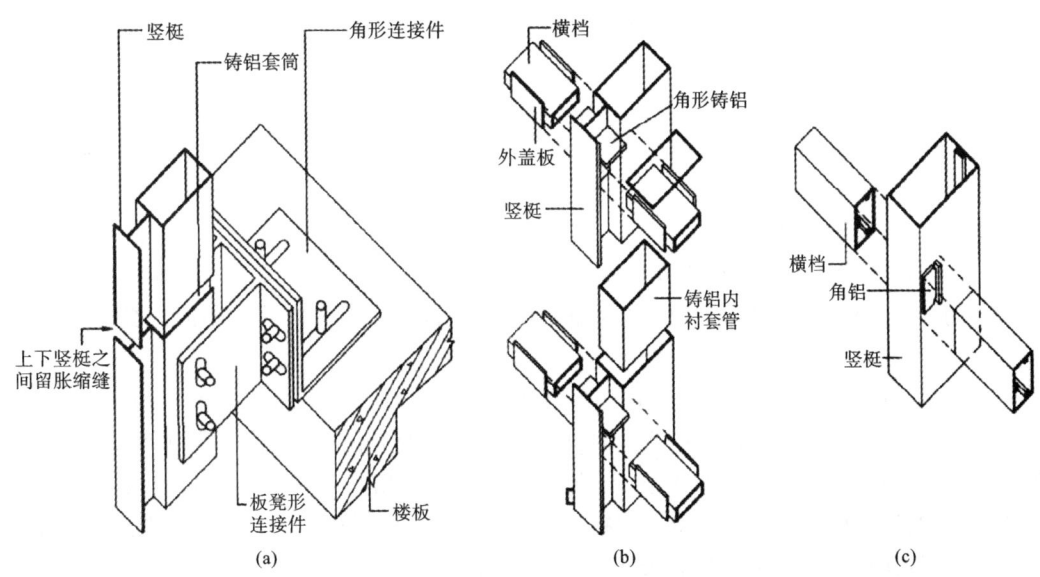

图 9-33 幕墙铝合金边框连接构造

(a)竖梃与楼板的连接；(b)竖梃与横档的连接(用于明框)；(c)竖梃与横档的连接(用于隐框)

之间应留有 15～20 mm 的空隙,以解决金属的热胀问题。考虑到防水,还需用密封胶嵌缝,如图 9-33(a)所示。

(2)玻璃的选择与安装。

玻璃的种类、性能与合理选择是玻璃幕墙设计的重要内容。

①玻璃的选择。当前,玻璃工业发展十分迅速,可以提供很多种类的玻璃,其性能各不相同。在选择玻璃时,应主要考虑玻璃的热工性能和安全性能。

a.热工性能方面。

从热工性能方面来看,可考虑选择吸热玻璃、反射玻璃、中空玻璃等。

(a)吸热玻璃。在透明玻璃生产时,在原料中加入极微量的金属氧化物,便成了带颜色的吸热玻璃。吸热玻璃常采用冷色调,它的特点是能使可见光透过而限制带热量的红外线通过,由于价格低,有一定的应用范围。

(b)反射玻璃。反射玻璃是在透明玻璃、钢化玻璃、吸热玻璃一侧镀上反射膜,通过反射太阳光的热辐射而达到隔热目的。高反射玻璃能够映照附近景物,随景色变化而产生不同的立面效果。目前,低反射玻璃采用较多,因为高反射玻璃会产生严重的光污染问题。

(c)中空玻璃。中空玻璃是将两片以上的平板透明玻璃、钢化玻璃、吸热玻璃等与边框焊接、胶接或熔接密封而成的。玻璃之间有一定距离,常为 6~12 mm,形成干燥空气间层,或抽成真空,或充以惰性气体,以取得隔热和保温效果。其热工性能、隔声效果较吸热玻璃、反射玻璃更佳。

b.安全性能方面。

从安全性能方面来看,可考虑选择钢化玻璃、夹层玻璃、夹丝玻璃等。

(a)钢化玻璃。钢化玻璃是将浮法玻璃加热到 650℃,并同时在玻璃表面统一吹入空气,使玻璃迅速冷却制作的。钢化玻璃的强度是普通玻璃的 1.53~3 倍,当被打破时,它变成许多细小、无锐角的碎片,从而避免了伤人。

(b)夹层玻璃。夹层玻璃是一种性能优良的安全玻璃,它是由两片或多片玻璃用透明的聚乙烯醇缩丁醛(PVB)胶片牢固黏结而成的。夹层玻璃具有良好的抗冲击性能和破碎时的安全性能。因为当夹层玻璃受到冲击破碎时,碎片黏在中间 PVB 膜上,不会有玻璃碎片伤人。

(c)夹丝玻璃。夹丝玻璃是在玻璃压延成型时,将金属丝网嵌入玻璃内部的玻璃。这种玻璃受到机械冲击后,即使破裂,碎片也会挂在金属网上,不会掉落。它是一种生产工艺简单、价格低廉的安全玻璃。由于对视线及透光性有一定阻碍作用,夹丝玻璃不如钢化玻璃和夹层玻璃应用广泛。

②玻璃的安装。

a.明框幕墙的玻璃安装。

在明框玻璃幕墙中,玻璃是镶嵌在竖梃、横档等金属框上,并用金属压条卡住。玻璃与金属框接缝处的防水构造处理是保证幕墙防风雨性能的关键部位。目前国内外采用的接缝构造方式有三层构造层,即密封层、密封衬垫层、空腔。

密封层是接缝防水的重要屏障,它应具有很好的防渗性、防老化性、无腐蚀性,并具有保持弹性的能力,以适应结构变形和温度变形引起的移动。密封层有现注式和成型式两种,现注式接缝严密,密封性好,应用较广。上海联谊大厦、深圳国贸大厦均采用了现注式密封层。成型式密封层是将密封材料在工厂挤压成型后嵌入缝中,施工简单,如长城饭店采用氯丁橡胶成型条作密封层。目前密封材料主要有硅酮橡胶密封料和聚硫橡胶密封料。

密封衬垫具有隔离层作用,可使密封层与金属框底部脱开,减少由于金属框变形引起密封层变形。密封衬垫常为成型式。根据它的作用,要求密封衬垫应以合成橡胶等黏结性不大而延伸性好的材料为佳。

玻璃是由垫块支撑在金属框内,玻璃与金属框之间形成空腔。空腔可防止挤入缝内的雨水因毛细现象进入室内。图 9-34 为玻璃镶嵌在金属框中的节点详图。

b.隐框幕墙的玻璃安装。

在隐框玻璃幕墙中,金属框隐蔽在玻璃的背面,因此,需要制作一个从外面看不见框的玻璃板块,然后采用压块、挂钩等方式与幕墙的主体结构连接,如图 9-35 所示。

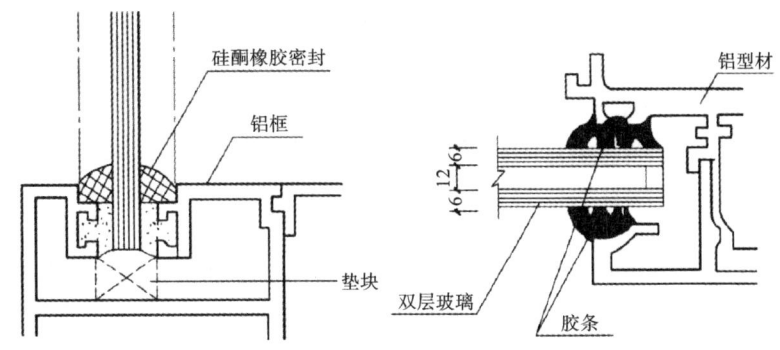

图 9-34 玻璃镶嵌在金属框中的节点详图

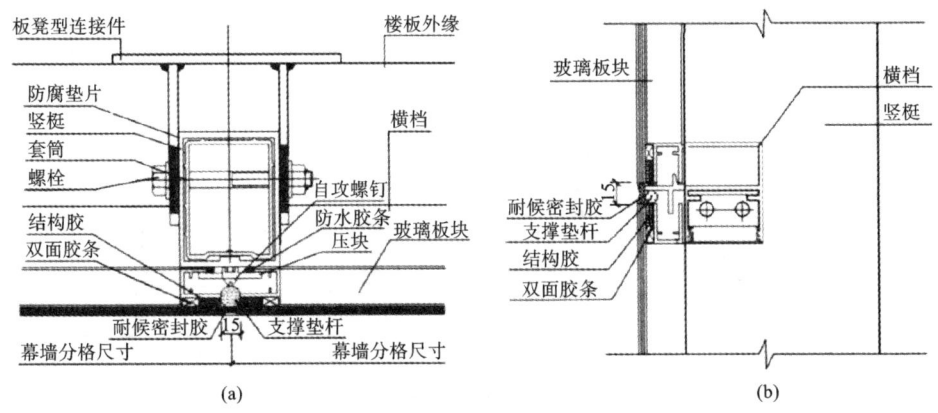

图 9-35 隐框幕墙玻璃板块安装图

(a)压块连接；(b)挂钩连接

隐框幕墙玻璃板块由玻璃、附框和定位胶条、黏结材料组成，如图 9-36 所示。附框通常采用铝合金型材制作，其尺寸应比玻璃板面尺寸小一些，然后用双面贴胶带将玻璃与附框定位，再现注结构胶。待结构胶固化并达到强度后，方可进行现场的安装工作。在玻璃的安装过程中，板块与板块之间形成的横缝与竖缝都要进行防水处理。首先是在缝中填塞泡沫垫杆，垫杆尺寸应比缝宽稍大，才能嵌固稳当。然后用现注式耐候密封胶灌注。

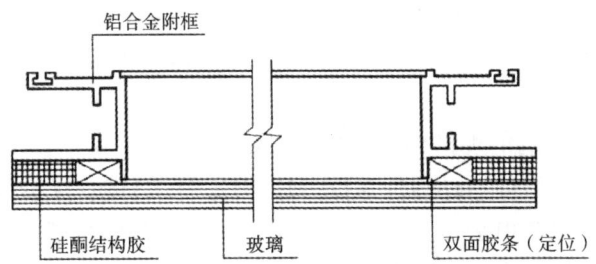

图 9-36 隐框幕墙玻璃板块

在玻璃板块的制作安装中，耐候密封胶和结构胶的选择十分重要，它对于隐框幕墙的安全性能、防风雨性能及耐久性都有直接的影响。

耐候密封胶主要采用硅酮密封胶，它在固化后对阳光、雨水、臭氧及高低温等气候条件都能适应。在选用硅酮密封胶时，应采用中性胶，不能采用酸碱性胶，否则将给铝合金和结构胶带来不良影响。在使用前,都要和结构胶进行相容性实验,合格后才能使用。

结构胶常采用硅酮结构胶,结构胶不仅起着黏合密封的作用,同时也起着结构受力的作用。因此它的质量优劣直接影响幕墙的安全性能。结构胶如同混凝土一样,有初步固化时间,大约 7 d。也就是说,打胶 7 d 后结构胶才具有强度,玻璃板块才能进行安装,结构胶最终达到完全固化需要 14～21 d。

（3）立面划分。

玻璃幕墙的立面划分指竖梃和横档组成的框格形状和大小的确定,立面划分与幕墙使用的材料规格、风荷载大小、室内装修要求、建筑立面造型等因素密切相关。图 9-37 是构件式玻璃幕墙立面划分的几种分格方式。

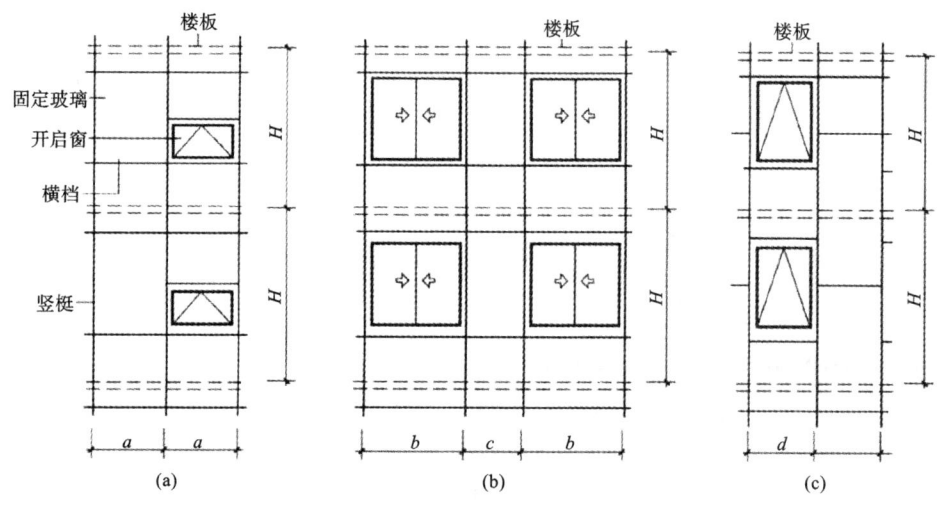

图 9-37　构件式玻璃幕墙立面划分

幕墙框格的大小必须考虑玻璃的规格,太大的框格容易造成玻璃破碎。竖梃是构件式玻璃幕墙的主要受力杆件,竖梃间距应根据其断面大小和风荷载确定。

风荷载是玻璃幕墙的主要荷载,一般不仅应做正风力计算,对高层建筑还应该做负风向力(吸力)计算。后者易被忽略,但却是最危险的,刮台风时,许多玻璃是被吹离建筑物,而不是吹进建筑物。

风荷载的选取视地区、气候和建筑物的高度而定。我国一般地区 100 m 以下的高层建筑承受 1.97 kPa 的风压,沿海地区为 2.60 kPa,而台湾、海南地区则可达 4.90 kPa。通常竖梃间距不宜超过 1.5 m。

横档的间距除了考虑玻璃的规格外,更重要的是如何与开启窗位置、室内吊顶棚位置相协调。一般情况下,窗台处和吊顶棚标高处均宜设一根横档,这样可使窗台与幕墙、吊顶棚与幕墙的连接更方便。在一个楼层高度范围内平均出现两根横档,它们之间的间距视室内开窗面积大小、窗台高低、顶棚位置、立面造型等因素而定。横档间距一般不宜超过 2 m。

（4）玻璃幕墙的内衬墙和细部构造。

由于建筑造型需要,玻璃幕墙建筑常常设计成面积很大的整片玻璃墙面,这给建筑功能带来一系列问题,大多数情况下,室内不希望用这么大的玻璃面来采光通风,加之玻璃的热工性能差,大片玻璃墙面难以达到保暖隔热要求,幕墙与楼板和柱子之间均有缝隙,这对防火、隔声均不利,这些缝隙成为左右相邻房间、上下楼层之间噪声传播的通路和火灾蔓延的突破口。因此,在玻璃幕墙背面一般要另设一道内衬墙,以改善玻璃幕墙的热工性能和隔声性能。内衬墙也是内墙面装修不可缺少的组成部分。

　　内衬墙可按隔墙构造方式设置,通常用轻质块材做成砌块墙,或在金属骨架外装钉饰面板材做成轻骨架板材墙。内衬墙一般支撑在楼板上,并与玻璃幕墙之间形成一道空气间层,它能够改善幕墙的保温隔热性能。如果在寒冷地区,还可用玻璃棉、矿棉一类轻质保暖材料填充在内衬墙与幕墙之间,如果再加铺一层铝箔则隔热效果更佳。

　　幕墙防火构造根据《玻璃幕墙工程技术规范》(JGJ 102—2003)和《建筑设计防火规范》(GB 50016—2014)(2018年版)的有关规定,高层建筑的水平和竖向防火分区应在构造上予以保证。玻璃幕墙与各层楼板和隔墙间的缝隙,必须采用耐火极限不低于1h的防火材料填堵密实,如图9-38(a)所示。一般来说,同一幕墙单元不宜穿越两个防火分区,若建筑设计要求通透隔断时,可采用防火玻璃,但耐火极限应满足要求。当建筑设计不考虑设衬墙时,可在每层楼板外沿设置耐火极限不小于1 h、高度不小于0.8 m的实体墙裙或防火玻璃墙裙。

　　在明框幕墙中,由于金属框外露,不可避免地形成了"冷桥"。因此,在玻璃、铝框、内衬墙和楼板外侧等处,在寒冷天气会出现凝结水。因此,要设法将这些凝结水及时排走,可将幕墙的横档做成排水沟槽,并设滴水孔,如图9-38(b)所示。此外,还应在楼板侧壁设一道铝制披水板,把凝结水引导至横档中排走。

　　在隐框幕墙中,金属框是隐蔽在玻璃的背面的,因而避免了"冷桥"的出现,它的热工性能优于明框幕墙。

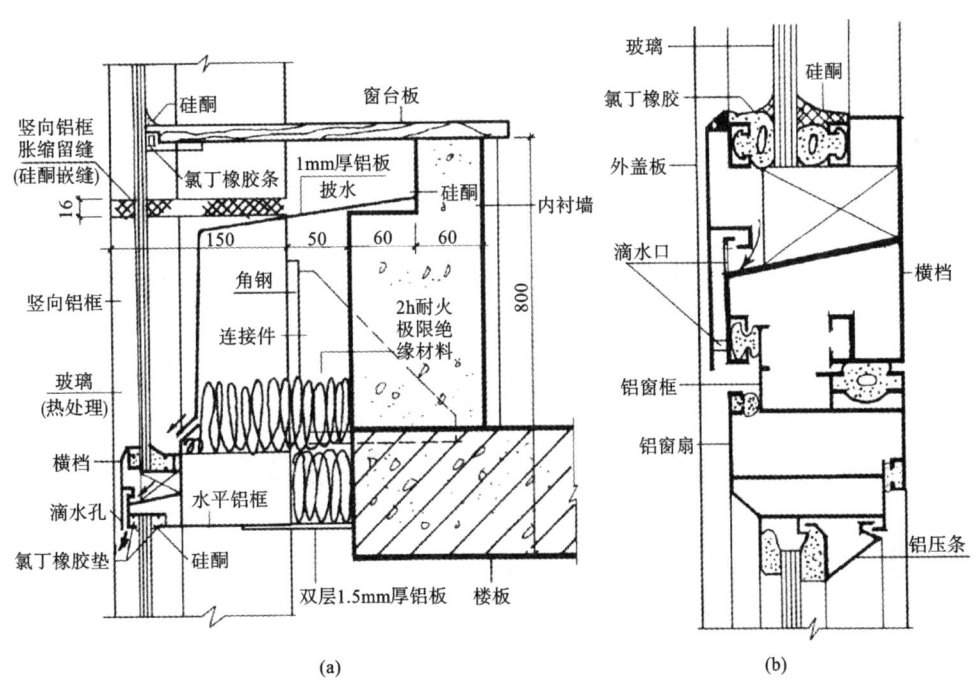

图 9-38　玻璃幕墙细部构造
(a)幕墙内衬墙和防火、排水构造;(b)幕墙滴水孔

　　3. 单元式玻璃幕墙构造

　　单元式玻璃幕墙是一种工厂预制组合系统,是在工厂将面板和金属框架组装为幕墙单元,以幕墙单元形式在现场完成安装施工的框支承玻璃幕墙(图9-39)。由于幕墙板在工厂生产,其质量稳

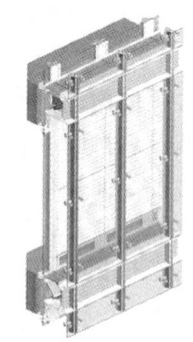

图 9-39 单元式玻璃幕墙

定有保障,代表了玻璃幕墙工业化的发展方向。同时,它对土建施工的精度提出了较高要求。

(1)幕墙定型单元。

单元式玻璃幕墙在工厂将玻璃、金属框、保温隔热材料组装成一块块的幕墙定型单元,每一单元一般为 1 个层高,甚至 2~3 个层高,其宽度根据具体的运输和安装条件确定。幕墙单元的大多数玻璃是固定的,只有少数玻璃扇开启。开启方式多为上悬式,也有采用推拉式的。

(2)幕墙立面划分。

幕墙定型单元在建筑立面上的布置方式称为立面划分。构件式幕墙的立面常以竖梃拉通为特征,而单元式幕墙的安装元件是整块玻璃组成的墙板,因而其立面划分比较灵活。除横缝、竖缝拉通布置外,也可采用竖缝错开、横缝拉通的划分方式。单元式幕墙进行立面划分时,上下墙板的接缝(横缝)略高于楼面标高(200~300 mm),以便安装时进行墙板固定和板缝密封操作,左右两块幕墙板之间的竖缝宜与框架柱错开,所以幕墙板的竖缝和横缝应分别与结构骨架的柱中心线和楼板梁错开,如图 9-40 所示。

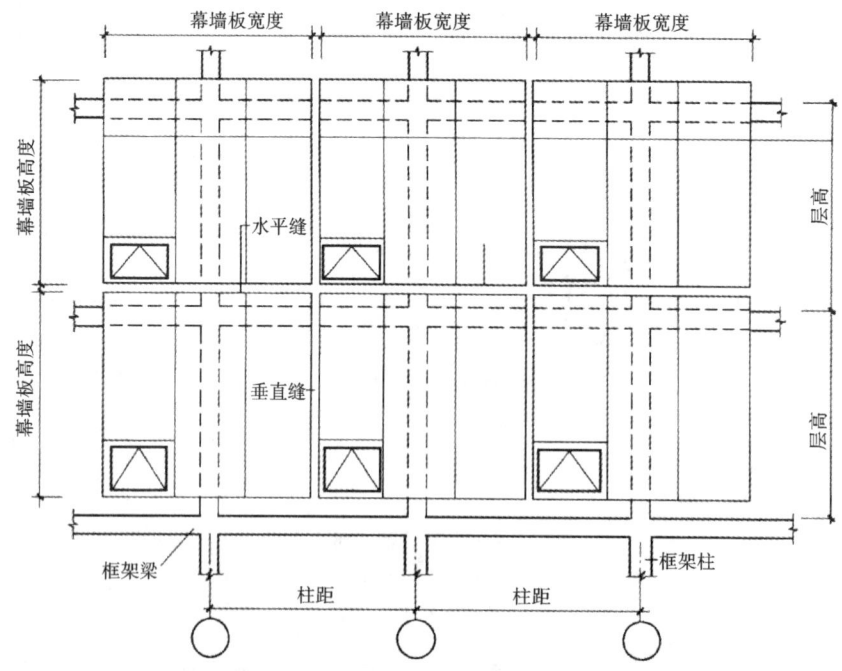

图 9-40 单元式玻璃幕墙的立面划分

(3)幕墙板的安装与固定。

幕墙板与主体结构的梁或板的连接通常有两种方式。

扁担支撑式:如图 9-41 所示,先在幕墙板背面装上一根镀锌方钢管(俗称铁扁担,如图 9-41 中虚线所示),幕墙板通过这根铁扁担支撑在角形钢牛腿上,为了防止振动,幕墙板与牛腿接触处均垫上防振橡胶垫。当幕墙板就位找正后,随即用螺栓将铁扁担固定在牛腿上,而牛腿是通过预埋槽钢与框架梁相连的。

挂钩式:如图 9-42 所示,相邻幕墙单元的竖框通过钢挂钩固定在预埋铁角上。

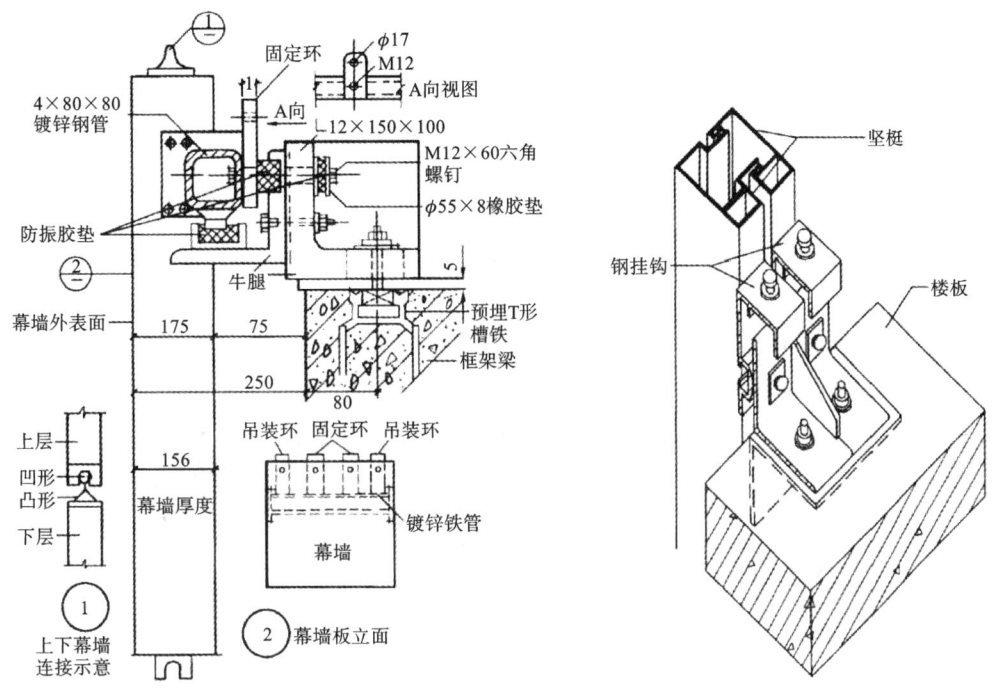

图 9-41 扁担支承式连接构造(单位:mm)   图 9-42 挂钩式连接构造

(4)幕墙板之间的接缝构造。

由于幕墙板之间都留有一定空隙,因此该处的接缝防水构造就十分重要,通常有三种方法进行处理:①内锁契合法,如图 9-43(a)所示。②衬垫法,如图 9-43(b)所示。③密封胶嵌缝法,如图 9-43(c)所示。以上三种方法,都运用了等压腔原理,因此防水效果是有保障的。

4. 全玻璃幕墙构造

全玻璃幕墙在视线范围内不出现铝合金框料,如图 9-44 所示。它为观赏者提供了宽广的视域,并加强了室内外空间的交融,为广大建筑师所喜爱,在国内外都得到了广泛的应用。

为增强玻璃刚度,每隔一定距离用条形玻璃板作为加强肋板,玻璃板加强肋垂直于玻璃幕墙表面设置。因其设置的位置如板的肋一样,又称为肋玻璃。玻璃幕墙称为面玻璃,面玻璃和肋玻璃有多种交接方式,如图 9-45 所示。同时,面玻璃与肋玻璃相交部位宜留出一定的间隙,间隙用硅酮系列密封胶注满。

全玻璃幕墙所使用的玻璃多为钢化玻璃和夹层钢化玻璃,以增大玻璃的刚度和加强其安全性能。为了使其通透性更好,通常分格尺寸较大,否则就失去了其特点。如何确定玻璃的厚度、单块面积的大小、肋玻璃的宽度及厚度,这些均应经过计算,在强度及刚度方面,应满足最大风压情况下的使用要求,表 9-2 是全玻璃幕墙玻璃肋截面高度选择表,可供参考。

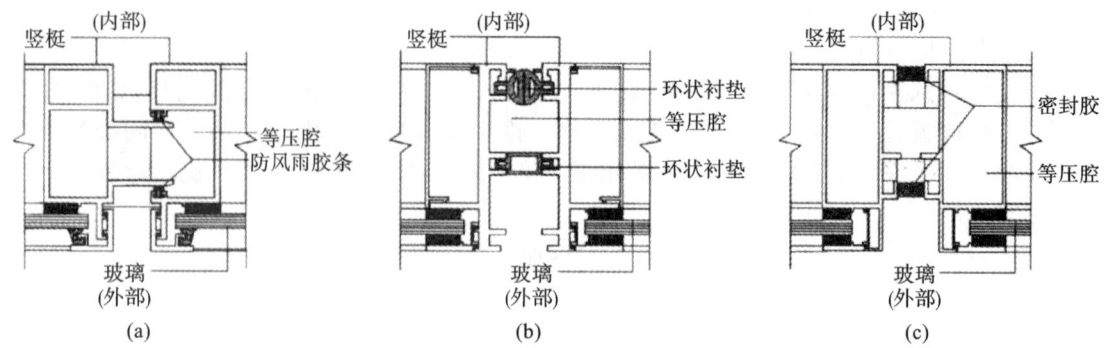

图 9-43　幕墙板之间的接缝构造
(a)内锁契合法；(b)衬垫法；(c)密封胶嵌缝法

图 9-44　全玻璃幕墙

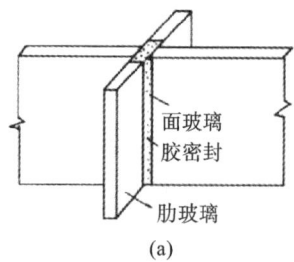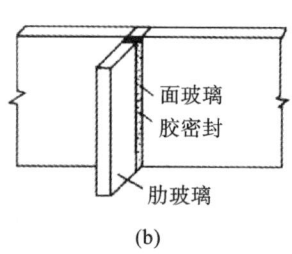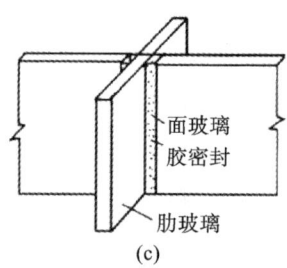

图 9-45　面玻璃与肋玻璃交接方式
(a)肋玻璃在两侧；(b)肋玻璃在单侧；(c)肋玻璃穿过面玻璃

表 9-2　全玻璃幕墙玻璃肋截面高度选择表

玻璃板宽度/m	玻璃板高度/m	2		2.5		3		4		5		6		7		8	
	风荷载标准值/kPa	1.0		1.0		1.0		1.0		1.1		1.2		1.3		1.4	
1	玻璃板厚度/mm	8		8		8		8		10		12		15		15	
	肋截面厚度/mm	12	15	12	15	12	15	12	15	19	15	19	15	19	15	19	15	19
	双肋截面高度/mm	100	90	125	115	150	135	200	180	160	240	210	300	265	360	320	430	380
	单肋截面高度/mm	145	130	180	160	215	180	285	255	225	335	300	425	375	510	455	605	540

续表

玻璃板宽度/m	玻璃板高度/m	2	2.5	3	4	5	6	7	8
	风荷载标准值/kPa	1.0	1.0	1.0	1.0	1.1	1.2	1.3	1.4
2	玻璃板厚度/mm	8	8	8	10	12	15	19	19
	肋截面厚度/mm	12 / 15	12 / 15	12 / 15	12 / 15 / 19	15 / 19	15 / 19	15 / 19	15 / 19
	双肋截面高度/mm	120 / 105	145 / 130	175 / 155	235 / 210 / 185	275 / 245	345 / 310	420 / 370	495 / 440
	单肋截面高度/mm	165 / 150	205 / 180	245 / 220	360 / 295 / 260	390 / 345	490 / 345	590 / 525	700 / 600
2.5	玻璃板厚度/mm	8	10	10	12	15	19	19·	
	肋截面厚度/mm	12 / 15	12 / 15	12 / 15 / 19	12 / 15 / 19	15 / 19	15 / 19	15	19
	双肋截面高度/mm	130 / 120	165 / 145	195 / 175 / 155	260 / 235 / 210	305 / 275	385 / 345	465	415
	单肋截面高度/mm	185 / 165	230 / 205	275 / 245 / 220	370 / 330 / 295	435 / 385	545 / 485	660	585
2.5	玻璃板厚度/mm	8	10	12	12	15	19	19	
	肋截面厚度/mm	12 / 15	12 / 15	12 / 15 / 19	12 / 15 / 19	15 / 19	15 / 19	—	
	双肋截面高度/mm	145 / 130	180 / 160	215 / 190 / 170	285 / 255 / 225	335 / 300	425 / 370	—	
	单肋截面高度/mm	200 / 180	260 / 225	300 / 270 / 240	400 / 360 / 320	475 / 420	595 / 530	—	

全玻璃幕墙的玻璃有两种固定方式,如图 9-46 所示。

(1)上部悬挂式。

上部悬挂式是用悬吊的吊夹,将肋玻璃及面玻璃悬挂固定。它由吊夹及上部支承钢结构受力,可以消除玻璃因自重而引起的挠度,从而保证其安全性。当全玻璃幕墙的高度大于 4 m 时,必须采用悬挂方法固定,如图 9-46(a)所示。

(2)下部支承式。

下部支承式是用特殊型材,将面玻璃及肋玻璃的上、下两端固定。它的重量支承在其下部,由于玻璃会因自重而发生挠曲变形,所以它不能用于高于 4 m 的全玻璃幕墙。室内的玻璃隔断也可采用这种方式,如图 9-46(b)所示。

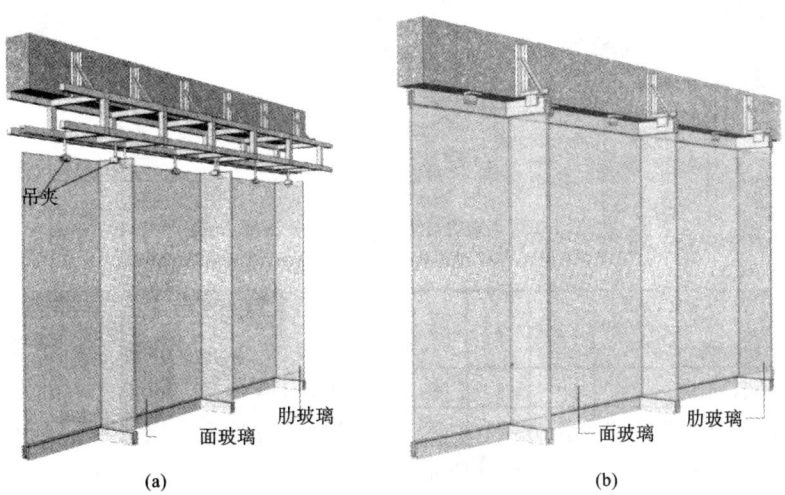

图 9-46　全玻璃幕墙玻璃的固定方式

(a)上部悬挂式;(b)下部支承式

图 9-47 为吊夹固定构造节点,图 9-48 是吊夹悬吊示意图。

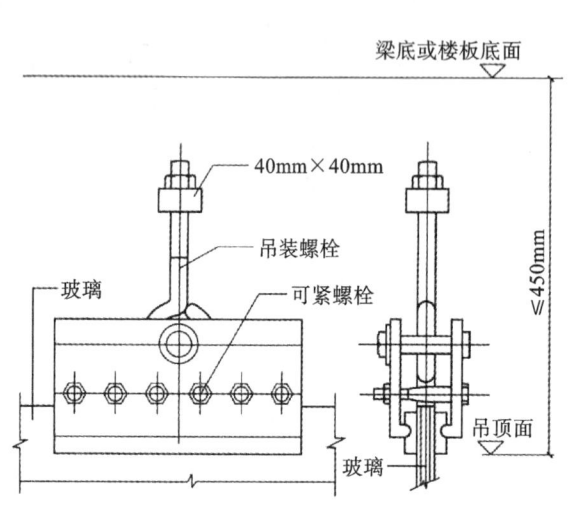

图 9-47 吊夹固定构造节点

图 9-48 吊夹悬吊示意图

5. 点支承玻璃幕墙构造

点支承玻璃幕墙是由玻璃面板、点支承装置和支承结构构成的玻璃幕墙,如图 9-49 所示。它可形成非常通透的空间效果,并且构件精巧,结构美观。因此,尽管其造价相对较高,仍深受建筑师的青睐。其特别适用于公共建筑高大空间的内外装修,如机场航站楼、商场、高档宾馆、写字楼等,也可作为装饰构件用于室内外装修。

图 9-49 点支承玻璃幕墙

点支承玻璃幕墙由玻璃面板、支承结构、连接玻璃面板与支承结构的支承装置组成。其中,支承结构可分为杆件体系和索杆体系两种。杆件体系是由刚性构件组成的结构体系。索杆体系是由拉索、拉杆和刚性构件等组成的预拉力结构体系。常见的杆件体系有钢立柱和钢桁架,索杆体系有钢拉索、钢拉杆和自平衡索桁架,如图 9-50 所示。不同的支承体系的特点和适用范围各不相同,具体见表 9-3,可根据项目特点和设计需要进行选择。

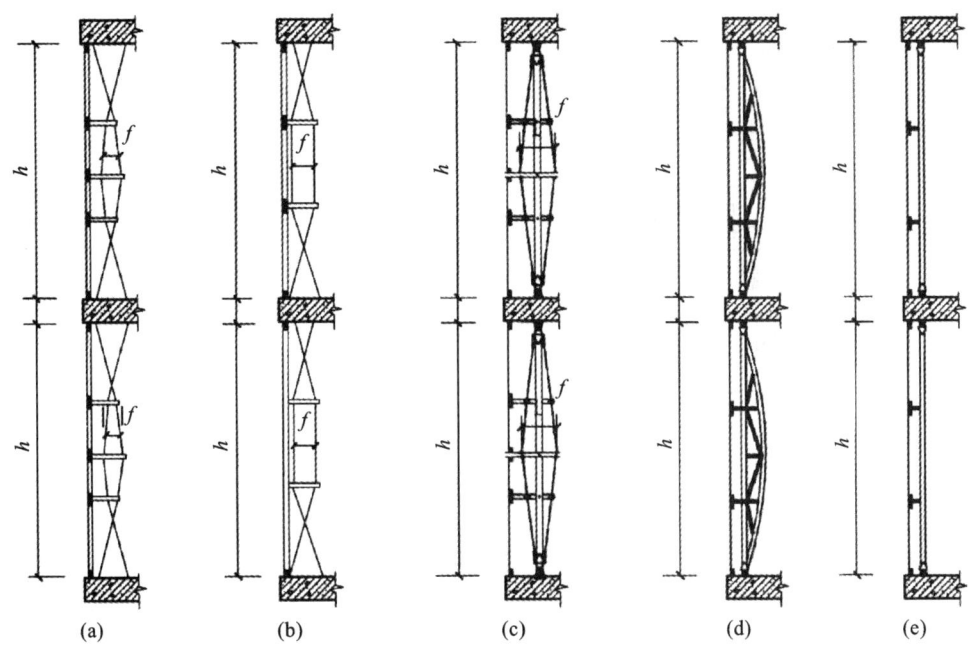

图 9-50　五种支承体系示意

(a)拉索式;(b)拉杆式;(c)自平衡索桁架式;(d)桁架式;(e)立柱式

表 9-3　不同支承体系的特点及适用范围

项　目	分　类				
	拉索式	拉杆式	自平衡索桁架式	桁架式	立柱式
特点	轻盈、纤细、强度高、能实现加大跨度	轻巧、光亮,有极好的视觉效果	杆件受力合理,外形新颖,有较好的观赏性	有较大的刚度和强度,适合高大空间,综合性能好	对主体结构要求不高,整体效果简洁明快
适用范围/mm	拉索间距: $b=1200\sim3500$ 层高: $h=3000\sim12000$ 拉索矢高: $f=h/(10\sim15)$	拉杆间距: $b=1200\sim3000$ 层高: $h=3000\sim9000$ 拉杆矢高: $f=h/(10\sim15)$	自平衡间距: $b=1200\sim3500$ 层高: $h\leqslant15000$ 自平衡索桁架矢高: $f=h/(5\sim9)$	桁架间距: $b=3000\sim15000$ 层高: $h=6000\sim40000$ 桁架矢高: $f=h/(10\sim20)$	立柱间距: $b=1200\sim3500$ 层高: $h\leqslant8000$

　　连接玻璃面板与支承结构的支承装置由爪件、连接件以及转接件组成。爪件根据固定点数可分为四点式、三点式、两点式和单点式。它常采用不锈钢制作,如果不是,则应采用镀铬和镀锌等可靠的表面处理方式。爪件通过转接件与支承结构连接,转接件一端与支承结构焊接,另一端通过内螺纹与爪件套接。连接件以螺栓方式固定玻璃面板,并通过螺栓与爪件连接,如图 9-51 所示。

　　点支承玻璃幕墙的玻璃面板必须采用钢化玻璃,种类主要有单层钢化玻璃、钢化夹层玻璃和钢化中空玻璃等。夹层和中空玻璃的内外片玻璃厚度差值不宜大于 2 mm。玻璃面板形状通常为矩形,采用四点支承,根据情况也可采用六点支承,对于三角形玻璃面板可采用三点支承。玻璃面板的分格尺寸和玻璃厚度应根据计算确定。其厚度一般不小于 12 mm,分格尺寸不宜太小,通常在 1.5～3.0 m 之间。玻璃面板拼接时,须留有至少 10 mm 的间隙,并嵌填耐候密封胶。

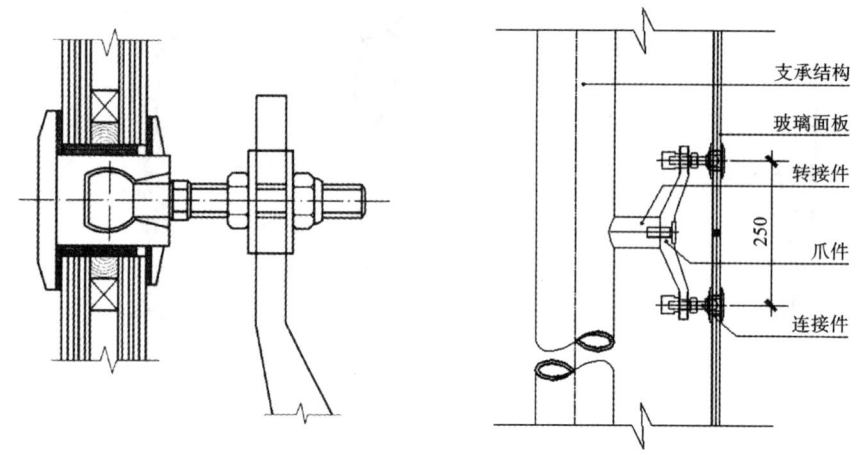

图 9-51 支承装置(单位:mm)

图 9-52 为桁架支承结构点支承式玻璃幕墙构造节点示例。

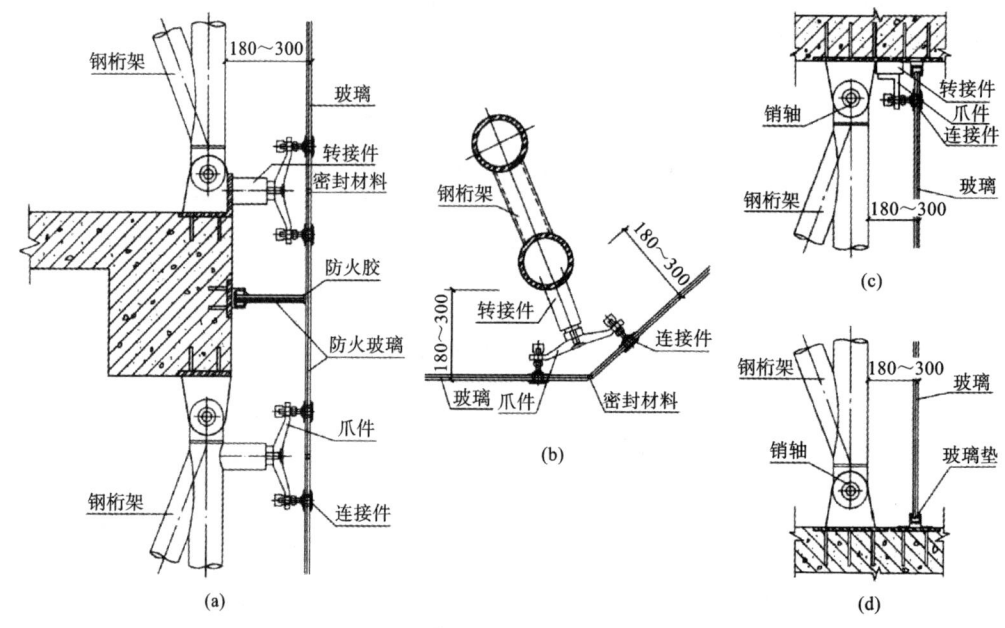

图 9-52 桁架支承结构点支承式玻璃幕墙构造节点示例(单位:mm)

(a)层间垂直节点;(b)水平转角节点;(c)上封口节点;(d)下封口节点

9.4.4 铝板幕墙

1. 铝板幕墙材料及类型

铝板幕墙就是面层材料选用铝板的幕墙,根据铝板的种类不同可分为蜂窝铝板幕墙、单层铝板幕墙和铝塑复合板幕墙。蜂窝铝板幕墙的保温隔热性能好,它由正面为 1 mm 厚、背面为 0.5 mm以上厚度的铝合金板与中间的铝蜂窝黏结而成,总厚度通常为 10~25 mm。单层铝板幕墙的厚度不小于 2.5 mm,它的加工性能很好,适合复杂的形状。铝塑复合板幕墙由上下两层厚度为 0.5 mm的铝合金板以及中间的硬塑料夹心层组成,总厚度应在 3 mm 以上,与蜂窝板幕墙及单层铝板幕墙相比,其造价较低。

与普通铝合金型材的表面处理不同,考虑到装饰的需要,铝板表面处理已不采用阳极氧化方法,而采用喷涂处理。喷涂处理不仅可以增强铝板的耐候能力,还可获得丰富的色彩。它主要分为两类:一类是粉末喷涂;另一类是氮碳喷涂。二者相比,前者价格低,但后者具有优异的抗褪色性、抗腐蚀性,且抗紫外线能力强、抗裂性强,能够承受恶劣天气环境,是一般涂料所不及的。

2. 铝板幕墙构造

铝板幕墙的构造组成和隐框玻璃幕墙类似,也需要制作铝板板块,如图9-53所示。在铝板幕墙外立面上看不见骨架框格,其骨架体系与玻璃幕墙相同,也是由竖梃和横档组成,通常受力也是以竖梃为主。但骨架体系除了采用铝合金型材外,也可采用钢骨架,如型钢和轻钢型材。铝合金型材的精度高,施工安装方便,但它的刚度小,价格也较高。钢骨架承载力、刚度大,型材断面小,竖梃和横档之间采用焊接连接,但其装饰性差,对施工精度要求较高。

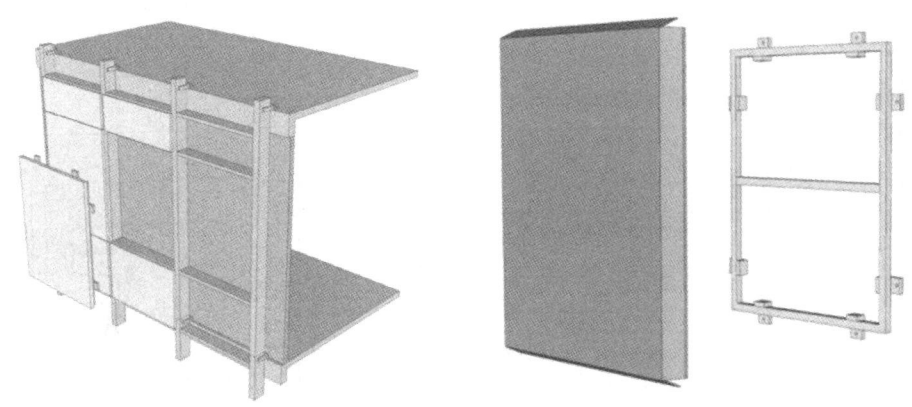

图 9-53 铝板幕墙

铝板板块由加劲肋和面板组成(图9-54)。铝板板块需要在铝板背面设置边肋和中肋等加劲肋,铝塑复合板在折边处应设边肋。在制作时,铝板应四周折边以便加劲肋连接。加劲肋常采用铝合金型材,以槽形或角形型材为主。面板与加劲肋之间通常的连接方法有铆接、电栓焊接、螺栓连接以及化学黏结等。为了方便板块与骨架体系的连接需在板块的周边设置铝角,它一端常通过铆接方式固定在板块上,另一端采用自攻螺栓固定在骨架上。铝板板块拼接时,考虑到变形的需要,板块间须留出10~15 mm的间隙,并用耐候密封胶嵌填。

图 9-54 铝板板块

铝板幕墙分格尺寸的大小和铝板材料尺寸、受力计算以及建筑立面划分密切相关。各种铝板的宽度尺寸常为 1000～1600 mm,长度尺寸可根据需要定制。因此铝板幕墙分格尺寸宽度应控制在 1600 mm 以内,铝合金蜂窝板和单板的刚度较大,高度尺寸可达 3000 mm,而铝塑复合板的刚度较小,高度尺寸常控制在 1800 mm 以内。

图 9-55 为铝塑复合板幕墙构造节点示例。

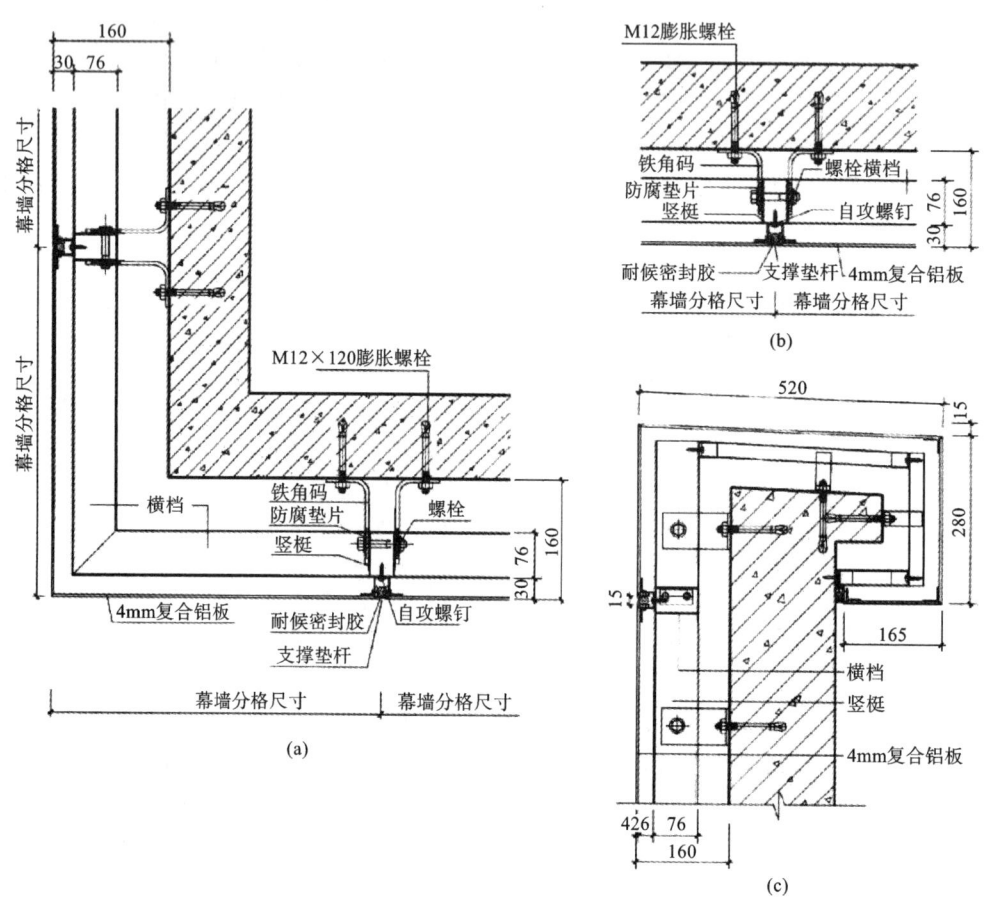

图 9-55　铝塑复合板幕墙构造节点示例(单位:mm)
(a)转角节点;(b)水平节点;(c)女儿墙节点

9.5　高层建筑防火设计

建筑防火设计是建筑设计的重要内容之一。人们在建筑物中从事各种生产、生活活动,经常是离不开火的。如果在建筑设计中忽视了防火设计,对可能发生的火灾不采取有效的预防措施,一旦发生火灾,就会造成大量的财产损失,甚至危及生命安全。因此,建筑设计人员必须十分重视建筑防火设计,在建筑设计工作中,认真做好预防火灾发生的各种措施,即使在火灾发生的情况下,也要尽可能地降低生命财产损失。

建筑防火设计所涉及的方面和内容很多,主要包括以下内容:在城市规划设计、工厂总平面设计以及各类建筑设计中,贯彻防火要求;在建筑设计中,根据建筑物生产活动或使用活动中火灾危险的特点,采用相应耐火等级的建筑结构和建筑材料,采取合理的防火构造措施,设置必要的防火分隔物,为在火灾一旦发生的情况下,迅速安全地疏散人员、物资等创造有利的条件;配备适量的室内、外消火栓及其他灭火器材,安装防雷、防静电、自动报警等安全保护装置。由于课程内容和范围的限制,本书只重点介绍建筑防火构造及楼梯等防火疏散设施的设计原理和方法。

9.5.1 建筑防火分区

建筑防火设计的一个重要原则,就是对建筑物进行防火分区,在各防火区域相邻的部位设置耐火极限较高的防火分隔物,一旦发生火灾时,这些防火分区间的防火分隔物的设置,就可以有效地起到阻止火势蔓延的作用。

不同耐火等级建筑的允许建筑高度或层数、防火分区最大允许建筑面积详见表 9-4。高层民用建筑和工业厂房及仓库建筑也有相应的规定,详细要求可参考《建筑设计防火规范》(GB 50016—2014)(2018 年版)的相关内容。

表 9-4　不同耐火等级建筑的允许建筑高度或层数、防火分区最大允许建筑面积

名称	耐火等级	允许建筑高度或层数	防火分区的最大允许建筑面积/m²	备注
高层民用建筑	一、二级	按《建筑设计防火规范》第5.1.1条确定	1500	对于体育馆、剧场的观众厅,防火分区的最大允许建筑面积可适当增加
单、多层民用建筑	一、二级	按《建筑设计防火规范》第5.1.1条确定	2500	
	三级	5层	1200	
	四级	2层	600	
地下或半地下建筑(室)	一级	—	500	设备用房的防火分区最大允许建筑面积不应大于 1000 m²

防火分隔物是针对建筑物的不同部位以及火势蔓延的途径而设置的。建筑物中防火分隔物的常见类型有:钢筋混凝土楼板,这是良好的水平防火分隔物;具有不少于 4 h 耐火极限的非燃烧体防火墙,这是主要的竖向防火分隔物;具有相应耐火极限的防火门,防火门是为交通联系的需要而在防火墙上以及封闭楼梯间或防烟楼梯间设置的防火分隔物,其具体的材料燃烧性能和耐火极限标准应满足有关防火规范的要求。

当相邻两栋建筑物之间的距离达不到防火间距的要求时,应设置无门窗的外墙防火墙,或采用室外独立防火墙,用以遮断另一栋建筑的热辐射和冲击波的作用。

为了提高各种结构材料的耐火性能,就必须设法推迟构件达到极限温度所需的时间,主要的方法是在构件表面设置相应的隔热保护层。另外,为减少火灾的危害,对一些装修材料也应采取适当的保护或限制措施。例如,钢材属于非燃烧材料,它虽然不会燃烧,但在温度升高到 300℃时,强度会很快下降,达到 600℃时,则完全失去承载能力,高温时遇水冷却也会发生变形,造成结构破坏、房屋倒塌。所以,没有防火保护层的钢结构是无法达到防火要求的;钢筋混凝土也属于非燃烧材料,有着较高的耐火性能,但是,钢筋混凝土是钢筋和混凝土的结合体,当温度低于 400℃时,两者能够共同受力,温度过高时,钢筋变形过大,受力条件受到影响,这与钢筋的混凝土保护层的厚度有关,所以,混凝土保护层的厚度必须达到防火要求的标准;木材属于燃烧材料,目前在结构中极少采用;在建筑装修材料的选用上,也应充分考虑材料的耐火性能。有些材料,如塑料制品,虽有很多优点,如质轻、耐酸碱、不透水、便于加工成型等,但其耐火性能低,耐热性能差,实用的极限温度为 60～

150℃,熔化后到处流淌,易变形,刚性不足;发烟量大,在阴燃阶段,会放出很浓的烟,起火后多放出黑烟,且程度不同地含有微量氧化氮、氢氰酸、醛、苯、氨等有毒气体或蒸气。因此,对装修材料的选择应给予充分的重视。

9.5.2　高层建筑防火设施

1. 火灾自动报警系统

火灾自动报警系统能在火灾初期,将燃烧产生的烟雾、热量、火焰等物理量,通过火灾探测器变成电信号,传输到火灾报警控制器,控制器记录火灾发生的部位、时间等,能够使中央控制管理人员及消防人员根据火灾情况发出灭火及疏散等各项指令,使人们能够及时发现火灾,并及时采取有效措施,扑灭初期火灾。

2. 自动喷水灭火系统

自动喷水灭火系统由洒水喷头、报警阀组、水流报警装置等组件,以及管道、供水设施组成,并能在发生火灾时喷水的自动灭火系统,具有安全可靠、经济实用、灭火成功率高等优点,广泛应用于高层公共建筑和建筑高度大于 100 m 的住宅建筑。

3. 避难层的设置及布置方式

《建筑设计防火规范》(GB 50016—2014)(2018 版)规定,建筑高度超过 100 m 的公共建筑,应设置避难层(间),第一个避难层的楼地面至灭火救援场地地面的高度不应大于 50 m,两个避难层之间的高度不宜大于 50 m。避难层净面积按 5 人/m² 计算。避难层可兼作设备层,避难层应设消防电梯出口,并设消防专用电话。

避难层一般有敞开式和封闭式两种布置方式:敞开式即外墙为柱廊式,装有可开启的百叶窗,烟雾可直接排出室外,不需设机械排烟设施,其造价低,在目前高层建筑中广为采用;封闭式是在不具备自然排烟条件或使用功能,或立面要求不能作敞开式或只能选用排烟装置时布置的避难层。

4. 直升机停机坪的设计

为解决和缓和上部楼层人员在紧急情况下的疏散,《建筑设计防火规范》(GB 50016—2014)(2018 版)规定,建筑高度超过 100m,且标准层面积超过 2000m² 的公共建筑,宜设置屋顶直升飞机停机坪,并须做到以下几点。

(1)必须避开高出屋顶的设备机房、电梯机房、水箱间、共用天线等突出物,并保证与其距离不小于 5 m。

(2)停机坪为圆形时,其直径应为 D+10 m,D 为飞机旋翼直径。如为矩形,则短边宽度应不小于机身长度。

(3)停机坪周围应设 800～1000 mm 高的安全护栏。

(4)通向停机坪的出口应不少于 2 个,每个宽度不小于 0.9 m。

(5)停机坪适当部位应设消火栓。

此外,停机坪的承载能力应根据当地消防部门使用的直升机型号确定。起降区要考虑动荷载的冲击力。为保证夜间起降安全,应设置照明装置,灯之间的间距不大于 3m。应在停机坪两个方向设着陆方向灯,间距为 0.6～4m。泛光灯则应设在与着陆方向灯相反的方向,并高出地面1.5 m,如图 9-56 所示。

9.5.3　楼梯的布置

1. 布置要求

在高层建筑中,虽然设置了足够数量的电梯,但楼梯配合电梯作为竖向交通工具也是不可缺少

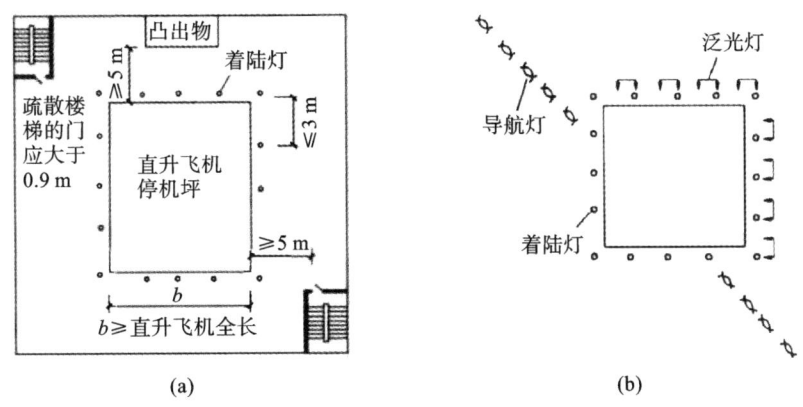

图 9-56 直升机停机坪

(a)直升机停机坪的一般规定;(b)灯光设置

的,它对于下面几层用户和层间用户的短距离联系以及在非常情况下(如火灾)的安全紧急疏散均起到了重要的作用。因此,对于楼梯的位置和数量以及安全问题,在高层建筑防火设计中有许多特殊问题必须统一考虑。首先,要符合《建筑设计防火规范》(GB 50016—2014)(2018 版)的要求,楼梯作为电梯的辅助竖向交通工具,应与电梯有机配合,相互补充。因此,楼梯应尽量与一部电梯靠在一起,其布置方式如图 9-57 所示。

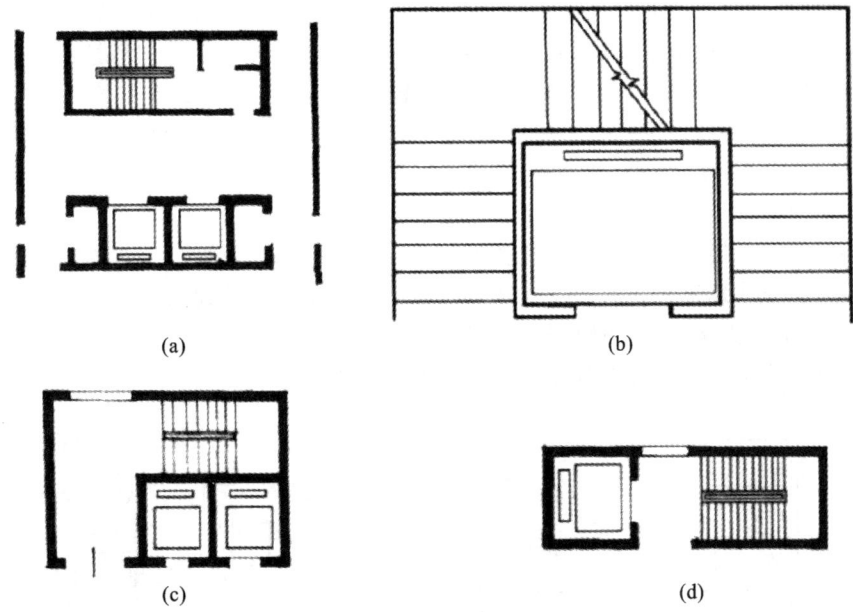

图 9-57 楼梯的布置方式

(a)楼梯布置在电梯对面;(b)楼梯环绕电梯井;(c)楼梯布置在电梯的背面和侧面;(d)楼梯的休息平台和电梯厅结合

2. 安全疏散设计

为保证高层民用建筑在正常情况下和非正常情况下的使用要求,高层民用建筑系统每个防火分区的安全出口不应少于两个,并应注意每部楼梯服务的面积及两部楼梯距离的设置,具体来说,安全出口之间的距离不应小于 5 m,而最大距离应根据建筑物类别区别对待。表 9-5 为《建筑设计防火规范》(GB 50016—2014)(2018 版)对安全疏散距离的规定。

表 9-5　高层民用建筑的安全疏散距离

建筑类别		房间门或住宅门至最近的外部出口或楼梯间的最大距离/m					
		位于两个安全出口之间的房间			位于袋形走道两侧或尽端的房间		
		一般情况	有自动灭火系统	房门开向开敞式外廊	一般情况	有自动灭火系统	房门开向开敞式外廊
医院	病房部分	24	30	29	12	15	17
	其他部分	30	37.5	35	15	19	20
教学楼、旅馆、展览楼		30	37.5	35	15	19	20
其他公共建筑及居住建筑		40	50	45	20	25	25

3. 疏散楼梯的设置

疏散楼梯是在发生火灾时,电梯停止使用的紧急情况下最主要的竖向安全疏散通道。因此,其位置除应符合安全疏散距离的规定,也应与人在火灾发生后可能选择的疏散方向一致。高层建筑的疏散楼梯根据楼梯性质的不同可分为防烟楼梯间、封闭楼梯间和剪刀楼梯间等。

(1)疏散楼梯间布置方式及基本要求。

疏散楼梯间的位置宜靠外墙设置,并应接近电梯厅。因为人们在紧急情况下,首先选择自己习惯经常使用的方向和路线,因此有利于疏散。高层建筑应采用双向疏散的方式,因此疏散楼梯宜位于标准层两端,在一个方向疏散受阻的情况下,人们可以折回向另一个方向疏散。

疏散楼梯在竖向及各层的位置应不变,应能上能下,且底层有直接通往室外的出入口,疏散楼梯宜直通屋顶。万一下面火势蔓延,可上屋顶等待直升机或消防人员援救。

(2)疏散楼梯间设计要求。

①防烟楼梯间的设计要求。

防烟楼梯间是指在楼梯间入口处设置防烟前室或阳台、凹廊等设施,能够有效阻止烟气进入的楼梯间。一类高层公共建筑和建筑高度大于 32 m 的二类高层公共建筑,以及建筑高度大于 33 m 的居住建筑,应设防烟楼梯间。防烟楼梯间应符合下列要求。

a.楼梯间入口处应设前室或阳台、凹廊等,如图 9-58 所示。

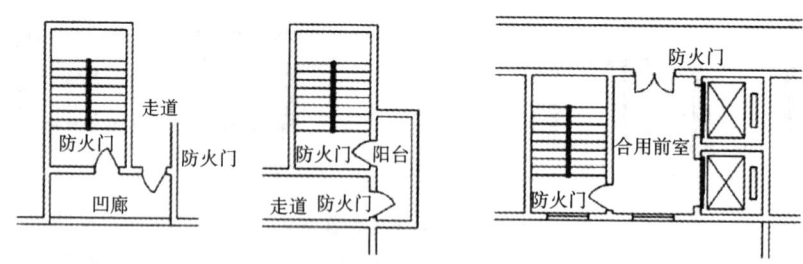

图 9-58　楼梯间入口

b.前室面积:公共建筑不应小于 6 m,居住建筑不应小于 4.5 m²,若与消防电梯合用则不应小于 10 m²(公共建筑)和 6 m²(居住建筑)。

c.楼梯间的前室应设防烟、排烟设施。

d.通向前室和楼梯间的门均应设乙级防火门,并应开向疏散方向。

防烟楼梯间实例如图 9-59 所示。

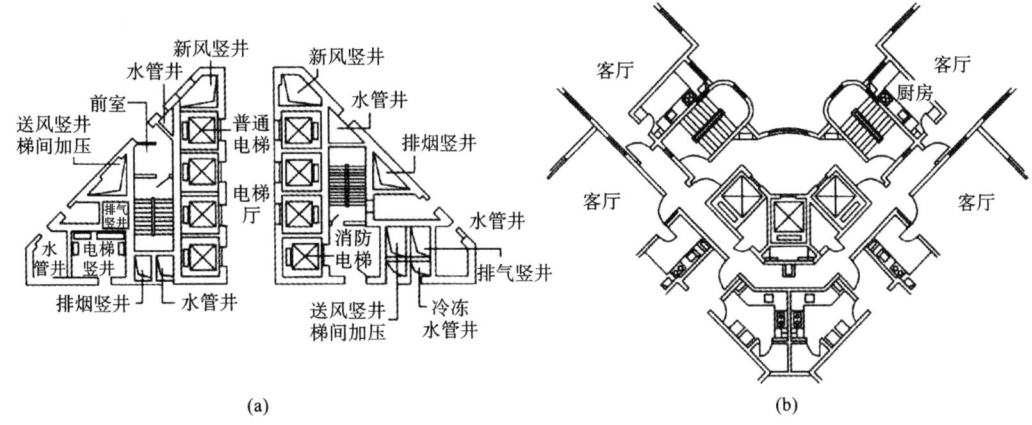

图 9-59 防烟楼梯间实例

(a)公共建筑的防烟楼梯间;(b)住宅建筑的防烟楼梯间

②封闭楼梯间的设计要求。

封闭楼梯间是四面有墙、通过防火门进入的楼梯间。这种楼梯间隔烟阻火的效果比防烟楼梯间差。高层建筑裙房和建筑高度不大于 32 m 的二类高层公共建筑,建筑高度大于 21 m、不大于 33 m 的居住建筑应设封闭楼梯间。

封闭楼梯间应靠外墙,并能天然采光和自然通风,以利排烟。当不能直接天然采光和自然通风时,应设置机械加压送风系统或采用防烟楼梯间。楼梯间应设乙级防火门,并向疏散方向开启。当楼梯间的首层紧接主要出口时,若做成封闭楼梯间影响首层大厅空间处理,可将走道和门厅等包括在楼梯间内,形成扩大的封闭楼梯间,但应采用乙级防火门等防火措施与其他走道和房间隔开。

③剪刀楼梯间的设计要求。

剪刀楼梯间是在同一楼梯间设置一对相互重叠又互不相通的两个楼梯,如图 9-60 所示,楼层之间的梯段为单跑直梯段。剪刀楼梯的特点是在同一楼梯间内具有两条垂直方向的疏散通道,在平面设计中既能节约空间又能达到双向疏散的作用。

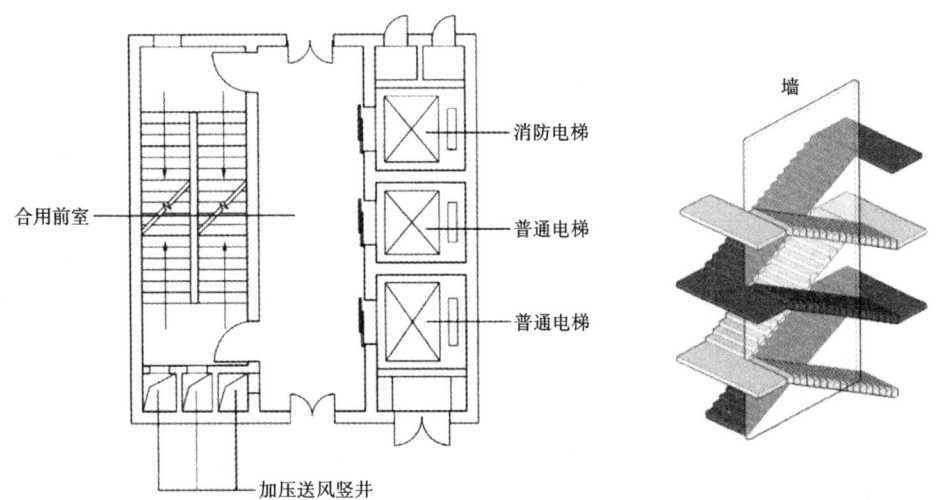

图 9-60 剪刀楼梯间

高层建筑的疏散楼梯,当分散设置确有困难且从任一疏散门(户门)至最近疏散楼梯间的距离不大于 10 m 时,可设置剪刀楼梯间。剪刀楼梯间应满足以下要求。

a.剪刀楼梯间应按防烟楼梯间要求设置,两梯段之间应通过防火隔墙分隔,保持两条疏散通道成为各自独立的空间。

b.高层公共建筑的剪刀楼梯间,其前室应分别设置。

c.高层居住建筑采用剪刀楼梯间时,其前室不宜共用,共用时前室的使用面积不应小于 6.0 m²;楼梯间的共用前室与消防电梯的前室合用时,合用前室的使用面积不应小于 12.0 m²,且短边不应小于 2.4 m。

9.5.4 电梯

1. 电梯及电梯厅的布置

电梯是高层建筑的主要竖向交通工具。电梯的选用及电梯厅的位置对高层建筑的疏散起着重要作用,特别是在防火、安全方面尤为重要。

(1)电梯及电梯厅的布置原则。

电梯及电梯厅要适当集中,其位置要适中,以使对各层和层间的服务半径均等。

分层分区:规定各电梯的服务层,使其服务均等。超高层建筑中,要将电梯分为高、中、低层运行组,如图 9-61 所示。

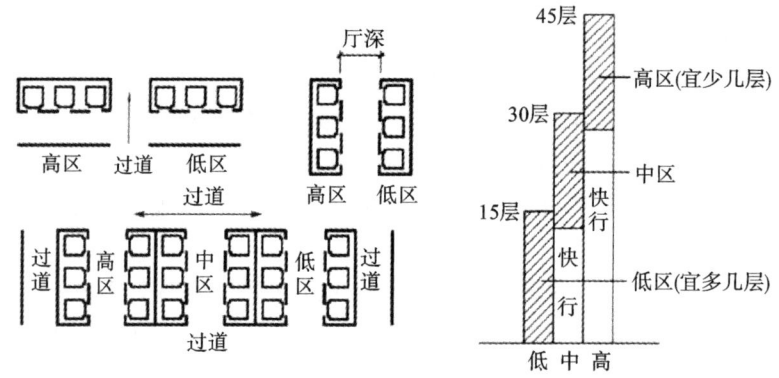

图 9-61 电梯分层分区

主要通道要与电梯厅分隔开,以免相互干扰,将电梯厅设在凹处。电梯厅的布置方式如图 9-62 所示。

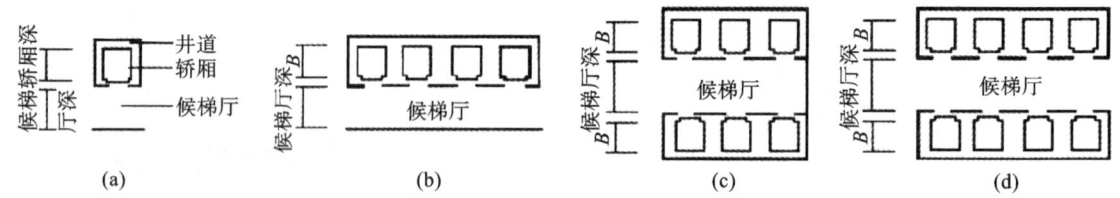

图 9-62 电梯厅的布置方式

(a)单台电梯;(b)多台并列;(c)凹室式布置;(d)多台对列

电梯的设置首先要考虑安全可靠,方便用户使用,其次才是经济。我国目前对电梯的设置尚无量的规定,但在保证一定服务水平的基础上,要使电梯的运载能力与客流量平衡。一些国家对电梯方便程度作了定量规定,即服务水平,其值等于在电梯运行的高峰时间里,乘客等候电梯时间的平均值(英国和日本规定为 60~90 s)。

（2）电梯厅的位置。

电梯在高层建筑中的位置一般可以归纳为：在建筑物平面中心；在建筑平面的一侧或两侧；在建筑物平面基本体量以外。

（3）消防电梯的设置。

《建筑设计防火规范》(GB 50016—2014)(2018 版)规定：建筑高度大于 33m 的高层居住建筑，一类高层公共建筑和建筑高度大于 32m 的二类高层公共建筑均应设置消防电梯。消防电梯应分别设置在不同防火分区内，且每个防火分区不应少于 1 台。消防电梯应设前室，其面积居住建筑不小于 4.5 m²；公共建筑不小于 6 m²；若与防烟楼梯合用时居住建筑不小于 6 m²；公共建筑不小于 10 m²。

消防电梯井、机房与相邻电梯井、机房之间均应采用耐火极限不低于 2h 的墙隔开，如在隔墙上开门，应设甲级防火门；前室应采用乙级防火门并设置挡水设施，井底应设排水设施。消防电梯的行驶速度，应按从首层到顶层的运行时间不超过 60 s 计算确定。轿厢内应设专用电话，并应在首层设供消防队员专用的操作按钮。

2．电梯的类型

（1）按使用性质分。

①客梯：主要用于人们在建筑物中竖向的联系。

②货梯：主要用于运送货物及设备。

③消防电梯：在发生火灾、爆炸等紧急情况时，供安全疏散和消防人员紧急救援使用。

（2）按电梯行驶速度分。

为缩短电梯等候时间，提高运送能力，需确定恰当速度。

①高速电梯：消防电梯常用高速，速度大于 2.5 m/s，客梯速度随层数增加而提高。

②中速电梯：一般货梯按中速考虑，速度在 2.5 m/s 之内。

③低速电梯：运送食物的电梯常用低速，速度在 1.5 m/s 以内。

（3）其他分类。

电梯可按数量（单台、双台）分，按用电类型（交流、直流）分，按轿厢容量分，接电梯门开启方向（左开门、右开门、中开门、贯通左、贯通右等）分。

（4）观光电梯。

观光电梯是把竖向交通工具和登高流动观景相结合的电梯。20 世纪 60 年代，随着高层旅馆的兴建和中庭的诞生，出现了观光电梯。电梯从封闭的井道中解脱出来，透明的轿厢使电梯内外景观相互流通，是交通工具从单一功能到多功能的发展。北京长城饭店、西苑饭店，上海华亭宾馆等均已采用观光电梯。

①观光电梯与电梯厅合一。它既是中庭的组景因素，又是旅馆的主要竖向交通工具，层层停站，亚特兰大海特摄政旅馆客房层观光电梯及平面图如图 9-63 所示。

②分列式。观光电梯与电梯厅分开布置，观光电梯承担低层到屋顶旋转餐厅的交通，通常位于客房楼的外壁，另设电梯承担竖向交通，亚特兰大桃树广场旅馆观光电梯及平面图如图 9-64 所示。

③综合式。封闭的电梯同观光电梯共同组成电梯厅，观光电梯面向中庭式外部空间，上海华亭宾馆观光电梯及平面图如图 9-65 所示。

3．电梯的组成

电梯由下列几部分组成。

（1）电梯井道。

不同性质的电梯，其井道根据需要有各种不同的尺寸，以配合各种电梯轿厢选用。井道壁多为

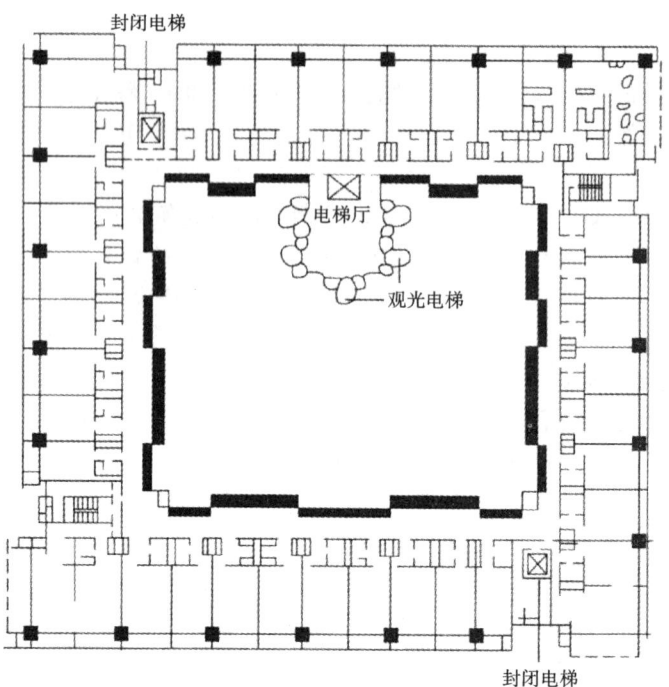

图 9-63 亚特兰大海特摄政旅馆客房层观光电梯及平面图

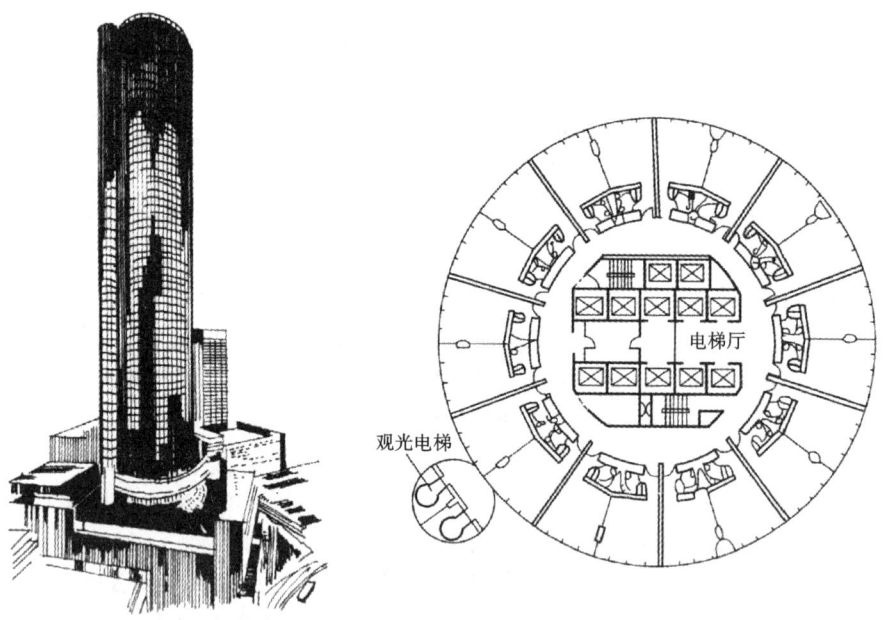

图 9-64 亚特兰大桃树广场旅馆观光电梯及平面图

钢筋混凝土井壁或框架填充墙井壁。观光电梯井壁可用通高玻璃幕墙,乘客可通过玻璃幕墙观赏室外景色。

(2)电梯机房。

机房和井道的平面相对位置允许机房任意向两个相邻方向伸出,并满足机房有关设备安装的要求,如图 9-66 所示。

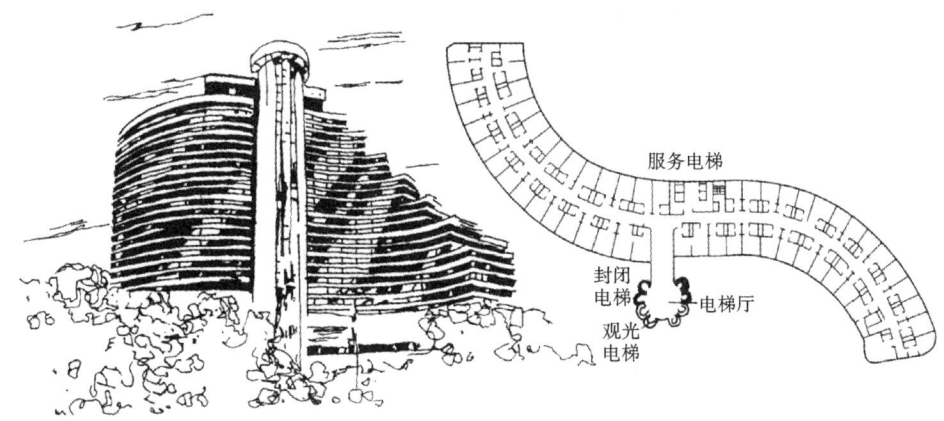

图 9-65　上海华亭宾馆观光电梯及平面图

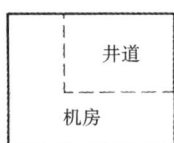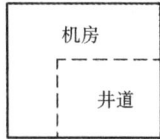

图 9-66　机房与井道的相对位置

(3)井道基坑。

一般基坑应在最底层平面标高以下至少 1.4 m,作为轿厢下降时所需缓冲器的安装空间。

(4)组成电梯的有关部件。

①轿厢:直接载人、运货的厢体。

②井壁导轨和导轨支架:支承、固定轿厢升降的轨道。

③牵引轮及其钢支架、钢丝绳、平衡锤、轿厢门、检修起重吊钩等。

④有关电器部件:交流、直流电动机,控制柜、继电器、励磁柜、选层器、动力照明、电源开关、厅外层数指示灯和厅外上下召唤盒开关。

4. 电梯与建筑物相关部位的构造

(1)井道、机房建筑的一般要求。

①机房内应当干燥,与水箱和烟道隔离,通风良好,寒冷地区应考虑采暖,并应有充分照明。

②通向机房的通道和楼梯宽度不小于 1.2 m,并应有充分照明,楼梯坡度不大于 45°。

③机房楼板应平坦整洁,能承受 6 kPa 的均布荷载。

④井道壁应是垂直的,井道尺寸只允许正偏差,对于井道宽度和深度,其偏差值不应超过 50 mm,在每个平面上,对井道壁,与其相应的理想的偏差为 30 mm。

⑤井道底坑应是防水的,300 mm 缓冲器水泥墩子在待安装时浇制,须留钢筋 4 根,伸出地面300 mm。

⑥井道壁为钢筋混凝土时,应预留尺寸为 150 mm×150 mm×150 mm 的孔洞,垂直中距 2 m,以便安装支架。

⑦框架梁(圈梁)上应预埋铁板,铁板后面的焊件与梁中钢筋焊牢。每层中间加圈梁一道,并放置预埋铁板。

⑧井壁为砖墙时,在安装时应钻孔预埋导轨支架。

⑨电梯为两台并列时,中间可不用隔墙而按一定的间隔放置钢筋混凝土梁或型钢过梁,以便安装支架。

(2)电梯导轨支架的安装。

安装导轨支架分预留孔插入式和预埋铁焊接式。

电梯构造如图 9-67 所示。

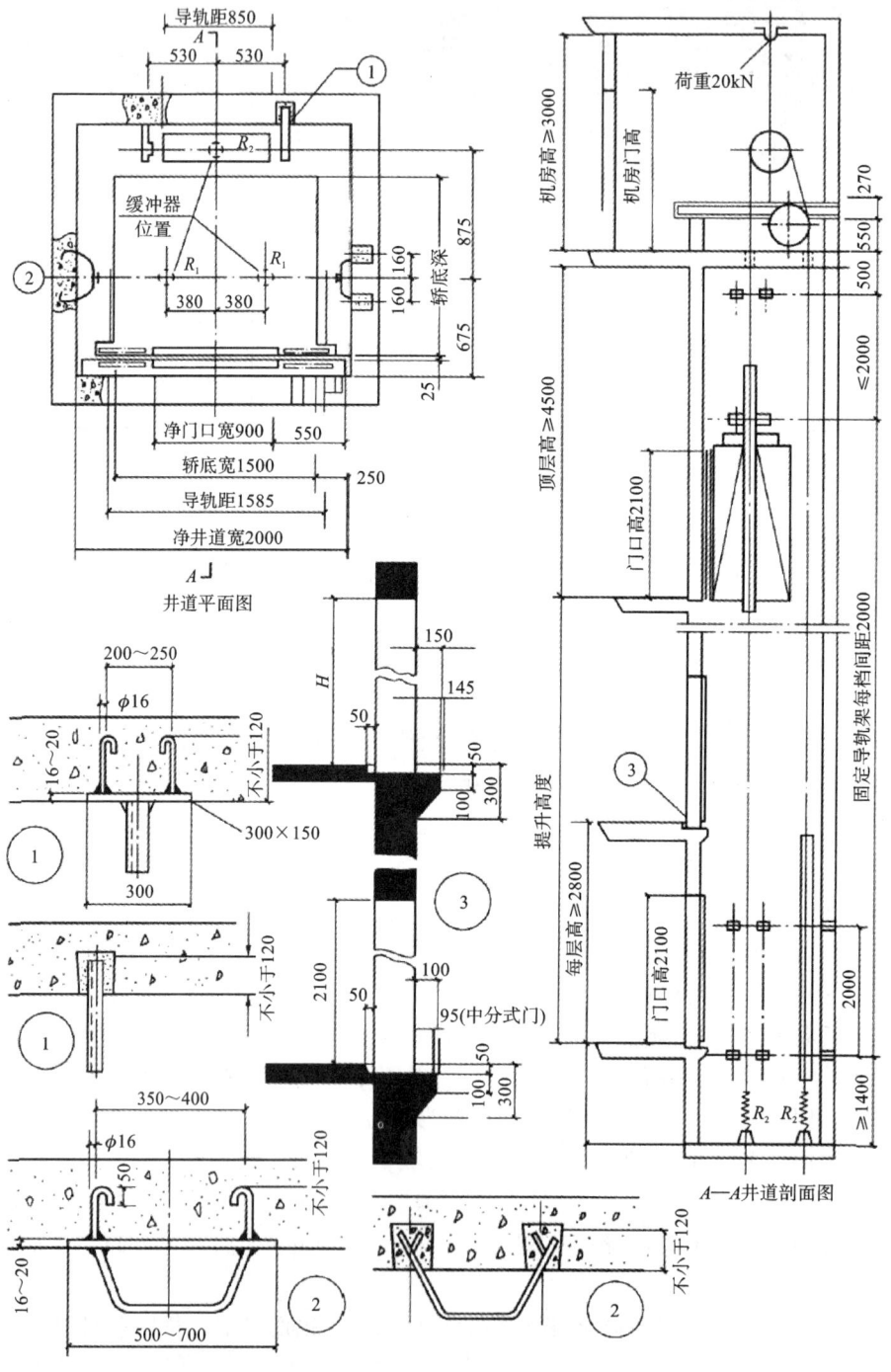

图 9-67 电梯构造(单位:mm)

9.6 高层建筑地下室防水设计

地下室的防水构造设计

在高层建筑中,由于基础都埋置较深,形成了可利用空间,一般设置地下室作为设备层、车库等,因此地下室部分的防潮、防水成为一个重要问题,在设计中必须根据地下水位的高低来处理防潮、防水问题。

9.6.1 地下室防潮

当最高地下水位低于地下室地坪 0.3~0.5 m 而无滞水可能时,地下室外墙和底板只受到土层中潮气影响,这时,一般只作防潮处理。墙身防潮构造是在地下室底板及顶板各设一道水平防潮层,并在地下室外墙外侧做垂直防潮层,即先做 20 mm 厚 1∶2.5 水泥砂浆找平层,并高出散水 300 mm 以上,然后刷冷底子油一道、热沥青两道(至散水底)。最后在地下室外墙外侧回填隔水层(黏土夯实或灰土夯实)。

当地下室的内墙为砖墙时,墙身与底板相交处也应做水平防潮层。

9.6.2 地下室防水

当最高地下水位高于地下室地坪时,地下室不仅会被地下水浸入,其外墙和地板还会分别受到地下水的侧压力和浮力。水压力大小与地下水高出地下室地坪高度有关,高差越大,压力越大,这时,对地下室必须采取防水处理。

1. 地下室防水基本要求

地下室按埋入地下深度分为全地下室(室内地面低于室外地平面的高度超过室内净高的 1/2 的空间)和半地下室(室内地面低于室外地平面的高度超过室内净高的 1/3,且不超过 1/2 的空间)。附建于高层建筑内的地下或半地下室均应做防水设计,其防水设防高度应高出室外地坪高程 500 mm 以上。

地下室防水高程设计方案,应该遵循以防为主、以排为辅的基本原则,根据工程的重要性和使用中对防水的要求将地下室的防水等级分为四级,各防水等级标准及适用范围见表 9-6。

表 9-6 地下工程防水等级标准及适用范围

防水等级	防水标准	适用范围
一级	不允许渗水,结构表面无湿渍	适用于人员长期停留的场所;不允许湿渍影响的场所。如办公用房、地下库房、地下居住用房、医院、旅馆、餐饮娱乐用房、商业展览用房、通信及计算机房、配电间和发电机房、极重要的战备工程、交通枢纽、铁路或地铁车站等
二级	不允许渗水,结构表面可有少量湿渍	人员经常活动的场所;允许少量湿渍影响的场所。如一般生产车间、地下车库、空调机房、水泵房、重要的战备工程或人员掩蔽工程等
三级	有少量漏水点,不得有线流和漏泥沙	人员临时活动的场所;一般战备工程
四级	有漏水点,不得有线流和漏泥沙	对渗漏水无严格要求的工程

2. 地下室防水构造

地下室围护结构包括地下室底板、侧墙、顶板三部分,其基本构造层次见表 9-7。

表 9-7　地下室围护结构基本构造层次

位置	基本构造层次
地下室底板 (从上往下)	内饰面层、结构自防水层(底板)、保护层、隔离层、加强防水层、找平层、垫层
地下室侧墙 (从外往内)	保温层或保护层、加强防水层、找平层、结构自防水层(侧墙)、内墙饰面层
地下室顶板 (从上往下)	面层、保护层、隔离层、保温层、加强防水层、找平层(或找坡层)、结构自防水层(顶板)、内饰面层
地下室种植顶板 (从上往下)	种植层、过滤层、蓄排水层、耐根穿刺防水层、找平层(或找坡层)、保温层、加强防水层、找平层、结构自防水层(顶板)、内饰面层

　　地下工程迎水面主体结构,包括地下室底板、防水设防高度以下的侧墙及暴露于室外的顶板应采用防水混凝土防水,并应根据防水等级的要求在主体结构的迎水面设置1~2道加强防水层。加强防水层可选用卷材防水层、涂料防水层、金属防水层、水泥砂浆防水层等。加强防水层设在地下室外墙外侧,称为外防水。它与设在地下室外墙内侧相比较具有以下优点:外防水的防水层在迎水面,受压力水的作用紧压在外墙上,防水效果好,而内防水的防水层设在背水面,容易受压力水的作用局部脱开。外防水造成渗漏的可能性比内防水小,因此加强防水层的设置常采用外防水,仅在修缮工程中才采用内防水。对于地下室的特殊部位,如变形缝、施工缝、诱导缝、后浇带、穿墙管(盒)、预埋件、预留通道接头、桩头等细部构造,应加强防水措施。地下室卷材防水构造层次如图 9-68 所示。

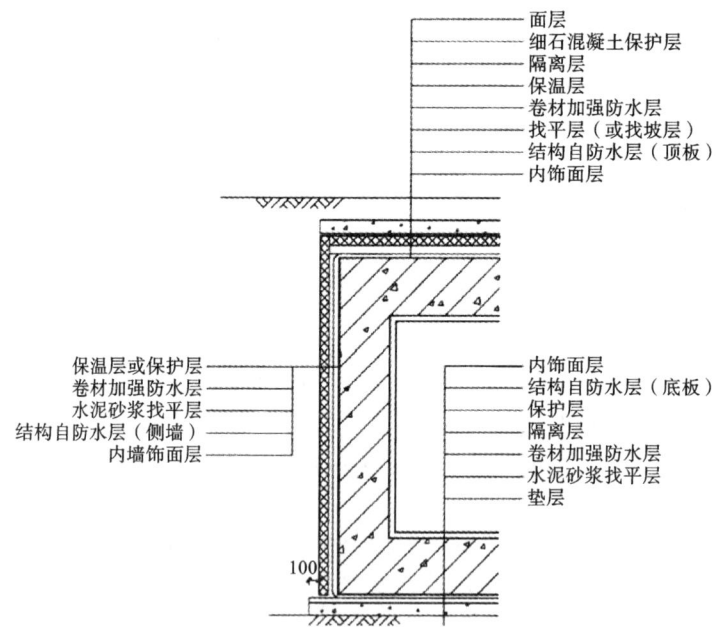

图 9-68　地下室卷材防水构造层次

9.6.3　地下室防水材料

　　1. 主体结构防水材料——防水混凝土

　　地下室主体结构既是承重结构,又是围护结构,应有可靠的防水性能。因此,地下室主体结构应采用防水混凝土。防水混凝土属于刚性防水材料,是通过调整配合比或掺加外加剂、掺合料等措施配制而成的,依靠其材料本身的憎水性和密实性来达到防水目的,具有较好的抗渗性能,其抗渗等级应根据地下室的埋深和地下水的压力来确定。防水混凝土设计结构厚度不应小于 250 mm。

2. 加强防水层材料

(1)卷材防水层。

卷材防水层属柔性卷材防水层,作为地下室防水中的加强防水措施,它与防水混凝土共同形成复合防水层。宜用于经常处于地下水环境且受侵蚀性介质作用或受振动作用的地下工程,不宜用于地下水含矿物油或有机溶液处。卷材防水层应铺设在混凝土结构主体的迎水面,用于高层建筑地下室时,应铺设在结构主体底板垫层至墙体防水设防高度的结构基面上,在阴阳角等特殊部位,应增做卷材加强层,加强层宽度宜为 300~500 mm。

卷材防水材料主要包括高聚物改性沥青类防水卷材和合成高分子类防水卷材。材料选择应根据地下室的防水等级、地下水位的高低,以及水压力作用的状况、结构构造形式和施工工艺等因素确定,并注意卷材及其胶黏剂应具有良好的耐水性、耐久性、耐刺穿性、耐腐蚀性和耐菌性。不同类别的材料的防水层厚度也不一样。

卷材防水层的外侧需要做保护层。对于顶板可采用 C20 细石混凝土,防水层与保护层之间宜设隔离层,如干铺一道防水卷材,以防保护层伸缩变形时破坏防水层;底板保护层可采用细石混凝土,厚度不应小于 50 mm;侧墙宜采用有一定强度的软质保护材料(如挤塑聚苯板),也可采用非黏土砖墙作保护层。

(2)涂料防水层。

涂料防水包括无机、有机两大类防水涂料。无机防水涂料一般属于刚性材料;有机防水涂料一般属于柔性材料。无机防水涂料主要是水泥类无机活性涂料,可选用掺外加剂、掺合料的水泥基防水涂料,水泥基渗透结晶型涂料。有机防水涂料主要是高分子合成橡胶及合成树脂乳液类涂料,可选用反应型、水乳型和聚合物水泥等防水涂料。无机防水涂料宜用于结构主体的背水面和迎水面,有机防水涂料宜用于主体结构的迎水面。用于背水面的有机防水涂料应具有较高的抗渗性,且与基层有较好的黏结性。涂料防水层的外侧同样需要做保护层,其设置要求与卷材防水层类似。

(3)水泥砂浆防水层。

水泥砂浆防水属刚性防水,适用于结构主体刚度较大、建筑物变形小,且地下水位低、埋置深度不大、面积较小、防水要求不高的工程,不适用于有侵蚀性、受持续振动或室内温度较高的地下室。当主体结构的附加防水措施仅选一种材料时,不应选该种材料,它应与其他柔性防水材料组合使用。

水泥砂浆防水层主要包括聚合物水泥防水砂浆、掺外加剂或掺合料防水砂浆防水层等,宜采用多层抹压法施工,可用于地下室结构主体的迎水面或背水面。其本身必须形成一个封闭的整体,且与主体结构层之间必须结合牢固。

(4)防水混凝土。

混凝土防水结构是由防水混凝土依靠其材料本身的憎水性和密实性来达到防水目的的。混凝土防水结构既是承重、围护结构,又应有可靠的防水性能。它简化了施工,加快了工程进度,改善了劳动条件。因此,确定地下室防水方案时,应优先选用防水混凝土防水。防水混凝土分为普通防水混凝土和掺外加剂防水混凝土两类。

①普通防水混凝土。

普通防水混凝土是以调整配合比的方法,在普通混凝土的基础上提高自身密度和抗渗能力的一种混凝土。混凝土的抗渗性能不仅与材料的级配相关,还与混凝土的密实度相关。因为混凝土为非匀质材料,它的渗水是通过孔隙和裂缝进行的,提高混凝土抗渗性就要提高其密实度,抑制孔隙。但孔隙的形状和大小都与水灰比密切相关,因此,应控制水灰比、水泥用量和砂率来保证混凝土中砂浆的质量和数量以抑制孔隙,使混凝土浸水一定深度而不致渗水。同时,在混凝土中掺用减水剂,使用水量减少,也能取得良好的抗渗效果。在防水混凝土施工过程中,水灰比应控制在 0.55以内,坍落度应为 $3\sim5$ cm,水泥用量不小于 320 kg/m³,砂率为 $35\%\sim45\%$,灰砂比为 $1:1.5\sim1:2.5$。在地下室防水中,防水混凝土结构厚度不应小于 250 mm。

②掺外加剂防水混凝土。

外加剂有三乙醇胺、三氯化铁、木质磺酸钙、建 I 型减水剂等。混凝土中加入外加剂后防水性能增强,抗渗等级可提高 3 倍或 3 倍以上。

为防止地下水对防水混凝土的侵蚀,在墙外侧应抹水泥砂浆,然后涂刷沥青。

(5)弹性防水层。

防水材料必须具备耐环境变化、耐外伤的优点,以形成整体的不透水薄膜,即对防水材料要求有耐候性、耐化学腐蚀性及温度适应性。地下室防水工程,由于具有较大水压力以及建筑基础和地下室结构可能产生一定的变形和移位,更要求防水材料具备拉伸强度高、拉断延伸率大,能承受一定的荷载冲击力,适应防水基层的伸缩及开裂变形的特点,因此,在国内外采用了以高分子合成材料和合成橡胶及树脂涂膜为主的弹性防水层。

我国目前采用的弹性防水材料有以下两种。

①三元乙丙橡胶卷材。该类有 A 型和 B 型两种,可冷作业,单层施工(地下室防水加附加层),它能充分适应基层伸缩开裂变形。

②聚氨酯涂膜防水材料。该类是我国防水材料生产的双组分型聚氨酯防水材料,它是由含有端异氰酸酯基(-NCO)的聚氨酯预聚物的甲料和含有多羟基(-OH)的固化剂,以及掺有增黏剂、催化剂、防霉剂、填充剂、稀释剂的乙料所组成。这种甲料和乙料按一定比例配合均匀,即可进行涂膜施工。

章节自测题

主观题

1.高层建筑高度如何计算?

2.高层建筑的结构受力特征及抗震设计原则是什么?

3.高层建筑楼盖结构布置受哪些因素影响,布置时应遵守什么原则?

4.玻璃幕墙分为哪几类,各自有什么特点?

5.高层建筑疏散楼梯布置原则及基本要求是什么?

6.高层民用建筑分类依据是什么?

7.卷材防水外防外贴法的构造做法是怎样的?(请作图表示)

客观题

请扫下面的二维码,进入第 9 章,进行客观题在线测试与练习。

10 饰面装修

> 饰面装修是在建筑的主体结构工程的外表面,为了满足使用功能和营造环境的需要所进行的装设与装饰。饰面装修的作用,首先是改善环境条件,满足各类建筑的功能要求,其次是保护结构,使建筑物的各部件的寿命得以延长,还可以装饰和美化建筑物,充分表现建筑所具有的美学。在饰面装修设计中,应体现以人为本、绿色节能的设计理念,凸显"大国工匠"的价值观念,侧重于人体工程学的原理和方法。

10.1 概　　述

一栋建筑在结构主体完成之后,为了满足人们的使用要求,还需要对结构表面内、外墙面,楼、地面,顶棚等有关部位进行一系列的加工处理,即进行装修。可以说,结构主体完成之后的工作都是装修工程涉及的范围,其规模虽不及主体工程宏大,但它关系到工程质量标准和人们的生产、生活和工作环境的优劣,是建筑物不可缺少的有机组成部分。

10.1.1 饰面装修的作用

1. 保护作用

建筑结构构件暴露在大气中,在风、霜、雨、雪和太阳辐射等的作用下,构件可能因热胀冷缩导致结构节点被拉裂,影响牢固与安全。建筑通过抹灰、油漆等饰面装修,不仅可以提高构件、建筑物对外界各种不利因素(如水、火、酸、碱、氧化、风化等)的抵抗能力,还可以保护建筑构件不直接受到外力的磨损、碰撞和破坏,从而提高结构构件的耐久性,延长其使用年限。

2. 改善环境条件,满足房屋的使用功能要求

为了创造良好的生产、生活和工作环境,无论何种建筑物,一般都需进行装修,通过对建筑物表面的装修,不仅可以改善室内外清洁、卫生条件,且能增强建筑物的采光、保温、隔热、隔声性能。例如:砖砌体抹灰后不但能提高建筑物室内及环境照度,而且能防止冬天砖缝可能引起的空气渗透。

3. 美观作用

装修不仅具有功能和保护作用,还有美化和装饰作用。建筑师根据室内外环境的特点,正确、合理运用建筑线形以及不同饰面材料的质地和色彩,可以给人以不同的感受,同时,通过巧妙组合,还可以创造出优美、和谐、统一而又丰富的空间环境,以满足人们在精神方面对美的要求。

10.1.2 饰面装修的设计要求

1. 根据使用功能,确定装修的质量标准

不同等级和功能的建筑,除应满足各自的平面空间组合要求外,还应采用不同的装修质量标准,如高级公寓与普通住宅就不能同等对待,应为之选择相应的装修材料、构造方案和施工措施。同等建筑所处位置不同,装修质量标准也应不同,例如面临城市主要干道的建筑与在街道内部的建筑不能采用相同的装修质量标准。同一栋建筑的不同部位,如正立面与背立面,重要房间与次要房间等也应按不同标准进行处理。另外,有特殊要求的,如声学要求较高的录音室、广播室,除选择声学性能良好的饰面材料外,还应采用相应的构造措施和施工方案。

2. 正确合理地选用材料

建筑装修材料是装饰工程的重要物质基础,在装修费用中一般占 70% 左右。装修工程所用材料量大面广,品种繁多,从黏土砖,到大理石、花岗石,从普通砂、石,到黄金、锦缎,价格相差巨大。能否正确选择和合理地利用材料,直接关系到工程质量、效果、造价和做法。材料的物理、化学性能及其使用性能是装修材料选择的依据。除大城市重要的公共建筑可采用较高级装修材料外,对于大量建筑来讲,因预算不高,装修用料应尽可能因地制宜,就地取材,不要舍近求远,舍内求外。只要合理利用材料,就既能达到经济节约的目的,又能保证良好的装饰效果。

3. 充分考虑施工技术条件

装修工程是通过施工来实现的。如果仅有良好的设计、材料,没有好的施工技术条件,理想的效果也难以实现。因此,在设计阶段就要充分考虑影响装修做法的各种因素:工期、施工季节、温度、具体施工队伍的技术管理水平和技术熟练程度以及施工组织和施工方法等。

10.1.3 饰面装修的基层

饰面装修是在结构主体完成之后进行的。凡附着或支托饰面层的结构构件或骨架,均视为饰面装修的基层,如内外墙体、楼地板、吊顶龙骨等。

1. 基层处理原则

(1)基层应有足够的强度和刚度。

饰面层附着于基层,为了保证饰面不至于开裂、起壳、脱落,要求基层具有足够承载力。饰面变形不仅影响美观而且影响使用。如果墙体或顶棚饰面开裂、脱落,还可能砸伤行人,酿成事故。可见,具有足够承载力和刚度的基层,是保证饰面层附着牢固的重要因素。

(2)基层表面必须平整。

饰面层平整均匀是达到美观的必要条件,而基层表面的平整均匀又是使饰面层达到平整均匀的重要前提。为此,对饰面主要部位的基层,如内外墙体、楼地板、吊顶骨架等,在砌筑、安装时必须平整。基层表面凹凸过大,必然使找平层厚度增加,且不易找平。厚度不一不仅浪费材料,还可能因材料的胀缩不一而引起饰面层开裂、起壳,甚至脱落,同时影响美观、使用,甚至危及安全。

(3)确保饰面层附着牢固。

饰面层附着于基层表面应牢固可靠。但实际工程中,不论地面、墙面还是顶棚,到处可见饰面层出现开裂、起壳、脱落现象,常常是由于构造方法不妥和面层与基层材料性能差异过大或黏结材料选择不当等因素所致,所以应根据不同部位和不同性质的饰面材料采用不同材料的基层和相应的构造连接措施,如粘、钉、抹、涂、贴、挂等使其饰面层附着牢固。

2. 基层类型

(1)实体基层。

实体基层是指用砖、石等材料组砌或用混凝土现浇或预制的墙体以及预制或现浇的各种钢筋混凝土楼板等。这种基层强度高、刚度好,其表面可以做任何一种饰面,如刷各种涂料、抹涂各种抹灰、铺贴各类面砖、粘贴各种卷材等,实体基层的部位及饰面见表 10-1。为保证实体基层的饰面层平整均匀,附着牢固,施工时还应对各种材料的基层作处理。

表 10-1 实体基层的部位及饰面

	涂料	抹灰	贴面	裱糊
墙面				
楼地面				
顶棚				

砖、石基层:主要用于墙体。因砖、石表面粗糙,加之凹进墙面的缝隙较多,故黏结力强。做饰面前必须清理基层,除去浮灰,必要时用水冲净。如能在墙体砌筑时做到垂直,就为饰面层的牢固黏结及厚度均匀创造了条件。

混凝土及钢筋混凝土基层:主要指预制或现浇墙体或楼板。由于这些构件是由混凝土浇筑成型,为脱模方便,其表面均加机油之类的隔离剂,加上钢模板的广泛采用,构件表面较为光滑平整。为使饰面层附着牢固,施工时必须除掉隔离剂,还须将表面打毛,用水冲去浮尘。为保证平整,无论是预制安装还是现场浇筑,都要求墙体垂直,楼板水平。

轻质填充墙基层:由于各类轻质填充墙基层与钢筋混凝土基层的热膨胀系数不同,在做抹灰面层时容易造成面层开裂、脱落,影响美观和使用,因此在基层处理时,不同基体材料相接处应铺钉金属网,金属网与各基体搭接宽度不应小于 100 mm。如轻质填充墙在外墙面抹灰饰面时,基层处理应满挂钢丝网。

(2)骨架基层。

骨架隔墙、架空木地板、各种形式的吊顶的基层都属于骨架基层。

骨架基层由于材料不同,有木骨架基层和金属骨架基层之分。构成骨架基层的骨架通常称为龙骨。木龙骨多为方木,金属龙骨多为型钢或薄壁型钢、铝合金型材等。龙骨中距视表面材料而定,一般不大于 600 mm。骨架表面通常不做大理石等较重材料的饰面层,骨架基层类型及部位见表 10-2。

表 10-2   骨架基层类型及部位

	墙面	地面	顶棚
木骨架			
金属骨架			

10.2   墙面装修

墙面装修是建筑装修中的重要内容,它对提高建筑的艺术效果、美化环境起着很重要的作用,还具有保护墙体功能和改善墙体热工性能的作用。墙体表面的饰面装修因其位置不同分外墙面装修和内墙面装修两大类型。又因其饰面材料和做法不同,外墙面装修可分为抹灰类、贴面类和涂料类;内墙面装修则可分为抹灰类、贴面类、涂料类和裱糊类。

饰面装修构造

在这里主要介绍常用的大量民用建筑的墙体饰面装修做法。

10.2.1   抹灰类墙面装修

抹灰是我国传统的饰面做法,它是将砂浆涂抹在房屋结构表面上的一种装修工程,其材料来源广泛、施工简便、造价低,通过工艺的改变可以获得多种装饰效果,因此在建筑墙体装饰中应用广泛。

1. 抹灰的组成

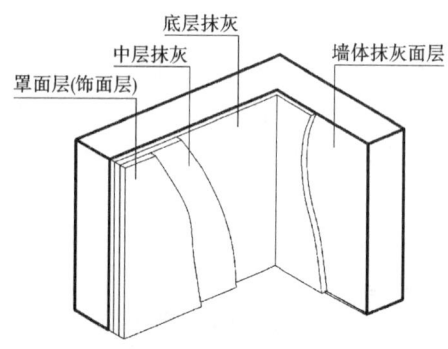

图 10-1   墙体抹灰饰面构造层次

为保证抹灰质量,做到表面平整、黏结牢固、色彩均匀、不开裂,在抹灰前应将基层表面的灰尘污渍等清除干净,并洒水湿润。抹灰层不能太厚,施工时须分层操作。抹灰一般分三层,即底灰(层)、中灰(层)、面灰(层)(图 10-1)。

底灰又叫刮糙,主要起与基层黏结和初步找平的作用。该层的材料与施工操作对整个抹灰质量有较大影响,其用料视基层情况而定,其厚度一般为 5~7 mm。当墙体基层为砖、石时,可采用水泥砂浆或混合砂浆打底;当基层为骨架板条基层时,应采用石灰砂浆作底灰,并在砂浆中掺入适量麻刀(纸筋)或其他纤维,施工时将底灰挤入板条缝隙,以加强拉结,避免开裂、脱落。

中灰主要起进一步找平作用,材料基本与底层相同。根据施工质量要求,可以一次抹成,亦可分层操作。所用的材料与底层材料相同,中灰厚度为5~9 mm。

面灰主要起装饰美观作用,要求平整、均匀、无裂痕。厚度一般为2~8 mm。面层不包括在面层上的刷浆、喷浆或涂料。

抹灰按质量要求和主要工序划分为两种标准,普通抹灰一般由底层和面层组成,当采用高级抹灰时,还要在面层与底层之间加中间层,具体见表10-3。

表10-3 抹灰的两种标准

标准	层次			总厚度
	底灰	中灰	面灰	
普通抹灰	1层	无	1层	≤20 mm
高级抹灰	1层	数层	1层	≤25 mm

高级抹灰适用于大型公共建筑物、纪念性建筑物、高级住宅、宾馆以及有特殊要求的建筑物。普通抹灰一般用于普通住宅、办公楼、学校等。

2. 常用抹灰种类、做法和应用

基层材料的特性和工程部位不同,对砂浆技术性能要求不同,这也是选择砂浆种类的主要依据。一般抹灰常用的有石灰砂浆抹灰、水泥砂浆抹灰、混合砂浆抹灰、纸筋石灰浆抹灰、麻刀石灰浆抹灰。水泥砂浆宜用于潮湿或强度要求较高的部位;混合砂浆多用于室内底层或中层或面层抹灰;石灰砂浆、麻刀石灰浆、纸筋石灰浆多用于室内中层或面层抹灰,对混凝土基面多用水泥石灰混合砂浆。对于木板条基底及面层,多用纤维材料增加其抗拉强度,以防开裂。常用墙面抹灰构造做法见表10-4。

表10-4 常用墙面抹灰构造做法

类别	基层类型	厚度/mm	构造做法
一般抹灰内墙面	各类砖墙	15	面浆(或涂料)饰面; 15 mm厚1:2.5石灰膏砂浆打底分层抹平
	混凝土墙、混凝土空心砌砖墙	15	面浆(或涂料)饰面; 15 mm厚1:2.5石灰膏砂浆打底分层抹平; 素水泥浆一道甩毛(内掺建筑胶)
	蒸压加气混凝土砌块墙	18	面浆(或涂料)饰面; 15 mm厚1:2.5石灰膏砂浆打底分层抹平; 3 mm厚外加剂专用砂浆打底刮糙或专用界面剂一道甩毛(甩前喷湿墙面)
一般抹灰外墙面	砖墙	18	6 mm厚1:2.5水泥砂浆面层; 12 mm厚1:3水泥砂浆打底刷毛或划出纹道
	混凝土墙、混凝土空心砌块墙、轻骨料混凝土空心砌块墙	18	6 mm厚1:2.5水泥砂浆面层; 12 mm厚1:3水泥砂浆打底扫毛或划出纹道; 刷聚合物水泥砂浆一道
	蒸压加气混凝土砌块墙、轻骨料混凝土空心砌块墙	22	10 mm厚1:2.5(或1:3)水泥砂浆面层; 9 mm厚1:3专用水泥砂浆打底扫毛或划出纹道; 3 mm厚专用聚合物砂浆底面刮糙;或专用界面处理剂甩毛喷湿墙面

装饰抹灰按面层材料的不同可分为石碴类(水刷石、水磨石、干粘石、斩假石),水泥、石灰类(拉条灰、拉毛灰、洒毛灰、假面砖、仿石)和聚合物水泥砂浆类(喷涂、滚涂、弹涂)等。常见装饰抹灰饰面做法如图 10-2 所示。石碴饰面材料是装饰抹灰中使用较多的一类,以水泥为胶结材料,以石碴为骨料做成水泥石碴浆作为抹灰面层,然后用水洗、斧剁、水磨等方法除去表面水泥浆皮,或者在水泥砂浆面上甩黏小粒径石碴,使饰面显露出石碴的颜色、质感,具有丰富的装饰效果,常用石碴类装饰抹灰做法见表 10-5。

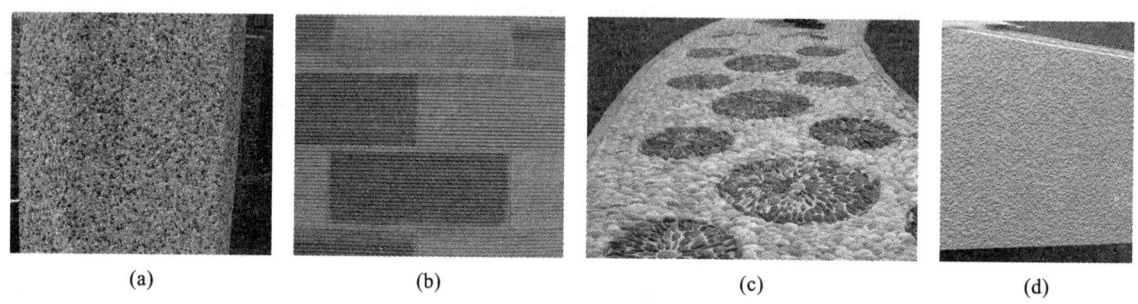

| (a) | (b) | (c) | (d) |

图 10-2　常见装饰抹灰饰面做法
(a)水刷石饰面;(b)剁斧石饰面;(c)干粘石饰面;(d)弹涂饰面

10-5　常用石碴类装饰抹灰做法

类别	名称	厚度/mm	构造做法
装饰抹灰外墙面	水刷石墙面 (砖石基层)	21	8 mm 厚 1:1.5 水泥石子(小八厘);或 8 mm 厚 1:2.5 水泥石子(中八厘)面层; 刷素水泥一道(内掺水重 5% 的建筑胶); 12 mm 厚 1:3 水泥砂浆打底刷毛或划出纹道
	剁斧石墙面 (砖石基层)	23	斧剁斩毛两遍成活; 10 mm 厚 1:2 水泥石子(米粒石内掺 30% 石屑)面层赶平压实; 刷素水泥一道(内掺水重 5% 的建筑胶); 12 mm 厚 1:3 水泥砂浆打底刷毛或划出纹道
	干粘石墙面 (砖石基层)	20	刮 1 mm 厚建筑胶素水泥浆黏结层(重量比为水泥:建筑胶=1:0.3); 干粘石面层拍平压实(粒径以小八厘略掺石屑为宜,与 6 mm 厚水泥砂浆层连续操作); 6 mm 厚 1:3 水泥砂浆; 12 mm 厚 1:3 水泥砂浆打底刷毛或划出道纹

10.2.2　涂料类墙面装修

涂料饰面是在木基层表面或抹灰饰面的面层上喷、刷涂料的饰面装修。涂料饰面可以在物体表面形成一层完整而坚韧的保护涂膜,具有保护、装饰功能,并且能改善建筑构配件的使用功能。涂料饰面具有质轻、颜色丰富、施工简便、省工省料、工期短、效率高、自重轻、维修方便等特点,因此在饰面装修工程中得到了广泛应用。建筑涂料的种类很多,按成膜物质不同可分为有机涂料、无机涂料、复合涂料;按涂料所用稀释剂不同可分为溶剂型涂料和水溶性涂料;按涂料的功能不同可分为防火涂料、防水涂料、保温涂料、防腐涂料、防静电涂料等;按建筑物的使用部位不同可分为外墙涂料、内墙涂料、地面涂料、顶棚涂料和屋面防水涂料等。

1. 有机涂料

（1）水溶性涂料。

水溶性涂料是以水溶性合成树脂为主要成膜物质，水为稀释剂，加入适量的颜料、填料及辅助材料等，经研磨而成的一种涂料。水溶性涂料可以直接溶于水中，且有一定的装饰性和保护性，一般用于室内。它的原材料资源丰富，价格较为低廉，施工方便，但耐水耐气候性较差，易起皮、开裂、脱落。常用的有聚乙烯醇类建筑涂料、耐擦洗仿瓷涂料等。

（2）乳液型涂料（乳胶漆）。

乳液型涂料是一种以合成树脂乳液为主要成膜物质，加入适量颜料、填料和辅助材料研磨而成的涂料。乳胶漆涂膜有较好的耐水性和耐候性，并有亚光、高光等不同光泽度类型；通过添加不同性能的助剂，乳胶漆可具有抗菌、防裂、耐污等多种性能。乳胶漆大量应用在室内、室外墙面装修工程中，近年来随着人们对健康环保生活的追求，内墙乳胶漆还发展出具有防霉杀菌、净化空气功能的纳米乳胶漆等新产品。乳胶漆的种类很多，通常以合成树脂乳液来命名。如：丙烯酸酯乳胶涂料、聚酯酸乙烯乳胶涂料、环氧树脂乳胶涂料等。

（3）溶剂型涂料。

溶剂型涂料是以高分子合成树脂为主要成膜物质，有机溶剂为稀释剂，加入适量颜料、填料及辅料研磨而成的一种挥发性涂料。这类涂料具有较好的硬度、光泽，以及耐水、耐候性；但施工时有机溶剂易挥发，产生气味，污染环境，而且涂膜透气性差，价格也较高，主要应用于外墙饰面，也可用于室内走道、门厅。

2. 无机涂料

无机涂料是以无机材料为主要成膜物质的涂料，其主要原材料都可以直接取自自然界，资源丰富。例如用碳酸钙、生石灰、滑石粉等矿物质加适量胶就可制成粉刷石灰浆抹面材料。常用的水溶性无机涂料有无机硅酸盐水玻璃类涂料。聚合物水泥类涂料等硅溶胶类涂料价格比较经济，是最早应用的一种涂料。水溶性无机涂料通常具有保色性好，耐火、耐碱、耐老化等性能，但耐水性差，涂膜质地松弛，易起粉。

3. 复合涂料

复合涂料由无机涂料和有机涂料结合而成，可使两种涂料相互取长补短，以获得更好的性能或装饰效果。常用的复合涂料有丙烯酸酯乳液＋硅溶胶复合涂料、苯丙乳液＋硅溶胶复合涂料、丙烯酸酯乳液＋环氧树脂乳液＋硅溶胶复合涂料等。复合涂料主要有两种复合方式：一种是两类涂料进行混合配制，这样形成的复合涂料中的有机物或树脂可以改善无机材料成膜后容易变脆脱落的弊端，同时也减轻了有机材料易老化、耐热性差等问题；另一种是两类涂料涂层复合装饰，例如在墙面上先涂覆一层有机涂料，然后再涂覆一层无机涂料，利用两层涂膜的收缩不同，得到冰裂花纹状涂膜的装饰效果。

4. 硅藻泥涂料

硅藻泥涂料是以硅藻土为主要原材料，添加多种助剂的粉末装饰涂料。硅藻泥涂料色彩柔和，同时具有净化空气、调节湿度、防火阻燃、吸声降噪、保温隔热等优点，是一种可以替代乳胶漆和墙纸的新型环保涂料。但由于天然硅藻土的材质特点，硅藻泥涂料也有色彩单一、质感较硬、防水性差的缺点。此外，硅藻泥涂料价格较贵，对施工工艺也有较高要求。

5. 氟树脂涂料

氟树脂涂料是指以氟树脂为主要成膜物质的涂料，又称氟碳漆。氟碳漆具有超常的耐候性，耐久寿命可达 20 年以上，且漆膜能够保持原有光泽和色彩，不粉化，不脱落。氟碳漆涂膜硬度高，表面摩擦系数小，因此灰尘、污物很难在涂膜上附着，具有优异的抗沾污性、耐洗刷性。除此之外，氟碳漆还具有优异的耐腐蚀性和耐化学侵蚀性,对温度变化适应性强,施工方便。氟碳漆特别适用于有高耐候性、高耐沾污性要求和有防腐要求的建筑物。它和混凝土、水泥纤维板、金属板等各类基层均能很好结合,是目前为止综合性能最为优越的建筑涂料,不足之处是价格相对偏高。

10.2.3 陶瓷贴面类墙面装修

1. 面砖饰面

在墙面上铺贴面砖是保护和美化墙面的有效方式。面砖多数以陶土或瓷土为原料,压制成型后经焙烧而成,由于面砖不仅可以用于墙面装饰也可用于地面,所以常被人们称为墙地砖。按照表面处理方式,面砖可分为釉面砖和无釉面砖。釉面砖表面光滑,色彩丰富,图案多样,具有防水、耐火、耐腐蚀、易清洗等优点,但耐磨和防滑性能较差。无釉面砖因为表面不施釉,其花色不如釉面砖。

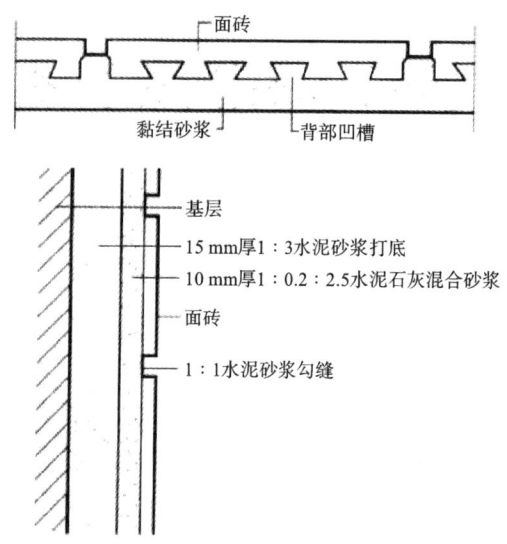

图 10-3 面砖饰面构造(砖墙基层)示意图

面砖铺贴前先将表面清洗干净,然后将面砖放入水中浸泡,贴前取出晾干或擦干。面砖铺贴时用1∶3水泥砂浆打底并划毛后,用1∶0.3∶3水泥石灰砂浆或用捻有 108 胶(水泥用量 5%～10%)的 1∶2.5 水泥砂浆满刮于面砖背面,其厚度不小于 10 mm,然后将面砖贴在墙上,轻轻敲实,使其与底灰粘牢。一般面砖背面有凹凸纹路,更有利于面砖粘贴牢固。对贴于外墙的面砖,常在面砖之间留出一定缝隙,以利湿气排出,如图 10-3 所示。内墙面为便于擦洗和防水,则要求铺贴紧密,不留缝隙。面砖如被污染,可用浓度为 10%的盐酸洗刷,并用清水洗净。

2. 陶瓷锦砖饰面

陶瓷锦砖也称陶瓷马赛克,是由若干小型瓷片镶拼而成的陶瓷制品。陶瓷锦砖经高温烧结而成,表面致密光滑、坚硬耐磨、耐酸耐碱、防火防水,不易变色。它的瓷片小块尺寸较小(每片边长不大于 50mm),可以有多种色彩和不同形状,因此可以拼成各种花色图案。陶瓷锦砖产品出厂时,已经将带有花色图案的小块根据设计要求反贴在牛皮纸上,每联尺寸约 305 mm×305 mm。铺贴时牛皮纸面向外将瓷砖贴于饰面基层,待半凝后将纸洗去,同时修整饰面。陶瓷锦砖常用于厨房、餐厅、卫生间、化验室、游泳池等的墙面和地面装修。

10.2.4 石材贴面类墙面装修

装饰用的石材有天然石材和人造石材之分,天然石材采用天然岩石加工而成,人造石材是用天然石材碎料或粉料作为精、细基料,加入无机或有机胶凝材料作为黏结剂,再经加工而成的装饰石材。其按厚度不同可分为厚型和薄型两种,通常厚度在 40 mm 以下的称板材,厚度在 40 mm 以上的称为块材。

1. 石材的类型

(1)天然石材。天然石材饰面板不仅具有各种颜色、花纹、斑点等天然材料的自然美感,而且质地密实坚硬,故耐久性、耐磨性等均比较好,在装饰工程中的适用范围广泛。天然石材用于室内外环境中的墙面、地面、楼梯踏步、各种石材线脚、罗马柱、茶几、石质栏杆、电梯门贴脸等。但其缺点是自重较大,会增加建筑荷载。由于材料的品种、来源的局限性,造价比较高,天然石材属于高级饰面材料。

常用的天然石材有大理石、花岗岩和砂岩。大理石属于中硬石材,质地细密,吸水率小,抗压性强,花纹多样,色泽丰富。但大理石的抗风化能力较差,不耐酸,空气和雨水中所含的酸性物质对大理石有腐蚀作用,故大理石不宜用于建筑外墙和其他露天部位的装饰。

花岗岩属于硬石材,质地坚硬密实,耐摩擦,耐酸碱,耐高温,耐腐蚀,多用于室外墙面和地面的装修。其硬度大,加工困难,并且质脆,耐火性差,在火灾时容易发生爆裂。天然花岗岩板材表面经过不同的加工可以形成多种不同的装饰效果,主要品种有斧剁板材、粗磨板材、抛光板材和火烧板材等。

砂岩因其内部孔隙多,吸水率较高,具有隔声、防火、防潮的特性。从装饰效果来看,砂岩朴实大方,粗犷自然,石材花纹变化奇特,加上具有良好的抗压、耐磨防滑性,已被广泛应用在墙面、地面、异形线脚、景观雕塑等方面。

(2)人造石材:人造石材是采用无机、有机胶凝材料作为胶黏剂,以天然砂、碎石、石粉或工业渣等为填充料,经成型、固化、表面处理而成的一种人造材料。它具有重量小、强度高、耐腐蚀,加工方便等优点。人造石材包括水磨石、人造大理石、人造花岗石、微晶石等。人造石材的色泽和纹理不及天然石材自然柔和,但其花纹和色彩可以根据生产需要人为地控制,可选择范围广,且造价通常要低于天然石材墙面。

常见墙面装修做法如图 10-4 所示。

(a)   (b)   (c)
(d)   (e)

图 10-4　常见墙面装修做法
(a)清水砖墙;(b)外墙面砖饰面;(c)天然石材外墙;(d)陶瓷锦砖墙面;(e)人造石材外墙

2. 石材饰面的安装

石材在安装前必须根据设计要求核对石材品种、规格、颜色,进行统一编号,天然石材要用电钻打好安装孔,较厚的板材应在其背面凿两条 $2\sim3$ mm 深的砂浆槽。板材的阳角交接处应做好 $45°$ 的倒角处理。最后根据石材的种类及厚度,选择适宜的连接方法。

(1)拴挂法。拴挂法是在墙柱表面拴挂钢筋网,将板材用铜丝绑扎,拴结在钢筋网上,并在板材与墙体的夹缝内灌以水泥砂浆的方法,如图 10-5 所示。

(2)干挂法。干挂法又名空挂法,是目前墙面装饰中一种新型的施工工艺。该方法以金属挂件将饰面石材直接吊挂于墙面或空挂于钢架上,不需再灌浆粘贴。其原理是在主体结构上设主要受力点,通过金属挂件将石材固定在建筑物上,形成石材装饰幕墙,如图 10-6 所示。

(3)聚酯砂浆固定法。聚酯砂浆固定法的特点是采用聚酯砂浆黏结固定。聚酯砂浆的胶砂比

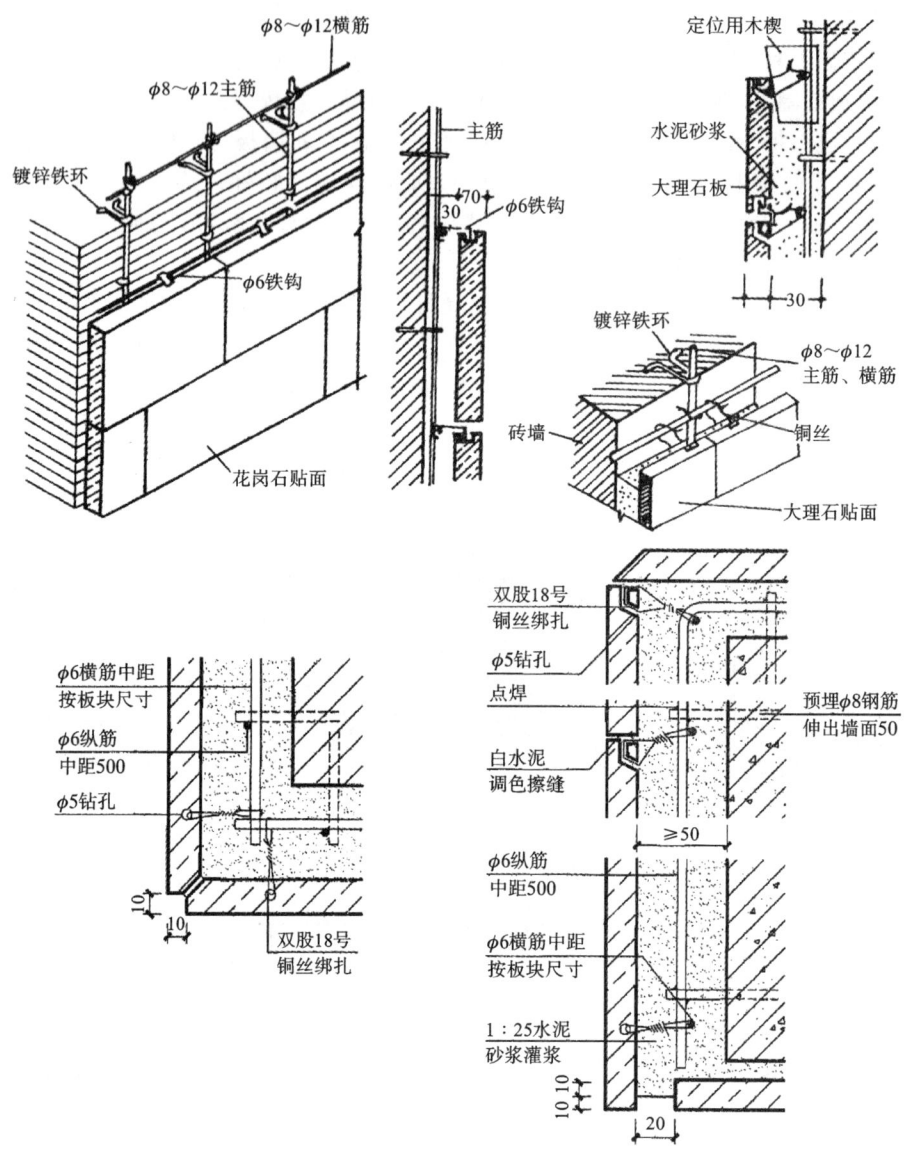

图 10-5 拴挂法(单位:mm)

通常为 1:5.0~1:4.5,固化剂的掺加量随要求而定。施工时,先固定板材的四角,填满板材之间的缝隙,待聚酯砂浆固化并能起到固定拉结作用时,再进行灌缝操作。砂浆层一般厚 20 mm 左右,灌浆时,一次灌浆高度应不大于 150 mm,待下层砂浆初凝后再灌注上层砂浆。

(4)树脂胶黏结法。树脂胶黏结法的特点是采用树脂胶黏结板材。它要求基层必须平整,最好是用木抹子搓平砂浆表面,再抹 2~3 mm 厚的胶黏剂,然后将板材粘牢。一般应先把胶黏剂涂刷在板的背面的相应位置,尤其是悬空板材,涂胶必须饱满。施工时,将板材就位、挤紧、找平、找正、找直后,应马上进行顶、卡、固定,以防止脱落伤人。

对于较厚的石材板,还可用连接件挂接法,板材通过连接件锚固在墙体上。在高度不大于 3m 的墙面上安装石材可以采用粘贴法,使用聚酯砂浆或环氧树脂胶将石材粘贴在墙面上。粘贴法适用于薄型石材,尤其方便各种石材饰线、饰条的安装。

图 10-6 干挂法

10.2.5 清水砖墙饰面装修

清水砖墙是砌筑后不抹灰、不贴面,以表现砌体本身质感的墙体。清水砖墙要求砖块尺寸规整,砌砖平整,灰浆饱满,砖缝规范美观。用砖砌筑清水砖墙在我国已有悠久的历史,很多传统建筑都不做抹灰饰面,直接呈现清水砖墙朴素雅致的外观效果,如图 10-7 所示。

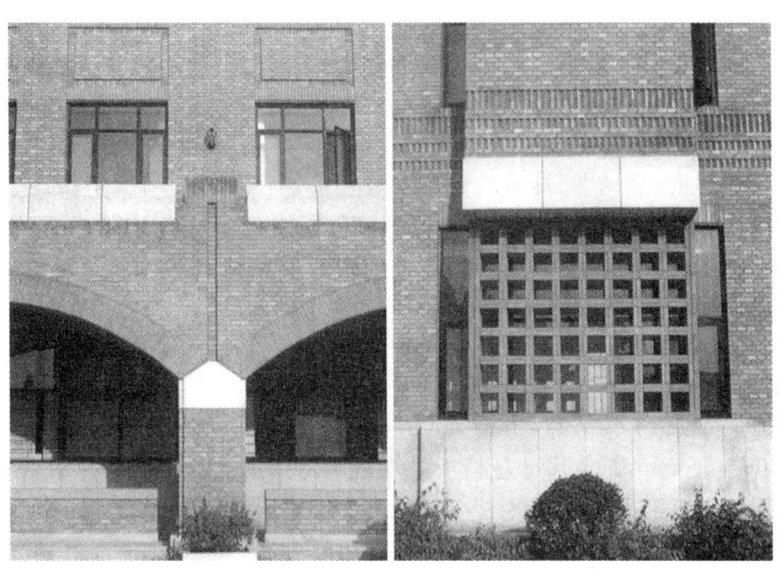

图 10-7 清水砖墙

为防止因灰缝不饱满而引起的空气渗透和雨水渗入,须对砖缝进行勾缝处理。一般用1:1水泥砂浆勾缝,也可在砌墙时用砌筑砂浆勾缝,称为原浆勾缝。勾缝形式有平缝、平凹缝、斜缝、弧形缝等,如图10-8所示。

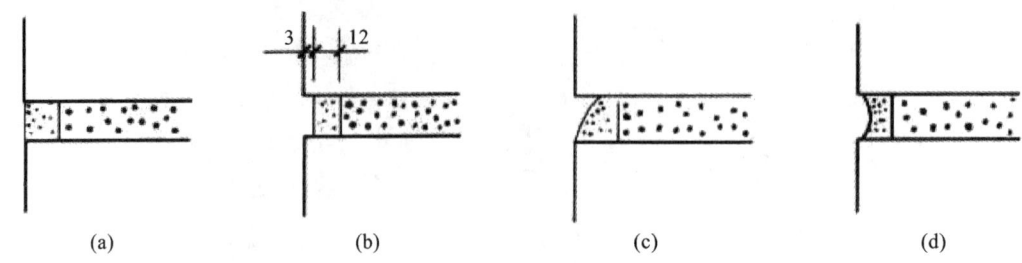

图 10-8　清水砖墙的勾缝形式(单位:mm)
(a)平缝;(b)平凹缝;(c)斜缝;(d)弧形缝

清水砖墙的颜色主要是砖体材料本身的颜色,目前常用的有红砖和青砖两种。清水砖墙砖缝多,砖缝面积约占墙面面积的1/6,因此,改变勾缝砂浆的颜色能有效地影响整个墙面色调的明暗度,如可用白水泥勾成白缝或用水泥掺颜料勾成深色或其他颜色的缝。由于砖缝颜色突出,整个墙面质感效果会发生变化。

要取得清水砖墙质感的变化,还可在砖墙组砌上下功夫,如采用多顺一丁砌法以强调横线条;在结构受力允许条件下,改平砌为斗砌、立砌以改变砖的尺度感;或采用将个别砖成点成条地凸出墙面几厘米的拨砌方式,形成不同的质感和线形。以上做法要求大面积墙面平整规矩,并严格砌筑保证质量,虽较费人工,但能取得一定装饰效果。

10.2.6　板材墙面

板材墙面属于高级装修墙面。板材的种类很多,常见的有木质板、金属板、石膏板、塑料板、铝合金板及其他非金属板材等。不同于传统的抹灰装修及贴面装修,它是干作业法,最大的特点是不污染墙面和地面。

1. 木板墙面

木板墙面由木骨架和板材两部分组成。具体做法是:首先在墙体内预埋木砖,再钉立木骨架,最后将木板用镶贴、钉、上螺钉等方法固定在木骨架上。

(1)木骨架。

木骨架一般分为纵向、横向龙骨,并将纵向龙骨与墙体内预埋的防腐木砖连接,防腐木砖中距一般为 500~1000 mm。若墙体为混凝土墙,应加钉防腐木楔,一般先用电钻钻孔,孔径不应小于 20 mm,深度不应小于 60 mm,然后将木楔钉入。也可以在钻孔后放入直径为 6 mm 的膨胀螺栓,木龙骨上须按螺栓位置钻孔,并用螺纹射钉固定。

为防止板材变形(特别是受潮变形),一般先在墙体上刷热沥青一道(或刷改性沥青一道),再干铺石油沥青油毡一层。

木龙骨的断面尺寸为 40 mm×40 mm 或 50 mm×50 mm,与板材的接触面应刨光,其纵向、横向间距一般为 400~600 mm,具体尺寸应按板材规格确定。木龙骨与墙体接触面也应刷氟化钠防腐剂。将木龙骨用钉子钉于木砖或木楔上,此外,还可以采用射钉直接钉于混凝土墙上,射钉间距为 1000 mm。

(2)木板。

一般采用 10 mm 厚的木板,也可以采用 5 mm 厚的胶合板,以镶贴、射钉、上螺钉等方法固定在木骨架上。板材表面应刷油漆,一般做法为先刷润油粉一道,再刮腻子,刷底油、清漆四道,最后磨退出色。也可以在木板或胶合板的表面打孔,穿孔位置及形状由设计师按声学要求选用。

木板的树种大多为硬木树种,胶合板可以采用针叶树种(松木)和阔叶树种(桦木、水曲柳、荷木、椴木、杨木等)制作。胶合板规格一般为长 2440 mm,宽 1220 mm,厚 4~5 mm。

木板或胶合板墙的根部应做木踢脚。板材之间的接缝可采用压条、分离缝、高低缝等做法。阴角和阳角还可以对接或斜接。墙裙应做好上端的封边或压顶。墙裙高度为 1800~2000 mm。

有吸声要求的木板墙面,应在木板与木龙骨之间填以玻璃棉、矿棉、泡沫塑料等吸声材料。有反射声音要求的墙面,如录音室、播音室、录像室等,可采用胶合板做成断面形状为半圆形或其他形状的凸形墙面。

2. 装饰板材墙面

装饰板材的骨架可以采用木骨架,也可以采用钢骨架。常见的板材有以下几种。

(1)装饰微薄木贴面板。

这种板材选用珍贵树种,通过精密刨切制成厚度为 0.2~0.5 mm 的微薄木板,再用胶黏剂贴在胶合板上,其表面具有木纹式样。这种板材的规格有 1830 mm×915 mm、1830 mm×1220 mm、2135 mm×915 mm 和 2135 mm×1220 mm,多采用钉装法固定在木骨架上。

(2)印刷木纹人造板。

这种板材是在人造板的表面用凹板花纹胶轮精印各种花纹而成的,又叫表面装饰人造板。人造板可以选用胶合板、纤维板、刨花板等,其规格视各厂产品而异,常用的有 2480 mm×1200 mm×(3.5~19) mm,2000 mm×1000 mm×(3~4) mm(长×宽×厚),采用黏结法或钉接法固定。

(3)大漆建筑装饰板。

这种板材是在木板表面以我国特有的大漆技术装饰处理而成的。大漆属于天然树脂漆,具有漆膜光亮,色彩鲜艳夺目,保水性、耐水性好,不怕火烫和水烫等优点,多用于高级建筑的柱面、墙面装饰。其规格为 610 mm×320 mm,花色品种很多,采用黏结法固定。

(4)玻璃钢装饰板。

这种板材以玻璃布为增强材料,用不饱和树脂为胶黏剂,加入固化剂、催化剂制成。它具有色彩多样,硬度高、耐磨、耐酸碱、耐高温等优点。其规格不一,大体为(700~2000)mm×(500~900)mm×0.5mm(长×宽×厚),一般采用黏结法固定。

(5)塑料贴面装饰板。

这种板材是在纸上彩印各种图案,浸以不同类型的热固性溶液,经过热压粘贴于各种木质板材上而成的。其具有耐潮湿、耐磨、耐燃烧、耐一般酸碱、耐油脂及酒精侵蚀等特点,花色品种有镜面、柔光、水纹、浮雕等。塑料贴面装饰板的规格:厚度为 0.6~2 mm,长度为 720~2455 mm,宽度为 450~1230 mm。

(6)聚酯装饰板。

这种板材的物理化学稳定性好,强度高,表面耐水性、耐污染性好,可以覆塑在胶合板、刨花板、中密度纤维板、水泥石棉板或金属板上,是一种较好的室内装饰材料,可以粘贴或钉于基层上。

(7)覆塑中密度纤维板。

这种板材采用尿醛树脂为胶黏剂,用热压法在中密度纤维板的表面粘贴塑料板而成。使用这种板材时,可不用油漆。这种板材耐磨、耐烫,易于擦洗,可以粘贴或钉于基层上。

(8)聚氯乙烯塑料装饰板。

这种板材是以聚氯乙烯树脂(PVC)与稳定剂、颜料等经过捏合、混炼、拉片、挤出、压延而成的。

它具有质轻、防潮、隔热、不易燃、不吸尘、可涂饰等优点。板材规格:厚度为 1.5～6 mm,长度为700～2000 mm,宽度为 650～1150 mm,可以采用胶黏法或钉固法与基层固定。

(9)纸面石膏板材。

这种板材是以熟石膏为主要原料,掺入适量外加剂与纤维做板芯,以牛皮纸为护面层的一种板材。石膏板的厚度有 9 mm、12 mm、15 mm、18 mm、25mm,长度有 2400 mm、2500 mm、2600 mm、2700 mm、3000 mm、3300mm,宽度有 900 mm、1200 mm。它具有可刨、可锯、可钉、可粘等优点。可以采用粘贴法或钉固法固定于骨架上。

(10)防火纸面石膏板。

这种板材中夹有石棉纤维,具有一定防火性能,可用于建筑物有防火要求的部位,其规格尺寸与纸面石膏板相同。其一般与轻钢龙骨固定,采用自攻螺钉连接。安装双层石膏板时,板缝应错开。钉子间距为 200～300 mm。

3. 金属板材墙面

金属板材墙面由骨架及板材两部分组成。

(1)骨架。

金属板材墙面要用承重骨架与结构构件(梁、柱)或围护构件(砖、混凝土墙体)连接。承重骨架由横竖杆件拼成,材质为铝合金型材或型钢,常用的有各种规格的角钢、槽钢、V 形轻金属墙筋等,在工程中采用较多的是角钢或槽钢骨架。

(2)板材。

①彩色涂层钢板。彩色涂层钢板的原板为冷轧钢板和镀锌钢板,表面有有机涂层、无机涂层和复合涂层三种做法。彩色涂层钢板是一种复合材料,兼有钢板和有机材料两者的优点,既有钢板的机械强度和良好的加工成型性,又有有机材料良好的耐腐蚀性和装饰性,是一种用途广泛、物美价廉、经久耐用的新型装饰板材。

②铝合金装饰板。铝合金装饰板具有重量轻、易加工、强度高、刚度好、经久耐用、防火、防潮、耐腐蚀等特点。铝合金装饰板按装饰效果分为以下几种。

a.铝合金花纹板。铝合金花纹板由特制的花纹轧辊轧制而成。板材的花纹美观大方,肋高适中,不易腐蚀,防滑性能好,耐磨性能强。铝合金花纹板的规格:厚度为 1.5～7.0 mm,长度为 2000～20000 mm,宽度为 1000～16000 mm。

b.铝合金浅花纹板。铝合金浅花纹板花纹精巧别致,色泽美观大方,比普通铝合金板刚度提高了1/5。其表面有立体图案,对白色光的反射率可达 90%,热反射率也可达 90%。板材表面花纹呈小橘皮形、大菱形、小豆点形、小菱形、点形、月季花形等。铝合金浅花纹板的规格:厚度为 0.25～1.5 mm,长度为 1500～2000 mm,宽度为 200～400mm。

c.铝及铝合金波纹板。铝及铝合金波纹板主要用于墙面装修,有银白、古铜等多种颜色。这种板材有较强的反射能力,可以抵御大气中的各种污染。铝及铝合金波纹板材的规格:厚度为 0.7～1.2 mm,宽度为 1008 mm,长度有 1700 mm、3200 mm、6200 mm。

d.铝及铝合金压型板。铝及铝合金压型板是目前世界上广泛利用的一种新型材料,其具有质量轻、外形美观、耐久、耐腐蚀、安装容易、施工速度快等优点。表面经过处理后可得到彩色压型板。铝及铝合金压型板的规格:厚度为 0.5～1.0 mm,宽度为 100～1170 mm,长度为 2000～6000 mm。

e.铝及铝合金冲孔平板。铝及铝合金冲孔平板是各种铝合金平板经机械冲孔而成。它的特点是防腐性能好、光洁度高,有良好的消声性能,在有消声要求的专用建筑中,可以广泛采用。铝及铝合金冲孔板的规格:厚度为 1.0～1.2 mm,孔径为 6 mm,宽度为 492～592 mm,长度为 492～1250 mm。

(3)金属板材的安装。

金属板材的安装主要有两大类型。一种是将板材用螺钉拧到承重骨架上,对于这种安装方式,如果是型钢一类的材料焊接成的骨架,可先用电钻在拧螺钉的位置钻一个孔,再将铝合金板条用自攻螺钉拧牢,如果是木龙骨,则可用木螺钉将板拧在骨架上,用螺钉固定板条,其耐久性能好,所以多用于室外墙面。另一种是将板条卡在特制的龙骨上,这种扣接的方法多用于室内,板的类型一般是较薄的板条。

4. 镜面玻璃墙面与玻璃砖墙面

镜面玻璃可分为白色和茶色两种,最大尺寸为 3200 mm×2000 mm,厚度为 2~10 mm。它采用高质量的浮法平板玻璃、茶色玻璃为基材,表面镀高纯铝,再覆盖一层镀锌和一层底漆,最后涂上灰面漆制成。由于镜面尺寸大,成像清晰逼真,抗温热性能好,使用寿命长,比较适合于商业性的场所和娱乐场所的墙面、柱面、顶棚及造型面的装饰。在洗手间、美发厅、家具上也作为镜子使用。

镜面玻璃墙面的构造是先在墙上立木龙骨,木龙骨纵横呈网格形,其间距视玻璃尺寸而定。在木龙骨上做好木板或胶合板衬板。玻璃的固定方法有两种:一种是在玻璃上钻孔,用螺钉和橡皮垫直接钉于木龙骨上。另一种是用嵌钉或盖缝条,将玻璃卡住。盖缝条可以用硬木、塑料、铜铝等金属制成。此外,还可用胶黏剂粘贴于木龙骨上。

安装玻璃时应注意以下问题:在墙或隔断上安装骨架,并与结构妥善连接。木骨架应与墙内预留木砖连接,钢骨架应在墙上用混凝土钢钉钉牢。玻璃砖应排列均匀整齐,表面应平整,嵌缝的油灰或胶泥应饱满密实。安装玻璃砖墙时,应在较低部位改用其他材料,以免玻璃砖破碎。

10.2.7 裱糊墙面

裱糊墙面即壁纸、墙布,它是近年来发展较快、使用最广泛的墙面装饰材料之一,主要用于建筑物室内墙面、顶棚的装饰。壁纸色彩鲜艳丰富,图案变化多样,装饰效果好,并有高、中、低多个档次供人们选择,施工中基本是干作业,工效高,且盖缝装饰效果好,因而吸引众多用户使用。

1. 裱糊用的材料

(1)塑料壁纸。

塑料壁纸是一种新型的装饰材料,它以纸基、布基、石棉纤维等为底层,以聚氯乙烯和聚乙烯为面层,经过复合、印花、压花等工序制成。塑料壁纸的品种很多,从表面装饰效果看,有仿锦缎、静电植绒、印花、压花、仿木、仿石等类型。塑料壁纸具有一定的伸缩性和耐裂性,表面可以擦洗,装饰效果好。

塑料壁纸有普通型、发泡型和特种型三种。普通型壁纸是指涂塑、覆塑壁纸,发泡型壁纸是指聚苯泡沫壁纸,特种型壁纸是指防火、防水壁纸。

(2)织物壁纸。

织物壁纸是以棉、麻、草等天然纤维制成各种色泽、花式和粗细不一的纱线,经特殊工艺处理和巧妙的艺术编排,复合于基纸上而制成的一种墙面装饰材料,色彩柔和,吸声效果良好,具有无毒、无味、无反光和透气调湿等特点,适用于饭店、酒吧等高级墙面装饰。

(3)金属壁纸。

金属壁纸是以纸为基材,再粘贴一层电化铝箔,经压合印花而成的。其表面有光亮的金属质感和反光性,常用的有金色、银白色、古铜色等,并印有多种图案可供选择。这种壁纸无毒、无气味、无静电、耐湿、耐晒、可擦洗、不褪色,多用于公共建筑墙面、柱面,可作为局部点缀,是一种高档的装饰材料。

(4)植绒壁纸。

植绒壁纸是用静电植绒的方法将合成纤维短绒黏在纸基上,其具有丝绒布的质感和手感,不反光,不褪色,有一定的吸声性,但不耐脏、不能擦洗,一般不在大面积墙面上使用,常用于点缀性装饰的位置上。

(5)石英纤维壁布。

石英纤维壁布又叫玻璃纤维内墙装饰织物,它是以天然石英砂为主要原料加工制成柔软的纤维,然后织成粗网格状、人字状等的壁布(即玻璃纤维布)。这种壁布用胶贴在墙上后只作基底,再根据设计者的要求,刷涂各种色彩的乳胶漆,形成多种多样的色彩和纹理结合的装饰效果,并可根据需要多次喷涂,更新装饰风格。其具有不怕水、可用水冲刷、不锈蚀、无毒、无味、对人体无害、使用寿命长等特点。

2. 裱糊用胶黏剂

裱糊用胶黏剂有成品和现场调配两类。

成品胶黏剂有粉状和液体两种形式。它的性能好,施工方便,现场加适量水后即可使用。现场调配胶黏剂常用材料有108胶、聚醋酸乳液(白乳液)、羧甲基纤维素等。聚醋酸乳液或108胶都是裱糊壁纸优良的胶黏剂。

3. 裱糊墙面的基层

裱糊墙面的基层要求坚实牢固,表面平整光洁,不疏松起皮、掉粉,无砂粒、孔洞、麻点和飞刺。污垢和尘土应消除干净,表面颜色要一致。裱糊前应先刮腻子,磨平。

墙体材料不同,基层的做法也不同。对于混凝土面、抹灰面(水泥砂浆、水泥混合砂浆、石灰砂浆等)基层,应满刮腻子一遍并用砂纸打磨。面层满刮腻子后,也可以在腻子五六成干时,用塑料刮板进行有规律的压光处理。木质基层要求接缝不显接槎,不外露钉头,接缝处可贴50~70 mm宽的加强亚麻布或纸带,或用腻子补平并满刮,最后用砂纸磨平。在纸面石膏板上裱糊时,墙板拼接处应采用专用石膏腻子及穿孔纸带进行嵌缝。在无纸石膏板上裱糊时,板面应先刮一遍乳胶石膏腻子。

10.2.8　特殊部位的墙面装修

在内墙抹灰中,对于易受到碰撞的部位,如门厅、走道的墙面,以及有防潮、防水要求(如厨房、浴厕)的墙面,为保护墙身,应做护墙墙裙,如图10-9所示;对内墙阳角、门洞转角等处则应做成护角,如图10-10所示。墙裙和护角高度为2 m左右。根据要求,护角也可用其他材料(如木材)制作。

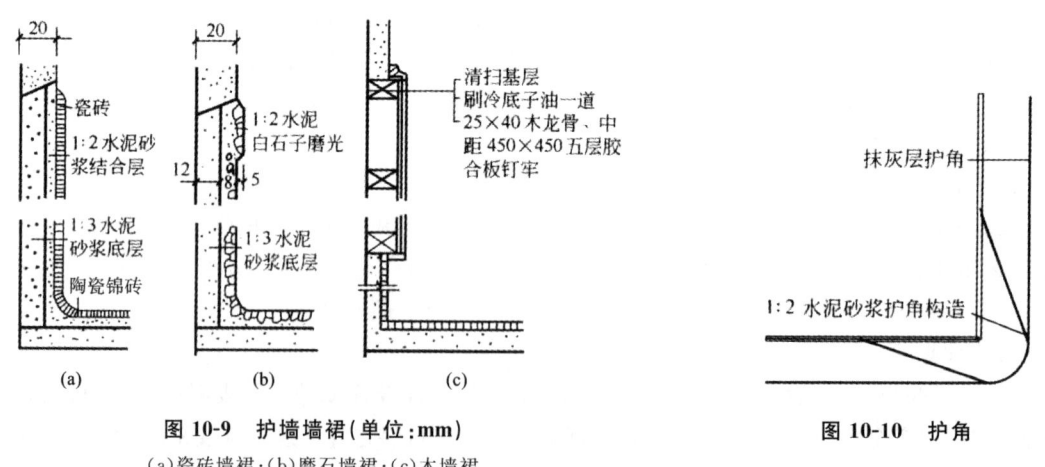

图 10-9　护墙墙裙(单位:mm)　　　　　　　　　图 10-10　护角
(a)瓷砖墙裙;(b)磨石墙裙;(c)木墙裙

在内墙面和楼地面交接处,为了遮盖地面与墙面的接缝、保护墙身以及防止擦洗地面时弄脏墙面,应做成踢脚线,其材料与楼地面相同。常见做法有与墙面平齐、凸出墙面、凹入墙面三种形式,如图 10-11 所示,踢脚线高 120～150 mm。为了增加室内美观,在内墙面和顶棚交接处,可做成各种外装饰线,如图 10-12 所示。

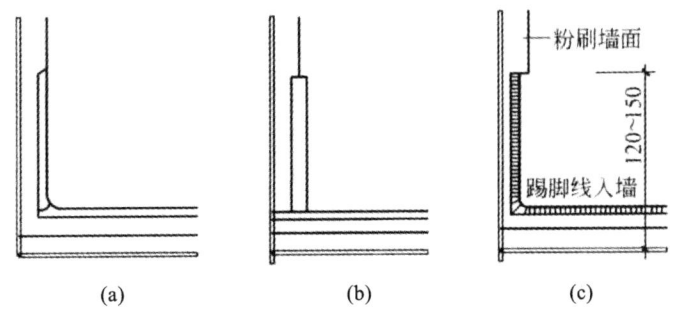

图 10-11 踢脚线形式(单位:mm)

(a)与墙面平齐;(b)凸出墙面;(c)凹入墙面

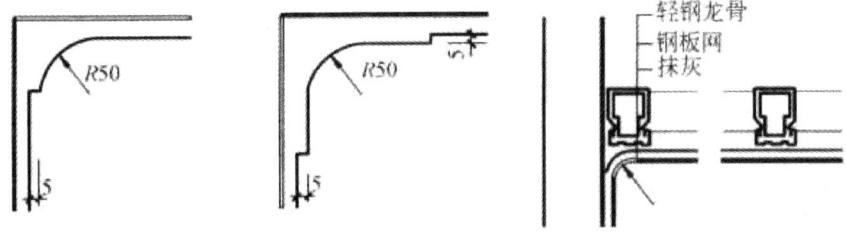

图 10-12 内墙与顶棚交接处的装饰线形式(单位:mm)

10.3 楼地面装修

10.3.1 楼地面类型

楼地面主要是指楼盖层和地坪层的面层,一般包括面层和面层下面的找平层和结合层。楼地面的名称是以面层的材料和做法来命名的,如面层为水磨石,则该地面称为水磨石地面,面层为木材,则称为木地面。

楼地面按做法可分为整体地面、块料地面,按材料可分为塑料地面、涂料类地面、天然石材地面、硬木地面等。

10.3.1.1 整体地面

整体地面是一种传统做法的地面,应用较为广泛,主要包括水泥砂浆地面、水泥石屑地面、水磨石地面等现浇地面,其基层和垫层的做法相同,仅面层所用材料和施工方法有所区别。

1. 水泥砂浆地面

水泥砂浆地面,即在混凝土垫层或结构层上抹水泥砂浆的一种传统整体地面,一般有单层和双层两种做法。单层做法只抹一层 20～25 mm 厚1:2.5 水泥砂浆;双层做法是增加一层 10～20 mm 厚1:3水泥砂浆找平层,表面只抹 5～10 mm 厚1:2水泥砂浆。双层做法虽然增加了工序,但不易开裂。

水泥砂浆地面属于低档次地面装修,通常用作对地面要求不高的房间或需要进行二次装饰的商品房的地面。水泥砂浆地面构造简单、造价低,但不耐磨,表面易起灰,不易清洁。

2. 水泥石屑地面

水泥石屑地面是面层以石屑替代砂的一种地面,根据石屑种类的不同可分为豆石地面或瓜米石地面。这种地面相对于水泥砂浆地面来说,表面光洁,不起尘,易清洁。水泥石屑地面构造也分为一层和双层做法:一层做法是在垫层或结构层上直接做 25 mm 厚 1:2 水泥石屑并提浆抹光;双层做法是增加一层 15～20 mm 厚 1:3 水泥砂浆找平层,面层铺 15 mm 厚 1:2 水泥石屑,再提浆抹光。

3. 水磨石地面

水磨石地面一般分两层施工。在刚性垫层或结构层上用 10～20 mm 厚的 1:3 水泥砂浆找平,面铺 10～15 mm 厚 1:(1.5～2)的水泥白石子,待面层达到一定承载力后加水,再用磨石机磨光、打蜡。其所用水泥为普通水泥,所用石子为中等硬度的方解石、大理石、白云石屑等。

为适应地面变形可能引起的面层开裂以及为施工和维修方便,做好找平层后,应用嵌条把地面分成若干小块,尺寸为 1000 mm 左右,分块形状可以设计成各种图案。嵌条用料常为玻璃、塑料或金属条(铜条、铝条),嵌条高度和磨石面层厚度一致,用 1:1 水泥砂浆固定。嵌固砂浆不宜过高,否则会使得面层在嵌条两侧仅有水泥而无石子,影响美观,如图 10-13 所示。如果将普通水泥换成白水泥,并掺入不同颜料与彩色石子,则可做成各种彩色地面,即美术水磨石地面,但其造价较普通水磨石高。

水磨石地面具有良好的耐磨性、耐久性、防水防火性,并具有质地美观,表面光洁,不起尘,易清洁等优点。

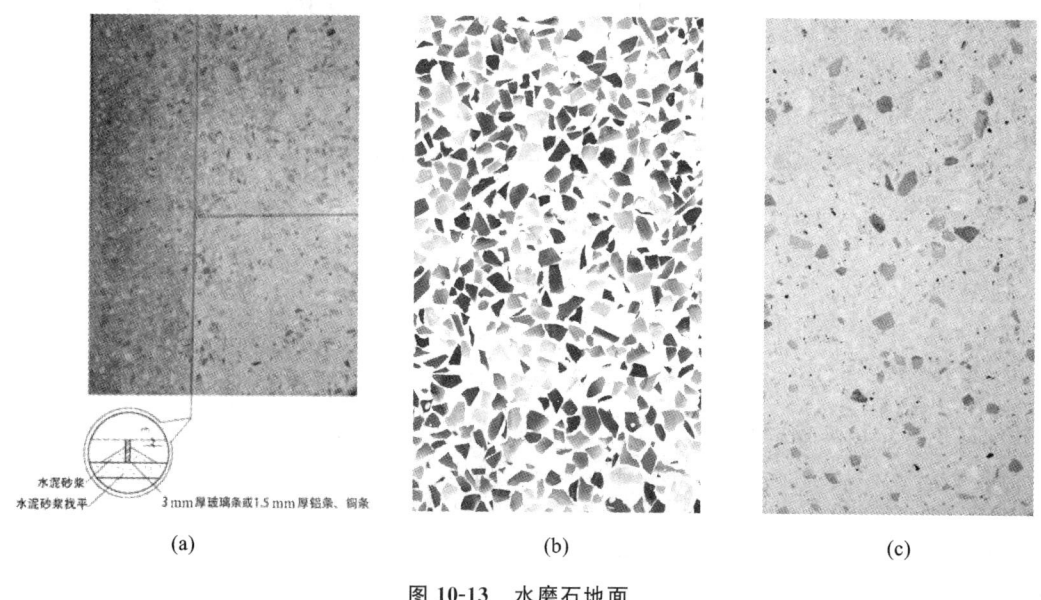

(a)   (b)   (c)

图 10-13　水磨石地面

(a)嵌分隔条;(b)无分隔缝;(c)混合石屑

10.3.1.2　块料地面

块料地面是把地面材料加工成块(板)状,然后借助胶结材料贴或铺砌在结构层上。胶结材料既起胶结作用又起找平作用,也有先做找平层再做胶结层的。常用胶结材料有水泥砂浆、沥青玛蹄脂等,也有用细砂和细炉渣做结合层的。块料地面种类很多,常用的有透水砖、水泥制品块、陶瓷类材料等。

1. 透水砖地面

透水砖是以无机材料为主要原料,经过烧结或免烧结等成型工艺处理后制成,具有较大水渗透性能的铺地砖。根据材质不同,透水砖可分为石英砂透水砖、纤维混凝土透水砖和陶瓷颗粒透水砖等。

透水砖具有良好的透水、透气性能,可使雨水快速渗入地下,补充土壤水和地下水,保持土壤湿度,改善城市地面植物和土壤微生物的生存条件,同时可吸收水分与热量,调节地表的温湿度,对调节城市小气候、缓解城市热岛效应有一定的作用。此外,透水砖还可以减轻城市排水和防洪压力,由于表面呈微小凹凸状,可以吸收车辆行驶时产生的噪声,而且可降低路面雨后积水、雪后打滑的可能性。

透水砖色彩丰富,自然朴实,经济实惠,规格多样化,作为建设海绵城市的重要材料之一,已被广泛应用在公园、广场、停车场、运动场、人行道及轻型车道等室外地面铺装。

2. 水泥制品块地面

水泥制品块地面常见的有水泥砂浆砖(一般为边长 100～200 mm 的正方形,厚 10～20 mm)、水磨石块、预制混凝土块(一般为边长 400～500 mm 的正方形,厚 20～50 mm)。水泥制品块与基层黏结有两种方式:当预制块尺寸较大且较厚时,常在板下干铺一层 20～40 mm 厚细砂或细炉渣,待校正后,板缝用砂浆嵌填。这种做法施工简单、造价低,便于维修更换,但不易平整。城市人行道常按此方法施工。当预制块小而薄时,则采用 12～20 mm 厚 1:3 水泥砂浆做结合层,铺好后再用 1:1 水泥砂浆嵌缝。这种做法坚实、平整,但施工较复杂,造价也较高,如图 10-14 所示。

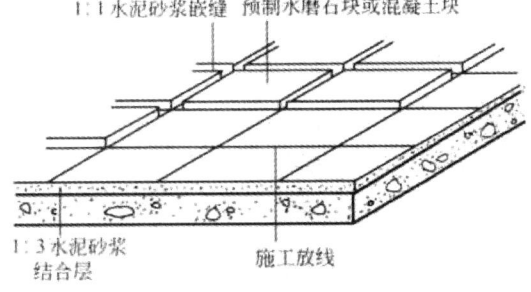

图 10-14 水泥制品块地面

3. 陶瓷类地面

陶瓷类地面常用的材料有缸砖、陶瓷锦砖、陶瓷地砖、通体砖、梯沿砖等,它们的原材料、成型尺寸、施工方式、吸水率各有不同,但共同的特征是它们都是烧结制品。这类材料都是以陶土或瓷土两种不同性质的黏土为原料,经过配料、成型、干燥、焙烧等工艺流程制成的。

缸砖是以陶土为主要原料烧制而成的,为均质制品,多为方形或多边形,它密实耐磨,可用于室外和公共建筑物的地面,颜色多为暗红色,吸水率比瓷土烧制的地砖大。

陶瓷锦砖是以优质瓷土烧制而成的小尺寸瓷砖,按一定图案反贴在牛皮纸上而成的。它具有抗腐蚀、耐磨、耐火、吸水率小、抗压强度高、易清洗和永不褪色等优点,而且其质地坚硬、色泽多样,加上规格小、不易踩碎,故主要用于防滑、卫生要求较高的卫生间、浴室等房间的地面。

陶瓷地砖类型有釉面地砖、无光釉面砖和无釉防滑地砖及抛光砖、通体砖和玻化砖等。陶瓷地砖色彩丰富、色调均匀、砖面平整、耐磨、施工方便,且块大缝少,装饰效果好,特别是防滑地砖和抛光地砖还能防滑,因而越来越多地用于办公、商店、旅馆和住宅中(图10-15)。陶瓷地砖一般厚 6～10 mm,其规格尺寸多样,尺寸范围可从 100 mm×100 mm 到 1000 mm×1000 mm,有的玻化砖甚至能做到 1200 mm×1200 mm,陶瓷地砖用于地面装修中,拼缝较少,光滑平整,具有良好的视觉效果。

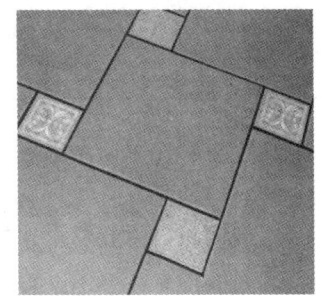

图 10-15 陶瓷地砖

新型的通体砖是一种本色无釉的饰面砖,其以仿天然岩石的彩色颗粒为原料,烧制后表面呈现多彩纹理,具有天然花岗岩的色泽和质感,有红、绿、黄、蓝、灰、棕等多种基色,经磨削加工后表面光亮如镜、纹理细腻、质朴高雅。通体砖质地同花岗石一样坚硬、耐磨、耐腐,故又被称为仿花岗石面砖。

梯沿砖又称防滑条,它坚固耐用,表面有凸起条纹,防滑性能好,主要用于楼梯、站台等处的边缘。

综上所述,常用地面、楼面做法见表 10-6、表 10-7。

表 10-6　常用地面做法

名称	材料及做法
水泥砂浆地面	15～20 mm 厚 1:2.5 水泥砂浆面层铁板赶光,水泥浆结合层一道,80～100 mm 厚 C15 混凝土垫层,素土夯实
水泥豆石地面	30 mm 厚 1:2 水泥豆石(瓜米石)面层铁板赶光,水泥浆结合层一道,80～100 mm 厚 C15 混凝土垫层,素土夯实
水磨石地面	15 mm 厚 1:2.5 水泥白石子面层表面草酸处理后打蜡上光,水泥浆结合层一道,25 mm 厚 1:2.5 水泥砂浆找平层,水泥浆结合层一道,80～100 mm 厚 C15 混凝土垫层,素土夯实
聚乙烯醇缩丁醛地面	面漆三道,清漆两道,填嵌并满抹腻子,清漆一道,25 mm 厚 1:2.5 水泥砂浆找平层,80～100 mm 厚 C15 混凝土垫层,素土夯实
陶瓷锦砖地面	陶瓷锦砖面层白水泥浆擦缝,25 mm 厚 1:2.5 干硬性水泥砂浆结合层,上洒 1～2 mm 厚干水泥并洒适量清水,水泥结合层一道,80～100 mm 厚 C15 混凝土垫层,素土夯实
陶瓷地砖地面	10 mm 厚陶瓷地砖面层白水泥浆擦缝,25 mm 厚 1:2.5 干硬性水泥砂浆结合层,上洒 1～2 mm 厚干水泥并洒适量清水,水泥结合层一道,80～100 mm 厚 C15 混凝土垫层,素土夯实

表 10-7　常用楼面做法

名称	材料及做法
水泥砂浆楼面	25 mm 厚 1:2 水泥砂浆面层铁板赶光,水泥浆结合层一道,结构层
水泥石屑楼面	30 mm 厚 1:2 水泥石屑面层铁板赶光,水泥浆结合层一道,结构层
水磨石楼面(美术水磨石楼面)	15 mm 厚 1:2 水泥白石子面层表面草酸处理后打蜡上光,水泥浆结合层一道,25 mm 厚 1:2.5 水泥砂浆找平层,水泥浆结合层一道,结构层
陶瓷锦砖楼面	陶瓷锦砖面层白水泥浆擦缝,25 mm 厚 1:2.5 干硬性水泥砂浆结合层,上洒 1～2 mm 厚干水泥并洒适量清水,水泥浆结合层一道,结构层
陶瓷地砖楼面	10 mm 厚陶瓷地砖面层配色水泥浆擦缝,25 mm 厚 1:2.5 干硬性水泥砂浆结合层,上洒 1～2 mm 厚干水泥并洒适量清水,水泥浆结合层一道,结构层
大理石楼面	20 mm 厚陶瓷地砖面层配色水泥浆擦缝,25 mm 厚 1:2.5 干硬性水泥砂浆结合层,上洒 1～2 mm 厚干水泥并洒适量清水,水泥浆结合层一道,结构层

10.3.1.3　塑料地面

塑料地面是以合成树脂为原料,掺入各种填料和助剂加工制作而成的地面覆盖材料,它可以是一定厚度的块材或卷材形式的油地毡、橡胶地毯,也可以是现场铺涂的涂料地面和涂布无缝地面。

塑料地面装饰效果好,其品种、花样、图案、色彩、质地、形状多样,施工简单,轻质耐磨,清洗更换方便。塑料地面有良好的隔声、隔热、防潮的性能,还具有一定的弹性,脚感舒适,并且价格相对便宜。但它有易老化、日久失去光泽、受压后产生凹陷、不耐高热、硬物刻画易留痕等缺点。

下面重点介绍聚氯乙烯塑料地面和橡胶地面。

1. 聚氯乙烯塑料地面（PVC 地面）

聚氯乙烯塑料是以聚氯乙烯为主要原料,经过一系列的物理加工过程而成的新型轻体地面装饰材料。聚氯乙烯塑料地面也叫 PVC 地面,它具有轻质环保、防水耐磨、导热保暖、弹性吸声、施工便捷等多种优点,因而广泛使用在住宅、医院、学校、办公楼、工厂、超市、商场等各种场所。聚氯乙烯塑料地面从形态上分为卷材地面和片材地面两种,卷材宽度一般有 1.5 m、2 m 等,每卷长度 20 m,总厚度为 1.6～3.2 mm。片材的规格较多,主要分为条形材和方形材。聚氯乙烯卷材铺设速度快、接缝少,对于较厚的卷材,可不用黏合剂而直接铺在基层上,但缺点是局部破损后不便修复。聚氯乙烯板材接缝较多,施工速度较慢,但使用过程中如出现破损,可局部更换而不影响整个地面的外观。

2. 橡胶地面

橡胶地面(图 10-16)是以天然橡胶、合成橡胶为主要原料制成的装饰材料所铺设的地面,有橡胶地砖、橡胶地板、橡胶脚垫、橡胶地毯等。橡胶地面具有良好的弹性,在抗冲击、绝缘、防滑、隔潮、耐磨、易清理等方面显示出优良的特性。橡胶地板在户内和户外都能长期使用,广泛运用在工业建筑(车间、仓库)、停车库、住宅(盥洗室、厨房、阳台、楼梯)、幼儿园、老年人活动中心、运动场地、游泳馆、人行步道、轮椅斜坡以及潮湿地面防滑部位等处。由于其强度高、耐磨性好,尤其适合于人流较多、交通繁忙和负荷较重的场合。通过配方的调整,橡胶地板还可以增加许多特殊的性能和用途,如高度绝缘、抗静电、耐高温、耐油、耐酸碱等。同时还可以制成仿玉石、仿天然大理石、仿木纹等各种表面图案,不同型号和颜色的橡胶地板搭配组合还可以形成独特的地面装饰效果。

10.3.1.4 涂料类地面

涂料类地面按照施工方式和面层厚度不同可分为涂料地面和涂布地面,前者以涂刷方法施工,涂层较薄;后者以合成树脂代替水泥,现场涂布施工,涂层较厚。涂布地面的特点是无接缝,整体性好,易于清洁,并且有良好的物理力学性能,如图 10-17 所示。

图 10-16 橡胶地面

图 10-17 涂布地面

用于地面的涂料有地板漆、过氯乙烯地面涂料、苯乙烯地面涂料等。这些涂料施工方便,造价较低,可以提高地面耐磨性、韧性以及不透水性,适用于民用建筑中的住宅、医院等。用于工业生产车间的地面涂料,也称为工业地面涂料,一般常用环氧树脂涂料和聚氨酯涂料。这两类涂料都具有良好的耐化学品性、耐磨损和耐机械冲击性能。但是由于水泥地面是易吸潮的多孔性材料,聚氨酯对潮湿的容忍性差,施工不慎易引起层间剥离、针孔等弊病,且对水泥基层的黏结力较环氧树脂涂料差。因而当以耐磨、洁净为主要的性能要求时,宜选用环氧树脂涂料,而以弹性为主要性能要求时,则宜使用聚氨酯涂料。

环氧树脂地面涂料为双组分常温固化的厚膜型涂料,通常将其中的无溶剂环氧树脂涂料称为"自流平涂料",它是多种材料和水混合而成的液态物质,具有一定的流展性,倒入地面后可根据地面的高低不平顺势流动,对地面进行自动找平,并会很快干燥,固化后的地面会形成光滑、平整、无缝的新基层。环氧树脂自流平地面是与基层附着力强、在常温下固化形成整体的无缝地面,具有耐磨、耐刻画、耐油、耐腐蚀、防潮抗菌、抗渗,且脚感舒适、便于清扫等优点,广泛用于医药、微电子、生物工程、无尘净化室等洁净度要求高的建筑工程中。

10.3.1.5　天然石材地面

天然石材地面包括花岗石地面和大理石地面(包括碎拼大理石地面)。天然石材地面具有良好的抗压强度,质地坚硬,耐磨,色彩丰富,花纹美丽,装饰效果极佳,是理想的高级地面装修材料。

1. 花岗石地面

花岗石地面由基层、垫层和面层三部分组成。基层一般为素土夯实,在其上填 100 mm 左右的3:7灰土或 150 mm 厚卵石灌 M2.5 水泥白灰混合砂浆;垫层为 50～60 mm 厚的混凝土,在其上做 2 mm厚1:3水泥砂浆找平层;面层为 20 mm 厚磨光花岗石铺面,板下用 30 mm 厚1:4～1:3干硬性水泥砂浆结合层黏结,板缝用稀水泥浆擦缝。

花岗石楼面由承重层和面层两部分组成。承重层为钢筋混凝土楼板,若楼面有敷设管线和隔声保温的要求,可在承重层和面层之间增加填充层,为减少楼面荷载,填充层宜采用轻集料混凝土或1:6水泥焦渣,厚度为60～100 mm。为提高花岗石楼面的防水性能,可以在轻集料垫层上抹 20 mm厚1:3水泥砂浆找平,上刷冷底子油一道,也可以抹 1.5mm 厚聚氨酯防水层,或采用四涂防水层(即三层玻璃丝布、四层 JG-2 防水材料)。

2. 大理石地面

大理石地面由基层、垫层和面层三部分组成。其基层和垫层做法与花岗石地面相同,面层为大理石板,其规格通常为 500 mm×500 mm×20 mm,颜色和花纹由设计者选定。黏结方法与花岗石地面相同。大理石楼面与花岗石楼面的层次及材料基本相同,但为提高大理石楼面的防水性能,应加做防水层。

3. 碎拼大理石地面

碎拼大理石地面可以用于底层与楼层地面。

用于底层地面的碎拼大理石的构造做法是:20 mm 厚碎拼彩色大理石块,用1:2水泥砂浆灌缝,表面磨光;石块下面为 20 mm 厚1:3干硬性水泥砂浆结合层;垫层为 50 mm 厚 C10 混凝土或100 mm 厚3:7灰土或 150 mm 厚卵石,垫层下面为素土夯实。

用于楼层地面的碎拼大理石的构造做法为:面层用 20 mm 厚1:3干硬性水泥砂浆黏结,填充层可采用50～70 mm 厚1:6水泥焦渣,承重层为钢筋混凝土楼板。

10.3.1.6　硬木地面

硬木地面是木地板的一种,其面层可以分为单层和双层两种做法。

硬木地面有良好的弹性和蓄热性等优点,但也存在着不耐火、不耐水、造价昂贵等缺点。因此,硬木地面仅用于体育馆的比赛场、练习房、健身房、剧院的舞台、宾馆和高级住宅的居室、某些实验室以及有特殊要求的房间等。

硬木地面有条形和拼花两种。条形地面应顺房间采光方向铺设,走道板应沿行走方向铺设,以减少磨损,便于清扫。拼花地面可以现场拼装,也可以在工厂预制成 200 mm×200 mm～400 mm×400 mm 的板块,然后进行铺贴。硬木地面有空铺与实铺两种做法。

1. 空铺木地面

空铺木地面用于房屋的底层,由木龙骨、搁栅、剪刀撑、地垄墙、压沿木及单层或双层木地板组成。木龙骨的两端分别支承在基础墙挑出的砖沿及地垄墙上。砖沿及地垄墙墙顶均应铺放垫木,为防潮还应加油毡层,木龙骨上铺放单层或双层木地板。为保证稳定并使木龙骨连成整体,应加设剪刀撑。

空铺木地面应在地板背面作防潮处理,同时也应组织好地板架空层的通风处理。其做法通常是在地垄墙上预留 120 mm×120 mm 的洞口,并相应在外墙上预留同样大小的通风口,为防止鼠类等动物进入其内,应加设铸铁通风箅子。木地板与墙体的交接处应做木踢脚板,其高度为 100～150 mm,踢脚板与墙体交接处还应预留直径为 6 mm 的通风洞,间距为 1000 mm。

双层木地面的底层为没有刨光的毛板,常用松木或杉木制作。板厚为 18～22 mm,拼接时可用平缝或高低缝,缝隙不超过 3 mm。面板与毛板之间应衬一层塑料薄膜作为缓冲层。面板与毛板的铺设方向应相互错开 45°或 90°安装。面板经常选用水曲柳、柞木、核桃木等质地优良、不易腐朽开裂的木材制作,一般呈企口形。

以下是北京地区单层松木空铺木地面的构造层次:

(1)地板漆两遍;

(2)100 mm×25 mm 长条松木企口地板(背面刷氟化钠防腐剂);

(3)60 mm×100 mm 木搁栅(龙骨),中距 300～400 mm,50 mm×50 mm 横撑,横撑中距 800 mm(龙骨、横撑满涂防腐剂);

(4)100 mm×50 mm 压沿木(满涂防腐剂),用两根 8 号镀锌钢丝绑扎于地垄墙上;

(5)20 mm 厚 1:3 水泥砂浆找平层(抹在地垄墙顶面);

(6)120 mm 厚地垄墙,用 M5 砂浆砌筑,中距 800 mm,当架空高度超过 600 mm 时,应改作 240 mm 厚,长度超过 4m 时,两侧应砌出 120 mm×120 mm 砖垛,砖垛中距 4 m;

(7)150 mm 厚 3:7 灰土,上皮标高不应低于室外地坪;

(8)素土夯实。

2. 实铺木地面

实铺木地面可用于底层,也可以用于楼层,木板面层可采用双层面层和单层面层铺设。

双层面层的铺设方法是:在地面垫层或楼板层上,通过预埋镀锌钢丝或 U 形铁件,绑扎好做过防腐处理的木搁栅;木搁栅间距为 400 mm,搁栅之间应加钉剪力撑或横撑,与墙之间宜留出 30 mm 的缝隙。对于没有预埋件的楼地面,通常采用水泥钉和木螺钉固定木搁栅。搁栅上铺钉毛木板,背面刷防腐剂,毛木板呈 45°斜铺,上铺油毡一层,以防止使用中产生声响和潮气侵蚀,毛木板上钉实木地板,表面刷清漆并打蜡。木板面层与墙之间应留 10～20 mm 的缝隙,并用木踢脚板封盖。为了减少人在地板上行走时所产生的空鼓声和改善保温隔热效果,通常还在搁栅与搁栅之间的空腔内填充一些轻质材料,如蛭石、矿棉毡、石灰炉渣等。

单层面层即将实木地板直接与木搁栅固定,每块长条木板应钉牢在搁栅上,钉长应为板厚的 2～2.5 倍,并从侧面斜向钉入板中,其他做法与双层面层相同。

10.3.2 楼地面变形缝

楼地面变形缝包括温度伸缩缝、沉降缝和防震缝。其设置的位置和大小应与墙面、屋面变形缝一致,大面积的地面还应适当增加伸缩缝。变形缝应从基层到饰面层脱开,使其产生位移或变形时,能自由位移、不被破坏。还可以根据需要在变形缝内配置止水带、阻火带和保温带等,使变形缝满足防水、防火、保温等设计要求。止水带通常采用 1.5mm 厚的三元乙丙橡胶片材,能够长期在阳光、潮湿、寒冷的自然环境下使用。阻火带可以采用能适应伸缩变形的不锈钢调节片或者经防锈处理的金属调节片,根据不同的建筑性质和变形缝的位置,阻火带可满足 1～4 h 的耐火要求。为了美观,还应在面层加设盖缝板,盖缝板可以选用铝合金板、不锈钢、橡胶等材质,盖缝板应不妨碍构件之间的变形(伸缩、沉降)需要,通常为单侧固定的滑动盖缝板,此外,盖缝板的形式和色彩应与室内装修相协调。图 10-18、图 10-19 为地面变形缝构造做法及实景图。

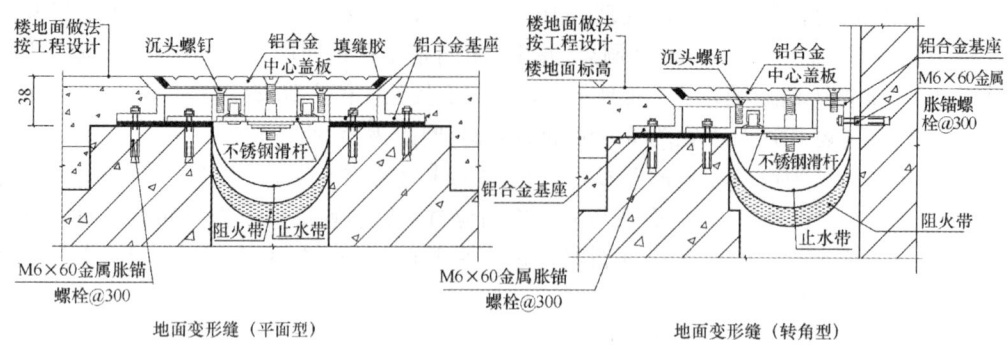

图 10-18　地面变形缝构造做法（单位：mm）

(a)　　　　　　　　　　　　　(b)

图 10-19　地面变形缝实景图

（a）土建完工时地面变形缝（盖缝前）；（b）成品地面变形缝（金属盖板型）

10.4　顶　棚　装　修

室内空间上部的结构层或装修层称为顶棚。顶棚同墙面、楼地面一样，是建筑物主要装修部位之一。

10.4.1　顶棚类型

1. 直接式顶棚

直接式顶棚是指直接在楼板底面或梁底进行抹灰或粉刷、粘贴等装饰而形成的顶棚，一般用于装修要求不高的房间。直接式顶棚的要求和做法与内墙装修相同，但由于其所处部位的特殊性，对防脱落的材料构造要求更高。

2. 吊顶

在较大空间和装饰要求较高的房间中，因建筑声学、保温隔热、清洁卫生、管道敷设、室内美观等特殊要求，常用顶棚把屋架、梁板等结构构件及设备遮盖起来，形成一个完整的表面。由于顶棚是采用悬吊方式支承于屋顶结构层或楼盖层的梁板之下的，所以称为吊顶。吊顶的构造设计应从多方面进行综合考虑，吊顶实物图如图 10-20 所示。

10.4.2　顶棚构造

1. 直接式顶棚

直接式顶棚包括直接喷刷涂料顶棚、直接抹灰顶棚及直接贴面顶棚三种做法。

图 10-20　吊顶实物图

（1）直接喷刷涂料顶棚。

当要求不高或楼板底面较平整时，可在板底嵌缝后喷（刷）石灰浆或涂料二道形成直接喷刷涂料顶棚。

（2）直接抹灰顶棚。

对板底不够平整或要求稍高的房间，可采用板底抹灰方式。抹灰一般在灰板条、钢板网上抹掺有纸筋、麻刀、石棉或人造纤维的灰浆。抹灰顶棚容易出现龟裂、甚至成块破损脱落现象，适用于小面积吊顶棚。

（3）直接贴面顶棚。

对装修标准较高或有保温吸声要求的房间，可在板底直接粘贴装饰吸声板、石膏板、塑胶板等形成直接贴面顶棚。

2. 吊顶

吊顶按设置位置的不同分为屋架下吊顶和混凝土楼板下吊顶，按基层材料不同分为木骨架吊顶和金属骨架吊顶。

（1）吊顶的结构组成。

吊顶一般由基层和面层两大部分组成，如图 10-21 所示。

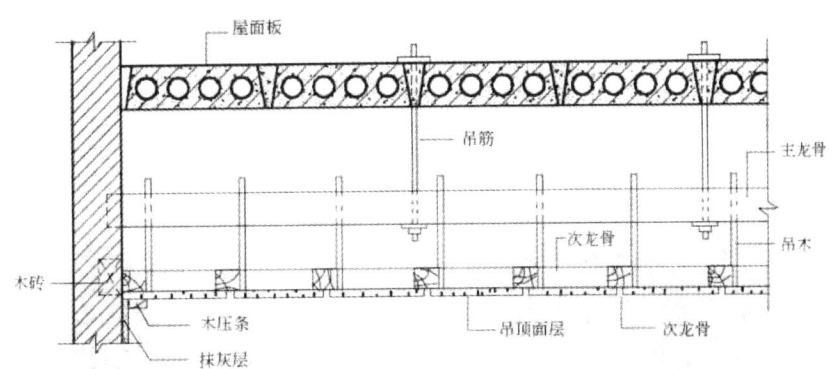

图 10-21　吊顶的结构组成

①基层。

基层主要用来固定面板，由吊筋、龙骨组成。龙骨分为主龙骨与次龙骨。基层承受吊顶的荷载，并通过吊筋传给屋顶或楼板承重结构。

主龙骨通过吊筋或吊件固定在屋顶（或楼板）结构上，次龙骨用同样的方法固定在主龙骨上。龙骨可用木材、轻钢、铝合金等材料制作，其断面大小视其材料品种、是否上人（吊顶承受人的荷载）和面层构造做法等因素而定。主龙骨断面比次龙骨大，间距通常为 1m 左右。悬吊主龙骨的吊筋为 $\phi 8 \sim \phi 10$ 钢筋，间距也为 1 m 左右。次龙骨间距视面层材料而定，间距不宜太大，一般为 300～

500 mm,刚度大的面层不易翘曲变形,可允许扩大至 600 mm。

②面层。

面层分为抹灰面层和板材面层两大类。抹灰面层为湿作业施工,费工费时。板材面层既可加快施工速度,又容易保证施工质量。吊顶面层板材的类型很多,一般可分为植物型板材(如胶合板、纤维板、木工板等)、矿物型板材(如石膏板、矿棉板等)和金属板材(如铝合金板、金属微孔吸声板等)。

(2)吊顶的作用与设计要求。

可上人吊顶如图 10-22 所示。吊顶应满足相应的承载要求,并应考虑自重、上人与否、安装设备等因素,具体要求如下。

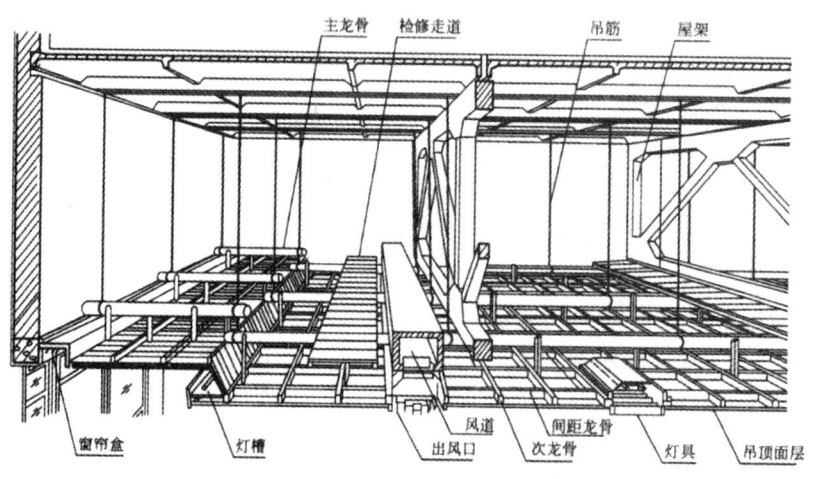

图 10-22 可上人吊顶

①应满足设备安装、检修及封闭管线的要求。吊顶应保证具有足够的净空高度。大型公共建筑的设备系统复杂,占用较多吊顶内部空间,其构造示意图及实景图如图 10-23 所示。

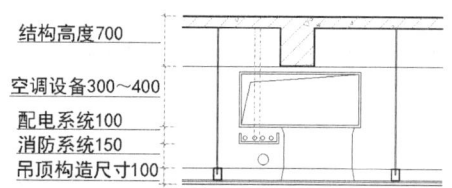

图 10-23 大型公共建筑吊顶的构造示意图及实景图(单位:mm)

②防火要求:我国《建筑内部装修设计防火规范》(GB 50222—2017)规定吊顶材料必须是不燃或难燃材料。

③应满足声学、照明要求。

④应具有装饰、美化建筑空间的作用。

⑤应便于工业化施工,优先选用干作业。

(3)吊顶的形式。

吊顶的形式如图 10-24 所示。

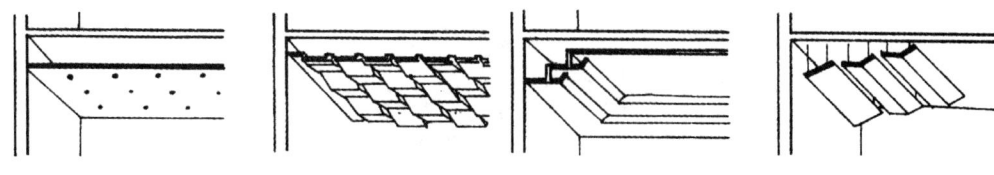

图 10-24 吊顶的形式

(a)连片式;(b)立体式;(c)分层式;(d)悬空式

(4)吊顶的构造做法。

①木基层吊顶构造。

木基层吊顶主龙骨的断面尺寸为 50 mm×70 mm~70 mm×100 mm,通过吊筋进行固定,吊筋间距为 900~1200 mm。采用钢筋作吊筋时,吊筋前端应套丝,安装龙骨后用螺母固定;采用方木条作吊筋时,吊筋与主龙骨应用铁钉固定。沿墙的主龙骨应与墙固定:可通过墙中的预埋木砖进行钉结固定或在墙上打木楔钉结固定。木砖尺寸为 120 mm×120 mm×60 mm,间距为 1000 mm 左右。次龙骨断面尺寸为 50 mm×50 mm,间距为 300~600 mm。次龙骨找平后,用 50 mm×50 mm 方木吊筋挂钉在主龙骨上或用 ϕ6 螺栓与主龙骨栓固。设置方木吊筋是为了便于调节次龙骨的悬吊高度,以使次龙骨在同一水平面上,从而保证吊顶面的水平。木基层吊顶构造做法如图 10-25 所示。

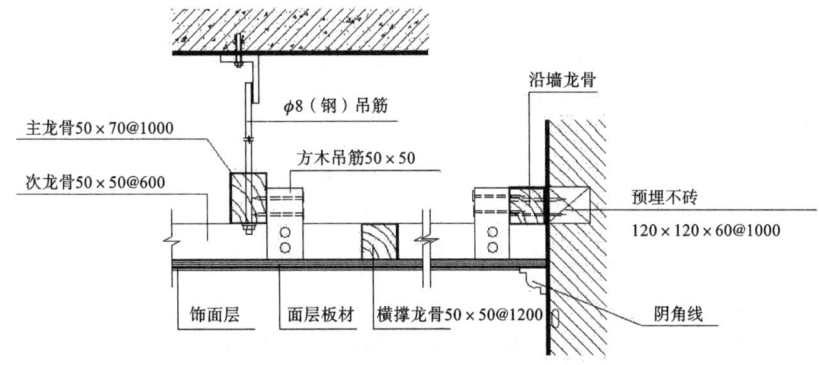

主龙骨50×70@1000
次龙骨50×50@600
ϕ8（钢）吊筋
方木吊筋50×50
沿墙龙骨
预埋不砖
120×120×60@1000
饰面层 面层板材 横撑龙骨50×50@1200 阴角线

图 10-25 木基层吊顶的构造做法(单位:mm)

木基层吊顶由于加工性能好,造型能力强,常用于各种特殊造型吊顶的基层处理,如圆弧形吊顶。

②金属基层吊顶构造。

a.轻钢龙骨石膏板吊顶构造。

轻钢龙骨是用薄壁镀锌钢带经机械压制而成的。轻钢龙骨断面有 U 形和 T 形两大系列,现以 U 形系列为例作介绍。U 形系列轻钢龙骨由主龙骨、次龙骨、横撑龙骨、吊挂件、接插件、挂插件等零配件装配而成。主龙骨又按吊顶上人、吊顶不上人以及吊点距离的不同分为 38 系列(主龙骨断面高度为 38 mm)、50 系列、60 系列三种。

38 系列轻钢龙骨适用于吊点距离为 900~1200 mm 的不上人吊顶;50 系列轻钢龙骨适用于吊点距离为 900~1200 mm 的上人吊顶,主龙骨可承受 800N 的检修荷载;60 系列轻钢龙骨适用于吊点距离为 1500 mm 的上人吊顶,主龙骨可以承担 1000 N 的检修荷载。

轻钢龙骨石膏板的吊顶构造做法如图 10-26 所示。

吊顶龙骨的安装顺序是：吊筋通过主龙骨吊挂件与主龙骨连接，主龙骨的下部为次龙骨，通过次龙骨吊挂件与主龙骨连接；次龙骨垂直于主龙骨放置，次龙骨间装设横撑龙骨，其间距应与面板规格尺寸相配套；横撑龙骨与次龙骨在同一平面，方向平行于主龙骨，用支托与次龙骨连接。

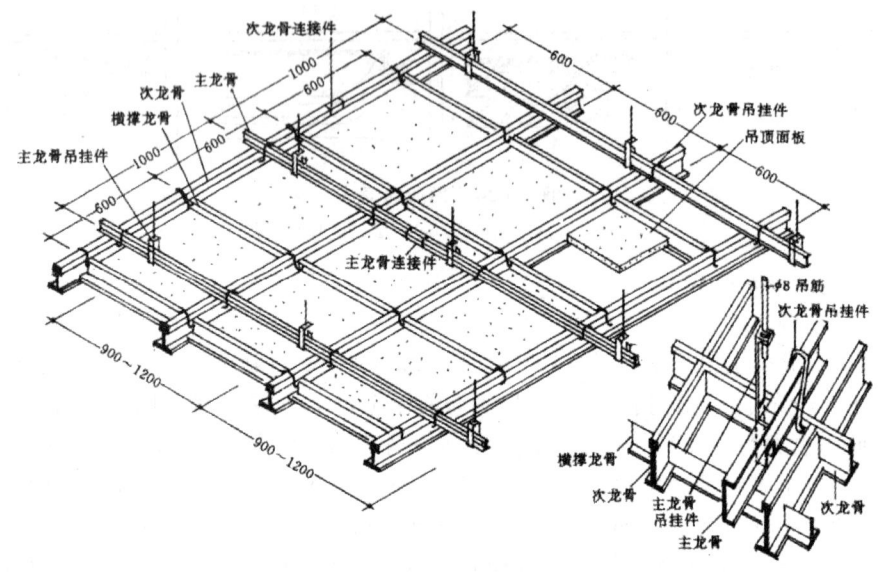

图 10-26　轻钢龙骨石膏板吊顶构造做法（单位：mm）

轻钢龙骨石膏板吊顶的面层板材通常为纸面石膏板，用自攻螺钉与次龙骨、横撑龙骨固定。板材接缝处用弹性腻子处理或用 200 mm 宽的化纤布条贴缝，以确保不开裂。

石膏板表面再进行涂料、裱糊等饰面处理。

b. 铝合金龙骨矿棉板吊顶构造。

铝合金龙骨矿棉板吊顶的基层由主龙骨、次龙骨、横撑龙骨、吊钩、连接件等组成。铝合金龙骨的断面有 L 形和 T 形两种，中部的龙骨为倒 T 形，周边的龙骨为 L 形，因此又称为 LT 体系龙骨。

LT 体系龙骨用于上人吊顶时，可采用 $\phi 8$ 或 $\phi 10$ 吊筋；用于不上人吊顶或饰面板材较轻时，可采用 10 号钢丝拴吊龙骨。

铝合金龙骨矿棉板吊顶的面层板材通常为 450 mm×450 mm～600 mm×600 mm 的矿棉板，矿棉板搁置在倒 T 形或 L 形龙骨上，可随时拆卸或替换。按安装方式不同，面层板材可以分为龙骨外露与龙骨不外露两种。

c. 金属板材吊顶构造。

金属板材常见的有压型薄壁钢板和铝合金型材两大类，两者都有打孔或不打孔的条形、矩形、方形以及其他各种形式的搁栅式型材。

条形板多为槽形，向上平铺，由龙骨扣住，也有一种折边条板，由专用扣件竖向悬挂。矩形和方形板多为盒子形，搁置在倒 T 形龙骨上或卡扣在龙骨上。

金属板材吊顶是一种全装配式的吊顶，其面板、龙骨、吊杆和卡扣件均为系列配套构件，安装方便快速，适合于工业化生产和施工。

10.4.3　吊顶上的其他构造

吊顶上的其他构造包括灯具，空调送、回风口，自动消防报警设备，窗帘盒等。

1. 灯具

吊顶上的照明灯具可以分散布置或集中布置,包括吸顶灯、日光灯带、暗槽灯等。

(1)吸顶灯。

吸顶灯是将灯具安装于吊顶基层,灯具可与吊顶面层相平,或凸出于吊顶表面。在进行灯具布置时,应使灯具的位置与龙骨布置相协调。灯具用螺钉或吊挂件与吊顶龙骨连接,当灯具重量超过龙骨承受能力时,应用吊筋与楼板结构连接。

(2)日光灯带。

日光灯带以日光灯作光源,在吊顶上形成一定宽度的通长灯带,表面用透光材料覆盖。灯带打断主龙骨时(灯带与主龙骨垂直),应焊接附加主龙骨以使主龙骨连通。

(3)暗槽灯。

暗槽灯一般在分层式吊顶各层周边或墙面与顶棚相交处做灯槽,并将灯具卧装于槽内,凭借顶棚和墙面来反射光线,可以避免眩光。

2. 空调送、回风口

送、回风口构造与顶棚上灯具的布置基本相同,孔口部分可用塑料板、金属板等制成通风箅子。

3. 自动消防报警设备

自动消防报警设备包括烟感器、温感器等专用设备,一般用螺钉固定于吊顶板上。

4. 窗帘盒

窗帘盒的长度应比窗口宽度大 400 mm 左右,即窗口每侧伸出 200 mm 左右。窗帘盒的深度应视窗帘层数而定,一般为 200 mm 左右。

窗帘盒可通过铁件固定在墙身上,也可固定在吊顶龙骨上,有时窗帘盒还可以结合暗槽灯一并考虑,使窗帘盒形成反光槽。

章节自测题

主观题

1. 简述饰面装修的作用。

2. 简述饰面装修的基层处理原则。

3. 简述饰面装修的类型。

4. 简述墙面装修的种类及特点。

5. 简述水泥砂浆地面、水泥石屑地面、水磨石地面的组成及优缺点、适用范围。

6. 简述常用的块料地面的种类、优缺点及适用范围。

7. 简述塑料地面的优缺点及主要类型。

8. 简述直接抹灰顶棚的类型及适用范围。

9. 设计吊顶应满足哪些要求? 吊顶由哪几部分组成?

客观题

请扫下面的二维码,进入第 10 章,进行客观题在线测试与练习。

11 大跨度建筑

　　大跨度建筑通常是指跨度在 30 m 以上的建筑。在一些建筑中,由于功能的要求,必须有大空间而且中间不容许有立柱,如国家大剧院、国家体育场(鸟巢)、国家游泳中心(水立方)、上海大剧院、广州大剧院、大兴机场等公共建筑和工业建筑的厂房、飞机库以及其他大型仓库等。

　　大跨度建筑发展的历史相比传统建筑较为短暂,它们大多为公共建筑,且人流集中、占地面积大、结构跨度大,从总体规划、局部设计到构造技术都提出了许多新的研究课题,需要建筑工作者去探索。本章就大跨度建筑的形式、大跨度建筑的屋顶构造、大跨度建筑的中庭设计三个问题进行论述。

　　大跨度建筑在古代罗马已经出现,如公元 120—124 年建成的罗马万神庙,其平面呈圆形,穹顶直径达 43.3 m,用天然混凝土浇筑而成,是罗马穹顶技术的光辉典范。近代大跨度结构建筑至 19 世纪末已有较大发展,如 1889 年巴黎世界博览会的机械馆,采用三铰拱式的钢结构,跨度达 115 m。20 世纪初,金属材料的进步和钢筋混凝土技术的发展促使大跨度建筑出现更多新的结构形式,如 1912—1913 年在波兰布雷斯劳建成的百年大厅,采用钢筋混凝土穹隆顶,直径达 65 m,覆盖面积为 5300 m²。第二次世界大战后,人们开始考虑扩大建筑物的跨度和减轻结构自重,鉴于梁的腹部抗力不大,遂加以挖空而形成自重较小和与梁受力不同的桁架结构,继而又鉴于受压构件比受弯构件能节省材料,创造了使相邻截面仅受挤压的拱结构,更加扩大了结构的跨度。继高强铜材的出现,人们又将拱倒置,使其结构内部由受压变为受拉,消除了受压结构所担心的失稳问题,逐步形成了能更有效地利用材料和跨度更大的悬索(单悬索)。不过,上述的几种结构都属平面结构体系,都是把结构构件本身作为独立的单元来考虑的。如果把所有组成的构件协同起来,从空间角度考虑的话,整体作用就会大于单个构件作用之和。而且,多向受力比单向受力更能发挥材料的潜力,空间工作比平面工作更符合力的自然传递路线,这就导致了空间结构的产生。于是,出现了薄壳结构、薄膜结构、网架结构、悬索结构等空间结构体系。

　　大跨度建筑迅速发展的原因,一方面是社会发展使建筑功能越来越复杂,需要建造高大的建筑空间来满足群众集会、举行大型的文艺体育表演、举办盛大的博览会等的需求;另一方面则是新材料、新结构、新技术的出现,促进了大跨度建筑的进步。例如在古希腊、古罗马时代就出现了规模宏大的容纳几万人的大剧场和大角斗场,但当时的材料和结构技术条件无法建造能覆盖上百米跨度的屋顶结构,结果只能建成露天的大剧场和露天的大角斗场。19 世纪,大跨度建筑又有新的发展,大跨度建筑广泛地应用各种高强轻质材料(如合金钢、特种玻璃)和化学合成材料,减轻了大跨度结构的自重,使丰富的空间结构不断出现,覆盖面积日益扩大,为建造各种新型的大跨度结构和各种造型新颖的大跨度建筑创造了更有利的物质技术条件。

11.1　大跨度建筑形式

　　一幢完美的建筑不仅要符合功能要求,体现造型的艺术美,而且要体现结构的合理性,也就是说,只有建筑和结构的有机结合,才是一幢完美的建筑。

　　一般来说,结构工程师的责任要比建筑师的责任大。对于一幢建筑而言,结构安全非常重要,所以在确定该幢建筑的使用寿命的同时,还必须考虑到人们的生命和财产的安全。当然,建筑师不会像结构工程师那样,对所有结构形式的力学原理和计算方法掌握得一清二楚,但是作为一名建筑师,在做一个建筑方案的同时,必须要考虑在整个方案的实施过程中,结构上有没有实现的可能性,它采用何种结构形式更有利,施工过程中有哪些困难?这些是作为一名建筑师必须具备的基本知识。因此,建筑师对所有的结构形式和特点,以及它们的基本力学原理和构造要有一个较全面的了解,从而让设计的建筑方案不会变成无法实施的“空中楼阁”。如图 11-1 所示是罗马体育馆,它是内容和形式统一的典范。

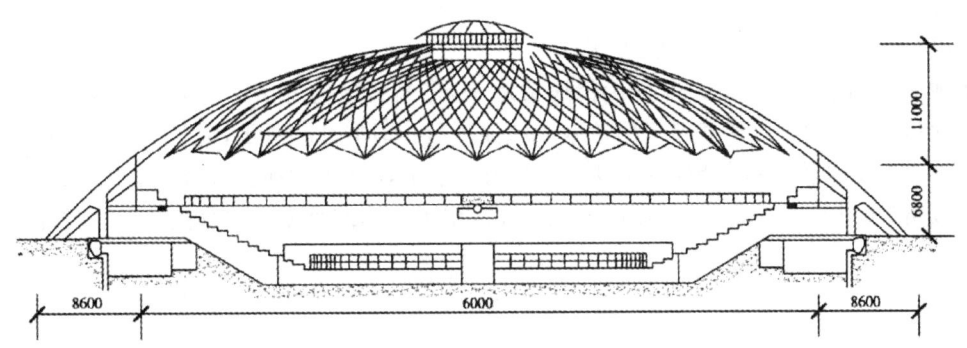

图 11-1　罗马体育馆(单位:mm)

11.1.1　拱结构及其建筑造型

　　1. 拱结构的概念

　　拱是一种十分古老而现在仍在大量应用的一种结构形式。它是主要受轴向力的结构,这对于混凝土、砖、石等抗压强度较高的材料是十分适宜的,它可充分利用这些材料抗压强度高的优点,避免它们抗拉强度低的缺点,因而很早以前,拱就得到了十分广泛的应用。拱结构最初被大量应用于桥梁结构中,我国古代拱结构的杰出建筑

拱结构、刚架
结构

是河北省的赵州桥,其跨度为 37 m,建于 1300 多年前,为石拱桥结构,经受了历次地震考验,至今仍完好。在混凝土材料出现后,拱结构也逐渐应用于大跨度房屋建筑中。由于拱呈曲面形状,在外力作用下,拱内的弯矩值可以降低到最小限度,主要内力变为轴向压力,且应力分布均匀,能充分利用材料的强度,比同样跨度的梁结构断面小,故拱能跨越较大的空间。

但是拱结构在承受荷载后将产生横向推力,为了保持结构的稳定性,必须设置宽厚坚固的拱脚支座抵抗横向推力。常见的方式是在拱的两侧做两道厚墙来支承拱,墙厚随拱跨增大而加厚。不过,这也会使建筑的平面空间组合受到约束。

拱的内力主要是轴向压力,结构材料应选用抗压性能好的材料。古代建筑的拱主要采用砖石材料,近代建筑中,多采用钢筋混凝土拱,近年来也大量采用钢结构拱,跨度可达百米以上。拱结构所形成的巨大空间常常用来建造商场、展览馆、体育馆、散装货仓等建筑。

2. 拱结构的形式

拱结构按组成和支座方式不同可分为三铰拱、两铰拱和无铰拱三种,如图 11-2 所示。三铰拱为静定结构,较少采用;两铰拱和无铰拱为超静定结构,目前较为常用。

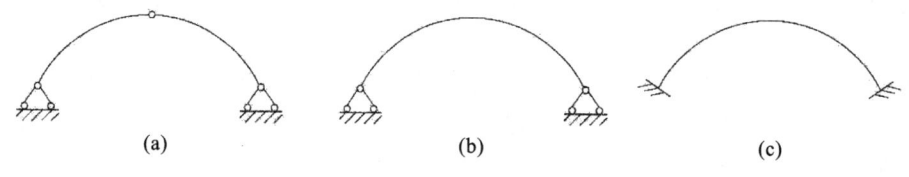

(a)　　　　　　　　　　　(b)　　　　　　　　　　　(c)

图 11-2　拱结构简图

(a)三铰拱;(b)两铰拱;(c)无铰拱

3. 拱结构的建筑造型

拱结构的建筑造型主要取决于平衡拱推力的方式和矢高大小。

拱是一种有水平推力的结构,解决水平推力的方式不同,建筑的外形也就不一样,通常有以下几种处理方式。

(1)利用地基基础直接承受水平推力。

利用地基基础承受水平推力并直接传递给地基,是最省事的方法。落地拱就是这种做法。为了更有效地抵抗水平推力,其基础底部常做成斜面形状,如图 11-3 所示,而且要求地基的土质条件较好。落地拱的拱结构直接落地,不需设置立柱来支承拱,形如帐篷或蒙古包,形式别致。不过,因为拱脚直接落地,拱端部的建筑空间高度较小,故常用于仓库或小型的体育健身房这类建筑。

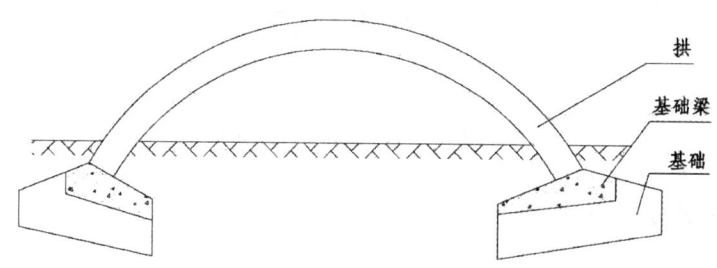

图 11-3　落地拱

(2)利用侧面框架结构承受水平推力。

建筑设计上,建筑大厅的周围(特别是两侧)常需要有提供服务性的附属建筑,如办公室等。两侧服务性建筑一般为框架结构,若大厅屋盖采用拱结构,拱的水平推力则可利用两侧的框架来承受。这样既解决了拱的水平推力问题,也使建筑功能与结构需要有效地结合起来,相得益彰,如图11-4 所示。不过,应该注意的是,倘若框架的顶部因推力发生过大的水平位移或倾斜,就不能保证拱的正常受力状态。所以,要求拱结构两侧的框架必须具有足够的刚度。

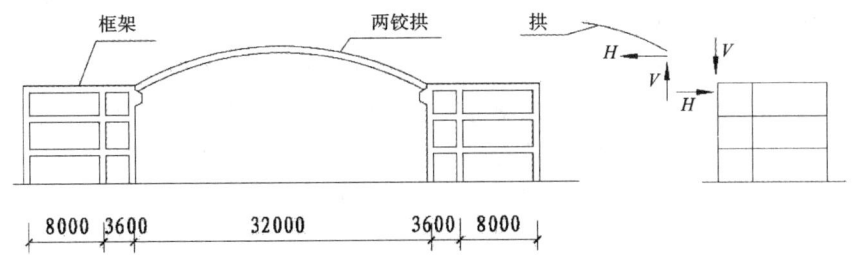

图 11-4　利用侧面框架结构承受水平推力(单位:mm)

(3)利用拉杆承受水平推力。

在拱脚处设置钢杆,利用钢杆受拉从而抵抗拱的推力,如图 11-5 所示。这种解决办法传力路线最简短,在拱结构的范围内直接解决推力问题而不致将推力传给支承拱的结构构件。由于钢杆受拉,这样处理的拱也称为"拉杆拱"。拉杆拱因为推力问题可在拱本身独立解决,故拉杆拱普遍用于屋盖结构上。

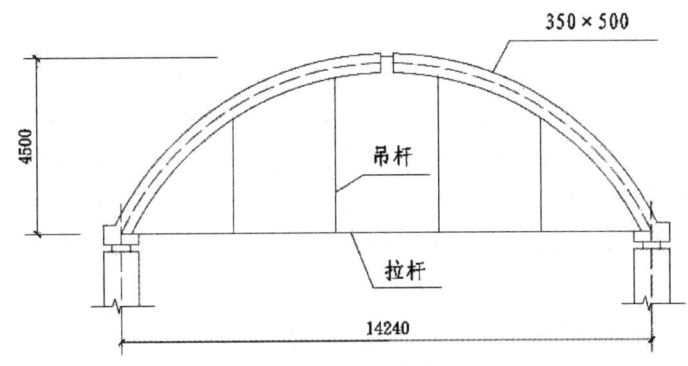

图 11-5　拉杆拱(单位:mm)

拱的矢高对建筑的外部轮廓形象影响最大。矢高小的拱,外形起伏变化小,呈扁平状,结构占用的空间小,但水平推力和拱身轴力都偏大。而矢高大的拱,外形起伏变化强烈,产生的水平推力和轴向力都较小,但拱身用材量多,拱下形成的内部空间大,拱曲面坡度很陡。所以矢高大小应综合考虑建筑的外观造型要求、结构受力的合理性、材料消耗量、屋面防水构造等多种因素。通常拱屋顶的矢高为拱跨的 1/7～1/5,最小不小于 1/10。采用卷材屋面时,矢高不应大于 1/8,混凝土自防水屋面的矢高一般取 1/6。

11.1.2　刚架结构及其建筑造型

1. 刚架结构的概念

刚架结构是指梁、柱之间为刚性连接的结构。梁与柱之间为铰接的单层结构一般称为排架,多层多跨的刚架结构则常称为框架。单层刚架结构为梁柱合一的结构,其内力小于排架结构,梁柱截面高度小,造型轻巧,内部净空较大,故被广泛应用于中小型厂房、体育馆、礼堂、食堂等中小跨度的建筑中。但与拱相比,刚架仍然属于以受弯为主的结构,材料强度不充分发挥作用,这就使得刚架结构自重较大,用料较多,适用跨度受到限制。

2. 刚架结构的形式

单层刚架结构的建筑造型可以轻松活泼,形式丰富多变。单层刚架结构的形式从支座约束条件看,可分为无铰刚架、两铰刚架、三铰刚架,如图 11-6 所示。无铰刚架和两铰刚架是超静定结构,结构刚度较大,但当地基条件较差,发生不均匀沉降时,结构将产生附加内力。三铰刚架则属于静定结构,在地基产生不均匀沉降时,结构不会引起附加内力,但其刚度不如前两种好。一般来说,三铰刚架多用于跨度较小的建筑,两铰和无铰刚架可用于跨度较大的建筑。从结构材料看,单层刚架结构可分为胶合木结构、钢结构、混凝土结构;从构件截面看,可分为实腹式刚架、空腹式刚架、格构式刚架、等截面与变截面刚架;从建筑形体看,可分为平顶刚架、坡顶刚架、拱顶刚架、单跨刚架与多跨刚架。

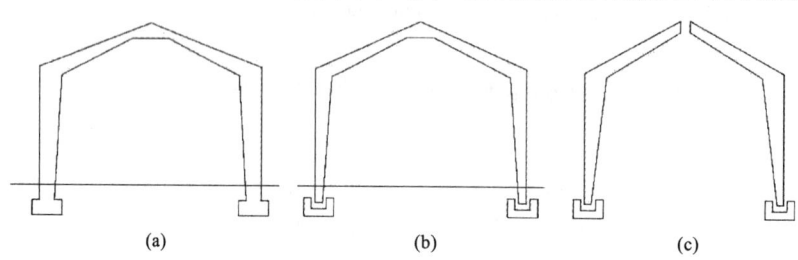

图 11-6   单层刚架结构

(a)无铰刚架;(b)两铰刚架;(c)三铰刚架

3. 刚架结构的建筑造型

刚架结构常用钢筋混凝土建造,为了节约材料和减轻结构自重,通常将刚架做成变断面形式,柱梁相交处弯矩最大,断面增大,铰接点处弯矩为零,断面最小,所以刚架的立柱断面呈上大下小形状。根据建筑造型需要,立柱可做成里直外斜,或外直里斜。刚架多采用预制装配,构件呈"丫"形和"厂"形,用这些构件可组成单跨、多跨、高低跨、悬挑跨等各式各样的建筑外形。屋脊一般在跨度正中间,形成对称式刚架,也可偏于一边,形成不对称式刚架,如图 11-7 所示。

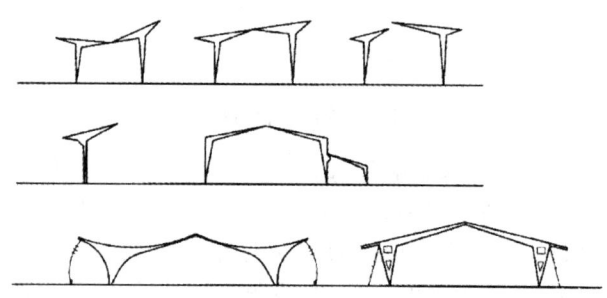

图 11-7   单层刚架的形式

11.1.3   桁架结构及其建筑造型

1. 桁架结构的概念

桁架是由杆件组成的一种格构式结构体系。杆件与杆件的连接假定为铰接,在外力作用下的杆件内力为轴向力(拉力或压力),而且分布均匀,故桁架结构比梁结构受力合理。桁架的杆件内力是轴向力,而梁的内力主要是弯矩,且分布不均匀,梁的断面大小常以最大弯矩处的断面尺寸为整个梁的断面大小,因此梁的材料强度利用不够充分。桁架内力分布均匀,能充分利用材料强度,减少材料消耗量和结构自重,使结构跨度增大。

桁架结构、网架结构

桁架结构的特点:受力合理,计算简单,施工方便,适应性强,对支座没有横向力。因此在结构工程中,桁架常用来作为屋盖承重结构,常称为屋架。桁架的主要缺点是结构高度大,侧向刚度小。结构高度大不但增加了屋面及围护墙的用料,而且增加了采暖、通风、采光等设备的负荷,并给音响控制带来困难。侧向刚度小对钢屋架的影响特别明显,受压的上弦平面外稳定性差,难以抵抗房屋纵向的侧向力,这就需要设置支撑。一般房屋纵向的侧向力并不大,但支撑很多,都按构造(长细比)要求确定截面,故耗钢量大,未能材尽其用。所以桁架结构主要用于体育馆、影剧院、展览馆、食堂、菜场、商场等公共建筑。为了使桁架的规格统一,有利于工业化施工,建筑的平面形式宜采用矩形或方形。

2. 桁架结构的形式

桁架结构的形式很多,按所使用材料的不同,可分为木屋架、钢-木组合屋架、钢屋架、混凝土屋架、钢筋混浆土-钢组合屋架等;按屋架外形的不同,可分为三角形屋架、梯形屋架、抛物线屋架、折线形屋架、平行弦屋架等;根据结构受力的特点及材料性能的不同,可分为桥式屋架、无斜腹杆屋架或刚接桁架、立体桁架等。

(1)木屋架。

常用的木屋架是方木或原木齿连接的豪式木屋架,一般分为三角形(图 11-8)和梯形(图 11-9)两种,大都在工地上用手工制作。

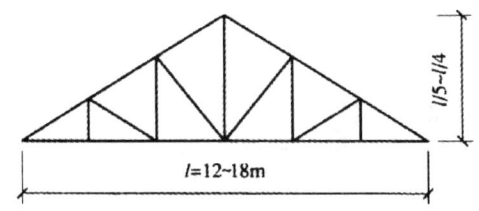

图 11-8　三角形豪式木屋架

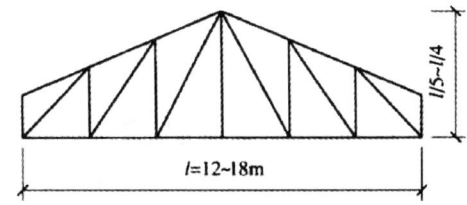

图 11-9　梯形豪式木屋架

豪式木屋架的节间长度控制在 2~3 m 为宜,一般为 4~8 节间,适用跨度为 12~18 m。当屋架跨度不大时,上弦可用整根木料,当屋架跨度较大,上弦需做节头时,四节头位置应尽量靠近节点,避免承受较大的弯矩。木屋架的高跨比宜为 1/5~1/4。

三角形木屋架的内力分布不均匀,内力分布为支座处大而跨中小,一般适用于跨度在 18 m 以内的建筑中。三角形木屋架的坡度大,适用于屋面材料为黏土瓦、水泥瓦及小青瓦等要求排水坡度较大的情况。

梯形木屋架受力性能比三角形木屋架合理,当房屋跨度较大时,选用梯形木屋架较为适宜。当采用坡形石棉瓦、铁皮或卷材作屋面防水材料时,屋面坡度需取斜度 $i=1/5$。梯形木屋架适用跨度为 12~18 m。

(2)钢-木组合屋架。

钢-木组合屋架的形式有豪式屋架、芬克式屋架、梯形屋架和下折式屋架,如图 11-10 所示。

由于不易取得符合下弦材质标准的上等木材,特别是原木和方木干燥较慢,干裂缝对采用齿连接和螺栓连接的下弦十分不利,而采用钢拉杆作为屋架的下弦,每平方米建筑面积的用钢量仅增加 2~4 kg,却显著地提高了结构的可靠性。同时,钢材的弹性模量高于木材,且消除了接头的非弹性变形,提高了屋架结构的刚度。

钢-木组合屋架的适用跨度视屋架结构的外形而定,对于三角形屋架,其跨度一般为 12~18 m,对于梯形、折线形等多边形屋架,其跨度可为 18~24 m。

(3)钢屋架。

钢屋架的形式主要有三角形钢屋架、梯形钢屋架、矩形(平行弦)钢屋架等,为改善上弦杆的受力情况,常采用再分式腹杆的形式,如图 11-11 所示。

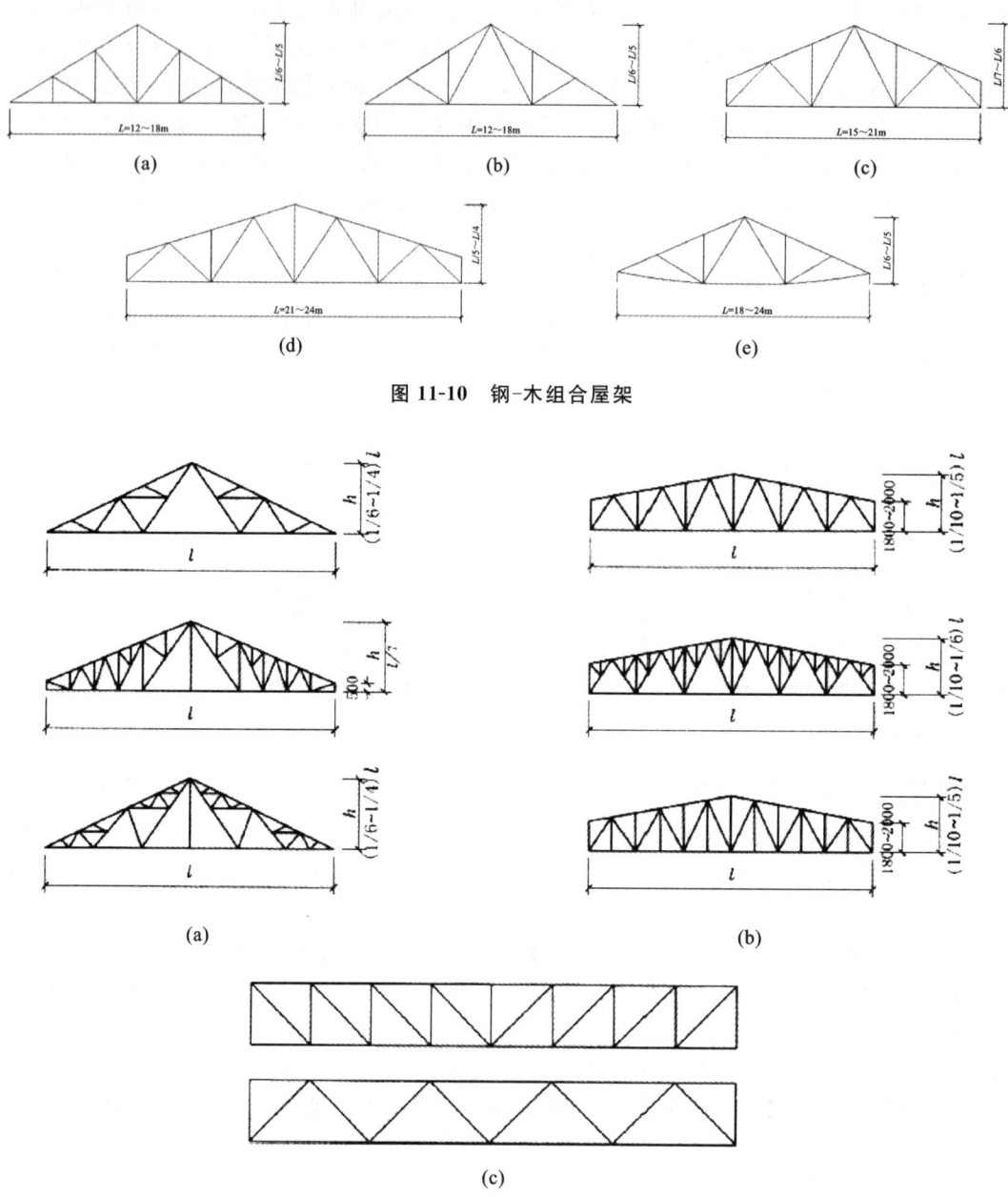

图 11-10　钢-木组合屋架

图 11-11　钢屋架
(a)三角形钢屋架;(b)梯形钢屋架;(c)矩形钢屋架

　　三角形钢屋架一般用于屋面坡度较大的屋盖结构中,当屋面材料为黏土瓦、机制平瓦时,要求屋架的高跨比为 $1/6\sim1/4$。三角形钢屋架弦杆内力变化较大,弦杆内力在支座处最大,在跨度很小时,材料强度不能充分发挥作用,一般宜用于中小跨度的轻屋盖结构。当荷载和跨度较大时,采用三角形钢屋架就不够经济。三角形钢屋架的常用形式是芬克式屋架,它的腹杆受力合理,长杆受拉,且可分为两榀小屋架制作,运至现场进行安装,施工方便,必要时可将下弦中段抬高,使房屋净空增加。

　　梯形钢屋架一般用于屋面坡度较小的屋盖中,其受力性能比三角形钢屋架优越,适用于较大跨度或荷载的工业厂房。当上弦坡度为 $1/12\sim1/8$ 时,梯形钢屋架的高度可取 $(1/10\sim1/6)l$,当跨度大或屋面荷载小时取小值,跨度小或屋面荷载大时取大值。梯形钢屋架一般都用于无檩体系屋盖,屋面材料大多用大型屋面板。这时上弦节间长度应与大型屋面板尺寸相配合,使大型屋面板的主肋正好搁置在屋架上弦的节点上,在上弦中不产生局部弯矩,当节间过长时,可采用再分式腹杆的形式。当采用有檩体系屋盖时,则上弦节间长度可根据檩条的间距而定,一般为 0.8~3.0 m。

矩形钢屋架也称为平行弦钢屋架。因其上下弦平行,腹杆长度一致,杆件类型少,易于满足标准化、工业化生产的要求。矩形钢屋架在均布荷载作用下,杆件内力分布极不均匀,故材料强度得不到充分利用,不宜用于大跨度建筑中,一般常用于托架或支撑系统。当跨度较大时,为节约材料,也可采用不同的杆件截面尺寸。

(4)混凝土屋架。

混凝土屋架的常见形式有梯形屋架、折线形屋架、拱形屋架、无斜腹杆屋架等。根据是否对屋架下弦施加预应力,可分为钢筋混凝土屋架和预应力钢筋混凝土屋架两种,其跨度为 18~36 m 或更大。混凝土屋架的常用形式如图 11-12 所示。

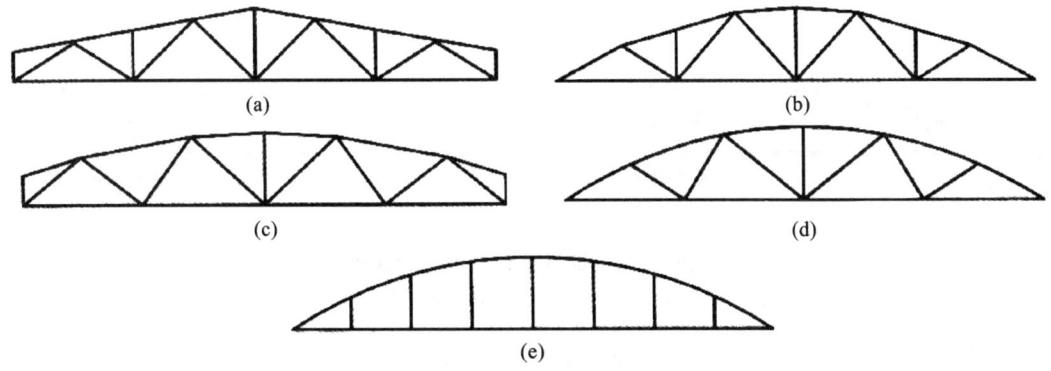

图 11-12 混凝土屋架的常用形式

(a)梯形屋架;(b)折线形屋架 1;(c)折线形屋架 2;(d)拱形屋架;(e)无斜腹杆屋架

梯形屋架[图 11-12(a)]上弦为直线,屋面坡度为 1/12~1/10,适用于卷材防水屋面。一般上弦节间为 3 m,下弦节间为 6 m,矢高与跨度之比为 1/8~1/6,屋架端部高度为 1.8~2.2 m。梯形屋架自重较大,刚度好,适用于重型、高温作业及采用井式或横向天窗的厂房。折线形屋架[图 11-12(b)]外形较合理,结构自重较轻,屋面坡度为 1/4~1/3,适用于非卷材防水屋面的中型厂房或大中型厂房。折线形屋架[图 11-12(c)]屋面坡度平缓,适用于卷材防水屋面的中型厂房。为改善屋架端部的屋面坡度,减少油毡下滑和油膏流淌,一般可在端部增加两个杆件,以使整个屋面的坡度较为均匀。拱形屋架(图 11-12d)上弦为曲线形,一般采用抛点落在抛物线上,拱形屋架外形合理,杆件内力均匀、自重轻、经济指标良好,但屋架端部屋面坡度太陡,这时可在上弦上部加设短柱而不改变屋面坡度,使之适合于卷材防水屋面,拱形屋架矢高比一般 1/8~1/6。

无斜腹杆屋架[图 11-12(e)]的上弦一般为抛物线拱,没有斜腹杆,结构构造简单,便于制作。屋面板可以支承在上弦杆上,也可以支承在下弦杆上,因此较适用于采用井式或横向天窗的厂房。这样不仅省去了天窗架等构件,简化了结构构造,而且降低了厂房屋盖的高度,减小了建筑物受风的面积。无斜腹杆屋架力学上的显著特点是屋架节点不能简化为铰节点。由力学原理可知,若该屋架简化为铰节点,则将成为几何可变的机构。因此,该屋架应按刚架结构或拱式结构计算。按刚架结构计算时,各杆件内均有弯矩作用且在杆端节点处弯矩最大。上弦杆为压弯构件,下弦杆和竖腹杆为拉弯构件。按拱式结构计算时,上弦杆为拱身承受压力,下弦杆为拱的拉杆,当荷载作用在上弦杆时,则竖腹杆内力为零。

钢筋混凝土屋架也有其他各种形式,如钢筋混凝土桥式屋架等。桥式屋架是将屋面板与屋架合二为一的轻结构体系,屋面板与屋架共同工作,屋盖结构传力简捷、整体性好,充分利用了构件的承载能力,节省了材料,其缺点是施工复杂。桥式屋架可逐榀紧靠着布置,也可间隔布置,在两榀桥式屋架之间再现浇屋面板或铺设预制屋面板。桥式屋架一般直接支承在承重外墙的圈梁上,如果房屋为柱子承重,则须在柱间加设托架梁。

(5)钢筋混凝土-钢组合屋架。

常见的钢筋混凝土-钢组合屋架有折线形组合屋架、五角形组合屋架、三铰组合屋架、两铰组合屋架等,如图 11-13 所示。

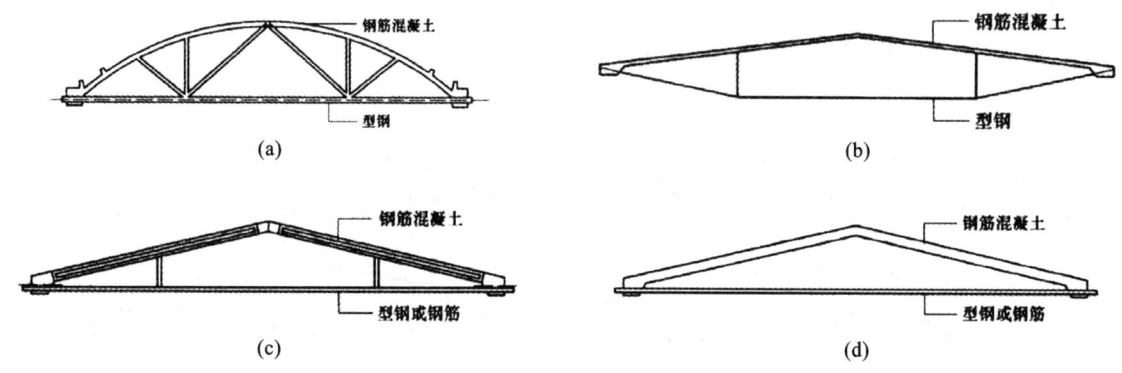

图 11-13　钢筋混凝土-钢组合屋架
(a)折线形组合屋架;(b)五角形组合屋架;(c)三铰组合屋架;(d)两铰组合屋架

折线形组合屋架上弦及受压腹杆为钢筋混凝土,下弦及受拉腹杆为角钢,充分发挥了两种不同材料的力学性能,其特点是自重轻、用料少、技术经济指标都较好,适用于跨度为 12～18 m 的中小型厂房。折线形屋架屋面坡度约为 1/4,适用于石棉瓦、瓦垄铁、构件自防水等的屋面。为使屋面坡度均匀一致,也可在屋架端部上弦加设短柱。

两铰或三铰组合屋架上弦为钢筋混凝土或预应力混凝土构件,下弦为型钢或钢筋,预接点为刚接(两铰组合屋架)或铰接(三铰组合屋架)。此类屋架特点是杆件少、自重轻、受力明确,构造简单,施工方便,特别适用于农村地区的中小型建筑。当采用卷材防水时屋面坡度为 1/5,非卷材防水时屋面坡度为 1/4。

桁架选型应综合考虑建筑的功能要求、跨度和荷载大小、材料供应和施工条件等因素。当建筑跨度在 36 m 以上时,为了减轻结构自重,宜选择钢桁架;跨度在 36 m 以下时,一般可选用钢筋混凝土桁架,有条件时最好选用预应力混凝土桁架;当桁架所处的环境相对湿度大于 75% 或有腐蚀性介质时,不宜选用木桁架和钢桁架,而应选用预应力混凝土桁架。

3. 桁架结构的建筑造型

桁架结构在大跨度建筑中多用作屋顶的承重结构,根据建筑的功能要求、材料供应和经济的合理性,可设计成单坡、双坡、单跨、多跨等不同的外观和形状。

11.1.4　网架结构及其建筑造型

1. 网架结构的概念

网架结构是由许多杆件根据建筑形体要求,按照一定的规律进行布置,通过节点连接组成的一种网状的三维杆系结构,它具有三向受力的性能,故也称三向网架结构。网架结构各杆件之间相互支撑,具有较好的空间整体性,是一种高次超静定的空间结构,在节点荷载作用下,各杆件主要承受轴力,因而能够充分发挥材料强度,结构的技术经济指标较好。

网架结构在最近30年来取得了很大的发展,在国内外都得到了广泛的应用。网架结构平面布置灵活,空间造型美观,能适应不同跨度、不同平面形状、不同支承条件、不同功能需要的建筑物,特别是在大、中跨度的屋盖结构中网架结构更显示出其优越性。近年来,随着电子计算机的广泛应用和计算技术的发展,网架结构的设计效率大大提高。网架结构的施工安装和质量检测技术也日益提高。目前已有许多专业生产厂家和公司实现了设计、制作、安装一体化,为网架结构的推广普及提供了物质上和技术上的保证。

网架结构具有以下优点。

(1)网架结构是多向受力的空间结构,比单向受力的平面桁架结构适用跨度更大。网架结构适用跨度一般为30~60 m,甚至可超过60 m。

(2)由于网架的整体空间作用,杆件互相支持,刚度大,稳定性好,具有各向受力的性能,应力分布均匀,用料方面可比桁架结构节省钢材30%。

(3)网架是高次超静定结构,结构安全度特别大,某一构件受压屈曲也不会导致破坏。

(4)网架屋盖的网格形式为屋面铺设覆盖材料和天花装饰或布置灯具等提供了方便,并把它们衬托得更加壮观。

由于网架结构具有上述优点,所以它的应用范围很广,被大量应用于大型体育建筑(如体育馆、练习馆、体育场看台雨篷等)、公共建筑(如展览馆、影剧院、车站、码头、候机楼等)、工业建筑(如仓库、厂房、飞机库等)中,同时在一些小型建筑的屋盖中应用也比较广泛,如门厅、加油站、收费站等。

2. 网架结构的形式

网架结构按其外形分为平板网架结构和曲面网架结构两类,前者简称网架,后者简称网壳,通常采用金属材料制作。

网架和网壳的形式如图11-14所示,网架一般都是双层的,也可做成多层的;网壳可以是单层的,也可以是双层的。

网架自身不产生推力,支座为简支,构造比较简单,可以适用于各种形状的建筑平面,所以应用广泛。网壳多数是有推力的结构,支座条件较复杂,但外形丰富,建筑造型多变。

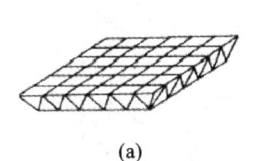 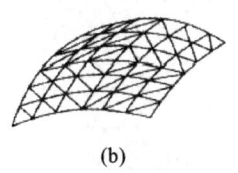 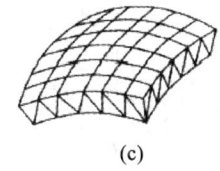

(a)　　　　　　　　　　(b)　　　　　　　　　　(c)

图 11-14　网架和网壳的形式
(a)网架;(b)单层网壳;(c)双层网壳

3. 网架结构的类型与尺寸

网架结构一般为双层的,有时也是三层的,按照杆件的布置规律及网架的结构原理分类,网架结构可分为交叉桁架体系和角锥体系两类。交叉桁架体系由两向或三向相互交叉的平面桁架所组成,角锥体系则分别由三角锥、四角锥、六角锥等组成。在网架结构应用的早期,交叉桁架体系网架在制作与安装方面比角锥体系网架易于推广,因为交叉桁架体系网架可先拼装成平面桁架,然后进行总拼,而且平面桁架的制作为施工单位所熟悉。但在网架构件制造越来越专业化的时候,角锥体系因其良好的受力性能和优美的艺术效果而更具竞争力。

（1）交叉桁架体系的平面网架。

①两向交叉桁架构成的平面网架。两向交叉桁架的交角大多数为 90°，按网架与建筑平面的相对位置，可分为正放和斜放两种布置方式，如图 11-15(a)～(c)所示。正放网架构造较简单，一般适用于正方形或近似正方形的建筑平面，这样可使两个方向的桁架跨度接近，共同受力发挥空间作用。如果平面形状为长方形，则受力状态类似于单向板结构，网架的空间作用很小。对于中等跨度（50 m 左右）的正方形建筑平面，采用正放网架较为有利，特别是四点支承时比斜放网架更优越。

斜放网架的外形较美观，刚度更好，用钢量更少，特别是跨度比较大时，其优越性更明显。同时，斜放网架不会因使用长条矩形建筑平面而削弱其空间受力状态，所以斜放网架比正放网架适用的范围更为广泛。

②三向交叉桁架构成的平面网架。三向交叉桁架由三个方向的桁架相互以 60°夹角组成。它比两向交叉桁架的刚度大，杆件内力更均匀，能跨越更大的空间，但其节点构造复杂。三向交叉桁架特别适用于三角形、梯形、六边形、八边形、圆形等平面形状的建筑，如图 11-15(d)～(i)所示。

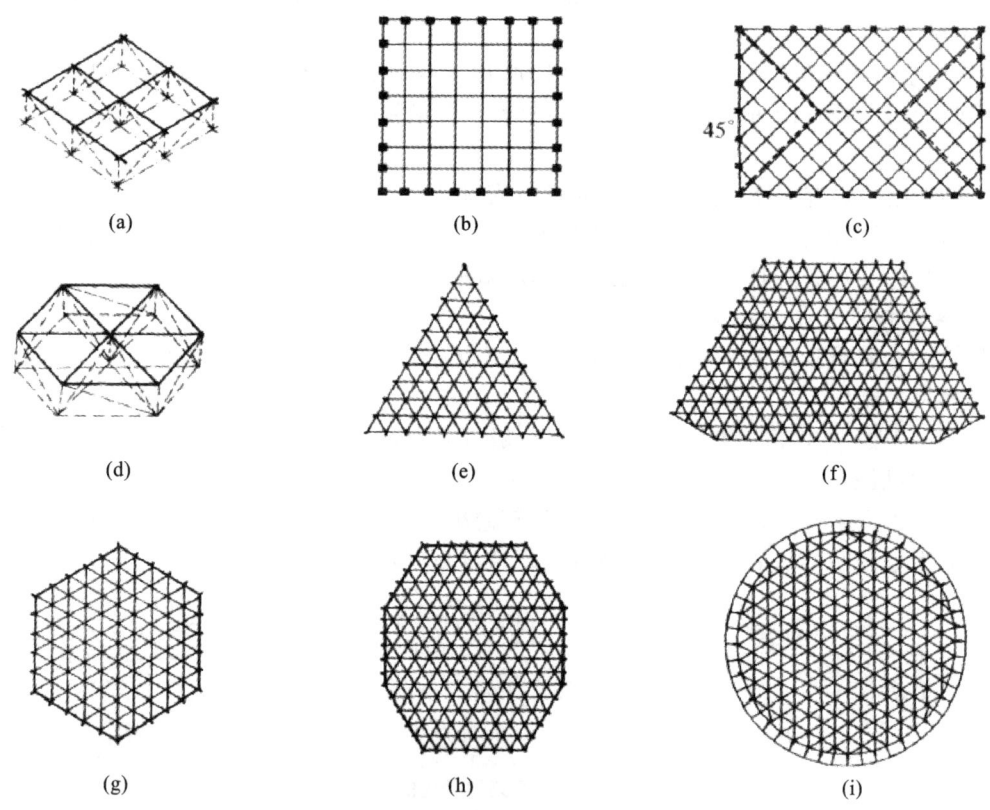

(a)　　　　　　　　　　(b)　　　　　　　　　　(c)

(d)　　　　　　　　　　(e)　　　　　　　　　　(f)

(g)　　　　　　　　　　(h)　　　　　　　　　　(i)

图 11-15　交叉桁架体系的平面网架

(a)两向网架；(b)两向正放网架；(c)两向斜放网架；(d)三向网架；(e)三向三角形平面；(f)三向梯形平面；(g)三向正六边形平面；(h)三向八边形平面；(i)三向圆形平面

（2）角锥体系平面网架。

角锥体系平面网架分别由三角锥、四角锥、六角锥等锥体单元组成。这类网架比交叉桁架体系平面网架的刚度大，受力情况好，并可事先在工厂预制成标准锥体单元，运输和安装均很方便。

①三角锥体平面网架由呈三角锥体的杆件组成，锥尖可朝下或朝上布置。这种网架比四角锥体平面网架和六角锥体平面网架受力更均匀，是大跨度建筑中应用最广的一种网架形式。它适合

于各种建筑平面形状,如矩形、方形、三角形、梯形、多边形、圆形等,如图 11-16(a)、(b)所示。

②四角锥体平面网架由呈四角锥体的杆件组成,锥尖可朝下或朝上布置,可正放或斜放,受力情况不及三角锥体平面网架,如图 11-16(c)、(d)所示。这种网架多用于中小型大跨度建筑,正放四角锥体平面网架适用于正方形或近似正方形的平面,而斜放四角锥体平面网架无论方形或长条矩形平面都适用。斜放网架的上弦杆较短,对受压有利,下弦杆较长,为受拉杆件,充分发挥了材料的强度,且节点汇集杆件的数目少,构造较简单,故应用较广。

③六角锥体平面网架由呈六角锥体的杆件组成,锥尖可朝下或朝上布置,如图 11-16(e)、(f)所示。这种网架节点处聚集的杆件数目最多,屋面板呈六角形(锥尖朝下布置时)或呈三角形(锥尖朝上布置时),故构造复杂,施工麻烦,用钢量较大,一般宜用于 60m 以上跨度。

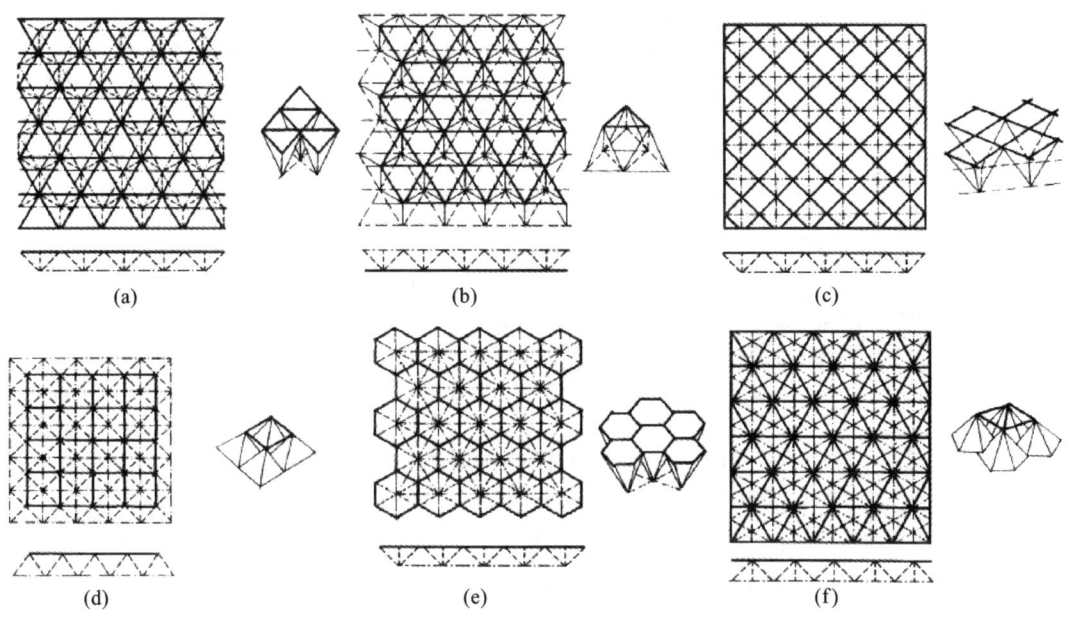

(a)   (b)   (c)

(d)   (e)   (f)

图 11-16 角锥体系的平面网架

(a)三角锥体平面网架(锥尖朝下);(b)三角锥体平面网架(锥尖朝上);(c)四角锥体平面网架(锥尖朝下);(d)四角锥体平面网架(锥尖朝上);(e)六角锥体平面网架(锥尖朝下);(f)六角锥体平面网架(锥尖朝上)

(3)平面网架的主要尺寸。

平面网架的高度与网格尺寸主要取决于网架的跨度,表 11-1 中的数据可作为设计参考。

当采用钢筋混凝土屋面板时,网格尺寸不宜过大,一般不超过 3 m×3 m,否则构件太重,吊装困难。

表 11-1 平面网架的主要尺寸

网架短向跨度	网架高度与短向跨度之比	网格尺寸与短向跨度之比
小于 30 m	1/13～1/10	1/12～1/8
30～60 m	1/15～1/12	1/14～1/11
大于 60 m	1/18～1/14	1/18～1/13

4. 网架杆件断面与节点连接

(1)网架杆件断面。

网架杆件常用钢管或角钢,钢管比角钢受力合理,节省材料,应用最广。钢管壁厚不应小于1.5 mm。

（2）网架杆件节点连接。

当网架杆件采用角钢时，节点处用连接钢板将各杆件连接起来，可采用焊接或螺栓连接方式，如图 11-17(a)所示。

当网架杆件为钢管时，宜用钢球将各杆件连接起来，如图 11-17(b)所示。这种连接方法构造简单、用钢量少、外形美观，被广泛采用。

（3）网架排水坡度的形成方法。

拱形和穹形网架由自身的曲面自然形成一定的排水坡度。平面网架的排水坡度一般为 2%～5%，坡度的形成方法有两种：一种是网架自身起拱，屋面板或檩条直接搁于网架节点上，这种方法使网架的各节点标高变化复杂，特别是正方形四坡水屋顶更复杂，故较少采用；另一种是在网架上弦节点加焊短钢管或角钢找出屋面坡度，这种方法网架本身是平放的，构造较简单，网架各节点的标高一致，容易控制，故应用较广，如图 11-17(c)所示。

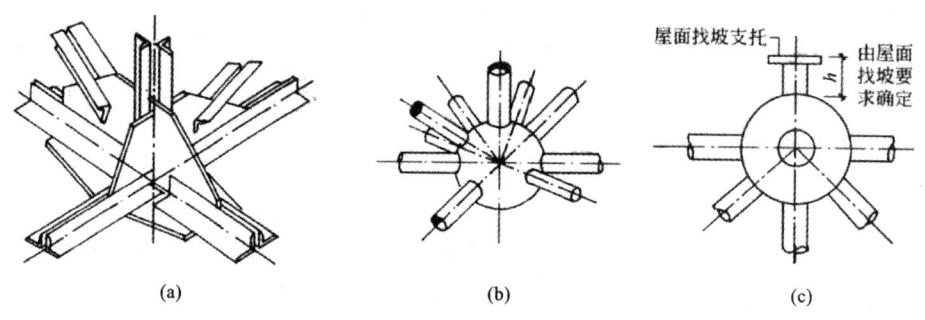

图 11-17   网架杆件断面与节点连接构造
(a)角钢杆件节点；(b)钢管杆件节点；(c)加焊钢管找屋顶坡度

5. 网架和网壳结构的建筑造型

网架结构的建筑造型主要受两个因素的影响：一是结构的形式，二是结构的支承方式。平面网架的屋顶一般是平屋顶，但建筑的平面形式可多样化。网壳的外形多样，如拱形网壳的建筑外形呈拱曲面，但平面形式往往比较单一，多为矩形平面，穹形网壳的外形呈半球形或抛物面形等，平面则为圆形或其他形状。网架及网壳的支承方式对建筑造型是一个很重要的影响因素。网架及网壳的下部支承或为墙或为柱，或悬挑或封闭或开敞，应根据建筑的功能要求、跨度大小、受力情况、艺术构思等因素确定。当跨度不大时，网架可支承在四周圈梁上，圈梁则由墙或柱支承，如图 11-18(a)、(b)所示。这种支承方式对网架尺寸的划分比较自由，网架受力均匀，门窗开设位置不受限制，建筑立面处理灵活。

当跨度较大时，网架宜直接支承于四周的立柱上，如图 11-18(c)所示。这种支承方式传力直接，受力均匀，但柱网尺寸要与网架的网格尺寸相一致，使网架节点正好处于柱顶位置。

建筑不允许出现较多的柱时，网架可以支承在少数几根柱子上，如图 11-18(d)、(e)所示。这种支承方式网架的四周最好向外悬挑，利用悬臂来减少网架的内力和挠度，从而降低网架的造价。两向正交正放的平面网架采用四点支承最有利。

当建筑的一边需要敞开或开设宽大的门时，网架可以支承在三边的立柱上，如图 11-18(f)所示。敞开的一面没有柱子，为了保证网架空间刚度和均匀受力，敞开的一面应设置边桁架或边梁。

拱形网壳的支承需要考虑水平推力，解决办法可以参照拱结构的支承方式。穹形网壳常支承在环梁上，环梁置于柱或墙上。图 11-18(g)、(h)为拱形网壳和穹形网壳的支承方式和造型示例。

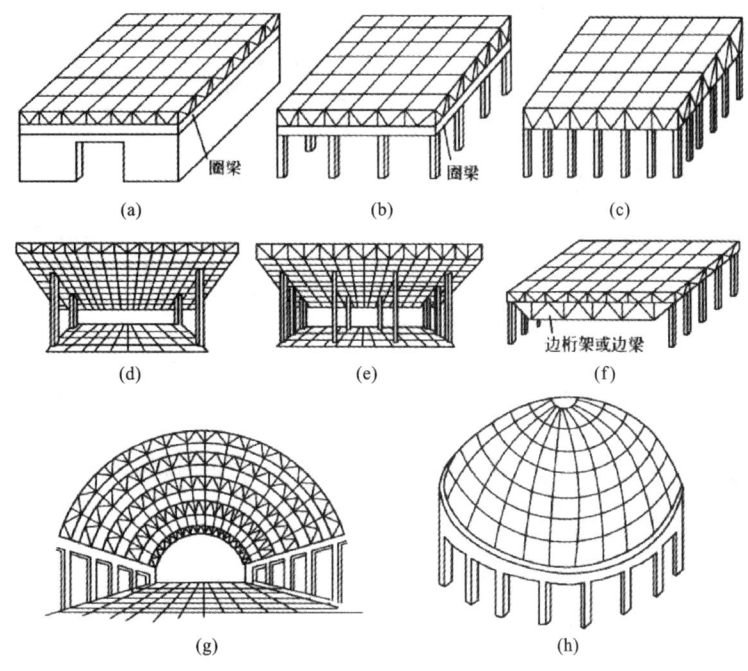

图 11-18 网架及网壳的支承方式与建筑造型

a)网架支承在圈梁上 1；(b)网架支承在圈梁上 2；(c)网架支承在四周立柱上；(d)网架悬挑支承在四根柱上；(e)网架
悬挑支承在四周立柱上；(f)网架支承在三边立柱上；(g)拱形网壳支承在两排立柱上；(h)穹形网壳支承在周边柱上

11.1.5 折板结构及其建筑造型

折板结构、薄
壳结构

1. 折板结构的概念

折板结构是以一定倾斜角度整体相连的一种薄板体系。折板结构通常用钢筋混
凝土建造，也可用钢丝网水泥建造。

折板结构由折板和横隔构件组成，如图 11-19(a)所示。在波长方向，折板犹如一块折叠起伏的
钢筋混凝土连续板，折板的波峰和波谷处刚度大，可视为连续板的各支点，如图 11-19(b)所示。在
跨度方向，折板如同一根钢筋混凝土梁，如图 11-19(c)所示，其强度随折板的矢高而增加。横隔构
件的作用是将折板在支座处牢固地结合在一起，如果没有横隔构件，折板会坍塌而破坏。横隔构件
可根据建筑造型需要来设计，如钢筋混凝土横隔板、横隔梁等。折板的波长不宜太大，否则板太厚，
不经济，一般不应大于 12 m。

跨度与波长之比大于等于 1 时，称为长折板，小于 1 时，称为短折板。为了获得良好的力学性
能，长折板的矢高不宜小于跨度的 1/15～1/10，短折板的矢高则不宜小于波长的 1/10～1/8。

折板结构呈空间受力状态，具有良好的力学性能，结构厚度薄，节省材料，可预制装配，节省模
板，构造简单。折板结构可用来建造大跨度屋顶，也可用作外墙。

2. 折板结构形式

折板结构按波长数目的不同分为单波和多波折板；按结构跨度的数目不同分为单跨与多跨折
板；若按结构断面形式的不同则可分为三角形折板和梯形折板，如图 11-19(d)、(e)所示；若按折板
的构成情况不同又可分为平行折板和扇形折板，如图 11-19(f)、(g)所示。平行折板构造简单，最常
用，扇形折板一端的波长较小，另一端的波长较大，呈放射状，多用于梯形平面的建筑。

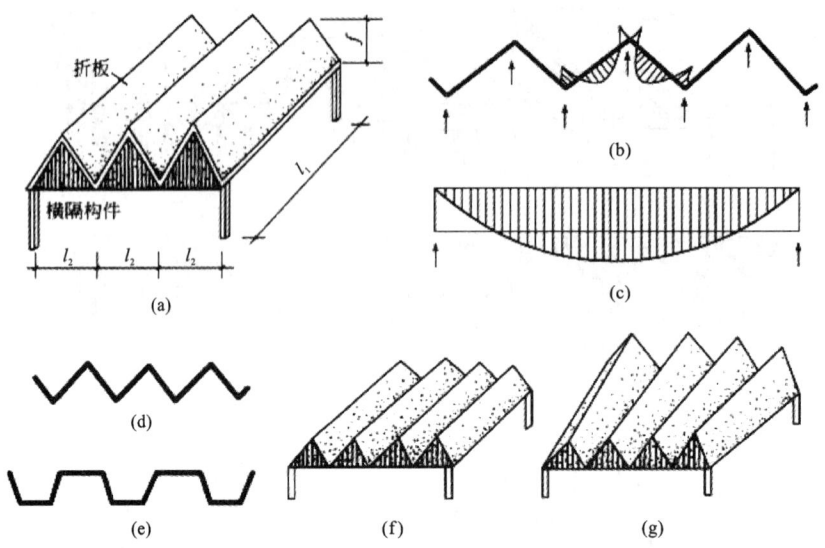

图 11-19　折板结构的组成和形式

(a)折板组成;(b)沿波长方向折板如同一连续板;(c)沿跨度方向折板如同一简支梁;(d)三角形折板;(e)梯形折板;(f)平行折板;(g)扇形折板

3. 折板结构的建筑造型

由于折板结构构造简单,又可预制装配施工,故被广泛用于工业与民用建筑,可用于矩形、方形、梯形、多边形、圆形等平面。用折板结构建造的房屋,造型新颖,具有独特的外观。

巴黎联合国教科文组织会议大厅屋顶和外墙以折板结构建造,由于设计师的精心设计,折板形成的大厅顶棚具有强烈的艺术感染力,如图 11-20 所示。

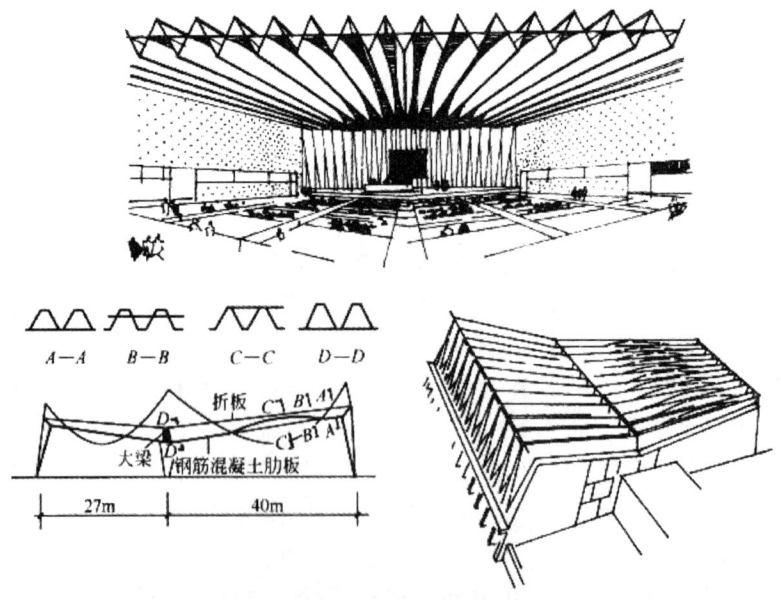

图 11-20　巴黎联合国教科文组织会议大厅

该会议大厅由意大利著名工程师奈尔维设计,大厅平面为梯形,其屋顶沿大厅纵向布置成扇形折板,与同样是折板的前后山墙相交。折板为两跨,分别为 40 m 和 27 m。两跨交界处用一根大梁加强折板,大梁由6根柱支托。为加强折板,在折板之间加了一层与之相交的肋板,肋板随折板结构的弯矩图上下波动形成一个曲面,使大厅顶棚呈现出结构的韵律感和空间的深度感。

巴西圣保罗会堂是另一个用折板结构建造的著名建筑,扇形折板从会堂中心向四周呈放射状布置成圆形,巧妙地运用切割手法形成一圈三角形的外墙,结构形式与建筑造型完美统一,如图11-21所示。

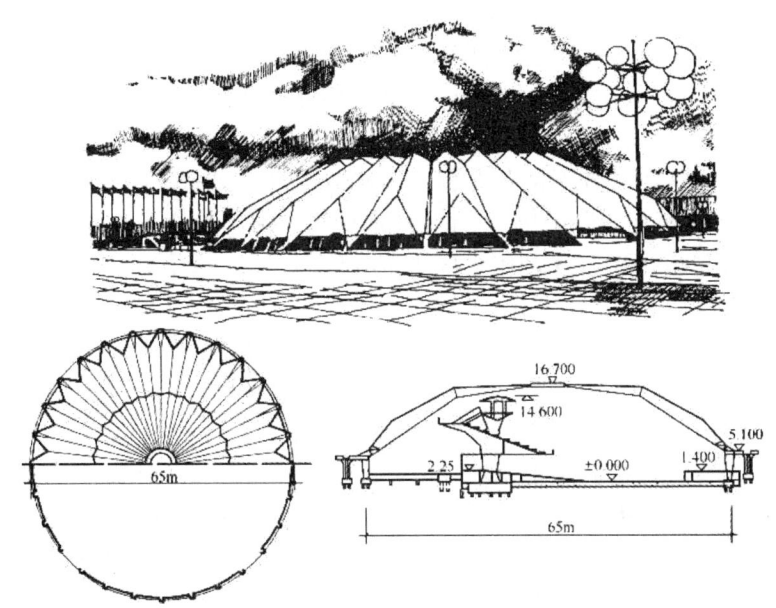

图 11-21 巴西圣保罗会堂

该会堂具有多功能用途,篮球赛可容纳1.8万人,演戏可容纳0.4万人,集会可容纳2万人。主厅呈圆形平面,直径65 m,最大视距40 m。观众席分为池座、阶梯看台、楼座三部分。屋顶和外墙为钢筋混凝土折板结构,为了采光,在顶部中央设有一天窗。靠近地面部分的折板被斜向切割,形成三角形侧窗,使会堂造型新颖,做到结构与建筑形式完美统一。

11.1.6 薄壳结构及其建筑造型

自然界某些动植物的种子外壳、蛋壳、贝壳,可以说是天然的薄壳结构,它们的外形符合力学原理,能以最少的材料获得坚硬的外壳,以抵御外界的侵袭。人们从这些天然壳体中受到启发,利用混凝土的可塑性,创造出各种形式的薄壳结构。

1. 薄壳结构的概念

薄壳结构是用混凝土等刚性材料以各种曲面形式构成的薄板结构,呈空间受力状态,主要承受曲面内的轴向力,而弯矩和扭矩很小,所以混凝土强度能得到充分利用。由于是空间结构,强度和刚度都非常好。薄壳厚度仅为其跨度的几百分之一,而一般的平板结构厚度至少是跨度的几十分之一,所以薄壳结构具有自重轻、省材料、跨度大、外形多样的优点,可用来覆盖各种平面形状的建筑物屋顶。但大多数薄壳结构的形体较复杂,多采取现浇施工,费工、费时、费模板,且结构计算较复杂,不宜承受集中荷载,这些缺点在一定程度上影响了它的推广使用。

2. 薄壳结构的形式

薄壳结构形式很多,常用的有筒壳、圆顶壳、双曲扁壳、双曲抛物面壳四种。

(1)筒壳。

筒壳由壳面、边梁、横隔构件三部分组成,如图 11-22(a)所示。两横隔构件之间的距离 l_1 称为跨度,两边梁之间的距离 l_2 为波长。筒壳跨度与波长的比值不同时,其受力状态也不一样。当 l_1/l_2 大于 3 时,称为长壳,l_1/l_2 小于 1/2 时,称为短壳,比值在 1/2~3 之间的称为中长壳。短壳比长壳的受力性能更好,这主要是横隔构件起的作用。横隔构件承受壳板和边梁传来的力,如果没有横隔构件,筒壳就不能形成空间结构。横隔构件可做成拱形梁、拱形桁架、拱形刚架等多种结构形式。

为了使梁成为实体梁,也保证筒壳的承载力和刚度,壳体的矢高应大于或等于跨度的 1/12。

筒壳为单曲面薄壳,形状较简单,便于施工,是最常用的薄壳形式。

(2)圆顶壳。

圆顶壳由壳面和支承环两部分组成,如图 11-22(b)所示。支承环对壳面起箍的作用,主要内力为拉力。壳面径向受压,环向上部受压,下部受拉或受压。由于支承环对壳面的约束作用,壳面边缘会产生局部弯矩,因此壳面在支承环附近应适当增厚。

圆顶壳可以支承在墙上、柱上、斜拱或斜柱上。

由于圆顶壳具有很好的空间工作性能,很薄的圆顶可以覆盖很大的空间,可用于大型公共建筑,如天文馆、展览馆、体育馆、会堂等。

(3)双曲扁壳。

双曲扁壳由双向弯曲的壳面和四边的横隔构件组成,如图 11-22(c)所示,圆壳顶矢高与边长之比很小(≤1/5),壳体呈扁平状,故称为双曲扁壳。壳体中间区域为轴向受压,弯矩出现在边缘,四角则有较大的拉力。

双曲扁壳受力合理,厚度薄,可覆盖较大的空间,较经济,适用于工业与民用建筑的各种大厅或车间。

(4)双曲抛物面壳。

双曲抛物面壳由壳面和边缘构件组成,外形特征犹如一组抛物线倒悬在两根拱起的抛物线之间,形如马鞍,故又称鞍形壳,如图 11-22(d)所示。倒悬方向的曲面如同受拉的索网,向上拱起的曲面如同拱结构,拉压相互作用提高了壳体的稳定性和刚度,使壳面可以做得很薄。如果从双曲抛物面壳上切取一部分,可以做成各种形式的扭壳,如图 11-22(e)、(f)所示。

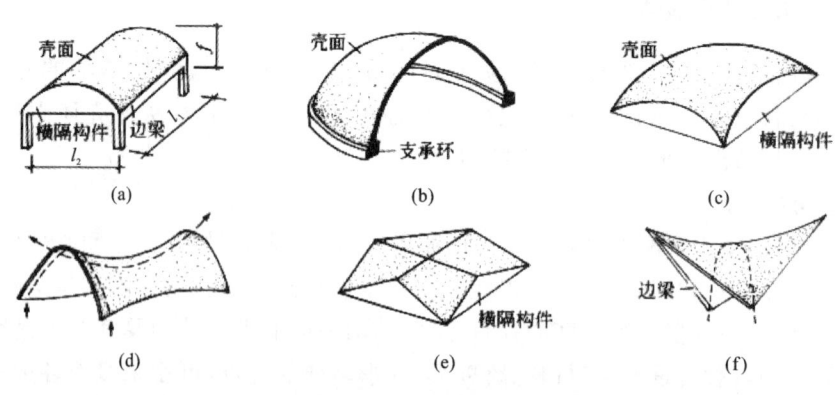

图 11-22 薄壳结构形式

(a)筒壳;(b)圆顶壳;(c)双曲扁壳;(d)双曲抛物面壳;(e)扭壳 1;(f)扭壳 2

3. 薄壳结构的建筑造型

薄壳结构的建筑造型以各种几何曲面图形为基本特征,基本形式为圆筒形、圆球形、双曲抛物面形。它与传统的梁、板、架一类结构相比,在造型上独具特色,容易给人以新奇感,能突出建筑物的个性。世界著名建筑中有不少是用薄壳结构建成的,深究其成功的奥秘,发现它们往往不是简单地重复那些基本形式,而是巧妙地运用交贯、切割、改变结构参数等方法,对一种或一种以上的薄壳形式加以重新组合,进行再创造,因而在建筑造型上有所突破和创新,如图 11-23~图 11-25 所示。

图 11-23   薄壳结构建筑造型实例 1

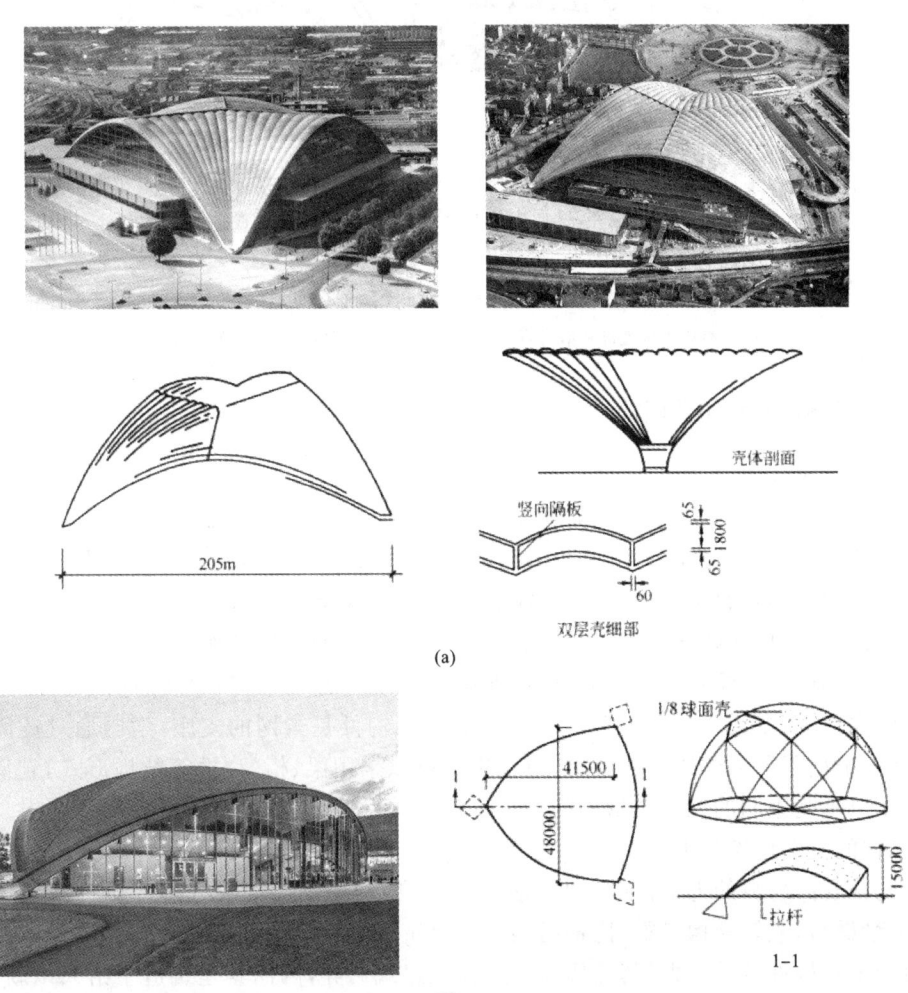

图 11-24   薄壳结构建筑造型实例 2(单位:mm)

(a)巴黎国家工业与技术中心陈列馆;(b)美国麻省理工学院礼堂

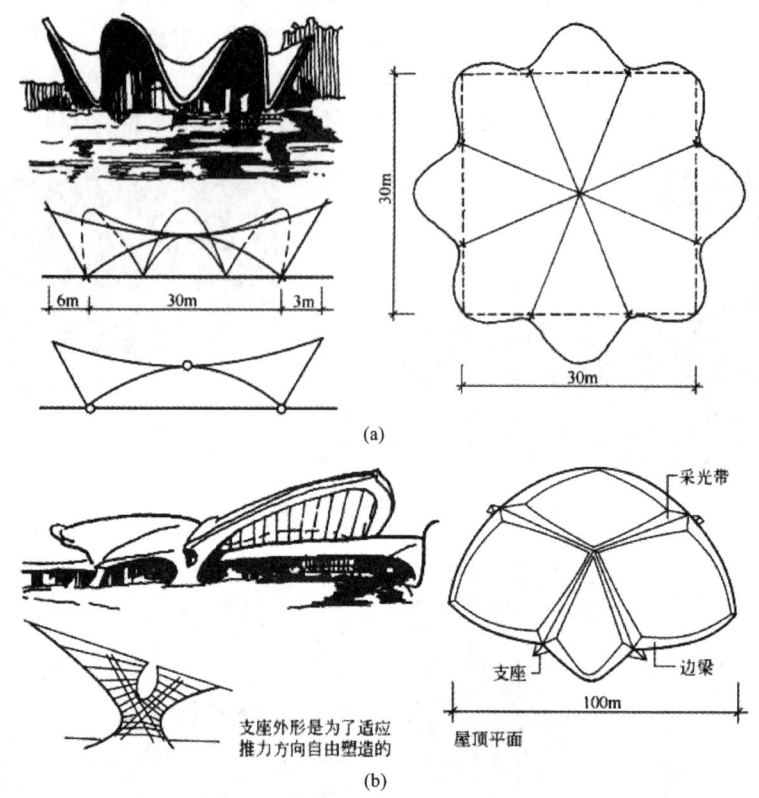

图 11-25　薄壳结构建筑造型实例 3

(a)墨西哥霍奇米洛科餐厅；(b)纽约 TWA 环球航空公司候机楼

11.1.7　悬索结构及其建筑造型

1. 悬索结构的概念

悬索结构用于大跨度建筑是受悬索桥梁的启示。我国在 5 世纪就已建造了悬索桥梁，跨度达 104m 的大渡河泸定桥就是著名的铁索桥实例。20 世纪 50 年代以后，由于高强钢丝的出现，国外开始用悬索结构来建造大跨度建筑的屋顶。1998 年，里斯本世博会葡萄牙馆的大跨度屋顶采用的就是悬索结构，如图 11-26 所示。

悬索结构、膜结构

悬索结构由索网、边缘构件和下部承重结构三部分组成，如图 11-26(b)所示。因索网非常柔软，只承受轴向拉力，既无弯矩也无剪力。索网的边缘构件是索网的支座，索网通过锚固件固定在边缘构件上。根据不同的建筑形式要求，边缘构件可以采用梁、桁架、拱等结构形式，它们必须具有足够的刚度，以承受索网的拉力。悬索的下部承重结构一般是受压构件，常采用柱结构。

悬索结构的主要优点如下。

(1)可充分发挥材料的力学性能，利用钢索来受拉，利用钢筋混凝土边缘构件来受压、受弯，因而能节省大量材料，减轻结构自重，比普通钢结构建筑节省钢材约 50%。

(2)由于主要构件承受拉力，其外形与一般传统建筑迥异，因而其建筑造型给人以新鲜感，且形式多样，适合于方形、矩形、椭圆形等不同的平面形式。

(3)由于受力合理，自重轻，其能跨越巨大的空间而不需要在中间加支点，为建筑功能的灵活安排提供了非常有利的条件。

(4)悬索结构的施工比起其他大跨度建筑更方便、更快速,因钢索自重轻,不需要大型施工设备便可进行安装。

悬索结构的主要缺点是在强风吸引力的作用下容易丧失稳定而破坏,故在设计中应加以周密考虑。

但从总体来看,悬索结构的优点是主要的,因而在大跨度建筑中应用较广,特别是跨度为 $60 \sim 150$ m时,与其他结构比较具有明显的优越性。它主要用来覆盖体育馆、大会堂、展览馆等建筑的屋顶。

2. 悬索结构的形式

悬索结构按其外形和索网的布置方式不同分为单曲面悬索和双曲面悬索、单层悬索和双层悬索。

(1)单层单曲面悬索结构。

单层单曲面悬索由许多相互平行的拉索组成,像一组平行悬吊的缆索,屋面外表呈下凹的圆筒形曲面,如图 11-26(c)所示。拉索两端的支点可以等高,也可以不等高,边缘构件可以是梁、桁架、框架,下部支承结构为柱。单层单曲面悬索结构构造简单,但抗振动和抗风性能差,在强风吸引力的作用下,悬索会发生振动,为了弥补这一缺陷,提高屋顶的稳定性,可在悬索上铺钢筋混凝土屋面板,并对屋面板施加预应力,形成下凹的混凝土壳体,借以增强屋面刚度,提高抗风、抗震能力。不过,这样处理的结果是会削弱悬索结构轻巧的形象。

悬索的垂度直接影响索中的拉力,垂度越小,拉力越大。垂度一般控制在跨度的 $1/50 \sim 1/20$。

(2)双层单曲面悬索结构。

双层单曲面悬索结构也是由许多相互平行的拉索组成的,但与单层单曲面悬索结构不同的是,双层单曲面悬索结构的每一拉索均由曲率相反的承重索和稳定索构成,如图 11-26(d)所示。承重索与稳定索之间用拉索拉紧,也就是对上下索施加预应力,增强屋顶的刚度,因而不必采用厚重的钢筋混凝土屋面板,而改用轻质材料覆盖屋面,使屋面自重减轻、造价降低,比单层单曲面悬索的抗风、抗振动性能好。

上索的垂度可取跨度的 $1/20 \sim 1/15$,下索的拱度可取跨度的 $1/25 \sim 1/20$。

以上两种悬索结构形式适用于矩形平面,而且多布置成单跨。

(3)双曲面轮辐式悬索结构。

双曲面轮辐式悬索结构平面为圆形,设有上下两层放射状布置的索网,下层索网承受屋面荷载,称为承重索,上层索网起稳定作用,称为稳定索,两层索网均固定在内外环上,酷似一个自行车轮平搁于建筑物的顶部,所以叫轮辐式悬索结构,如图 11-26(e)所示。这种结构的外环受压力,内环受拉力。

将上述轮辐式悬索变换一下上下索的位置和内外环的形式,可以构成外形完全不同的轮辐式悬索结构,如图 11-26(f)、(g)所示,它们有两道受压外环,上下索之间均用拉索拉紧。

轮辐式悬索结构相比于单层单曲面悬索结构,增加了稳定索,屋面刚度变大,抗风、抗振动性好,屋面轻巧,施工方便。轮辐式悬索结构在圆形平面建筑中较常用。

(4)双曲抛物面悬索结构。

双曲抛物面悬索结构由两组曲率相反的拉索交叉组成索网,形成双曲抛物面,外形像马鞍,又称为鞍形悬索结构,如图 11-26(h)~(k)所示。向下弯曲的索为承重索,向上弯曲的索为稳定索,施工时对稳定索施加预应力,将承重索张紧,以增强结构刚度。

为了支承索网,马鞍形悬索结构的边缘构件可以根据建筑平面形状和建筑造型需要,采用双曲环梁、斜向边梁、斜向拱等结构形式。

3. 悬索结构的建筑造型

悬索结构的造型与薄壳结构一样是以几何曲面图形为特征,但也有其自身的特点。主要表现

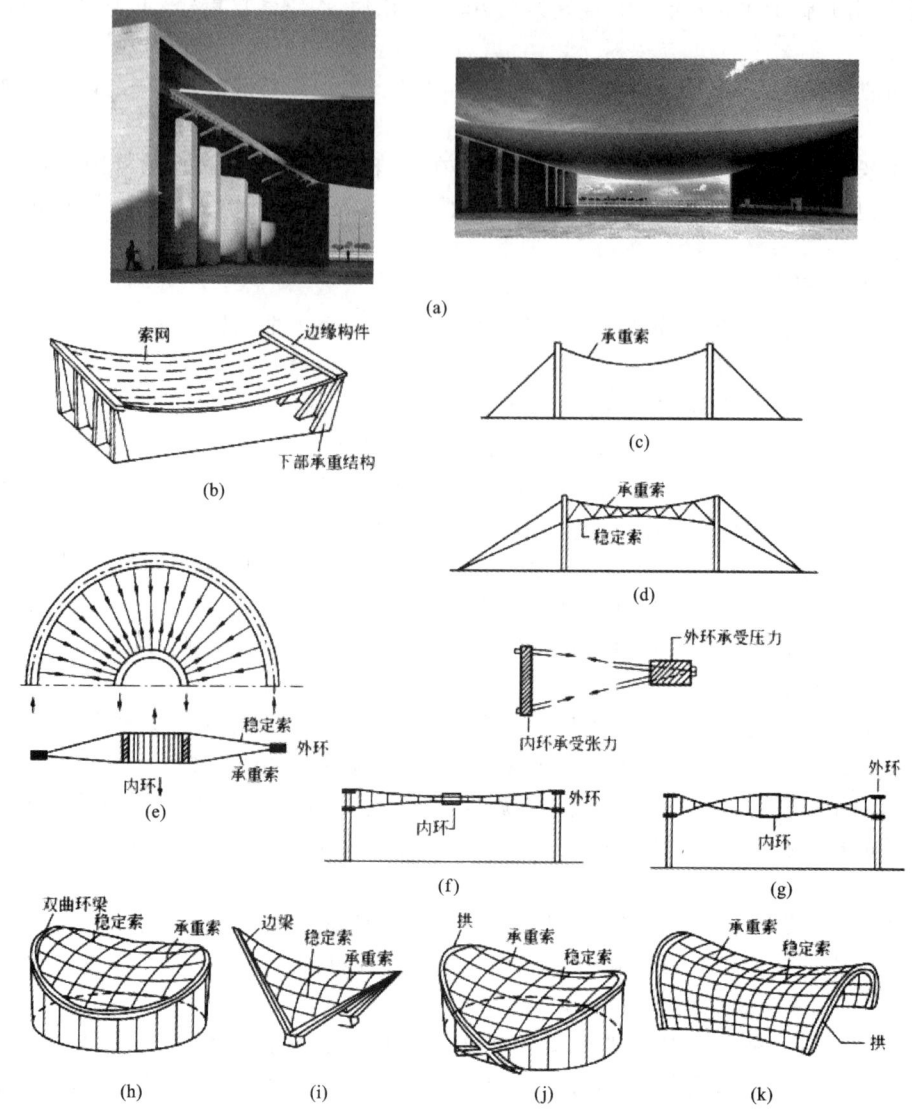

图 11-26　悬索结构的组成与结构形式
(a)里斯本世博会葡萄牙馆;(b)悬索结构组成;(c)单层单曲面悬索;(d)双层单曲面悬索;(e)轮辐式悬索 1;(f)轮辐式悬索 2;(g)轮辐式悬索 3;(h)双曲抛物面悬索 1;(i)双曲抛物面悬索 2;(j)双曲抛物面悬索 3;(k)双曲抛物面悬索 4

在两个方面:一是悬索只能受拉不能受压,外形大多呈凹曲面,而薄壳结构是用钢筋混凝土建造而成的,外形以拱曲面、抛物线曲面和球形曲面居多;二是悬索结构是由两种不同材料的构件组成的,即钢索网和钢筋混凝土边缘构件,索网的曲面形式多样,边缘构件的形式各异,只要变动其中一种,就能创造出与基本形式截然不同的造型,并且还可运用"交叉""并联"等手法改变基本形式的造型,所以悬索结构的建筑造型丰富多彩,如图 11-27、图 11-28 所示。

11.1.8　膜结构及其建筑造型

膜结构是以性能优良的柔软织物为膜面材料,由空气压力支承膜面,或用柔性钢索或刚性骨架网索将膜材绷紧形成建筑空间的一种结构。具有现代意义的大跨度膜结构出现于 1970 年,距今不过 50 多年,但目前已广泛应用于国内外的各种大跨度建筑中。

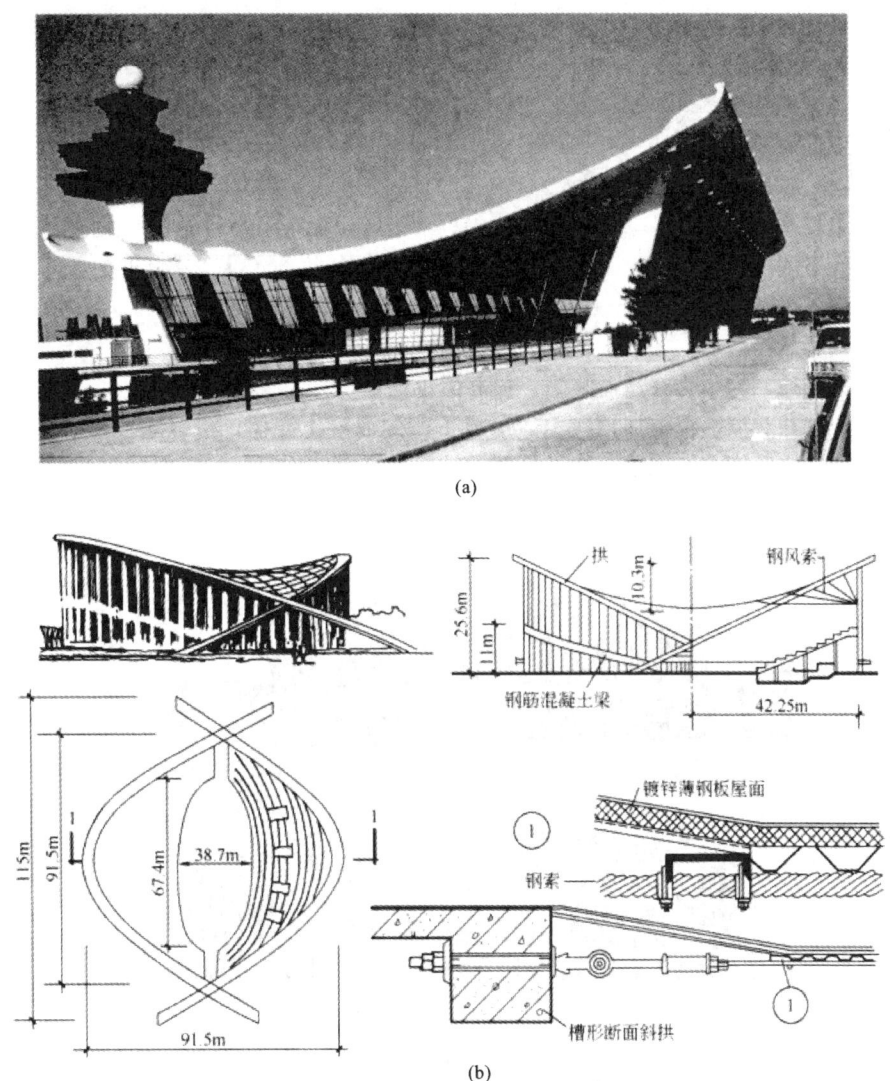

图 11-27 悬索结构的建筑造型 1

(a)美国华盛顿社勒斯机场候机楼;(b)美国瑞利市牲畜展赛馆

膜结构的优点是重量轻,跨度大,施工方便,透光性和自洁性较好,建筑造型自由丰富等;其缺点是隔声效果较差,耐久性不够好(膜材的使用寿命一般为 15~20 年),膜面抵抗局部荷载能力较弱等。

膜结构按其支承方式不同通常可以分为张拉式膜结构、骨架支承式膜结构、空气支承式膜结构三类。

1. 张拉式膜结构

张拉式膜结构是由膜材、拉索、支柱共同作用构成的。柔软的薄膜自身不能承受荷载,只有将它绷紧后才能受力,所以这种结构只能承受拉力,而且在任何情况下都必须保持受拉状态,否则就会失去稳定性。

张拉式膜结构的主要优点是轻巧柔软、透明度高、采光好、省材料、构造简单、安装快速、便于拆迁、外形千姿百态,缺点是抗风能力差而容易失去稳定,设计时必须合理选择拉索的支点、曲率和预应力值。

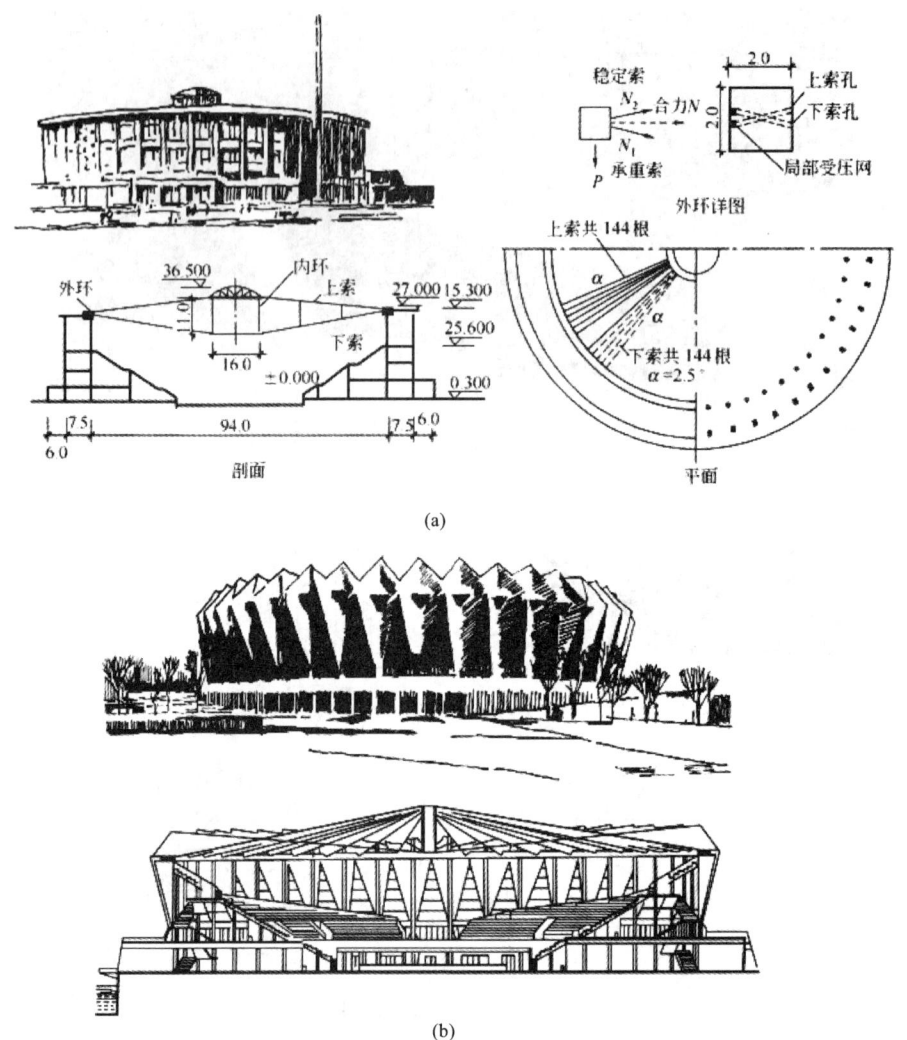

图 11-28　悬索结构的建筑造型 2
(a)北京工人体育馆;(b)美国汉普敦体育馆

　　这种结构适用于各种建筑平面,主要用于临时性或半永久性建筑,如供短期使用的博览会建筑、体育建筑、文娱演出建筑和进行其他活动的临时性建筑。

　　(1)张拉式膜结构的设计要点。

　　①薄膜面料应选择轻质、高强、耐高温和低温、防火性好、具有一定透明度的材料,例如各种合成纤维织物、玻璃纤维织物、金属纤维织物,并在这些织物的表面敷以各种涂层。

　　②为了提高帐篷薄膜的抗风能力和保持其形状,拉索的布置应使薄膜表面呈方向相反的双曲面,并对拉索施加适当的预应力,以保证在来自任何方向的风力作用下都不会出现松弛现象。

　　③应布置足够的拉索,使薄膜表面形成连续的曲面而不是多棱曲面,并使表面有足够的坡度,避免积存雨雪。

　　④尽可能地减少室内的撑杆或支架,以免妨碍内部空间的使用。

　　(2)张拉式结构的建筑造型。

　　张拉式膜结构只有在受拉紧绷的状态下才能保持结构的稳定,因此建筑物的形体全部由双曲面构成,形体随撑杆的数目和位置,索网牵引和锚固的方向、部位等因素的变化而变化。其建筑造型灵活自由,完全可以按设计者的意图构图。1967 年建造的蒙特利尔博览会德国馆、1972 年建造的慕尼黑奥运会体育中心、1985 年日本筑波博览会的美国馆和日本电力馆都是著名的张拉式膜结构建筑实例,如图 11-29、图 11-30 所示。张拉的骨架结构方式对其造型起着较大的影响。

(a)   (b)

图 11-29 张拉式膜结构的建筑造型

(a)蒙特利尔博览会德国馆;(b)慕尼黑奥运会体育中心

图 11-30 通过拱结构进行张拉的膜结构

2. 骨架支承式膜结构

骨架支承式膜结构是指以刚性骨架为承重结构,在骨架上敷设张紧膜材的结构形式。常见的骨架有桁架、拱、网架、网壳等。

在这种结构形式中,膜材仅作为表皮材料使用,起到围护和造型的作用,故而设计、制作都较为简单,造价相对较低,也具有一定的造型效果,如图 11-31 所示。

但这种结构中膜材自身的结构承载作用不能得到充分发挥,结构的跨度及造型也受到支承骨架的限制。

3. 空气支承式膜结构

(1)空气支承式膜结构的概念。

空气支承式膜结构是利用薄膜材料制成气囊,充气后形成建筑空间并承受外力,故又称为充气薄膜结构。它在任何情况下都必须处于受拉状态才能保证结构的稳定,所以它总是以曲线和曲面来构成独特的外形。

空气支承式膜结构兼有承重和围护双重功能,故大大简化了建筑构造。薄膜充气后均匀受拉,能充分发挥材料的力学性能,可节省材料,加上薄膜本身很轻,因而可以覆盖巨大的空间。这种结构的造型美观,且能适用于各种形状的平面。薄膜材料的透明度高,即使跨度很大的建筑不设天窗也能满足采光要求。

由于空气支承式膜结构具有上述优点,一些国家在最近 40 年已先后建成充气结构的体育馆、展览馆、餐厅、医院等多种类型的建筑,而且特别适合于防震救灾等临时性建筑和永久性建筑。

(2)空气支承式膜结构的形式。

空气支承式膜结构分为气承式和气肋式两种。

①气承式空气支承膜结构。

气承式空气支承膜结构依靠鼓风机不断向气囊内送气,只要略保持正压就可维持其体形。遇大风时,可打开备用鼓风机补送充气量,升高气囊内气压使之与风力平衡。为了维持气压,室内需要保持密闭。

②气肋式空气支承膜结构。

气肋式空气支承膜结构以密闭的充气薄膜做成肋,并达到足够的刚度以便承重,然后在各气肋的外面再敷设薄膜作围护,形成一定的建筑空间。

气肋式空气支承膜结构属于高压充气,气肋的竖直部分受压,而横向部分受弯,故气囊的受力不均匀,不能充分发挥薄膜材料的力学性能,而气承式空气支承膜结构则属于低压充气,薄膜基本上是均匀受力,可充分发挥材料的力学性能,室内也无须保持密闭,故气承式空气支承膜结构应用较广。

除上述两种结构形式以外,还可将充气薄膜结构与网索结合起来运用,这样可增大结构的跨度,提高结构的稳定性和抗风能力。

(3)空气支承式膜结构的建筑造型。

空气支承式膜结构与张拉式膜结构都是在绷紧受拉的状态下才能使结构保持稳定。张拉式膜结构是靠撑杆和网索将薄膜张拉成型,而空气支承式膜结构则是靠压缩空气注入气囊中将薄膜鼓胀成型,其建筑形体主要由向外凸出的双曲面构成,充气薄膜的建筑造型随建筑平面形状和固定薄膜的边缘构件形式等因素变化而变化。

目前,世界各国都在探讨应用空气支承式膜结构,1970 年的日本大阪世博会富士馆由 16 根直径为 4 m 的气囊围合而成,最大跨度为 50 m,其造型独特,是空气支承式膜结构建筑的代表作之一,如图 11-32 所示。

图 11-31　上海体育场

图 11-32　空气支承式膜结构

1988 年建成的日本东京圆顶运动场,采用气承式空气支承膜结构。其功能大厅主要用作棒球场,也可进行其他体育比赛和各种演出活动,能容纳观众 5 万人。充气结构的屋顶为椭圆形,边长 180 m,对角线为 201 m×201 m,采用双层聚四氟乙烯玻璃纤维布制成,外膜厚度 0.8 mm,内膜厚度 0.35 mm。薄膜用 28 根直径为 80 mm 的钢索双向正交布置,每个方向各 14 根,间距 8.5 m。屋顶面积为 $2.8×10^4$ m^2,屋顶总重量为 1060 kN。室内容积为 124 万立方米,使用时通过三台送风机向薄膜内充压缩空气,内压维持在 4~12 kPa,最大送风力达 360 m^3/h,以保证屋顶在任何情况下都使薄膜圆屋顶不变形。薄膜为乳白色,透光性强,白天进行体育比赛时,室内可以不用照明,如图 11-33 所示。

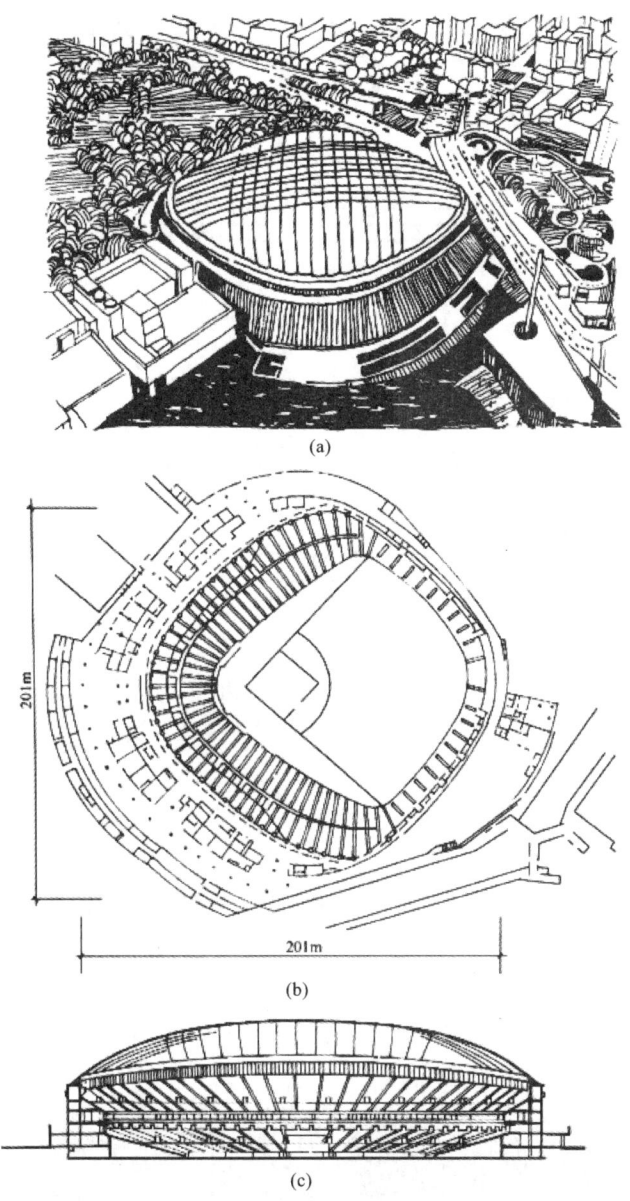

(a)

(b)

(c)

图 11-33　日本东京圆顶运动场

(a)体育场鸟瞰图;(b)底层平面图;(c)剖面图

11.1.9　其他大跨度结构

除了上述几类大跨度结构外,还有组合网架结构、预应力网架结构、管桁结构、张弦梁结构等。前两种结构形式均可视为网架结构的改进形式,以下仅就后两种结构形式进行介绍。

1. 管桁结构

管桁结构为平面或空间桁架,与一般金属桁架的不同之处在于其节点处采用杆件直接焊接的相贯节点连接,如图 11-34 所示。

管桁结构的形式与一般桁架的形式基本相同,其优点如下:

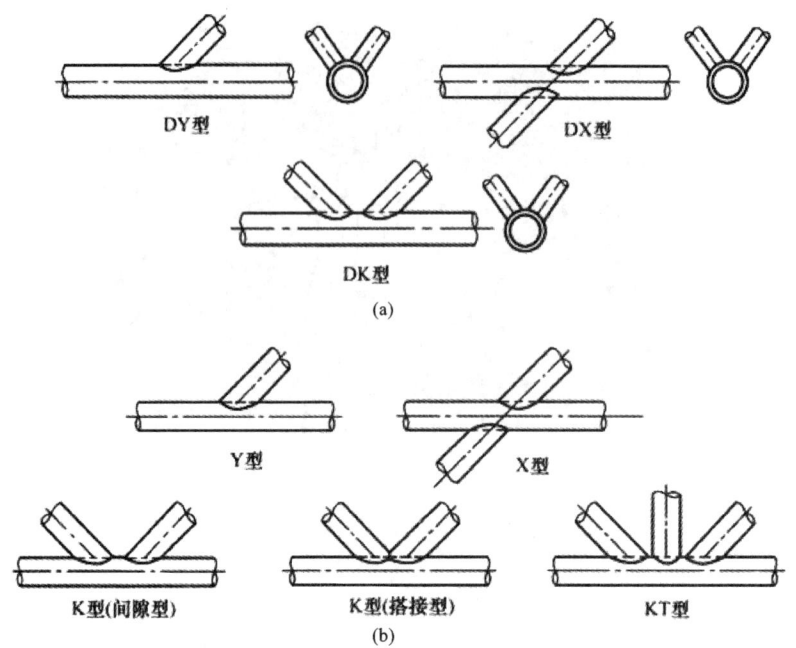

图 11-34　管桁结构
（a）多平面管节点形式；（b）单平面管节点形式

（1）节点形式简单，外形简洁流畅；

（2）施工简单，节省材料；

（3）有助于防锈与清洁。

管桁结构的视觉效果简洁流畅，造型丰富，适用于体育馆、航站楼、展览中心等大跨度建筑，如图 11-35 所示。

图 11-35　重庆武警总队训练馆

2. 张弦梁结构

张弦梁结构是近年发展起来的一种预应力大跨度结构，它由承受弯矩和压力的上弦梁、拱或桁架，下弦拉索及连接两者的撑杆组成，根据其受力特点不同，可分为平面张弦梁结构和空间张弦梁结构两类。

张弦梁结构的受力性能较好，外形简洁，富有表现力，建筑师们较乐于采用。如图 11-36 所示为上海浦东国际机场候机楼的张弦梁屋盖，其最大跨度为 82.6 m。

图 11-36　上海浦东国际机场候机楼

11.2　大跨度建筑的屋顶构造

11.2.1　设计要求与屋顶构造组成

1. 设计要求

大跨度建筑的屋顶设计和其他屋顶一样都要求防水、保温、隔热,但大跨度建筑大多数为大型公共建筑,使用年限长,故屋顶应具有更好的防水、保温、隔热性能。大跨度建筑一般都是人群大量聚集的场所,防火安全要求更高,屋顶应有足够的耐火极限,以保证在火灾时的安全疏散。同时,应特别注意减轻屋顶自重,选用轻质高强和耐久的材料和构造做法。在这类公共建筑中,屋顶的造型要求更高,应从屋顶形式、色彩、质感和细部处理等方面加以周密的考虑。另外,大跨度建筑的规模宏大,施工周期长,屋顶设计应为加快施工速度创造条件,贯彻标准化、定型化的设计原则。总之,大跨度建筑的屋顶设计应综合考虑建筑防水、建筑热工、材料选择、构造做法、建筑防火、建筑艺术等因素的影响,尽可能做到适用、安全、经济、美观。

2. 屋顶构造组成

大跨度建筑的屋顶由承重结构、屋面基层、保温隔热层、屋面面层等组成(见图 11-37)。屋面基层分为有檩和无檩两种,前者是在屋顶承重结构上先搁檩条,然后在檩条上再搁搁栅和屋面板,如图 11-37(a)所示;后者则是在屋顶承重结构上直接搁屋面板而无檩条,如图 11-37(b)所示。屋顶保温隔热层根据具体工程设计进行处理,可设在屋面板上,或悬挂于搁栅之下,或置于吊顶棚之上。屋面面层有卷材面层、涂料面层、金属瓦面层、彩色压型钢板面层等。

当采用薄壳结构、折板结构作屋顶承重结构时,不需要设屋面板。用充气薄膜结构和帐篷薄膜结构作屋顶时,不需要另设屋面基层和防水面层,因这类结构具有承重、围护、防水等多重功能。

11.2.2　橡胶卷材防水屋面

1. 橡胶卷材防水屋面的优缺点和适用范围

卷材分为两大类,即油毡卷材和橡胶卷材。油毡卷材价格便宜,但质量较差,使用年限短,多用于大量性建筑。橡胶卷材是 20 世纪 70 年代至 80 年代才发展起来的新产

橡胶卷材防水屋面

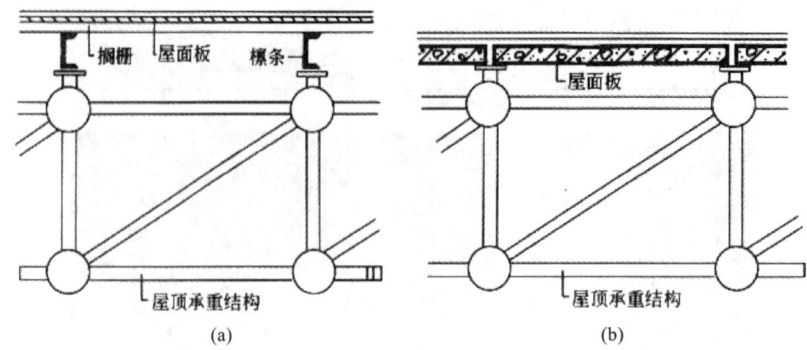

图 11-37　屋顶构造组成

(a)有檩；(b)无檩

品,其使用年限长,但成本较高,多用于质量要求较高的建筑,如大型公共建筑、高层建筑等。这里着重介绍橡胶卷材防水屋面。

橡胶卷材品种较多,其中三元乙丙橡胶卷材质量较好,应用较广。这种卷材屋面的主要优点是耐气候性好,在－40～80 ℃范围内不会出现像油毡屋面那样在低温状态下冷脆开裂和高温状态下发生沥青流淌等质量事故,其抗拉强度超过 7.5 MPa,延伸率在 450％以上,因此,即使屋面基层出现微小变形,屋面也不致被拉裂,而且这种屋面只需铺一层卷材就能达到防水要求,并且是在常温状态下施工,比油毡屋面的施工简单。当然,这种屋面造价偏高,比油毡屋面高出 4～5 倍,目前还不能在大量性建筑中推广应用。但这种屋面的使用年限较长,一般在 30 年以上,而油毡屋面的平均使用年限为 5 年。因此,从综合效益上看,采用橡胶卷材屋面更为合算。

2. 橡胶卷材防水屋面构造

橡胶卷材防水屋面的构造做法比较简单,屋面基层要求与油毡屋面相同。橡胶卷材宽 1 m,长20 m,一般用 CX404 胶作胶黏剂,须在基层和卷材的背面同时涂胶。卷材拼接处搭接宽度至少100 mm,并用硫化性丁基橡胶作胶黏剂。橡胶卷材屋面的保护层可采用银色着色剂,其反射阳光的性能好,可防止橡胶卷材过早老化。

图 11-38 所示为北京国际俱乐部橡胶卷材屋面构造。北京国际俱乐部建于 20 世纪 70 年代,当时采用油毡卷材防水屋面,因质量差造成漏水;到了 20 世纪 80 年代,改成三元乙丙橡胶卷材屋面,屋顶承重结构为平板网架,基层为加气混凝土屋面板,卷材防水层表面涂银色着色剂保护层。

11.2.3　涂膜防水屋面

1. 涂膜防水屋面的优缺点和适用范围

涂膜防水屋面的基本原理是以防水涂料涂布于屋面基层,在其表面形成一层不透水的薄膜,以达到屋面防水的目的。这种屋面的主要优点是在常温状态下施工,操作简便;可以在任意的曲面和任何复杂形状的屋顶表面进行涂布;不会出现油毡屋面低温脆裂、高温流淌等弊病;使用寿命较长,约为 10 年;屋面自重轻。

在大跨度建筑中,涂膜防水屋面可用于钢筋混凝土薄壳屋顶、拱屋顶以及用钢筋混凝土屋面板作基层的其他结构形式的屋顶。

2. 涂膜防水屋面材料

我国常用的屋面防水涂料有溶剂型和水乳型再生橡胶沥青涂料、石棉乳化沥青涂料、氯丁胶乳

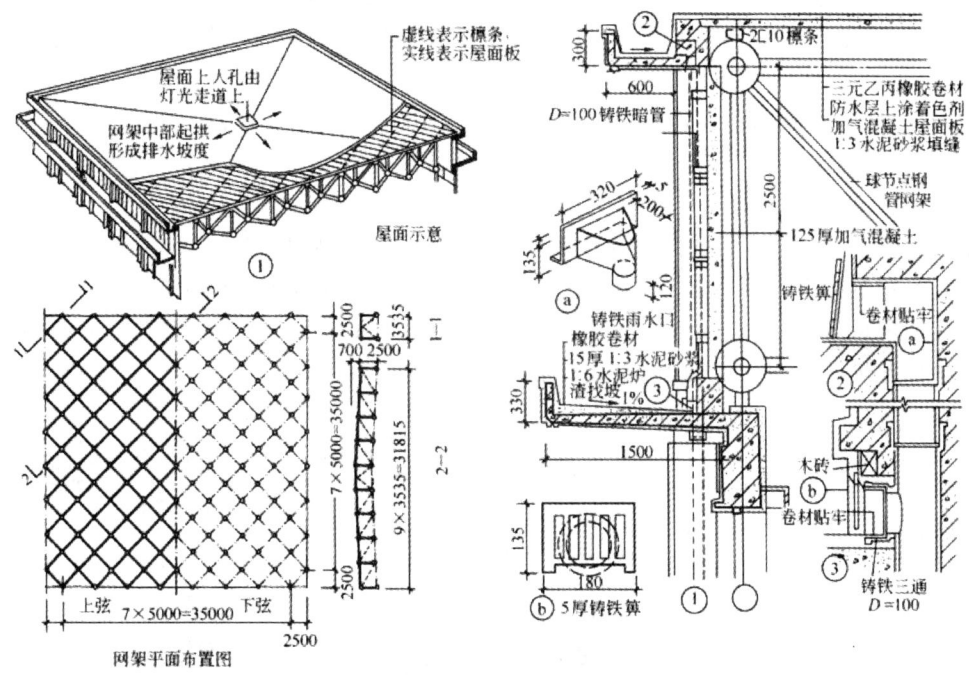

图 11-38 北京国际俱乐部橡胶卷材屋面构造(单位:mm)

沥青涂料、聚氨酯涂料、氯磺化聚乙烯涂料等。其中,再生橡胶沥青涂料、氯丁胶乳沥青涂料的产量较大,使用较广,这些涂料中大部分用一层或数层玻璃丝布作增强材料,待涂料成膜后便形成屋面防水层。但也有些防水涂料加玻璃丝布后,反而会降低防水层的抗裂性能,例如聚氨酯防水涂料,这种涂料的一个突出优点是在低温状态下的延伸率大大高于其他防水涂料。而玻璃丝布的低温抗裂性能却很差,若在防水层中夹入玻璃丝布,不但不能充分发挥聚氨酯防水涂料的这一优势,反而会降低涂膜的抗裂性,使屋面开裂漏水。

3. 铺有玻璃丝布的涂膜防水屋面

对于抗拉强度和延伸率不太高的防水涂料,需要在涂膜中加铺玻璃丝布,以提高防水层的抗裂性。这类涂料有再生橡胶沥青涂料、氯丁胶乳沥青涂料、氯磺化聚乙烯涂料等。其构造要点如下。

(1)基层处理。

基层的质量好坏对防水层的耐久性影响很大,在强度低、凹凸不平的基层上涂刷防水涂料和铺贴玻璃丝布容易造成屋面褶皱、起鼓,还会多费材料,故必须对基层进行严格处理。

当基层为现浇混凝土整体屋面板时,其表面很平整,可不必做找平层;若有局部凹凸不平,可用聚合物水泥砂浆局部补平后再做防水层。

当基层为预制混凝土屋面板时,必须用1:2.5(或1:3)水泥砂浆做找平层,厚度不小于 20 mm,且阴角部位应做光滑的圆弧或八字坡。凡屋面基层容易开裂的部位(如屋脊、预制屋面板端缝处),应在找平层中预留分格缝,用防水油膏嵌缝,并在其上表面铺一条玻璃丝布作加强层。

(2)防水层。

防水层的厚度和玻璃丝布层数应根据工程的重要性、防水涂料性能、防水层所处的具体部位等因素确定。一般来说,玻璃丝布层数愈多,涂层愈厚,抵抗基层裂缝的能力愈强,但同时也增加了玻璃丝布的接头数目,容易出现布头张"嘴"、粘贴不牢的现象。

屋面防水层的做法通常有一布三涂、二布四涂、二布六涂等几种,容易漏水的特殊部位还应增加玻璃丝布层数,如阴阳角、天沟、雨水口、泛水、贯穿屋面设备管道的根部等部位都应附加1～2层玻璃丝布。

为了保证屋面排水顺畅,屋面坡度不应小于3%,但也不宜大于25%,以免玻璃丝布滑移起褶皱。

(3)保护层。

不上人屋面的保护层一般以同类的防水涂料为基料,加入适量的颜色或银粉作为着色保护涂料。也可以在铺好防水涂料后趁未干之前均匀撒上细黄沙(或石英砂、云母粉)作保护层。

上人屋面的保护层应根据地面来设计,根据具体使用功能,保护层可铺地砖或混凝土板等。

图11-39为铺有玻璃丝布涂膜防水屋面的构造做法。

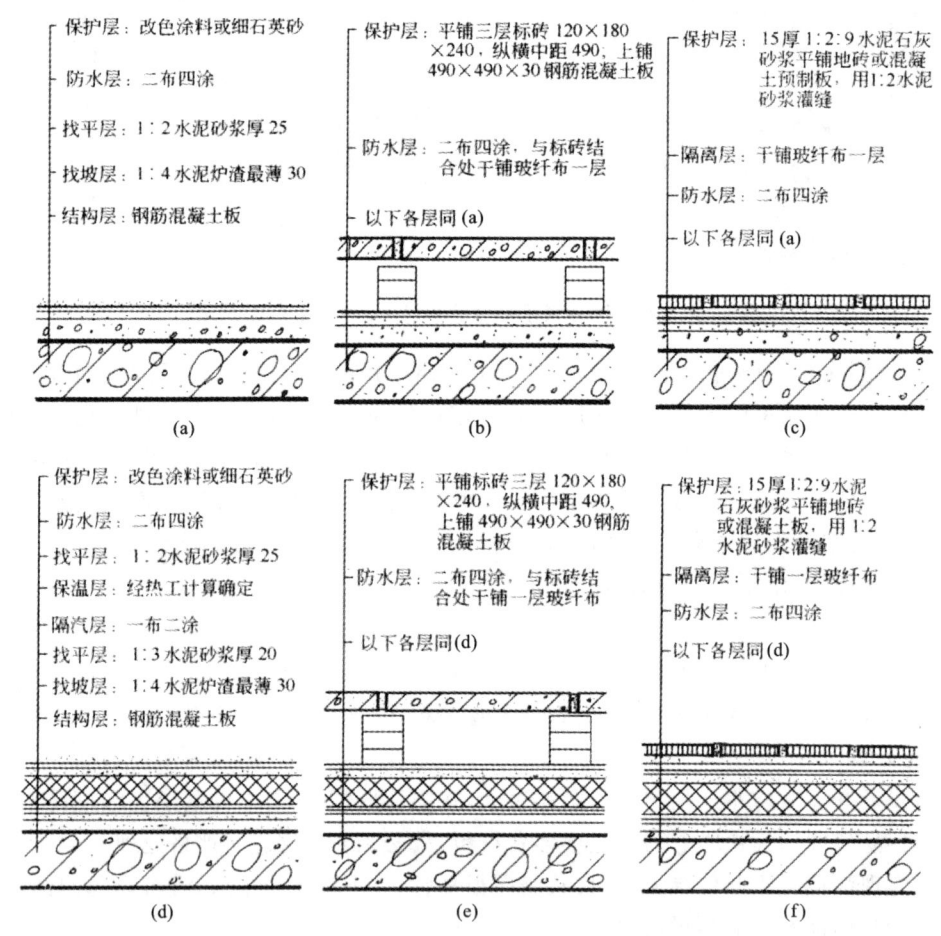

图 11-39　涂膜防水屋面构造做法(单位:mm)

(a)不上人不保温做法;(b)不上人不保温有隔热层做法;(c)上人不保温做法;(d)不上人保温做法;(e)不上人保温隔热做法;(f)上人保温做法

4.不铺玻璃丝布的涂膜防水屋面

抗拉强度和延伸率大的防水涂料不宜用玻璃丝布作加强层,例如聚氨酯涂膜防水屋面。

聚氨酯涂膜防水屋面比其他涂膜防水屋面的弹性好,抗裂性强,由于不加铺玻璃丝布,在形状复杂的屋面上施工非常方便,尤其是防水的收头处容易封闭严密,不会发生张"嘴"现象。这种屋面的造价比其他涂膜防水屋面偏高一些,但综合效果更好。

聚氨酯涂膜防水屋面对基层和保护层的构造要求与其他涂膜防水屋面相同,但防水层的做法要求不同。

从市场上购进的聚氨酯防水涂料分为甲、乙两种,施工时按1∶1.5(甲质量∶乙质量)的比例配合搅拌均匀,用塑料或橡皮刮板分作两层进行涂刮,第二层在第一层涂膜固化 24 h 后才能进行。防水层厚度以 1.5 mm 左右为宜,涂量为 1.5 kg/m²。

5. 涂膜防水屋面的细部构造

铺有玻璃丝布的涂膜防水屋面和不铺玻璃丝布的涂膜防水屋面的细部构造大同小异,现以铺有玻璃丝布的涂膜防水屋面为例介绍各部位的细部做法。

(1)泛水。

凡与屋面相贯的墙体、管道等均须将防水层延伸铺到墙上或管道四周的根部。泛水高度一般为 200~300 mm。为了使玻璃丝布贴得牢固,凡阴角处都要用水泥砂浆抹成圆弧形或八字坡。泛水的收头不必像油毡屋面那样加以固定,因涂膜防水层的黏结力强,收头处不容易张“嘴”脱落,如图 11-40(a)~(c)所示。

(2)挑檐口。

挑檐口处应做好防水层的收头处理,因为在大风时挑檐口首当其冲,防水层容易被风掀开。图 11-40(d)、(e)所示是挑檐口的两种做法,图 11-40(d)是简易做法,图 11-40(e)是增加了薄钢板滴水的做法。

(3)水落口。

水落口周围的基层应呈杯形凹坑状,使积水易排入雨水口中。玻璃丝布应剪成莲花瓣形,交错密实地贴到杯口下部的雨水套管中至少 80 cm,如图 11-40(f)所示。

(4)变形缝。

横向变形缝处下部结构应设双墙或双柱,屋面板之间的间隙为 20~30 mm,变形缝两侧的泛水涂于高度不低于 200 mm 的附加墙上,如图 11-40(g)所示。高低跨变形缝两侧也应设双墙或双柱,变形缝间隙大小按沉降缝或防震缝的有关规定确定,低跨一侧的泛水涂于附加墙上,如图 11-40(h)所示。

11.2.4　金属瓦屋面

金属瓦屋面是用镀锌薄钢板瓦或铝合金瓦作防水层的一种屋面。最早的金属瓦屋面是 18 世纪国外出现的瓦楞铁屋面,随后传入我国,瓦楞铁屋面的防腐蚀性能差,维修工作量大,故未能广泛应用。直到 20 世纪 30 年代发明了镀锌法后,金属瓦屋面的防腐蚀问题才得到解决。我国在 20 世纪 60 年代至 70 年代修建的一批大型公共建筑中采用了镀锌薄钢板瓦屋面和铝合金瓦屋面。

1. 金属瓦屋面的优缺点和适用范围

金属瓦屋面的主要优点是屋面自重轻,有利于减轻大跨度建筑的屋顶荷载;屋面防水性能好,且据有关资料统计表明,其使用年限可达 30 年。缺点是瓦材拼缝多、费工费时、造价偏高。但用于大型公共建筑,特别是大跨度建筑时,其综合效益会明显优于其他屋面。

2. 金属瓦屋面的构造层次

金属瓦的厚度很薄(厚度在 1 mm 以下),铺设这样薄的瓦材,必须用钉子固定在木望板上,木望板则支承在檩条上。为了防止雨水渗漏,瓦材下面宜干铺一层油毡。表 11-2 为公共建筑金属瓦屋面的构造层次。瓦材表面须进行防腐蚀处理,先涂防锈漆,再涂罩面漆或涂料。当采用木望板时,须进行防腐蚀和防火处理。

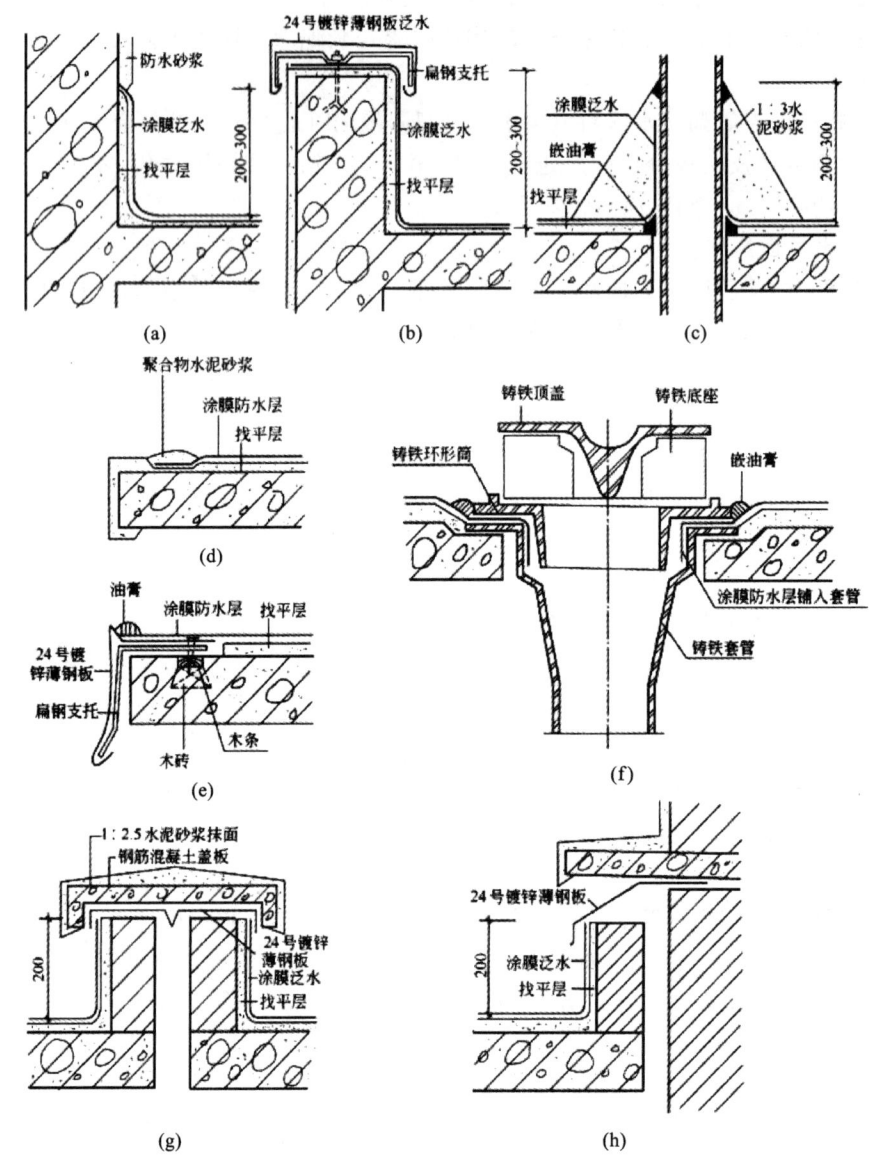

图 11-40　涂抹防水屋面细部构造

(a)泛水 1;(b)泛水 2;(c)管道穿屋面;(d)挑檐口 1;(e)挑檐口 2;(f)水落口;(g)横向变形缝;(h)高低跨变形缝

表 11-2　公共建筑金属瓦屋面的构造层次　　　　　　　　　　　　　单位:mm

首都体育馆	上海体育馆	杭州候机楼	浙江人民体育馆	上海马戏场	江苏体育馆
0.6 厚铝合金瓦(里、外面刷锌黄防水漆一道,外面另刷调合漆二道),二毡三油(底油花洒),18 厚木望板	0.8 厚铝合金瓦(双面刷特制防腐蚀涂料),干铺油毡一层,18 厚木望板	24 号镀锌薄钢板瓦(刷大桥漆),干铺油毡一层,20 厚木望板	26 号镀锌薄钢板瓦(锌黄底漆、调合漆面),干铺油毡一层,20 厚木望板	24 号镀锌薄钢板瓦(锌黄底漆、调合漆面),干铺油毡一层,20 厚木望板	24 号镀锌薄钢板瓦(磷化底漆,锌黄环氧底漆,醇酸磁漆面),二毡三油(底油花洒),20 厚木望板

3. 金属瓦屋面的划分

为了便于施工,按图剪裁和安装金属瓦,在施工图设计阶段,应绘出金属瓦屋面划分图。图上应反映出瓦材的大小和形状、竖缝和横缝的位置、屋脊和天沟的位置等。在屋顶的同一坡面,瓦材的大小应适当,一般来说,尺寸越大,接缝越少,安装速度越快;反之,接缝越多,施工越慢;但太大的瓦材,运输和安装都不方便。通常,瓦材的最大尺寸不宜超过 2 m。图 11-41 为几种典型平面的金属瓦屋面划分示意图。

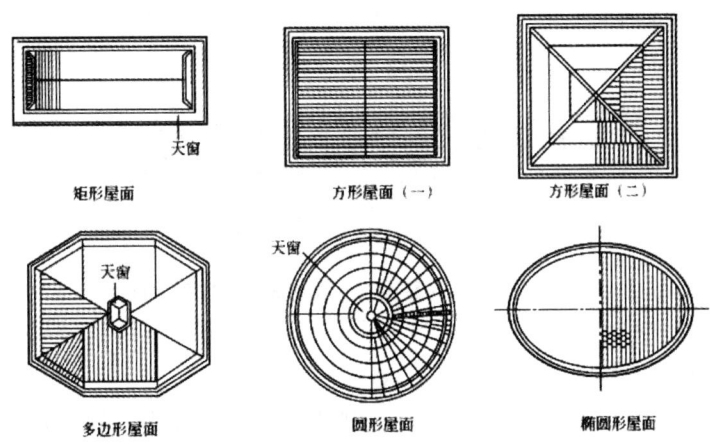

矩形屋面　　　　　　　　方形屋面(一)　　　　　　　方形屋面(二)

多边形屋面　　　　　　　圆形屋面　　　　　　　　椭圆形屋面

图 11-41　几种典型平面的金属瓦屋面划分示意图

4. 金属瓦的拼缝形式

金属瓦屋面的瓦材通常采取相互交搭卷折成咬口缝的方式,以避免雨水从缝中渗漏。平行于屋面水流方向的竖缝宜做成立咬口缝,如图 11-42(a)~(c)所示,但上下两排瓦的竖缝应彼此错开。垂直于屋面水流方向的横缝应采用平咬口缝,如图 11-42(d)、(e)所示。平咬口缝又分为单平咬口缝和双平咬口缝,后者的防水效果优于前者,当屋面坡度小于或等于 30% 时,应采取双平咬口缝,大于 30% 时,可采用单平咬口缝。为了使立咬口缝能竖直起来,应先在木望板上钉铁支脚,然后将金属瓦的边折卷固定在铁支脚上,采用铝合金瓦时,支脚和螺钉均应改用铝制品,以免产生电化腐蚀。

所有的金属瓦必须相互连通导电,并与避雷针或避雷带连接。

5. 特殊部位的构造

金属瓦屋面的特殊部位(如泛水、天沟、斜沟、檐口、水落口等)应尽量做到不渗漏雨水,金属瓦转折处应尽量采用折叠成型,力求减少裂开。

(1)泛水。

瓦材与凸出屋面的墙体相接处,应将瓦材向上弯起,收头处用钉子钉在预埋木砖上。木砖位于立墙的槽口内,用嵌缝油膏将槽口封严。泛水高度为 150~200 mm。

(2)天沟与斜沟。

天沟与斜沟内的金属瓦材接缝、天沟(或斜沟)瓦材与坡面瓦材的接缝,均宜采用双平咬口缝,并用油灰或嵌缝油膏嵌封严密。

(3)檐口。

无组织排水的屋面,檐口瓦材应挑出墙面约 200 mm,檐口瓦材折卷在"T"形铁上("T"形铁间距不大于 700 mm,可参考涂膜防水屋面檐口构造)。

(4)水落口。

水落口处应将金属瓦向下弯折,铺入水落口的套管中。

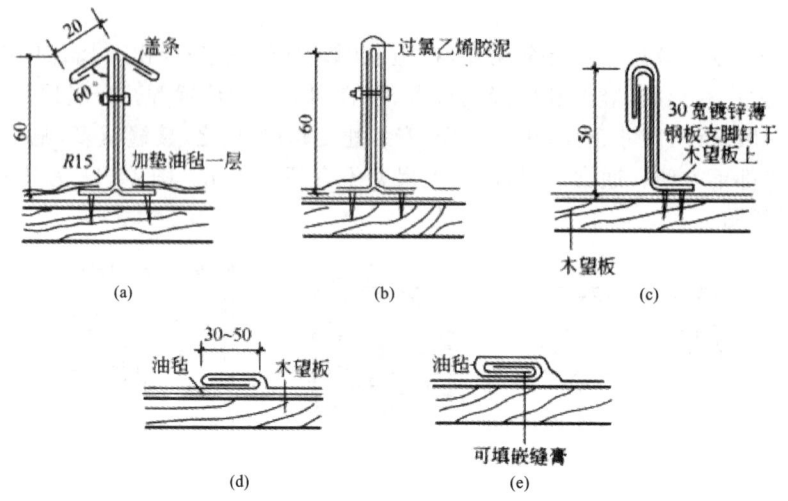

图 11-42 金属瓦屋面瓦材拼缝形式(单位:mm)

(a)立咬口缝(一);(b)立咬口缝(二);(c)立咬口缝(三);(d)单平咬口缝;(e)双平咬口缝

6. 金属瓦屋面构造实例

上海体育馆采用铝合金瓦屋面,承重结构为平板网架,屋面基层为木搁栅木望板,防水层为 0.8 mm厚的铝合金瓦,用玻璃丝棉做保温层,如图 11-43 所示。

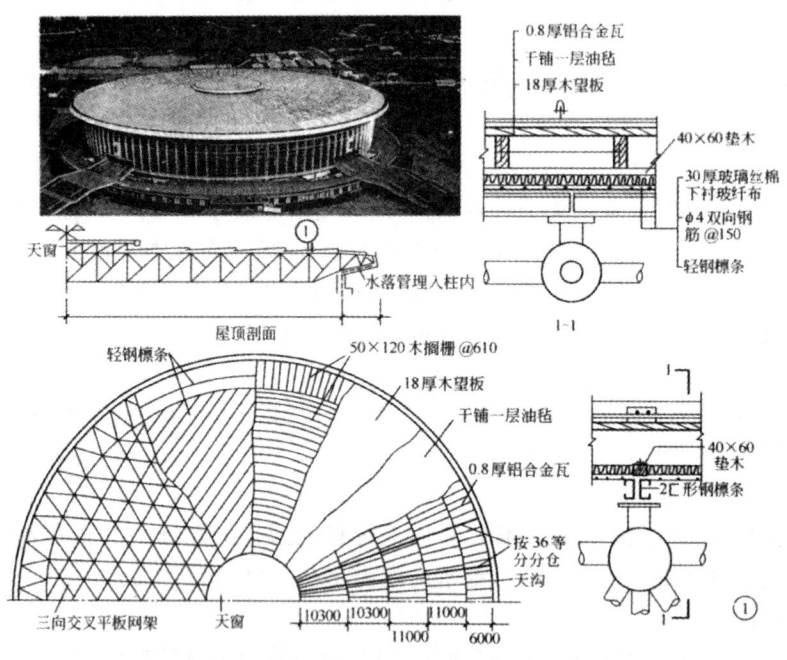

图 11-43 上海体育馆(单位:mm)

浙江省体育馆采用镀锌薄钢板瓦屋面,承重结构为鞍形悬索结构,屋面基层为木搁栅木望板, 用26号镀锌薄钢板瓦作防水层,在木丝板吊顶棚上铺玻璃棉保温层,如图 11-44 所示。

11.2.5 彩色压型钢板屋面

20 世纪30 年代,随着连续镀锌法的出现,特别是美国成功地在金属板表面采用涂料层压法后,

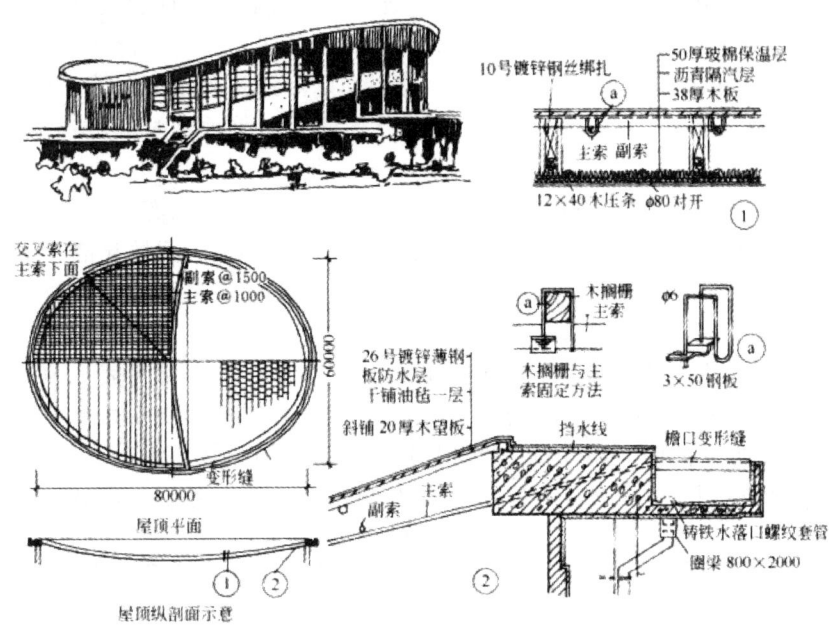

图 11-44　浙江省体育馆(单位:mm)

又研制出了一种防腐蚀性很高的金属板材——彩色压型钢板(简称"彩板")。彩板问世后,很快便传播到欧洲、日本等世界各地,广泛用于船舶、车辆、家电产品,而最多的则是用于建筑工业,用来制作墙板、屋面板、各种饰面板。目前我国已大量采用各种彩板作为屋面及墙面材料。

1. 彩板屋面的优缺点和适用范围

彩板屋面具有下列突出优点。

(1)轻质高强。单层彩板的自重仅 50~100N/m²,保温夹芯彩板的自重也只有 100~120N/m²,比钢筋混凝土屋面板轻得多,对减轻建筑物自重,尤其是减轻大跨度建筑屋顶的自重具有重要意义。

(2)施工安装方便,速度快。彩板的连接主要采用螺栓连接,不受季节气候影响,在寒冷气候下施工有其优越性。

(3)彩板色彩绚丽,质感强,大大增强了建筑造型的艺术效果。

不过,彩板用于建筑的时间毕竟还很短,产品的质量有待进一步改进。彩板屋面的造价也较高,这也是影响它推广的原因之一。

彩板屋面特别适合于大跨度建筑和高层建筑,对于减轻建筑物和屋面自重具有明显效果。如果在钢结构建筑中采用彩板作屋面和墙面,不但会进一步减轻建筑物自重,而且可以加快建筑安装速度。在地震区和软土地基上采用彩板作围护结构更为有利。

彩板除用于平直坡面的屋顶外,还可根据建筑造型与结构形式的需要,在曲面屋顶上使用,例如拱屋顶、悬索屋顶、薄壳屋顶、曲面网架屋顶等。当在这类屋顶上做彩板屋面时,曲面的最小曲率半径应与彩板的波高相适应,相关规定见表 11-3。

表 11-3　彩板波高与曲面屋顶最小曲率半径的关系

波高/mm	<100	100~150	150~175	>175
最小曲率半径/m	100	125	200	250

2. 彩板的品种与规格

彩板以 0.4~1.0 mm 的薄钢板为基料,表面经过镀锌、涂饰面层,辐压成各种凹凸断面的型材。镀锌可增强表面的防腐蚀性,涂饰面涂料则是进一步作防腐蚀处理和使板材获得各种色彩和质感。彩板的质量很大程度上取决于饰面涂料的质量。当采用醇酸一类价格比较低廉的涂料时,彩板的耐久年限为 7~10 年(超过此年限,需要进行复涂,以保持其防腐蚀性);当采用聚酯和硅聚酯一类中等饰面涂料时,耐久年限可达 12 年;当采用聚氟乙烯等高级饰面层时,耐久年限可达到 20~30 年,若再加一层硅聚酯罩光层,耐久年限可提高至 30~40 年。

彩板根据功能不同可分为单层彩板和保温夹芯彩板。单层彩板只有一层薄钢板,用它作屋面时,必须在室内一侧另设保温层。保温夹芯彩板为在上下两层彩板中间填充泡沫塑料做成的复合板,其具有防水、保温、饰面等多种功能,不需要另设保温层,对简化屋面构造和加快施工安装速度有利。我国生产的保温夹芯彩板用聚氨酯硬质泡沫塑料作填充层。

彩板根据断面形式不同可分为波形板、梯形板和带肋梯形板等,具体见表 11-4。波形板和梯形板是第一代产品,板材的力学性能不够理想,材料用量较大。纵向带肋梯形板是在普通梯形板的上下翼和腹板上增加纵向凹凸槽,起加劲肋的作用,提高了彩板的强度和刚度,属于第二代产品。纵横向带肋梯形板在纵横两个方向都有加劲肋,强度和刚度更好,属于第三代产品。

表 11-4　彩板断面形式

板　型	断　面　形　式	备　注
波形板		第一代产品
梯形板		
纵向带肋梯形板		第二代产品
纵横向带肋梯形板		第三代产品

彩板规格受原材料和运输等因素的影响。其宽度受薄钢板宽度的限制,一般为 500~1500 mm,长度受运输条件的限制,不能太长,我国部分彩板规格见表 11-5。我国最长的彩板为 12 m,有的国家将辐轧机安置在施工现场,压型工序在现场完成,就可不受运输限制,只要起吊安装方便,板材就可以做得更长。

表 11-5　我国部分彩板规格

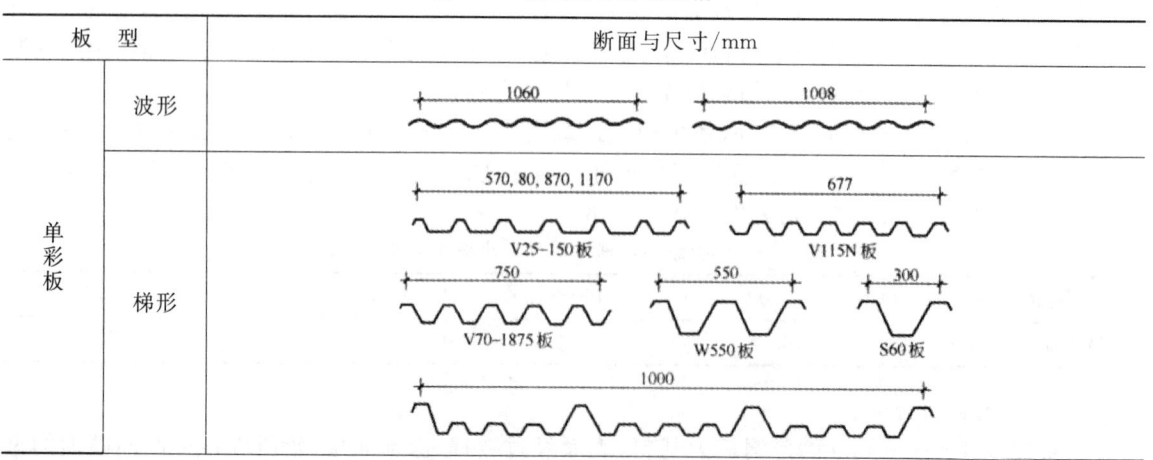

板　型		断面与尺寸/mm
单彩板	波形	1060 ／ 1008
	梯形	570,80,870,1170 V25-150板 ／ 677 V115N板 ／ 750 V70-1875板 ／ 550 W550板 ／ 300 S60板 ／ 1000

续表

板 型	断面与尺寸/mm
保温夹芯板材	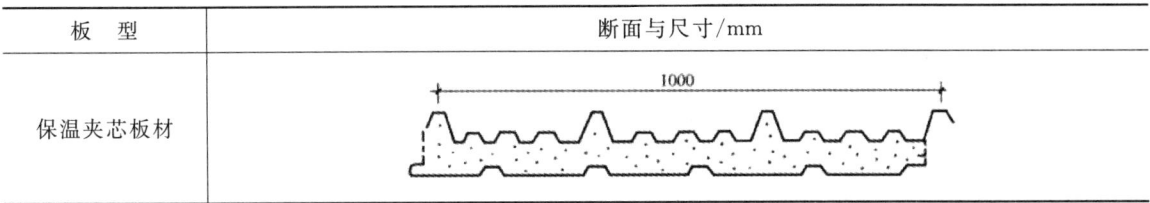

3. 彩板屋面的连接与接缝构造

彩板屋面大多将屋面板(指彩色压型钢板,下同)直接支承于檩条上,檩条一般为槽钢、工字钢或轻钢檩条,檩条间距视屋面板型号而定,一般为 1.5～3.0 m。彩板屋面的连接与接缝构造如图 141-45 所示。

屋面板的坡度大小与降雨量、板型、接缝方式有关,一般不宜小于 3°。

屋面板与檩条采用各种螺钉、螺栓等紧固件连接,螺钉一般钉在屋面板的波峰上。为了不使连接松动,当屋面板波高超过 35 mm 时,屋面板应先连接在铁架上,铁架再与檩条相连接,如图 11-45(a)所示。连接螺钉必须用不锈钢制造,保证钉孔周围的屋面板不被腐蚀,钉帽要用带橡胶垫的不锈钢垫圈,防止钉孔处渗水。

屋面板的纵长方向(即水流方向)最好不出现接缝,当坡面太长而不得不把两块屋面板接起来时,其接头应安排在檩条处,上下屋面板应彼此重叠搭接起来,并用密封胶条嵌缝,采用一道密封胶条时,其搭接长度不小于 100 mm,采用两道密封胶条时,搭接长度为 200～300 mm,两道胶条应相隔一定距离,故搭接长度应加长。两道胶条的接缝防水效果比一道胶条的好。

由于受屋面板宽度(500～1500mm)的限制,压型钢板在宽度方向必然出现连接缝。接缝方法既要考虑防水密封性,又要考虑到安装方便和外表美观。通常有以下几种接缝形式。

(1)搭接缝。

搭接缝是将左右两块屋面板在接缝处重叠起来,搭接宽度为板材一个波的大小。为了防止在搭接缝处出现爬水现象,应用密封胶条堵塞缝隙,如图 11-45(b)所示。缝口应处于主导风向背风面,防止大风掀开缝口。

(2)卡扣缝。

卡扣缝是在左右两块面板之间用特制的不锈钢卡子卡住屋面板,卡子则通过螺钉固定在檩条上(或木基层上),板与板之间的缝隙用薄钢板制的盖条盖住,如图 11-45(c)所示。卡扣缝的连接原理是利用薄钢板型材的弹性,使盖条卡紧屋面板,施工安装很方便,螺钉暗藏在屋面板下,没有外露的钉眼,不受雨水的侵蚀,外表整洁美观,也不影响板材的热胀冷缩。

(3)卷边缝。

卷边缝是在屋面板横向接缝部位先安装固定屋面板用的卡子,然后将左右两块屋面板的边包卷在卡子上,并相互咬合,如图 11-45(d)所示。屋面板的咬合工序可以利用小型拼缝机来完成。卷边缝在屋面板上不需要钻孔,也没有钉眼,防水密封性好,也不影响板材的胀缩,外表挺直美观。

4. 彩板屋面的细部构造

如图 11-46 所示为保温夹芯彩板屋面的细部构造,包括檐口、山墙、屋脊、板缝连接等部位的标准做法详图。建筑的主体结构为钢柱钢梁,外围护结构全部为保温彩板,屋面板和外墙板分别固定在轻钢檩条和轻钢墙龙骨上。所用的螺钉、密封条、密封膏、零配件等均为配套产品。这种全钢结构的建筑具有轻型、安装方便快捷、保温、造型美观等优点,可用于民用和工农业建筑。

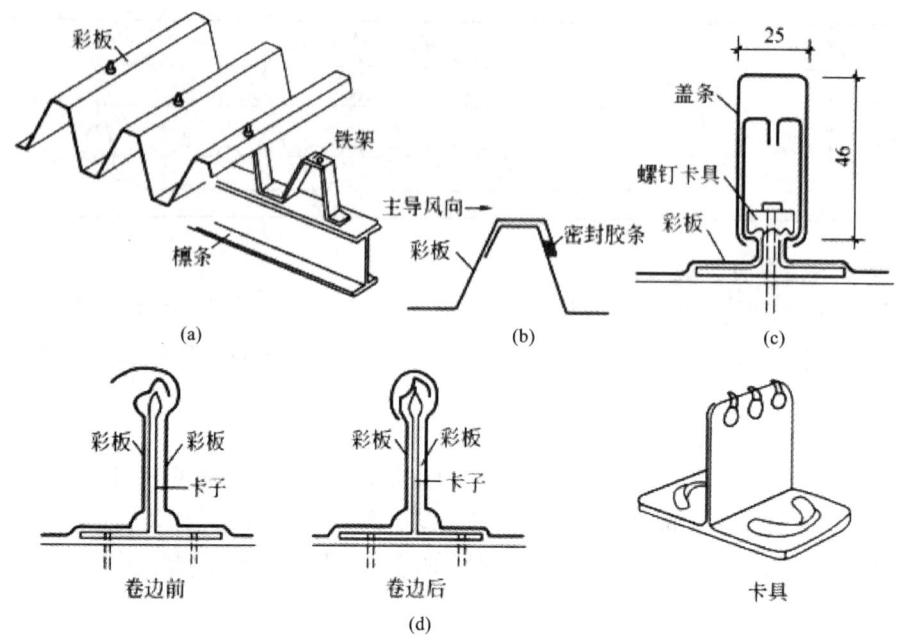

图 11-45　彩板屋面的连接与接缝构造(单位:mm)

(a)彩板与檩条的连接;(b)搭接缝;(c)卡扣缝;(d)卷边缝

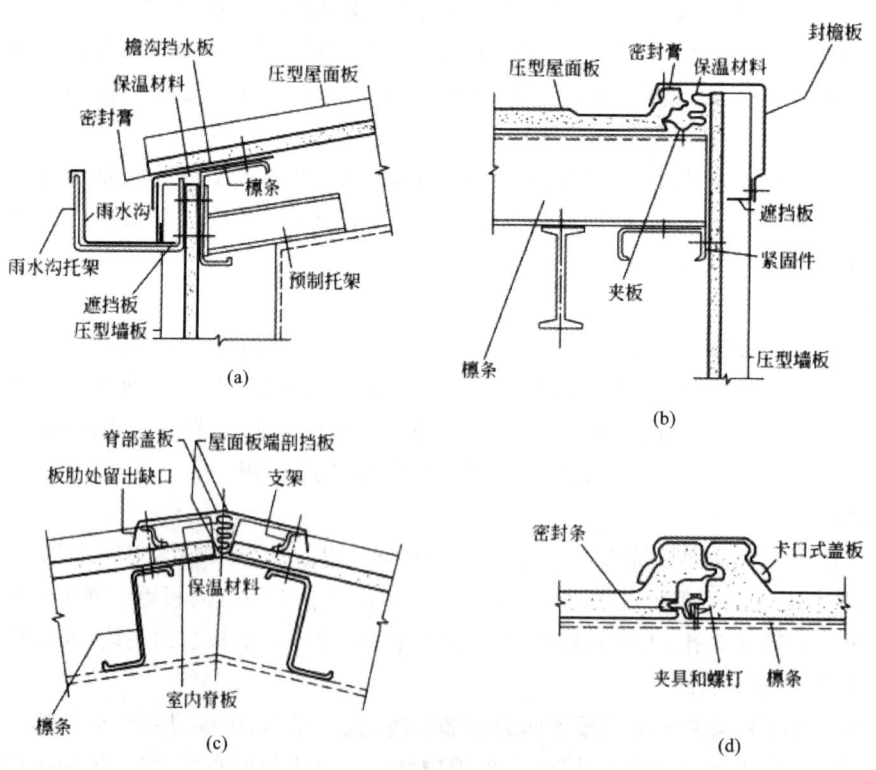

图 11-46　保温夹芯板屋面细部构造

(a)檐口构造;(b)屋面与山墙交接处构造;(c)屋脊构造;(d)横向板缝构造

11.3　中庭设计

中庭是一个古老的概念,它的产生已有两千多年的历史。中庭通常作为一个宏伟的入口空间、中心庭院,并覆有透光的顶盖。这种全天候的公共聚集空间,在技术的带动下能够给现代建筑带来新的意义,并能较好地满足现代建筑的容身、庇护、经济以及文化需求,同时兼顾传统的生活方式。20世纪60年代以来,中庭建筑得到了快速的推广和发展。

美国建筑师约翰·波特曼是众多建筑师中对中庭发展的探索作出卓越贡献的人。他于1967年为亚特兰大海特公司所设计的摄政旅馆,使海特公司为其引入了"中庭"这个名字,给予了这一建筑形式鲜明的标记,随之而来的商业上的成功更使得世界旅馆业竞相效仿。同年,由凯文·罗西等人设计完成的纽约市的福特基金会总部大楼,将大型的广场和花园引入室内环境,因此,中庭在办公建筑中的应用也获得了成功。中庭作为公共室内空间在设计中日益受到重视。现在,无论是在旅馆、购物中心、贸易中心、娱乐中心、办公楼、图书馆,还是在银行、博物馆、学校、医院、展览馆,甚至在住宅中,都出现了中庭设计。中庭建筑在20世纪末期已成为一种普遍的建筑形式。

中庭是一个多功能空间,既是交通枢纽,也是人们交往活动的中心,因此它被称为"共享大厅"。厅内常布置庭院、小岛、水景、绿色植物,要求有充足的自然光,也被称为"四季大厅"。由于它半室内半室外的空间环境性质,使得中庭的围护结构及围护组织方式有别于普通的建筑空间,对技术的实施也提出了更多的要求。

本节针对具有大跨度空间的中庭建筑形式,重点介绍中庭的形式及设计要求、消防安全设计和天窗构造三个方面。

11.3.1　中庭的形式及设计要求

1. 中庭的基本形式

根据中庭与周围建筑的位置关系,中庭可以采用单向中庭、双向中庭、三向中庭、四向中庭以及环绕建筑的中庭和贯穿建筑的条形中庭等基本形式,如图11-47所示,也可以将一种或几种基本形式加以组合,构成多种中庭形态。中庭形式的选用一般根据建筑规模的大小、建筑空间的组合方式、建筑基地的气候条件以及光热环境要求等因素确定。

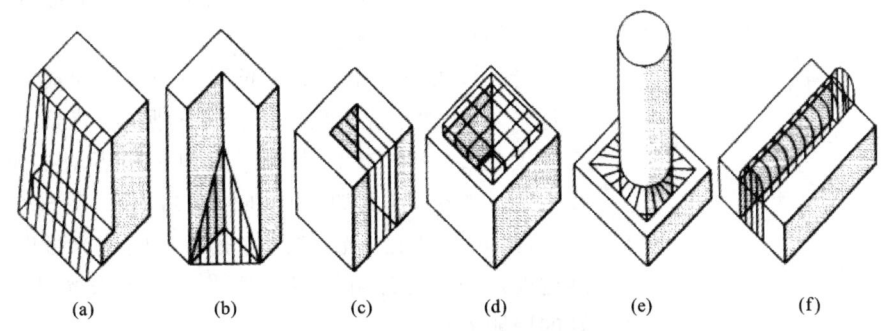

(a)　　　　(b)　　　　(c)　　　　(d)　　　　(e)　　　　(f)

图 11-47　中庭的基本形式

(a)单向中庭,中庭一侧与建筑连接;(b)双向中庭,中庭两侧与建筑连接;(c)三向中庭,中庭三侧与建筑连接;(d)四向中庭,中庭四面与建筑连接;(e)环绕中庭,中庭环绕建筑连接;(f)条形中庭,中庭与建筑呈条状贯穿

2. 中庭的设计要求

中庭是建筑内部有效的联系空间,同时又是室内外环境的缓冲空间,对建筑空间的整体节能、

气候控制、自然采光、环境净化等各方面起作用,设计中应注重以下几方面的考虑。

(1)节能要求。

作为半室内环境的中庭,它是室内环境与室外环境之间有效的缓冲空间。在一般情况下,室内环境的舒适度主要依赖于现代建筑技术及新材料的使用,但应避免依靠消耗非再生能源而达到舒适的目的,应充分利用中庭所具有的气候缓冲作用,在设计中提倡在少耗能源的前提下提高室内环境舒适度。

中庭以庭院的形式减少了夏日的日照热量,并且可以收集、储存冬日热能。中庭可以用最小的外表面来减少内部环境的温度变化和减少外墙体的热工损耗,如图 11-48 所示。在日照时间允许的情况下,可以将中庭设置为有效的太阳能采集器,一方面利用中庭收集太阳能使空气升温,并将中庭与强制通风、回风系统相结合,另一方面通过建筑物及中庭顶部的调节设备控制热量的交换。

作为覆有顶盖的内部庭院,中庭使建筑平面的一部分空间可以利用顶部采光,解决较大进深平面常有的内部自然采光问题,与面积相同、通过外侧墙采光的建筑相比,减少了外围护结构的面积和热量交换,从而减少了热能消耗。如果全部内向的房间和只利用有顶盖的庭院采光,并把庭院的尺度控制在最小范围内,则取暖和照明只具有很低的能源需求。中庭带来的大进深和开敞式平面,使建筑设计可以综合运用储能技术,对节能方式作出新的考虑。

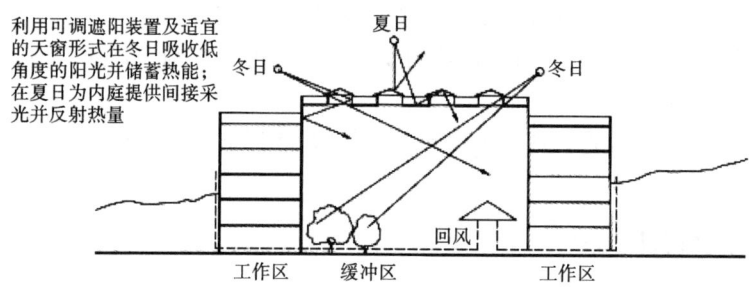

图 11-48 中庭缓冲空间示意图

(2)采光要求。

室内尽量利用自然光照明是节能的要求之一。中庭在大进深布局的建筑平面中起到采光口的作用,使大进深建筑的平面最远处有可能获得足够的自然光线。这一效果的实现依赖于采光方式、透光材料的选择以及适宜的构造技术措施。

光环境由环境光和工作光两部分混合而成。环境光也称为背景光,一般情况下低于工作光的照度(背景光照度为工作光照度的 $1/2\sim2/3$ 较为理想),但是两者对比也不能太大。在某些工作空间(例如现代办公室),由于工作处于半照明状态,背景光变成主导光,通过中庭获得间接光可以提供较大的舒适度。采光设计可以将自然光与人工采光结合,以取得良好的照明效果。

在利用天窗采光的中庭建筑中,庭院本身长、宽、高之间的比例关系决定了庭院光照水平的变化程度。宽而低的中庭,地面获得的直射光数量多;窄而高的中庭,地面获得的直射光数量少。所以,天空亮度越是不高的地区,中庭越应设计得宽而低,以便使底层获得足够的光线。图 11-49 说明了中庭

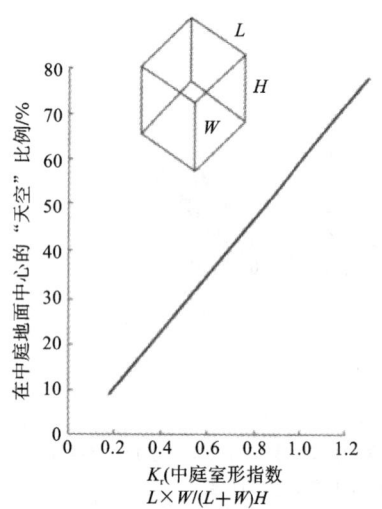

图 11-49 中庭的室形指数与地面获得
直射光的数量关系

的室形指数与地面获得直射光数量的关系。

侧面反射对于中庭内部采光也具有重要的作用,因此须考虑中庭各个墙面的反光性质。高反光的墙面能使中庭底层地面获得较多的光线,反之只能有极少的光反射到地面。中庭如果全部用玻璃墙或透空的走廊围合,反射到地面的光线几乎为零,同时挑廊上的绿色布置也会极大地降低光线反射。逻辑上理想的反射模式是中庭内部各层的开窗位置不同,自下而上开窗面逐渐减少,形成一个从全玻璃窗到实墙的过渡。

由以上分析可知,中庭要获得良好的光环境,除了要设计好天窗外,还必须考虑中庭的空间尺度比例与四周墙面的反光性质、色彩深浅以及景观设计等多方面因素。

(3)气候控制要求。

在不同类型及不同地区的建筑中,中庭可以具备不同的气候调节特性,使建筑物基地气候的影响与中庭的使用相结合。根据不同的设计要求,有采暖中庭、降温中庭和可调温中庭三种不同的处理方式。

①采暖中庭:适用于寒冷气候较长的地区,如北欧国家冬季严寒,春、秋季阴冷,夏季短暂,气候反复无常。在建筑设计中,利用中庭尽量减少照明、制冷所需的耗电量,同时通过良好的绝热或周边能源的收集来降低采暖的能耗,以较低的基本能耗获取建筑使用所需的热量。

采暖中庭应能无阻碍地接受阳光,以使室内外能保持一定的温差,中庭内墙和地面应具备贮热能力,尤其是内墙面宜采用浅色调,使昼光反射热能而不是吸收热量,减缓有阳光直射时中庭周围房间内热量的聚集,并且在短暂的多云天气里,中庭内外的正温差可以使热量由中庭向周围房间散发,从而使建筑使用空间的温差波动减缓到最小。中庭的围护结构(即内墙与外壳)应具有较高的绝热性能,以减缓热量的传递。

②降温中庭:适用于建筑内部要求不受高温、高湿以及强烈日晒影响的情况。中庭对于建筑的室内使用空间起着冷却和除湿的缓冲作用,通过中庭形成强制送、回风系统,为内部使用空间供应冷空气,同时通过夜间对内部空间及围护结构的冷却来减缓白天的热量积聚。

在降温中庭中,一般应避免阳光对中庭的直射,避免东、西向开窗,在天空亮度充足的情况下,可以利用全遮阳、有色玻璃、篷布结构等处理方式避免无阻拦的直接昼光。降温中庭对于外围护结构的绝热性能要求不高,主要通过通风组织、遮阳和反射等方式进行防热处理。在炎热地区应避免昼光直射,顶部采光要求不高,中庭的较大屋顶面为利用太阳能装置提供了有利条件。

③可调温中庭:可调温中庭在冬季起采暖作用,夏季可防止中庭内阳光直射带来的热量积聚,在不同季节分别具有采暖与降温的特性。

可调温中庭在设计中可以针对气候控制的可变性,按照气候与日照特点设置符合气候变化的固定的或可操控的遮阳装置,如遮阳板、遮阳帘等,以改变建筑围护结构的隔热性能。例如冬季太阳高度角较小,夏季则太阳高度角较大,可以在设计中有计划地遮挡高度角较大的阳光,同时不影响冬季的基本日照需求。在不同的控制要求下,还可以通过对通风系统的调整改变冬、夏季的中庭温度。

在计算机辅助建筑设计中,已经可以对一般传统尺度空间建立起有效的计算模型,取得设计中各种参考因素的计算数值。随着计算机技术的发展,将会有完整的有关中庭热效能计算的模型来辅助建筑设计。

11.3.2 中庭的消防安全设计

中庭在火灾发生的情况下具有自身的特点:一方面,由于面向中庭的房间大多数都具有开启面,通过中庭串联的房间组成了一个天然无阻挡的空间,从而增加了火灾扩散的危险性。中庭的烟囱效应会使火焰及烟雾更容易向高处蔓延,增加高处楼层扩散火灾的速度。另一方面,在安装了探测器和火控、烟控系统以后,中庭建筑能够有比较高的可见度和清晰的疏散通道,可以方便地发现和接近火源。美国国家消防协会认为,中庭空间具有巨大的空气体积,具有冷却火焰、稀释烟雾的作用。所以,中庭的防火性能具有两面性。因此,在中庭的设计中,必须对中庭加以严格的消防安全设计,设置合理的防火分区、防排烟设施及疏散通道。

(1)中庭的防火分区。

中庭建筑的防火分区不能只按中庭空间的水平投影面积计算。在一些大型公共建筑物中,由于采光顶所形成的共享空间是贯穿全楼或多层楼层的,围绕中庭的建筑各层均有部分空间甚至全部空间向中庭开敞,在无防火隔离措施的情况下,贯通的全部空间应作为一个区域对待。由此可能导致区域范围过大,超过规范允许面积值,即使符合分区要求,也有可能因此提高设备的使用要求而增加相应的造价,因此应合理地设置防火分区。

根据中庭周围使用空间与中庭空间的联系情况,中庭有开敞式、屏蔽式及混合式等不同类型。在中庭周围大量使用空间全开敞的情况下,可以在中庭回廊与使用空间之间设置防火卷帘和防火门窗,将楼层受中庭火势影响的空间控制在较小范围。

我国现行的《建筑设计防火规范》(GB 50045—2014)对高层建筑中庭的防火分区作了如下规定。

中庭防火分区面积应按上、下层连通的面积叠加计算,当超过一个防火分区时,应采取以下防火措施:

①房间与中庭回廊相通的门窗应设自动关闭的乙级防火门窗;

②与中庭相通的过厅通道,应设乙级防火门或耐火极限大于 3h 的防火卷帘门分隔;

③中庭每层回廊应设自动灭火系统;

④中庭每层回廊应设火灾自动报警设备。

(2)中庭的防排烟设施。

在发生火灾的情况下,喷淋设备的作用是有限的。一般情况下,喷头之间最大允许防火范围的直径为 3m 左右,而喷淋使烟尘与清洁空气混合,会加速空气的污染,因此必须使中庭空间能有效地排烟。中庭的排烟分为自然排烟和机械排烟两种方式。

①自然排烟:不依靠机械设备,通过中庭上部开启窗口的自然通风方式排烟。

②机械排烟:利用机械设备对建筑内部加压的方式使烟气排出室外,可以有两种途径——从中庭上部排烟或将烟通过中庭侧面的房间排出。

a. 在紧急情况下,当中庭内部不加压时,对安全楼层和有火源的楼层同时加压,烟气可以从中庭的上部排出;这时应保证火情在可控制的范围内,并且没有沿中庭蔓延的危险。如果是内部开敞式中庭,应在设计中避免烟气进入上一楼层,如图 11-50(a)所示。

b. 在紧急情况下,通过对安全楼层加压,使烟气不能进入,这时中庭可以封闭并且同时对中庭加压,使烟气从危险楼层直接向外部排出,如图 11-50(b)所示。

我国现行《建筑设计防火规范》(GB 50045—2014)对高层建筑中庭的防排烟规定为:净空高度小于 12m 的室内中庭可采用自然排烟措施,其可开启的平开窗或高侧窗的面积不小于中庭面积的 5%;不具备自然排烟条件及净空高度超过 12m 的室内中庭设置机械排烟设施。

(3)中庭的疏散通道。

中庭建筑应考虑如何疏散大量人流。在紧急情况下,人们习惯于选择熟悉的通道逃生。自动扶梯和电梯在公共建筑中起着日常输送大量人流的作用,在火灾情况下,它们的控制系统受热极易损坏,同时电梯井将会成为烟道,而自动扶梯的单向运行给大股人流的反向疏散带来危险,因此疏

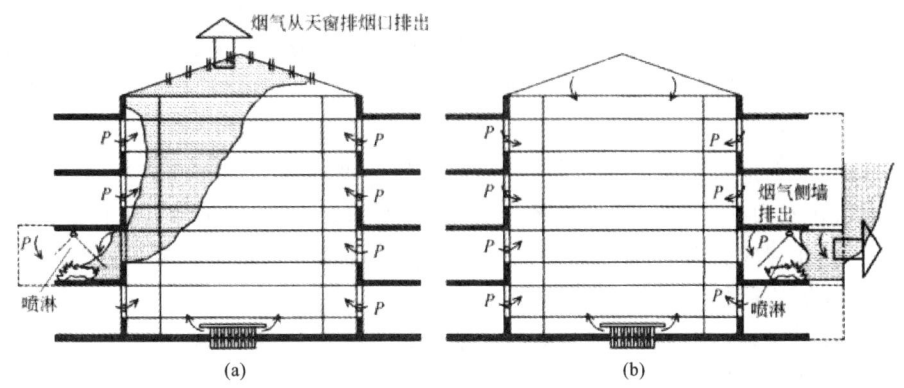

图 11-50 中庭内部排烟

散楼梯应与熟悉的日常使用通道相邻并设置明显的标志引导人流。

中庭周围的人流疏散路线可以有不同形式的选择。一般情况下,疏散路线可以与中庭完全分开。在整个中庭是一个非燃烧结构,内部没有火源,并且可以对整个中庭内部加压的情况下,可以将紧急情况下的疏散路线与中庭日常流通路线混合。疏散通道须采用有效的保护措施,以避免烟和热辐射的影响,输送距离应符合建筑防火规范的相关规定。

11.3.3 中庭天窗构造

中庭天窗构造

中庭的围护方式与结构形式以及采光方式有关。根据造型要求,中庭的围护方式常采用以下几种。

在框架结构以及采用金属骨架的建筑中,中庭可以采用大面积垂直的玻璃墙面,也可以采用水平方向或带有一定坡度的采光屋顶。透光材料可以采用透明或半透明的玻璃、塑料以及其他复合材料。

中庭围护结构有时也可以采用织物篷幕结构——充气结构与张拉结构。在较强的天空亮度下,半透明性的织物可以使中庭产生部分扩散光。织物具有良好的反射性能,例如白色界面的织物在白天可以反射约 70% 的日光热量,具有节能的特点,同时,夜间照明比较经济。在织物围护的中庭中,应避免弧面的声反射聚焦带来的影响,在造型设计和构造处理中减少不良的声学效果。

在中庭天窗采光处理方式中,最常用的是金属骨架玻璃采光天窗的方式,如图 11-51 所示。以下从材料、形式和构造三方面加以介绍。

图 11-51 金属骨架玻璃采光天窗

1. 材料的选择

采光天窗主要由骨架、透光材料、连接件、胶结密封材料组成。其中,骨架与连接件通常采用型钢或铝合金型材,其材料性能与幕墙金属骨架性能相近;胶结密封材料与幕墙所用材料基本相同。这里主要介绍透光材料。

天窗透光材料应满足安全要求,并且要具有较好的透光性能和耐久性。为保证中庭空间具有较好的热稳定性,在室内外环境条件差异较大的地区,可以选择具有良好热工性能的天窗透光材料。在需要防眩光处理的天窗中,应选择具有漫反射功能的透光材料来避免眩光的产生。

1)具有抗冲性能的材料。

天窗处于中庭上空,当重物撞击或冰雹袭击天窗时,应防止玻璃破碎后落下砸伤人,所以天窗玻璃要有足够的抗冲击性能,要求选择不易碎裂或碎裂后不会脱落的玻璃,常用的有以下几种。

(1)夹层安全玻璃。

夹层安全玻璃也称为夹胶玻璃,这种玻璃是将两片或两片以上的平板玻璃,用聚乙烯塑料黏合在一起制成的,其强度远超过老式的夹丝玻璃,而且被击碎后能借助中间塑料层的黏合作用,仅产生辐射状的裂纹而不会脱落。这种玻璃有净白和茶色等多种颜色,透光系数为 28%～55%。

(2)丙烯酸酯有机玻璃。

丙烯酸酯有机玻璃最初用于军用飞机的座舱,可采用热压成型或压延工艺制成弯形、拱形或方锥形等标准单元的采光罩,然后再拼装成外观华丽、形式多样的大面积玻璃顶,其刚度非常好,具有较高的抗冲击性能,且透光率可高达 91%,水密性和气密性均很好,安装维修方便。早期的丙烯酸酯有机玻璃是净白的,现在已能生产乳白色、灰色、茶色等多种有机玻璃,对消除眩光十分有利。染色的和具有反射性能的有机玻璃有利于控制太阳热的传入,隔热性能较好。

(3)聚碳酸酯有机玻璃。

聚碳酸酯有机玻璃是一种坚韧的热塑性塑料,俗称阳光板,具有很高的抗冲击强度(约为玻璃的250倍)和很高的软化点,同时具有与玻璃相似的透光性能,透光率通常为 82%～89%,保温性能优于玻璃,并且容易冷弯成型,但是耐磨性较差,时间久了易老化变黄,从而影响到各项性能。其广泛用于商店橱窗,作为一种防破坏和防偷盗的玻璃。在天窗设计中,常用于建造顶部进光的玻璃屋顶。

(4)其他玻璃。

除上述几种玻璃外,用于天窗的透光材料还有玻璃钢、钢化玻璃。玻璃钢又叫加筋纤维玻璃,具有强度大、耐磨损、半透明等优点,有平板、弧形、波形等形状。

2)具有保温隔热性能的材料。

天窗玻璃除要求抗冲击性好外,还应有较理想的保暖隔热性。上述玻璃的热工性能都较差,为了改善中庭的热环境,可以选用以下各种玻璃。

(1)镜面反射隔热玻璃。

生产镜面反射隔热玻璃时,经热处理、真空沉积或化学方法,可使玻璃的一面形成一层具有不同颜色的金属膜,形成金、银、蓝、灰等各种颜色,它像镜子一样,具有将入射光反射出去的能力。6 mm 厚的普通玻璃透过的可见光高达 78%,而同样厚度的镜面反射玻璃仅能透过 26%,对比图11-52(a)、(b)可知,这种玻璃的隔热性能很好,且其不但像镜子,能反映四周景物,也能像普通玻璃一样透视,不会影响从室内向外眺望景色。

(2)镜面中空隔热玻璃。

镜面中空隔热玻璃虽有较好的隔热性能,但它的导热系数仍和普通玻璃一样。为了提高其保温性,可将镜面玻璃与普通玻璃共同组成带空气层的中空隔热玻璃,导热系数可由单层玻璃的

5.8W/(m·K)降为1.7W/(m·K),透光率可降到10%左右,如图11-52(c)所示。可见,这种镜面中空隔热玻璃的保温和隔热性能均比其他玻璃好。

(3)双层有机玻璃。

双层有机玻璃由丙烯酸酯有机玻璃挤压成型,纵向有加劲肋,肋间形成孔洞。这种双层有机玻璃的保温性能好,强度比单层有机玻璃高。

(4)双层玻璃钢复合板。

双层玻璃钢复合板是将两层玻璃钢熔合在蜂窝状铝芯上构成中空的玻璃钢板材,其具有保温性好、强度高、半透明的优良性能。

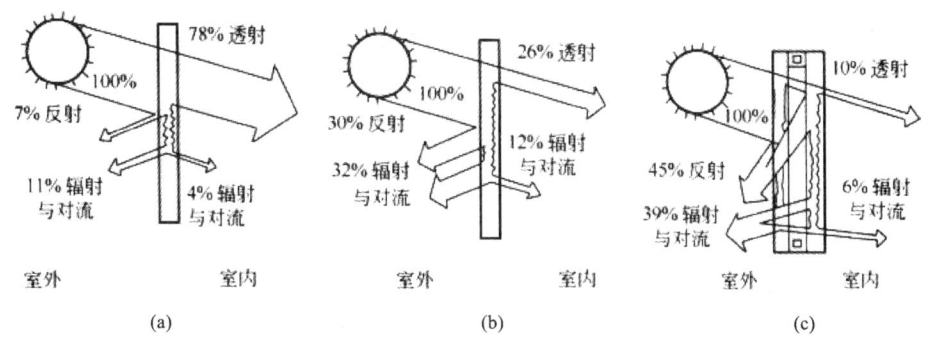

图 11-52　不同品种玻璃的热工性能比较

(a)6 mm厚普通玻璃;(b))6 mm厚镜面反射玻璃;(c)镜面中空隔热玻璃

2. 中庭天窗形式

按进光的形式不同,天窗形式可以分为两大类:一类是光线从顶部透过的天窗,通常称为玻璃顶;另一类是侧面进光的天窗。地处温带气候或阴天较多的地区最多选用玻璃顶,它的透光率高,比侧面进光的天窗透光率至少高出5倍,所以在阴天多和不太炎热的地区选用这类天窗,既可使中庭获得足够的自然光,又不致造成室内过热。如果在炎热地区选用玻璃顶,大量直射阳光进入中庭内,容易造成室内过热,所以在炎热地区以选用侧面进光的天窗为宜。天窗也是建筑造型中的重要元素,丰富多变的天窗为建筑空间的创造提供了有利的条件,图11-53～图11-55为建筑中各种形式的天窗。

图 11-53　各种形式的天窗

天窗的具体形式应根据中庭的规模大小、中庭的屋顶结构形式、建筑造型要求等因素确定。常见的有以下几种天窗形式。

(1)棱锥形天窗。

棱锥形天窗有方锥形、六角锥形、八角锥形等多种形式,如图11-54(a)～(e)所示。尺寸不大(2 m以内)的棱锥形天窗,可用有机玻璃热压成采光罩。这种采光罩为生产厂家生产的定型产品,

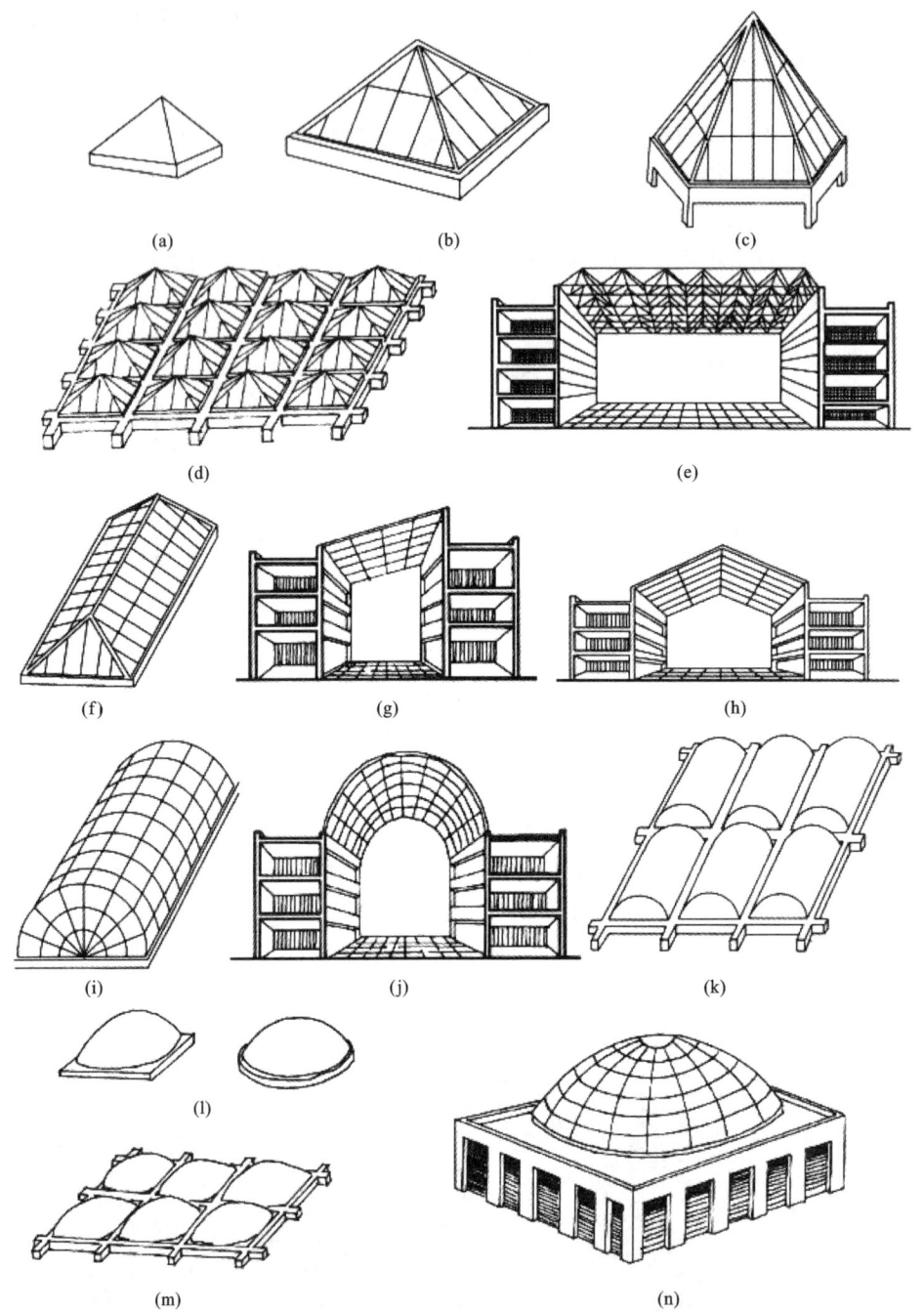

图 11-54　中庭天窗形式 1

(a)方锥形采光罩;(b)方锥形玻璃顶;(c)多角锥形玻璃顶;(d)成片锥形玻璃顶;(e)角锥体平板网架构成的玻璃顶;
(f)斜坡式玻璃顶;(g)单坡式玻璃顶;(h)双坡式玻璃顶;(i)拱形玻璃顶;(j)拱形玻璃顶;(k)成片拱形采光罩;(l)穹形
采光罩;(m)成片穹形采光罩;(n)穹形玻璃顶

也可按设计要求订制。它具有很好的刚度和强度,不需要金属骨架,外形光洁美观,透光率高,可以
单个使用,也可以将若干个采光罩安装在井式梁上组成大片玻璃顶,构造简单,施工安装方便。

　　当中庭采用角锥体平板网架作屋顶承重结构时,可利用网架的倾斜腹杆作支架,构成棱锥式玻璃顶,如图 11-54(e)所示。

（2）斜坡式天窗。

斜坡式天窗分为单坡、双坡、多坡等形式。玻璃面的坡度一般为 15°～30°,每一坡面的长度不宜过大,一般控制在 15 m 以内,用钢或铝合金做天窗骨架,如图 11-51(f)～(h)所示。

（3）拱形天窗。

拱形天窗的外轮廓一般为半圆形,用金属型材做拱骨架,根据中庭空间的尺度大小和屋顶结构形式,可布置成单拱,或几个拱并列布置成连续拱。透光部分一般采用有机玻璃或玻璃钢,也可以用拱形有机玻璃采光罩组成大片玻璃顶,如图 11-54(i)～(k)所示。

（4）圆穹形天窗。

圆穹形天窗具有独特的艺术效果。天窗直径根据中庭的使用功能和空间大小确定。天窗曲面可为球形面或抛物形曲面,天窗矢高视空间造型效果和结构要求而定。直径较大的穹形天窗应用金属做成穹形骨架,在骨架上镶嵌玻璃,必要时可在天窗顶部留一圆孔作为通气口。

如果中庭平面为方形或矩形等较规整的形状,可以采用穹形采光罩构成成片的玻璃顶。采光罩用有机玻璃热压成型。穹形采光罩也可以单个使用,有方底穹形采光罩和圆底穹形采光罩。穹形天窗的各种形式如图 11-54(l)～(n)所示。

（5）锯齿形天窗。

炎热地区的中庭可以采用锯齿形天窗,每一锯齿形由一倾斜的不透光的屋面和一竖直的或倾斜的玻璃组成,如图 11-55(a)所示,当屋面朝阳布置、玻璃背阳布置时,可以避免阳光射进中庭。由于屋面是倾斜的,射向屋面的阳光将穿过玻璃反射到室内斜顶棚表面,再由顶棚反射到中庭底部,图 11-55(a)中箭头指示的方向表示了这一反光过程。可见采用锯齿形天窗既可避免阳光直射,又能提高中庭的照度。倾斜玻璃比竖直玻璃的采光效率高,所以在高纬度地区宜采用倾斜玻璃;而在低纬度地区,有可能从倾斜玻璃面射进阳光时,宜改成竖直的玻璃面。

（6）其他形式的天窗。

在工程设计中,可结合具体的平面空间和不同的结构形式,演变和创造出其他天窗形式。图 11-55(b)、(c)是利用双曲扭壳和扁壳构成的侧向进光天窗,为了防止挡光,相邻天窗应保持一定的距离。图 11-55(d)是由薄壳组成的锯齿形天窗,每一壳面的一端为直线,另一端为拱曲线,可采用无斜腹杆形钢筋混凝土桁架作为薄壳的边缘构件。图 11-55(e)是利用高层建筑两翼之间的空缺位置布置中庭,屋顶层层后退构成台阶形侧向进光天窗,是锯齿形天窗在特定条件下的变化形式。图 11-55(f)是一种树状式玻璃顶,它采用树状悬挑钢结构作天窗骨架,树状式结构的数目视中庭面积大小而定,天窗布局非常灵活自由。

3. 中庭天窗构造

侧面进光的天窗构造与普通窗的构造有很多类似的地方。这里着重介绍顶部进光的玻璃顶,在其构造设计中,应满足以下设计要求。

（1）天窗应有良好的安全性能。

天窗的各组成构件应具有较高的承载力,以抵抗风荷载、雨雪荷载、地震荷载以及自重等。各构件必须具有足够的强度,并保证连接牢固可靠。

（2）防止天窗冷凝水对室内的影响。

当室内外存在较大的温差时,玻璃表面遇冷会产生凝结水,即所谓结露现象。要妥善设置排除凝结水的沟槽,防止冷凝水滴落到中庭地面,造成不良影响。解决这一问题,可以选择中空玻璃等热工性能好的透光材料,条件许可时,可以在采光顶的周围加暖水管或吹送热风以提高采光顶的内侧表面温度,使玻璃的表面温度保持在结露点之上。构造处理上常专门设置排水槽排冷凝水,排水

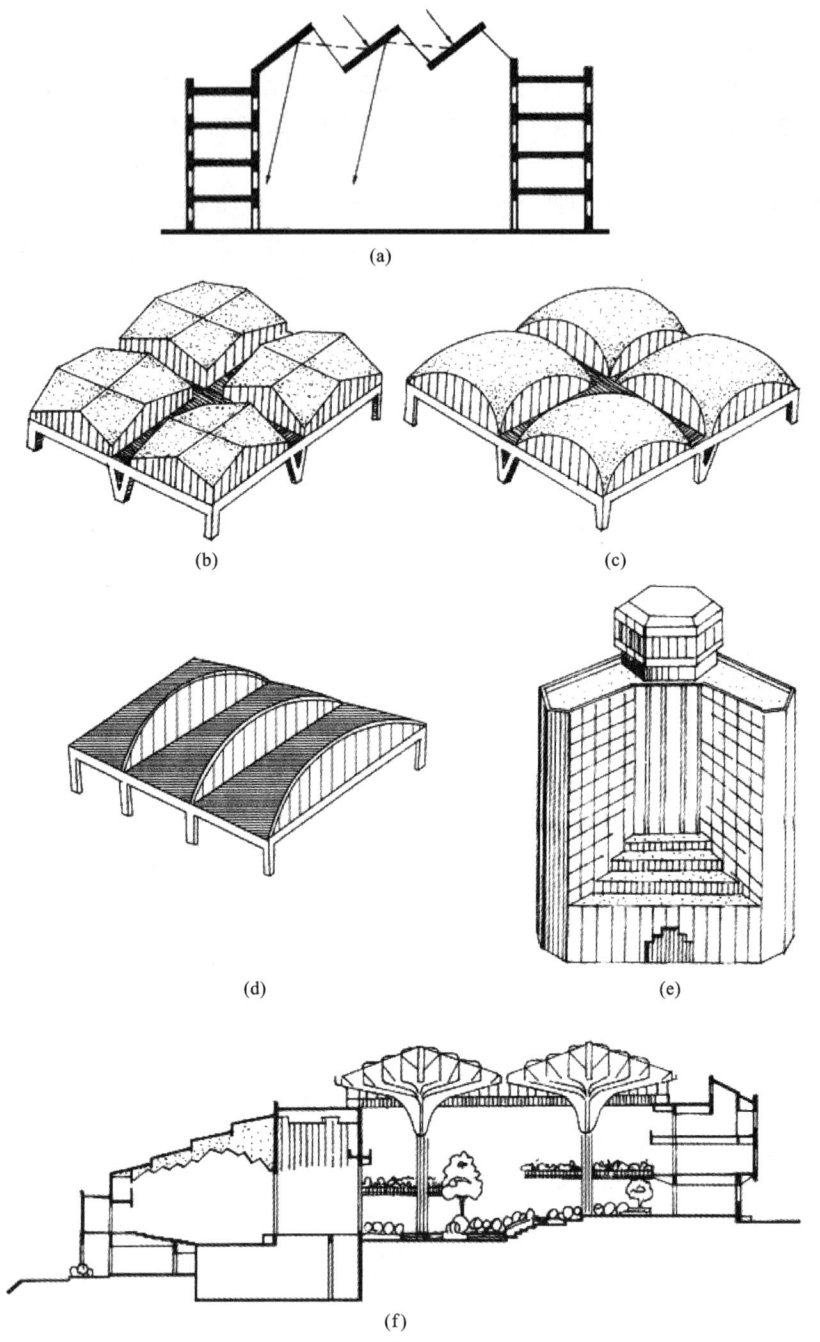

图 11-55　中庭天窗形式 2

(a)锯齿形天窗;(b)扭壳组成的天窗;(c)扁壳组成的天窗;(d)薄壳组成的锯齿形天窗;(e)台阶形天窗;
(f)树状式玻璃顶

槽要保证必要的排水坡度。采用这种方法,应注意在纵横两个方向均设排水槽,但是排水路径不能
过长,以免冷凝水聚集过多而滴落。

(3)天窗应有良好的防水性能。

中庭天窗常常是成片布置,玻璃顶要有足够的排水坡度,排水路线要短捷畅通。细部构造应注

意接缝严密,防止渗水。

(4)防止眩光对室内的影响。

天窗作为顶部采光方式,容易因阳光直射入内而形成眩光,给人们带来极大的不便。为防止眩光,一方面可以采用具有漫反射性能的透光材料,如磨砂玻璃等;另一方面可以在透光材料下加设由塑料或有机玻璃制作的管状或片状材料构成的折光板,也可以设置金属折光片。

(5)满足建筑安全防护要求。

我国现行《建筑设计防火规范》(GB 50045—2014)规定:当高层建筑的中庭采用玻璃屋顶,其承重构件如采用金属构件,应设自动灭火设备保护或喷涂防火材料,使其耐火极限达到1 h的要求。中庭顶棚应设有烟感探测器,并应符合中庭排烟设计的要求。

除满足防火要求外,中庭天窗还应满足防雷要求。天窗的骨架及连接件多用金属制成,应有严格的防雷处理。一般情况下,不便在天窗的顶部设防雷装置,因此天窗必须设在建筑物防雷装置的45°线之内。

4. 玻璃顶细部构造

下面介绍玻璃顶及其相关组成部分的细部构造。

(1)玻璃顶的承重结构。

玻璃顶的承重结构都是暴露在大厅上空的,结构断面应尽可能设计得小些,以免遮挡天窗光线,一般选用金属结构,用铝合金型材或钢型材制成。常用的结构形式有梁结构、拱结构、桁架结构、网架结构等。承重结构有的可以兼作天窗骨架,如跨度小的玻璃顶可将玻璃面的骨架与承重结构合并起来,即玻璃装在承重结构上,结构杆件就是骨架。大多数的玻璃顶,安装玻璃的骨架与屋顶承重结构是分开来设计的,即玻璃装在骨架上构成天窗标准单元,再将各单元装在承重结构之上。当承重结构与天窗骨架相互独立时,两者之间应有金属连接件作可靠的连接。骨架之间及骨架与主体结构间的连接,一般要采用专用连接件。无专用连接件时,应根据连接所处位置进行专门的设计,一般均采用型钢与钢板加工制作而成,并且要求镀锌。连接螺栓、螺钉应采用不锈钢材料。骨架的布置,一般需根据玻璃顶的造型、平面及剖面尺寸、透光材料的尺寸等因素来共同确定。图11-56所示为部分天窗骨架与结构,图11-57为几种常见造型玻璃顶的骨架布置图。

图11-56 部分天窗骨架与结构

(2)玻璃的安装。

用采光罩作玻璃采光面时,采光罩本身具有足够的强度和刚度,不需要用骨架加强,只要直接

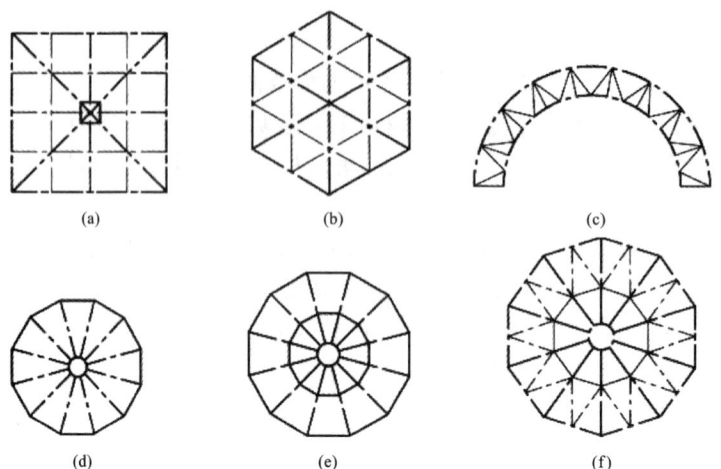

图 11-57   常见造型玻璃顶的骨架布置图

(a)四角锥玻璃顶;(b)六角锥玻璃顶;(c)拱形玻璃顶;(d)小型圆锥玻璃顶;(e)中型圆锥玻璃顶;(f)大型圆锥玻璃顶

将采光罩安装在玻璃屋顶的承重结构上即可。其他形式的玻璃顶则是由若干玻璃拼接而成,所以必须设置骨架。骨架一般采用铝合金或型钢制作。骨架的断面形式应适合玻璃的安装固定,要便于进行密封防水处理,要考虑积存和排除玻璃表面的凝结水,断面要细,以防挡光。可以用专门轧制的型钢来做骨架,但钢骨架易锈蚀,不便于维修,现在多采用铝合金骨架,它可以挤压成任意断面形状,轻巧美观,挡光少,安装方便,防水密封性好,不易被腐蚀。图 11-58 为各种金属骨架断面形式及其与玻璃连接的构造详图。

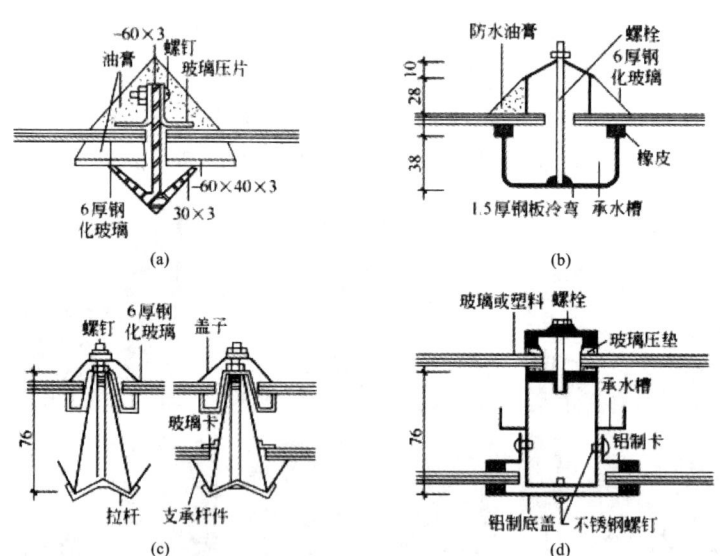

图 11-58   各种金属骨架断面形式及其与玻璃连接的构造详图

(a)有承水槽,构造简单,防水可靠;(b)有承水槽,防水可靠;(c)铝制金属横挡,防水可靠;(d)铝制金属横挡,防水可靠

(3)天窗的排水处理。

当天窗面积较小时,天窗顶部的雨水可以顺坡排至旁边的屋面,由屋面排水系统统一排走。当天窗面积较大或者由于其他原因不便将水排至旁边屋面时,可以设置天沟将雨水汇往屋面或用单

独的水落口和水落管排出。冷凝水由带排水槽的金属骨架排向天沟,再由天沟排走。天沟可以是单独的构件,也可与井字梁等结构构件相结合设置。图 11-59 为利用井字梁设置天沟的构造做法。

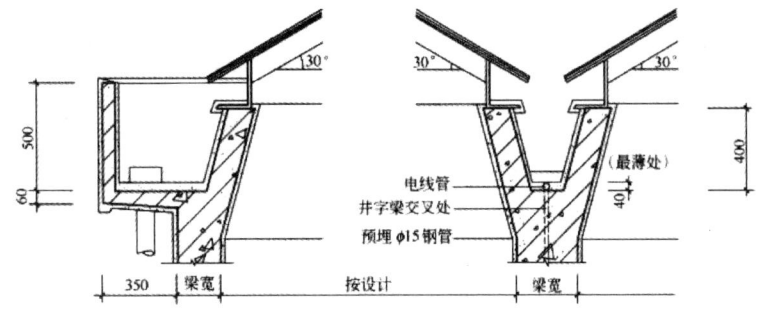

图 11-59　利用井字梁设置天沟的构造做法(单位:mm)

(4)其他。

根据不同的使用要求和条件,天窗部位有不同的构造处理措施。有的天窗在使用中为强调玻璃的安全性,可以在玻璃的上下两侧或一侧附设防护网,如图 11-60 所示。有的天窗为了改善通风条件,将下沿的承重结构抬高,在侧壁形成百叶窗来通风。为加强通风,也可以为天窗设置一部分可开启扇,但是对防水不利,构造也较复杂。在严寒地区设置天窗时,可以在承重结构的上下设置为双层采光天窗,形成一个空气间层以提高保温性能,并且可以减少冷凝水的产生。

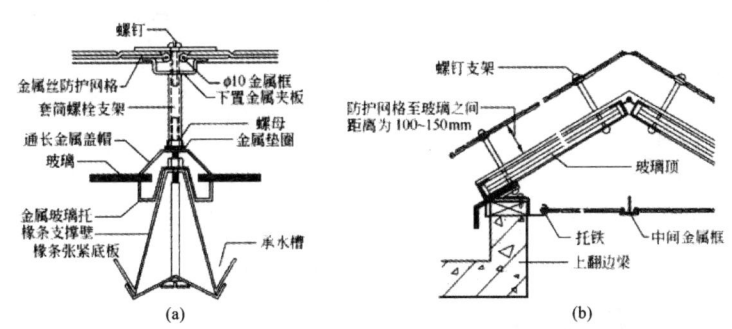

图 11-60　天窗玻璃防护网的安装

(a)平天窗上部设防护网;(b)上下均设防护网的天窗构造

下面举几个有典型意义的玻璃顶实例,进一步说明玻璃顶的构造。

图 11-61 为重庆师范大学学生活动中心玻璃顶构造。玻璃顶由 8 个方形锥体以对角线错位相接布置,每个锥体的平面尺寸为 2120 mm×2120 mm,承重结构采用正交斜放钢筋混凝土井字梁。天窗之间的屋面略高于其他屋面并作找坡处理,用泄水管将雨水排至较低屋面。由于地处炎热气候地区,天窗构造上不作排冷凝水的考虑,而是将天窗侧壁升高后设铝合金百叶窗以加强通风。

图 11-62 为美国达拉斯世界贸易中心中庭玻璃顶构造。玻璃顶平面尺寸为 53.3 m×42.7 m,用井字形钢梁作玻璃顶承重结构,共有 20 个井格,每个井格上安放一个 10.7 m×10.7 m 的方锥形玻璃顶。玻璃按 25°倾斜面设置,采用铝型材骨架,玻璃四周的铝型材均带有积水槽,用来积存玻璃表面的凝结水。玻璃顶的檐部铝件也带有积水槽,以便将全部凝结水汇集到槽内再从出水孔排至天沟。

图 11-63 为加拿大多伦多某汽车陈列室玻璃顶构造,采用双坡式玻璃顶天窗。屋顶承重结构与天窗骨架合并,用铝型材制作。主要受力构件为顺水流方向的纵向型铝,它是断面较大的空心构件。垂直于水流方向的横向型铝通过连接件支承在纵向型铝上。透光材料采用双层空心丙烯酸酯

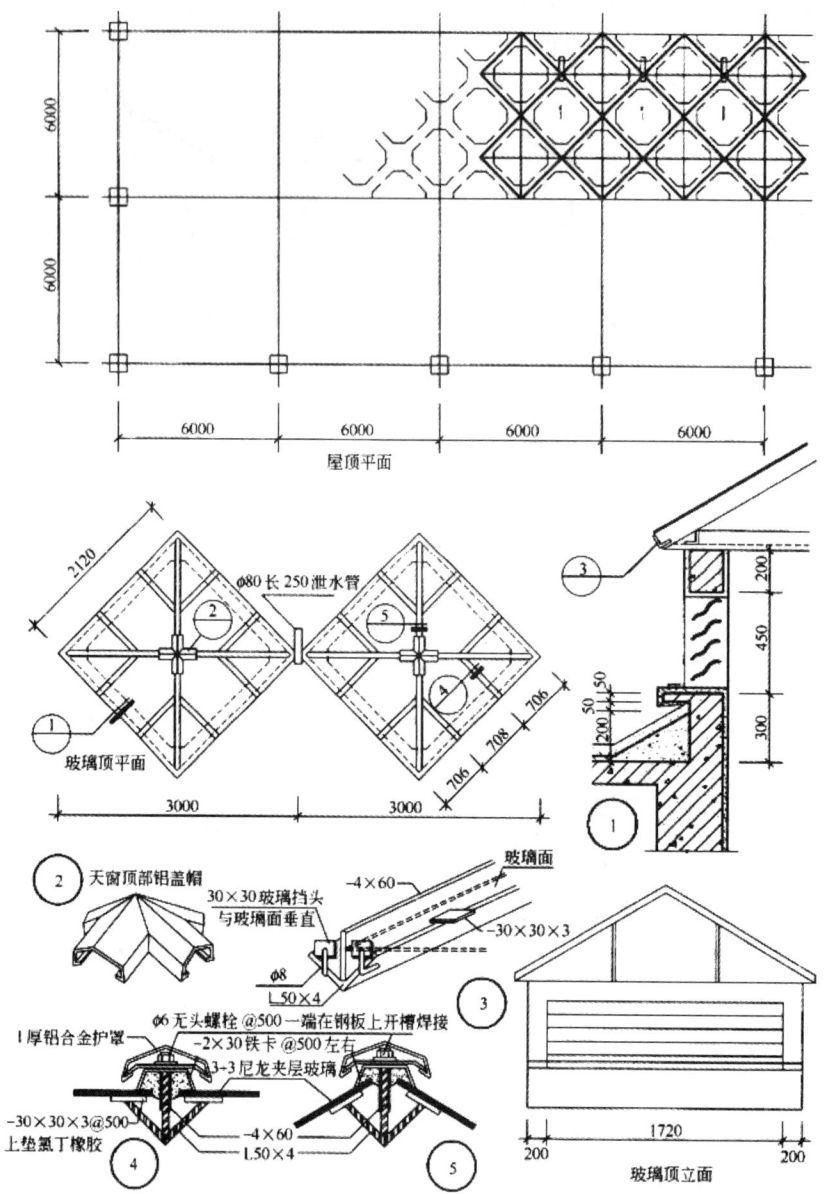

图 11-61   重庆师范大学学生活动中心玻璃顶构造(单位:mm)

有机玻璃,将它搁放在纵横型铝上再用型铝盖板卡紧,所有缝隙均嵌填密封胶条。

图 11-64 为深圳某旅馆休息厅玻璃顶构造。由于跨度小,屋顶用梁结构承重,槽形钢构件搁在梁上形成排水沟。天窗骨架采用 T 形断面的钢构件支承在排水沟上构成多坡式玻璃顶。坡面斜率为 1/3,采用钢化玻璃,用油灰嵌固在骨架上。该玻璃顶全部用钢构件,取材容易,造价便宜,但应注意经常刷涂饰面涂料以防锈蚀。

图 11-65 为某商场营业楼玻璃顶构造。其平面呈六边形,用六根钢筋混凝土斜梁与型钢共同组成天窗骨架,透光材料采用白色半透明玻璃钢波形瓦,室内光线产生均匀的漫反射效果。玻璃钢波形瓦的搭接处理与各类波形瓦屋面相同,波形瓦与金属骨架间要有可靠的连接,并妥善进行防水处理。

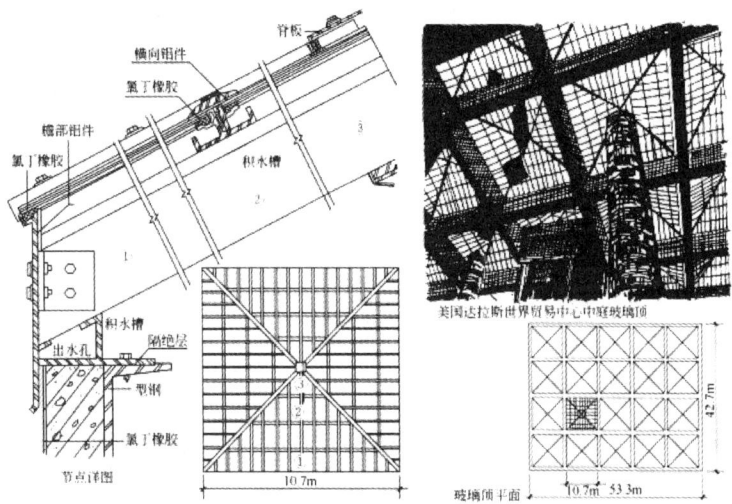

图 11-62 美国达拉斯世界贸易中心中庭玻璃顶构造

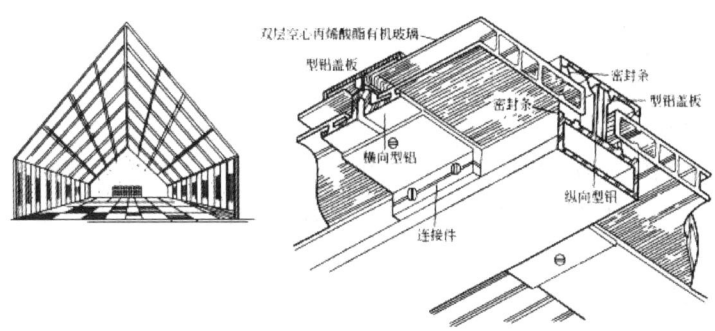

图 11-63 加拿大多伦多某汽车陈列室玻璃顶构造

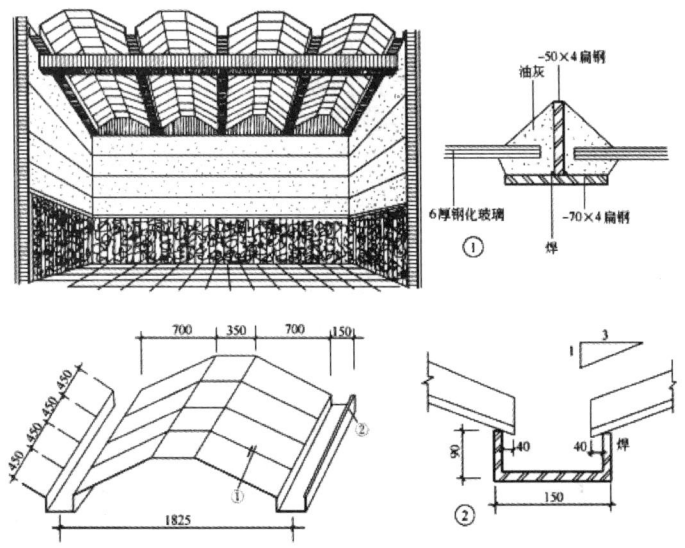

图 11-64 深圳某旅馆休息厅玻璃顶构造(单位:mm)

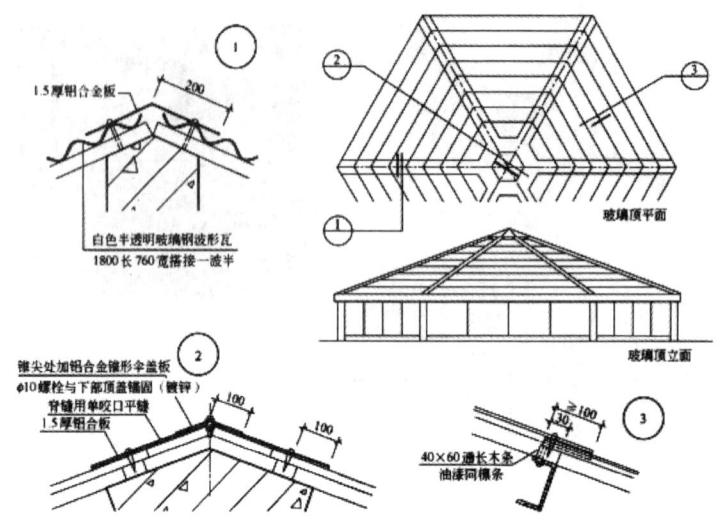

图 11-65 某商场营业楼玻璃顶构造(单位:mm)

章节自测题

主观题

1. 什么是大跨度建筑?

2. 大跨度结构形式常用的有哪几种? 并分别说明其优缺点。

3. 大跨度建筑适用于什么类型建筑? 并举例说明。

4. 试比较桁架结构与网格结构的区别,并分别说明其特点。

5. 分析国家大剧院的结构形式并说明此结构优缺点。

6. 分析巴黎联合国教科文组织会议大厅屋顶结构形式并画出其剖面图。

客观题

请扫下面的二维码,进入第 11 章,进行客观题在线测试与练习。

12   工业化建筑

　　建筑工业化,指通过现代化的制造、运输、安装和科学管理的生产方式,来代替传统建筑业中分散的、低水平的、低效率的手工业生产方式。通过围绕建筑工业化的专用体系和通用体系,分析其优缺点,引导学生正确理解工业化建筑的统一性与多样性的有机结合,培养学生精益求精、追求卓越、一丝不苟的工匠精神和使命意识。

　　本章内容主要讲述了建筑工业化的特征与意义,民用建筑工业化的类型,包括砌块建筑、大板建筑、框架板材建筑、大模板建筑以及其他建筑(滑模建筑、升板建筑和盒子建筑)。通过对本章的学习,学生需要重点掌握民用建筑工业化的含义,熟悉砌块建筑、大板建筑、框架板材建筑、大模板建筑、滑模建筑、升板建筑、盒子建筑的特征与构造。

12.1   工业化建筑特点

12.1.1   建筑工业化的概念、发展历程和特征

　　1. 概念

　　建筑工业化,指通过现代化的制造、运输、安装和科学管理的生产方式,来代替传统建筑业中分散的、低水平的、低效率的手工业生产方式。它的主要标志是建筑设计标准化、构配件生产工厂化、施工机械化和组织管理科学化。

　　2. 发展历程

　　建筑工业化是随西方工业革命出现的概念,工业革命让造船、汽车生产效率大幅提升,随着欧洲兴起的新建筑运动,实行工厂预制、现场机械装配,逐步形成了建筑工业化最初的理论雏形。第二次世界大战后,由于战争的严重破坏,住房奇缺,劳动力紧张,传统建造方式不能适应大规模建房的需要,这为推行建筑工业化提供了实践的基础。1974 年,联合国出版的《政府逐步实现建筑工业

化的政策和措施指引》中定义了"建筑工业化",即按照大工业生产方式改造建筑业,使之逐步从手工业生产转向社会化大生产的过程。1956年,我国开启建筑工业化道路。1978年,我国进一步明确提出:"建筑工业化,就是用大工业的生产方法来建造工业与民用建筑。针对某一类房屋,采用统一的结构形式,成套的标准构件,采用先进的工艺,按专业分工,集中在工厂进行均衡的连续的大批量生产,在现场包括混凝土现浇和装修工程采用机械化施工,使建筑业从那种分散的、落后的、手工业的生产方式转到大工业的生产方式的轨道上来,从根本上来一个全面的技术改造。"2016年,住房和城乡建设部在上海召开了全国装配式建筑工作现场会,强调要大力发展装配式建筑,促进建筑业转型升级。

习近平总书记在党的十九大报告中指出:"我国经济已由高速增长阶段转向高质量发展阶段。"这是根据国际国内环境变化,特别是我国发展条件和发展阶段变化作出的重大判断。"十四五"时期乃至未来相当长的时期,我国社会经济将在绿色、生态、环保、可持续的发展理念下,向追求高质量和高效益增长的模式转变。我国建筑产业经过几十年的发展,在发展规模和高精尖工程建设方面处于世界领先水平。在社会经济发展、城市建设、人民生活改善,以及带动就业、促进国民经济增长等方面作出了巨大贡献。但同时还普遍存在着建造方式粗放、建设效率低下、建筑质量不尽如人意等问题,迫切需要从建设理念、建造方式等方面进行改革和创新。

新型建筑工业化,就是以新一代信息技术为驱动,以系统化集成设计、精益化生产和施工为主要手段,整合工程全产业链、价值链、创新链,实现工程建设高效益、高质量、低消耗、低排放。以装配式建筑为代表的新型建筑工业化,经过长期的实践积累,已取得丰硕成果,建造水平和建筑品质明显提高,特别是在政策环境、产业基础、技术储备和市场氛围等方面都为未来发展奠定了扎实的产业生态基础。在各地推进中,不仅在东部发达地区供需两旺、呈现规模化发展态势;中部地区凭借一些省市政府的强力推动和市场主体的积极参与,也已呈蓬勃发展趋势,并且形成了因地制宜、各具特色的发展模式;西部一些省市后来居上,在政府引导和市场需求下,特别是在龙头企业带动下,发展后势强劲。总体来说,装配式建筑的设备生产能力、生产供应能力、市场需求规模等都在迅速发展中。

3. 特征

建筑工业化是指用现代工业的生产方式来建造房屋,它的内容包括四个方面,即建筑设计标准化、构配件生产工厂化、施工机械化和管理科学化。建筑设计标准化就是从统一设计构配件入手,尽量减少构配件的类型,进而形成单元或整个房屋的标准设计。构配件生产工厂化就是构配件生产集中在工厂进行,逐步做到商品化。施工机械化就是用机械取代繁重的体力劳动,用机械在施工现场安装构件与配件。管理科学化就是用科学的方法来进行工程项目管理,避免主观臆断或凭经验管理。其中,建筑设计标准化是实现建筑工业化目标的前提,构配件生产工厂化是建筑工业化的手段,施工机械化是建筑工业化的核心,管理科学化是建筑工业化的保证。

实现工业化主要通过预制装配式建筑、现浇或现浇与预制相结合的建筑这两种途径实现。预制装配式建筑是将建造房屋用的构配件制品,如同其他工业化产品一样,用工业化方法在工厂生产,然后运到现场进行安装。预制装配式建筑主要包括砌块建筑、大板建筑、盒子建筑等。预制装配式建筑的主要优点是生产效率高、构件质量好、施工速度快、现场湿作业少、受季节影响小等。现浇或现浇与预制相结合的建筑是将主要承重构件,如墙体和楼板等全部现浇,或其中一种现浇。其主要优点是整体性好、适应性强、节省运输费用,便于组织大面积的流水作业,经济效果好。

12.1.2 工业化建筑体系

工业化建筑是用工业化方法生产的配套的建筑。按施工方式不同分为装配式建筑和工具式模板现浇式建筑两类。

　　装配式建筑,包括砌块建筑、板材建筑、盒式建筑、骨架板材建筑、升板建筑等。装配式建筑的构件(如墙板、楼板、屋面板和梁、柱以及盒子等)主要为水泥及混凝土制品,构件制作简单,适于大批量生产。装配式建筑受气候制约小,施工效率高,产品质量好,适用于住宅、学校、工业厂房等大批量建造的建筑。工具式模板现浇式建筑,是用模数制灵活模板、大模板、台模、隧道模以及滑模等活动式拼装模板进行机械化浇筑混凝土而建成的建筑。这种体系的优点是模板使用灵活、适应性强、结构整体性好、施工速度快,特别适用于多层和高层建筑。工业化施工方法还可把预制与现场浇筑结合起来,形成装配整体式建筑,达到装配速度快、现浇整体性好的目的,如房屋的墙或楼板,其中一种现场浇筑,另一种预制装配;又如内承重墙现场浇筑,外墙挂板和楼板预制装配等。这种建造方法兼有预制装配速度快和现场浇筑整体性好的优点。

　　工业化建筑体系根据预制构件的适用程度不同分为专用体系和通用体系两类。专用体系是以定型建筑物为基础,进行构配件配套的一种体系。它有一定的设计专用性和技术先进性,但缺乏体系之间的互换性和通用性,只适用于某一地区、某一类型建筑,有一定的局限性。我国在工业化建筑发展早期,即 20 世纪 50—70 年代,学习借鉴苏联和东欧各国的经验,大力推行了专用体系的应用;通过在工业建筑中使用钢和钢筋混凝土排架体系厂房,快速完成了国家主要工业的基础建设。20 世纪 70 年代后期,以居住建筑为主体的多种专用建筑体系(砌块建筑、大板建筑、框架板材建筑、大模板建筑、滑模建筑、升板建筑和盒子建筑等)得到引进和发展,到 20 世纪 90 年代初,随着住房供给制度的转变,加上既有工业化住宅在工程质量和使用性能上的问题逐渐暴露,如墙板渗漏、保温隔声差等,专用体系的发展逐渐陷入停滞。

　　建筑通用体系是对建筑各构配件和连接技术进行标准化、通用化设计,形成以部件、部品为核心的商业化产品,以此来进行多样化房屋组合建造的一种体系。部件是建筑结构系统的结构构件及其他构件的统称,部品是建筑围护系统、设备与管线系统、内装系统的单一或复合功能单元产品的统称。部件、部品有品牌型号,具有工业生产与商品流通的双重附加价值。各类建筑所需构配件可互换通用,适用面广、生产量大。通用体系的实现过程是:建的部件、部品由不同的生产企业在各自独立的生产线上生产,各生产企业列出自己的产品目录,共同组成建筑通用体系的部件、部品库;建设方从部件、部品库上采购需要的产品,通过物流运输至现场,以装配化的施工方式完成房屋的组装建造。各企业生产的同类部件、部品具有互换性,一栋房屋的建造可以购进多个企业生产的部件、部品共同使用,这是一个开放式的体系。从国内外的发展经验来看,工业化建筑从专用体系走向通用体系是发展的必然趋势。

12.2　通　用　体　系

　　工业化建筑从专用体系走向通用体系的关键是建筑产品的部件、部品生产标准化以及部件、部品的通用化。部件是在工厂或现场预制生产制作完成,构成建筑结构系统的结构构件及其他构件的统称,如柱、梁、楼板、屋面板、剪力墙等。部品是由工厂生产,构成建筑外围护系统、内装系统、设备与管线系统的建筑单一产品或复合产品组装而成的功能单元的统称,如非承重的内外墙板、架空墙面、吊顶、架空地板、集成厨卫、模块式地暖、集分水器等。

　　依据建筑物的功能类型和构造组成,主要的工业化建筑部件、部品可划分为结构部件、围隔部品、内装部品和设备部品等。本节将结合我国现阶段装配式建筑的发展方向,来探讨工业化建筑部件、部品的主要特点。

12.2.1 结构部件与围隔部品

1. 部件、部品组成关系

目前,我国装配式建筑按结构主材不同分为凝土结构、钢结构和木结构三大类。混凝土结构和钢结构是装配式建筑的主要结构类型。装配式混凝土结构因其材料易得、技术较成熟、防火耐久性好、造价相对低廉,使用最为广泛,普遍适用于各类民用建筑和工业建筑,尤其是多层、高层住宅建筑。装配式钢结构主要分为大跨度空间钢结构、低层轻型钢结构和多高层、超高层钢结构。大跨度空间钢结构适用于体育场馆、会展中心、航站楼、机库等;低层轻型钢结构适用于轻型的工业厂房、仓库、超市、活动房屋、住宅等;多高层、超高层钢结构适用于住宅和公共建筑等。由于木结构材料的获取和适用范围受限,在我国并没有得到广泛应用。

相对于装配式混凝土建筑而言,装配式钢结构建筑具有以下优点:①没有现场现浇节点,安装速度更快,施工质量更容易得到保证;②钢结构是延性材料,具有更好的抗震性能;③相对于混凝土结构,钢结构自重更轻,基础造价更低;④钢结构是可回收材料,更加绿色环保;⑤精心设计的钢结构装配式建筑,比装配式混凝土建筑具有更好的经济性;⑥梁柱截面更小,可获得更多的使用面积。

同样,装配式钢结构建筑存在以下缺点:①相对于装配式混凝土建筑,装配式钢结构建筑外墙体系与传统建筑存在差别,较为复杂;②如果处理不当或者没有经验,易产生防火和防腐问题;③如设计不当,钢结构比传统混凝土结构更贵,但相对装配式混凝土建筑而言,仍然具有一定的经济性。

下面以两种典型的装配式混凝土结构——框架结构和剪力墙结构为例,介绍结构部件与围隔部品的组成关系。

(1)装配式混凝土框架结构。

装配式混凝土框架结构按施工方式不同分为装配整体式框架结构和全装配式框架结构两种。装配整体式框架结构是指全部或部分框架梁、柱采用预制构件通过可靠的连接方式装配而成,连接节点处采用"湿式连接"(通过现场后浇混凝土、水泥基灌浆料等将构件连成整体)的混凝土结构,其结构整体性好,为等同现浇形式。全装配式框架结构工业化程度高,所有构件均为预制装配,没有湿作业,连接节点采用"干式连接"(连接处通过焊接、螺栓、预应力或者栓钉连接),不需要现浇混凝土,为非等同现浇形式。目前我国大量采用的是装配整体式框架结构,如图 12-1 所示。

装配整体式框架结构的结构柱为预制柱,矩形预制柱截面边长不宜小于 400 mm,圆形预制柱截面直径不宜小于 450 mm,且不宜小于同方向梁宽的 1.5 倍。当房屋高度不大于 12 m 或层数不超过 3 层时,柱与柱之间钢筋可采用套筒灌浆、浆锚搭接、焊接等方式连接。当房屋高度大于 12 m 或层数超过 3 层时,柱与柱之间钢筋宜采用套筒灌浆方式连接。

框架梁为叠合梁。叠合梁是指预制混凝土梁顶部在现场后浇混凝土而形成的整体梁构件,由预制和现浇两部分组成,预制梁顶部预留出箍筋。装配整体式框架结构中,当采用叠合梁时,框架梁的后浇混凝土叠合层厚度不宜小于 150 mm,次梁的后浇混凝土叠合层厚度不宜小于 120 mm;当采用凹口截面预制梁时,凹口深度不宜小于 50 mm,凹口厚度不宜小于 60 mm。梁与柱通常在柱顶连接,把梁的纵向钢筋伸入上下柱连接节点内锚固和连接后,节点区采用后浇混凝土连接为整体。

楼板采用叠合楼板,叠合楼板是指预制混凝土楼板顶部在现场后浇混凝土而形成的整体楼板构件。叠合楼板的预制厚度不宜小于 60 mm,后浇混凝土叠合层厚度不应小于 60 mm。跨度大于 3 m 的叠合板,宜采用桁架钢筋混凝土叠合板;跨度大于 6 m 的叠合板,宜采用预应力混凝土预制板;板厚大于 180 mm 的叠合板,宜采用混凝土空心板。当叠合板的预制板采用空心板时,板端空腔应封堵。叠合梁和板通过现浇钢筋混凝土连接为整体。图 12-2 为结构梁柱节点连接示意图。图 12-3 为装配整体式框架结构的施工过程。

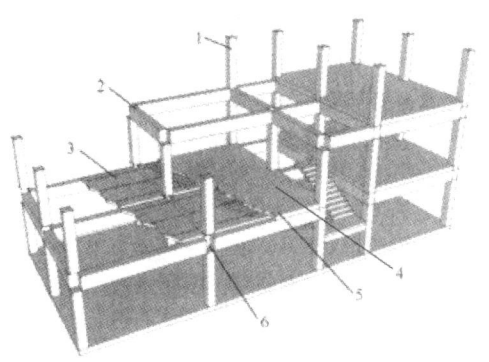

图 12-1 装配整体式框架结构

1—顶制框架柱;2—预制框架梁;3—预制叠合楼板;
4—叠合楼板后浇层;5—叠合梁后浇区;6—梁柱节点后浇区

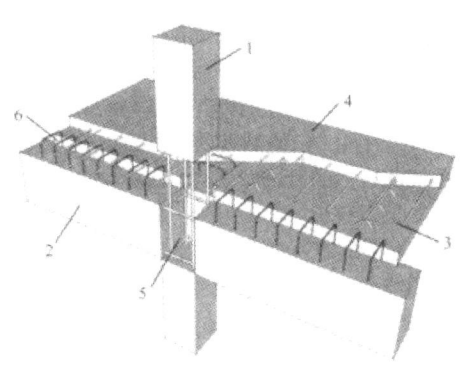

图 12-2 结构梁柱节点连接示意图

1—预制框架柱;2—预制框架梁;3—预制叠合楼板;
4—叠合楼板后浇层;5—梁柱节点后浇区;6—叠合梁后浇区

(a)   (b)

(c)   (d)   (e)

图 12-3 装配整体式框架结构的施工过程

(a)框架柱吊装;(b)框架梁安装 1;(c)框架梁安装 2;(d)框架梁安装 3;(e)框架梁安装 4

(2)装配式混凝土剪力墙结构。

装配式混凝土剪力墙结构分为现浇剪力墙结构配预制外墙板(内浇外挂)、装配整体式剪力墙结构和叠合式剪力墙结构等。目前应用较多的是装配整体式剪力墙结构,如图 12-4 所示。预制剪力墙板宜采用一字形板,也可采用 L 形、T 形或 U 形板。开洞预制剪力墙洞口宜居中布置,洞口两侧的墙肢宽度不应小于 200 mm,洞口上方连梁高度不宜小于 250 mm。预制剪力墙的连梁不宜开洞,当需要开洞时,洞口宜预埋套管。洞口上、下截面的有效高度不宜小于梁高的 1/3,且不宜小于 200 mm。被洞口削弱的连梁截面应进行承载力验算,洞口处应配置补强纵向钢筋和箍筋,补强纵向钢筋的直径不应小于 12 mm。

为提高结构整体性,装配整体式剪力墙结构在结构连接处需采用现浇连接:楼层内相邻预制剪力墙板之间应采用现浇接缝连接,即设置后浇段;上下层预制剪力墙的竖向钢筋可采用套筒灌浆或浆锚搭接连接,同时在各层楼面位置,预制剪力墙顶部应设置连续的水平后浇带或后浇圈梁,与叠合楼板的后浇层连接为整体;预制剪力墙洞口上方的预制连梁宜与水平后浇带或后浇圈梁形成叠合连梁。图12-5为装配整体式剪力墙结构连接节点示意图,图12-6(a)为装配整体式剪力墙结构外墙板吊装,图12-6(b)为预制墙板利用后浇带连接。

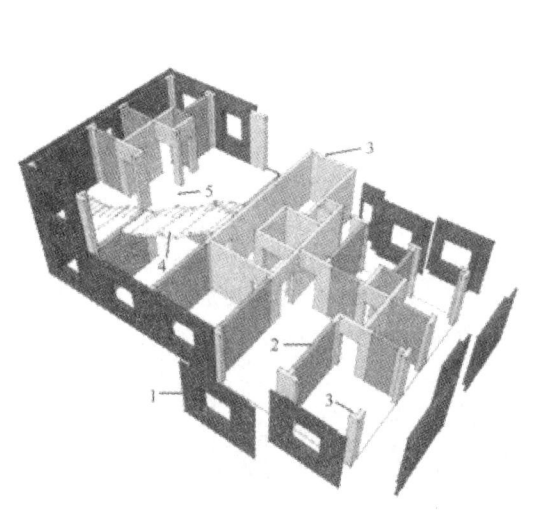

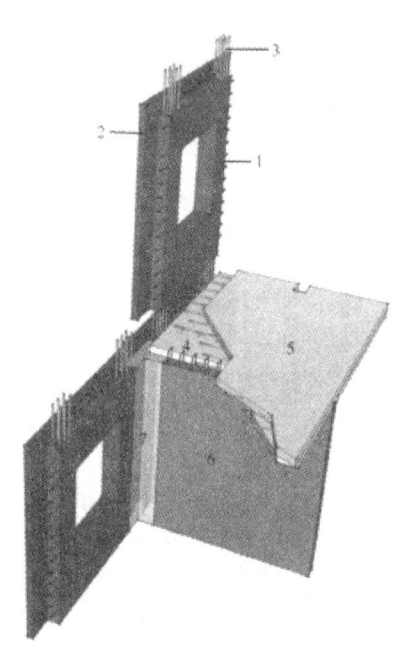

图 12-4　装配整体式剪力墙结构

1—预制外墙板;2—预制内墙板;3—现浇钢筋混凝土;4—预制叠合楼板底板;5—叠合楼板后浇层

图 12-5　装配整体式剪力墙结构连接节点示意图

1—预制夹心外墙板内叶;2—预制夹心外墙板外叶;3—预留插筋;4—叠合楼板;5—叠合楼板后浇层;6—预制内墙板;7—连接后浇带

(a)　　　　　　　　　　　　　　(b)

图 12-6　装配整体式剪力墙结构外墙板的安装

(a)装配整体式剪力墙结构外墙板吊装;(b)预制墙板利用后浇带连接

2. 预制墙板

根据墙体的受力不同,预制墙板分为预制混凝土剪力墙板和各种轻质墙板。考虑到预制装配部件的集成度和施工的方便,当前我国重点发展的主要有两类混凝土剪力墙板和三类轻质隔墙板。

预制混凝土剪力墙墙板有内墙板和外墙板两种(图 12-7),轻质墙板有蒸压加气混凝土板(图 12-8)、混凝土夹芯保温板[图 12-9(a)]、金属夹芯保温板三种[图 12-9(b)]。

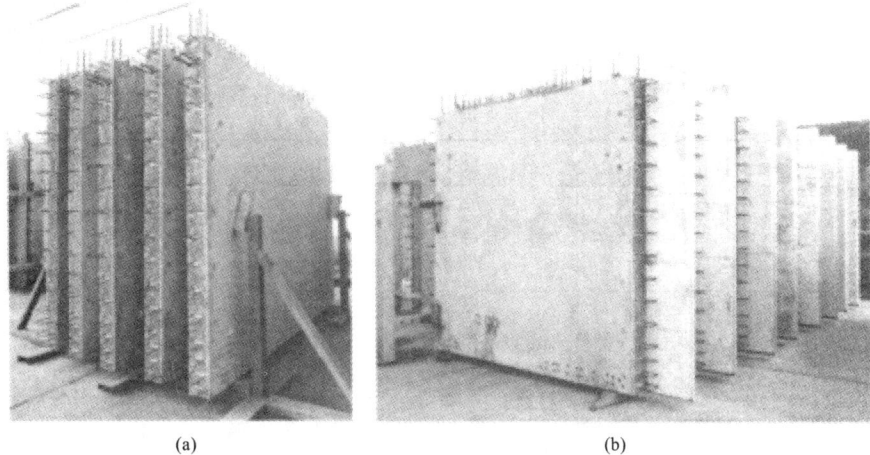

(a)   (b)

图 12-7　预制混凝土剪力墙墙板

(a)预制混凝土剪力墙内墙板;(b)预制混凝土剪力墙外墙板

图 12-8　蒸压加气混凝土板

(a)   (b)

图 12-9　夹芯保温板

(a)混凝土夹芯保温板;(b)金属夹芯保温板

(1)预制混凝土剪力墙内墙板。

预制混凝土剪力墙内墙板由标号不低于 C30 的混凝土与受力钢筋及预埋件组成。预制混凝土剪力墙内墙板侧面在施工现场通过预留钢筋与剪力墙现浇区段连接,底部通过钢筋灌浆套筒和坐浆层与下层预制剪力墙连接,主要板型有无洞口内墙、固定门垛内墙、中间门洞内墙和刀把内墙等四种,见表 12-1。墙板厚度为 200 mm,断面平齐。

表 12-1 预制混凝土剪力墙内墙板规格

墙板类型	示意图	墙板编号	标志宽度/mm	层高/mm	门宽/mm	门高/mm
无洞口内墙		MQ－2128	2100	2800	—	—
固定门垛内墙		MQM1－3028－0921	3000	2800	900	2100
中间门洞内墙		MQM2－3029－1022	3000	2900	1000	2200
刀把内墙		MQM3－3030－1022	3300	3000	1000	2200

用于住宅建筑时,建筑层高有 2.8 m、2.9 m 和 3.0 m 三种,根据不同的层高,内墙板高度分别为 2640 mm、2740 mm 和 2840 mm,标志宽度为 1800～3600 mm(按 300 mm 递增)。门洞口宽度分别为 900 mm 和 1000 mm,高度分别为 2100 mm 和 2200 mm。

内墙板上、下层墙板的竖向钢筋采用套筒灌浆连接,如图 12-10 所示;相邻内墙板之间的水平钢筋采用连接钢筋连接,然后现浇混凝土连接成整体,如图 12-11 所示。图 12-12 为固定门垛内墙板模板示意图。

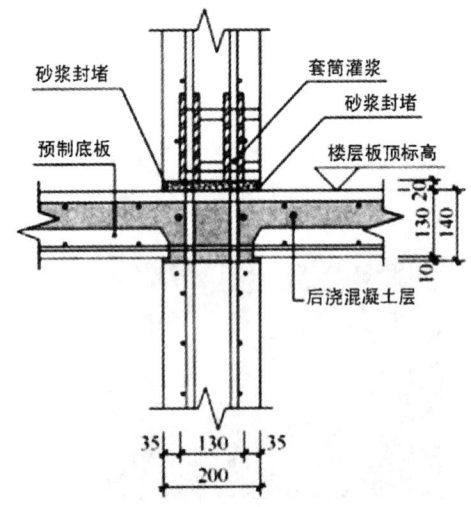

图 12-10 内墙板竖向连接(单位:mm)

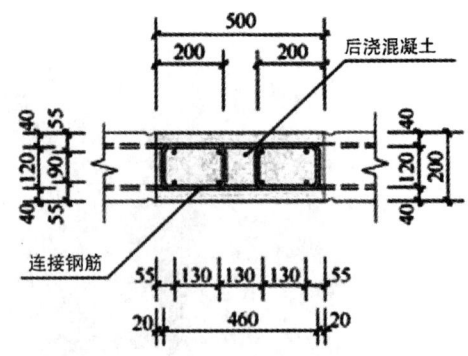

图 12-11 内墙板水平连接(单位:mm)

(2)预制混凝土剪力墙外墙板。

预制混凝土剪力墙外墙板与内墙板的最大不同是要考虑外墙保温的要求,通常采用夹芯保温

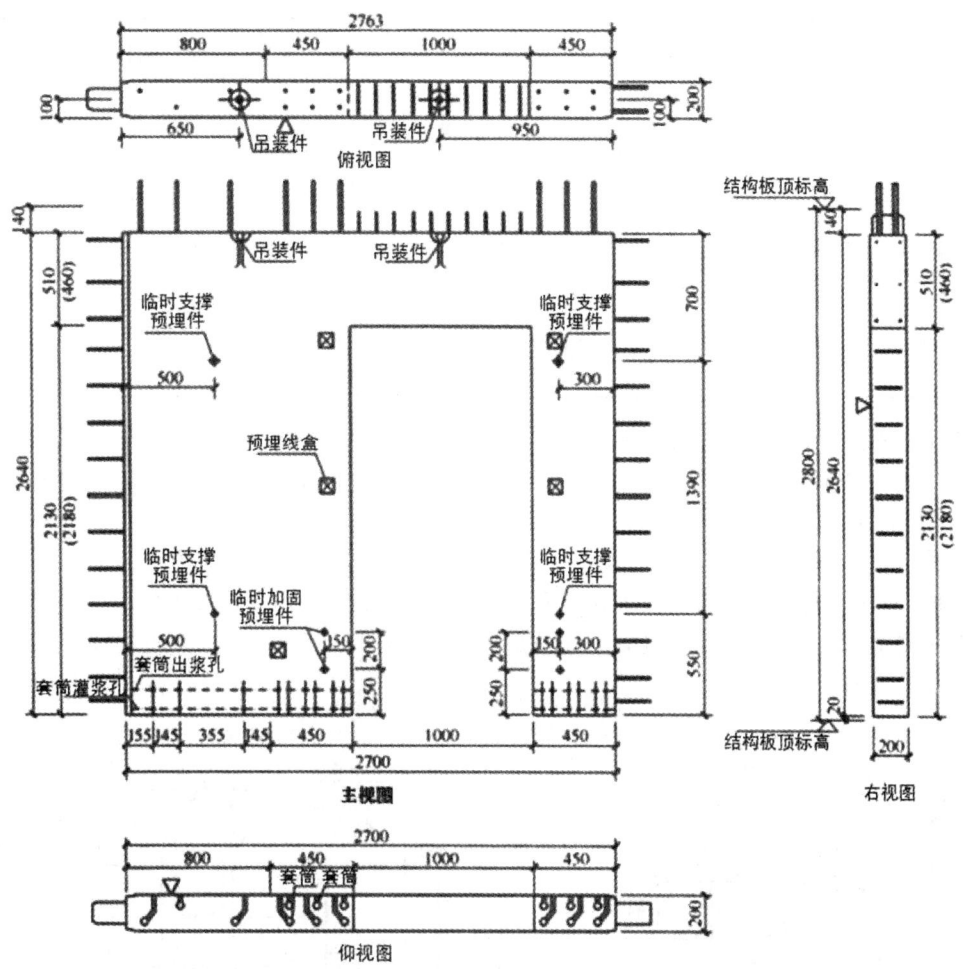

图 12-12　固定门垛内墙板模板示意图(单位:mm)

的构造,由内叶板、夹芯保温板、外叶板组成。内叶板主要起承重作用,厚度为 200 mm,外叶板厚度为 60 mm,夹芯保温板的厚度由计算确定,通常为 30～100mm,常用材料有模塑聚苯板、挤塑聚苯板、硬泡聚氨酯板、酚醛泡沫板、发泡水泥板、泡沫玻璃板等。内、外叶板之间应有可靠连接。

因为内叶板有现浇连接的要求,所以内外叶板之间宽度和高度方向均有一定的差值。又因为外叶板有考虑防水的要求,水平缝常做成高低错缝,竖缝仍可采用平缝。预制混凝土剪力墙外墙板主要板型有无洞口外墙、高窗台单窗洞外墙、低窗台单窗洞外墙、双窗洞外墙和单门洞外墙等五种,见表 12-2。

表 12-2　预制混凝土剪力墙外墙板规格

墙板类型	示意图	墙板编号	标志宽度/mm	层高/mm	门窗宽/mm	门窗高/mm
无洞口外墙	□	WQ-2428	2400	2800	—	—
高窗台单窗洞外墙	▣	WQC1-3028-1514	3000	2800	1500	1400

续表

墙板类型	示意图	墙板编号	标志宽度/mm	层高/mm	门窗宽/mm	门窗高/mm
低窗台单窗洞外墙		WQCA - 3029 - 1517	3000	2900	1500	1700
双窗洞外墙		WQC2 - 4830 - 0615 - 1515	4800	3000	600 (1500)	1500 (1500)
单门洞外墙		WQM - 3628 - 1823	3600	2800	1800	2300

用于住宅建筑时,建筑层高有 2.8 m、2.9 m 和 3.0 m 三种,标志宽度为 2700~4500 mm(按 300 mm 递增)。窗洞口宽度有 600 mm、1200 mm、1500~2700 mm(按 300 mm 递增)等,高度有 1500 mm、1600 mm、1700 mm、1800 mm 等。门洞口宽度有 1800 mm、2100 mm、2400 mm、2700 mm 等,高度有 2300 mm、2400 mm。

外墙板上、下层墙板的竖向钢筋采用套筒灌浆连接,如图 12-13 所示;相邻内墙板之间的水平钢筋采用连接钢筋连接,然后现浇混凝土连接成整体,如图 12-14 所示。图 12-15 为低窗台单窗洞外墙板模板示意图。

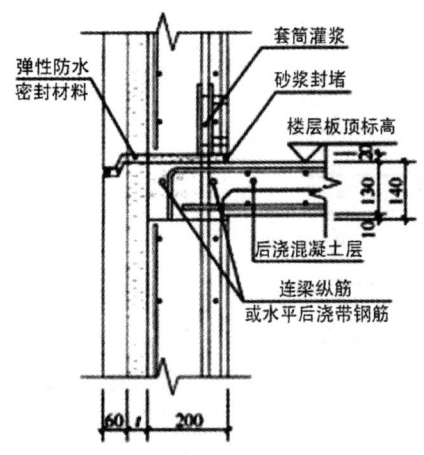

图 12-13   外墙板竖向连接(单位:mm)

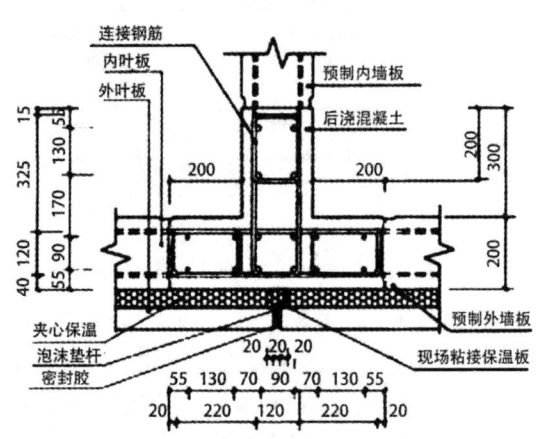

图 12-14   外墙板水平连接(单位:mm)

(3)蒸压加气混凝土板。

蒸压加气混凝土板是以硅质材料和钙质材料为主要原料,以铝粉为发气材料,配以经防腐处理的钢筋网片,经加水搅拌、浇筑成型、预养切割、蒸压养护成的多孔板材。该板材轻质高强,具有良好的保温、防火、隔声性能,并具有较好的加工性能,但抗冲击力差、干缩较大和吸湿率高等。

蒸压加气混凝土板标准宽度为 600 mm,非标准板宽度可以锯切组合,其长度与板厚和荷载有关,一般不超过 6 m。根据结构和构造要求,蒸压加气混凝土板需要配筋,通常内墙板采用单层钢筋网片,外墙板采用双层钢筋网片。板的断面有平口和企口两种形式,如图 12-16 所示。蒸压加气混凝土内墙板常采用竖向布板、嵌入式安装。外墙板可采用竖向布板,也可采用横向布板。根据外墙板与主体结构的位置关系,其安装可分为外包式和内嵌式两种,如图 12-17 所示,其中外包式安装可有效避免冷热桥。

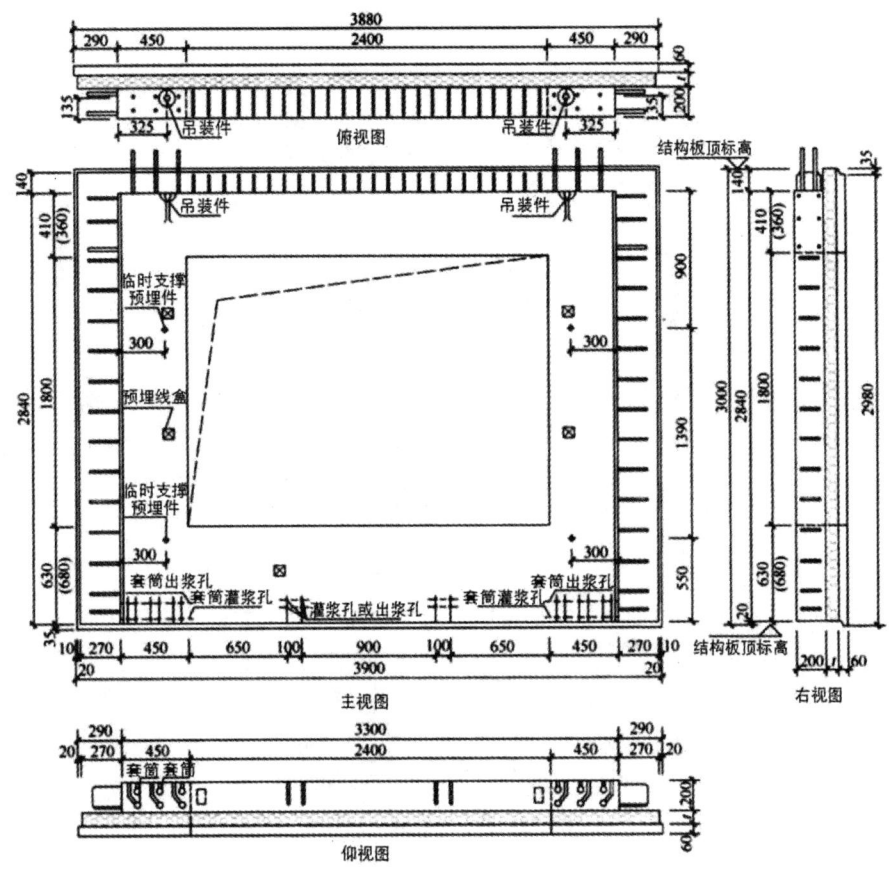

图 12-15　低窗台单窗洞外墙板模板示意图(单位:mm)

蒸压加气混凝土内墙板的安装主要有 U 形卡法、直角钢件法、钩头螺栓法和管卡法四种方式,如图 12-18 所示。

无论采用外包式还是内嵌式,蒸压加气混凝土外墙板的安装均可采用钩头螺栓法、滑动螺栓法和内置锚件法三种方式,如图 12-19 所示。

3. 叠合楼板

叠合楼板是由预制底板和现浇钢筋混凝土叠合层组合而成的装配整体式楼板,该楼板整体性好,刚度大,跨度通常为 3~6 m,最大跨度可达 9 m。其中,预制底板既是楼板结构的组成部分,又是现浇叠合层的模板,可节省模板,施工方便。

预制底板可采用压型钢板和钢筋混凝土板,前者形成压型钢板叠合楼板,后者根据板的受力和形式不同又可分为多种叠合楼板。

预制混凝土底板采用非预应力钢筋时,为增强刚度多采用桁架钢筋混凝土底板(图 12-20);预制预应力混凝土底板可为预应力混凝土平板、预应力混凝土带肋板(图 12-21)和预应力混凝土空心板(图 12-22)。

混凝土叠合楼板中,预制底板厚度不宜小于 60 mm,现浇叠合层的厚度不应小于 60 mm。当跨度大于 3 m 时,预制底板宜采用桁架钢筋混凝土底板或预应力混凝土平板,跨度大于 6 m 时预制底板宜采用预应力混凝土带肋底板、预应力混凝土空心板,叠合楼板厚度大于 180 mm 时宜采用预应力混凝土空心叠合板。

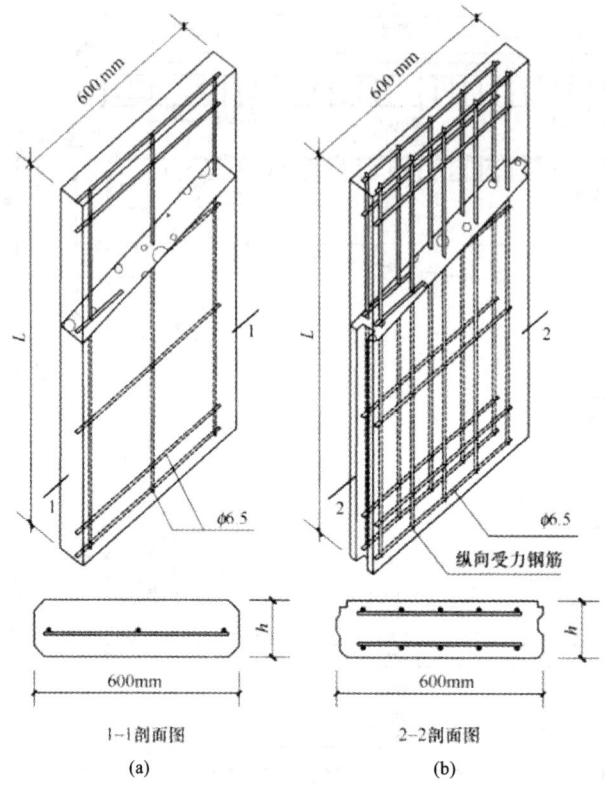

图 12-16　蒸压加气混凝土板的形式

(a)平口形板；(b)企口形板

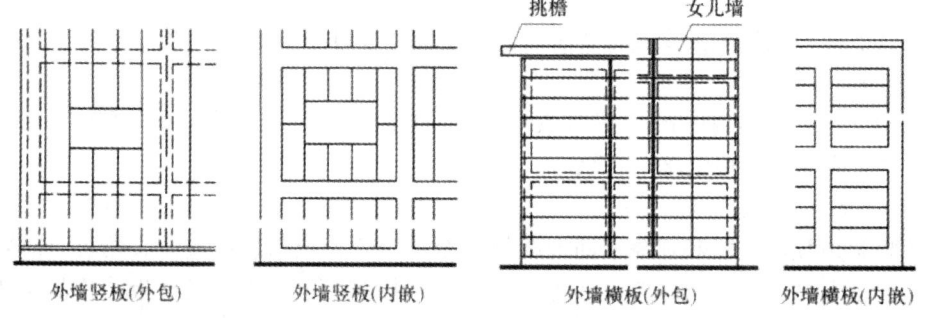

图 12-17　外墙板布板方式

叠合面上下两侧混凝土共同承载、协调受力是预制混凝土叠合楼板设计的关键,一般通过叠合面的粗糙度以及界面抗剪构造钢筋来实现。叠合楼板与预制混凝土梁和剪力墙之间通常采用钢筋连接,并与叠合梁、板及剪力墙板的现浇部分浇筑连接成为整体。

（1）桁架钢筋混凝土叠合楼板。

桁架钢筋混凝土叠合楼板是在普通预制底板的基础上增设纵向钢筋桁架,最后再现浇钢筋混凝土叠合层所形成的装配整体式楼板。其预制底板厚度通常为 60 mm,叠合层厚度为 70～90 mm。预制底板板宽为 1200～2400 mm,单向板的跨度为 2700～4200 mm,双向板的跨度为 3000～6000 mm,均按照 300 mm 模数增长。图 12-23 为桁架钢筋混凝土叠合楼板应用示例。

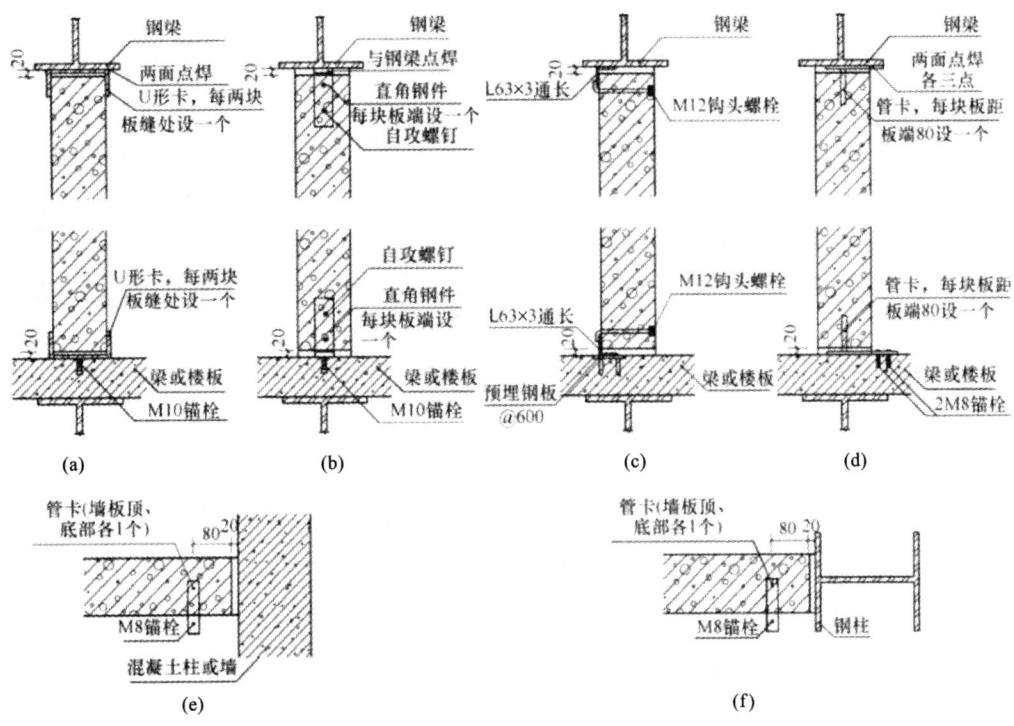

图 12-18　内墙板安装方法(单位:mm)

(a)U 形卡法竖向连接;(b)直角钢件法竖向连接;(c)钩头螺栓法竖向连接;(d)管卡法竖向连接;(e)管卡法水平连接 1;
(f)管卡法水平连接 2

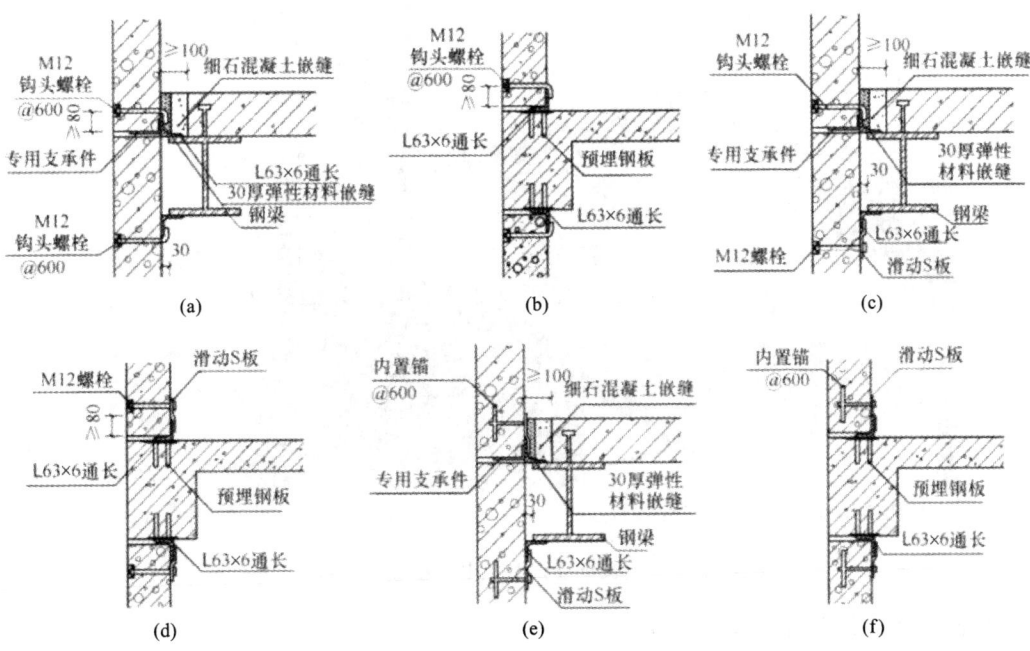

图 12-19　外墙板安装方法(单位:mm)

(a)钩头螺栓法 1;(b)钩头螺栓法 2;(c)滑动螺栓法 1;(d)滑动螺栓法 2;(e)内置锚件法 1;(f)内置锚件法 2

图 12-20   桁架钢筋混凝土底板

图 12-21   预应力混凝土带肋板

图 12-22   预应力混凝土空心板

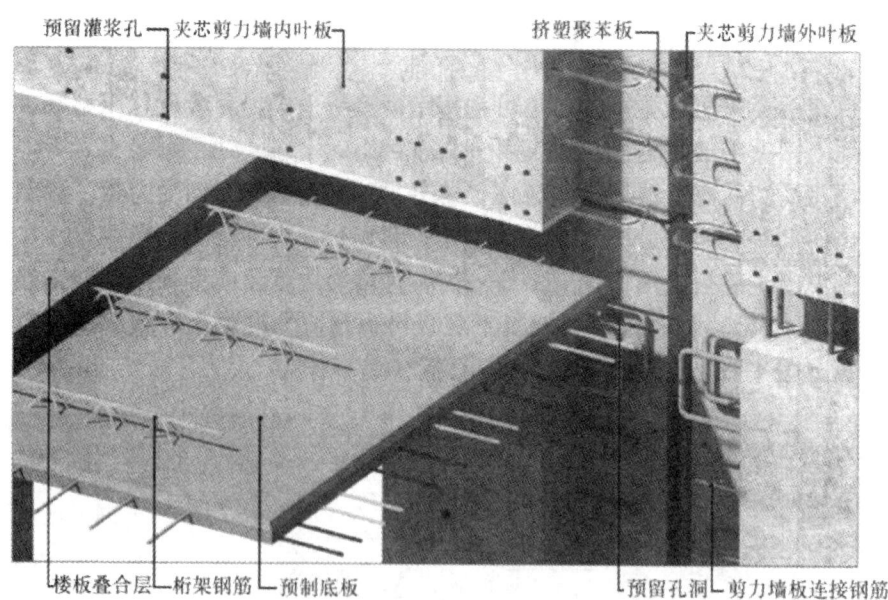

图 12-23   桁架钢筋混凝土叠合楼板应用示例

（2）预制带肋底板混凝土叠合楼板。

预制带肋底板混凝土叠合楼板是在预留洞口的预制带肋底板上配筋并浇筑混凝土叠合层形成的装配整体式楼板。预制带肋底板主要有预应力和非预应力两种。其中，以预应力带肋板为底板的叠合楼板跨度更大，应用更为广泛，称为预应力混凝土带肋板叠合楼板，如图 12-24 所示。

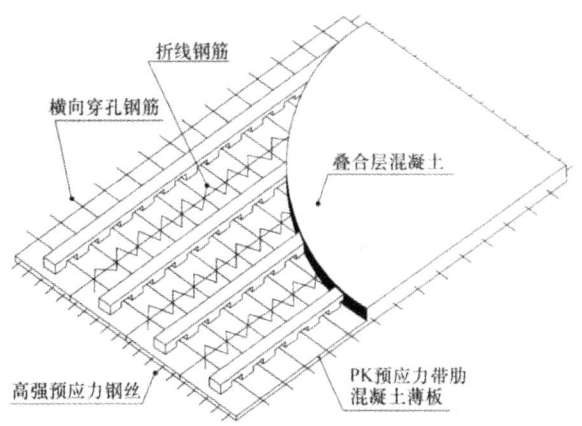

图 12-24　预应力混凝土带肋板叠合楼板

预应力混凝土带肋底板有单肋板和多肋板两类,单肋板板宽主要有 500 mm 和 600 mm 两种,二者可组合形成多种板宽规格的多肋板,以满足不同适用要求。底板板跨为 3000～9000 mm,以 300 mm 为模数递增。板肋的横截面形状有矩形和 T 形两种(图 12-25),当板跨小于等于 3.3m 时,常用矩形肋;大于 3.3m 时,常用 T 形肋。

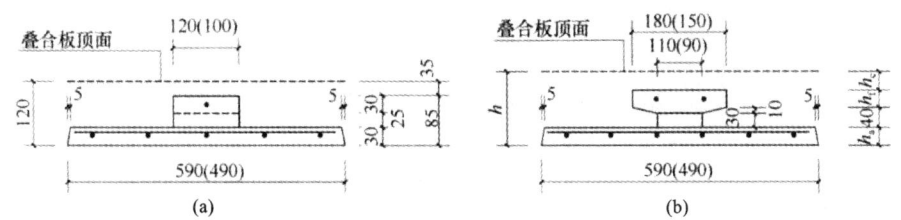

图 12-25　预应力混凝土带肋板断面(单位:mm)
(a)矩形肋底板横截面;(b)T 形肋底板横截面

12.2.2　内装与设备部品

早期工业化建筑的内部装修与设备安装采用传统方式,即对每栋房屋单独设计、采购、施工安装,所需产品和材料不需要定型化,内装及各设备系统之间缺乏集成与协同,设计与施工过程单一,属于定制模式。现代工业化建筑推行以部件、部品为核心的商品化建筑体系,属于定购模式,内装与设备部品具有以下特征:①与结构主体分离;②由工厂批量化生产,产品设计集成化、模块化,产品生产标准化、系列化,实现商业流通,有品牌型号;③施工安装装配化,以干法连接为主,尽可能减少现场湿作业。

1. 与结构主体分离

传统方式下内装、设备与结构主体结合比较紧密,如墙面抹灰刷漆、地面找平贴砖、管线安装剔槽打洞等,对工业化建筑发展带来诸多不利:①按我国现行规范,主体结构的使用寿命在 50 年以上,而内装和设备系统的使用周期通常为 10～20 年。建筑在建成之后的长期运维更新过程中,由于内装与设备的老化会经历多次装修,拆除与重装时剔凿主体结构会大大影响建筑的使用寿命;②在传统现浇体系下,大量水平管线预留预埋在结构现浇层里,而竖向管线较为分散(特别是住宅建筑),形成多处垂直穿过楼板,这一方式如果用于装配式建筑会对现场安装非常不利。

解决以上难题的核心理念是内装、设备与结构主体分离,其实现方式是:将室内装修的天、地、墙面通过各种架空构造方式与楼板、承重墙、实体隔墙等结构主体表面脱离,形成"内装六面体",利用架空层空间与非承重墙体内空腔进行设备管线系统布置,如图 12-26 所示。在改造之时,只需要拆卸下内层墙壁、地板以及吊顶,就可以进行维修或更换,完成后再将结构部件装回。另外,集中设置活动检修口,可以完成设备系统的日常维护与检修,整个过程不会对建筑的承重结构和外围护构件造成破坏。

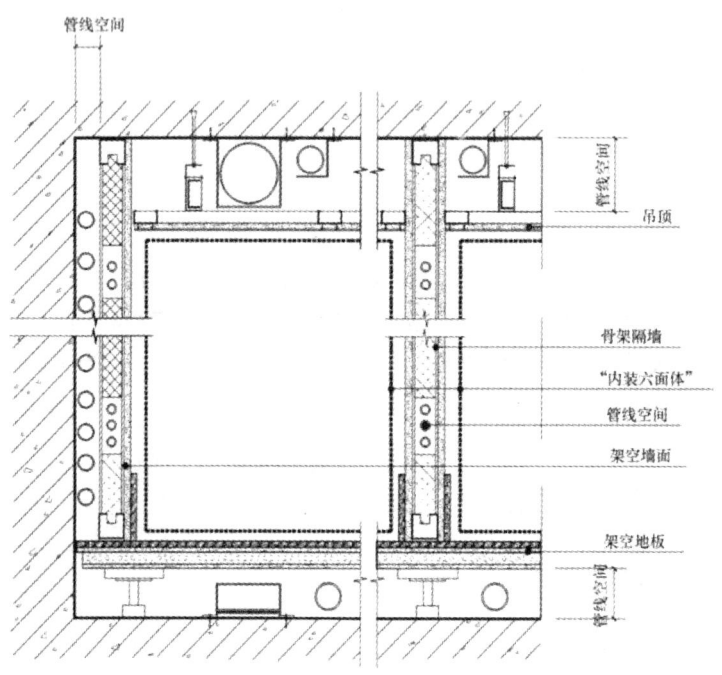

图 12-26 "内装六面体"构造关系

内装、设备与结构主体分离的典型部品有架空地板、架空墙面、轻骨架隔墙、集成吊顶、模块式地暖等,见表 12-3,其关键技术包括同层排水、集中管井、集分水器、标准检修口等。

表 12-3 内装、设备与结构主体分离的典型部品

部品名称	示 例
架空地板	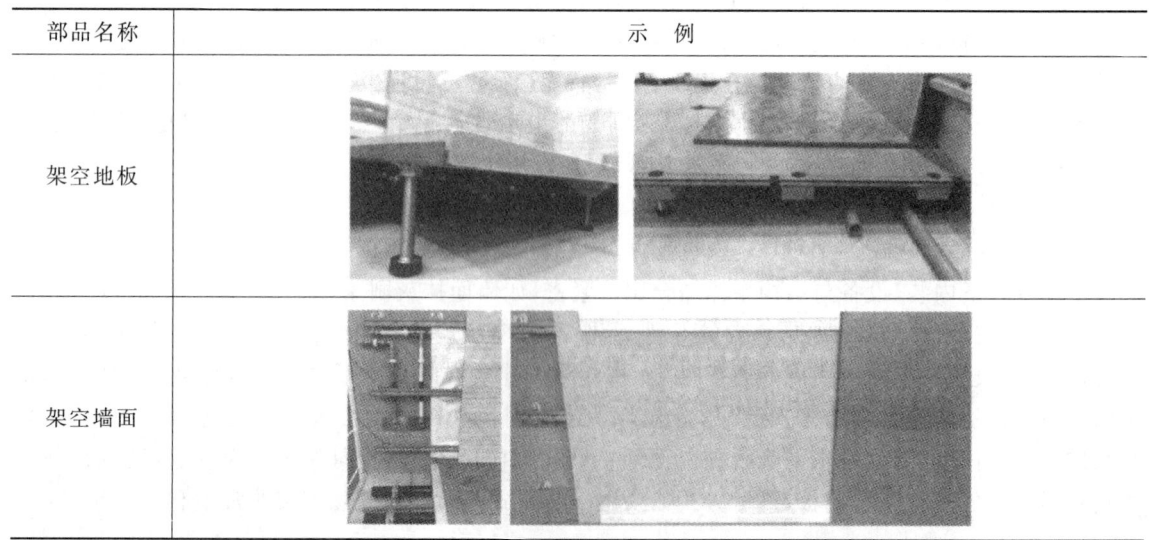
架空墙面	

部品名称	示　例
轻骨架隔墙	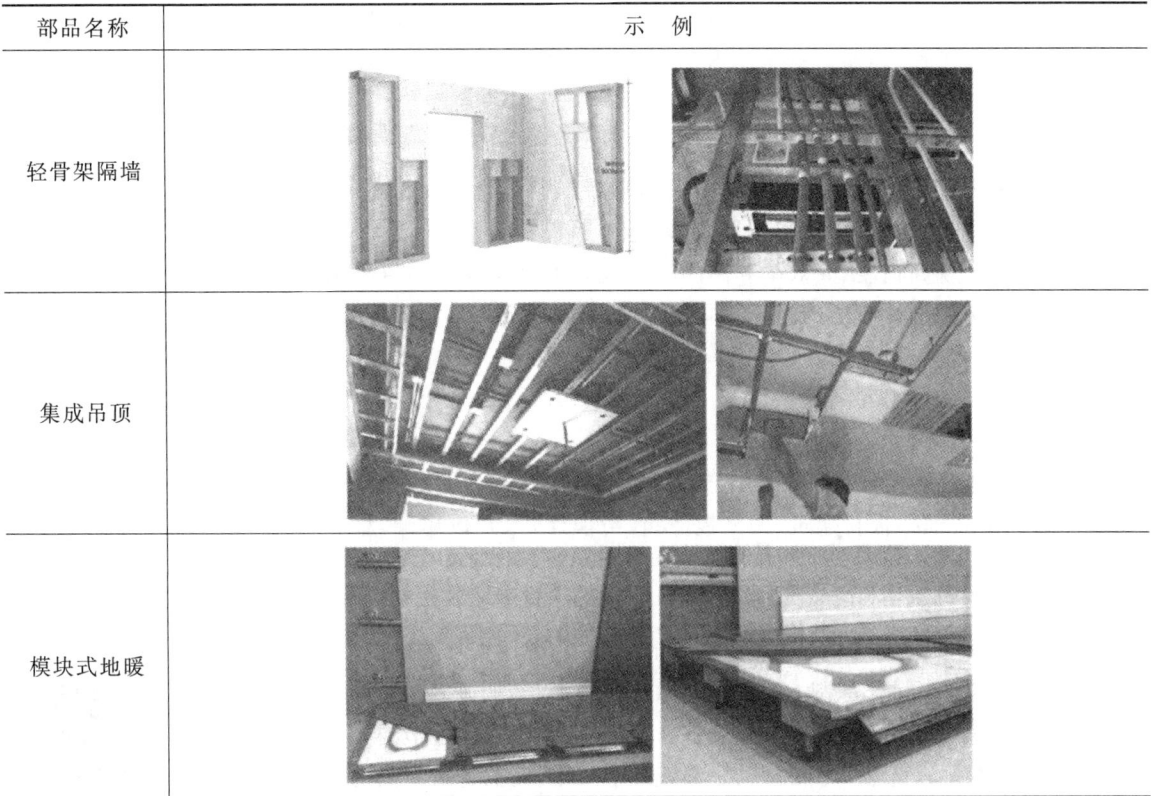
集成吊顶	
模块式地暖	

2. 部品集成化、模块化

部品作为工业化应用技术的新载体,将原来单一功能的材料或产品整合为复合功能的部品,与传统内装、设备的材料及产品相比,具有集成化、模块化的特征。单一的材料和产品是标准化控制的对象,部品则通过系列化组合提供选择的多样性和自由度。最具代表性的就是整体卫浴,集成了卫生洁具、设备管线以及墙板、防水底盘、顶板,同时满足盥洗、沐浴、便溺等多项功能,如图 12-27 所示。

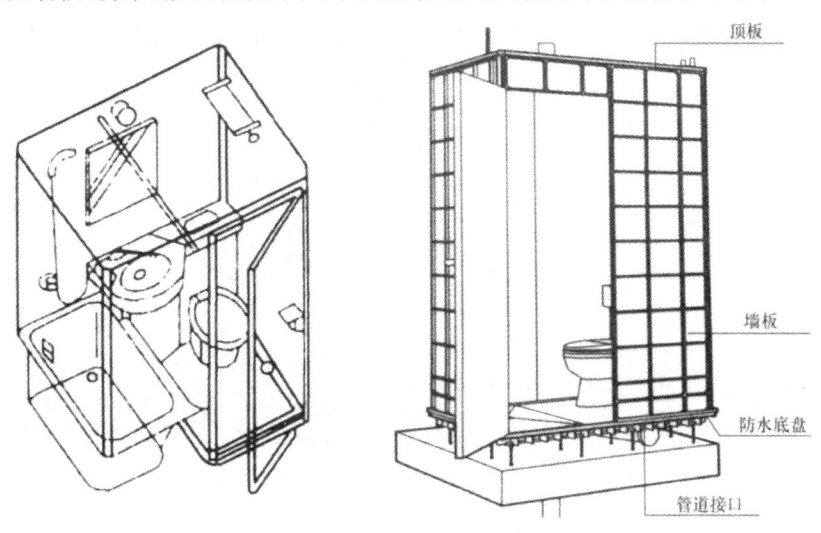

图 12-27　整体卫浴

部品集成化、模块化的发展可以大大提升建筑产品的品质,简化设计流程,增加部品作为商品的流通性。同时,大大提高施工安装效率,保障现场完成质量。部品使用过程中的运营维护由生产商或专业运维方承担,使房屋整体成为有质保的特殊商品。随着产业化发展,部品的生产规模和市场将逐步扩大,最终建立完善的优良部品库。

3. 构造连接装配化

装配化是采用干作业施工的干式工法,如螺钉、卡扣、挂棒、胶黏等构造连接方式。传统内装施工现场湿作业多,施工精度差,工序复杂,建造周期长,施工质量依赖于现场工人的技术水平。干式工法作业可以实现高精度、高效率和高品质。北京郭公庄住宅项目采用内装全过程装配化,10 d 就完成了从毛坯房到全装修房的施工,而传统模式下则需要 1～3 个月时间。

12.3 专 用 体 系

在我国工业化建筑发展前期,引进和发展以居住建筑为主体的多种专用建筑体系有砌块建筑、大板建筑、装配式框架板材建筑、大模板建筑、滑模建筑、升板建筑、盒子建筑等。

12.3.1 砌块建筑

砌块建筑是指用尺寸大于普通黏土砖的预制块材作为砌墙材料的一种建筑。砌块可用混凝土或工业废料作原料,可以是实心的或空心的,每块尺寸比普通黏土砖大得多,因而砌筑速度比砖墙快,具有施工设备简单、能在一定程度上节省人工并提高速度、技术要求相对不高等优点。按目前砌块建筑规范规定,砌块建筑最高为 6 层(美国生产有高强砌块,可建到 18 层,我国近年来也建成部分配筋砌体结构高层建筑,达 18 层)。2010 年设计建成的北京雅世合金公寓采用了配筋清水混凝土砌块的砌体结构,外立面不再进行抹灰贴砖,采用清水墙面勾缝处理,大大节省了外饰面工程量。砌块建筑可用于学校、住宅、办公楼及单层厂房。

砌块建筑

1. 砌块的分类

砌块按尺寸和质量的大小不同分为小型砌块、中型砌块和大型砌块。砌块系列中,主规格的高度大于 115 mm 而小于 380 mm 的称作小型砌块,高度为 380～980 mm 称为中型砌块,高度大于 980 mm 的称为大型砌块。在实际使用中以中小型砌块居多,部分地区砌块常用规格表见表 12-4。

表 12-4 部分地区砌块常用规格表

分类	小型砌块	中型砌块		大型砌块
用料及配合比	C15 细石混凝土,配合比经计算与实验确定	C20 细石混凝土,配合比经计算与实验确定	粉煤灰:5300～5800 N/m³ 石灰:1500～1600 N/m³ 石膏:350 N/m³ 煤渣:9600 N/m³	粉煤灰:68%～75% 石灰:21%～23% 石膏:4% 泡沫剂:1%～2%
强度	MU3.5～MU5	MU5～MU7	MU15	MU10 或 MU7.5

续表

分类	小型砌块	中型砌块		大型砌块
规格： 厚× 高× 长/mm	90×190×190 190×190×190 190×190×390	180×845×630 180×845×830 180×845×1030 180×845×1280 180×845×1480 180×845×1680 180×845×1880 180×845×2130	190×380×280 190×380×430 190×380×580 190×380×880	厚：200 高：600、700、800、900 长：2700、3000、3300、3600
最大块重 /N	130	2950	1020	6500
适用情况	广州、陕西等地区，用于住宅建筑和单层厂房等	浙江用于6层以下的住宅和单层厂房	上海用于6层以下的宿舍和住宅	天津用于4层宿舍、3层学校和单层厂房

砌块按外观形状可以分为实心砌块(图12-28)和空心砌块。空心率小于25％或无孔洞的砌块为实心砌块；空心率大于或等于25％的砌块为空心砌块。空心砌块有单排方孔(图12-29)、单排圆孔(图12-30)和多排扁孔(图12-31)三种形式,其中多排扁孔对保温较有利。

   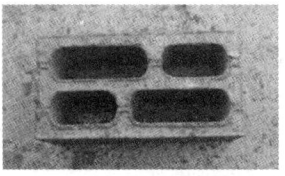

图12-28　实心砌块　　图12-29　空心砌块　　图12-30　空心砌块　　图12-31　空心砌块
　　　　　　　　　　　　　（单排方孔）　　　　　　（单排圆孔）　　　　　　（多排扁孔）

按砌块在组砌中的位置与作用不同可以分为主砌块和各种辅助砌块。

根据材料不同,常用的砌块可分为普通混凝土与装饰混凝土小型空心砌块、轻集料混凝土小型空心砌块、粉煤灰小型空心砌块、蒸压加气混凝土砌块、免蒸加气混凝土砌块(又称环保轻质混凝土砌块)和石膏砌块。吸水率较大的砌块不能用于长期浸水、干湿交替或冻融循环的建筑部位。

2. 砌块的排列方式

普通砖的尺寸为240 mm×115 mm×53 mm,加上灰缝后尺寸为240 mm×120 mm×60 mm,这一尺寸与建筑基本模数1M不吻合。砌块的尺寸规格应与建筑基本模数吻合,典型的尺寸有90 mm×190 mm×390 mm、190 mm×190 mm×390 mm,加上灰缝后尺寸为100 mm×200 mm×400 mm、200 mm×200 mm×400 mm,在模数协调性上优于普通砖。用砌块建造房屋和用砖建房屋一样,必须将砌块彼此交错搭接砌筑,以保证有一定的整体性。但它也有和砖墙构造不一样的地方,那就是砌块的尺寸比砖大得多,必须采取加固措施。另外,砌块不能像砖那样任意砍断,为了适应砌筑的需要,必须在各种规格间进行砌块的排列设计。

(1)砌块墙应事先作排列设计。

排列设计就是把不同规格的砌块在墙体中的具体安放位置用平面图和立面图加以表示。图12-32反映了用砌块建造房屋的砌块排列情况,砌块排列设计应满足下列要求:

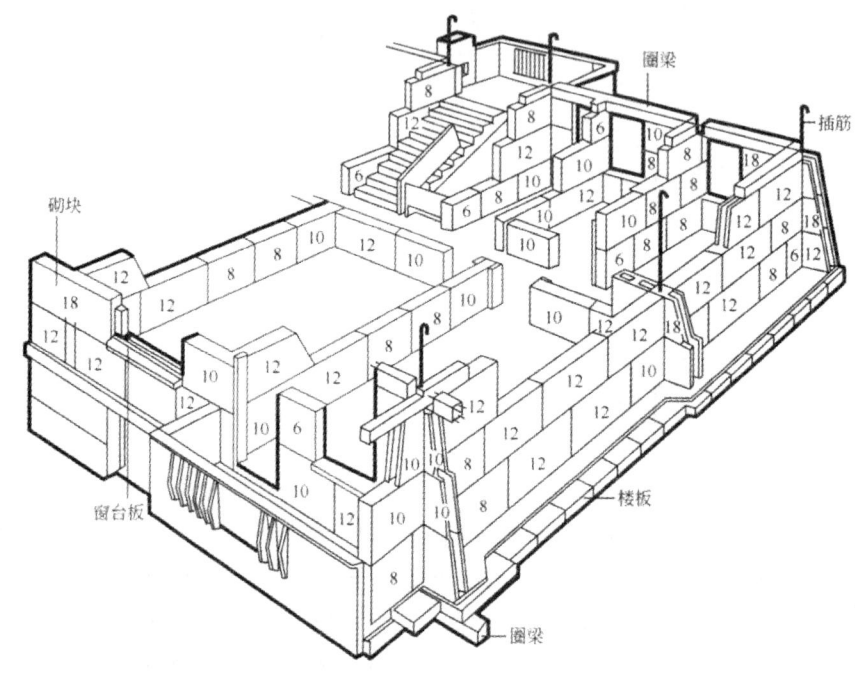

图 12-32 砌块排列情况

①上下皮砌块应错缝搭接,做到排列整齐、有规律,尽量减少通缝,使砌块墙具有足够的整体性和稳定性;

②内外墙交接处和转角处,砌块应彼此搭接;

③应优先采用大规格的砌块,使主砌块的总数量在70%以上,图12-32中的主砌块是第8号和第12号砌块;

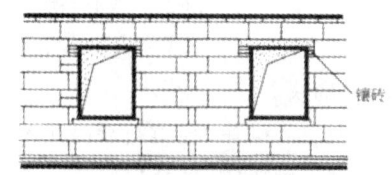

图 12-33 用普通砖镶砌填缝

④为了减少砌块的规格,在砌体中允许用极少量的普通砖来镶砌填缝,如图12-33所示;

⑤当采用混凝土空心砌块时,上下皮砌块应孔对孔、肋对肋,使上下皮砌块之间有足够的接触面,以扩大受压面积。

(2)砌块建筑每层楼都应设圈梁,用以加强砌块墙的整体性。

圈梁通常与窗过梁合并,可现场浇筑,也可预制成圈梁砌块。

(3)砌块墙芯柱处理。

当采用混凝土空心砌块时,应在房屋四大角、外墙转角、楼梯间四角设芯柱,如图12-34所示。芯柱用C15细石混凝土填入砌块孔中,并在孔中插入通长钢筋。

(4)砌块墙外饰面处理。

砌块建筑的外墙面宜做外饰面,以提高墙体的防渗水能力和改善墙体的热工性能,也可采用带

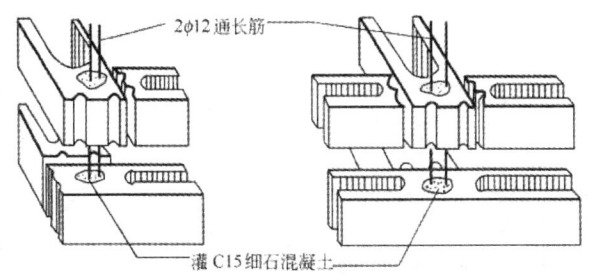

图 12-34 空心混凝土砌块建筑的芯柱

外饰面的砌块或清水墙面。

砌块建筑其余部位构造与砖混建筑相似。

12.3.2 大板建筑

大板建筑

1. 大板建筑概述

大板建筑是一种全装配式建筑,由预制的大型内、外墙板和楼板、屋面板及其他辅助构件等组合装配而成,全称为装配式大型板材建筑,其结构组成如图 12-35 所示。如图 12-36 所示为多层和高层大板住宅的平面图,它们的共同特点是纵横墙基本上对齐,在非地震区,横墙可以有少量不对齐。

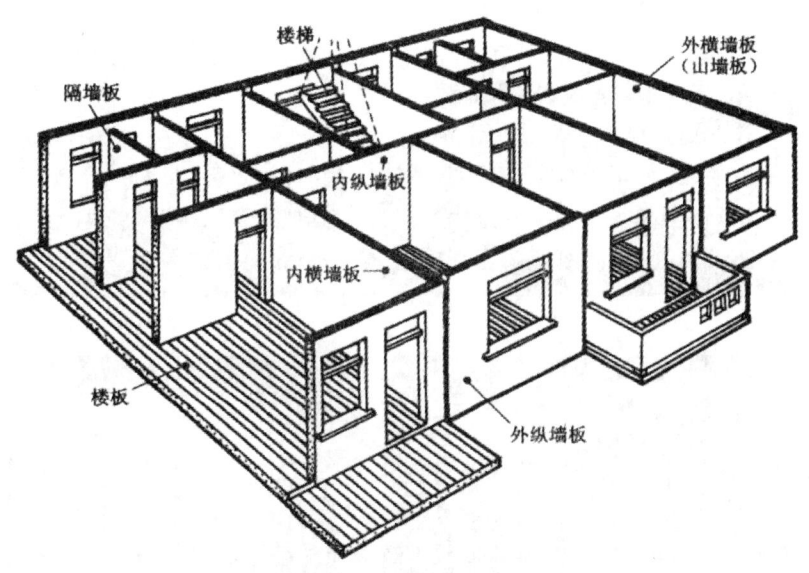

图 12-35 大板建筑结构组成

大板建筑的板材在专门的大板厂制作,或者在现场预制,图 12-37 为以大板建筑为主的城市住宅区。

(1)大板建筑的优缺点。

与传统做法的砖混建筑相比,大板建筑具有以下优点:工业化程度高,有利于提高劳动生产率,缩短工期,与传统施工方法相比可缩短工期 40％～50％,节约劳动力 30％～40％;施工现场湿作业少,施工较少受天气和季节的影响,大部分工作移入工厂进行,改善了工人的劳动条件;墙板厚度减

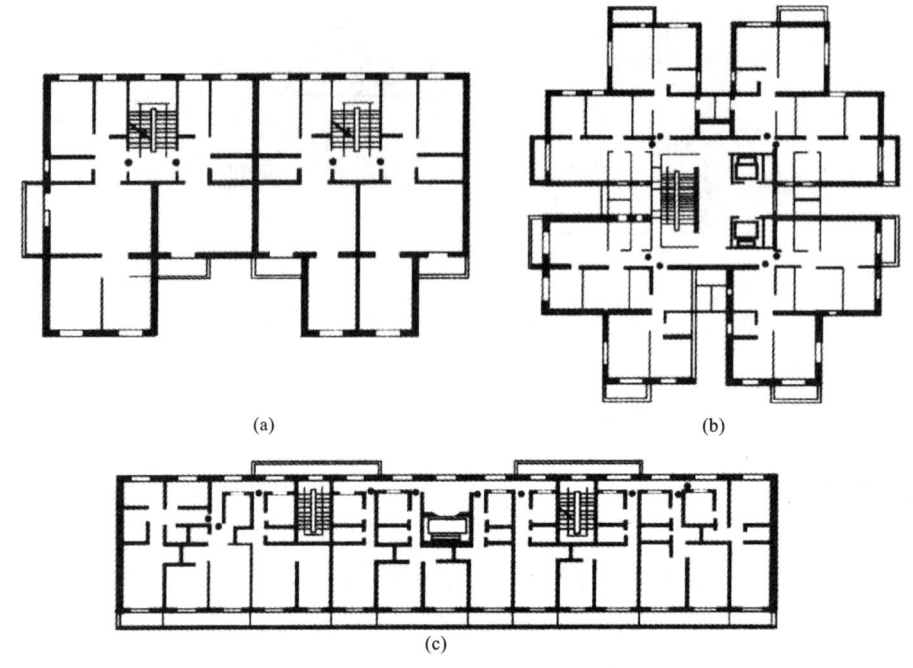

图 12-36   大板住宅平面图

(a)多层大板住宅;(b)高层大板住宅(塔式);(c)高层大板住宅(大单元式)

图 12-37   以大板建筑为主的城市住宅区

(a)柏林居住区;(b)柏林亚历山大广场大板住宅;(c)德累斯顿大板住宅;(d)上海惠南镇某住宅楼

薄,扩大了使用面积及减轻了结构自重;强度大、自重轻,且具有较好的抗变形能力,因此其抗震性能良好。大板建筑的缺点为:建筑设计灵活性和多样化受到一定限制;大板建筑一次性投资大,需要大型的运输和吊装设备,钢材和水泥用量大,造价较高,房屋造价比砖混结构高20%~30%;存在热工和防水等方面的技术问题。大板建筑多用于9层和9层以下的建筑,有时也用于20层以下的高层建筑,如住宅、办公楼等。

(2)大板建筑的结构体系。

大板建筑的结构体系主要有横向墙板承重体系、纵向墙板承重体系、双向墙板承重体系和部分梁柱承重体系等。

①横向墙板承重体系。横向墙板承重体系是将楼板搁置在横向墙板上,如图12-38(a)所示,这种结构体系的结构刚度大、整体性好,且楼板的跨度比较经济。由于外墙为围护构件,不承受上部荷载,故在满足保温隔热、防潮防水等要求的情况下,应尽量减薄板的厚度,采用轻质材料来降低外墙板的重量。但承重墙较密,对建筑平面限制大。横向墙板承重体系主要适用于住宅、宿舍等小开间建筑。

②纵向墙板承重体系。纵向墙板承重体系是将楼板搁置在纵向墙板上,如图12-38(b)所示,这种结构体系的结构刚度和整体性较横向墙板承重体系差,须间隔一定距离设横向剪力墙拉结。纵向墙板承重体系对建筑平面限制较小,内部分隔灵活。由于纵向外墙既要满足承重要求,又要满足保温隔热、防潮防水、饰面等要求,因而板的构造较复杂。

③双向墙板承重体系。双向墙板承重体系是将楼板的四边搁置在纵、横两个方向的墙板上,这种结构体系使承重墙板形成井字格,如图12-38(c)所示。其优点是楼板四面支承,与墙板锚固良好,建筑物的整体刚度大。从结构角度看,楼板双向受力,厚度较小,有利于减轻板重,节约材料。但房间布置不灵活,变化少。

④部分梁柱承重体系。部分梁柱承重体系是将楼板搁置在横梁上,可将内墙改为内柱,使柱和梁结合;也可以取消横梁,采用四点搁置的板垮内柱结合,形成内骨架结构形式。部分梁柱承重体系有利于较大尺寸房间的设计,隔断灵活,如图12-38(d)所示。但这种体系的结构刚度和整体性较差,需要设置横向剪力墙,增加横向刚度,提高整体性。

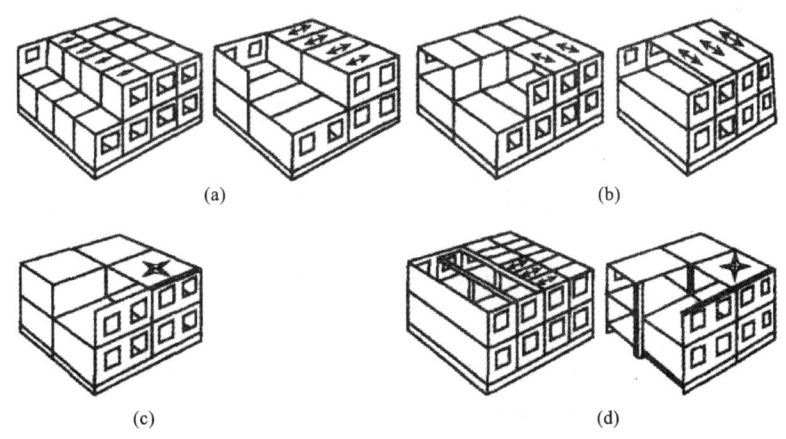

图 12-38 大板建筑的结构体系
(a)横向墙板承重;(b)纵向墙板承重;(c)双向墙板承重;(d)部分梁柱承重

(3)大板建筑的设计要点。

①大板建筑体形力求匀称,平面布置应尽量减少凹凸变化,避免结构上受力复杂和增加构件的品种和规格。

②为了提高大板建筑的空间刚度,宜采用小开间横墙承重或整间双向楼板的纵横墙承重,少用纵墙承重。因为横墙承重和双向承重的空间刚度好,而纵墙承重的刚度较差,需要借助楼板和梯井来增加整个房屋的刚度,使整幢建筑的用钢量增多。

③在进行大板建筑空间组合时,应尽量使纵横墙对齐拉通,便于墙板间的整体连接,提高大板建筑的整体刚度。图 12-39 是大板住宅平面图,它们的共同特点是纵横墙基本上已对齐拉通。但对于非地震区,横墙可以允许少量不对齐。

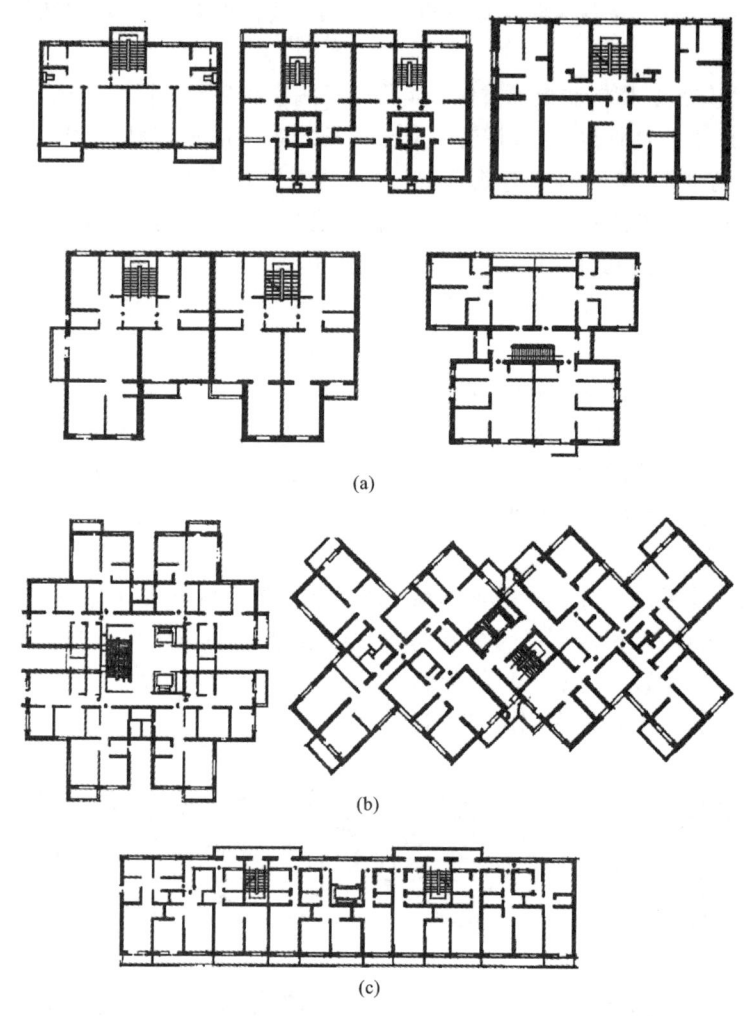

(a)

(b)

(c)

图 12-39 大板住宅平面图

(a)多层大板住宅;(b)高层大板住宅(塔式);(c)高层大板住宅(大单元式)

④大板建筑的小区规划应考虑塔式起重机的行走路线,道路系统应畅通,房屋排列应在起重机的起重范围内,要有足够的空地堆放大型板材。

⑤进行构件设计时,应在满足设计多样化的同时,尽量减少构件规格,并方便制作、运输、堆放和安装。房屋的开间和进深参数不宜过多,一般情况下,开间宜控制在 2~3 种,进深 1~2 种,层高 1 种。

(4)大板建筑的适用范围。

①为降低板材工厂的造价,提高效益,每个地区每年建造的大板建筑数量应当是一定的。

②为减少开发地段每平方米造价,大板建筑宜成街成片建造。

③大板建筑板材间连接可靠,抗震性能高,地震与非地震地区均适用。

④大板建筑为剪力墙承重结构,房屋开间小,仅适于建造住宅、宿舍、旅馆等小开间类型建筑。

⑤大板建筑对施工和运输条件的要求较高,宜在平坦地段建造。

2. 大板建筑板材类型

大板建筑的板材类型有内墙板、外墙板、楼板、阳台板,辅助构件有楼梯、隔墙、烟风道、檐口和勒脚等。

(1)内墙板。

内墙板是主要受力构件,应有一定的强度和刚度,同时又是分割空间构件,应满足防潮、防火、隔声要求。内墙板中纵横墙类型、规格、厚度应统一,多层厚度为 140 mm,高层厚度为 160 mm,构造形式多采用单一材料实心板(或空心板),材料多采用钢筋混凝土墙板、粉煤灰墙板、振动砖墙板。内墙板中还包括隔墙板,主要满足隔声、轻质和防潮防火要求,常用钢筋混凝土薄板,加气混凝土条板,碳化石灰(石膏)板。内墙板的划分也应与运输及吊装机械设备能力相适应,可分为一间一块、一间两块或两间三块,墙板高度为层高减去楼板厚度。

①承重内墙板。

大板建筑的竖向承重结构一般采用内墙板,外墙板不承重,仅与楼板组成空间结构体系。内墙板有圆孔空心墙板、肋形墙板和框壁板等,如图 12-40 所示。

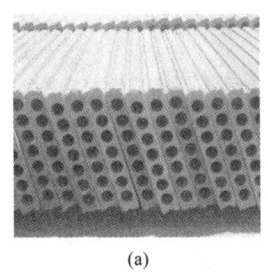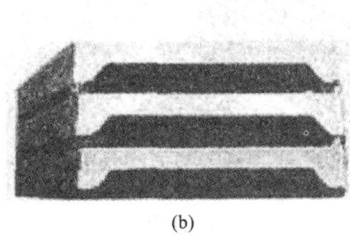

(a)　　　　　　　　(b)　　　　　　　　(c)

图 12-40　内墙板

(a)圆孔空心墙板;(b)肋形墙板;(c)框壁板

②非承重隔墙板。

非承重隔墙板主要用于内部空间的分隔,轻质且具有一定的刚度,有一定的隔声、防潮、防水等能力。在满足民用建筑规范中隔声标准的同时,应尽可能减少湿作业。用作隔墙板的材料有钢筋混凝土板、加气混凝土板、陶粒混凝土板、石膏板及钢丝网架苯板等。

(2)外墙板。

外墙板是围护构件,除满足内墙板各种要求外,还应满足防风抗雨、保温隔热和外装修的要求。为满足防雨要求,外墙板的接缝构造要比内墙板复杂。外墙板的选用应力求减少板型、外形简单,便于制作、运输及吊装。板的大小应与所采用的运输工具及吊装设备能力相适应,并尽量减少板缝数量和长度,以便于施工,同时也要考虑内外墙面的建筑美观。外墙板构造形式常用于复合板,复合板常采用钢筋混凝土做受力层,用轻质材料做保温层。除复合板外,外墙板还可采用轻质混凝土做单一材料外墙,如加气混凝土、陶粒混凝土、矿渣混凝土等。

复合材料外墙板的重量比单一材料墙板轻,但墙板的制作工艺比单一材料墙板复杂。通常选用两种以上不同材料组合在一起。外墙板根据功能要求划分为结构层、抗水层、保温层、饰面层。结构层是复合墙板的主要承重结构,承担所加荷载和板本身的自重及分担纵向水平力。结构层和抗水层多采用混凝土或水泥砂浆制成。一般承重的复合材料外墙板的结构层设在板的内侧,外表面设抗水层。保温层处在结构层与抗水层的中间夹层部位,一般采用高效保温材料,如矿棉、加气混凝土、聚苯板等,也可采用不通气的空气层,如图 12-41 所示。为了提高板的刚度,混凝土层常做成带肋的板,但这些肋在冬天容易形成冷桥,在寒冷地区须特别加以保温。对于不承重的复合材料

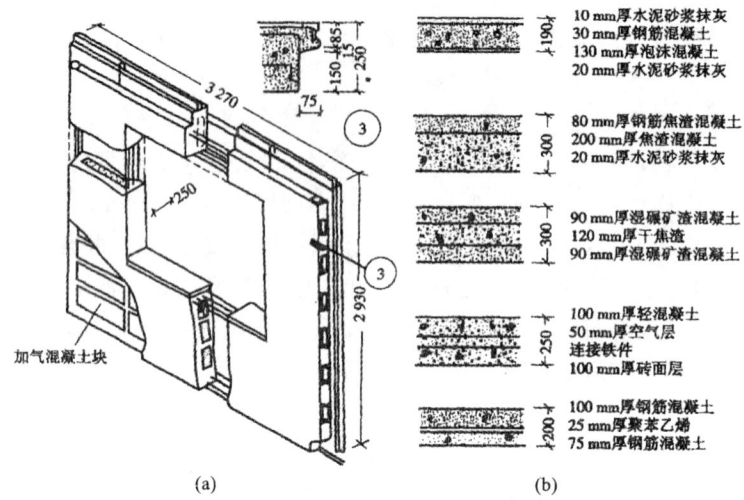

图 12-41 复合材料外墙板(单位:mm)

(a)加气混凝土块钢筋混凝土复合板;(b)其他复合材料外墙板

外墙板,其结构层可设于墙板外侧,与防水层甚至表面的装饰性纹样处理合二为一,在其内表面设兼作防潮、保护作用的混凝土层。

外墙板的划分方式有如下几种。

①按层高每开间一块划分,如图 12-42(a)所示,适用于小开间建筑,采用最多。

②按层高每开间两块划分,如图 12-42(b)所示,适用于大开间建筑或山墙。

③按层高每两(三)开间一块划分,如图 12-42(c)所示,适用于立面要求有横线条的建筑。

扩大的墙板减少了吊装件数,减少了墙板接缝和构造上的麻烦,较为经济,但需要较大的运输及吊装设备,因此应与当地的制作、运输与吊装能力相适应。同样也可以按横向一个开间,宽、纵向加高为两或三个层高一块划分。

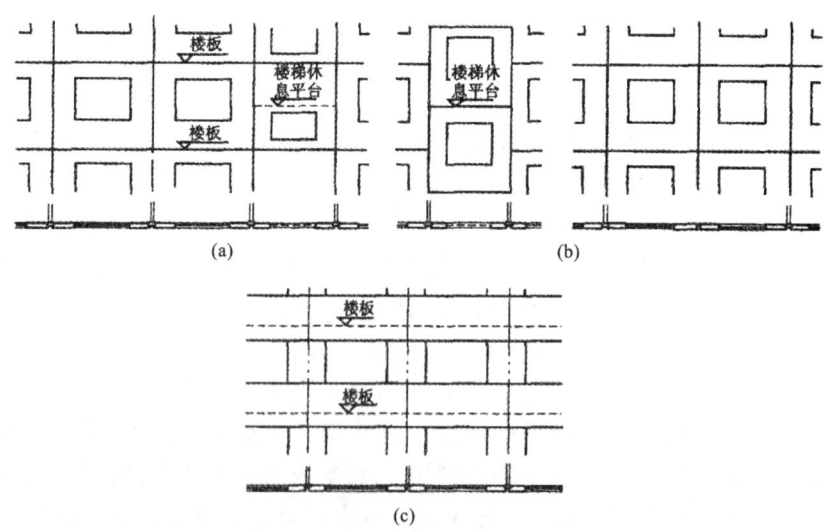

图 12-42 大板建筑外墙板划分

(a)按层高每开间一块;(b)按层高每开间两块;(c)按层高每两(三)开间一块

(3)楼板。

楼板重量应与墙板的重量相适应,其大小常采用一间一块或一间两块,大型楼板接缝少,小楼板应少用,如图 12-43 所示。根据楼板承重方式的不同,楼板分为单向承重和双向承重两种。

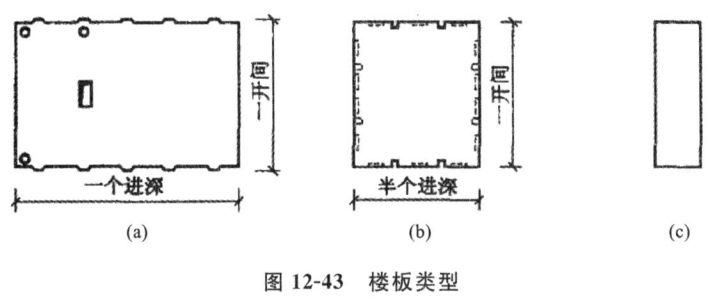

图 12-43　楼板类型

(a)一间一块;(b)一间两块;(c)小楼板

楼板平面布置方式如下。

①一间一块的平面布置,如图 12-44(a)所示。楼板每块自重为 3～4t,没有接缝、找平及抹面层等施工湿作业。但楼板尺寸较大,运输、堆放均需要一定条件。

②一间两块的平面布置,如图 12-44(b)所示。楼板每块自重为 2t,运输、堆放较方便,但房间中楼板与楼板的交接处有接缝,不易平整。

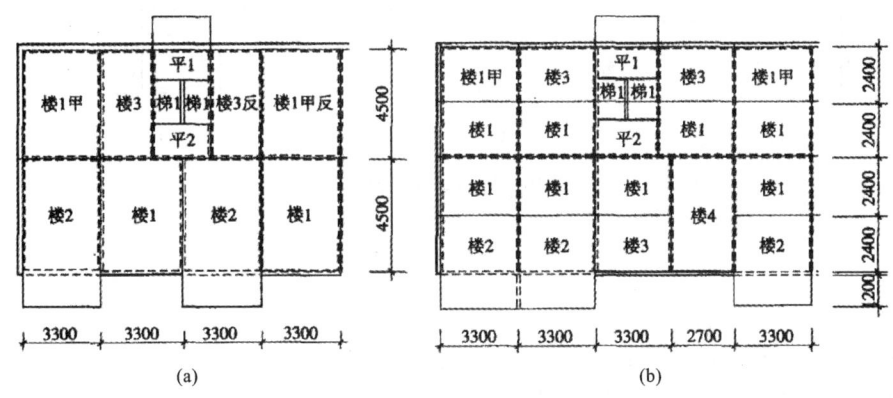

图 12-44　楼板平面布置方式(单位:mm)

(a)一间一块楼板;(b)一间两块楼板

楼板可以采用钢筋混凝土空心板,也可以采用整块的钢筋混凝土实心板。在地震地区,楼板与楼板之间、楼板与墙板之间的接缝,应利用楼板四角的连接钢筋与吊环互相焊接,并与竖向插筋锚接。此外,楼板的四边应预留缺口及连接钢筋,并与墙板的预埋钢筋互相连接后浇筑混凝土。连接钢筋的锚固长度应不小于 30d(d 为钢筋直径)。坐浆标号应不低于 M10,灌注用的混凝土强度不应低于 C15,也不应低于墙板混凝土的标号。楼板与内外墙板的连接如图 12-45、图 12-46 所示。

楼板在承重墙上的设计搁置长度不应小于 60 mm;地震地区楼板的非承重边应伸入墙内不小于 30 mm。

(4)阳台板。

阳台板为钢筋混凝土槽形板,两个肋边的挑出部分压入墙内,并与楼板预埋件焊接,然后浇筑混凝土。阳台上的栏杆和栏板也可以做成预制块在现场焊接。

阳台板也可以由楼板挑出,成为楼板的延伸。

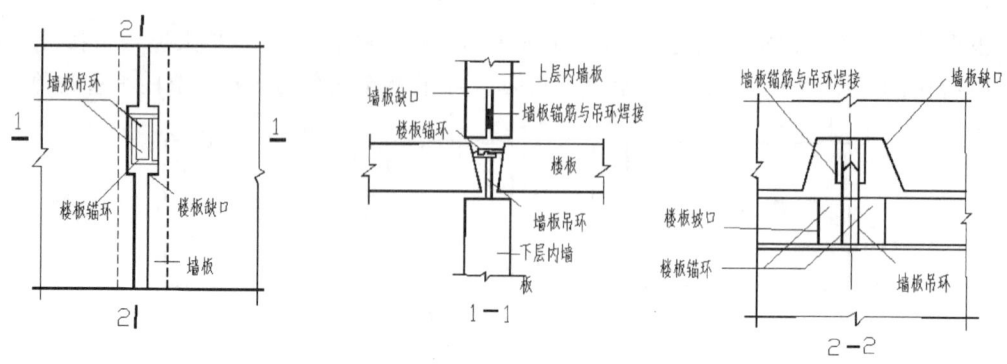

图 12-45 楼板与内墙板的连接

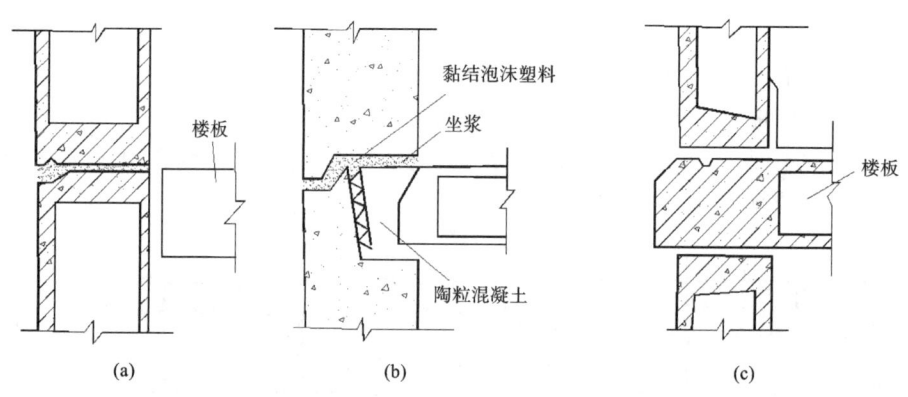

图 12-46 楼板与外墙板的连接

(a)楼板不搭入墙板；(b)楼板伸入墙板一部分；(c)楼板伸出墙外

(5)楼梯。

楼梯分成楼梯段和休息板(平台)两大部分。

休息板与墙板之间必须有可靠的连接，横梁预留搁置长度不宜小于 100 mm。常用的做法可以在墙上预留洞槽或挑出牛腿以支承楼梯平台。

(6)屋面板及挑檐板。

屋面板一般与楼板做法相同，仍然采用预制钢筋混凝土楼板。

挑檐板一般采用钢筋混凝土预制构件，其挑出尺寸应在 500 mm 以内。

(7)烟风道。

烟风道一般为钢筋混凝土或水泥石棉制作的筒状构件。一般按一层一节设计，其交接处为楼板附近。交接处要坐浆严密，不致串烟漏气。出屋顶后应砌筑排烟口并用预制钢筋混凝土块作压顶。

3. 大板建筑节点构造

大板建筑节点构造的重点是板材连接和外墙板的接缝防水构造。

(1)板材连接：板材连接是大板建筑非常关键的构造措施，板材只有相互间牢固地连接，才能把墙板、楼板连成一体，使房屋的强度和刚度得以保证。板材连接有干法连接和湿法连接两种，图 12-47 是板材连接构造图。

干法连接是借助预埋在板材边缘的铁件通过焊接或螺栓将板材连成一体。其优点是施工简单，接头处不需要养护就能马上受力，所以对施工速度无影响。干法连接耗钢量大，对连接铁件的质量要求较高,目前我国这种连接方法用得不多,图 12-47 中⑤、⑥节点为干法连接构造。

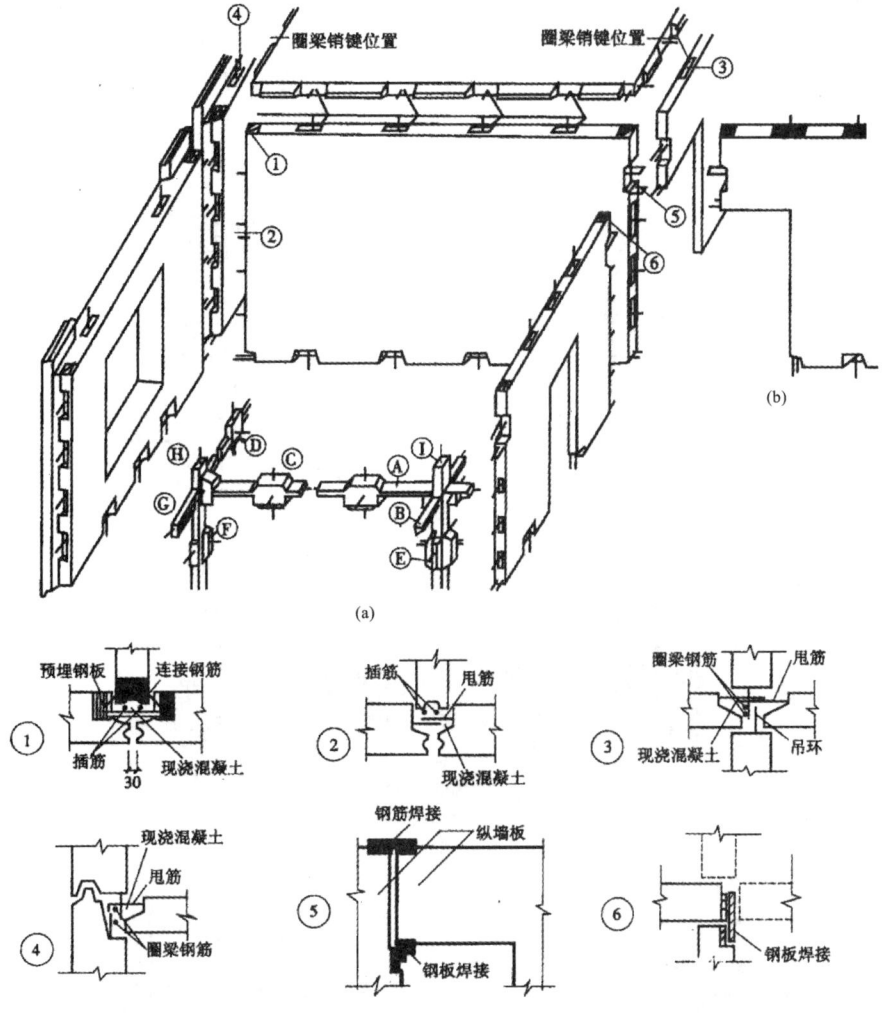

图 12-47　板材连接构造图

(a)现浇圈梁及立缝中的小柱;(b)板材连接轴测图

湿法连接是在板材边缘预留钢筋(称为甩筋),安装时将这些甩筋相互绑扎或焊接,然后在板缝中浇灌混凝土,使所有楼板的四周形成现浇的圈梁,所有墙板竖缝中形成现浇的构造柱(构造柱内事先插入竖向钢筋),并且在板材四周还预留若干个键槽,浇筑混凝土后,键槽处便形成与圈梁和小柱连在一起的销键。这种销键像销子一样将板材相互卡住,使大板建筑的整体刚度加强,如图 12-47(a)、(b)所示。图 12-47 中①、②、③、④节点分别表示出圈梁与现浇小柱的细部构造。湿法连接的优点是房屋结构整体性好,刚度大,连接钢筋被混凝土包住,不易锈蚀。但湿法连接必须有一定的养护时间,使接头混凝土达到一定强度后才能受力。

(2)外墙板的接缝防水构造。

外墙板的接缝防水处理方法从原理上讲有构造防水(图 12-48)和材料防水(图 12-49)两种。

构造防水是在墙板侧面设置滴水或挡水台、凹槽切断毛细水通路,利用水的重力作用排除雨水,达到防水效果。这种方法较经济、耐久,但模板较复杂。在制作和施工中须防止墙板边角缺损,凡损坏部分必须妥善修补。当制作和施工条件不具备时,不宜采用。构造防水可分为水平缝防水做法、垂直缝防水做法和十字缝防水做法。

材料防水是利用密封材料嵌入板缝,防止雨水侵入,达到防水效果。密封材料必须具有黏结力强、耐久、不流淌及可塑性大的性能。这种方法模板制作简单,但造价较高,施工操作要求严格,发生渗漏不易检查。常用的密封材料有聚氯乙烯胶泥、改性沥青胶膏及氯丁橡胶、聚硫橡胶密封条等。材料防水可分为塑性材料嵌缝防水和弹性材料嵌缝防水。

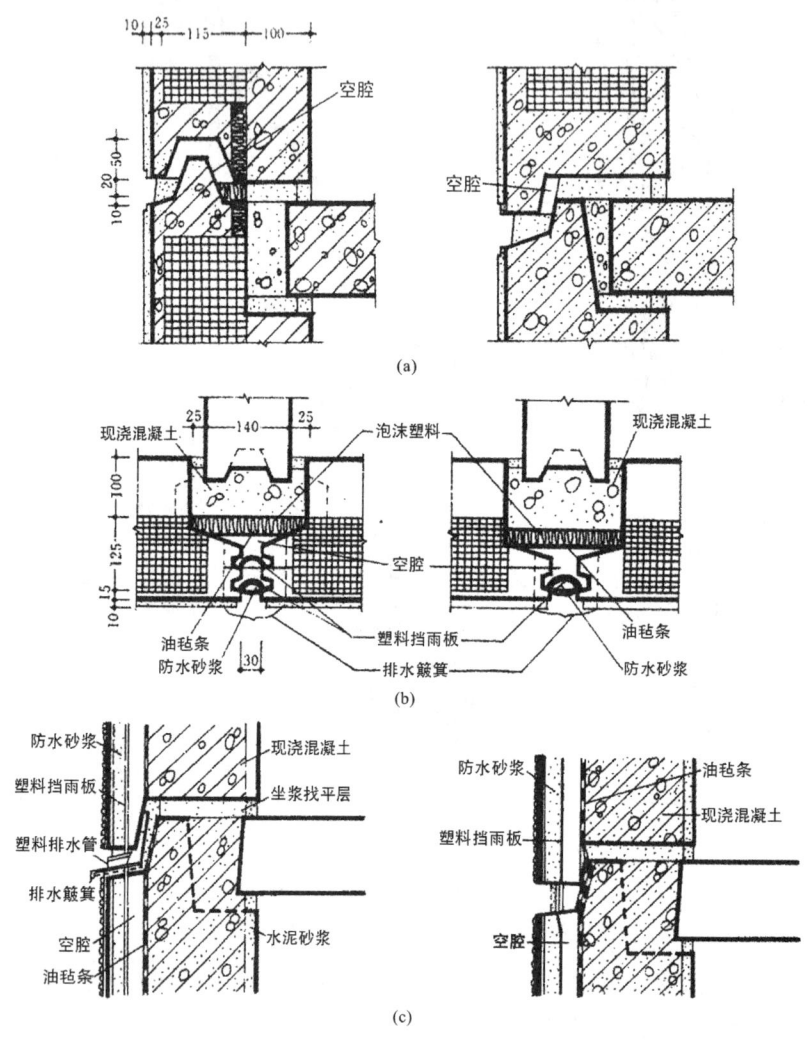

图 12-48 构造防水(单位:mm)

(a)水平缝防水做法;(b)垂直缝防水做法;(c)十字缝防水做法

12.3.3 装配式框架板材建筑

1. 装配式框架板材建筑概述

装配式框架板材建筑是由框架结构主体和轻型板材组成的建筑,如图 12-50 所示。柱、梁、楼板是其承重构件,墙板仅起围护与分隔的作用,因此其外墙板可以是自承重的,也可以是悬挂的。除必要的抗剪墙板外,多数为轻质墙板。框架板材建筑具有空间分隔灵活、节约材料、自重轻、结构面积小、有利于提高抗震性能、改善施工条件等优点。其缺点是钢材和

装配式框架
建筑

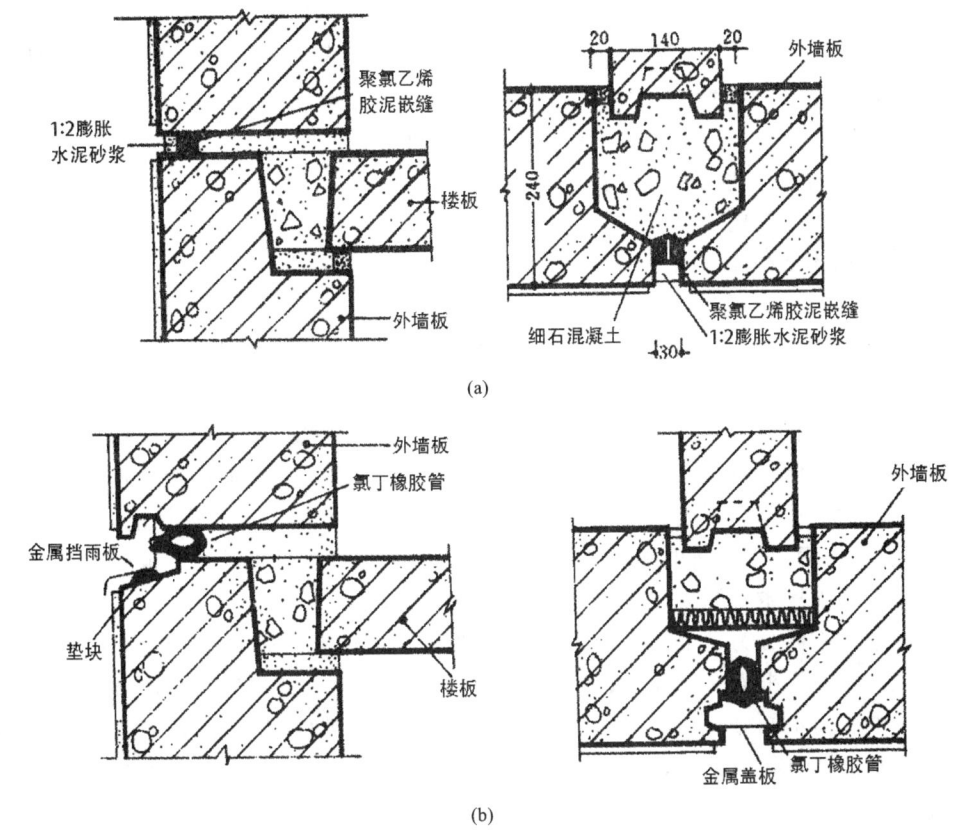

图 12-49 材料防水(单位:mm)

(a)塑性材料嵌缝防水;(b)弹性材料嵌缝防水

图 12-50 装配式框架板材建筑

水泥用量较大,构件的总数量多,吊装、接头工作量大、工序多。设计时,通过柱网的合理布置,可减少构配件制品类型规格,满足建筑设计中多种功能使用的要求,具有一定的灵活性。

装配式框架板材建筑适用于各种住宅公共建筑,以及地基较软弱和地震区的建筑,用于高层建筑较为经济。

(1)装配式框架板材建筑的优缺点。

装配式框架板材建筑的优点如下。

①自重轻。砌体结构自重为 1500 kg/m³;框架板材结构自重为 400~600 kg/m³,仅为砌体结构的 1/3。

②房间布置灵活。由于框架轻板建筑的承重结构为框架本身,墙板只起围护和分隔作用,因而

布置比较灵活。

③增加了有效面积。由于选择了轻型板材,重量轻、厚度薄,相对地增加了房屋的使用面积。

④节省水泥用量。砌体结构的水泥用量为 90kg/m³;框架板材结构的水泥用量为 75kg/m³。此外,为了减轻建筑自重,还可以采用一些非水泥的构件。

⑤有利于建筑向工业化的方向发展。

装配式框架板材建筑的缺点如下。

①用钢量比砌体结构约高出 30%。

②采用复合墙板,构造较复杂。

③造价偏高。

(2)装配式框架板材建筑的分类。

①装配式框架按材料不同分为钢筋混凝土框架、钢框架和木框架。钢筋混凝土框架防火性能好,造价较低,施工方便,适用于 30 层以下的建筑。目前我国多采用钢筋混凝土框架结构。钢框架自重轻,施工速度快,适用于高层、超高层建筑及大跨度建筑,但钢结构防火性能较差,应采取防火措施,且造价较高。钢框架建筑的柱、梁均采用钢材,楼板可采用钢筋混凝土板或钢板。木框架结构的柱、梁、楼板均采用木材制成,这种框架目前较少使用。

②按构件数量不同分为完全框架、不完全框架和板柱式框架。完全框架指由柱、纵梁、横梁、楼板组成的框架。不完全框架指由柱、纵梁、楼板组成的框架。板柱式框架指由柱、楼板组成的框架。

③按框架的受力不同分为纯框架和框架加剪力墙。采用纯框架时,垂直荷载和水平荷载全部由组成框架结构的柱、梁、板承担。采用框架加剪力墙(简称"框剪")时,垂直荷载和 20% 左右的水平荷载由框架承担,80% 左右的水平荷载由现浇的钢筋混凝土板墙承担。

④当采用预制楼板时,根据楼板的支承构件不同分为横向框架、纵向框架和纵横向框架。采用横向框架时,预制楼板支承在横向梁上,横向梁是主梁,纵向梁是连系梁。采用纵向框架时,预制楼板支承在纵向梁上,纵向梁是主梁,横向梁是连系梁。采用纵横向框架时,预制楼板一部分支承在横梁上,另一部分支承在纵梁上。

⑤框架按主要构件组成不同可分为以下几种类型。

a. 梁板柱框架体系。

梁板柱框架体系是由梁柱组成的横向或纵向框架,再由楼板或连梁将框架连接而成,是通常采用的框架形式,如图 12-51(a)所示。其中框架中的纵、横向梁均为承重梁。此外,还有框架的承重主梁为横向梁的横梁板柱框架体系,如图 12-51(b)所示,由于框架体系在房屋进深方向上,平面布置灵活,房间上部空间完整。框架的承重主梁为纵向梁的纵梁板柱框架体系如图 12-51(c)所示,框架体系在房屋纵向上,平面布置灵活,但结构稳定性较差。

b. 板柱框架体系。

板柱框架体系是由楼板和柱组成的框架,如图 12-51(d)所示。板柱框架中不设梁,楼板可以是梁板合一的大型肋形楼板,也可以是实心大楼板。柱直接支承楼板的四个角,成为四角支承,楼板的平面形式为正方形或接近正方形。实心大楼板由于去掉了梁,室内顶棚表面没有突出物,增大了净高,空间体形规整。板柱框架建筑平面布置灵活,适用于大空间布置的需要。

c. 框-剪体系。

框-剪体系是框架中增加剪力墙共同组成承担水平力的结构。其中剪力墙承担大部分水平荷载,框架主要承受垂直荷载,它综合了框架体系布置灵活和剪力墙体系刚度大的优点,因此这种结构体系在高层建筑中采用较为普遍,如图 12-51(e)所示。钢筋混凝土纯框架一般不宜超过 10 层,框-剪结构多用于 10～25 层的建筑,国外已建成的钢筋混凝土框-剪结构建筑有 70 层高的住宅和 50 层高的办公楼。

d.框-筒体系。

框-筒体系的框架为板柱结构,利用现浇井筒加强结构整体性,如图 12-51(f)所示。该体系整体刚性好,筒体几乎承担全部水平荷载,框架只承担竖向荷载。

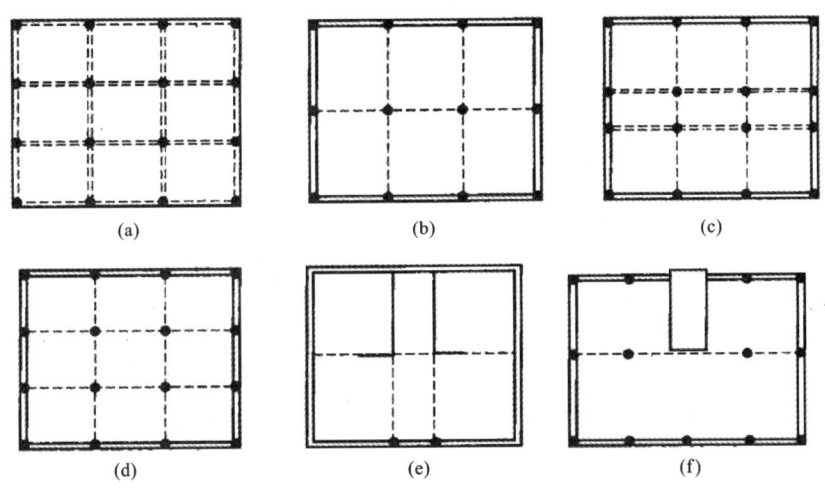

图 12-51 框架类型

(a)梁板柱框架体系;(b)横梁板柱框架体系;(c)纵梁板柱框架体系;(d)板柱框架体系;(e)框-剪体系;(f)框-筒体系

2. 装配式钢筋混凝土框架的构件连接

(1)梁与柱的连接。

装配式钢筋混凝土框架的梁与柱通常在柱顶进行连接,最常用的是叠合梁现浇连接,其次是浆锚叠压连接。图 12-52(a)为叠合梁现浇连接构造,叠合方法是把上下柱、纵横梁的钢筋都伸入节点,加配箍筋后浇筑混凝土成为整体。其优点是节点刚度大,故经常使用。图 12-52(b)为浆锚叠压连接构造,将纵横梁置于柱顶,上下柱的竖向钢筋插入梁上的预留孔中后,再用高强砂浆将柱筋锚固,使梁柱连接成整体。

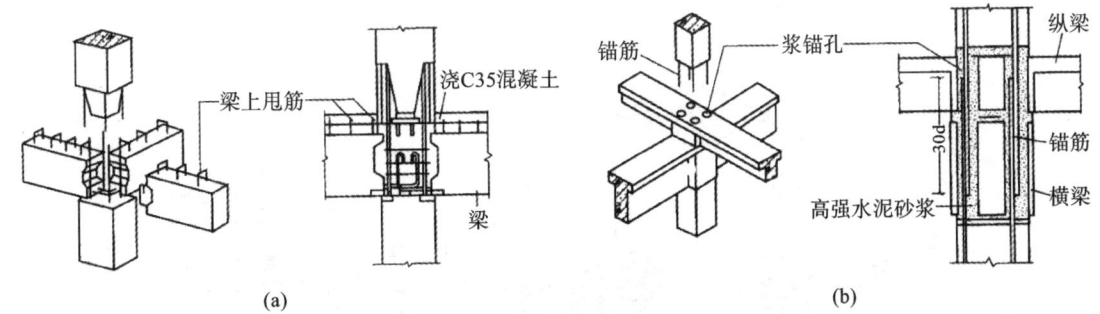

图 12-52 梁与柱的连接

(a)叠合梁现浇连接构造;(b)浆锚叠压连接构造

(2)楼板与梁的连接。

为了使楼板与梁形成整体连接,常采用楼板与叠合梁现浇连接方式,如图 12-53 所示。叠合梁由预制和现浇两部分组成,在预制梁上部留出箍筋,预制板安放在梁侧,沿梁纵向放入钢筋后浇筑

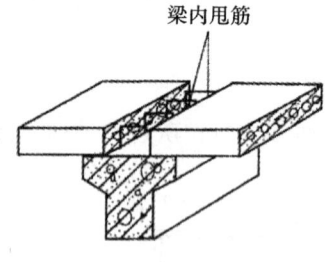

图 12-53　楼板与梁的连接

梁内甩筋

混凝土,将梁和楼板连成整体。这种连接方式的优点是整体性强,并可减少梁占据的室内空间。

（3）楼板与柱的连接。

在板柱框架中,楼板直接支承在柱上,其连接有现浇连接、浆锚叠压连接和后张预应力连接三种连接方法,如图12-54所示。前两种连接方法与梁柱连接是相同的。后张预应力连接法是在柱上预留穿筋孔,预制大型楼板安装就位后,预应力钢丝索从楼板边槽和柱上预留孔中通过,待预应力钢丝张拉后,在楼板边槽中浇筑混凝土,等到混凝土强度达到70％时放松预应力钢丝索,便将楼板与柱连成整体。后张预应力连接法构造简单,连接可靠,施工方便快速,在我国各地均有采用。

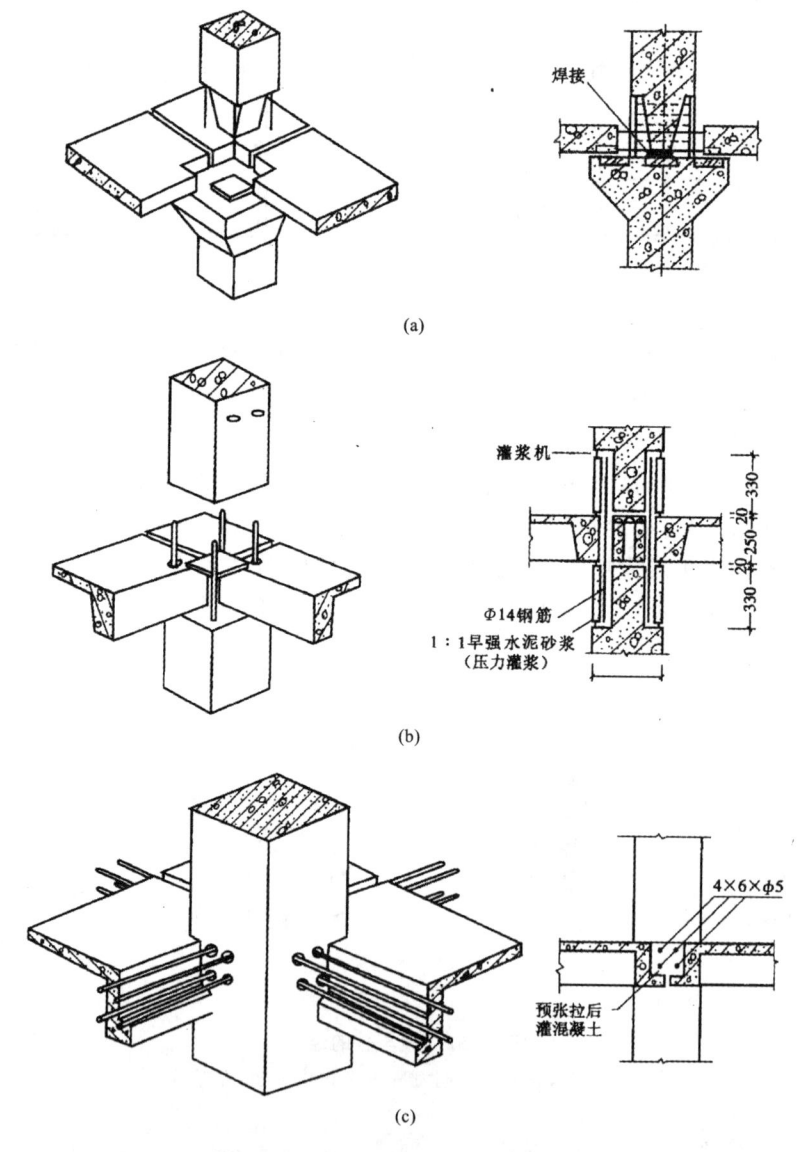

图 12-54　楼板与柱的连接（单位：mm）

（a）现浇连接；（b）浆锚叠压连接；（c）后张预应力连接

3. 框架结构构件的特点

(1)柱。

框架结构中的柱一般多选用钢筋混凝土,高层框架也可选用钢材。其断面大小与柱的计算长度有关(计算长度用 l_0 表示,其数值大致为层高的 1.5 倍)。截面宽度 $b \geqslant l_0/30$,截面高度 $h \geqslant l_0/25$。工程实际表明,框架结构柱截面的最小尺寸为 400 mm×400 mm,常用尺寸为 450 mm×450 mm、500 mm×500 mm、550 mm×550 mm 等。

(2)承重梁。

框架结构中承重梁(又称托板梁)多采用花篮形截面,这是由于框架结构的节点均承受弯矩。施工时多采用二次浇筑的方式完成(这种做法叫"叠合")。承重梁的高度一般取跨度的 1/10 左右,梁的宽度应小于梁高的 1/2。花篮形的翼缘大小应满足板的支承长度,预制板在翼缘上的支承尺寸应不小于 80 mm,翼缘厚度应不小于 80 mm。工程中承重梁的宽度多采用 200 mm、250 mm、300 mm。

(3)连系梁。

框架结构中连系梁多采用矩形截面,但由于安装门窗和建筑外形的需要,常采用 L 形、Z 形等形状。连系梁也多采用叠合方式。梁的高度多取跨度的 1/15 或比承重梁减少 100 mm,梁宽为梁高的 1/3~1/2。

(4)板。

框架结构中板可以采用现浇和预制两种方式。现浇板的厚度为板跨的 1/40~1/30,且不小于80 mm 厚,常用尺寸为 80 mm、90 mm、100 mm。预制板则应根据各个地区的预制构件选用。以北京地区为例,可供框架结构选用的预制楼板有以下三种板型。

①预应力短向圆孔板:这种板的标志跨度为 1800~4200 mm,按 300 mm 进级;板的构造尺寸为标志跨度减 90 mm(90 mm 为板端预留构造缝)。板宽的标志尺寸为 1200 mm、900 mm,构造尺寸为 1180 mm、880 mm。板厚一律为 130 mm。构件代号为 ZB33.1、ZB36.(1)等。板间缝应不小于 40 mm。

②预应力长向圆孔板:这种板的标志跨度为 4500~6600 mm,按 300 mm 进级,板的构造尺寸为标志跨度减 100 mm(100 mm 为板端预留构造缝)。板宽的标志尺寸为 1200 mm、900 mm,构造尺寸为 1180 mm、880 mm。板厚为 185~190 mm(190 mm 仅用于板跨为 6300 mm、6600 mm 的两种板)。构件代号为 KB60.1、KB57.(1)等。板间缝应不小于 60 mm。

③预应力叠合长向圆孔板:这种板的标志跨度为 4500~6900 mm,按 300 mm 进级,板的构造尺寸为标志跨度减 320 mm(320 mm 为板端预留构造缝)。板宽的标志尺寸为 1200 mm、900 mm,构造尺寸为 1180 mm、880 mm。板厚为 185~190 mm(190 mm 仅用于板跨为 6300 mm、6600 mm、6900 mm 的三种板)。构件代号为 DKB60.1、KDB57.(1)等。板间缝应不小于 60 mm。

(5)剪力墙。

框架结构中的剪力墙主要承受水平力。剪力墙的长度按每平方米建筑面积取 50 mm,剪力墙的厚度取楼层高度的 1/25,且不小于 140 mm,剪力墙的间距与框架宽度之比应不大于 4,剪力墙一般采用 C20 混凝土浇筑。

(6)围护墙。

框架结构中的围护墙起填充作用,以选用轻型墙体材料(加气混凝土块、水泥陶粒空心砌块、黏土空心砖等)和采用复合墙体为主。为节约土地和减少能源消耗,规定不能采用普通黏土砖作为框架结构的填充墙。围护墙应满足保温、防水等构造要求。

（7）分隔墙。

框架结构的内墙只起分隔作用，其选材应以轻型材料（石膏板、加气混凝土块、碳化石膏板等）为主。分隔墙应满足隔声、防水等要求。

12.3.4 大模板建筑

1. 大模板建筑概述

大模板为大尺寸的工具式模板，一般是一块墙面用一块大模板（图 12-55）。大模板由面板、加劲肋、支承桁架、稳定机构等组成。面板多为钢板或胶合板，也可用小钢模组拼；加劲肋多用槽钢或角钢；支承桁架用槽钢和角钢组成。大模板建筑的模板多采用钢材制作，有平模、筒模等类型。

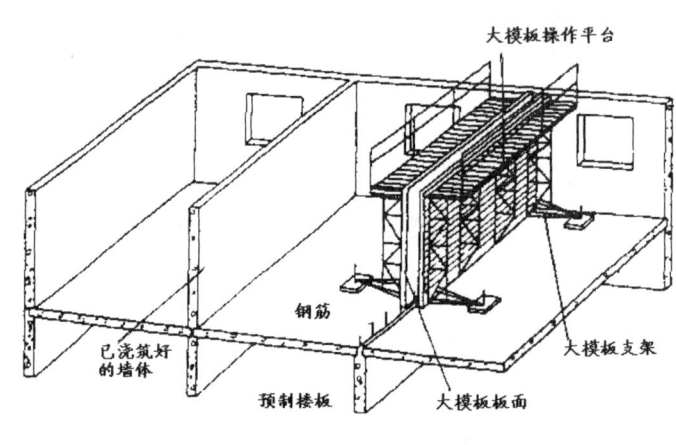

图 12-55　大模板

（1）大模板建筑的优缺点。

大模板建筑的优点如下。

①由于墙体在现场现浇，预制构件比大板建筑用量少，可以节省一部分预制厂的投资，即使采用部分预制构件，一次性投资费用也比大板建筑少。

②大型构件少，现浇墙的工艺较简单，技术要求不高，故其适应性强。

③施工速度较快，劳动强度低，墙面平整，可减少装修工作量，可减薄墙体。

④构件与构件之间连接方法大为简化，结构整体性好，刚度大，结构的抗震与抗风能力强。

⑤现场施工可以减少建筑材料的多次转运，从而可使建筑造价比大板建筑低。

大模板建筑的缺点如下。

现浇混凝土工作量较大，水泥消耗量多，工地施工组织较为复杂；在寒冷地区，冬期施工需要采用电热模板升温，能耗量增加。

（2）大模板建筑的适用范围。

由于大模板建筑技术条件要求不高，在我国气候较温暖的大部分地区均适用，所以在我国各地发展迅速，无论地震区和非地震区的多层和高层建筑均可采用。

（3）大模板建筑设计应该注意的问题。

①最好采用横墙承重，其体形力求简单，避免结构网刚度突变，以利于抗震、抗风。

②进行房屋空间组合时，横墙应尽量对齐，内纵墙应拉通，以简化节点构造，并提高房屋的空间刚度。

③工具式大模板用钢制作，要尽量提高周转次数才能充分发挥经济效益，设计时应尽量统一开

间和进深等参数,以减少大模板的规格,使模板的周转次数增多。

④加强各墙之间以及楼板与墙体之间的连接,提高结构的整体性。

⑤墙体厚度上下一致,以简化构造和施工,现浇内墙厚度一般为 140~160 mm。

2．大模板建筑类型

大模板建筑分为全现浇、现浇与预制装配结合两种类型。全现浇式大模板建筑的墙体和楼板均采用现浇方式,技术装备条件较高,生产周期较长,但整体性好,在地震区采用这种类型特别有利。将大模板建筑与大板建筑两种不同的建造方式综合运用,便创造出了现浇与预制装配结合的大模板建筑形式。例如楼板采用预制整间大楼板、墙体采用大模板现浇,或者只是内墙现浇,外墙仍用预制大墙板。现浇与预制相结合的方式对我国的生产现状更适合,运用起来也灵活,所以各地应用也较全现浇更多。

墙体的工具式大模板一般有平模、大角模、小角模、筒子模等类型,如图 12-56 所示。其中大角模适用于内外墙同时现浇的墙体;小角模为平模的补充角模;平模和筒子模既可用于内外墙同时现浇的墙体,又可用于内墙现浇、外墙预制装配的墙体。

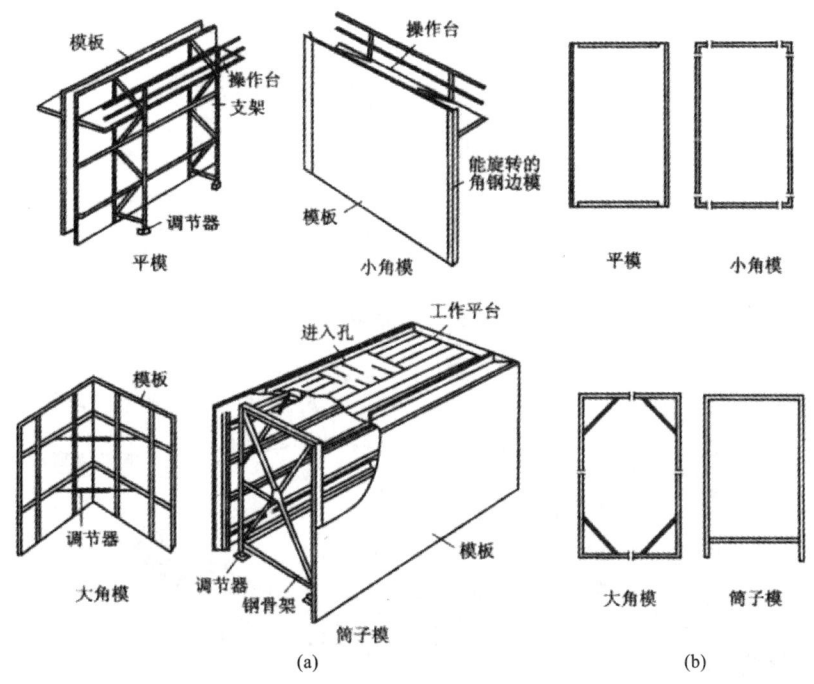

图 12-56 工具式大模板类型及组装形式

(a)工具式大模板类型;(b)大模板组装形式

现浇承重内墙的建筑大致可分为三类:楼板现浇、外墙预制;外墙现浇、楼板预制;外墙预制、楼板预制。

(1)楼板现浇、外墙预制。

楼板现浇、外墙预制的建筑一般为横墙承重方式。为了拆除浇筑楼板的模板和使模板移位方便,横墙和楼板组成蜂窝状空格形式,外墙做成装配形式。现浇楼板的模板目前有台模和隧道模两种。

①台模。

台模是用于灌筑现浇混凝土楼板的大面积模板。做法是先用大模板支墙板模并浇筑混凝土,达到一定强度后,拆去墙模,吊放楼板模。由于楼板模支立在下层楼板上下调节的腿状支架上,故称台模。台模支好后放置钢筋网,然后浇筑楼板。这种施工方法也被称作飞模法,如图 12-57(a)所示。

②隧道模。

隧道模是内墙和楼板同时浇筑的模板,两者的模板连在一起,一般下层楼板上设有临时轨道,整个模板可以像抽屉一样,在拆模时利用临时轨道抽出运至下一个流水段组装,如图 12-57(b)所示。由于模板的形状像隧道,所以称为隧道模。隧道模笨重,用钢量大,一次投资大,不易推广,采用分段支模或半间支模时,拆模较方便。

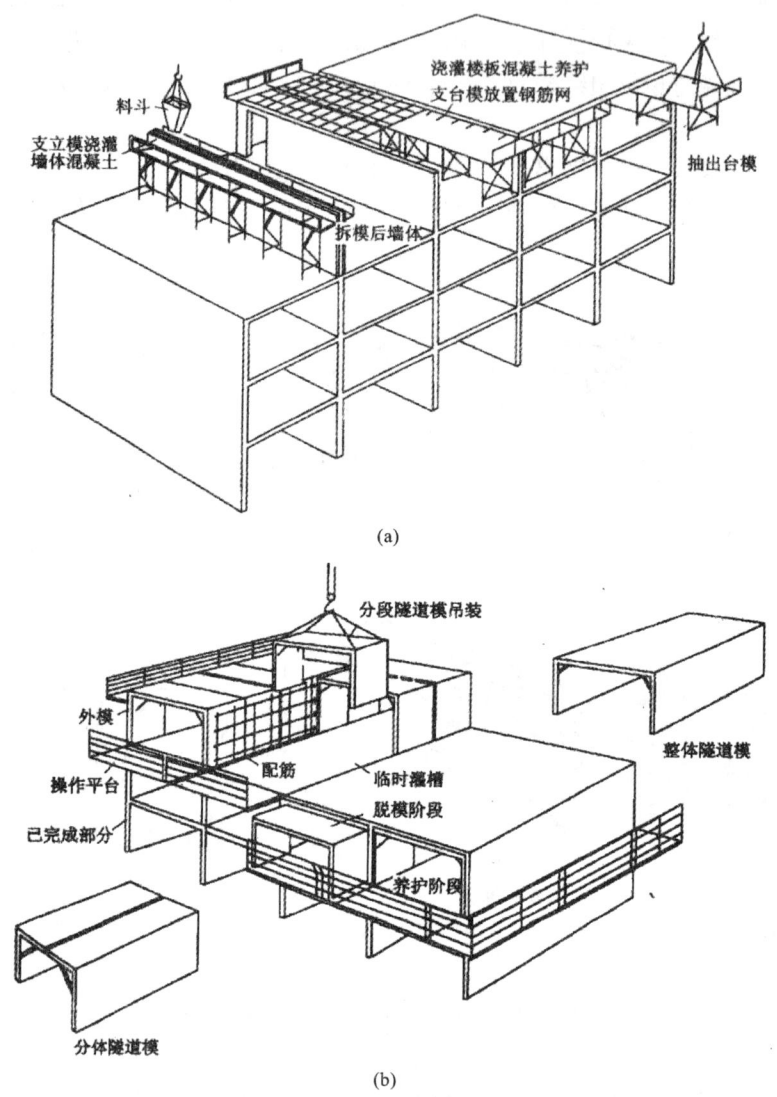

图 12-57　台模和隧道模流水作业示意图
(a)墙体用大模板,楼板用台模;(b)隧道模

使用台模和隧道模的建筑,墙板与楼板都是采用现浇的方式,建筑的整体性强。因此均适用于防震及高层建筑,一般可达 30 层。

(2)外墙现浇、楼板预制。

采用大模板同时现浇内外墙,具有较好的整体性和较强的防震能力。和预制外墙板的建筑相比,现浇外墙的门窗布置较为灵活,而且避免了预制外墙板接缝构造的复杂性。但外墙的支模比较复杂,外墙的装修工作量也比较大,影响了房屋的竣工时间,所以多用于多层建筑。

①预制楼板与浇筑墙的连接。

预制楼板的搁置,使现浇上下墙的连续性遭到一定程度的破坏,也使上下墙体内的钢筋不能连贯,可以采用下列三种解决方法。

a.将墙体加厚,楼板搁置宽度减小,楼板端头伸出受力钢筋,与墙体钢筋相结合,一起浇筑混凝土,使预制楼板与现浇墙体结合成整体,这种方法适用于墙体布置单层钢筋的建筑,如图 12-58(a)所示。

b.预制楼板端头做成犬齿交错的卡口形式,使现浇墙体的双层钢筋也可以从卡口缝中穿过,如图 12-58(b)所示。

c.楼板搁置后,使楼板板缝之间的墙体变薄,这时可以采用过渡钢筋将上下墙体连在一起,如图 12-58(c)所示。

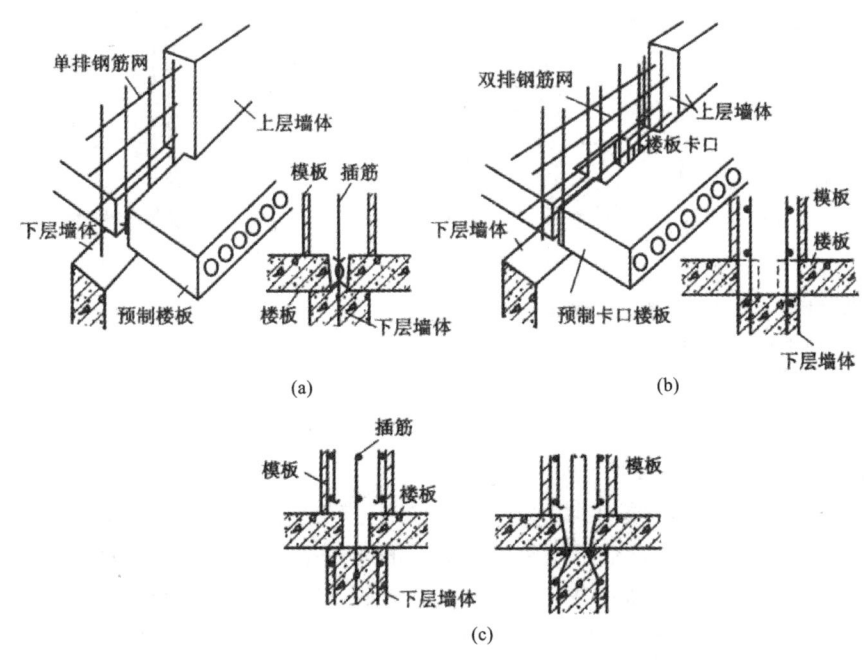

图 12-58　预制楼板在现浇墙体搁置处的节点构造
(a)预制楼板与现浇墙体上下层单排钢筋连接;(b)卡口楼板双排钢筋连接;(c)上下墙采用过渡钢筋连接

②现浇外墙的保温。

现浇的外墙板如果采用与内墙同样的材料,施工浇筑时较为方便。但是,内墙以承重为主,采用高强度混凝土,而外墙以外围护为主,如采用同样的混凝土,无法满足对北方的保温和南方的隔热要求来说,都不能满足。为了满足不同热工要求,一般有三种解决办法。

a.保温要求不高的地区,可采用轻质砂浆在内部抹面,如膨胀珍珠岩砂浆或聚氨酯等保温材料,如图 12-59(a)所示。

b.保温要求较高时,一般可采用轻质骨料混凝土来浇筑外墙,如陶粒混凝土、无砂陶粒混凝土、浮石混凝土以及大颗粒膨胀珍珠岩混凝土等,厚度根据热工计算。内外墙采用两种材料,必须分开浇筑,为了使内外墙较好连接,交接处每隔 300~500 mm 要设置一道拉接钢筋网片,如图 12-59(b)所示,门窗洞口的上部要增设过梁或圈梁配筋。另外,还可以采用加气混凝土之类的轻质混凝土块或条板,作为现浇外墙外模板的内衬,这样在施工中内外墙就可以同时现浇,而且可以采用同样强度的混凝土。这种做法使轻质混凝土块与现浇混凝土可以牢固地黏接在一起,轻质混凝土保温层在墙体的外面,可以较好地防止蒸汽凝结,但是在外表面须做外抹灰和饰面层,施工较为复杂,如图12-59(c)所示。

c.为了施工方便,也可在现浇外墙内贴3 mm厚的珍珠岩保温板,表面再做粉刷,如图12-59(d)所示;此外还有外加保温层的做法,保温层外侧再做通风层和饰面保护层,如图12-60所示。

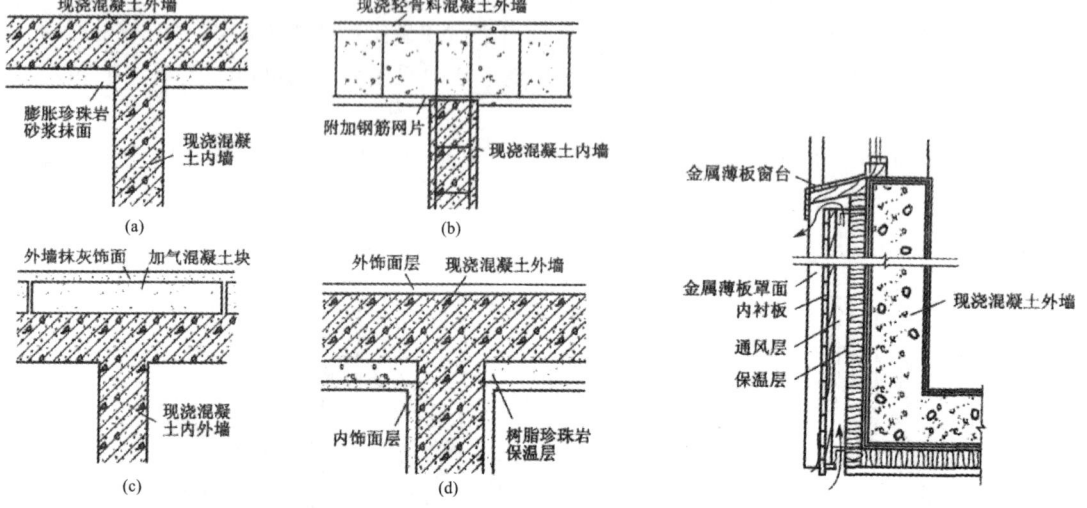

图 12-59 现浇外墙的保温构造
(a)保温砂浆抹平;(b)外墙现浇轻质骨料混凝土;(c)外贴加气混凝土块再做饰面层;(d)内贴树脂珍珠岩保温层

图 12-60 现浇外墙外加保温层和通风层构造

③现浇外墙的饰面。

工业化施工的饰面方法有以下几种。

a.涂抹饰面:用涂料喷涂表面,使墙面有层带色的薄膜保护层。喷刷涂料采用吊篮即可进行操作,无须搭设脚手架。缺点是光面墙板用涂料饰面后的墙面比较光滑,容易形成单调的感觉。

b.衬模饰面:在外模板内表面衬马赛克、瓷砖、缸面砖、玻璃片以及塑料片之类的片状物。在外墙混凝土浇捣拆模后,这些片状物就成为外墙的外饰面层,必要时可进行嵌缝和修正。

c.模纹饰面:在外模板内表面另加衬模,形成各种饰面纹理;还可用涂料喷涂表面,以协调建筑物各层颜色,同时也满足保护或造型选色的需要。

d.外加预制板饰面:用带有饰面的预制板代替外模板来浇筑外墙,必要时还可附加保温层,这种外饰面板一般用钢筋与现浇墙体连接,如图12-61所示。

(3)外墙预制、楼板预制。

承重内墙采用大模板现浇,外墙、楼板和隔墙采用预制装配的做法,简称为"一模三板"或"内浇外挂",如图12-62所示。其优点是外墙的装修可与构件形成一体,同时外墙板在工厂可预制成复合板,外墙的保温和外装修问题更容易解决。所以这种类型兼有大模板与大板两种建筑体系的优点,目前在我国高层大模板建筑中应用最为普遍。

在大模板现浇承重内墙的建筑中,还出现有预制楼板、砖砌外墙的所谓"内浇外砌"的施工方式。采用砖砌外墙的原因是砖墙比混凝土墙的保温性能好,而且造价较低,故在多层大模板建筑中运用得较多。但是砖墙自重大,且现场砌筑工作量大,延长了施工周期,所以在高层大模板建筑中很少采用这种类型。

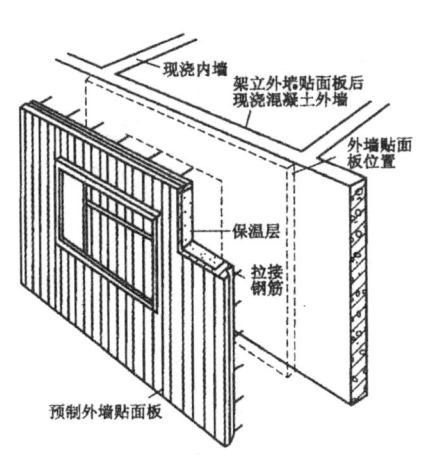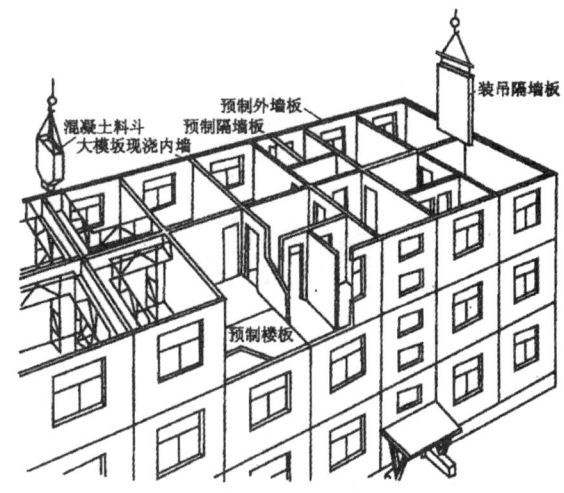

图 12-61 预制外墙保温饰面板作现浇外墙的外模板 图 12-62 一模三板

3. 大模板建筑构件连接节点构造

墙体与墙体的连接主要反映在现浇内墙与外挂墙板、现浇内墙的纵横墙、现浇内墙与外砌砖墙的连接上。外挂板的板缝防水构造与大板建筑完全相同。

(1)现浇内墙与外挂墙板的连接。

在"内浇外挂"的大模板建筑中,外墙板在现浇内墙前先安装就位,并将预制外墙板的甩出钢筋与内墙钢筋绑扎在一起,在外墙板中插入竖向钢筋,如图 12-63(a)所示。上下墙板的甩出钢筋也相互搭接焊牢,如图 12-63(b)所示,当浇筑内墙混凝土时这些接头连接钢筋便将内外墙锚固成整体。

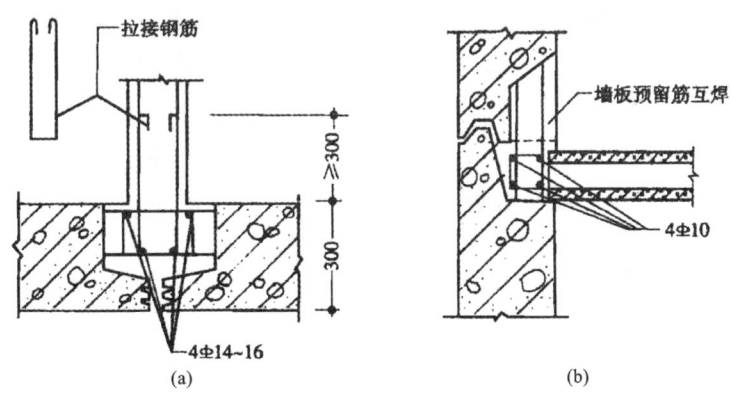

图 12-63 现浇内墙与外挂墙板连接(单位:mm)

(a)内外墙连接(平面);(b)出墙板楼板连接(剖面)

(2)现浇内墙纵横墙的连接。

现浇内墙可以纵横墙同时浇筑,也可以先浇筑其中一个方向,在十字接头处预留孔洞,待浇筑另一面墙时穿过钢筋,把纵模拉成整体,如图 12-64 所示,这样可以使房屋开间或进深不受模板长度限制,有利于减少模板的类型。

(3)现浇内墙与外砌砖墙的连接。

在"内浇外砌"的大模板建筑中,砖砌外墙必须与现浇内墙相互拉结才能保证结构的整体性。施工时,先砌外砖墙,在与内墙交接处砖墙砌成凹槽,如图 12-65(a)所示,并在砖墙中边砌边放入

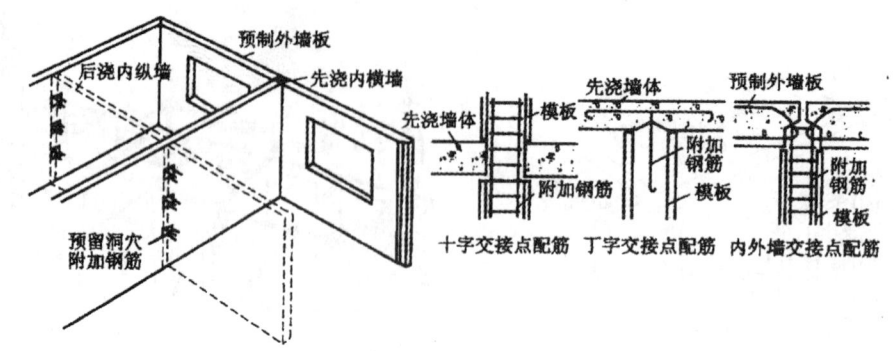

图 12-64 纵横内墙分开现浇示意

锚拉钢筋(胡子筋),立内墙钢筋时将这些拉筋绑扎在一起,待浇筑内墙混凝土时,砖墙的预留凹槽便形成一根混凝土的构造柱,将内外墙牢固地连接在一起。山墙转角处由于受力较复杂,虽然与现浇内墙无连接关系,仍应在转角处砌体内现浇钢筋混凝土构造柱,如图 12-65(b)所示。

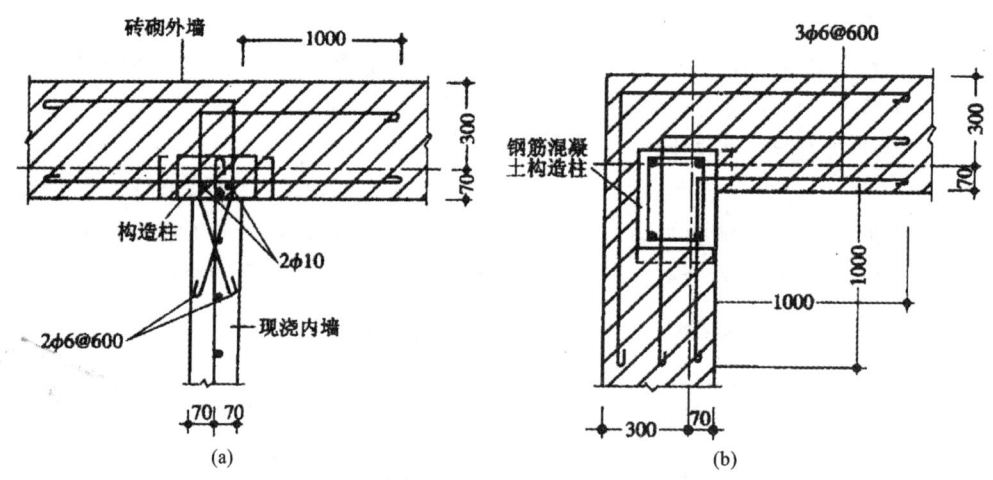

图 12-65 现浇内墙与外砌砖墙的连接(单位:mm)

(a)丁字墙处;(b)转角处

12.3.4 其他建筑

1. 滑模建筑

滑模建筑是指用滑升模板来现浇墙体的一种建筑。滑模现浇墙体的工作原理是利用墙体内的钢筋作支承杆,将模板系统支承在钢筋上,并用油压千斤顶带动模板系统沿着支承杆慢慢向上滑移,边滑升边浇筑混凝土墙体,直至墙体浇到顶层才将滑模系统卸下来,如图 12-66 所示。深圳国际贸易中心大厦的主楼部分就是采用滑模施工的。

(1)滑模建筑的优缺点和适用范围。

滑模建筑的优点是结构整体性好,机械化程度高,施工速度快,节约模板,施工占地少,改善了施工条件。缺点是操作困难,墙体垂直度易出现偏差,墙体厚度较大。

滑模建筑通常用于外形简单整齐的垂直墙体、上下壁厚相同的高层和超高层房屋建筑,此外还多应用于高耸构筑物的施工,如贮仓、水塔、烟囱、桥墩、竖井壁、双曲线冷却塔等。

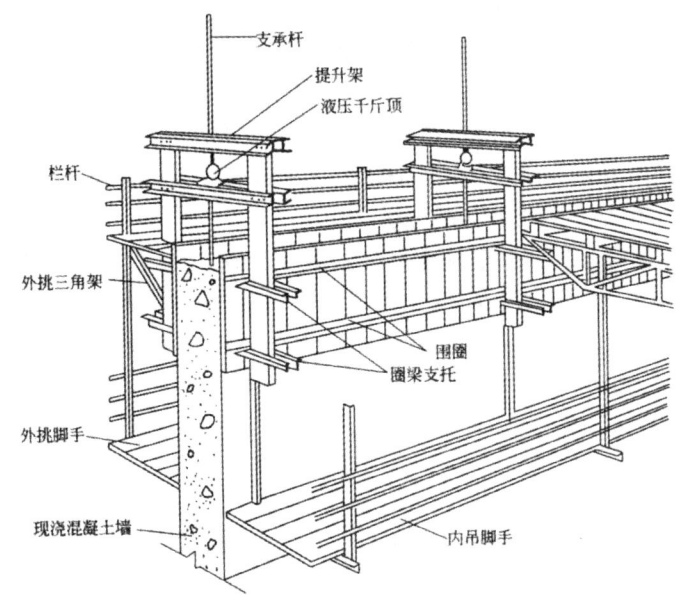

图 12-66 滑模

(2)滑模建筑的布置类型。

采用滑模施工的建筑一般有三种布置类型,如图 12-67 所示。

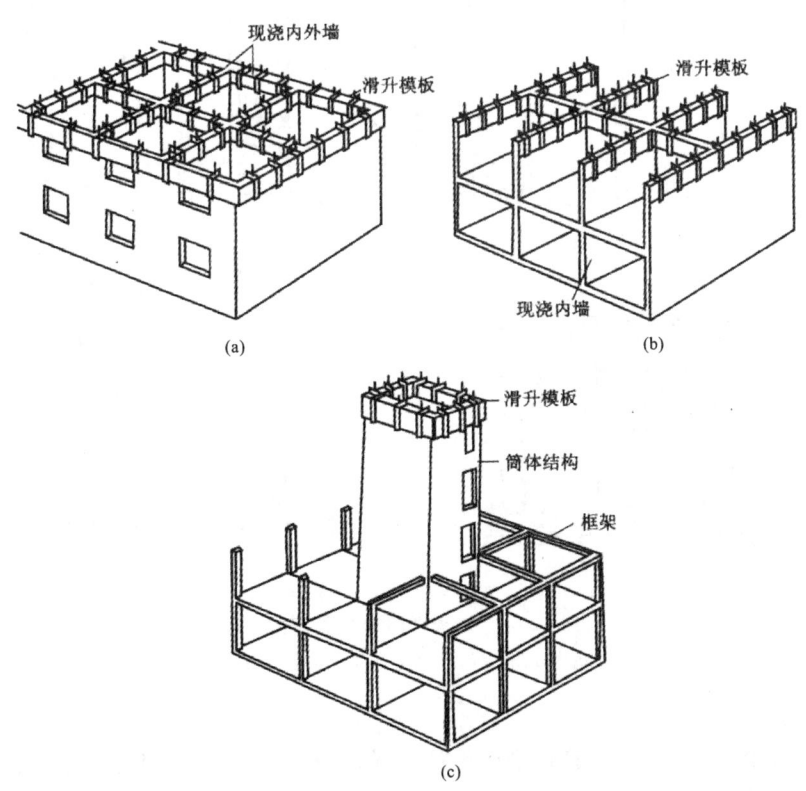

图 12-67 建筑物的不同滑模部位

(a)内外墙均为滑模施工;(b)内墙为滑模施工,外墙用装配式墙板;(c)外框架核心筒体滑模

第一种是内外墙均为滑模施工;第二种是内墙用滑模施工,外墙用装配式墙板;第三种是仅用滑模浇筑楼梯、电梯等,形成筒体结构的交通核,而其余部分则采用框架或大板结构。

(3)滑模建筑楼板施工方法。

滑模建筑中,由于墙体连续成型而不必拆模,墙体的施工速度很快,但楼板施工的速度较慢,因此在墙体滑升过程中需等待楼板施工,使整个施工速度放慢。目前的多种施工方法依然不能很好地解决这一矛盾。下面简要介绍几种常用方法。

第一种是降模法,滑升过程中墙上预留楼板的支承位置,当墙体全部滑升完毕后,从上至下逐层用悬挂台现浇钢混楼板,如图12-68(a)所示。

第二种是室内预制法,即在屋内叠层制作楼板,待墙体滑升完后,用安设在屋顶的滑轮组将预制板从上至下逐层吊装,如图12-68(b)所示。

第三种是场外预制法,即在建筑外预制楼板,在墙体滑升完毕后,用起吊设备将预制楼板从下至上进行安装,如图12-68(c)所示。

第四种是分段滑升法,即滑升几层墙体后,停下来从下至上支模板进行楼板现浇,然后再继续滑升墙体,如图12-68(d)所示。

第五种是空滑法,即边滑墙体边安装楼板,滑完一层墙后将滑模空滑一段高度,待预制楼板安装到墙上后,再将模板空滑下来,继续浇筑墙体,如图12-68(e)所示。

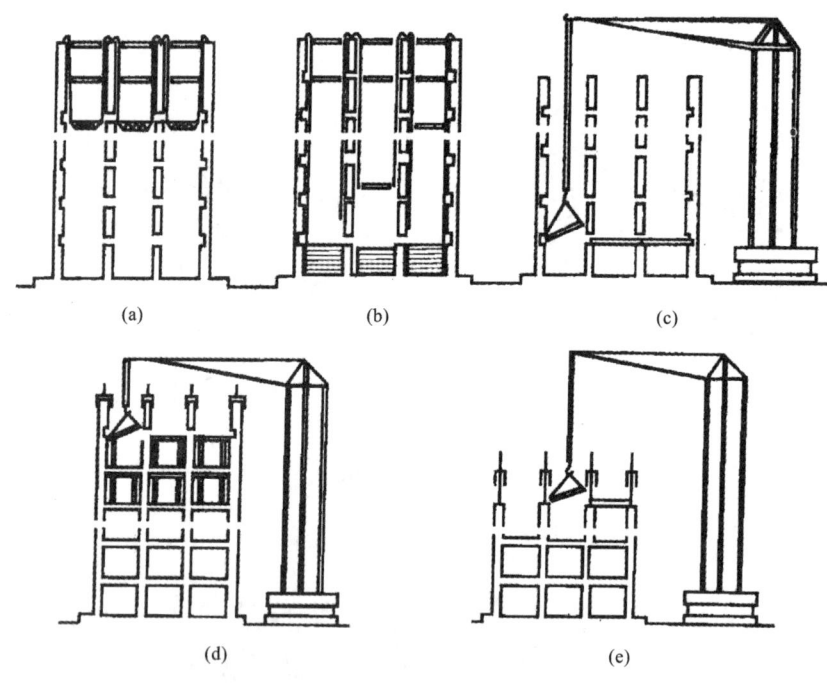

图 12-68 滑模建筑楼板施工方法
(a)降模法;(b)室内预制法;(c)场外预制法;(d)分段滑升法;(e)空滑法

(4)滑模建筑应注意的问题。

①为了适应滑模施工的特点,建筑平面设计应尽量简单平整,开间应适当大一些,不能有凸出的横线条。

②外墙面可以利用模板滑升滑出竖向线条,也可做喷涂饰面,还可以在墙板上衬以加气混凝土块作为保温层,但须另加抹灰层。

③为了抵抗模板滑升时带来的侧摩擦力,墙体还须适当加厚。近年来,随着滑模施工工艺不断革新,派生出了多种形式的滑模工艺。比较成熟和典型的新工艺有不同材质墙体的复合壁滑升工艺,井壁或结构加固用的单侧滑升工艺,双曲线冷却塔的滑动提升模板工艺,滑框倒模工艺,液压爬模工艺等。

2. 升板建筑

升板建筑是指利用房屋自身的柱子作导杆,将预制楼板和屋面板提升就位的一种建筑。用升板法建造房屋的过程与常规的建造方法不同,如图 12-69 所示说明了升板建筑的施工工序。

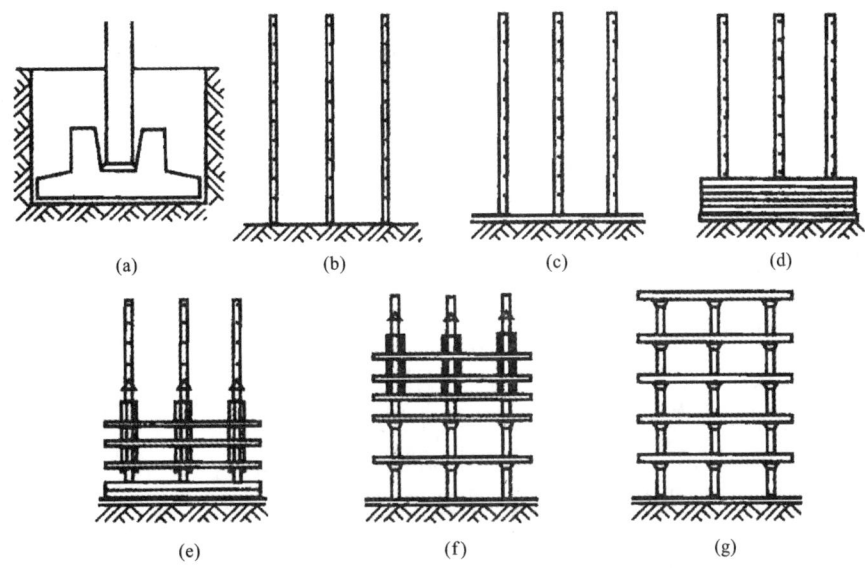

图 12-69 升板建筑施工顺序

(a)做基础;(b)立柱子;(c)打地坪;(d)叠层预制楼板和屋面板;(e)逐层提升;(f)逐层就位;(g)全部就位

第一步是做基础,即在平整好的场地开挖基槽,浇筑柱基础。

第二步是在基础上立柱子,大多采用预制柱。

第三步是打地坪,先做地坪的目的是在上面叠层预制楼板。

第四步是叠层预制楼板和屋面板,板与板之间用隔离剂分开,注意柱子是套在楼面和屋面板中的,楼板与柱交界处须留必要的缝隙。

第五步是逐层提升,即将预制好的楼板和屋面板由下而上逐层提升。为了避免在提升过程中柱子失去稳定性而使房屋倒塌,楼屋面板不能一次就提升到设计位置,而是分若干次进行,要防止上重下轻。

第六步是逐层就位,即从底层到顶层逐层将楼板和屋面板分别固定在各自设计位置上。

提升机是升板建筑的主要施工设备,每根柱子上安装一台以便楼板在提升过程中均匀受力、同步往上升。提升机悬挂在承重销上,如图 12-70(a)所示,承重销是用钢做的,可以临时支承提升机和楼板,提升完毕后承重销固定在柱帽中。提升机通过螺杆、提升架、吊杆将楼板吊住,当提升机开动时,使螺杆转动,楼板便慢慢往上升,如图 12-70(b)所示。

升板建筑有很多优点。第一,因为在建筑物的地坪上叠层预制楼板,利用地坪及各层楼面底模,可以大大节约模板;第二,把许多高空作业转移到地面上进行,可以提高效率、加快施工进度;第三,预制楼板是在建筑物本身平面范围内进行的,不需要占用太多的施工场地。根据这些优点,升板建筑主要适用于隔墙少、楼面荷载大的多层建筑,如商场、书库、车库和其他仓储建筑,特别适用

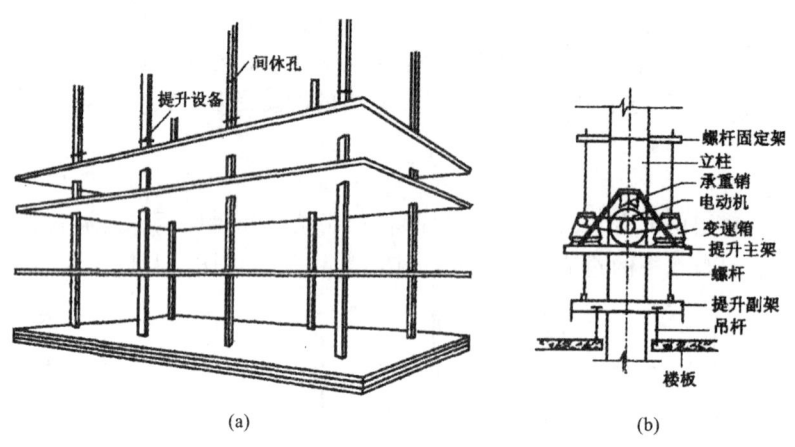

图 12-70 升板建筑施工设备

(a)楼板提升;(b)升板提升装置

于施工场地狭小的地段建造房屋。

升板建筑的楼板通常采用三种形式的钢筋混凝土板。①平板,分非预应力和预应力两种,如图 12-71(a)所示。因其上下表面都是平整的,制作简单,对采光也有利。非预应力平板的柱网尺寸选用 6 m 左右更经济,预应力钢筋混凝土板由于施加预应力后改善了板的力学性能,适用于 9 m 左右的柱网。②双向密肋板,如图 12-71(b)所示,其刚度比较好,特别适用于 6 m 以上的柱网尺寸。③格梁板,如图 12-71(c)所示,在格梁上铺预制板,格梁跨度为 12 m 左右,梁距为 2 m 左右,这种楼板刚度好,楼面开口灵活,但使用模板多,施工复杂。

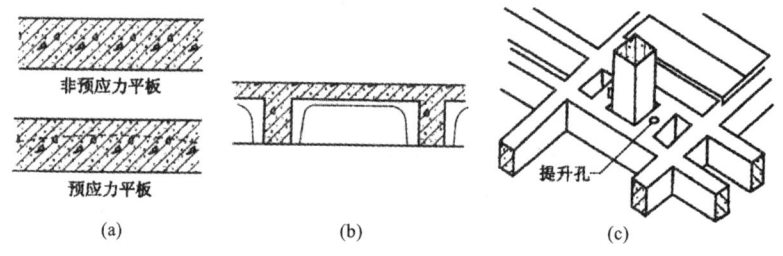

图 12-71 升板建筑常用钢筋混凝土板

(a)平板;(b)双向密肋板;(c)格梁板

升板建筑的外墙可以采用砖墙、砌块墙、预制墙板等。为了减轻承重框架的负荷,最好选用轻质材料作外墙。楼板与柱的连接通常有后浇柱帽、承重销、剪力块等方法,后浇柱帽是我国目前大量采用的板柱连接法。当楼板提升到设计位置后,在其下穿承重销于柱间歇孔中,绑扎柱帽钢筋后从楼板的浇筑孔中灌入混凝土形成柱帽,如图 12-72 所示。

在升板建筑的基础上,还可以进一步发展升层建筑,即在提升楼板之前,在两层楼板之间安装好预制墙板和其他墙体,提升楼板时连同墙体一起提升。这种建筑可进一步简化工序,减少高空作业,加快施工速度,如图 12-73 所示。

3. 盒子建筑

盒子建筑是指由盒子状的预制构件组合而成的全装配式建筑。这种建筑始建于 20 世纪 50 年代,目前世界上已有几十个国家修建了盒子建筑,适用于住宅、旅馆、疗养院、学校等类型的建筑,不但适用于多层建筑,还适用于高层建筑,目前已修建的有 20 多层的高层住宅,如图 12-74 所示。我国从 20 世纪 80 年代初期开始试点,现已建筑了盒子住宅楼、盒子旅馆等。

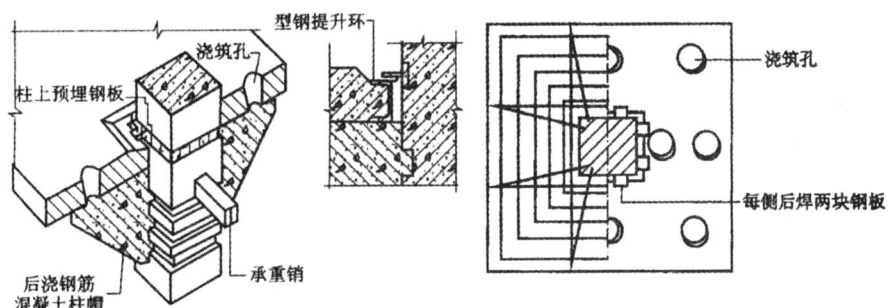

图 12-72　后浇柱帽构造

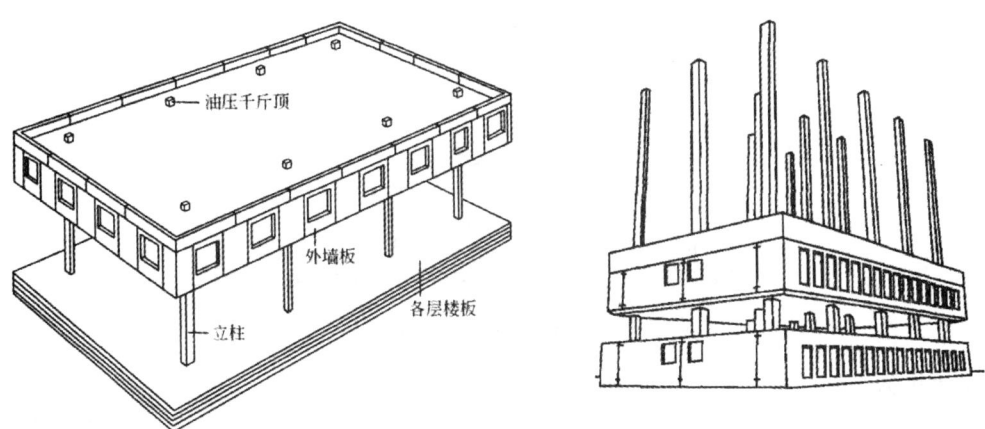

图 12-73　升层建筑

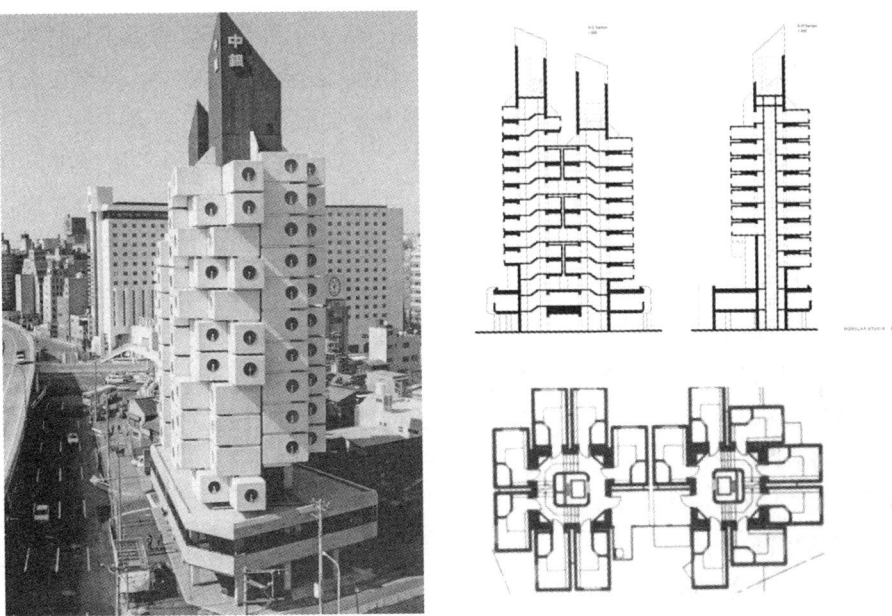

图 12-74　东京中银舱体楼

(1)盒子建筑的优点。

①施工速度快,同大板建筑相比可缩短工期 50%～70%。

②装配化程度高,大部分工作均移到工厂完成,现场用工量仅占总量的 20%左右,比大板建筑减少 10%～15%,比砖混建筑减少 30%～50%。

③混凝土盒子构件本身就是空间薄壁结构,其刚度大、自重轻,与砖混建筑相比,可减轻结构自重的一半以上。

④组成建筑的各个单元盒子可根据使用功能的不同,作出不同的内部分隔和布置,例如在住宅中可分作卧室、起居室、厨房、卫生间和楼梯间等,如图 12-75 所示。

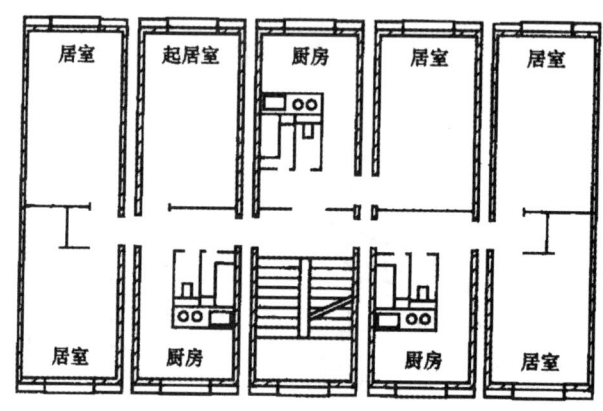

图 12-75　按使用功能分隔的盒子建筑

(2)盒子建筑的缺点。

盒子尺寸大,工序多而复杂,对生产设备、运输设备、现场吊装设备要求高,投资大,技术复杂,建筑的单方造价也较高。

(3)盒子建筑的类型。

盒子构件可用钢、钢筋混凝土、铝、塑料、木材等制作,可分为有骨架的盒子构件和无骨架的盒子构件两类。有骨架的盒子构件通常用钢、铝、木材、钢筋混凝土作骨架,以轻型板材围合形成盒子,如图 12-76 所示。这种盒子构件的质量很轻,每平方米的质量仅 100～140 kg。

无骨架的盒子构件一般用钢筋混凝土制作,每个盒子可以分别由 6 块平板拼成,如图 12-77 所示。不过目前最常用的是采取整浇成型的方法,因为它的刚度特别大,生产整浇盒子时必须留 1～2个面不浇筑,作为脱模之用。如图 12-78 所示,其中图 12-78(a)为在盒子上面开口,顶板单独预制成一块板,称为杯形盒子;图 12-78(b)是在盒子的下面开口,底板单独制作,称为钟罩形盒子;图 12-78(c)、12-78(d)是在盒子的两端或一端开口,端墙板(带窗洞或不带窗洞)单独加工,称为卧环形盒子。这些单独预制加工的板材可在预制工厂或施工现场与开口盒子拼装成一个完整的盒子构件后再进行吊装。从实际使用效果看,钟罩形盒子构件使用最广泛。整浇成型的盒子构件可视为空间薄壁结构,由于刚度很大,承载能力强,壁厚一般仅 30～70 mm,可节约材料,房间的有效使用空间也相应扩大了,所以应用最为广泛。

(4)盒子建筑的组装方式。

用盒子构件组装建筑一般有以下几种方式。

第一种组装方式是重叠组装,即上下盒子重叠组装,如图 12-79(a)所示。用这种方式可建 12层以下的房屋,因其构造简单,应用最为广泛。在非地震区建 5 层以下的房屋,盒子构件之间可不

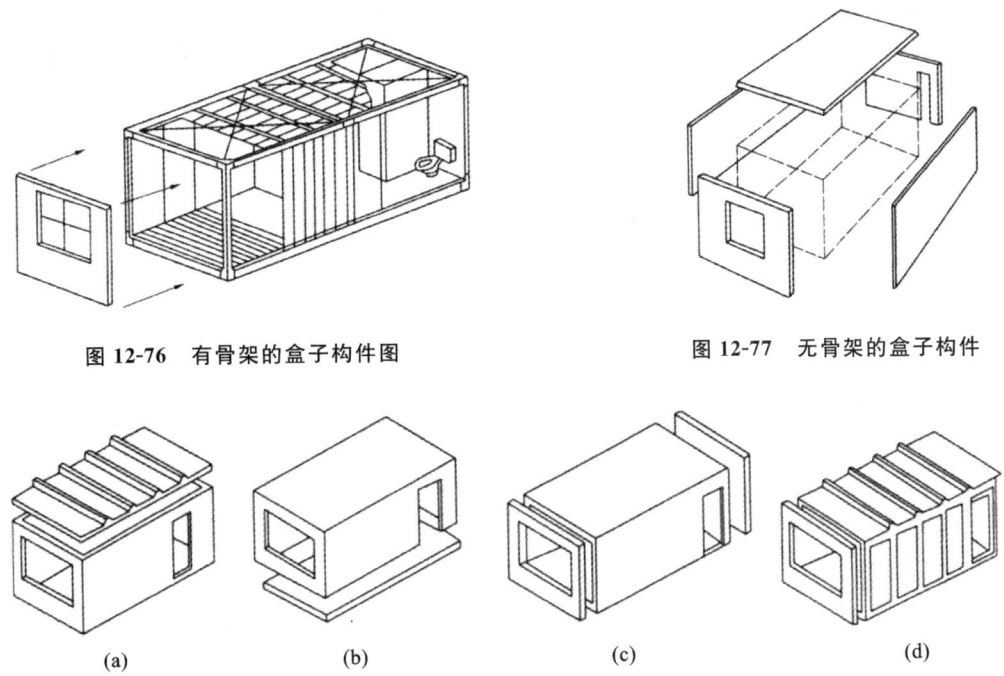

图 12-76   有骨架的盒子构件图   图 12-77   无骨架的盒子构件

(a)   (b)   (c)   (d)

图 12-78   整浇成型的盒子构件

(a)杯形盒子;(b)钟罩形盒子;(c)、(d)卧环形盒子

采取任何连接措施,依靠构件的自重和摩擦力来保持建筑物的稳定。当修建在地震区或层数较多时,可在房屋的水平或垂直方向采取构造措施,如采取施加后张预应力,使盒子构件相互挤压连成整体,也可用现浇通长的阳台或走廊将各盒子构件连成整体,或者在盒子之间用螺栓连接,还可以采用类似像大板建筑的连接方法连接。

第二种组装方式为交错组装,即盒子构件相互交错叠置,如图 12-79(b)所示。这种组装方式的特点是避免盒子相邻侧面的重复,比较经济。

第三种组装方式为板材组装,即盒子构件与预制板材进行组装,如图 12-79(c)所示。这种方式的优点是可节省材料,设计布置比较灵活,其中设备管线多和装修工作量大的房间采用盒子构件,以便减少现场工作量,而大空间和设备管线少的房间则采用大板结构。

第二种和第三种组装方式适用的层数与第一种相同。

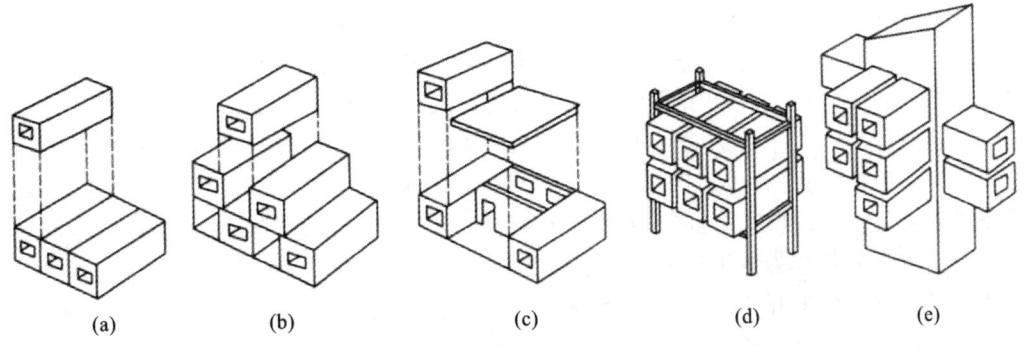

(a)   (b)   (c)   (d)   (e)

图 12-79   盒子建筑组装方式

(a)重叠组装;(b)交错组装;(c)板材组装;(d)框架组装;(e)筒体组装

第四种组装方式是框架组装,即盒子构件与框架结构进行组装,如图 12-79(d)所示。盒子构件可搁置在框架结构的楼板上,或者通过连接件固定在框架的格子中。这种组装方式的盒子构件是不承重的,组装非常灵活。

第五种组装方式是筒体组装,即盒子构件与筒体结构进行组装,如图 12-79(e)所示。盒子构件可以支承在从筒体悬挑出来的平台上,或者将盒子构件直接从筒体上悬挑出来。

12.4　工业化发展趋势

随着建筑业体制改革的不断深化和建筑规模的持续扩大,建筑行业发展较快,物质技术基础明显增强,但从整体看,劳动生产率提高幅度不大,质量问题较多,整体技术进步缓慢。建筑工业化可以提高建设效率、提升建筑品质,更加低碳节能,符合可持续发展,是建筑转变发展方式的有效途径,也是建筑企业的转型方向,是新型工业化道路的必然趋势。

12.4.1　建筑工业化的发展

1. 国外的发展

19 世纪末期,欧洲首先提出预制混凝土墙板结构,并在一些工程中得到应用,但早期预制墙板结构多用于非结构构件。19 世纪末,预制混凝土传到法国、德国等欧洲国家;20 世纪初,预制混凝土传到美国。预制混凝土的大发展是在第二次世界大战结束以后,由于战争的破坏,战后重建使得苏联、欧洲一些国家出现住房紧张、资源短缺、劳动力不足、工程量急剧增加、技术力量缺乏等问题,为了加快工程进度,减轻劳动强度,逐步开始推行装配式建筑,使得预制装配式结构得到快速发展。20 世纪 50 年代,预制混凝土大板体系首先在法国被提出,Koncz 教授创建的 Koncz 体系是预制混凝土大板体系的代表;到 20 世纪 60 年代,装配式结构成为一些国家的主要建筑形式。从 20 世纪 50 年代开始,瑞典受法国影响开始大力推进住宅产业化,自主开发了大型混凝土预制板工业化体系,将各建筑部件的规格尺寸逐渐纳入瑞典工业标准(SIS)。目前为止,瑞典大约 80% 的住宅采用通用部件建造成住宅通用体系。

在国外,预制装配式剪力墙结构多用于低层、多层和高层建筑,欧洲国家(如丹麦、德国、法国、英国等)的预制装配式建筑可达 26 层,日本的装配式剪力墙结构的建筑一般在 10 层以内,该结构形式在地震中表现出良好的抗震性能,例如墨西哥智利大地震和日本阪神大地震中的很多预制混凝土剪力墙结构几乎没有受到破坏,或者修复后可以恢复使用。

2. 国内的发展

我国的建筑工业化发展始于 20 世纪 50 年代,在我国发展国民经济的第一个五年计划中就提出借鉴苏联和东欧各国的经验,在国内推行标准化、工厂化、机械化的预制构件和装配式建筑。

20 世纪 60 年代至 80 年代是我国装配式建筑的持续发展期,尤其是从 70 年代后期开始,我国多种装配式建筑体系得到了快速的发展。如砖混结构的多层住宅中大量采用低碳冷拔钢丝预应力混凝土圆孔板,其楼板每平方米用钢量仅为 3～6 kg,并且施工时不需要支模,通过简易设备甚至人工即可完成安装,施工速度快。同时,预应力混凝土圆孔板生产技术简单,各地都建有生产线,大规模生产的预应力空心板成为我国装配式体系中量大面广的产品。

从 20 世纪 70 年代末开始,为在北京地区满足高层住宅建设的发展需要,从东欧引入了装配式大板住宅体系,其内外墙板、楼板都在预制厂预制成混凝土大板,采用现场装配,施工中无需模板与支架,施工速度快,有效地解决了当时发展高层住宅建设的需求,北京地区大量 10～13 层的高层住宅采用了装配式大板体系,个别甚至应用于 18 层的高层住宅,至 1986 年北京市累计建成的装配式大板高层住宅面积就接近 $7 \times 10^7 m^2$。在多层办公楼的建设方面,上海市采用装配式框架结构体系,其框架梁采用预制的花篮梁,而柱为现浇柱,楼板为预制预应力空心板。当时单层工业厂房普遍采用装配式混凝土排架结构体系,构件为预制混凝土排架柱、预制预应力混凝土吊车梁、预制后张预应力混凝土屋架和预应力大型屋面板等。据有关文献报道,至 20 世纪 80 年代末,全国已有数万家预制混凝土构件厂,全国预制混凝土年产量达 $2.5 \times 10^7 m^3$。这一时期这些装配式体系被广泛应用与认可,大量预制构件都标准化,并有标准图集,各设计院在工程项目设计中按标准图集进行选用,预制构件加工单位按标准图集生产加工,施工单位按标准图集进行构件采购。

装配式混凝土结构体系很好地适应了当时我国建筑技术发展的需要,其原因为:第一是当时各类建筑建造标准不高、形式单一,容易采用标准化方式建造;第二是对房屋建筑的抗震性能还没有更高的要求;第三是总体建设量不大,相关预制构件厂供应可以满足需求;第四是当时木模板、支撑体系和建筑用钢筋的短缺,不得不采用预制装配方式;最后是当时施工企业的用工都采用固定制,采用预制装配方式可以减少现场劳动力投入。

20 世纪 80 年代后期,由于预制装配结构的造型单一、防水技术落后、研发水平不足、抗震整体性和设计施工管理的专业化不够等问题,装配式混凝土建筑的应用逐渐减少,装配式混凝土建筑逐渐被全现浇混凝土建筑体系取代,装配式混凝土建筑技术逐渐退出国内建筑市场,进入低潮阶段。在这个时间段,现浇结构体系能够得到广泛应用,其主要原因为:①这一时期我国建筑建设规模急剧增长,装配式结构体系已难以适应新的建设规模;②建筑设计的平面、立面出现个性化、多样化、复杂化的特点,装配式结构体系已难以实现这一变化;③对房屋建筑抗震性能要求的提高,设计人员更倾向于采用现浇结构体系;④农民工大量进入城镇,为建筑行业带来了活力,使粗放式的现场湿作业成为混凝土施工的首选方式;⑤胶合木模板、大钢模、小钢模应用的迅速普及,钢脚手架也开始广泛应用,很好地解决了现浇结构体系所需的模板与模架难题;⑥我国钢材产量大规模提高,楼板等构件已不再追求如预应力混凝土圆孔板那么低的单位面积用钢量。因此,采用现场现浇的结构体系更加符合当时我国大规模的建设需求。

最近几年来,传统的现场现浇的施工方式是否符合我国建筑业的发展方向,再次得到业内的审视。①随着社会发展与进步,新生代劳动力已不再青睐劳动条件恶劣、劳动强度大的建筑施工行业,施工企业已频现"用工荒",并推动劳动力成本的快速提升,采用大规模劳动密集型的现场现浇施工方式是否可持续值得思考。②社会对于施工现场环境污染的高度重视,采用现浇方式的施工现场存在水资源浪费、噪声污染、建筑垃圾产生量大等诸多问题。③施工现场的工程质量还是不尽如人意,存在建筑施工质量通病;最后是从可持续发展角度考虑,对传统的建筑业提出产业转型与升级要求。因此,反映建筑产业发展的建筑工业化再一次被行业所关注,中央及全国各地政府均出台了相关文件明确推动建筑工业化。在国家与地方政府的支持下,我国装配式结构体系重新迎来发展契机,形成了如装配式剪力墙结构、装配式框架结构等多种形式的装配式建筑技术,完成了如《装配式混凝土结构技术规程》(JGJ 1—2014)、《钢筋套筒灌浆连接应用技术规程》(JGJ 355—2015)等相应技术规程的编制。建筑工业化试点城市都加大了预制装配式结构体系的试点推广应用工作。近年来,万科集团、黑龙江宇辉建设集团、中南控股集团有限公司、天津住宅集团、黑龙江省建设投资集团有限公司等被批准为国家住宅产业化基地,通过研发创新,建造了多栋装配式剪力墙结构试点工程。2007年 12 月国内预制装配式节能环保型住宅——上海浦东万科新里程住宅楼工程竣工。另外,哈尔滨新怡园小区 4 号,5 号和洛克小镇 14 号楼,北京市丰台区万科假日风景项目 D1/D8 号楼,中南控股集团有限公司开发的四幢全预制装配式短肢剪力墙结构住宅楼,均为预制混凝土剪力墙结构。

同时,随着建设规模的迅速发展,现浇混凝土结构施工技术也得到了长足的进步,其中商品混凝土(预拌混凝土)已得到多年的推广应用,目前我国大、中城市都已全面推广应用商品混凝土。混凝土泵送技术也得到了广泛应用(混凝土泵送高度已达 621m),有效解决了高层建筑的混凝土垂直运输问题,并大大提高了施工效率。商品混凝土与混凝土泵送技术的结合就是现浇体系解决混凝土生产与浇筑在建筑工业化方面的一个很好形式。但现在施工现场对模板与钢筋还仍然采用现场加工方式,这不符合建筑工业化要求,耗费了大量人工,产生了大量建筑垃圾。所以要研发与推广应用新型模板与模架技术、钢筋集中加工配送体系,以实现现浇体系的工业化建造。

此外,国内的相关施工企业也在探讨施工现场的工业化建造技术,如采用大型集成化、机械化的施工平台,以减少现场劳动作业量和对环境的影响。因此,采用这些现代新型施工技术进行生产建造的现浇结构也是一种工业化建筑。此外,钢结构在民用建筑和工业建筑中也得到了推广应用,其应用比例已达 5%。在民用建筑方面,国内大跨度公共建筑如体育馆、会展中心、航站楼、大型火车站的站房与雨棚都普遍采用钢结构;高层建筑也有一定比例采用钢结构,超高层建筑基本都采用外钢框架+混凝土核心筒的混合结构体系;国内还进行了钢结构住宅的研究与试点推广应用工作。在工业建筑方面,大多数工业建筑都采用钢结构,单层工业厂房大量采用轻型门式刚架或钢结构排架体系,多层重型工业厂房也都采用钢框架结构。伴随我国钢铁产能过剩,政府鼓励使用钢材,钢结构建筑作为一种工业化建筑同样具有广阔的应用前景。

总体来说,在政策的支持下,包括研发单位、房地产开发企业、总承包企业、高校等都在积极研发与探索建筑工业化,国内科研院所、高校等与相关企业合作成立了多个建筑工业化创新战略联盟,共同研发、建立新的工业化建筑结构体系与相关技术,积极推动我国建筑工业化的进一步发展。

12.4.2　我国工业化发展存在的问题

目前,我国的建筑设计与建筑施工技术水平已接近或达到发达国家技术水平,根据建筑技术可持续发展的需要,应积极探索建筑产业现代化发展,其中建筑工业化就是建筑产业现代化发展的一个重要方面。然而,当前行业对建筑工业化正确理解不够,在一些地区以为发展建筑工业化就是发展装配式混凝土结构,导致我国的建筑工业化发展常常局限于装配式混凝土结构,这个问题是需要我们认真探讨的。诚然,装配式混凝土结构的建筑工业化特性明显,需要我们加强研发与推广,但我们同样要研发与推进现浇体系的工业化,以及加强推广钢结构的应用。下面针对上述三种建筑工业化方式的特点和在发展工业化过程中遇到的问题进行分析。

1. 装配式混凝土结构体系的特点与存在的问题

装配式混凝土结构体系具有预制构件工厂化制作、现场作业量少、现场环境污染小等诸多优点,但在近几年的推广中还存在如下问题,有待于在下一步研发推广应用中解决。

(1)建造成本。

对于装配式混凝土结构,由于目前市场对于预制混凝土构件的需要较小,预制构件并没有像制造业产品一样被大批量地加工生产,因此预制构件的生产费用也没有体现出应有的"工厂化"优势。并且预制构件生产企业需按照制造行业缴纳 17% 的增值税,明显高于土建施工领域的税率。这些都导致预制构件的生产成本还无法与传统现浇施工成本相竞争。此外,装配式结构还会产生额外的构件节点连接成本、新增运输费用等,对现场施工设备和人员的要求也很高。因此目前我国装配式混凝土结构的建造成本相对现浇结构偏高。

此外,国内研发推广应用装配式混凝土结构的企业均建有各自的预制构件生产基地,但该类生产基地仅服务于所属企业,其产能无法达到充分利用。且预制构件偏高的生产成本使该类生产模式根本无法盈利,只能通过政府的补贴政策(如地方政府的容积率优惠政策)及企业内的研发补助资金来维持运营。尽管某些同时具备开发、设计、生产、施工能力的企业在进行装配式住宅建筑的研发生产时,能串联起上下游业务板块,尽可能提高效率降低成本,但采用装配式混凝土结构的土建工程造价仍旧比现浇结构高 20%～25%,过高的建造成本成为阻挠这些企业推广装配式建筑的重要因素。建造成本偏高是目前国内推广应用装配式混凝土结构的一个主要不利因素,这也导致目前装配式混凝土结构多集中应用于政府保障性住房的建造中,在政府的鼓励支持和补贴政策下才得以通过试点的形式应用。然而对于成本问题我们也应有一个科学的认识,随着人工成本的进一步上升,预制构件产品形成标准化的生产与商业化的供货模式以及装配式混凝土结构的逐步推广,装配式混凝土结构相比现场现浇结构的成本差将逐步降低,装配式混凝土结构必将有较大的市场空间。

(2)模数化、标准化与多样性。

对于装配式建筑,首先应能实现模数化、标准化,以方便预制构件加工厂生产并尽可能降低成本,也方便工程项目设计与施工企业的施工安装工作。模数化、标准化在工业建筑中能很好实现,但在民用建筑中如何做好模数化、标准化将是我们应大力研发的一项工作。在推广装配式建筑的工作中,我们要做好模数化、标准化工作,但更要兼顾标准化与建筑多样性的关系,不能为简单满足标准化而造成建筑的千篇一律,因为建筑本身(特别是公共建筑)不仅仅是一件工业产品,更是一件满足功能需求的艺术品,不能因为发展建筑工业化而限制了建筑的多样性;同样,也不能因强调多样性而不发展标准化。

对装配式建筑的构件生产应发展标准化与个性化相结合的生产方式,绝大部分的构件生产加工应实施标准化的方式,少部分构件可以按个性化方式加工。构件的标准化生产可以大幅度提高效率、降低成本,符合建筑工业化的发展方向;构件的个性化生产可以满足建筑的多样性。

(3)预制率和装配率。

现行的工业化建筑评价体系重点考核建筑的预制率和装配率,认为满足一定的预制率和装配率的建筑才是工业化建筑。然而,采用多高的预制率与装配率应充分考虑该建筑的特性,发展装配式建筑可以采用装配与现浇相结合的模式,而不是为了简单满足预制率而预制,过高的预制率还会增加成本。

此外,如过高追求预制率、装配率,在实际建造过程中会遇到其他一些问题,如超高层建筑可能导致施工周期的延长,因为高空吊装大型预制构件时耗时较长、难度较大;有些施工现场受成本与管理水平约束需要更大场地存放大量预制构件;城市中大型预制构件的车辆运输可能导致交通拥堵及不可忽视的碳排放污染等问题。对这些问题,都必须综合考虑。

(4)国外体系引进。

装配式建筑由国外引入我国,但事实上各国的国情与国策各不相同,盲目效仿国外已有的成套理论体系并不一定适合当前我国情况。

欧洲国家具有完善的装配式建筑产业,但这些国家多数为非地震区,对结构的抗震性能要求低,且多应用于低层住宅;土地资源紧张的新加坡虽然具有成熟的高层装配式混凝土结构住宅建造技术,但其发展装配式体系主要原因是为了摆脱现浇体系需用大量境外劳工而带来的社会问题,并且新加坡同样不用考虑抗震问题。日本为解决抗震要求,其高层装配式混凝土框架结构体系采用了耗能支撑技术,其建造成本较高。这些国外的体系均与中国国情不完全相符,因而不能简单借鉴其研究发展成果。

由此可见,发达国家已经具备成熟的建造技术和完善的产业链模式,均各自走出了一条适合于本国的建筑工业化道路。我国建筑工业化处于重新起步阶段,应当结合国内的各项经济条件、结构要求与施工技术来慎重考虑建筑工业化的发展道路与方向,而不是盲目地套用国外装配式体系。

(5)设计软件与设计效率。

目前装配式混凝土结构设计中还没有成熟的商业化软件可以采用,设计人员仍先按照现浇结构的设计方法用传统软件进行设计,再按预制构件要求进行拆分出图(或由专业公司进行二次深化设计),这种设计方法未能按标准化的要求充分考虑装配式结构的特点,导致后期构件非标种类多、节点复杂,增加了构件生产和施工安装的难度,同时设计效率低,设计工作量大。

（6）现场施工安装。

由于装配式混凝土结构与传统的现浇结构在施工安装技术、施工项目管理方面差别较大,装配式混凝土结构施工安装过程相对复杂,有时施工流水作业周期甚至慢于现浇结构。特别对构件运输、进场堆放、吊车垂直运输、安装作业面、构件临时固定、节点连接等一系列过程应科学管理,方能减少人工作业量,否则会导致安装过程耗时长,无法体现装配式混凝土结构施工周期短的特点。

2. 现浇体系在工业化方面应解决的问题

现浇体系是一种工业化程度较高的建造方式。目前现浇体系中的混凝土很早就形成了工厂化生产、商品化配送的工业化模式。但模板（胶合板）、钢筋须在施工现场加工作业,消耗了大量的人力资源并产生了大量的建筑垃圾,因此我们必须对现场现浇体系提出新的要求。现浇体系的工业化就是要解决目前施工现场模板与钢筋的加工问题,减少现场人力投入与施工工作量。与装配式混凝土结构相比,这种现浇结构施工技术可看作仅仅是将混凝土的浇筑过程由工厂车间搬到了工地现场,同样具有"四节一环保"的特点,并且保留了现浇结构良好的整体性,避免了装配式混凝土结构连接安装时的复杂过程。现浇结构想要进一步发展工业化,应重点解决以下存在的问题。

（1）新型模板。

传统散拼竹胶模板耗费大量竹木资源,其虽有价格便宜的优势,但模板现场加工噪声大、安装拆除过程耗时费工、周转次数少,使用数次后成为难以回收利用的垃圾,污染环境,应考虑在以后的工作中逐步淘汰。大模板、爬升模板等应用较广的新型模板能显著提高施工效率,减少现场支模拆模的工作量,模板利用率高,污染小,浇筑成型的混凝土墙面平整度高,达到或接近清水混凝土墙面,有效避免后期装修的湿作业,机械化施工程度高,但大模板未能有效解决楼盖结构的模板问题。研发中的铝合金复合模板作为一种新型模板,具有轻质、高强度、周转次数高、浇筑出的混凝土表面平整等特点,并且铝合金模板的制作均在工厂内完成,在施工现场不需要进行剪裁、切割等,对环境几乎没有污染。虽然目前这种新型铝合金复合模板的一次性制作投入成本较高,考虑其综合成本,今后将有很好的应用前景。对于超高层建筑施工现场,目前国内大型施工企业试点应用的工业化建造集成平台与装备很好地解决了模板、塔吊、钢结构安装与混凝土浇筑等问题,但目前该体系通用性不强,导致一次加工成本过高,重点是需要解决工业化建造集成平台的通用性问题。

（2）成型钢筋验收。

钢筋集中加工配送能有效地减少施工现场的作业量和环境污染,提高现浇结构的工业化程度。《混凝土结构工程施工质量验收规范》(GB 50204—2015)增加了成型钢筋应用的验收规定,对以钢筋集中加工配送模式的成型钢筋推广应用起到很好的作用。但成型钢筋的进场材料验收还不能完全按照钢筋产品以合格证方式进行验收,有时需从成型钢筋中截取进行钢筋材料性能验收,而这势必对钢筋的集中加工配送模式带来极大的不便。此外对钢筋集中加工配送工作应建立严格的质量管理制度与产品认证体系,杜绝以前各地发生过的"瘦身钢筋"等问题。

（3）水资源浪费与噪声污染。

现浇结构在实现了钢筋与模板的工业化要求后,还必须解决现场的水资源浪费与噪声污染问题。大量施工工地混凝土养护过程中对水资源的回收利用重视不够,造成水资源浪费;混凝土浇筑振捣过程中噪声太大,这在市区施工中成为一个严重的噪声污染问题。对这两个问题应高度重视,应按绿色施工要求加强水资源的回收利用、加强噪声的减量与控制。

3. 钢结构体系在工业化方面面临的问题

钢结构建筑的梁、柱等构件均由工厂加工生产,构件在施工现场只需进行螺栓拼接或者人工焊接,具有工业化程度高、轻质高强、施工周期短等优点,因此也是一种极具工业化特性的建筑结构体系。在建筑工业化发展成熟的一些国家,如美国、加拿大、日本等国,大多采用钢结构发展建筑工业化。我国的钢结构在近十年来有了非常快速的发展,但钢结构建筑在我国大面积推广应用时同样面临一些问题。

(1)建造成本。

钢结构建筑相比传统现浇混凝土结构建造成本略高,因为钢结构构件制作时基本都采用按工程设计进行订单式加工制作,需要进行二次深化设计,由于构件为非标形式,构件加工不能实现标准化、定型化与批量化,导致加工成本稍高。对钢结构施工安装,其吊装设备相对投入较大,对于安装技术工人的素质要求高,同时对项目管理的要求也相对较高,这也带来工程费用的增加。但考虑到目前我国钢铁产能过剩、钢材价格持续保持低位的情况,钢结构具有不错的发展前景。

(2)钢结构设计队伍。

与传统混凝土结构设计力量相比,国内能较好进行钢结构设计的工程技术队伍数量不多,特别是钢结构设计时需要考虑结构与构件的整体稳定与局部稳定验算、构件的节点连接设计等,这些工作相对较复杂,使得结构设计人员更偏爱设计混凝土结构,导致在建筑工程中采用钢结构的比例还是较低。

(3)现场焊接作业。

钢结构体系采用最多的是框架体系,对于梁柱连接节点,目前工程应用中均采用栓焊连接节点,即梁的腹板与柱用高强螺栓连接,梁的翼缘与柱采用坡口焊接,施工现场需要进行大量焊接作业,应研发减少现场施工焊接作业量的连接方式。此外超高层建筑钢柱均采用厚钢板,厚钢板的焊接量更大、对焊接质量要求更高。另外现场焊接对环境污染较大,质量控制也有一定难度。

(4)钢结构住宅。

要推广应用钢结构,必须将发展钢结构住宅作为一个重点。但由于钢材材料自身的特性,推广应用钢结构住宅必须解决防火与防腐问题,然而目前这方面问题还没有得到根本解决。另外钢结构住宅通常采用框架体系,其房间内梁柱的存在影响了使用性能与视觉效果;对于钢结构住宅还必须研发集结构、保温与外饰面功能于一体的外围护结构体系,但这些目前都还没有得到很好地解决。上述几个方面是制约钢结构住宅大面积应用推广的主要原因。

12.4.3 我国建筑工业化发展建议

中共中央、国务院在近期发布的"关于进一步加强城市规划建设管理工作的若干意见"中提出"力争用10年左右时间,使装配式建筑占新建建筑的比例达到30%"。这为我国的建筑工业化工作指明了方向,定出了目标,要实现这一目标,还需要一系列的技术政策和技术措施的支持。

我国的建筑工业化发展历程无疑为未来的发展做了坚实的铺垫,然而,目前国内相关城市简单以推广装配式混凝土结构为主导的建筑工业化发展模式遭遇到瓶颈问题,过高的建造成本使其不具备市场竞争力,仅依靠国家和地方扶持政策才能推广发展。因此,我们应正确认识新时期建筑工业化的含义、目的与发展要求。建筑工业化就是要提高劳动生产效率、减少现场施工作业与人员投入、减少环境污染、节约能源和资源,其目的是促进建筑行业产业转型与技术升级。

装配式建筑是工业化建筑的形式之一,我们要加强研发,大力推广。对于按照工业化生产方式建造的建筑,均应视为工业化建筑(如钢结构化建筑)。而目前现浇结构如能按要求解决钢筋与模板问题就同样具有工业化的属性,同样能够实现建筑工业化。为更好地推进新时期我国建筑工业化工作,提出以下几点发展建议。

1. 全面推进多模式建筑工业化工作

当前我国的建筑工业化发展需要转变思维,应按装配式混凝土结构体系、现代现浇结构体系、钢结构体系等多模式全面推进建筑工业化工作。在推进建筑工业化发展过程中,政府主管部门应在充分调研市场的前提下做好建筑工业化的顶层设计,通过行业管理,颁布实施指南与意见,确定建筑工业化的正确发展方向,强调装配式混凝土结构、现代现浇结构、钢结构等多个模式的共同发展。

2. 加强研发与工程示范应用

在政策支持下,各科研院所、高校、相关企业及产业联盟等要结合国家重点专项"绿色建筑与建筑工业化"课题的研发,加强关键技术的研发工作,重点做好工程应用试点,完善相关标准体系。对装配式混凝土结构体系,要加强结构体系、节点连接技术、标准化与模数化、BIM 技术与设计软件、预制构件加工与生产设备、现场施工安装技术与质量控制等方面的研究;对现场现浇体系要加强商品混凝土绿色化生产、新型铝合金复合模板、成型钢筋加工与钢筋连接技术、工业化建造集成平台等的研究;对钢结构体系要加强新型连接节点、设计与制作安装中 BIM 一体化应用技术、钢结构住宅复合外挂墙板技术等研究。

3. 注重市场化引导

各地区、各企业发展建筑工业化时,要立足于政策支持,但也应注重市场化引导。在推广发展中应因地制宜,并根据不同的建筑类型选择不同的工业化建筑体系,以取得较好的社会与经济效益,同时提高企业的市场竞争力。如装配式混凝土结构可应用于多高层住宅、多层停车库与物流仓库、大型商业中心等,钢结构可应用于大型公共建筑、工业建筑、低层住宅、高层建筑等。

在发展预制装配式结构体系过程中,各企业自营的预制构件生产厂应面向社会开放,以提高其利用率,而不是仅仅作为所属企业的生产基地。预制构件生产厂要做到既能大规模生产标准化的构件,又可按照设计图纸生产加工特定构件,并可为施工现场按时提供需要的构件。只有通过标准化生产、市场化供应的方式,才能有效降低预制装配式结构体系的成本、增强市场竞争力。

4. 推进建筑工业化全产业链建设

实践表明,建筑工业化必须是全产业链的工业化,要贯穿从建筑设计、生产制作、运输配送、施工安装、到验收运营的全过程。为反映建筑工业化的特点,要紧紧抓好建筑设计这个龙头,重点做好工厂化加工生产这一关键环节,在施工安装环节中要全面贯彻"四节一环保",并用信息化手段实现无缝连接,以降低资源消耗、减少环境污染、降低劳动强度。在建筑设计环节中针对不同的工业化建筑体系应当采用不同的设计方法,提高设计效率与设计水平。在生产制作环节应提高产品生产效率、降低人力消耗,并确保产品质量。在运输配送环节,应引入与互联网电商相似的现代物流业管理方法,争取做到采购的构件、部品能够按时定量地运输配送到工地,尽量减少现场堆放。在施工安装环节中应注重提高施工工艺和工法,确保工程质量。我国发展建筑工业化还应当加强BIM 技术的应用,以信息技术建立起一套成熟的管理系统,通过把设计、采购、生产、配送、存储、施工、财务、运营、管理等各个环节集成在建立的信息化数据平台,共享信息和资源,对建筑建造的全过程进行有效管理。

◤ **章节自测题** ◥

主观题

一、填空题

1. 建筑工业化的特征是 ＿＿＿＿＿＿＿＿、＿＿＿＿＿＿＿＿、＿＿＿＿＿＿＿＿ 和 ＿＿＿＿＿＿＿＿。

2. 工业化建筑体系分为 ＿＿＿＿＿＿＿＿ 和 ＿＿＿＿＿＿＿＿ 两种。

3. 砌块按重量和尺寸分为＿＿＿＿＿＿＿＿、＿＿＿＿＿＿＿＿和＿＿＿＿＿＿＿＿。

4. 大板建筑内墙板按受力不同分为＿＿＿＿＿＿＿＿和＿＿＿＿＿＿＿＿。

5. 大板建筑构件之间的连接有＿＿＿＿＿＿＿＿和＿＿＿＿＿＿＿＿两种。板缝防水处理方法从原理上讲有＿＿＿＿＿＿＿＿和＿＿＿＿＿＿＿＿两种。

6. 装配式框架板材建筑的分类按材料分为＿＿＿＿＿＿＿＿、＿＿＿＿＿＿＿＿和＿＿＿＿＿＿＿＿。

7. 大模板建筑现浇承重内墙的建筑大致可分为三类：＿＿＿＿＿＿＿＿；＿＿＿＿＿＿＿＿；＿＿＿＿＿＿＿＿。

二、名词解释

1. 工业化建筑体系。

2. 专用体系。

3. 通用体系。

4. 大板建筑。

5. 干法连接。

6. 湿法连接。

7. 大模板建筑。

8. 滑模建筑。

9. 升板建筑。

10. 框架板材建筑。

11. 盒子建筑。

12. 工业化建筑。

三、思考题

1. 简述建筑工业化的基本特征。

2. 简述实现建筑工业化的途径。

3. 简述框架轻板建筑的优缺点及框架结构的类型。

4. 简述框架结构中外墙板与框架的连接固定方式。

5. 大板建筑结构体系有哪些，其特点是什么？

6. 大板建筑外墙板有哪些类型，其特点是什么？

7. 简述材料防水与构造防水，绘图说明水平缝和垂直缝常见的构造做法。

8. 绘图说明大板建筑中外墙板缝的保温措施。

9. 简述大模板建筑的类型、优缺点及适用范围。

10. 简述滑模建筑的优缺点及施工方法。

11. 简述升板建筑的施工顺序。

客观题

请扫下面的二维码，进入第 12 章，进行客观题在线测试与练习。

参 考 文 献

［1］ 中国建筑工业出版社,中国建筑学会.建筑设计资料集[M].3 版.北京:中国建筑工业出版社,2017.

［2］ 李必瑜.建筑构造[M].6 版.北京:中国建筑工业出版社,2020.

［3］ 刘建荣,翁季,孙雁.建筑构造[M].6 版.北京:中国建筑工业出版社,2019.

［4］ 胡向磊.建筑构造图解[M].2 版.北京:中国建筑工业出版社,2019.